George Pólya: Collected Papers
Volume II
Location of Zeros

## Mathematicians of Our Time

Gian-Carlo Rota, series editor

1. Charles Loewner: Theory of Continuous Groups
   notes by Harley Flanders and Murray H. Protter

2. Oscar Zariski: Collected Papers
   Volume I
   Foundations of Algebraic Geometry and Resolution of Singularities
   edited by H. Hironaka and D. Mumford

3. Collected Papers of Hans Rademacher
   Volume I
   edited by Emil Grosswald

4. Collected Papers of Hans Rademacher
   Volume II
   edited by Emil Grosswald

5. Paul Erdös: The Art of Counting
   edited by Joel Spencer

6. Oscar Zariski: Collected Papers
   Volume II
   Holomorphic Functions and Linear Systems
   edited by M. Artin and D. Mumford

7. George Pólya: Collected Papers
   Volume I
   Singularities of Analytic Functions
   edited by R. P. Boas

8. George Pólya: Collected Papers
   Volume II
   Location of Zeros
   edited by R. P. Boas

George Pólya

# Collected Papers

Volume II
Location of Zeros

Edited by
R. P. Boas

The MIT Press
Cambridge, Massachusetts, and London, England

This book was designed by The MIT Press Design Department.
It was printed on R&E Book,
and bound in Columbia Millbank Vellum MBV-4368
by The Colonial Press Inc.
in the United States of America.



Library of Congress Cataloging in Publication Data

Polya, George, 1887–
Location of zeros.

(His Collected papers, v. 2) (Mathematicians of our time, v. 8)
English, French, and German.
"Bibliography of George Pólya": p.
1. Analytic functions. 2. Polynomials. 3. Zero (The number) I. Title. II. Series. III. Series: Mathematicians of our time, v. 8.
QA3.P73 vol. 2 [QA331] 515'.9s [515'.9] 73–15679

ISBN13 978-0-262-66169-0 (pb.)

George Pólya

# Contents
(Bracketed numbers are from the Bibliography.)

# Introduction by R. P. Boas

The papers in this volume cluster about the following topics:
1. Location of the zeros of polynomials and other analytic functions;
2. Approximation of analytic functions by polynomials the location of whose zeros is restricted;
3. Behavior of the zeros of successive derivatives;
4. Zeros of functions defined by trigonometric integrals;
5. Signs of derivatives and analytic character.

The volume also includes [107],† which is not about zeros but contains a representation theorem for positive polynomials in several variables.

1. (a) [7] and [71] are concerned with the location of the zeros of special polynomials and special entire functions.

(b) [20], [22], [32], [95], [96], [114], and [128] discuss (along with other matters) how the zeros of a polynomial or entire function are affected by various transformations of the function, and are especially concerned with transformations that preserve the reality of the zeros. [11] (for polynomials and entire functions) and [9] (for Laplace transforms) discuss "sign rules" for locating zeros.

(c) [128] was apparently the first paper on the number of zeros of a "random" polynomial.

(d) [13], [19], and [229] are devoted to Graeffe's root-squaring method for locating zeros, here generalized from polynomials to entire functions.

2. [16], [17], [18], [20], and [22] contain some of Pólya's most influential work. The basic idea is that requiring an analytic function to be approximated in a neighborhood by functions whose zeros are restricted in some way has unexpectedly strong consequences for the limit function. The most important case is that treated in [16] and again in [20]: here it is shown that a function that can be uniformly approximated in a neighborhood of 0 by polynomials with only real roots is necessarily an entire function of genus 1, multiplied by $e^{-\gamma z^2}$ with $\gamma \geq 0$. Such functions are now often called Pólya-Schur functions because their significance is brought out in [20] where Pólya and Schur show that they generate all the multiplier sequences that transform a polynomial with real zeros into another polynomial with real zeros. The subject is carried still further in [22]. The Pólya-Schur functions are also applied in papers on the zeros of polynomials and entire functions (e.g., [32], [114]), and in papers concerned with zeros of successive derivatives

† Bracketed numbers refer to the Bibliography found at the back of this volume.

([21], [28], [101]). Subsequently these functions found important applications in other fields, notably in the theory of integral transforms and in approximation theory.

3. Pólya has been much interested in the question of how the behavior of a function influences the distribution of the zeros of its derivatives ([21], [28], [63], [67], [118], [153]). The field is surveyed in [167]. The general principle that seems to be at work is that if $f$ is entire and real on the real axis, the nonreal zeros of $f^{(n)}$ move toward the real axis for order less than 2 and away for order greater than 2. [21], [28], and [67] consider the question for order greater than 2. In [63] (reprinted in volume I) and [67] there is the incidental remark that when $f$ is entire and $f$, $f'$, $f''$ are all zero-free then $g(z) = Ae^{Bz}$; this has given rise to extensive later work. [67] is notable for the elegant result that the derived set of the aggregate of all zeros of a meromorphic function consists of the polygon all of whose points are equidistant from the two nearest poles. [118] attacks the other half of the general principle and [153] carries it up to order 4/3; the gap between 4/3 and 2 is still unfilled.

4. As explained in [42] and [101], the motivation for discussing the location of the zeros of functions defined by trigonometric integrals is that a sufficiently good theorem on the zeros of Fourier transforms would establish the Riemann hypothesis. In [42] Pólya starts with the case of the Fourier transform of a function that vanishes outside $(-1,1)$, and shows (among other things) that in certain cases it has only real zeros. [59] deals with the analogous case of an exponential sum. This line of investigation led naturally into the modern theory of the zeros of functions of exponential type, which is touched on in [151] (reprinted in volume I). Pólya devoted much more attention to trigonometric integrals over $(-\infty,\infty)$, identifying progressively more general classes that have only real zeros ([42], [81], [90], [93], [101], [102]); the last three contain the most general results. [94] deals with a similar problem.

5. In the real domain zeros of derivatives are of course connected with their changes of sign, so that the effect of specifying the signs of successive derivatives fits in naturally with topic 3 above. Widder's discovery that a function whose even derivatives alternate in sign is necessarily (the restriction of) an entire function of exponential type set off a considerable amount of activity in looking for generalizations; Pólya was one of the main contributors ([160], [161], [165], [166]) and gives a survey of the field in the second part of [167].

# Reprints of Papers

# ÜBER EIN PROBLEM VON LAGUERRE.

Briefwechsel zwischen **M. Fekete** und **G. Pólya** (Budapest).

Estratto dal tomo XXXIV (2° sem. 1912) dei *Rendiconti del Circolo Matematico di Palermo*.
Adunanza del 12 maggio 1912.

## I.

. . . . . . . . . . . . . . . . . . . . . . . . . . . . . . . . . . . . . . . . . . . . . . . . .

Um die Vermutung zu beweisen, dass das Polynom [1])

$$g(x) = \left(\frac{1}{q}\right) + \left(\frac{2}{q}\right)x + \cdots + \left(\frac{i}{q}\right)x^{i-1} + \cdots + \left(\frac{q-1}{q}\right)x^{q-2}$$

im Innern des Intervalls (0, 1) beständig positiv ist, bildete ich die Quotienten

$$\frac{g(x)}{1-x}, \quad \frac{g(x)}{(1-x)^2}, \quad \ldots$$

und wollte zeigen, dass für ein genügend grosses $k$ die MACLAURIN'sche Entwicklung von $\frac{g(x)}{(1-x)^k}$ lauter positive Koeffizienten hat. Dies gelang mir jedoch nur für spezielle Zahlenwerte von $q$. So wurde ich auf die Frage geführt: Der Umstand, dass in der MACLAURIN'schen Reihe von $\frac{f(x)}{(1-x)^k}$ (für genügend grosse Werte von $k$) keine Zeichenwechsel vorkommen, ist eine *hinreichende* Bedingung dafür, dass das Polynom $f(x)$ mit reellen Koeffizienten zwischen 0 und 1 nicht verschwinde; ist diese Bedingung auch *notwendig?* Ich fand, dass *es dem so ist.*

Nun wollte ich erkennen, in welcher Weise die Anzahl der Zeichenwechsel in diesen MACLAURIN'schen Entwicklungen mit der Anzahl der Wurzeln zwischen 0 und 1 zusammenhängt. So fand ich von neuem die unten zitierten Ergebnisse von LAGUERRE und das von ihm gestellte Problem, dessen Lösung mir teilweise gelang.

. . . . . . . . . . . . . . . . . . . . . . . . . . . . . . . . . . . . . . . . . . . . . . . . .

Es sei

$$f(x) = a_0 + a_1 x + \cdots + a_m x^m$$

ein Polynom mit reellen Koeffizienten. Man bilde aus der Koeffizientenfolge

$$a_0, \quad a_1, \quad \ldots, \quad a_m$$

[1]) $q$ bedeutet eine ungerade Primzahl, $\left(\frac{i}{q}\right)$ das LEGENDRE'sche Symbol.



For comments on this paper[5], see p. 415.

durch wiederholte Summation die Folgen

$$A_0^{(0)}=a_0,\quad A_1^{(0)}=a_0+a_1,\ \ldots,\ A_m^{(0)}=a_0+a_1+\cdots+a_m,\quad A_{m+1}^{(0)}=a_0+a_1+\cdots+a_m,\ \ldots$$
$$A_0^{(1)}=A_0^{(0)},\quad A_1^{(1)}=A_0^{(0)}+A_1^{(0)},\quad \ldots,\ A_n^{(1)}=A_0^{(0)}+A_1^{(0)}+\cdots+A_n^{(0)},\ \ldots$$

. . . . . . . . . . . . . . . . . . . . . . . . . . . . . . . . . . . . . . . . . . . . .

$$A_0^{(k)}=A_0^{(k-1)},\quad A_1^{(k)}=A_0^{(k-1)}+A_1^{(k-1)},\ \ldots,\ A_n^{(k)}=A_0^{(k-1)}+A_1^{(k-1)}+\cdots+A_n^{(k-1)},\ \ldots$$

. . . . . . . . . . . . . . . . . . . . . . . . . . . . . . . . . . . . . . . . . . . . .

wo die $(k+1)$-te Folge aus den Koeffizienten der MACLAURIN'schen Entwicklung von $\frac{f(x)}{(1-x)^{k+1}}$ besteht. Die Anzahl der Wurzeln von $f(x)$ zwischen 0 und 1 sei $p$, die Anzahl der Zeichenwechsel sei in der Koeffizientenfolge des Polynoms gleich $w$ und in der $(k+1)$-ten Folge $v(k)$. LAGUERRE bewies [2]), mit Hilfe einer Verallgemeinerung der DESCARTES'schen Zeichenregel auf Potenzreihen, dass

1° $$w \geqq v(0) \geqq v(1) \geqq \cdots \geqq v(k) \geqq v(k+1) \geqq \cdots$$

2° $$v(k) \geqq p$$

3° $$v(k) \equiv p \qquad (\text{mod. } 2),$$

dass also $\lim_{k=\infty} v(k)$ existiert, nicht kleiner, als $p$ sein kann und kongruent $p$ (mod. 2) ist [3]).

**LAGUERRE stellt das Problem, $\lim_{k=\infty} v(k)$ zu bestimmen [4]), lässt es aber *ungelöst*.**

. . . . . . . . . . . . . . . . . . . . . . . . . . . . . . . . . . . . . . . . . . . . .

Meine Untersuchungen ergaben, dass $\lim_{k=\infty} v(k)$ *genau gleich $p$ ist, wenn $f(x)$ nur reelle Wurzeln besizt.* Ohne die Realität aller Wurzeln zu bedingen, konnte ich bisher den allgemeinen Beweis für die Richtigkeit von

$$\lim_{k=\infty} v(k) = p$$

nicht führen, nur für $p=0$ gelang mir dieser Beweis, wenn ich auch komplexe Wurzeln zuliess.

Um meine Resultate zu gewinnen, habe ich die MACLAURIN'schen Entwicklungen

---

[2]) E. LAGUERRE: *a) Mémoire sur la théorie des équations numériques* [Journal de Mathématiques pures et appliquées, III^e^ série, t. IX (1883), pp. 99-146]; *b) Œuvres de* LAGUERRE (Paris, Gauthier-Villars), t. I (1898), pp. 3-47.

[3]) Denselben Zusammenhang zeigte LAGUERRE zwischen der Anzahl der Nullstellen von $f(x)$ im Intervall $(1, \infty)$ und der Anzahl der Zeichenwechsel $V(k)$ in der Koeffizientenfolge der Entwicklung von $\frac{f(x)}{(1-x)^{k+1}}$ nach fallenden Potenzen von $x$. Er beweist ihn auch für den fall, wo $f(x)$ eine Potenzreihe ist [loc. cit. [2]), *b*), p. 9]. Nach der Abfassung dieser Zeilen erschien ein neuer Beweis für LAGUERRE's zuletzt erwähnten Satz von A. HURWITZ {*Über den Satz von* BUDAN-FOURIER [Mathematische Annalen, Bd. LXXI (1912), S. 584-591]}.

[4]) LAGUERRE fragt eigentlich nach dem Werte $\lim_{k=\infty} V(k)$; die zwei Probleme sind ersichtlich äquivalent.

von Quotienten der Form

$$\frac{x_0 - x}{(1-x)^r} \quad \text{und} \quad \frac{a + 2bx + cx^2}{(1-x)^r}$$

für $x_0 > 1$ und $b^2 - ac < 0$ zu untersuchen. Zuerst aber definiere ich den Begriff einer $r$-fach positiven Reihe, wodurch die Formulierung der verwendeten Sätze beträchtlich erleichtert wird.

**1.** Ich nenne die Potenzreihe mit reellen Koefficienten

$$\sum_{n=0}^{\infty} \alpha_n x^n$$

*$r$-fach positiv,* wenn sämmtliche Determinanten $(k+1)$-ter Ordnung von der Form

$$\begin{vmatrix} \alpha_{i_0} & \alpha_{i_1} & \cdots & \alpha_{i_k} \\ \alpha_{i_0-1} & \alpha_{i_1-1} & \cdots & \alpha_{i_k-1} \\ \cdots & \cdots & \cdots & \cdots \\ \alpha_{i_0-k} & \alpha_{i_1-k} & \cdots & \alpha_{i_k-k} \end{vmatrix} = [i_0, i_1, \ldots, i_k] \qquad (\alpha_s = 0, \text{ wenn } s < 0)$$

für $0 \leqq i_0 < i_1 < \cdots < i_k$ und $0 \leqq k \leqq r$ positiv sind [5]). Nun besteht für $r$-fach positive Potenzreihen folgender

SATZ I. — *Bildet man das Produkt einer $r$-fach positiven Potenzreihe $\sum_{n=0}^{\infty} \alpha_n x^n$ und eines Polynoms $r$-ten Grades mit reellen Koeffizienten $\gamma_0 + \gamma_1 x + \cdots + \gamma_r x^r$, $(\gamma_r \neq 0)$, so kann die Anzahl der Zeichenwechsel in der Koeffizientenfolge $\beta_i$ $(i = 0, 1, 2, \ldots)$ der Produktreihe $\sum_{i=0}^{\infty} \beta_i x^i$ die Zahl $r$ nicht überschreiten* [6]).

*Beweis:* Gesetzt, der Satz sei falsch. Dann könnten aus der Folge

$$\beta_i = \alpha_i \gamma_0 + \alpha_{i-1}\gamma_1 + \cdots + \alpha_{i-r}\gamma_r \qquad (i = 0, 1, 2, \ldots)$$
$$(\alpha_s = 0, \quad \text{wenn} \quad s < 0)$$

solche

$$\beta_{i_0}, \quad \beta_{i_1}, \ldots, \beta_{i_r}, \quad \beta_{i_{r+1}}$$

herausgegriffen werden, deren Indices die Bedingung

$$i_0 < i_1 < \cdots < i_r < i_{r+1}$$

erfüllen und abwächselnd positiv und negativ sind.

---

5) Ein einfaches Beispiel für eine $r$-fach positive Reihe ist die MACLAURIN'sche Reihe von

$$\frac{1}{(1-x)^{r+1}}.$$

6) **Ich bewies auch den schärferen Satz:** ***Ist $w$ die Anzahl der Zeichenwechsel in der Folge $\gamma_0, \gamma_1, \ldots, \gamma_r$ und ist $\sum_{n=0}^{\infty} \alpha_n x^n$ $r$-fach positiv, so können auch in der Koeffizientenfolge von***

$$\sum_{i=0}^{\infty} \beta_i x^i = \sum_{i=0}^{\infty} \alpha_i x^i \cdot (\gamma_0 + \gamma_1 x + \ldots + \gamma_r x^r)$$

*höchstens nur $w$ Zeichenwechsel auftreten.* Mit Hilfe dieses schärferen Satzes bewies ich den von LAGUERRE nicht ganz einwandfrei begründeten Satz, dass, *wenn $f(x)$ ein relles Polynom bezeichnet, in der Koeffizientenfolge von $f(x)e^{zx}$ die Anzahl der Zeichenwechsel mit wachsendem $z$ nur abnehmen kann.*

Fassen wir die $(r+2)$ Identitäten

$$\alpha_{i_0}\gamma_0 + \alpha_{i_0-1}\gamma_1 + \quad + \alpha_{i_0-r}\gamma_r = \beta_{i_0}$$
$$\cdots\cdots$$
$$\alpha_{i_{r+1}}\gamma_0 + \alpha_{i_{r+1}-1}\gamma_1 + \cdots + \alpha_{i_{r+1}-r}\gamma_r = \beta_{i_{r+1}}$$

als lineare Gleichungen in den $(r+1)$ Grössen $\gamma_0, \gamma_1, \ldots, \gamma_r$ auf, so kann $\gamma_r$ sowohl aus den $(r+1)$ ersten, als auch aus den $(r+1)$ letzten unter ihnen berechnet werden, wobei wir natürlich denselben Wert erhalten müssen.

Im ersten Falle erhalten wir

$$(-1)^r[i_0, i_1, \ldots, i_r]\gamma_r$$
$$= \beta_{i_0}[i_1, i_2, \ldots, i_r] - \beta_{i_1}[i_0, i_2, \ldots, i_r] + \quad + (-1)^r\beta_{i_r}[i_0, i_1, \ldots, i_{r-1}],$$

im zweiten aber

$$(-1)^r[i_1, i_2, \ldots, i_{r+1}]\gamma_r$$
$$= \beta_{i_1}[i_2, i_3, \ldots, i_{r+1}] - \beta_{i_2}[i_1, i_3, \ldots, i_{r+1}] + \cdots + (-1)^r\beta_{i_{r+1}}[i_1, i_2, \ldots, i_r].$$

Die hier vorkommenden Determinanten sind nach Voraussetzung positiv, die nach einander folgenden $\beta$ wechseln ihre Vorzeichen, es zeigt sich also, dass $(-1)^r\gamma_r$ im ersten Falle das Vorzeichen von $\beta_{i_0}$, im zweiten aber das von $\beta_{i_1}$ hat. Die Annahme, dass die Zahlenfolge $\beta_i$ mehr als $r$ Zeichenwechsel aufweist, hätte zur Folge, dass $\gamma_r$ zugleich positiv und negativ wäre.

Damit ist der Satz I. bewiesen.

**2. Um zu entscheiden, ob eine gegebene Potenzreihe $\sum_{n=0}^{\infty}\alpha_n x^n$ $r$-fach positiv ist,** oder nicht, ist unnötig, sämmtliche Determinanten

$$(1) \qquad [i_0, i_1, \ldots, i_k]$$
$$(0 \leqq i_0 < i_1 < \ldots < i_k,\ 0 \leqq k \leqq r)$$

zu untersuchen. Es besteht nähmlich der

SATZ II. — *Die Potenzreihe $\sum_{n=0}^{\infty}\alpha_n x^n$ ist r-fach positiv, d. h. sämmtliche Determinanten* (1) *sind positiv, falls nur die Determinanten*

$$[i, i+1, \ldots, i+k] \qquad (i \geqq 0,\ 0 \leqq k \leqq r)$$

*unter ihnen positiv sind.*

Um den Satz II. zu beweisen, benütze ich folgendes

LEMMA. — Sind sämmtliche Determinanten $n$-ter Ordnung

$$\begin{vmatrix} a_{1,i_1} & a_{1,i_2} & & a_{1,i_n} \\ a_{2,i_1} & a_{2,i_2} & \cdot & a_{2,i_n} \\ \cdot\ \cdot & & \cdot\ \cdot & \cdot \\ a_{n,i_1} & a_{n,i_2} & \cdot\ \cdot & a_{n,i_n} \end{vmatrix} = \{i_1, i_2, \ldots, i_n\} \quad (1 \leqq i_1 < i_2 < \ldots < i_n \leqq m)$$

und die $(n+1)$-ter Ordnung

$$\begin{vmatrix} a_{1,i} & a_{1,i+1} & \cdot & a_{1,i+n} \\ a_{2,i} & a_{2,i+1} & \cdot & a_{2,i+n} \\ \cdots & \cdots & & \\ a_{n+1,i} & a_{n+1,i+1} & \cdots & a_{n+1,i+n} \end{vmatrix} = \{i, i+1, \ldots, i+n\} \quad (1 \leqq i \leqq m-n)$$

positiv, so sind sämmtliche Determinanten

$$\{i_1, i_2, \ldots, i_n, i_{n+1}\}$$
$$(1 \leqq i_1 < i_2 < \ldots < i_n < i_{n+1} \leqq m)$$

ebenfalls positiv.

*Beweis:* Zuerst zeige ich, dass aus den Voraussetzungen

$$\{1, \ldots, h-1, h+1, \ldots, n+1\} > 0, \qquad \{2, \ldots, h-1, h+1, \ldots, n+2\} > 0$$
$$(h = 2, 3, \ldots, n+1) \qquad\qquad (h = 2, 3, \ldots, n+1)$$

und

$$\{1, 2, \ldots, n+1\} > 0, \qquad \{2, 3, \ldots, n+1, n+2\} > 0$$

die Positivität von

$$\{1, 2, \ldots, h-1, h+1, \ldots, n+2\} \quad (h = 2, 3, \ldots, n+1)$$

folgt. Zu diesem Zwecke löse ich das Gleichungssystem

$$a_{1,1} x_1 + a_{1,2} x_2 + \cdots + a_{1,n+1} x_{n+1} + a_{1,n+2} = 0.$$
$$\cdot \quad \cdot$$
$$a_{n+1,1} x_1 + a_{n+1,2} x_2 + \quad + a_{n+1,n+1} x_{n+1} + a_{n+1,n+2} = 0.$$

Es ergiebt sich

$$x_1 = (-1)^{n-1} \frac{\{2, 3, \ldots, n+1, n+2\}}{\{1, 2, \ldots, n, n+1\}}$$

und

$$x_h = (-1)^{n-h} \frac{\{1, \ldots, h-1, h+1, \ldots, n+2\}}{\{1, 2, \ldots, n, n+1\}} \quad (h = 2, 3, \ldots, n+1).$$

Sodann berechne ich $x_h$ von neuem aus demjenigen Gleichungssystem, das aus dem obigen durch Weglassung der letzten Gleichung entsteht; indem ich $x_1$ als Parameter betrachte, erhalte ich

$$x_h = (-1)^{n-h} \frac{\{1, 2, \ldots, h-1, h+1, \ldots, n, n+1\}.(-1)^{n-1} x_1 + \{2, 3, \ldots, h-1, h+1, \ldots, n, n+1, n+2\}}{\{2, 3, \ldots, n, n+1\}}.$$

Soll $x_h$ auch dem ursprünglichem Gleichungssystem genügen, so muss für $x_1$ der oben berechnete Wert eingesetzt werden; also ist:

$$x_h = (-1)^{n-h} \times$$
$$\times \frac{\{1, 2, \ldots, h-1, h+1, \ldots, n, n+1\}\{2, 3, \ldots, n+1, n+2\} + \{2, 3, \ldots, h-1, h+1, \ldots, n+2\}\{1, 2, \ldots, n, n+1\}}{\{2, 3, \ldots, n, n+1\}\{1, 2, \ldots, n, n+1\}}.$$

Vergleichen wir die beiden Werte von $x_h$, so ergiebt sich [7]):

$$\{1, \ldots, h-1, h+1, \ldots, n+2\}$$
$$= \frac{\{1, 2, \ldots, h-1, h+1, \ldots, n+1\}\{2, 3, \ldots, n+2\} + \{2, \ldots, h-1, h+1, \ldots, n+2\}\{1, 2, \ldots, n+1\}}{\{2, 3, \ldots, n, n+1\}}.$$

---

7) Diese Determinantenrelation ist wahrscheinlich bekannt, ich konnte sie jedoch in Handbüchern nicht finden.

Die Determinanten rechts sind nach Voraussetzung sämmtlich positiv, also ist es auch die linksstehende, was zu beweisen war.

Dieselbe Schlussweise gestattet aus der Positivität der Determinanten $(n+1)$-ter

$$\{i_1, i_2, \ldots, i_{n+1}\}, \quad \{i_2, i_3, \ldots, i_{n+2}\}$$

und der Determinanten $n$-ter Ordnung

$$\{i_1, \ldots, i_{h-1}, i_{h+1}, \ldots, i_{n+1}\}, \qquad \{i_2, \ldots, i_{h-1}, i_{h+1}, \ldots, i_{n+2}\}$$

die Ungleichungen

$$\{i_1, \ldots, i_{h-1}, i_{h+1}, \ldots, i_{n+2}\} > 0 \qquad (h = 2, 3, \ldots, n+1)$$

zu folgern und auf diesem Wege zu beweisen, dass sämmtliche Determinanten $(n+1)$-ter Ordnung positiv sind, für welche $i_{n+1} - i_1 = k+1$, wenn das von allen Determinanten derselben Ordnung schon bekannt ist, für welche $i_{n+1} - i_1 = k$ ist.

Damit ist unser Lemma bewiesen.

Aus ihm folgt sofort der Satz II. Ich setze

$$a_{i,k} = \alpha_{k-i} \quad (\alpha_{k-i} = 0, \text{ wen } k - i < 0)$$

wobei

$$\{i_1, i_2, \ldots, i_n\} = [i_1 - 1, i_2 - 1, \ldots, i_n - 1]$$

wird. Für $n = 1$ folgt aus unserem Lemma, dass die Ungleichungen

$$[0] > 0, \quad [1] > 0, \quad [2] > 0, \ldots$$

und

$$[0, 1] > 0, \quad [1, 2] > 0, \quad [2, 3] > 0, \ldots$$

die Ungleichungen

$$[i_1, i_2] > 0 \qquad (0 \leq i_1 < i_2);$$

nach sich ziehen; die eben erhaltenen Ungleichungen und

$$[0, 1, 2] > 0, \quad [1, 2, 3] > 0, \quad [2, 3, 4] > 0, \ldots$$

ergeben die weiteren

$$[i_1, i_2, i_3] > 0 \qquad (0 \leq i_1 < i_2 < i_3);$$

u. s. w.

3. Satz III.—*Die Produktreihe* $\sum_{n=0}^{\infty} \gamma_n x^n$ *der r-fach positiven Potenzreihen* $\sum_{n=0}^{\infty} \alpha_n x^n$, $\sum_{n=0}^{\infty} \beta_n x^n$ *ist zu mindest r-fach positiv* [8]).

Zum Beweise muss nach Satz II. gezeigt werden, dass die Ungleichungen

$$(2) \qquad \begin{vmatrix} \gamma_i & \gamma_{i+1} & & \gamma_{i+k} \\ \gamma_{i-1} & \gamma_i & \cdots & \gamma_{i+k-1} \\ \cdots & & \cdots & \\ \gamma_{i-k} & \gamma_{i-k+1} & \cdots & \gamma_i \end{vmatrix} > 0$$

---

[8]) Dass die Produktreihe von $r$-fach positiven Reihen auch mehr als $r$ fach positiv sein kann, zeigt das Beispiel

$$\frac{1}{(1-x)^{r+1}} \cdot \frac{1}{(1-x)^{r+1}} = \frac{1}{(1-x)^{2r+2}}.$$

für jedes

$$i \geqq 0, \quad 0 \leqq k \leqq r \quad (\gamma_s = 0, \text{ wenn } s < 0)$$

bestehen. Die Determinante links ist das zeilenweise ausgeführte Produkt der Matrices mit je $(k+1)$ Zeilen und $(i+k+1)$ Spalten

$$\left\| \begin{matrix} \alpha_0 & \alpha_1 & \alpha_2 & . & \alpha_k & & \alpha_{k+i} \\ 0 & \alpha_0 & \alpha_1 & . & . & \alpha_{k-1} & \alpha_{k+i-1} \\ 0 & 0 & \alpha_0 & . & . & \alpha_{k-2} & \alpha_{k+i-2} \\ . & & . & . & & & \\ 0 & 0 & 0 & . & \alpha_0 & & \alpha_i \end{matrix} \right\|,$$

$$\left\| \begin{matrix} \beta_i & \beta_{i-1} & \beta_{i-2} & \beta_0 & 0 & . & 0 \\ \beta_{i+1} & \beta_i & \beta_{i-1} & \beta_1 & \beta_0 & . & 0 \\ \beta_{i+2} & \beta_{i+1} & \beta_i & \beta_2 & \beta_1 & . & 0 \\ . . . & . & . . . . & . & . . . & & . \\ \beta_{i+k} & \beta_{i+k-1} & \beta_{i+k-2} & \beta_k & \beta_{k-1} & . & \beta_0 \end{matrix} \right\|;$$

sie ist also nach einem bekannten Satz gleich der Summe der Produkte, in denen die Determinanten $(k+1)$-ter Ordnung der einen Matrix mit den homologen der anderen verbunden sind. Diese Determinanten sind jedoch positiv, da die Potenzreihen $\sum_{n=0}^{\infty} \alpha_n x^n$ und $\sum_{n=0}^{\infty} \beta_n x^n$ $r$-fach positiv sind, daraus folgt aber die zu beweisende Ungleichung (2).

4. Ich schliesse die Reihe der vorausgeschickten Sätze mit

SATZ IV. — *Ist* $x_0 > 1$, *so ist die* MACLAURIN'*sche Reihe von*

$$\frac{x_0 - x}{(1-x)^{r+1}} \qquad (r \geqq 1)$$

*eine r-fach positive Reihe.*

Die Richtigkeit unserer Behauptung ist für $r = 1$ evident. Sie sei richtig für $r \leqq R - 1$, es soll gezeigt werden, dass sie auch für $r = R$ richtig ist.

Setzen wir

$$(3) \qquad \frac{x_0 - x}{(1-x)^R} = \sum_{n=0}^{\infty} u_n x^n,$$

$$(4) \qquad \frac{x_0 - x}{(1-x)^{R+1}} \sum_{n=0}^{\infty} v_n x^n.$$

Die Positivität der Determinante

$$(5) \qquad \left| \begin{matrix} v_i & . . . & v_{i+k} \\ & . . . & \\ v_{i-k} & . . . & v_i \end{matrix} \right| \qquad (0 \leqq i,\ 0 \leqq k \leqq R;\ v_s = 0, \text{ wenn } s < 0)$$

— was nach Satz II. die $R$-fache Positivität der Reihe (4) sichert — folgt für $k \leqq R - 1$ ähnlich, wie oben, aus dem Umstande, dass diese Determinante das Produkt der beiden

Matrices

$$\left\|\begin{matrix} u_0 & u_1 & \dots & u_k & \dots & u_{k+i} \\ 0 & u_0 & \dots & u_{k-1} & \dots & u_{k+i-1} \\ \dots & & & & & \\ 0 & 0 & \dots & u_0 & \dots & u_i \end{matrix}\right\|$$

$$\underbrace{\left\|\begin{matrix} 1 & 1 & \dots & 1 & 0 & \dots & 0 \\ 1 & 1 & \dots & 1 & 1 & \dots & 0 \\ \dots & & & & & & \\ 1 & 1 & \dots & 1 & 1 & \dots & 1 \end{matrix}\right\|}_{(i+k+1)\text{ Spalten}} \left.\vphantom{\begin{matrix}1\\1\\1\\1\end{matrix}}\right\} (k+1)\text{ Zeilen}$$

ist. Die Determinanten $(k+1)$-ter Ordnung $(k \leq R-1)$ der ersten Matrix sind nähmlich nach der vorausgestzten $(R-1)$-fachen Positivität von (3) sämmtlich positiv.

Die homologen Determinanten der zweiten Matrix aber sind ersichtlich teils positiv, teils verschwindend.

Für $k = R$ ist die Determinante (5) bis auf den Faktor $(-1)^{\frac{1}{2}R(R+1)}$ gleich der HANKEL'schen

$$\begin{vmatrix} v_{i-R} & v_{i-R+1} & \dots & v_i \\ v_{i-R+1} & v_{i-R+2} & \dots & v_{i+1} \\ \dots & & & \\ v_i & v_{i+1} & \dots & v_{i+R} \end{vmatrix}.$$

Da die $v_n$ $(n = 0, 1, 2, \dots)$ eine arithmetische Reihe $R$-ter Ordnung mit der konstanten $R$-ten Differenz $(x_0 - 1)$ bilden, so ist der Wert dieser HANKEL'schen Determinante, wie bekannt, gleich

$$(-1)^{\frac{1}{2}R(R+1)}(x_0 - 1)^{R+1}$$

Der Wert der Determinante (5) ist also für $k = R$ gleich $(x_0 - 1)^R$, d. h. wegen $x_0 - 1 > 0$ selbst positiv.

5. Nach diesen Vorbereitungen können wir unser Problem angreifen. Es sei

$$f(x) = a_0 + a_1 x + \cdots + a_m x^m \qquad (a_0 \neq 0)$$

ein Polynom, das im reellen Zahlgebiet in lineare Faktoren zerfällt, sonst aber ganz beliebig ist. Ich bezeichne mit $p$ die Anzahl jener Wurzeln von

$$f(x) = 0,$$

welche positiv und kleiner als 1 sind. In der Koeffizientenfolge

$$A_0^{(k)}, \quad A_1^{(k)}, \quad A_2^{(k)}, \dots$$

der Potenzreihe

$$\frac{f(x)}{(1-x)^{k+1}} = \sum_{n=0}^{\infty} A_n^{(k)} x^n$$

kann die Anzahl $v(k)$ der Zeichenwechsel nach den erwähnten Ergebnissen von LAGUERRE mit wachsendem $k$ nur abnehmen, kann aber nie unter $p$ sinken; $v(k)$ strebt also gewiss für $k = \infty$ einer Grenze zu, die nicht kleiner als $p$ ist.

Die Ausführungen unter N° 1.-4. ermöglichen nun zu *beweisen dass*

$$\lim_{k=\infty} v(k) = p,$$

welche Aussage mit Rücksicht darauf, dass die $v(k)$ ganze Zahlen sind, auch so formuliert werden kann: es existiert eine positive Zahl $K$, so dass

$$v(k) = p, \tag{6}$$

wenn $k > K$ ist.

Ich beweise eigentlich mehr, als die *blosse Existenz* von $K$; ich zeige nähmlich, dass $K$ — bloss vom Grade $m$ des Polynoms abhängend — folgenderweise gewählt werden kann:

$$K = \frac{(m+3)^2}{4}.$$

Die Produkte der Linearfaktoren von $f(x)$, welche 1) zu den negativen Wurzeln, 2) zu den Wurzeln zwischen 0 und 1, 3) zu den Wurzeln grösser als 1 gehören, sollen der Reihe nach mit $\nu(x)$, $\pi(x)$, $\Pi(x)$ bezeichnet werden, und ihre Gradzahlen mit $n$, $p$, $P$ [9]). (Die Linearfaktoren sind für negative Wurzel $x_0$ in der Form $x - x_0$, für positive in der Form $x_0 - x$ zu denken).

Dann ist

$$f(x) = c\nu(x)\pi(x)\Pi(x)(1-x)^s \quad (c \text{ eine reelle Konstante})$$

und

$$n + p + P + s = m.$$

Die Behauptung (6) ist bewiesen, wenn ich zeige, dass

$$v(P(p+1)+s) = p$$

besteht; daraus folgt nähmlich die Richtigkeit von (6) a fortiori, da ja

$$P(p+1) + s < \frac{(m+3)^2}{4}$$

ist [10]). Für $P = 0$ ist die Anzahl der Zeichenwechsel im Polynom $\frac{f(x)}{(1-x)^s} = c\nu(x)\pi(x)$ nach der DESCARTES'schen Regel gleich $p$, also weist die Koeffizientenfolge der MACLAURIN'schen Reihe von $\frac{f(x)}{(1-x)^{s+1}}$ ebenso viele Zeichenwechsel auf, d. h. $v(s) = p$.

Sei nun $P > 0$. Nach den Sätzen III. und IV. ist die MACLAURIN'sche Reihe von $\frac{\Pi(x)}{(1-x)^{P(p+1)}}$, als Produkt von $P$ Faktoren der Form $\frac{x_0 - x}{(1-x)^{p+1}}$, $(x_0 > 1)$, eine zu mindest $p$-fach positive Reihe. Multiplizieren wir diese Reihe mit dem Polynom

9) Ist einer der Zahlen $n$, $p$, $P$ gleich 0, so ist der bezügliche Faktor gleich 1 zu setzen.

10) Es ist nähmlich

$$P(p+1) \leqq \frac{(P+p+1)^2}{4} = \frac{(m+1-n-s)^2}{4} \leqq \frac{(m+1)^2}{4}$$

also

$$P(p+1) + s \leqq \frac{(m+1)^2}{4} + m < \frac{(m+3)^2}{4}.$$

$c\pi(x)$, so enstehet eine Reihe, die nach Satz I. höchstens $p$ Zeichenwechsel enthalten kann.

Diese Reihe soll wieder mit $\nu(x)$ multipliziert werden, wodurch wir die Reihe von

$$\frac{c\pi(x)\Pi(x)}{(1-x)^{P(p+1)}}\nu(x) = \frac{f(x)}{(1-x)^{P(p+1)+s}}$$

erhalten. Dabei kann die Anzahl der Zeichenwechsel nur abnehmen, da $\nu(x)$ lauter Linearfaktoren von der Form $x+\alpha$, $(\alpha > 0)$ besitzt und wie bekannt [11]), kann bei der Multiplikation mit solchen Linearfaktoren die Anzahl der Zeichenwechsel nie wachsen. Damit ist bewiesen, dass

$$v(P(p+1)+s-1) \leqq p$$

ist; anderseits ist nach LAGUERRE:

$$v(s+P(p+1)-1) \geqq v(s+P(p+1)) \geqq p$$

also

$$v(s+P(p+1)) = p.$$

Die Abschätzung der Fussnote [10]) kann mit der schärferen ersetzt werden:

$$s+P(p+1) \leqq \frac{(w+3)^2}{4},$$

wo $w$ die Anzahl der Zeichenwechsel in der Koeffizientenfolge von $f(x)$ bezeichnet. Wir können also $K$ auch gleich $\frac{(w+3)^2}{4}$ setzen, was im allgemeinen eine bessere untere Grenze für jene $k$ festlegt, für welche

$$v(k) = p$$

ist. An diese Bemerkung anschliessend, möchte ich hier noch hervorheben, dass eine leichte Modification unserer Ausführungen folgende Verallgemeinerung ergiebt:

Ist $f(x)$ eine ganze transcendente Funktion vom Geschlecht 0, mit lauter reellen Wurzeln, deren Koeffizientenfolge $w$ Zeichenwechsel aufweist ($w$ endlich), so ist die Anzahl der Zeichenwechsel in der MACLAURIN'schen Reihe von

$$\frac{f(x)}{(1-x)^{k+1}}$$

gleich der Anzahl der Wurzeln von $f(x)$ im Intervalle $(0, 1)$, sobald

$$k \geqq \frac{(w+3)^2}{4}$$

ist.

6. Jetzt werde ich noch beweisen, dass der Satz

$$\lim_{k=\infty} v(k) = p$$

auch dann besteht, wenn das Polynom $f(x)$ mit reellen Koefficienten auch komplexe

[11]) Encyklopädie der Mathematischen Wissenschaften, Bd. I (Arithmetik und Algebra), S. 410.

Wurzeln hat, jedoch mit der Beschränkung, dass im Intervall (0, 1) keine Wurzeln liegen, d. h.

$$p = 0$$

ist. Wir können ohne Beschränkung der Allgemeinheit voraussetzen, dass $f(0) \neq 0$ ist. Wir können also schreiben

$$f(x) = c\,k(x)\,\nu(x)\,\Pi(x)(1-x)^s$$

wo $k(x)$ das Produkt der zu den konjugierten komplexen Wurzeln gehörenden quadratischen Faktoren bedeutet und die übrigen Bezeichnungen die frühere Bedeutung haben.

Die Koeffizienten von $\nu(x)$ haben das nämliche Vorzeichen; auch in der MACLAURIN'schen Reihe von $\dfrac{\Pi(x)}{(1-x)^p}$ kommt kein Zeichenwechsel vor: die Gleichung

$$\lim_{k=\infty} v(k) = 0 = p$$

wird also bewiesen sein, wenn ich zeige, dass für genügend grosses $i$ die Vorzeichen der Koeffizienten von

$$\frac{a + 2bx + cx^2}{(1-x)^{i+1}} = a + \alpha_1 x + \alpha_2 x^2 + \qquad + \alpha_n x^n +$$

**mit sg $a$ übereinstimmen, falls die Diskriminante**

$$ac - b^2$$

positiv ist.

Da für $n \geqq 2$

$$\alpha_n = \binom{n+i}{i} a + 2\binom{n+i-1}{i} b + \binom{n+i-2}{i} c,$$

ist

$$\alpha_n \frac{(n+i)(n+i-1)}{\binom{n+i}{i}} = A(i) + 2B(i)n + C(i)n^2$$

wo

$$A(i) = ai(i-1),$$

$$2B(i) = 2(a+b)i - (a+2b+c),$$

$$C(i) = a + 2b + c.$$

Wählen wir $i$ so gross, dass das Vorzeichen der **Diskriminante**

$$A(i)C(i) - B(i)^2 = (ac - b^2)i^2 + (a+2b+c)bi - \frac{(a+2b+c)^2}{4}$$

**mit dem Vorzeichen vom Anfangsgliede der rechten Seite übereinstimmt, so ist durchwegs**

$$\text{sg}\,\{A(i) + 2B(i)n + C(i)n^2\} = \text{sg}\,A(i) = \text{sg}\,a$$

**also**

$$\text{sg}\,\alpha_n = \text{sg}\,a \quad \text{für} \quad n \geqq 2.$$

**Ist $i$ genügend gross, se ist auch**

$$\text{sg}\, \alpha_i = \text{sg}\, a.$$

Damit ist der Beweis geführt.

. . . . . . . . . . . . . . . . . . . . . . . . . . . . . . . . . . . . . . . . . . . . . . .

Um die Richtigkeit der Gleichung

$$\lim_{k \to \infty} v(k) = p$$

nach der verwendeten Methode zu beweisen, ohne die Wurzeln irgendwie zu beschränken, müsste noch gezeigt werden, dass ein quadratisches Trinom mit konjugierten komplexen Wurzeln $a + 2bx + cx^2$ durch $(1 - x)^k$ dividiert eine Potenzreihe liefert, die für genügend grosses $k$ $p$-fach positiv ist, wie auch $p$ gewählt sein mag.

Dass dies geht, scheint mir sehr wahrscheinlich sein; indessen ist es mir aber nicht gelungen, einen Beweis dafür zu finden.

. . . . . . . . . . . . . . . . . . . . . . . . . . . . . . . . . . . . . . . . . . . . . . .

Budapest, den 18. Dezember 1911.

MICHAEL FEKETE.

---

## II.

. . . . . . . . . . . . . . . . . . . . . . . . . . . . . . . . . . . . . . . . . . . . . . .

Ich glaube an das von Ihnen neu angeregte Problem mit einer nicht ganz ungeeigneten Methode herantreten zu können; leider ist die Lösung einer Beschränkung unterworfen, die aber aus rein *algebraischem* Gesichtspunkte betrachtet unwesentlich ist. Ich beweise nämlich den Satz:

Es sei

$$f(x) = a_0 + a_1 x + a_2 x^2 + \cdots + a_m x^m$$

eine rationale ganze Funktion mit reellen Koeffizienten, die im Intervalle (0, 1) keine mehrfache Wurzeln besitzt; dann lässt sich eine solche ganze Zahl $K$ angeben, dass falls die ganze Zahl $k$ grösser als $K$ ist, die Anzahl der Zeichenwechsel in der Koeffizientenfolge der Potenzreihe

$$\frac{f(x)}{(1 - x)^{1+k}} = A_0^{(k)} + A_1^{(k)} x + \cdots + A_n^{(k)} x^n + \cdots$$

genau mit der Anzahl jener Wurzeln von $f(x)$ übereinstimmt, die in das Innere des Intervalles (0, 1) fallen.

Ich nehme noch an, dass $a_0$ positiv, und $f(1)$ von Null verschieden sei. In diesen Annahmen liegen keine wesentliche Beschränkungen. Denn einerseits: die Wurzeln, die gleich Null sind, üben überhaupt keinen Einfluss auf die Zeichenwechsel oder Zeichenfolgen **aus; und andererseits, wenn**

$$f(1) = 0$$

d. h. die Zahl 1 eine etwa $s$-fache Nullstelle von $f(x)$ ist, genügt

$$\varphi(x) = \frac{f(x)}{(1-x)^s}$$

gewiss der Bedingung

$$\varphi(1) \gtrless 0.$$

**1.** Die Koeffizienten der MACLAURINschen Reihe von $\dfrac{f(x)}{(1-x)^{1+k}}$ sind die Zähler der CESÀROschen Mittel $k$-ter Ordnung der Reihe

$$a_0 + a_1 + \cdots + a_m + 0 + 0 + \cdots;$$

ausführlich geschrieben

$$A_0^{(k)} = a_0$$

$$A_1^{(k)} = \binom{k+1}{k} a_0 + \binom{k}{k} a_1$$

$$= \binom{1+k}{1}\left(a_0 + a_1 \frac{1}{1+k}\right)$$

$$A_2^{(k)} = \binom{k+2}{k} a_0 + \binom{k+1}{k} a_1 + \binom{k}{k} a_2$$

$$= \binom{2+k}{2}\left(a_0 + a_1 \frac{2}{2+k} + a_2 \frac{2}{2+k}\frac{1}{1+k}\right)$$

. . . . . . . . . . . . . . . . . . . . . . . . . . . . . . . . . . . . . . . . . . . . . . . . . . . .

$$A_m^{(k)} = \binom{k+m}{k} a_0 + \binom{k+m-1}{k} a_1 + \quad + \binom{k}{k} a_m$$

$$= \binom{m+k}{m}\left(a_0 + a_1 \frac{m}{m+k} + \quad + a_m \frac{m}{m+k}\frac{m-1}{m+k-1} \cdots \frac{1}{1+k}\right)$$

. . . . . . . . . . . . . . . . . . . . . . . . . . . . . . . . . . . . . . . . . . . . . . . . . . . .

$$A_n^{(k)} = \binom{k+n}{k} a_0 + \binom{k+n-1}{k} a_1 + \quad + \binom{k+n-m}{k} a_m$$

$$= \binom{n+k}{n}\left(a_0 + a_1 \frac{n}{n+k} + \quad + a_m \frac{n}{n+k}\frac{n-1}{n-1+k} \quad \frac{n-\overline{m-1}}{n-\overline{m-1}+k}\right).$$

. . . . . . . . . . . . . . . . . . . . . . . . . . . . . . . . . . . . . . . . . . . . . . . . . . . .

Seien $p$ und $q$ zwei nichtnegative ganze Zahlen, u. z. sei $p$ kleiner als $q$; ich führe die Bezeichnung ein:

$$f(p,q) = a_0 + a_1 \frac{p}{q} + a_2 \frac{p}{q}\frac{p-1}{q-1} + \cdots + a_p \frac{p}{q}\frac{p-1}{q-1} \quad \frac{1}{q-\overline{p-1}}$$

wo

$$a_{m+1} = a_{m+2} = \cdots = a_{m+n} = \cdots = 0.$$

Die Anzahl der Zeichenwechsel in der Koeffizientenfolge der Potenzreihe $\dfrac{f(x)}{(1-x)^{1+k}}$ ist genau dieselbe, wie in der Folge der CESÀROschen Mittel, die aus der vorigen entsteht,

**indem ihre einzelnen Glieder durch gewisse positive Zahlen dividiert werden; die Cesàroschen Mittel sind:**

$$\frac{A_0^{(k)}}{\binom{k}{k}} = f(0,\ k), \qquad \frac{A_1^{(k)}}{\binom{1+k}{k}} = f(1,\ 1+k), \qquad \frac{A_n^{(k)}}{\binom{n+k}{k}} = f(n,\ n+k),$$

2. Es sei $p \geqq m$, dann ist

$$f\left(\frac{p}{q}\right) - f(p,\ q) = \sum_{\nu=2}^{m} a_\nu \left\{\left(\frac{p}{q}\right)^\nu - \frac{p}{q}\,\frac{p-1}{q-1}\cdots\frac{p-\overline{\nu-1}}{q-\overline{\nu-1}}\right\}.$$

Der Faktor, womit $a_\nu$ multipliziert ist, ist positiv, was sich durch wiederholte Anwendung eines elementaren Satzes ergibt. Sei nun $q$ so gross gewählt, dass

$$\left(1-\frac{1}{q}\right)\left(1-\frac{2}{q}\right)\quad\left(1-\frac{m-1}{q}\right) > \frac{1}{2};$$

dann wird gewiss

$$\left(\frac{p}{q}\right)^\nu - \frac{p}{q}\,\frac{p-1}{q-1}\cdots\frac{p-\overline{\nu-1}}{q-\overline{\nu-1}}$$

$$= \left(\frac{p}{q}\right)^\nu \left(1 - \frac{1-\frac{1}{p}}{1-\frac{1}{q}}\cdot\frac{1-\frac{2}{p}}{1-\frac{2}{q}}\cdots\frac{1-\frac{\nu-1}{p}}{1-\frac{\nu-1}{q}}\right)$$

$$= \left(\frac{p}{q}\right)^\nu \frac{\left(1-\frac{1}{q}\right)\cdots\left(1-\frac{\nu-1}{q}\right) - \left(1-\frac{1}{p}\right)\cdots\left(1-\frac{\nu-1}{p}\right)}{\left(1-\frac{1}{q}\right)\cdots\left(1-\frac{\nu-1}{q}\right)}$$

$$< 2\left\{1 - \left(1 - \frac{1}{p} - \frac{2}{p} - \cdots - \frac{\nu-1}{p}\right)\right\} = \frac{\nu(\nu-1)}{p} \leqq \frac{m(m-1)}{p}.$$

Also, bei getroffener Wahl von $q$

$$\left|f\left(\frac{p}{q}\right) - f(p,\ q)\right| < (|a_2| + |a_3| + \quad + |a_m|)\frac{m(m-1)}{p}.$$

3. Ähnlicherweise ergibt sich:

$$f(p,\ q) - f(p-1,\ q-1) = \sum_{\nu=1}^{n} a_\nu \left(\frac{p}{q} - \frac{p-\nu}{q-\nu}\right)\frac{p-1}{q-1}\,\frac{p-2}{q-2}\cdots\frac{p-\overline{\nu-1}}{q-\overline{\nu-1}}$$

$$= \sum_{\nu=1}^{m} a_\nu \frac{(q-p)\nu}{q(q-\nu)}\,\frac{p-1}{q-1}\cdots\frac{p-\overline{\nu-1}}{q-\overline{\nu-1}}$$

$$= \frac{q-p}{q(q-1)}\sum_{\nu=1}^{m} \nu a_\nu \frac{p-1}{q-2}\,\frac{p-2}{q-3}\quad\frac{p-\overline{\nu-1}}{q-\nu}$$

$$= \frac{q-p}{q(q-1)}\left\{f'\left(\frac{p}{q}\right) - \sum_{\nu=2}^{m} \nu a_\nu \left(\left(\frac{p}{q}\right)^{\nu-1} - \frac{p-1}{q-2}\,\frac{p-2}{q-3}\cdots\frac{p-\overline{\nu-1}}{q-\nu}\right)\right\}$$

wo der heraustretende Faktor ersichtlich positiv und die in der geschweiften Klammer an zweiter Stelle stehende Summe dem absoluten Betrage nach kleiner ist, als

$$(2|a_2| + 3|a_3| + \cdots + m|a_m|)\frac{m(m-1)}{p}.$$

4. Es sei

$$\alpha = \frac{a_0}{|a_1| + |a_2| + \cdots + |a_m|}.$$

**Die Zahl $\alpha$ hat folgende Eigenschaften:**

**I. $\alpha$ ist positiv.**

**II. Ist $\alpha < 1$, dann ist $\alpha$ kleiner (oder gleich) als die kleinste positive Wurzel von $f(x)$; Gleichheit kann nur eintreten, wenn $f(x)$ linear ist.**

**III. Ist aber $\alpha \geqq 1$, dann hat $f(x)$ keine Wurzel, die kleiner als Eins ist; unserer Annahme zufolge ist also die kleinste positive Wurzel von $f(x)$, falls sie überhaupt existiert, grösser als die Einheit.**

**IV. Ist $\frac{p}{q} < \alpha$, so ist $f(p, q)$ positiv; entgegengesetztenfalls wäre**

$$a_0 + a_1\frac{p}{q} + \cdots + a_m\frac{p}{q}\frac{p-1}{q-1}\cdots\frac{\overline{p-m-1}}{\overline{q-m-1}} \leqq 0$$

d. h.

$$a_0 \leqq -a_1\frac{p}{q} - a_2\frac{p}{q}\frac{p-1}{q-1} - \cdots - a_m\frac{p}{q}\frac{p-1}{q-1}\cdots\frac{\overline{p-m-1}}{\overline{q-m-1}}$$

$$\leqq (|a_1| + |a_2| + \cdots + |a_m|)\frac{p}{q}$$

oder

$$\alpha \leqq \frac{p}{q}$$

was wir eben ausgeschlossen haben.

5. Dies vorausgeschickt, unterscheide ich nun zwei Fälle; ist erstens $\alpha \geqq 1$, so hat einerseits $f(x)$ keine positive Wurzel kleiner als Eins (§ 4. III.) und andererseits sind die Glieder der unendlichen Zahlenfolge

$$f(0, k),\quad f(1, 1+k),\quad f(2, 2+k),\ \ldots,\ f(n, n+k),\ \ldots$$

alle positiv, falls nur $k > 0$ (§ 4. IV.); sie stimmen jedoch im Vorzeichen mit den Koeffizienten der MACLAURINschen Entwicklung von $\frac{f(x)}{(1-x)^{1+k}}$ überein. Die Übereinstimmung zwischen der Anzahl der Wurzeln in $(0, 1)$ und der Anzahl der Zeichenwechsel ist also vollständig; beide Anzahlen sind nämlich gleich Null.

Ist aber zweitens $\alpha < 1$, so seien die Koeffizienten der fraglichen MACLAURINschen Entwicklung, die mit den Indices

$$0,\ 1,\ 2,\ 3,\ 4,\ \ldots,\ n,\ \ldots$$

versehen sind, der Reihe nach den Punkten mit den Abscissen

$$\frac{0}{k},\quad \frac{1}{1+k},\quad \frac{2}{2+k},\quad \frac{3}{3+k},\ \ldots,\ \frac{n}{n+k},\ \ldots$$

zugeordnet, die alle dem Intervall (0, 1) angehören. Die Koeffizienten von verschiedenen Indices

$$A_0^{(k)},\quad A_1^{(k)},\quad A_2^{(k)},\quad A_3^{(k)},\ \ldots,\ A_n^{(k)},\ \ldots$$

stimmen im Vorzeichen mit den verschiedenen CESÀROschen Mitteln $k$-ter Ordnung überein, d. h. mit den Zahlen

$$f(0, k),\ f(1, 1 + k),\ f(2, 2 + k),\ f(3, 3 + k),\ \ldots,\ f(n, n + k),\ \ldots$$

während in den Punkten der obigen Abscissenfolge die Funktion $f(x)$ die Werte

$$f\left(\frac{0}{k}\right),\ f\left(\frac{1}{1+k}\right),\ f\left(\frac{2}{2+k}\right),\ f\left(\frac{3}{3+k}\right),\ \ldots,\ f\left(\frac{n}{n+k}\right),\ \ldots$$

annimmt. Höheren Indices entsprechen Punkte von grösseren Abscissen, und der einzige Grenzpunkt aller durch diese Zuordnung ausgezeichneten Punkte ist der Einheitspunkt. Wenn wir aus dem Intervall (0, 1) irgendein *partielles Intervall* herausheben, so nehmen wir dadurch aus der Folge der Koeffizienten eine *entsprechende Teilfolge* heraus; ich bezeichne damit die Gesammtheit derjenigen Koeffizienten $A_n^{(k)}$, die solchen ausgezeichneten Punkten entsprechen, welche in das herausgehobene Teilintervall fallen. Die Teilfolge enthält Koeffizienten in unendlicher oder endlicher Anzahl, jenachdem das Teilintervall den Einheitspunkt zum Endpunkte hat oder nicht.

Ich sehe nun ab von zwei speciellen Fällen, nämlich wenn $f(x)$ im Intervall (0, 1) keine Wurzeln hat und wenn $f(x)$ linear ist; diese Fälle lassen sich auf ähnliche Art erledigen, wie der allgemeinere.

Ich teile das Intervall (0, 1) in Teilintervalle in folgender Weise: zuerst nehme ich das Intervall $(0, \alpha)$; im $(\alpha, 1)$ liegen nun die fraglichen Nullstellen von $f(x)$, deren jede ich mit einem Intervall *erster Art* umgebe, d. h. mit einem solchen, das gänzlich im Innern von $(\alpha, 1)$ liegt, und in welchem, die Endpunkte eingerechnet, $f'(x)$ nicht verschwindet; die von $(\alpha, 1)$ übrigbleibenden Intervalle sollen *Intervalle zweiter Art* heissen. In den Intervallen zweiter Art hat $|f(x)|$ eine von Null verschiedene untere Grenze, in den Intervallen erster Art ist das mit $|f'(x)|$ der Fall; diese unteren Grenzen sollen $f$ und $f'$ genannt werden.

Es sei nun $n_k$ die Zahl, welche den Ungleichungen

$$\frac{n_k}{n_k + k} \leqq \alpha < \frac{n_k + 1}{n_k + 1 + k}$$

genügt, d. h.

$$n_k = \left[\frac{\alpha k}{1 - \alpha}\right].$$

Ersichtlicherweise wächst $n_k$ mit $k$ über alle Grenzen. Wählen wir weiter $k$ so gross, dass

I. $$\left(1 - \frac{1}{k}\right)\left(1 - \frac{2}{k}\right) \quad \left(1 - \frac{m-1}{k}\right) > \frac{1}{2}$$

II. $$n_k \geqq m$$

III. $$(|a_2| + |a_3| + \cdots + |a_m|)\frac{m(m-1)}{n_k} < f$$

IV. $$(2|a_2| + 3|a_3| + \cdots + m|a_m|)\frac{m(m-1)}{n_k} < f'.$$

Dann werden die Glieder der einzelnen Teilfolgen, welche dem Intervalle $(0, \alpha)$ und den Intervallen zweiter Art entsprechen, jeweilig dasselbe Vorzeichen haben und zwar das von $f(x)$ in den zugeordneten Intervallen. Die den Intervallen erster Art entsprechenden Teilfolgen werden monoton wachsend oder abnehmend, je nachdem $f'(x)$ in dem betreffenden Intervalle positiv oder negativ ausfällt. In einer monotonen Folge aber ist höchstens ein Zeichenwechsel möglich. Da nun jede solche monotone Folge zwischen zwei andern Folgen konstanten Vorzeichens eingeschlossen ist (jede wachsende zwischen eine negative und eine positive, jede abnehmende zwischen eine positive und eine negative) entspricht auch jeder monotonen Folge, d. h. jedem Intervall erster Art, d. h. jeder Wurzel im Intervall $(0, 1)$ in der Tat ein Zeichenwechsel. In solcher Weise wurden jedoch *alle* Zeichenwechsel erschöpft. Qu. e. d.

Zu diesen Entwicklungen hat Herr Fejér noch Folgendes bemerkt: es lässt sich bei gegebenem $k$ ein solcher Index $N$ angeben, dass alle Zahlen

$$f(N, N+k),\quad f(N+1, N+1+k), \ldots, f(N+n, N+n+k), \ldots$$

von demselben Vorzeichen sind, d. h. dass die Ungleichung

$$|f(1) - f(\nu, \nu+k)| < |f(1)|$$

immer besteht, falls nur $\nu \geqq N$.

Man erhält durch partielle Summation

$$f(1) - f(\nu, \nu+k) = a_1\left(1 - \frac{\nu}{\nu+k}\right) + a_2\left(1 - \frac{\nu}{\nu+k}\frac{\nu-1}{\nu+k-1}\right) + \cdots$$

$$\cdots + a_m\left(1 - \frac{\nu}{\nu+k} \cdots \frac{\nu-\overline{m-1}}{\nu+k-\overline{m-1}}\right)$$

$$= a_m \frac{\nu}{\nu+k} \cdots \frac{\nu-\overline{m-2}}{\nu+k-\overline{m-2}}\left(1 - \frac{\nu-\overline{m-1}}{\nu+k-\overline{m-1}}\right)$$

$$+ (a_m + a_{m-1})\frac{\nu}{\nu+k} \cdots \frac{\nu-\overline{m-3}}{\nu+k-\overline{m-3}}\left(1 - \frac{\nu-\overline{m-2}}{\nu+k-\overline{m-2}}\right) + \cdots$$

$$\cdots + (a_m + a_{m-1} + \cdots + a_1)\left(1 - \frac{\nu}{\nu+k}\right)$$

$$|f(1) - f(\nu, \nu+k)| < |a_m| \frac{k}{\nu+k-\overline{m-1}}$$

$$+ |a_m + a_{m-1}| \frac{k}{\nu+k-\overline{m-2}} + \cdots + |a_m + a_{m-1} + \cdots + a_1| \frac{k}{\nu+k}.$$

Nennen wir also $M$ die grösste zwischen den Zahlen

$$|a_m|,\quad |a_m + a_{m-1}|, \ldots, |a_m + a_{m-1} + \cdots + a_1|$$

so ist gewiss

$$|f(1) - f(\nu, \nu+k)| < \frac{mMk}{\nu+k-\overline{m-1}}.$$

Ist also $\nu$ so gross gewählt, dass

$$\frac{mMk}{\nu + k - m - 1} < |f(1)| \quad \text{d. h.} \quad \nu > \frac{mMk}{|f(1)|} + m - k - 1$$

so wird $f(\nu, \nu + k)$ gewiss von demselbem Vorzeichen sein, als $f(1)$.

Wollen wir also die Zeichenwechsel in unserer Reihe abzählen, so können wir uns auf die $N$ ersten Glieder beschränken, wo

$$N = \left[\frac{mMk}{|f(1)|} + m - k\right].$$

Die Untersuchung der Zeichenwechsel führt zu einer neuartigen Berechnung der Wurzeln, die zwar eine langsame Approximation liefert, jedoch den Vorteil besitzt, auch in viel allgemeineren Fällen anwendbar zu sein. Dies beruht darauf, was Sie schon bei der ersten Erwähnung meiner Idee bemerkt haben, dass nämlich die eben auseinandergesetzte Annäherungseigenschaft der CESÀROschen Mittel auch bei Potenzreihen bestehen bleibt.

**6.** Es sei die Potenzreihe

$$f(x) = a_0 + a_1 x + a_2 x^2 + \cdots + a_n x^n + \cdots$$

im Einheitskreise konvergent

$$\frac{f(x)}{(1-x)^{1+k}} = A_0^{(k)} + A_1^{(k)} x + A_2^{(k)} x^2 + \cdots + A_n^{(k)} x^n + \cdots$$

$$f(n, n+k) = \frac{A_n^{(k)}}{\binom{n+k}{k}}.$$

Denken wir uns die Gitterpunkte der $(n, k)$ Ebene, deren Koordinaten nichtnegative ganze Zahlen sind und ordnen wir dem Gitterpunkte $(n, k)$ den Wert $f(n, n+k)$ zu. Ziehen wir in der $(n, k)$ Ebene zwei parallele Gerade, welche mit der positiven $k$-Achse einen Winkel mit der Richtungstangente $a$ einschliessen ($0 \leqq a < \infty$) [1]) und nehmen wir unendlich viele Werte $f(n, n+k)$, deren repräsentierende Punkte zwischen den beiden parallelen Geraden liegen; dann hat die Menge dieser Werte den einzigen Häufungspunkt $f\left(\frac{a}{1+a}\right)$. Allgemeiner lässt sich Folgendes aussagen: seien $\alpha$ und $\beta$ **positive, echte Brüche ($\alpha < \beta$) und sei $\rho$ ein Punkt im Intervalle ($\alpha$, $\beta$); dann finden sich zu einer willkürlich gegebenen Zahl $\varepsilon$ solche $K$ und $\eta$, dass, wenn nur**

$$k > K \quad \text{und} \quad \left|\rho - \frac{n}{n+k}\right| < \eta$$

**immer**

$$|f(n, n+k) - f(\rho)| < \varepsilon.$$

---

[1]) Auf den Fall $a = \infty$ beziehen sich die Sätze von ABEL, FROBENIUS, HÖLDER, CESÀRO, etc.

Dies ergibt sich aus der Abschätzung

$$|f(n, n+k) - f(\rho)| \leqq \frac{M(M-1)}{n_k} \sum_{2}^{M} |a_\nu| + 2 \sum_{M+1}^{\infty} |a_\nu| \beta^\nu + \left| f(\rho) - f\left(\frac{n}{n+k}\right) \right|$$

mit Hinzuziehung der absoluten Konvergenz der Reihe $f(\beta)$ und der gleichmässigen Stetigkeit der Funktion $f(x)$. (Hier bezeichnet $M$ eine willkürliche ganze Zahl $\geqq 2$; zwischen den Zahlen $\alpha$, $k$ und $n_k$ besteht dieselbe Beziehung, als zwischen den geichbezeichneten im § 5). Aus der Abschätzung im § 3. folgt ein ähnliches Resultat: ist

$$\lim \frac{n}{n+k} = x$$

so ist auch

$$\lim (n+k)\{f(n, n+k) - f(n-1, n+k-1)\} = (1-x) f'(x).$$

Seien nun die Koeffizienten der Potenzreihe reell; wir bezeichnen mit

$$\nu_0, \nu_1, \nu_2, \nu_3, \ldots, \nu_k, \ldots$$

gewisse Indices; es soll nämlich ein Zeichenwechsel auftreten:

zwischen dem $\nu_0$-ten und $\nu_0 + 1$-ten CESÀROschen Mittel 0-ter Ordnung [a])
zwischen dem $\nu_1$-ten und $\nu_1 + 1$-ten CESÀROschen Mittel 1-ter Ordnung
. . . . . . . . . . . . . . . . . . . . . . . . . . . . . . . . . . . . . .
zwischen dem $\nu_k$-ten und $\nu_k + 1$-ten CESÀROschen Mittel $k$-ter Ordnung u. s. w.

Besitzt dann die Zahlenmenge

$$\frac{\nu_0}{0+\nu_0}, \frac{\nu_1}{1+\nu_1}, \frac{\nu_2}{2+\nu_2}, \ldots, \frac{\nu_k}{k+\nu_k}, \ldots$$

irgend einen von der Einheit verschiedenen Häufungspunkt $\rho$, so ist $\rho$ eine Nullstelle der Funktion $f(x)$; denn $f(\rho)$ ist ein Grenzwert von Zahlen, unter denen unendlich viele positive und unendlich viele negative (oder unendlich viele positive und verschwindende oder unendlich viele negative und verschwindende) vorkommen. Die Ableitung der angeführten Menge kann ihrerseits höchstens einen einzigen Häufungspunkt haben, den Einheitspunkt, da doch $f(x)$ im Innern des Einheitskreises holomorph und nicht identisch Null ist. Ich behaupte nun, dass, wenn

$$\nu_0, \nu_1, \nu_2, \ldots, \nu_k, \ldots$$

die Indices jener CESÀROschen Mittel bezeichnen, denen, der Reihe nach, in den consecutiven Folgen immer das *erste* (bzw. das $s$-te) Zeichenwechsel entspricht, die Zahlenfolge

$$\frac{\nu_0}{0+\nu_0}, \frac{\nu_1}{1+\nu_1}, \frac{\nu_2}{2+\nu_2}, \ldots, \frac{\nu_k}{k+\nu_k}, \ldots$$

nur einen einzigen Häufungspunkt besitzt, d. h. konvergiert.

---

[a]) Tritt zwischen den Gliedern $\alpha_r$, $\alpha_{r+1}$ der Folge

$$\alpha_0, \alpha_1, \alpha_2, \ldots \alpha_r, \ldots$$

ein Zeichenwechsel auf, so nennen wir $r$ den « Inder dieses Zeichenwechsels ».

Ziehen wir in der Ebene $(n, k)$ den Linienzug, dessen consecutive Ecken

$$(\nu_0, 0), \quad (\nu_1, 1), \quad (\nu_2, 2), \ldots, (\nu_k, k), \ldots$$

sind, und den wir die *erste* ($s$-te) *Zeichenwechselkurve* nennen wollen, dann muss gezeigt werden, dass dieselbe eine bestimmte asymptotische Richtung besitzt.

I. Lemma. — Seien $\sum_0^\infty b_n x^n$ und $\sum_0^\infty c_n x^n$ Potenzreihen mit reellen Koeffizienten,

$$(b_0 + b_1 x + b_2 x^2 + \cdots + b_n x^n + \cdots)(1 + x + x^2 + \cdots + x^n + \cdots)$$
$$= c_0 + c_1 x + c_2 x^2 + \cdots + c_n x^n + \cdots$$

d. h.

$$c_0 = b_0,$$
$$c_1 = b_0 + b_1,$$
$$c_2 = b_0 + b_1 + b_2$$
$$\cdots\cdots\cdots\cdots\cdots\cdots$$
$$c_n = b_0 + b_1 + b_2 + \cdots + b_n$$

und sei in der Folge

$$b_0, \quad b_1, \quad b_2, \ldots, b_n, \ldots$$

der 1-te, 2-te, ..., $s$-te Zeichenwechsel zwischen den Gliedern

$$b_{i_1} \text{ und } b_{i_1+1}, \quad b_{i_2} \text{ und } b_{i_2+1}, \quad \ldots, \quad b_{i_s} \text{ und } b_{i_s+1}$$

Da eine monotone Folge höchstens einmal die Null passieren kann, ist ersichtlich, dass:

in der Folge $c_0, c_1, \ldots, c_{i_1}$ kein Zeichenwechsel ist

in der Folge $c_0, c_1, \ldots, c_{i_1}, c_{i_1+1}, \ldots, c_{i_2}$ höchstens 1 Zeichenwechsel

. . . . . . . . . . . . . . . . . . . . . . . . . . . . . . . . . . . . . . . .

in der Folge $c_0, c_1, \ldots, c_{i_1}, \ldots, c_{i_2}, \ldots, c_{i_s}$ höchstens $s-1$ Zeichenwechsel vorkommen. Also schliesse ich: der Index des $s$-ten Zeichenwechsels in der Folge der $b_i$ ist *nicht grösser*, als der Index des $s$-ten Zeichenwechsels in der Folge der $c_i$. Diese Bemerkung wollte ich unter Lemma I. anführen.

Da nun

$$\nu_0, \quad \nu_1, \quad \nu_2, \quad \nu_3, \ldots, \nu_k, \ldots.$$

Indices des $s$-ten Zeichenwechsels in der Koeffizientenfolge solche Potenzreihen bedeuten, die alle aus der ersten durch successive Multiplikation mit der geometrischen Reihe entstanden sind, ist (Lemma I. in betracht gezogen)

$$\nu_0 \leqq \nu_1 \leqq \nu_2 \leqq \nu_3 \leqq \cdots \leqq \nu_k \leqq \cdots.$$

II Lemma. — Lässt sich in der Folge $b_1, b_2, \ldots b_n, \ldots$

$$b_n - b_{n+1} < \eta_n$$

setzen, wo $\eta_1, \eta_2, \ldots, \eta_n, \ldots$ eine nie wachsende, zu Null konvergierende unendliche Folge von positiven Zahlen bedeutet, dann hat die Folge $b_1, b_2, \ldots, b_n, \ldots$, falls sie zwei verschiedene Grenzpunkte $b$ und $b'$ besitzt $(b < b')$ alle Punkte des Intervalles $(b, b')$ zu Grenzpunkten.

Die Konsequenz, dass die Glieder der Folge im Intervalle $(b, b')$ überall dicht sind, hat Herr FEJÉR [3]) unter der engeren Bedingung nachgewiesen, dass die Differenz zweier konsekutiven Glieder mit wachsendem Index dem absoluten Betrage nach unendlich abnimmt; die hier gegebene Bedingung kann auch so ausgesprochen werden, dass falls in der Folge $b_1, b_2, \ldots, b_n, \ldots$ ein Abnehmen eintritt, dieses nur in einem mit unendlich wachsendem $n$ unendlich klein werdenden Betrage stattfinden kann. Der Satz FEJÉR's verhält sich zu dem hier zu beweisenden ähnlich, wie ein bekannter Satz HARDY's über arithmetische Mittel zu seiner LANDAU'schen Verallgemeinerung.

Würde nämlich der Satz nicht bestehen, so liesse sich ein Punkt $c$ des Intervalles $(b, b')$ finden, derart, dass in das Intervall $(c - \varepsilon, c + \varepsilon)$, das gänzlich im Innern von $(b, b')$ gelegen ist, kein einziger Punkt zu liegen kommt, sobald $n > N$. Sei ferner $\eta_{N'} < 2\varepsilon$; da weiter $b'$ auch Grenzpunkt ist, muss sich ein $b_\nu (\nu > N, \nu > N')$ angeben lassen, der rechts von $c + \varepsilon$ liegt. Daraus würde aber folgen, dass kein einziges $b_n$ existiert, das kleiner als $c$ und dessen Index grösser als $\nu$ ist; das steht mit dem Umstande in Wiederspruch, dass auch $b$ eine Häufungsstelle ist. Lemma II. ist also bewiesen.

Die Folge

$$\frac{\nu_0}{0 + \nu_0}, \quad \frac{\nu_1}{1 + \nu_1}, \quad \frac{\nu_2}{2 + \nu_2}, \quad \frac{\nu_3}{3 + \nu_3}, \ldots, \frac{\nu_k}{k + \nu_k}, \ldots$$

genügt den Bedingungen des Lemma II.; es ist nämlich

$$\frac{\nu_k}{k + \nu_k} - \frac{\nu_{k+1}}{k + 1 + \nu_{k+1}} = \frac{(\nu_k - \nu_{k+1})k + \nu_k}{(k + \nu_k)(k + 1 + \nu_{k+1})} \leqq \frac{\nu_k}{(k + \nu_k)(k + 1 + \nu_k)} < \frac{1}{k}$$

da doch $\nu_k - \nu_{k+1}$ nie positiv sein kann. Hätte also die fragliche Folge zwei verschiedene Häufungsstellen $b, b'$, so würde $f(x)$ — nach einer vorangehenden Bemerkung dieses Paragraphen — für jede Stelle des Intervalls $(b, b')$ verschwinden, was doch ausgeschlossen ist. — Letzterer Teil des Beweises könnte auch geometrisch durchgeführt werden.

So gelangten wir zu einer neuen Methode reelle Wurzeln reeller Potenzreihen zu ermitteln. Aus der von LAGUERRE verallgemeinerten DESCARTESsche Zeichenregel folgt, dass die Anzahl der Zeichenwechsel nie unter die Anzahl der Wurzeln sinken kann; aber es bleibt unentschieden, ob durch die angegebene Methode alle Wurzeln und mit richtiger Multiplizität erhalten werden können; der in §§ 1.-5. bewiesene Satz zeigt, dass sie vollständig zum Ziele führt im Falle eines reellen Polynoms mit lauter einfachen Wurzeln.

Budapest, den 15. Jänner 1912.

GEORG PÓLYA.

[3]) L. FEJÉR: *a) Sur la série de* FOURIER [Comptes rendus hebdomadaires des séances de l'Académie des Sciences (Paris), Bd. CXLII (1. Semester 1906), S. 501-503 (séance du 26 février 1906]; *b) A* FOURIER-*féle sorról* (Elsö közlemény) [Mathematikai és Természettudományi Értesítö, Bd. XXIV (1906), 292-297]. In diesen Arbeiten wird die Schlussweise auf die FOURIER'sche Reihe angewandt; andere Anwendungen auf gewisse Fragen der successiven Approximation sind mir aus mündlicher Mitteilung bekannt.

## III.

. . . . . . . . . . . . . . . . . . . . . . . . . . . . . . . . . . . . . . . . . . . . . . . . .

Die Annäherungseigenschaft der arithmetischen Mittel, mit deren Entdeckung Sie LAGUERRE's Problem für Polynome mit einfachen Wurzeln gelöst haben, stellt den tiefsten Grund der Tatsache

$$(1) \qquad \lim_{k=\infty} v(k) = p$$

ins Licht. Um das Problem ganz allgemein zu lösen, habe ich den Zusammenhang zwischen den arithmetischen Mitteln und den Funktionswerten weiter untersucht. Meine Untersuchungen führten in zwei Richtungen über unsere bisher gefundenen Resultate hinaus. Erstens bewies ich die Gleichung (1) für *jedes* Polynom und auch für Potenzreihen, die im Einheitsheitskreise konvergieren und im Punkte $x = 1$ gewissen Beschränkungen unterworfen sind. (Satz I.) Zweitens zeigte ich, dass das durch Sie gefundene Verfahren zur Ermittelung der Wurzeln von $f(x) = 0$ zwischen 0 und 1 *jede* Wurzel in diesem Intervalle und zwar mit *richtiger Multiplizität* ergibt, wenn $f(x)$ durch eine reelle Potenzreihe definiert ist, die im Einheitskreise konvergiert, sonst aber gar keiner Beschränkung unterliegt. (Satz II).

Der genauen Formulierung meiner Ergebnisse schicke ich drei Hilfssätze voraus, deren erster ein unmittelbares Korollar Ihrer Resultate ist.

Mit $f(x)$ werde ich im folgenden immer eine Potenzreihe bezeichnen, die im Einheitskreise konvergiert und reelle Koeffizienten hat. Sei $f(n, n+k)$ das CESÀRO'sche Mittel $k$-ter Ordnung der $n$ ersten Partialsummen von $\sum_{n=0}^{\infty} a_n$. Die Glieder der Folge

$$(2) \qquad f(0, k), \quad f(1, 1+k), \ldots, f(n, n+k), \ldots,$$

deren Argumente $n$ und $n+k$ der Ungleichung

$$\alpha < \frac{n}{n+k} < \beta \qquad (0 \leqq \alpha < \beta \leqq 1)$$

genügen, bilden eine Teilfolge von (2); um die Ausdrucksweise zu erleichtern, soll diese « zum Intervall $(\alpha, \beta)$ gehörig » genannt werden.

HILFSSATZ I. — Ist $f(x)$ für $\alpha \leqq x \leqq \beta$, $(0 < \alpha < \beta < 1)$ von Null verschieden, dann gibt es eine solche Zahl $K = K(\alpha, \beta)$, dass für jedes $k > K$ die Glieder der zum Intervall $(\alpha, \beta)$ gehörigen Teilfolge von (2) das Vorzeichen von $f(\alpha)$ haben.

Zum Beweise des Hilfssatzes II. brauche ich folgendes

LEMMA. — Ist die Anzahl der Zeichenwechsel in der Folge der Differenzen

$$\alpha_1 - \alpha_0, \quad \alpha_2 - \alpha_1, \ldots, \alpha_m - \alpha_{m-1}$$

**gleich $w$, so können in der Folge**

$$\alpha_0, \quad \alpha_1, \quad \alpha_2, \ldots, \alpha_m$$

**nicht mehr, als $w + 1$ Zeichenwechsel vorkommen.**

*Beweis:* Wechseln die Zahlen

$$\alpha_1 - \alpha_0, \quad \alpha_2 - \alpha_1, \quad \dots \quad \alpha_m - \alpha_{m-1}$$

$w$-mal ihr Vorzeichen, so kann die Anzahl der Zeichenwechsel in der Folge

$$(3) \qquad \alpha_0, \quad \alpha_1 - \alpha_0, \quad \alpha_2 - \alpha_1, \quad \dots \quad \alpha_m - \alpha_{m-1}, \quad -\alpha_m$$

$w + 2$ nicht übertreffen.

(3) ist aber die Folge der Koeffizienten des Produktes

$$(\alpha_0 + \alpha_1 x + \alpha_2 x^2 + \cdots + \alpha_m x^m)(1 - x),$$

sie muss also nach dem bekannten Lemma von SEGNER mit einer ungeraden Zahl mehr Zeichenwechsel enthalten, als die Folge

$$\alpha_0, \quad \alpha_1, \quad \dots \quad \alpha_m.$$

Hieraus folgt unser Lemma.

HILFSSATZ II. — Ist der $r$-te Differentialquotient von $f(x)$ im Innern und an den Grenzen des Intervalls $(\alpha, \beta)$, wo $0 < \alpha < \beta < 1$, von $0$ verschieden, so kann $K = K(\alpha, \beta)$ so gross gewählt werden, dass für jedes beliebige, aber fixe $k$, das $K$ übertrifft, die zum Intervall $(\alpha, \beta)$ gehörige Teilfolge von (2) höchstens $r$ Zeichenwechsel aufweist.

*Beweis:* Es bezeichne $f^{(s)}(n, n + k)$ den analogen Ausdruck für

$$f^{(s)}(x) = s! \sum_{i=s}^{\infty} a_i \binom{i}{s} x^{i-s} \qquad (s = 1, 2, \dots, r)$$

wie $f(n, n + k)$ für $f(x) = \sum_{i=0}^{\infty} a_i x^i$.

Ist $f^{(r)}(x)$ im Innern und an den Grenzen von $(\alpha, \beta)$ von $0$ verschieden, so kann die positive Zahl $\delta$ so klein gewählt werden, dass $\beta + \delta < 1$ ist und $|f^{(r)}(x)|$ im Intervall $(\alpha, \beta + \delta)$ eine positive untere Grenze besitzt.

Nach Hilfssatz I. kann also $K = K(\alpha, \beta + \delta)$ so gross gewählt werden, dass für jedes $k$ und $\nu$, die den Ungleichungen

$$k > K, \quad \alpha < \frac{\nu}{\nu + k} < \beta$$

genügen,

$$\operatorname{sg} f^{(r)}(\nu, \nu + k) = \operatorname{sg} f^{(r)}(\alpha)$$

ist.

Sei nun $k > K$ so gewählt, dass, wenn unter den Brüchen $\frac{\nu}{\nu + k}$ $(\nu = 1, 2, 3, \dots)$

$$(S^{(0)}) \qquad \frac{n}{n + k}, \quad \frac{n + 1}{n + k + 1}, \quad \dots \quad \frac{n + m}{n + k + m}$$

diejenigen sind, die in das Intervall $(\alpha, \beta)$ fallen, $m > 2r$ sei und dabei die Glieder

der Folgen

$$(S^{(1)})\qquad \frac{n}{n+k-1},\quad \frac{n+1}{n+k},\quad \frac{n+m-2}{n+k+m-3},\quad \frac{n+m-1}{n+k+m-2}$$

$$(S^{(2)})\qquad \frac{n}{n+k-2},\quad \frac{n+1}{n+k-1},\quad \frac{n+m-2}{n+k+m-4}$$

. . . . . . . . . . . . . . . . . . . . . . . . . . . . . . . . . . . .

$$(S^{(r)})\qquad \frac{n}{n+k-r},\quad \frac{n+1}{n+k-r+1},\ \ldots,\ \frac{n+m-r}{n+k+m-2r}$$

grösser als $\alpha$ und kleiner als $\beta+\delta$ ausfallen [1]).

Bilden wir für diesen Wert von $k$ die Folgen

$$(S_0)\qquad \begin{cases} f(n,\ n+k),\ f(n+1,\ n+k+1),\ \ldots, \\ f(n+m-1,\ n+k+m-1),\ f(n+m,\ n+k+m) \end{cases}$$

$$(S_1)\quad f^{(1)}(n,\ n+k-1),\quad f^{(1)}(n+1,\ n+k),\ \ldots,\ f^{(1)}(n+m-1,\ n+k+m-2)$$

$$(S_2)\quad f^{(2)}(n,\ n+k-2),\quad f^{(2)}(n+1,\ n+k-1),\ \ldots,\ f^{(2)}(n+m-2,\ n+k+m-4)$$

. . . . . . . . . . . . . . . . . . . . . . . . . . . . . . . . . . . .

$$(S_r)\quad f^{(r)}(n,\ n+k-r),\quad f^{(r)}(n+1,\ n+k-r+1),\ldots,\ f^{(r)}(n+m-r,\ n+k+m-2r).$$

Die Differenz der nach einander folgenden Glieder in $(S_i)\,(i=0,\,1,\,\ldots,\,r-1)$ unterscheiden sich von den Gliedern in $(S_{i+1})$ nur in positiven Faktoren. Es ist nähmlich [2])

$$f(n+1,\ n+1+k)-f(n,\ n+k)=\frac{k}{(n+k)(n+k+1)}f^{(1)}(n,\ n+k-1)$$

---

[1]) Dass durch geeignete Wahl von $k$ die Bedingung $m>2r$ befriedigt werden kann, ist evident, denn mit wachsendem $k$ fallen immer mehr Glieder der Folge $\frac{\nu}{\nu+k}$ $(\nu=1,\,2,\,\ldots)$ in das Intervall $(\alpha,\,\beta)$. Anderseits wird für $m>2r$ die Forderung, dass die Glieder von $(S^{(1)})$, $(S^{(2)})$, $(S^{(3)})$, ..., $(S^{(r)})$ die Zahl $\alpha$ überschreiten, von selbst erfüllt; es ist nähmlich

$$\alpha<\frac{n}{n+k}<\frac{n}{n+k-1}<\frac{n}{n+k-2}<\cdots<\frac{n}{n+k-r}$$

und in jeder einzelnen Folge $(S^{(i)})$ wachsen die Glieder monoton. Endlich bleiben die Glieder dieser Folgen kleiner als $\beta+\delta$, wenn $k$ so gewählt wird, dass $\frac{|2\beta-1|r}{n+k}<\delta$; denn

$$\frac{r+m-i}{n+m+k-2i}<\frac{(n+m+k)\beta-i}{n+m+k-2i}=\beta+\frac{(2\beta-1)i}{n+k+m-2i}<\beta+\frac{|2\beta-1|r}{n+k}.$$

[2]) Dies zeigt die folgende einfache Rechnung:

$$f(n+1,\ n+1+k)-f(n,\ n+k)=\sum_{i=1}^{n+1}a_i\frac{n+1}{n+1+k}\cdot\frac{n}{n+k}\cdots\frac{n-i+2}{n+k-i+2}$$

$$-\sum_{i=1}^{n+1}a_i\frac{n}{n+k}\cdot\frac{n-1}{n+k-1}\cdots\frac{n-i+1}{n+k+i+1}$$

$$=a_1\left(\frac{n+1}{n+k+1}-\frac{n}{n+k}\right)+\sum_{i=2}^{n+1}a_i\frac{n}{n+k}\cdots\frac{n-i+2}{n+k-i+2}\left[\frac{n+1}{n+k+1}-\frac{n-i+1}{n+k-i+1}\right]$$

$$=\frac{k}{(n+k)(n+k+1)}\left\{a_1+\sum_{i=2}^{n+1}ia_i\frac{n}{n+k-1}\cdots\frac{n-i+2}{n+k-i+1}\right\}=\frac{k}{(n+k)(n+k+1)}f^{(1)}(n,\ n+k-1)$$

und ähnlich

$$f^{(1)}(n+1,\ n+1+k)-f^{(1)}(n,\ n+k)=\frac{k}{(n+k)(n+k+1)}f^{(2)}(n,\ n+k-1)$$

. . . . . . . . . . . . . . . . . . . . . . . . . . . . . . . . . . . . . . . . . . . . . . . . . . . . .

$$f^{(r-1)}(n+1,\ n+1+k)-f^{(r-1)}(n,\ n+k)=\frac{k}{(n+k)(n+k+1)}f^{(r)}(n,\ n+k-1).$$

Nun wählten wir $k$ derart, dass alle Glieder in $(S_r)$ das Vorzeichen von $f^{(r)}(x)$ haben. Nach dem vorausgeschickten Lemma kann also in der Folge $(S_{r-1})$ höchstens ein Zeichenwechsel vorkommen; die wiederholte Anwendung desselben Lemma ergibt, dass die obere Grenze der Zeichenwechsel in $(S_{r-2})$ zwei, in $(S_{r-3})$ drei, u. s. w., und endlich in $(S_0)$ gleich $r$ ist.

Damit ist also der Hilfssatz II. bewiesen.

Hilfssatz III. — Sei $\xi$ eine, im Innern des Intervalls (0, 1) liegende $r$-fache Wurzel von

$$f(x)=0.$$

Wählen wir die positive Zahl $h$ so klein, dass 1° die Ungleichungen $0<\xi-h$, $\xi+h<1$ befriedigt seien, 2° im Innern und an den Grenzen des Intervalls $(\xi-h,\ \xi+h)$ die Funktion $f(x)$ keine weitere Nullstelle habe und ebenda der erste, für $x=\xi$ nicht verschwindende Differentialquotient $f^{(r)}(x)$ ein konstantes Vorzeichen bewahre. Dann kann $K=K(h)$ so gewählt werden, dass für jedes beliebige, aber fixierte $k>K$ in der Teilfolge von (2), die zum Intervall $(\xi-h,\ \xi+h)$ gehört, genau $r$ Zeichenwechsel vorkommen.

*Beweis:* Dass die Anzahl der besagten Zeichenwechsel $r$ nicht überschreiten kann, folgt aus Hilfssatz II., wenn dort $\alpha=\xi-h$, $\beta=\xi+h$ gesetzt wird. Es ist noch zu zeigen, dass sie auch nicht unter $r$ bleiben kann.

Die Richtigkeit der Behauptung folgt für $r=1$, d. h. für eine einfache Wurzel nach Hilfssatz I. Nun zeige ich, dass sie auch für eine $r$-fache Wurzel besteht, angenommen, dass sie für eine $(r-1)$-fache richtig ist. Sei

$$\varphi(x)=\frac{f(x)}{\xi-x}$$

und bezeichne $\varphi(\nu,\ \nu+k)$ den analogen Ausdruck für $\varphi(x)$, wie $f(\nu,\ \nu+k)$ für $f(x)$. Dann besteht die Identität

$$f(\nu,\ \nu+k)=\xi\varphi(\nu,\ \nu+k)-\varphi(\nu-1,\ \nu-1+k).$$

Ich wähle die Zahl $h$ derart, dass sie die obigen Bedingungen 1° und 2° in Bezug auf $f(x)$ und $\varphi(x)$ gleichzeitig befriedige. Nach unserer Annahme kann $K$ so gross gewählt werden, dass für $k>K$ die Anzahl der Zeichenwechsel in der Folge

$$\varphi(n,\ n+k),\quad \varphi(n+1,\ n+1+k),\ \ldots,\ \varphi(N,\ N+k)$$

nicht unter $r-1$ bleibt, falls

$$\frac{n-1}{n+k-1}<\xi-h\leqq\frac{n}{n+k}<\frac{n+1}{n+1+k}<\cdots<\frac{N}{N+k}\leqq\xi+h<\frac{N+1}{N+1+k}$$

ist. Nach SEGNER's Lemma muss die Folge

$$\xi\varphi(n,\ n+k),$$
$$\xi\varphi(n+1,\ n+1+k)-\varphi(n,\ n+k)=f(n+1,\ n+1+k)$$
$$\xi\varphi(n+2,\ n+2+k)-\varphi(n+1,\ n+1+k)=f(n+2,\ n+2+k)$$

$$\xi\varphi(N,\ N+k)-\varphi(N-1,\ N-1+k)=f(N,\ N+k)$$

mindestens auch $r-1$ Zeichenwechsel enthalten; ist aber $K$ genügend gross gewählt, so haben $\varphi(n,\ n+k)$ und $f(n,\ n+k)$ dasselbe Vorzeichen [das von $f(\xi-h)$].

Die Anzahl der Zeichenwechsel in der Folge

$$f(n,\ n+k),\quad f(n+1,\ n+1+k),\ \ldots,\ f(N,\ N+k)$$

ist also mindestens $r-1$, da sie aber $\equiv r \pmod{2}$ sein muss, so ist sie mindestens gleich $r$, w. z. b. w.

SATZ I. — *Sei* $f(x)=\sum_{n=0}^{\infty}a_n x^n$, $(a_0\neq 0)$, *eine im Einheitskreise konvergente Potenzreihe mit reellen Koeffizienten und*

$$\frac{f(x)}{(1-x)^{k+1}}=\sum_{n=0}^{\infty}A_n^{(k)}x^n \tag{4}$$

*für* $k\geqq k_0$ *im Punkte* $x=1$ *im engerem Sinne divergent. Dann kann* $K$ *so gross gewählt werden, dass für jedes* $k>K$ *die Anzahl der Zeichenwechsel* $v(k)$ *in* (4) *mit der Anzahl der Wurzeln* $p$ *von* $f(x)=0$ *zwischen* 0 *und* 1 *übereinstimmt. (Die Wurzeln sind mit ihrer Multiplizität zu zählen).*

*Anmerkung.* Die Funktionenklasse, die den Annahmen des Satzes genügt, enthält jedes Polynom mit reellen Koeffizienten, jede reelle MACLAURIN'sche Reihe, deren Konvergenzradius grösser als Eins ist und jede reelle Potenzreihe, deren Konvergenzkreis der Einheitskreis ist und die im Punkte $x=1$ konvergent oder mit arithmetischen Mitteln summierbar ist, jedoch eine von 0 verschiedene Summe hat.

*Beweis.* — Um einen konkreten Fall vor uns zu haben, nehmen wir an, dass die divergente Reihe

$$\sum_{n=0}^{\infty}A_n^{(k_0)}$$

*positiv* ausfällt. Dann kann ein solches $N$ gewählt werden, dass für $A_n^{(k)}$ $n\geqq Nk$ und $k\geqq k_0+1$ positiv ausfällt.

Es besteht für $k>k_0+1$ die Identität

$$A_n^{(k)}=A_0^{(k_0+1)}\binom{n+h}{h}+A_1^{(k_0+1)}\binom{n+h-1}{h}+\qquad+A_{n-1}^{(k_0+1)}\binom{h+1}{h}+A_n^{(k_0+1)},$$

wo statt $k-k_0-2$ der Kürze halber $h$ gesetzt wurde.

Nach Voraussetzung kann man zu der positiven Zahl $g$ ein solches $\nu$ finden dass für $n>\nu$

$$A_n^{(k_0+1)}>g$$

sei. Ist nun $N > \nu$, so besteht für

$$n > Nk \quad \text{und} \quad h = k - k_0 - 2 \geqq 0$$

die Ungleichung

$$A_n^{(k)} > g\binom{n-\nu+h}{h+1} - \{|A_0^{(k_0+1)}| + \quad + |A_\nu^{(k_0+1)}|\}\binom{n+h}{h},$$

also

$$\frac{A_n^{(k)}}{\binom{n+h}{h}} > g\frac{n}{n+h}\cdot\frac{n-1}{n+h-1}\cdots\frac{n-\nu+1}{n-\nu+h+1}\cdot\frac{n-\nu}{h+1} - \{|A_0^{(k_0+1)}| + \cdots + |A_\nu^{(k_0+1)}|\}.$$

Es ist aber

$$\frac{n}{n+h} > \frac{n-1}{n+h-1} > \quad > \frac{n-\nu+1}{n-\nu+h+1} > \frac{n-\nu}{n-k}$$

$$> \frac{1-\frac{\nu}{n}}{1+\frac{1}{N}} > \frac{1-\frac{N}{Nk}}{1+\frac{1}{N}} = \frac{N}{N+1}\cdot\frac{k-1}{k} \geqq \frac{N}{N+1}\cdot\frac{1}{2}$$

und

$$\frac{n-\nu}{h+1} \geqq \frac{n-\nu}{k-1} > \frac{Nk-N}{k-1} = N$$

also

$$\frac{A_n^{(k)}}{\binom{n+h}{h}} > g\left[\frac{N}{N+1}\right]^\nu \cdot \frac{N}{2^\nu} - \{|A_0^{(k_0+1)}| + \cdots + |A_\nu^{(k_0+1)}|\}.$$

Ist $N$ genügend gross gewählt, so ist die rechte Seite grösser als o, also $A_n^{(k)}$ positiv, w. z. b. w. Ich werde die eben bewiesene Behauptung in folgender Formulierung benützen: divergiert $\sum_{n=0}^{\infty} A_n^{(k)}$ für $k \geqq k_0$ zu $+\infty$, so ist bei geeigneter Wahl von $N$

$$(A) \qquad \begin{cases} f(n, n+k) = \dfrac{A_n^{(k)}}{\binom{n+k}{k}} > 0 \\ \text{für } \dfrac{n}{n+k} \geqq \dfrac{N}{N+1} \quad \text{und} \quad k \geqq k_0 + 1. \end{cases}$$

Setzen wir nun

$$\frac{N}{N+1} = \tau$$

und

$$\frac{|a_0|}{|a_1|\vartheta + |a_2|\vartheta^2 + \cdots + |a_n|\vartheta^n + \cdots} = \alpha$$

(wo $\vartheta$ eine beliebig gewählte Zahl zwischen $\tau$ und 1 ist).

Ich unterscheide die beiden Fälle $\alpha \geqq 1$ und $\alpha < 1$.

Im ersten hat die Folge

$$(2) \qquad f(0, k),\ f(1, 1+k),\ \ldots,\ f(n, n+k),\ \ldots$$

sobald $k$ ein genügend grosses $K$ übertrifft, keine Zeichenwechsel. Ist nähmlich $\alpha \geqq 1$, so hat jedes Glied der zum Intervall $(0, \mathfrak{z})$ gehörigen Teilfolge von (2) dasselbe Vorzeichen: das von $f(0) = a_0$; denn es ist

$$|f(n, n+k) - a_0| = \left| a_1 \frac{n}{n+k} + a_2 \frac{n}{n+k} \cdot \frac{n-1}{n+k-1} + \cdots \right| \leqq |a_1|\mathfrak{z} + |a_2|\mathfrak{z}^2 + \cdots + |a_n|\mathfrak{z}^n < \frac{|a_0|}{\alpha}.$$

Anderseits hat $f(n, n+k)$ auch für $\frac{n}{n+k} > \tau$ ein konstantes Vorzeichen, falls $k \geqq k_0 + 1$ ist. Nun kann man $K$ so gross wählen, das für $k > K$ mindestens ein Punkt $\frac{n}{n+k}$ in das Intervall $(\tau, \mathfrak{z})$ fällt. Ist dann $k$ grösser als $K$ und $k_0 + 1$, so herrscht in der ganzen Folge (2) dasselbe Vorzeichen, da die beiden Teilfolgen, deren jede für sich ein konstantes Vorzeichen bewahrt, ein gemeinsames Glied besitzen.

Wir haben damit zugleich bewiesen, dass für $k > K$ auch in der Folge

(5) $$A_0^{(k)}, \quad A_1^{(k)}, \quad \ldots, \quad A_n^{(k)}, \quad \ldots$$

kein Zeichenwechsel vorkommt, da ihre Glieder von den bezüglichen Gliedern der Folge (2) sich nur in positiven Faktoren unterscheiden.

Hat aber die Koeffizientenfolge (5) von

$$\frac{f(x)}{(1-x)^{k+1}}$$

keine Zeichenwechsel, so hat $f(x)$ zwischen 0 und 1 keine Nullstelle, also

$$\lim_{k=\infty} v(k) = 0 = p.$$

Um unseren Satz auch für $\alpha < 1$ zu beweisen, nehme ich zuerst $p > 0$ an. Die Nullstellen von $f(x)$ zwischen 0 und 1 seien nach wachsender Grösse geordnet $\xi_1, \xi_2, \ldots, \xi_s$, ihre Multiplizitäten resp. $\mu_1, \mu_2, \ldots, \mu_s$, $(\mu_1 + \cdots + \mu_s = p)$. Es ist leicht zu zeigen, dass für $0 \leqq x \leqq \alpha\mathfrak{z}$ und $\mathfrak{z} \leqq x < 1$ $f(x)$ keine Wurzel besitzt.

Der erste Teil dieser Behauptung folgt daraus, dass für $0 < x \leqq \alpha\mathfrak{z}$

$$|a_1 x + a_2 x^2 + \cdots| < \{|a_1|\mathfrak{z} + |a_2|\mathfrak{z}^2 + \cdots\}\alpha = |a_0|$$

ist. Der zweite Teil folgt aus dem Umstande, dass

$$f(n, n+k) > 0 \quad \text{ist, wenn} \quad \frac{n}{n+k} \geqq \tau.$$

Hätte nähmlich $f(x)$ im Innern oder an der unteren Grenze des Intervalls $(\mathfrak{z}, 1)$ eine Nullstelle $x_0$, so müsste nach Hilfssatz III., wenn nur $k$ genügend gross ist, beliebig nahe zu $x_0$ (also auch zwischen $\tau$ und 1) ein Punkt $\frac{n}{n+k}$ existieren, zu dem ein negativer Wert $f(n, n+k)$ gehörte.

In der zum Intervall $(0, \alpha\mathfrak{z})$ gehörenden Teilfolge von (2) haben die Glieder das Vorzeichen von $a_0$; dies zeigt die für $\frac{n}{n+k} < \alpha\mathfrak{z}$ und $\alpha < 1$ gültige Abschätzung

$$\left| a_1 \frac{n}{n+k} + a_2 \frac{n}{n+k} \frac{n-1}{n+k-1} + \cdots \right| < \{|a_1|\mathfrak{z} + |a_2|\mathfrak{z}^2 + \cdots\}\alpha < |a_0|.$$

Sei nun die positive Zahl $\delta$ so bestimmt, dass

$$\alpha\mathfrak{z} < \xi_1 - \delta, \quad \xi_1 + \delta < \xi_2 - \delta, \; \dots, \; \xi_{s-1} + \delta < \xi_s - \delta, \quad \xi_s + \delta < \mathfrak{z}$$

sei und

$$f^{(\mu_i)}(x) \quad \text{für} \quad \xi_i - \delta \leqq x \leqq \xi_i + \delta \qquad (i = 1, 2, 3, \dots, s)$$

nicht verschwinde.

Man kann $K$ so gross wählen, dass für $k > K$:

1° die Teilfolgen von (2), welche zu den Intervallen

$$\left(\alpha\mathfrak{z}, \xi_1 - \frac{\delta}{2}\right), \; \left(\xi_1 + \frac{\delta}{2}, \xi_2 - \frac{\delta}{2}\right), \dots, \left(\xi_{s-1} + \frac{\delta}{2}, \xi_s - \frac{\delta}{2}\right), \; \left(\xi_s + \frac{\delta}{2}, \mathfrak{z}\right), (\tau, 1)$$

gehören, jede für sich, ein konstantes Vorzeichen bewahren; (Hilfssatz I. und $A$)

2° die Teilfolgen von (2), welche zu den Intervallen

$$(\xi_1 - \delta, \xi_1 + \delta), \quad (\xi_2 - \delta, \xi_2 + \delta), \qquad (\xi_s - \delta, \xi_s + \delta)$$

gehören, resp. $\mu_1, \mu_2, \dots, \mu_s$ Zeichenwechsel aufweisen; (Hilfssatz III.)

3° in jedes einzelne der Intervalle

$$\left(\xi_1 - \delta, \xi_1 - \frac{\delta}{2}\right), \; \left(\xi_1 + \frac{\delta}{2}, \xi_1 + \delta\right), \dots, \left(\xi_s - \delta, \xi_s - \frac{\delta}{2}\right), \; \left(\xi_s + \frac{\delta}{2}, \xi_s + \delta\right), (\tau, \mathfrak{z})$$

mindestens ein Punkt $\dfrac{n}{n+k}$ falle.

Bei dieser Wahl von $K$ treten in der Folge (2) genau

$$\mu_1 + \mu_2 + \cdots + \mu_s = p$$

Zeichenwechsel auf, sobald $k > K$ ist. Nach den Vorhergehenden können wir nähmlich die Zeichenwechsel in der Folge (2) folgenderweise abzählen:

In der zu $\left(0, \xi_1 - \dfrac{\delta}{2}\right)$ gehörenden Teilfolge haben alle Glieder das Vorzeichen von $f(0)$; in der Teilfolge, welche zu $(\xi_1 - \delta, \xi_1 + \delta)$ gehört, treten $\mu_1$ Zeichenwechsel auf; diese beide Teilfolgen haben mindestens ein Glied gemeinsam, also kommen in der zu $(0, \xi_1 + \delta)$ gehörenden Teilfolge genau $\mu_1$ Zeichenwechsel vor. Das letzte Glied dieser Teilfolge fällt aber schon in jene, die zum Intervall $\left(\xi_1 + \dfrac{\delta}{2}, \xi_2 - \dfrac{\delta}{2}\right)$ gehört und in welcher keine Zeichenwechsel vorkommen; daher bleibt $\mu_1$ die Anzahl der Zeichenwechsel in der ganzen Teilfolge, die zum Intervall $\left(0, \xi_2 - \dfrac{\delta}{2}\right)$ zugeordnet ist. In genau derselben Weise können wir die nach einander folgenden und in einander greifenden Teilintervalle

$$\left(0, \xi_1 - \frac{\delta}{2}\right), \quad (\xi_1 - \delta, \xi_1 + \delta), \quad \left(\xi_1 + \frac{\delta}{2}, \xi_2 - \frac{\delta}{2}\right),$$

$$(\xi_2 - \delta, \xi_2 + \delta), \qquad (\xi_s - \delta, \xi_s + \delta), \quad \left(\xi_s + \frac{\delta}{2}, \mathfrak{z}\right), \quad (\tau, 1)$$

[die insgesammt das ganze Intervall (0, 1) überdecken], behandeln und sehen, dass dabei die Anzahl der Zeichenwechsel in der ganzen Folge (2) [die aus den konsekutiven Teilfolgen ähnlicherweise zusammengesetzt ist, wie das Intervall (0, 1) aus den bezüglichen Teilintervallen] genau auf

$$\mu_1 + \mu_2 + \cdots + \mu_s = p$$

wächst.

Um auch den Fall $p = 0$ zu erledigen, genügt es das Intervall (0, 1) folgendermassen zu teilen:

$$(0, \alpha\vartheta), \quad (\alpha\vartheta, \vartheta), \quad (\vartheta, 1);$$

in den Teilfolgen, die zu diesen Intervallen gehören, treten für genügend grosse $k$ keine Zeichenwechsel auf. Dieselbe Schlussweise, wie oben, zeigt dann, dass die Anzahl der Zeichenwechsel in der ganzen Folge (2) gleich Null ist.

Damit ist die Gleichung

$$\lim_{k=\infty} v(k) = p$$

für alle Fälle bewiesen.

Satz II. — *Sei* $f(x) = \sum_{n=0}^{\infty} a_n x^n$ *eine Potenzreihe mit reellen Koeffizienten, die im Einheitskreise konvergiert. Sei* $v(k)$ *die Anzahl der Zeichenwechsel in der Koeffizientenfolge der Potenzreihe*

$$\frac{f(x)}{(1-x)^{k+1}} = \sum_{n=0}^{\infty} A_n^{(k)} x^n$$

*und nehmen wir an, dass*

$$\lim_{k=\infty} v(k) > 0$$

*ist* [3]. ***Sei K so gross gewählt, dass für k > K der Wert von v(k) ungeändert bleibt. Sind***

$$\nu_1^{(k)}, \quad \nu_2^{(k)}, \quad \ldots, \quad \nu_i^{(k)}, \quad \ldots$$

*die Indices der Glieder in der Folge*

$$A_0^{(k)}, \quad A_1^{(k)}, \quad \ldots, \quad A_n^{(k)} \ldots, \qquad (k > K)$$

*nach denen ein Zeichenwechsel auftritt, so existieren die Grenzwerte*

$$(6) \qquad \lim_{k=\infty} \frac{\nu_1^{(k)}}{\nu_1^{(k)} + k}, \quad \lim_{k=\infty} \frac{\nu_2^{(k)}}{\nu_2^{(k)} + k}, \quad \ldots, \quad \lim_{k=\infty} \frac{\nu_i^{(k)}}{\nu_i^{(k)} + k}, \quad \ldots.$$

*Die Folge* (6) *besitzt folgende Eigenschaften:*

1° *sie ist nie abnehmend und jedes ihrer Glieder ist* $\leqq 1$;

2° *ihre Glieder, die kleiner als Eins sind, sind Wurzeln von* $f(x) = 0$;

3° *jede Wurzel von* $f(x) = 0$ *kommt in ihr vor und zwar jede so oft, als ihre Multiplizität beträgt.*

*Beweis:* I. Hat $f(x) = 0$ im Intervall (0, 1) keine Wurzel, dann kann — wie nahe auch der echte Bruch $\vartheta$ zu Eins gewählt sein mag — $K = K(\vartheta)$ so bestimmt werden, dass für $k > K$ die zum Intervalle (0, 1) gehörende Teilfolge von (2) kein

---

[3]) Nach Laguerre's Ergebnissen existiert $\lim_{k=\infty} v(k)$ immer, ist gleich einer nicht negativen ganzen Zahl oder $+\infty$ und ist nie kleiner als die Anzahl der Wurzeln von $f(x)$ zwischen 0 und 1.

Zeichenwechsel aufweist. Gibt es also in der Folge (2), für noch so grosse $k$, Glieder, bei welchen ein Zeichenwechsel vorkommt, so müssen die Quotienten ihrer Argumente $\frac{n}{n+k}$ in das Intervall $(\mathfrak{z}, 1)$ fallen, also für $k=\infty$ zu 1 konvergieren.

II. Nehmen wir nun an, das $f(x)=0$ zwischen 0 und 1 eine endliche Anzahl von Wurzeln besitze. Seien diese Wurzeln in wachsender Ordnung $\xi_1, \xi_2, \ldots, \xi_s$ ihre Multiplizitäten $\mu_1, \mu_2, \ldots, \mu_s$, $(\mu_1+\mu_2+\cdots+\mu_s=p)$. Ist $\xi_s<\mathfrak{z}<1$, so kann $K=K(\mathfrak{z}, \delta)$ so gewählt werden, dass für $k>K$ in der zu $(0, \mathfrak{z})$ gehörenden Teilfolge von (2) genau $p$ Zeichenwechsel vorkommen und dass, wenn diese Zeichenwechsel nach dem $\nu_1^{(k)}, \nu_2^{(k)}, \ldots, \nu_p^{(k)}$-ten Gliede auftreten, die Ungleichungen

$$\left|\xi_1-\frac{\nu_i^{(k)}}{\nu_i^{(k)}+k}\right|<\delta \quad \text{für} \quad i=1, 2, \ldots, \mu_1$$

$$\left|\xi_2-\frac{\nu_i^{(k)}}{\nu_i^{(k)}+k}\right|<\delta \quad \text{für} \quad i=\mu_1+1, \mu_1+2, \ldots, \mu_1+\mu_2$$

. . . . . . . . . . . . . . . . . . . . . . . . . . . . . . . . . . . .

$$\left|\xi_s-\frac{\nu_i^{(k)}}{\nu_i^{(k)}+k}\right|<\delta \quad \text{für} \quad i=p-\mu_s+1, p-\mu_s+2, \ldots, p$$

bestehen, wie klein auch die positive Zahl $\delta$ gewählt sein mag. Damit ist bewiesen, dass die $p$ ersten Glieder der Folge (6) die Wurzeln von $f(x)=0$ zwischen 0 und 1 ergeben. Enthält die Folge (6) noch weitere Glieder, so müssen sie in das Intervall $(\mathfrak{z}, 1)$ fallen und — da $\mathfrak{z}$ beliebig nahe zu Eins gewählt werden kann — notwendigerweise mit Eins übereinstimmen.

III. Hat $f(x)=0$ im Intervall $(0, 1)$ Wurzeln in unendlicher Anzahl, so hat die Menge der Wurzeln den einzigen Grenzpunkt 1. Sei $\mathfrak{z}_1, \mathfrak{z}_2, \ldots, \mathfrak{z}_i, \ldots$ eine monoton wachsende Folge positiver Zahlen, die zu Eins konvergieren und für welche $f(\mathfrak{z}_i)\neq 0$. Ist $p_i$ die (notwendigerweise endliche) Anzahl der Wurzeln von $f(x)=0$ im Intervall $(0, \mathfrak{z}_i)$, so kann, ähnlich wie im vorigen Falle, gefolgert werden, dass die ersten $p_i$ Glieder der Folge (6) mit diesen Wurzeln zusammenfallen und die folgenden Glieder derselben Folge zwischen $\mathfrak{z}_i$ und 1 fallen. Damit ist aber der Satz II. auch für den Fall unendlich vieler Wurzeln bewiesen, da ja zu jeder Wurzel zwischen 0 und 1 ein $\mathfrak{z}_i$ gefunden werden kann, das sie übertrifft.

. . . . . . . . . . . . . . . . . . . . . . . . . . . . . . . . . . . . . . . . . . . .

Ist $f(x)$ eine Potenzreihe mit reellen Koeffizienten, so zeigten Sie, wie man mit Hilfe der Zeichenwechsel in der MACLAURIN'schen Entwicklung von $\frac{f(x)}{(1-x)^{k+1}}$ die Wurzeln von $f(x)=0$ zwischen 0 und 1 ermitteln kann. Ich möchte Ihnen noch mitteilen, dass man zur Bestimmung der Wurzeln auch die Zeichenwechsel in den MACLAURIN'schen Entwicklungen von $f(x)e^{kx}$ und $f(x)(1+x)^k$ $(k=1, 2, \ldots)$ benützen kann. Mit ähnlichen Methoden, wie die Ihrigen, gelang es nähmlich mir für

$f(x)e^{kx}$ und Herrn ELEMÉR BÁLINT für $f(x)(1+x)^k$ zu beweisen, dass die Grenzwerte

$$\lim_{k=\infty} \frac{\mu_i^{(k)}}{k} \quad \text{resp.} \quad \lim \frac{\nu_i^{(k)}}{k - \nu_i^{(k)}} \qquad (i = 1, 2, \ldots)$$

alle positiven Wurzeln von $f(x) = 0$ im Konvergenzkreise mit richtiger Multiplizität ergeben, wenn $\mu_i^{(k)}$ in der Entwicklung von $f(x)e^{kx}$ und $\nu_i^{(k)}$ in der Entwicklung von $f(x)(1+x)^k$ den Index jenes Gliedes bezeichnet, bei welchem der $i$-te Zeichenwechsel vorkommt.

Sowohl in den Reihen $f(x)e^{kx} = \sum_{n=0}^{\infty} B_n^{(k)} x^n$, als in den Reihen $f(x)(1+x)^k = \sum_{n=0}^{\infty} C_n^{(k)} x^n$ kann die Anzahl der Zeichenwechsel mit wachsendem $k$ nur abnehmen, muss also für $k = \infty$ einen Grenzwert haben. Wir bewiesen für eine ziemlich allgemeine Klasse von Funktionen $f(x)$, dass dieser Grenzwert mit der Anzahl der positiven Wurzeln von $f(x) = 0$ im Konvergenzkreise genau übereinstimmt.

Ist $f(x)$ ein Polynom, so haben die Entwicklungen von $f(x)(1+x)^k$ denen von $\frac{f(x)}{(1-x)^k}$ und $f(x)e^{kx}$ gegenüber den Vorteil, dass sie für jedes $k$ eine endliche Anzahl von Gliedern enthalten.

. . . . . . . . . . . . . . . . . . . . . . . . . . . . . . . . . . . . . . . . . . . . . .

Ich stellte das Problem der Bestimmung der reellen Wurzeln auch für Funktionen, die durch DIRICHLET'schen Reihen mit reellen Koeffizienten definiert sind. Es ergab sich hierfür ein ähnliches Verfahren, wie für Potenzreihen, nur traten an die Stelle der arithmetischen Mittel die von H. MARCEL RIESZ definierten « typischen Mittel » [4]).

. . . . . . . . . . . . . . . . . . . . . . . . . . . . . . . . . . . . . . . . . . . . . .

Budapest, den 20. Februar 1912.

MICHAEL FEKETE.

---

[4]) M. RIESZ: *a) Sur la sommation des séries de* DIRICHLET [Comptes rendus hebdomadaires des séances de l'Académie des Sciences (Paris), Bd. CXLIX (2. Semester 1909), pp. 18-21; *b) Sur les séries de* DIRICHLET *et les séries entières* [Ibid., id., pp. 909-912].

ANALYSE MATHÉMATIQUE. — *Sur un théorème de Stieltjes.* Note de M. GEORGES PÓLYA.

Soient A $(x)$, B $(x)$, C $(x)$ des polynomes, sans diviseur commun à tous les trois, le degré de B $(x)$ étant inférieur au degré de A $(x)$. Stieltjes (¹) a établi par une application ingénieuse de la théorie élémentaire des maxima une proposition de Heine (²), concernant l'existence de certains cas où l'équation

$$A(x)\frac{d^2y}{dx^2}+2B(x)\frac{dy}{dx}+C(x)y=0 \tag{1}$$

admet comme solution un polynome, et il a démontré la proposition suivante :

Si toutes les racines de A $(x)$ sont réelles, et si dans la formule

$$\frac{B(x)}{A(x)}=\frac{\rho_1}{x-a_1}+\frac{\rho_2}{x-a_2}+\ldots+\frac{\rho_p}{x-a_p} \tag{2}$$

toutes les quantités $\rho_1, \rho_2, \ldots, \rho_p$ sont positives, et si $f(x)$ est un polynome qui vérifie l'équation (1), le plus petit intervalle, qui contient toutes les racines de A $(x)$, contiendra aussi toutes les racines de $f(x)$.

Par une généralisation immédiate du raisonnement de Stieltjes, on obtient la proposition suivante, où l'on ne suppose rien sur la réalité des racines de A $(x)$ :

*Si dans la formule* (2) *tous les nombres* $\rho_1, \rho_2, \ldots, \rho_p$ *sont positifs et* $f(x)$ *est un polynome, solution de l'équation* (1), *le plus petit polygone convexe, dans le plan des nombres complexes, qui contient toutes les racines de* A $(x)$, *contiendra aussi toutes les racines de* $f(x)$. *Si toutes les racines de* A $(x)$ *sont situées sur la même droite, le polygone se réduit à un segment de droite; dans tous les autres cas, si l'une des racines de* $f(x)$ *est située sur la frontière de ce polygone, elle est forcément confondue avec une des racines de* A $(x)$.

Cette proposition comprend celle de Stieltjes, comme une proposition

(¹) F.-J. STIELTJES, *Sur certains polynomes qui vérifient une équation differentielle*, etc. (*Acta mathematica*, t. II, 1885, p. 321-326).

(²) E. HEINE, *Handbuch der Kugelfunctionen*, I (2ᵉ éd.), p. 472-476.

For comments on this paper[7], see p. 415.

connue de Gauss ([1]), se rapportant à la position relative des racines d'un polynome et des racines de sa dérivée, comprend la conséquence immédiate du théorème de Rolle suivant :

*Si toutes les racines d'un polynome sont contenues dans un segment de droite, toutes les racines de sa dérivée y sont contenues de même.*

La démonstration de la proposition énoncée est presque la même que celle du théorème de Gauss. Soient

$$x_1, \quad x_2, \quad x_3, \quad \ldots, \quad x_n,$$

les racines de $f(x)$, chacune écrite avec sa multiplicité, et soit

$$A(x)f''(x) + 2B(x)f'(x) + C(x)f(x) = 0.$$

Si $A(x)$ a une racine $z$, différente de $a_1, a_2, \ldots, a_p$, on a $B(z) = 0$; $z$ est une des quantités $x_1, x_2, x_3, \ldots, x_n$, car autrement $A(x)$, $B(x)$, $C(x)$ admettraient le diviseur commun $x - z$.

Si $x_i$ est une racine, qui rend $A(x_i) = 0$, $x_i$ est certainement contenue dans le plus petit polygone convexe, qui contient toutes les racines de $A(x)$, parce que $x_i$ est aussi une racine de $A(x)$.

Si $A(x_k) \neq 0$, on aura aussi $f'(x_k) \neq 0$ [car $f(x)$ n'est pas identiquement zéro] et l'on obtient par division

$$\frac{f''(x_k)}{2f'(x_k)} + \frac{B(x_k)}{A(x_k)} = 0$$

ou explicitement

$$\frac{1}{x_k - x_1} + \ldots + \frac{1}{x_k - x_{k-1}} + \frac{1}{x_k - x_{k+1}} + \ldots$$
$$+ \frac{1}{x_k - x_n} + \frac{\rho_1}{x_k - a_1} + \ldots + \frac{\rho_n}{x_k - a_n} = 0.$$

En séparant le réel et l'imaginaire

$$x_\nu = \xi_\nu + i\eta_\nu, \qquad a_\nu = \alpha_\nu + i\beta_\nu,$$

$$\xi_k = \frac{\displaystyle\sum_\nu^{1,\ldots,k-1,k+1,\ldots,n} \frac{\xi_\nu}{(\xi_k - \xi_\nu)^2 + (\eta_k - \eta_\nu)^2} + \sum_\nu^{1,\ldots,p} \frac{\rho_\nu \alpha_\nu}{(\xi_k - \alpha_\nu)^2 + (\eta_k - \beta_\nu)^2}}{\displaystyle\sum_\nu^{1,\ldots,k-1,k+1,\ldots,n} \frac{1}{(\xi_k - \xi_\nu)^2 + (\eta_k - \eta_\nu)^2} + \sum_\nu^{1,\ldots,p} \frac{\rho_\nu}{(\xi_k - \alpha_\nu)^2 + (\eta_k - \beta_\nu)^2}}$$

---

([1]) Gauss, *Werke*, III, 1866, p. 112. — Voir Fejér, *Comptes rendus*, 2e semestre 1907, p. 459-461, et *Mathematische Annalen*, t. LXV, 1907, p. 413-423.

et

$$\eta_k = \frac{\displaystyle\sum_{\nu}^{1,\ldots,k-1,k+1,\ldots,n} \frac{\eta_\nu}{(\xi_k-\xi_\nu)^2+(\eta_k-\eta_\nu)^2} + \sum_{\nu}^{1,\ldots,p} \frac{\rho_\nu\beta_\nu}{(\xi_k-\alpha_\nu)^2+(\eta_k-\beta_\nu)^2}}{\displaystyle\sum_{\nu}^{1,\ldots,k-1,k+1,\ldots,n} \frac{1}{(\xi_k-\xi_\nu)^2+(\eta_k-\eta_\nu)^2} + \sum_{\nu}^{1,\ldots,p} \frac{\rho_\nu}{(\xi_k-\alpha_\nu)^2+(\eta_k-\beta_\nu)^2}}.$$

Le point $x_k = \xi_k + i\eta_k$ deviendra donc le centre de gravité [1] des points $x_1, x_2, \ldots, x_{k-1}, x_{k+1}, \ldots, x_n, a_1, \ldots, a_p$ si les masses positives situées dans ceux-ci sont choisies convenablement. Par conséquent, une droite quelconque, qui passe par $x_k$, si elle ne passe pas par tous les points $x_1, \ldots, x_n, a_1, \ldots, a_p$, divise le plan des nombres complexes en deux demi-plans, de manière que tous les deux demi-plans contiennent à l'intérieur au moins un des points $x_1, \ldots, x_{k-1}, x_{k+1}, \ldots, x_n, a_1, \ldots, a_p$.

On construira le plus petit polygone convexe, qui enveloppe les $n+p$ points $x_1, \ldots, x_n, a_1, \ldots, a_p$; ce polygone contient toutes les racines de $A(x)$.

Supposons que ce polygone ne se réduit pas à un segment de droite; je dis que $x_k$ est à l'intérieur de ce polygone, car si le point $x_k$ était situé sur la frontière de ce polygone, on pourrait trouver au moins une droite telle que tout le polygone soit sur un côté de cette droite; c'est ce qui est impossible. En résumé, le plus petit polygone convexe, qui contient tous les points $x_1, x_2, \ldots, x_n, a_1, \ldots, a_p$, ne contient sur sa frontière aucun de ces points qui ne soit pas une racine de $A(x)$.

Tout pareillement, si $x_1, \ldots, x_n, a_1, \ldots, a_p$ sont situés tous sur un segment de droite, les deux extrémités de ce segment sont racines de $A(x)$.

On tire du théorème, en suivant M. Fejér [2], la conséquence suivante : *La racine la plus grande de $f(x)$ (en valeur absolue) ne peut pas être plus grande (en valeur absolue) que toutes les racines de $A(x)$.*

Les racines de l'équation $f(x) = 0$ représentent la position d'équilibre d'un certain système de $n$ points matériels; cette position d'équilibre est toujours *instable*.

---

(1) Voir les Notes de M. Fejér citées plus haut.
(2) *Loc. cit.*

(*Comptes rendus*, t. 155, p. 767, séance du 21 octobre 1912.)

ANALYSE MATHÉMATIQUE. — *Sur un théorème de Laguerre.*
Note de M. GEORGES PÓLYA.

**1. On doit à Laguerre (*Œuvres*, I, p. 28) le théorème suivant :**

***Soit l'intégrale réelle***

$$f(x)=\int_0^\infty \varphi(\lambda)e^{-\lambda x}\,d\lambda,$$

*convergente pour* $x>x_0$, *et soit la fonction* $\varphi(\lambda)$ *telle qu'on puisse partager l'intervalle* $(0, \infty)$ *en* $V+1$ *intervalles, de manière que :*

1° $\varphi(\lambda)$ *ne soit identiquement nul dans aucun des* $V+1$ *intervalles;*

2° $\varphi(\lambda)$ *soit de même signe dans chacun séparément;*

3° $\varphi(\lambda)$ *soit de signe contraire dans deux intervalles voisins.*

*Ces hypothèses remplies, la fonction* $f(x)$ *a au plus* V *racines supérieures à* $x_0$.

La démonstration du théorème, donnée par Laguerre, ne me paraît pas suffisante ([1]), mais on peut le démontrer en toute rigueur par la méthode classique que Laguerre employait pour les séries (*Œuvres*, I, p. 3 et 144).

Le théorème est évident pour $V=0$; nous le supposerons démontré pour $V=n-1$. La fonction $\varphi(\lambda)$ ayant précisément $n+1$ *intervalles de signe constant*, soit $\lambda_0$ l'extrémité commune des deux intervalles voisins de

([1]) On a la proposition : « Si les fonctions réelles analytiques $f_1(x), \ldots, f_n(x), \ldots$ convergent vers la fonction réelle analytique $f(x)$, uniformément dans un domaine qui comprend l'intervalle $(a, b)$, et si, en commençant par un certain indice, toutes ces fonctions $f_1(x), \ldots, f_n(x), \ldots$, ont *au moins* $r$ racines dans l'intervalle $(a, b)$, $f(x)$ y aura aussi *au moins* $r$ racines. » Cette proposition deviendrait fausse si l'on disait *au plus* au lieu de *au moins* $\left(\text{on pose, par exemple, } f_n(x)=(x-1)^2+\frac{1}{n^2}\right)$; or Laguerre semble supposer l'exactitude de cette proposition.

For comments on this paper[9], see p. 416.

signe constant. Si la fonction $f(x)$ avait $r$ racines supérieures à $x_0$, la fonction $f^*(x)$

$$f^*(x) = \frac{d}{dx} e^{\lambda_0 x} f(x) = e^{\lambda_0 x} \int_0^\infty (\lambda_0 - \lambda) e^{-\lambda x} \varphi(\lambda)\, d\lambda,$$

en aura *au moins* $r - 1$; c'est une conséquence simple du théorème de Rolle.

D'autre part, la fonction $(\lambda_0 - \lambda)\varphi(\lambda)$ a précisément $(n-1)+1$ intervalles de signe constant; le théorème étant supposé démontré pour $V = n - 1$, $f^*(x)$ a *au plus* $n - 1$ racines supérieures à $x_0$.

D'où l'on conclut

$$r - 1 \leqq n - 1 \quad \text{ou} \quad r \leqq n = V. \qquad \text{C. Q. F. D.}$$

Si la fonction $\varphi(\lambda)$ est continue, V est au plus égal au nombre des racines positives de $\varphi(\lambda)$. On tire des formules

$$\int_0^\lambda \varphi(\lambda)\, d\lambda = \Phi(\lambda), \qquad f(x) = x \int_0^\infty \Phi(\lambda) e^{-\lambda x}\, d\lambda$$

(dont la dernière est valable pour $x > x_0$, $x > 0$) la forme habituelle du théorème, donnée par Laguerre (*loc. cit.*).

En partant de ce théorème, on comblera aisément quelques lacunes que Laguerre a laissées dans les démonstrations de quelques autres théorèmes; mais je préfère donner des applications nouvelles.

2. Je vais transformer la formule d'interpolation de Lagrange; $f(x)$ désignant un polynome réel de degré $n$, on a, pour $x > nh$,

$$\frac{n!\, f(x)}{\frac{x}{h}\left(\frac{x}{h} - 1\right)\left(\frac{x}{h} - 2\right)\cdots\left(\frac{x}{h} - n\right)} = \sum_{\nu=0}^{n} (-1)^{n-\nu} \binom{n}{\nu} \frac{f(\nu h)}{\frac{x}{h} - \nu}$$
$$= h \int_0^\infty \Psi(e^{-\lambda h}) e^{-\lambda(x - nh)}\, d\lambda,$$

$\Psi(x)$ désignant le polynome de degré $n$ suivant

$$f(nh) - \binom{n}{1} f[(n-1)h]x + \binom{n}{2} f[(n-2)h]x^2 - \ldots + (-1)^n f(0) x^n.$$

Tout pareillement, pour $x > 0$, on a

$$\frac{(-1)^n n!\, f(-x)}{\frac{x}{h}\left(\frac{x}{h} + 1\right)\cdots\left(\frac{x}{h} + n\right)} = h \int_0^\infty e^{-\lambda n h}\, \Psi(e^{\lambda h}) e^{-\lambda x}\, d\lambda.$$

De ces formules on conclut : *Le nombre des racines de $f(x)$, supérieures à $nh$, est au plus égal au nombre des racines de $\Psi(x)$, comprises entre o et 1, et le nombre des racines négatives de $f(x)$ est au plus égal au nombre des racines de $\Psi(x)$, supérieures à 1. Si $f(0), f(nh), \Delta^n f(0)$ sont différentes de zéro, les nombres des racines correspondantes de $f(x)$ et de $\Psi(x)$ sont de même parité.*

De ce théorème découle une foule de règles pratiques, connues ou nouvelles, pour déterminer le nombre des racines réelles de $f(x)$, les valeurs de $n+1$ ordonnées équidistantes étant données. En particulier, on se servira d'une méthode de Laguerre (*Œuvres*, I, p. 16); $g(x)=\Sigma a_n x^n$ désignant un polynome, ou même une série de puissance réelle, et les nombres $A_n^{(k)}$ étant définis par les formules récurrentes

$$A_n^{(0)}=a_0+a_1+\ldots+a_n, \qquad \ldots, \qquad A_n^{(k)}=A_0^{(k-1)}+A_1^{(k-1)}+\ldots+A_n^{(k-1)},$$

on forme le Tableau infini à double entrée :

$$(\mathrm{L}) \qquad \left|\begin{matrix} a_0 & a_1 & a_2 & a_3 \\ A_0^{(0)} & A_1^{(0)} & A_2^{(0)} & A_3^{(0)} \\ A_0^{(1)} & A_1^{(1)} & A_2^{(1)} & A_3^{(1)} \\ & & & \end{matrix}\right|.$$

On trouve une limite supérieure pour le nombre des racines de $g(x)$, comprises entre o et 1, en comptant les variations dans les différentes lignes du Tableau (L). La limite donnée par une ligne quelconque est au moins aussi bonne que celle donnée par la ligne précédente, et il y a une ligne qui donne la limite exacte [1]. La deuxième ligne du Tableau (L), formée pour $\Psi(x)$ ou pour $x^n\Psi\left(\frac{1}{x}\right)$, donne une proposition de Laguerre (*Œuvres*, I, p. 157), et la première ligne du Tableau (L), formée pour

$$\Psi(1-x)=\Delta^n f(0)+\binom{n}{1}\Delta^{n-1}f(0)x+\ldots+f(0)x^n,$$

donne une proposition de Capelli et de M. Runge [2].

3. D'une formule connue de la théorie des séries de Facultés [3], on tire

---

[1] Sous certaines conditions, remplies toujours pour un polynome. (Fekete et Pólya, *R. d. C. M. di Palermo*, t. XXXIV, p. 89-120.)

[2] Capelli, *Analisi algebrica*, Napoli 1909, p. 580-586. — Runge, *Praxis der Gleichungen*, Leipzig 1900, p. 105-108.

[3] Nielsen, *Gammafunktion*, Leipzig 1906, p. 239-241.

le théorème : *Le Tableau* (L) *étant formé avec les coefficients* $a_0, a_1, \ldots a_n, \ldots$ *de la série*

$$R(x) = \sum_0^\infty \frac{n!\, a_n}{x(x+1)\ldots(x+n)},$$

*les variations des différentes lignes donnent une limite supérieure pour le nombre des racines positives de* R $(x)$.

(*Comptes rendus*, t. 156, p. 996, séance du 31 mars 1913.)

Sonderabdruck aus Archiv der Mathematik und Physik. III. Reihe. XXIII. Heft 1.
Druck und Verlag von B. G. Teubner in Leipzig.

# Über einige Verallgemeinerungen der Descartesschen Zeichenregel.

Von Georg Pólya in Zürich.

Ich will in dieser Arbeit neue Beweise für drei verschiedene wichtige Zeichenregeln geben, die bzw. von Laguerre, von Runge und von Sylvester herrühren. Ich mache noch in § 3 eine kurze Bemerkung über eine von Laguerre herrührende Frage, die ich schon früher in einer mit Herrn Fekete gemeinsam verfaßten Arbeit behandelt habe.

Beim Beweise der Laguerreschen Zeichenregel verschärfe ich ein längst bekanntes Lemma (es wird öfters nach Segner benannt), das für den Beweis der gewöhnlichen Descartesschen Zeichenregel verwendet zu werden pflegt. Bei allen übrigen Beweisen befolge ich Laguerresche Methoden, die ich dann der Aufgabe gemäß mehr oder weniger modifizieren muß.

Die von Runge stammende Regel wird in dieser Arbeit zum erstenmal veröffentlicht.[1]) Ich spreche Herrn Professor Runge meinen verbindlichsten Dank für die freundliche Art aus, mit welcher er seinen Satz zur erstmaligen Publikation überließ.

## § 1.

**Hilfssatz I.**[2]) In der unendlichen Folge von reellen Zahlen

(1) $$a_0,\ a_1,\ a_2,\ a_3,\ \ldots\ a_n,\ \ldots$$

seien $V$ Zeichenwechsel vorhanden, $\xi$ sei eine positive Zahl. Dann gibt es in der unendlichen Folge

(2) $$\xi a_0,\ \xi a_1 - a_0,\ \xi a_2 - a_1,\ \cdots\ \xi a_n - a_{n-1},\ \cdots$$

mindestens $V$ Zeichenwechsel.

Ist aber (1) die Folge der Koeffizienten einer Potenzreihe

(3) $$F(x) = a_0 + a_2 x + \cdots + a_n x^n + \cdots,$$

deren Konvergenzradius $\varrho > \xi$ ist, so kommen in der Folge (2), d. h. in der Koeffizientenfolge von $(\xi - x)F(x)$, mindestens $V + 1$ Zeichenwechsel vor.

1) Vgl. die Ausarbeitung der Rungeschen Vorlesungen vom Sommer 1907 im mathematischen Lesezimmer der Universität Göttingen, S. 50 und ff.

2) Vgl. z. B. Serret, Cours d'algèbre supérieure, 6ᵉ éd. (1910), Bd. I., S. 257 bis 259.

For comments on this paper[11], see p. 416.

Es kann ohne Beschränkung der Allgemeinheit angenommen werden, daß $a_0 \gtrless 0$, und daß alle Glieder der Folge (1) von einem gewissen an nicht negativ sind.

Sei in der Folge (1) $a_{i_1}$ das erste nach $a_0$ folgende Glied, das ein dem Vorzeichen von $a_0$ entgegengesetztes Vorzeichen hat, $a_{i_2}$ das erste nach $a_{i_1}$ folgende Glied, das ein dem Vorzeichen von $a_{i_1}$ entgegengesetztes Vorzeichen hat, usw.

$$\operatorname{sign} a_0 = -\operatorname{sign} a_{i_1} = \operatorname{sign} a_{i_2} = \cdots = (-1)^V \operatorname{sign} a_{i_V}$$

$$\operatorname{sign} a_{i_V} = +1\text{[1]},$$

und nach Voraussetzung sei kein einziges von den nach $a_{i_V}$ folgenden Gliedern der Folge (1) negativ.

Da jedes der Glieder $a_{i_1}, a_{i_2}, a_{i_3}, \ldots a_{i_V}$ gewiß ein anderes Vorzeichen hat als das ihm unmittelbar vorangehende Glied, so hat man

$$\operatorname{sign} \xi a_0 = \operatorname{sign} a_0, \quad \operatorname{sign}(\xi a_{i_1} - a_{i_1-1}) = \operatorname{sign} a_{i_1}, \ldots$$
$$\operatorname{sign}(\xi a_{i_V} - a_{i_V-1}) = \operatorname{sign} a_{i_V},$$

d. h. in der Folge (2) existieren $V+1$ aufeinanderfolgende (natürlich nicht notwendigerweise unmittelbar aufeinanderfolgende) Glieder, die abwechselnde Vorzeichen haben. Daher gibt es da wenigstes $V$ Zeichenwechsel.

Wenn es in der Folge (2) nicht mehr Zeichenwechsel gibt als $V$, dann müssen alle Glieder der Folge (2), von dem $i_V$-ten angefangen (das ist $\xi a_{i_V} - a_{i_V-1}$), nicht negativ sein.

**D. h. es müssen die Ungleichungen bestehen**

$$\xi a_{i_V+1} \geqq a_{i_V}, \ \xi a_{i_V+2} \geqq a_{i_V+1}, \cdots \xi a_n \geqq a_{n-1}, \cdots$$

**und folglich**

$$\xi^n a_n \geqq \xi^{i_V} a_{i_V} > 0. \qquad (n = i_V+1, i_V+2, \cdots)$$

**Daraus dürfte folgen, daß** die Reihe $\sum_0^\infty a_n \xi^n$ divergiert. Ist also die Annahme gemacht, daß der Konvergenzradius von (3) größer als $\xi$ ist, so bleibt die einzige Möglichkeit übrig, daß die Koeffizientenfolge von $(\xi - x)F(x)$ wenigstens $V+1$ Zeichenwechsel hat. W. z. b. w.

Nach Hilfssatz I muß z. B. die Reihe

$$(\tfrac{1}{2} - x)(1 + x + x^2 + \cdots) = \tfrac{1}{2} - \tfrac{1}{2}x - \tfrac{1}{2}x^2 - \cdots$$

---

1) $\operatorname{sign} x = -1, 0, +1$, jenachdem $x < 0$, $x = 0$, $x > 0$.

wenigstens einen Zeichenwechsel haben, den sie auch hat, während z. B. die Reihe

$$(2-x)(1+x+x^2+\cdots)=2+x+x^2+\cdots$$

keinen Zeichenwechsel aufweist.

Der Beweis gilt auch in dem Fall, der der Ausgangspunkt der Verallgemeinerung war, wo von einem gewissen Gliede an alle Glieder der Folge (1) gleich Null sind, die Potenzreihe ein Polynom, und $\varrho=+\infty$ ist.

Aus Hilfssatz I folgt leicht der

**Satz I** (von Laguerre).[1]) Die Anzahl der positiven Wurzeln[2]) einer Potenzreihe mit reellen Koeffizienten kann die Anzahl der Zeichenwechsel in der Koeffizientenfolge der Potenzreihe nicht übersteigen.

Die Potenzreihe $F(x)$ soll im Kreise $|x|<\varrho$ konvergieren, und ihre Koeffizientenfolge soll $V$ Zeichenwechsel aufweisen. Hätte $F(x)$ im Widerspruche mit unserem Satze $V+1$ positive Wurzeln in ihrem Konvergenzkreise, $\xi_1, \xi_2, \ldots \xi_{V+1}$,

$$0<\xi_\nu<\varrho \qquad (\nu=1,2,3,\ldots V+1)$$

so dürfte die Potenzreihenentwicklung der Funktion

$$\frac{F(x)}{(\xi_1-x)(\xi_2-x)\cdots(\xi_{V+1}-x)}$$

ebenfalls im Kreise $|x|<\varrho$ konvergieren, nach einem Fundamentalsatz der Funktionentheorie. Dann müßten aber die Potenzreihenentwicklungen der Funktionen

$$\frac{F(x)}{(\xi_2-x)(\xi_3-x)\cdots(\xi_{V+1})}, \quad \frac{F(x)}{(\xi_3-x)\cdots(\xi_{V+1})}, \cdots \frac{F(x)}{(\xi_{V+1}-x)}, \quad F(x)$$

in ihren Koeffizientenfolgen, laut Hilfssatz I, wenigstens bzw. 1, 2, ... $V$, $V+1$ Zeichenwechsel haben. Mit der letzten Behauptung stoßen wir aber auf einen Widerspruch gegen die Annahme. —

Der gewöhnliche Descartessche Lehrsatz hat noch einen zweiten Teil, der besagt, daß die Anzahl der positiven Wurzeln und die An-

---

1) Laguerre, Œuvres, Bd. I, S. 3—5. Ein anderer Beweis steht in der Arbeit von Hurwitz, Über den Satz von Budan-Fourier, Math. Annalen, Bd. 71 1912), S. 584—591. Vgl. S. 590—591.

2) Nur die Wurzeln im Innern des Konvergenzkreises werden betrachtet. Die Wurzeln werden hier sowohl wie im ganzen Verlaufe dieser Arbeit, mit ihrer Mehrfachheit gerechnet.

zahl der Zeichenwechsel mod. 2 übereinstimmen. Letzteres gilt für Potenzreihen im allgemeinen nicht; so hat z. B. die Potenzreihe

$$F(x) = 1 - \frac{\pi^2}{3}x + \frac{x^2}{2^2} + \frac{x^3}{3^2} + \frac{x^4}{4^2} + \cdots$$

zwei Zeichenwechsel, und nur eine Wurzel im Intervalle (0, 1). Denn, kraft des Satzes I, hat $F(x)$ in (0, 1) höchstens 2 Wurzeln, aber sie muß dort eine ungerade Anzahl von Wurzeln haben, weil

$$F(0) = 1 > 0 \quad \text{und} \quad F(1) = -\frac{\pi^2}{6} < 0$$

ist. — Laguerre bemerkt a. a. O. einen wichtigen Fall, wo auch der zweite Teil der Descartesschen Regel für Potenzreihen zutrifft.

## § 2.

Ersetzt man $x$ durch $\frac{1}{x}$, so lassen sich die Sätze des vorhergehenden § 1 mit Leichtigkeit auf Potenzreihen übertragen, die nach fallenden ganzzahligen Potenzen von $x$ geordnet sind. Ich erspare mir die Formulierung der so zu erhaltenden Sätze, ich will sie aber benutzen bei dem Beweise von

**Satz II** (von Runge). Seien

$$x_1, x_2, \ldots x_n$$

reelle (nicht notwendigerweise verschiedene) Zahlen, und sei $x_\alpha$ ihr Minimum, $x_\omega$ ihr Maximum

$$x_\alpha \leqq x_\nu \leqq x_\omega. \qquad (\nu = 1, 2, 3, \ldots n)$$

Seien $a_0, a_1, \ldots a_n$ ebenfalls reell; dann hat das Polynom

$$F(x) = a_0(x - x_1)(x - x_2)\cdots(x - x_n) + a_1(x - x_2)\cdots(x - x_n) + \cdots + a_{n-1}(x - x_n) + a_n$$

im Innern des Intervalles $(x_\omega, +\infty)$ nicht mehr Wurzeln, als die Folge

$$a_0, a_1, a_2, \ldots a_n$$

Zeichenwechsel aufweist, und im Innern des Intervalles $(-\infty, x_\alpha)$ nicht mehr Wurzeln als die Anzahl der Zeichenwechsel der Folge

$$a_0, -a_1, a_2, -a_3, \ldots (-1)^n a_n.$$

Es genügt die erste Behauptung zu beweisen, denn die zweite geht aus der ersten hervor, indem man $x$ durch $-x$ ersetzt.

Bei dem Beweise der ersten Behauptung kann man nun ohne Beschränkung der Allgemeinheit voraussetzen, daß $x_1, x_2, x_3, \ldots x_n$ positiv sind. Denn wäre dies nicht der Fall, so könnte man etwa $x - x_\alpha + 1$ als neue Variable einführen, und an Stelle der Zahlen $x_\nu$ die Zahlen $x_\nu - x_\alpha + 1$ betrachten, die gewiß sämtlich positiv sind.

Sei also $x_\nu > 0$ $(\nu = 1, 2, \cdots n)$. Die Funktion

$$\frac{F(x)}{(x-x_1)(x-x_2)\cdots(x-x_n)}$$

$$= a_0 + \frac{a_1}{x\left(1-\frac{x_1}{x}\right)} + \frac{a_2}{x^2\left(1-\frac{x_1}{x}\right)\left(1-\frac{x_2}{x}\right)} + \cdots + \frac{a_n}{x^n\left(1-\frac{x_1}{x}\right)\cdots\left(1-\frac{x_n}{x}\right)}$$

kann in eine Potenzreihe nach fallenden Potenzen von $x$ entwickelt werden, die rechts von $x_\omega$ konvergiert, und eine gewisse Anzahl $V$ von Zeichenwechseln aufweist. Nach Satz I ist

$$V \geqq W, \tag{4}$$

wenn $W$ die Anzahl der Wurzeln von $F(x)$ im Innern des Intervalles $(x_\omega, +\infty)$ bedeutet.

Man entwickle ferner nach fallenden Potenzen von $x$ die Funktionen

$$\frac{a_1}{x\left(1-\frac{x_1}{x}\right)} + \frac{a_2}{x^2\left(1-\frac{x_1}{x}\right)\left(1-\frac{x_2}{x}\right)} + \cdots + \frac{a_n}{x^n\left(1-\frac{x_1}{x}\right)\left(1-\frac{x_2}{x}\right)\cdots\left(1-\frac{x_n}{x}\right)}$$

$$\frac{a_2}{x^2\left(1-\frac{x_2}{x}\right)} + \frac{a_3}{x^3\left(1-\frac{x_2}{x}\right)\left(1-\frac{x_3}{x}\right)} + \cdots + \frac{a_n}{x^n\left(1-\frac{x_2}{x}\right)\cdots\left(1-\frac{x_n}{x}\right)}$$

. . . . . . . . . . . . . . . . . . . . . . . . .

$$\frac{a_n}{x^n\left(1-\frac{x_n}{x}\right)}$$

und nenne die Anzahl der in den Entwicklungen vorkommenden Zeichenwechsel bzw. $V_1, V_2, \ldots V_n$. Man hat z. B.

$$V_n = 0. \tag{5}$$

Ich führe noch die Bezeichnung ein

$$V(a, b) = \begin{cases} 1, \text{ wenn } \operatorname{sign} a = -\operatorname{sign} b \gtrless 0. \\ 0, \text{ in den übrigen 3 Fällen: wenn } \operatorname{sign} a = \operatorname{sign} b, \text{ wenn} \\ \quad a = 0, \text{ oder wenn } b = 0. \end{cases}$$

Die folgende Schlußfolgerung läßt sich nun in allen Fällen ausführen, aber sie läßt sich nur dann bequem mit den schon eingeführten Bezeichnungen schreiben, wenn die weitere Annahme den schon gemachten hinzugefügt wird, daß keine der Zahlen $a_1, a_2, \ldots a_n$ verschwindet.

Dies sei also getan. Dann ist

$$V = V(a_0, a_1) + V_1. \tag{6}$$

Nun hat nach dem ersten Teile des Hilfssatzes I die Reihenentwicklung der Funktion

$$\frac{a_1}{x\left(1-\frac{x_1}{x}\right)} + \frac{a_2}{x^2\left(1-\frac{x_1}{x}\right)\left(1-\frac{x_2}{x}\right)} + \cdots + \frac{a_n}{x^n\left(1-\frac{x_1}{x}\right)\left(1-\frac{x_2}{x}\right)\cdots\left(1-\frac{x_n}{x}\right)}$$

gewiß nicht mehr Zeichenwechsel als die Reihenentwicklung von

$$\frac{a_1}{x} + \frac{a_2}{x^2\left(1-\frac{x_2}{x}\right)} + \cdots + \frac{a_n}{x^n\left(1-\frac{x_2}{x}\right)\cdots\left(1-\frac{x_n}{x}\right)},$$

(da doch der letztere Ausdruck aus dem ersteren durch Multiplikation mit $1 - \frac{x_1}{x} = x_1\left(\frac{1}{x_1} - \frac{1}{x}\right)$ hervorgeht). In Zeichen lautet dies

$$V_1 \leqq V(a_1, a_2) + V_2. \tag{7}$$

So erhält man weiter

$$\begin{cases} V_2 \leqq V(a_2, a_3) + V_3, \\ \quad \cdots\cdots\cdots \\ V_{n-1} \leqq V(a_{n-1}, a_n) + V_n. \end{cases} \tag{8}$$

Die Beziehungen (4) bis (8) ergeben zusammengefaßt:

$$W \leqq V \leqq V(a_0, a_1) + V(a_1, a_2) + \cdots + V(a_{n-1}, a_n),$$

w. z. b. w.

Der ursprüngliche Rungesche Beweis leitet den Satz aus einem umfassenderen Satz ab.[1]) — Ich bemerke noch, daß für den Fall, wo $x_1, x_2, x_3, \ldots x_n$ äquidistant sind, noch viele verschiedene und teilweise genauere Zeichenregeln angegeben werden können.[2])

## § 3.

Ich benutze die Gelegenheit, um noch folgende Bemerkung zu machen:

**Satz III.** Ist $f(x)$ ein Polynom $n^{\text{ten}}$ Grades mit nur reellen Wurzeln, so stimmt die Anzahl der Zeichenwechsel in der

1) Der umfassendere Rungesche Satz verhält sich zu dem hier mitgeteilten so, wie die Fouriersche Regel zur Descartesschen, oder wie die Sylvestersche Doppelzeichenregel zur Newtonschen sich verhält. Vgl. wegen der Beweismethode dieses allgemeineren Satzes die Andeutungen bei Runge, Praxis der Gleichungen (1900), S. 105—110.

Wegen der Methode im Text vgl. Laguerre, l. c. S. 15—16.

2) Vgl. die Arbeit des Verfassers, Sur un théorème de Laguerre, in den Comptes Rendus, Bd. CLVI, S. 996 und ff., wo weitere Zitate angegeben sind.

Entwicklung der Funktion $\frac{f(x)}{(1-x)^n}$ nach wachsenden Potenzen von $x$ mit der Anzahl der Wurzeln des Polynoms $f(x)$ im Innern des Intervalles (0, 1) genau überein.

Sei die Anzahl der fraglichen Wurzeln $W$. Ist ferner

$$\frac{f(x)}{(1-x)^n} = A_0 + A_1 x + A_3 x^3 + \cdots$$

und bezeichnet man mit $V$ die Anzahl der Zeichenwechsel in der unendlichen Folge $A_0, A_1, A_2, \ldots$, so ist nach Satz I

$$W \leqq V. \tag{9}$$

Ich will nun die Funktion

$$\varphi(x) = x^n f\left(\frac{1}{x}\right)$$

betrachten. $\varphi(x)$ ist ebenfalls ein Polynom vom (höchstens) $n^{\text{ten}}$ Grade, mit nur reellen Wurzeln, und zwar ist die Anzahl seiner reellen Wurzeln, die größer sind als 1, genau $W$. Man hat

$$\frac{f\left(\frac{1}{x}\right)}{\left(1-\frac{1}{x}\right)^n} = \frac{\varphi(x)}{(x-1)^n}$$

$$= A_0 + A_1 \frac{1}{x} + A_2 \frac{1}{x^2} + \cdots$$

Entwickelt man $\varphi(x)$ nach Potenzen von $x-1$, so läßt sich die letzterhaltene Formel auch so schreiben

$$\frac{1}{n!}\varphi^{(n)}(1) + \frac{1}{(n-1)!}\frac{\varphi^{(n-1)}(1)}{x\left(1-\frac{1}{x}\right)} + \frac{1}{(n-2)!}\frac{\varphi^{(n-2)}(1)}{x^2\left(1-\frac{1}{x}\right)^2} + \cdots + \frac{\varphi(1)}{x^n\left(1-\frac{1}{x}\right)^n}$$

$$= A_0 + A_1 \frac{1}{x} + A_2 \frac{1}{x^2} + \cdots$$

Bezeichnet man die Anzahl der Zeichenwechsel in der Folge

$$\varphi(1),\ \varphi'(1),\ \varphi''(1),\ \ldots\ \varphi^{(n)}(1)$$

mit $V_1$, so hat man nach der im vorangehenden § 2 entwickelten Methode

$$V \leqq V_1. \tag{10}$$

Nun liefert bekanntlich die Descartessche (oder auch die Fouriersche) Regel bei Polynomen mit nur reellen Wurzeln nicht nur eine obere Grenze, sondern die genaue Anzahl der Wurzeln[1]), und daher ist

$$V_1 = W. \tag{11}$$

Aus (9), (10), (11) resultiert $V = W$ w. z. b. w.

---

1) Vgl. Serret, a. a. O. S. 260.

Laguerre hat die Frage aufgeworfen, ob zu einem gegebenen Polynom $f(x)$ mit reellen Koeffizienten immer eine ganze Zahl $k$ gefunden werden kann, so daß die Anzahl der Zeichenwechsel in der Entwicklung von $\frac{f(x)}{(1-x)^{k+1}}$ nach wachsenden Potenzen von $x$ genau mit der Anzahl der Wurzeln des Polynoms $f(x)$ im Innern des Intervalles (0, 1) übereinstimmt.[1]) Er hat auch Sätze aufgestellt[2]), die die Relationen (9) und (10) als sehr spezielle Fälle unter sich begreifen. Aber daß aus diesen beiden mit Hinzunahme der einfachen Gleichung (11) die Lösung seiner Frage für Polynome mit nur reellen Wurzeln folgt, scheint er nicht bemerkt zu haben.

Ich mache noch darauf aufmerksam, daß die Laguerresche Frage für irgendein Polynom mit reellen Koeffizienten im bejahenden Sinne **beantwortet werden kann, nur daß dann die Lösung ganz andere Methoden erfordert.**[3])

## § 4.

Zum Beweise des Sylvesterschen Satzes brauche ich den

**Hilfssatz II.** Die Funktion $F(x)$ sei analytisch im Intervalle $a \leq x \leq b$ und nehme daselbst nur reelle Werte an. Seien ferner die vier Zahlen $F(a)$, $F(b)$, $F'(a)$, $F'(b)$ von Null verschieden.

1. Hat die Funktion $F(x)$ im Intervalle $(a, b)$ $W$ Wurzeln, so hat daselbst ihre Ableitung $F(x)$ wenigstens $W-1$ Wurzeln.

2. Besteht aber nur eine der weiteren beiden Bedingungen

$$\operatorname{sign} F'(a) = \operatorname{sign} F(a), \quad \operatorname{sign} F'(b) = -\operatorname{sign} F(b),$$

so hat die Funktion $F'(x)$ im Intervalle $(a, b)$ wenigstens so viel Wurzeln, wie die Funktion $F(x)$.

Der Beweis dieses Hilfssatzes darf hier wohl übergangen werden.

---

1) Laguerre, l. c. S. 14. „Le point essentiel" usw.

2) L. c. S. 13—14 bzw. S. 15—22.

3) Fekete und Pólya, Über ein Problem von Laguerre, Rendiconti, Palermo, Bd. XXXIV (1912, 2 Sem.) S. 89—120. Im ersten Teile dieser Arbeit ist schon darauf hingewiesen worden, daß im Falle von Polynomen mit lauter reellen Wurzeln für die Zahl $k$ eine nur von der Gradzahl $n$ abhängige obere Schranke angegeben werden kann. Nur ist die dort gefundene obere Schranke $k \leq \frac{(n+3)^2}{4}$ höher als die hier gefundene $k \leq n-1$, und die erforderliche Analyse ist viel schwieriger. Sie liefert jedoch andererseits auch Resultate von allgemeinerer Bedeutung.

Nun seien $m$ und $n$ ganze, $a_1, a_2, \ldots a_n, \lambda_1, \lambda_2, \ldots \lambda_n$ reelle Zahlen, die den Bedingungen

$$m \geqq 1, \quad n \geqq 2, \quad a_\nu \gtrless 0 \qquad (\nu = 1, 2, \cdots n)$$

$$\lambda_1 > \lambda_2 > \lambda_3 > \cdots > \lambda_n$$

genügen. Ich nehme ferner an, daß das Polynom

$$F(x) = a_1(x - \lambda_1)^m + a_2(x - \lambda_2)^m + \cdots + a_n(x - \lambda_n)^m$$
$$= b_0 x^m + b_1 x^{m-1} + \cdots + b_m$$

nicht identisch verschwindet, und beweise den

**Satz IV** (von Sylvester).[1]) Die Anzahl der reellen Wurzeln der Gleichung

(12) $$F(x) \equiv \sum_{\nu=1}^{n} a_\nu (x - \lambda_\nu)^m = 0$$

kann die Anzahl der Zeichenwechsel der Folge

(13) $$a_1, a_2, a_3, \ldots a_{n-1}, a_n, (-1)^m a_1$$

nicht übersteigen.

In dem speziellen Fall, wo alle Zahlen $a_1, a_2, \ldots a_n$ das gleiche Vorzeichen haben, und $m$ eine gerade Zahl ist, ist der Satz evident: dann hat nämlich die Folge (13) keinen Zeichenwechsel, und die Gleichung (12) keine reelle Wurzel.

Sind nun $a_1, a_2, \ldots a_n$ von gleichem Vorzeichen, und ist $m$ ungerade, so ist zu beweisen, daß die Gleichung (12) nur eine reelle Wurzel hat. Dies ist aber leicht geschehen, denn die Gleichung

$$F'(x) \equiv \sum_{\nu=1}^{n} m a_\nu (x - \lambda_\nu)^{m-1} = 0$$

gehört unter den eben erledigten Spezialfall und hat folglich keine einzige reelle Wurzel; sie müßte jedoch (nach Hilfssatz II) wenigstens eine haben, wenn die Gleichung (12) zwei oder mehrere Wurzeln hätte.

Ich nehme nun an, daß ein Zeichenwechsel zwischen $a_q$ und $a_{q+1}$ stattfindet, daß die Gleichung (12) $R$ reelle Wurzeln hat und die Folge (13) $V$ Zeichenwechsel aufweist, ferner nehme ich an, daß Satz III für $V - 1$ irgendwie verteilte Zeichenwechsel schon bewiesen ist. Ich habe unter diesen Annahmen darzutun, daß $R \leqq V$ ist.

Sei $m - s$ ($s = 0, 1, 2, \cdots m - 1$) der Grad der Gleichung (12), d. h. es seien

$$b_0 = b_1 = \cdots = b_{s-1} = 0, \quad b_s \gtrless 0.$$

1) Sylvester, Mathematical Papers, Bd. II, S. 360, S. 401—410.

Ich wähle eine Zahl $\lambda$, die im Innern des Intervalles $(\lambda_{q+1}, \lambda_q)$ gelegen und von sämtlichen Wurzeln der Gleichung (12) verschieden ist. Ist $s = 0$, d. h. $b_0 \gtrless 0$, so soll noch die Bedingung $b_1 + \lambda m b_0 \neq 0$ erfüllt sein.

Ich betrachte die Funktion

$$G(x) = \frac{F(x)}{(x-\lambda)^{m}} = \frac{b_0 x^m + b_1 x^{m-1} + \cdots + b_m}{(x-\lambda)^m}$$

und behaupte, daß ihre Ableitung

$$\begin{aligned} G'(x) &= \frac{1}{(x-\lambda)^{m+1}}(F'(x)(x-\lambda) - mF(x)) \\ &= \frac{-1}{(x-\lambda)^{m+1}}(mF(x) - xF'(x) + \lambda F'(x)) \\ &= \frac{-1}{(x-\lambda)^{m+1}}((\lambda m b_0 + b_1)x^{m-1} + (\lambda(m-1)b_1 + 2b_2)x^{m-2} + \cdots \\ &\qquad + (\lambda(m-s+1)b_{s-1} + sb_s)x^{m-s} + \cdots) \end{aligned}$$

wenigstens $R-1$ reelle Nullstellen hat.

Die Funktion $G(x)$ ist reell und analytisch in dem Innern der beiden Intervalle $(-\infty, \lambda)$ und $(\lambda, +\infty)$, und hat insgesamt genau $R$ reelle Wurzeln.

Ist erstens $s = 0$, d. h. $b_0 \gtrless 0$, so hat man

$$\lim_{\substack{x \to +\infty \\ x \to -\infty}} \frac{G(x)}{x^2 G'(x)} = -\frac{b_0}{\lambda m b_0 + b_1} \gtrless 0. \tag{14}$$

Ist in der letzterhaltenen Gleichung (14) die Quantität rechter Hand positiv, so benutze man die Tatsache, daß die Vorzeichen von $G(x)$ und $G'(x)$ für sehr große **negative** Werte von $x$ übereinstimmen, und wende auf das Intervall $(-\infty, \lambda)$[1]) die zweite, auf das Intervall $(\lambda, +\infty)$ die erste Aussage des Hilfssatzes II an; dann erkennt man, daß $G'(x)$ wirklich wenigstens $R-1$ reelle Wurzeln hat. Ist aber in (14) die rechte Seite negativ, so beachte man, daß $G(x)$ und $G'(x)$ für sehr große **positive** Werte von **entgegengesetztem** Vorzeichen sind, und so kommt man zu demselben Resultat.

Begegnet man nun der **zweiten** Möglichkeit, d. h. $s > 0$, so stützt man sich auf die Tatsache

$$\lim_{\substack{x \to +\infty \\ x \to -\infty}} \frac{G(x)}{x G'(x)} = -\frac{b_s}{s b_s} = -\frac{1}{s} < 0. \tag{14'}$$

---

1) Es gibt eine positive Zahl $h$ derart, daß alle Wurzeln von $G(x)$ rechts von $-h$ liegen, und daß $G(-h)$ und $G'(-h)$ von gleichem Vorzeichen sind. Es gibt ferner eine andere positive Zahl $\varepsilon$ derart, daß alle Wurzeln von $G(x)$, die im Intervall $(-\infty, \lambda)$ liegen, auch im Intervall $(-\infty, \lambda - \varepsilon)$ liegen. Hilfssatz II wird eigentlich auf das **endliche** Intervall $(-h, \lambda - \varepsilon)$ angewandt.

Man wende nun auf beide Intervalle $(-\infty, \lambda)$, $(\lambda, +\infty)$ die zweite Aussage des Hilfssatzes II an, so erkennt man, daß $G'(x)$ sogar wenigstens $R$ reelle Wurzeln hat.

Das Polynom

$$\frac{(x-\lambda)^{m+1}}{m} G'(x) = \frac{(x-\lambda)^{m+1}}{m} \sum_{\nu=1}^{n} a_\nu \frac{d}{dx}\left(\frac{x-\lambda_\nu}{x-\lambda}\right)^m$$
$$= \sum_{\nu=1}^{n} a_\nu (\lambda_\nu - \lambda)(x-\lambda_\nu)^{m-1}$$

hat also auf alle Fälle wenigstens $R-1$ reelle Wurzeln. Bildet man mit seinen Koeffizienten die Folge (13), so erhält man die Folge

$$a_1(\lambda_1-\lambda), \cdots a_q(\lambda_q-\lambda), \; a_{q+1}(\lambda_{q+1}-\lambda), \cdots a_n(\lambda_n-\lambda), \; (-1)^{m-1}a_1(\lambda_1-\lambda)$$

die genau $V-1$ Zeichenwechsel aufweist. Daher ist nach der Annahme unserer vollständigen Induktion

$$R-1 \leq V-1$$

oder

$$R \leqq V,$$

w. z. b. w.

Der gegebene Beweis führt eine berühmte Laguerresche Schlußweise in einem etwas komplizierteren Fall durch.[1])

---

1) Vgl. die Œuvres, Bd. I, S. 3—5, 144—146, ferner die oben zitierte Arbeit des Verfassers, Sur un théorème de Laguerre.

ANALYSE MATHÉMATIQUE. — *Sur la méthode de Graeffe.* Note de M. G. PÓLYA.

La question qui fait l'objet de cette Note m'a été proposée par M. Runge, lequel a bien voulu m'honorer de ses conseils pendant mes recherches.

D'après la méthode de Graeffe ([1]), on calcule approximativement les racines d'un polynome, en formant successivement les équations auxquelles satisfont les puissances 2ièmes, 4ièmes, 8iemes, 16ièmes, ... des racines du polynome proposé. On peut montrer que, par la même méthode, les valeurs absolues des racines d'une série de puissances quelconque peuvent être infiniment approchées.

D'une manière plus précise : soient

$$\alpha_1, \quad \alpha_2, \quad \alpha_3, \quad \ldots, \quad \alpha_n, \quad \ldots,$$
$$|\alpha_1| \leqq |\alpha_2| \leqq |\alpha_3| \leqq \ldots \leqq |\alpha_n| \leqq \ldots$$

les racines de l'équation

$$f(x) = 1 + a_1 x + a_2 x^2 + \ldots a_n x^n + \ldots = 0$$

rangées par ordre de module croissant, intérieures au cercle de convergence, chacune écrite avec son ordre de multiplicité. En formant les coefficients de la série de puissances

$$f(x) f(\omega x) f(\omega^2 x) \ldots f(\omega^{k-1} x) = 1 + a_{1,k} x^k + a_{2,k} x^{2k} + a_{3,k} x^{3k} + \ldots,$$

où

$$\omega = e^{\frac{2\pi i}{k}},$$

on a les théorèmes suivants :

I. *Si* $|\alpha_n| < |\alpha_{n+1}|$, *ou s'il y a seulement n racines à l'intérieur du cercle de convergence de* $f(x)$, *on a*

$$\lim_{k=\infty} \alpha_1^k \alpha_2^k \alpha_3^k \ldots \alpha_n^k a_{n,k} = (-1)^n.$$

II. *Si* $|\alpha_n| = \alpha_{n+1}|$, $\limsup_{k=\infty} . |\alpha_1^k \alpha_2^k \alpha_n^k \ldots a_{n,k}|$ *est un nombre entier positif.*

([1]) RUNGE, *Praxis der Gleichungen*, 1900, p. 157-182.

For comments on this paper[13], see p. 416.

III. *S'il y a seulement n — 1 racines à l'intérieur du cercle de convergence (de rayon ρ), on a*

$$\limsup_{k=\infty} \sqrt[k]{|a_{n,k}|} \leq \frac{1}{|\alpha_1\alpha_2\ldots\alpha_{n-1}|\rho}.$$

Considérons la suite

$$\frac{}{\overline{\lim}\sqrt[k]{|a_{1,k}|}}, \quad \frac{\overline{\lim}\sqrt[k]{|a_{1,k}|}}{\overline{\lim}\sqrt[k]{|a_{2,k}|}}, \quad \frac{\overline{\lim}\sqrt[k]{|a_{2,k}|}}{\overline{\lim}\sqrt[k]{|a_{3,k}|}}, \quad \ldots,$$

dans laquelle on ne considérera que les termes précédant le premier qui soit supérieur ou égal au rayon de convergence, ou précédant le premier terme qui devient infini. Des théorèmes précédents, on conclut que les termes de cette suite donnent les modules de toutes les racines de l'équation

$$f(x) = 0,$$

intérieures au cercle de convergence, rangées par ordre de module croissant, chacune des racines étant obtenue avec son ordre de multiplicité.

Ces théorèmes présentent une grande analogie avec certains théorèmes de M. Hadamard ([1]), mais la méthode résultant de ces théorèmes est entièrement différente de celle proposée par M. Hadamard pour le calcul des modules des racines. On voit clairement les analogies et les différences des deux méthodes en étudiant le problème suivant : Calculer les modules des racines de $f(x)$, étant donnés les coefficients $t_1, t_2, t_3, \ldots$ de la dérivée logarithmique de $f(x)$

$$\frac{f'(x)}{f(x)} = t_1 + t_2 x + t_3 x^2 + \ldots.$$

La différence essentielle est la suivante : Pour calculer le produit des $n$ premières racines, on envisage, d'après M. Hadamard, la racine $k^{\text{ième}}$ du déterminant

$$\begin{vmatrix} t_{k+1} & t_{k+2} & & t_{k+n} \\ t_{k+2} & t_{k+3} & & t_{k+n+1} \\ & \ldots & & \ldots\ldots \\ t_{k+n} & t_{k+n+1} & & t_{k+2n-1} \end{vmatrix}.$$

Ce déterminant est une certaine fonction rationnelle et entière des $2n - 1$ coefficients *consécutifs* $t_{k+1}, t_{k+2}, \ldots, t_{k+2n-1}$. Nous avons envisagé,

([1]) Hadamard, *Essai sur l'étude des fonctions données par leur développement de Taylor* (*Journal de Mathématiques*, 4e série, t. VIII, 1892). Voir aussi Hadamard, *La série de Taylor* (*Scientia*), 1901, p. 38-48 et 91-93.

dans le même but, la racine $k^{\text{ième}}$ de $a_{n,k}$, $a_{n,k}$ étant une certaine fonction rationnelle et entière des $n$ coefficients *équidistants* $t_k, t_{2k}, t_{3k}, \ldots, t_{nk}$. $a_{n,k}$ s'exprime au moyen de $t_k, t_{2k}, \ldots, t_{nk}$ comme la $n^{\text{ième}}$ fonction symétrique élémentaire s'exprime au moyen des $n$ premières sommes de puissances, seulement tous les termes sont pris avec le signe $+$.

Pour démontrer ces théorèmes, on s'appuie sur cette remarque simple, que dans l'hypothèse du théorème I, on a

$$\frac{f'(x)}{f(x)} = \frac{1}{x-\alpha_1} + \frac{1}{x-\alpha_2} + \ldots + \frac{1}{x-\alpha_n} + b_1 + b_2 x + b_3 x^2 + \ldots,$$

la série $\sum_1^\infty b_n x^{n-1}$ convergeant dans un cercle du rayon *plus grand* que $|\alpha_n|$. De cette remarque, moyennant l'égalité

$$1 + a_{1,k} x^k + a_{2,k} x^{2k} + \ldots = \left(1 - \frac{x^k}{\alpha_1^k}\right) \cdots \left(1 - \frac{x^k}{\alpha_n^k}\right) e^{\frac{b_k}{1} x^k + \frac{b_{2k}}{2} x^{2k} + \ldots}$$

on passe, par des calculs simples, aux théorèmes I, II, III. La démonstration des réciproques, qui est le point le plus difficile dans la théorie des pôles de M. Hadamard, ici se fait d'elle-même, les cas possibles étant peu nombreux, et étant tous épuisés par les théorèmes I, II, III.

J'exposerai ces recherches d'une façon détaillée dans un autre Recueil. On trouvera aussi dans ce travail quelques indications sur le calcul pratique, où l'on ne considère que les valeurs de $k$ qui sont des puissances de 2.

(*Comptes rendus*, t. 156, p. 1145, séance du 14 avril 1913.)

# ÜBER ANNÄHERUNG DURCH POLYNOME MIT LAUTER REELLEN WURZELN.

Von **Georg Pólya** (Budapest).

Estratto dal tomo XXXVI (2° sem. 1913) dei *Rendiconti del Circolo Matematico di Palermo*.
Adunanza dell'11 maggio 1913.

**1.** Es soll in einem Kreise, beschrieben um den Nullpunkt als Mittelpunkt, eine Folge von Polynomen

$$\Phi_1(x), \quad \Phi_2(x), \quad \ldots, \quad \Phi_n(x), \quad \ldots$$

mit *lauter positiven Wurzeln* gleichmässig gegen einen Grenzwert $F(x)$ konvergieren. $F(x)$ ist, nach dem klassischen Satze von WEIERSTRASS, regulär analytisch im besagten Kreis; ich betrachte die Funktion $F(x)$, die durch dieses Element definiert ist, und beweise den folgenden

SATZ I. — *Die Funktion $F(x)$, die in einem gewissen Kreise um den Nullpunkt, beliebig und gleichmässig durch Polynome mit lauter positiven Wurzeln angenähert werden kann, ist eine transcendente ganze Funktion; und zwar ist $F(x)$ gleich dem Produkte einer Funktion vom Geschlecht Null, und der Funktion $e^{-\gamma x}$, wo $\gamma \geqq 0$. — Ferner wird $F(x)$ durch die besagten Polynome in jedem endlichen Gebiet gleichmässig angenähert; diese letzte Aussage ist aber nur dann giltig, wenn $F(x)$ nicht identisch verschwindet* [1]).

Ich werde noch folgende Sätze beweisen:

SATZ II. — *Gibt es eine Folge von Polynomen mit lauter reellen Wurzeln, die in einem Kreise, um den Nullpunkt als Mittelpunkt beschrieben, gleichmässig gegen die analytische Funktion $F(x)$ konvergieren, so ist $F(x)$ transcendent ganz; und zwar ist $F(x)$ gleich dem Produkte einer Funktion vom Geschlechte Eins und der Funktion $e^{-\gamma x^2}$, wo* $\gamma \geqq 0$.

SATZ III. — *Haben alle Abschnitte einer formal angeschriebenen Potenzreihe, von einem gewissen an, lauter reelle Wurzeln eines Zeichens, so konvergiert die Potenzreihe für jedes $x$ und stellt eine Funktion vom Geschlechte Null dar.*

SATZ IV.—*Haben alle Abschnitte einer formal angeschriebenen Potenzreihe, von einem*

[1]) Ein Beispiel dafür, dass sie in der Tat nicht gilt, wenn $F(x)$ identisch $= 0$ ist, bietet die Polynomfolge

$$\Phi_n(x) = \left(x - \tfrac{1}{2}\right)^n.$$



For comments on this paper[16], see p. 417.

*gewissen an, lauter reelle Wurzeln, so konvergiert die Potenzreihe für jedes x und stellt eine Funktion vom Geschlechte Null oder Eins dar.*

LAGUERRE [2]) hat folgenden Satz ausgesprochen: wenn eine transcendente ganze Funktion $F(x)$ der Grenzwert von Polynomen mit lauter reellen Wurzeln eines Zeichens ist, dann ist sie gleich dem Produkte einer Funktion vom Geschlecht Null und von $e^{ax+b}$. LAGUERRE sagt einfach « limite » aber er scheint vorauszusetzen, dass die Polynomfolge in jedem endlichen Bereich gleichmässig gegen die Funktion $F(x)$ konvergiert. Wird übrigens gleichmässige Konvergenz in jedem endlichen Bereich vorausgesetzt, dann ist die Voraussetzung, dass $F(x)$ transcendent ganz ist, überflüssig, denn man erhält diese Eigenschaft von $F(x)$ als unmittelbare Folgerung.

Satz I besagt mehr, als der zitierte LAGUERREsche Satz, indem er dieselbe Folgerung aus einer geringeren Voraussetzung zieht. Ich setze nur voraus, dass gleichmässige Konvergenz in einem einzigen Gebiete, das einen Punkt der negativen reellen Achse im Innern enthält, stattfindet, anstatt Konvergenz in der ganzen Ebene vorauszusetzen. Ferner kommt die neue Tatsache hinzu, dass aus Konvergenz im besagten Gebiete Konvergenz in der ganzen Ebene folgt. — Aehnlich zieht Satz II eine LAGUERREsche Folgerung [2]) aus einer geringeren Voraussetzung. Die Determinante der Integralgleichung mit symmetrischem Kern kann als Beispiel und Bestätigung des Satzes II dienen (Vgl. 7.).

LAGUERRE führte den Beweis nur für den Fall der Wurzeln gleiches Zeichens. Die Richtigkeit dieses Beweises kann angezweifelt werden; ich bin der Ansicht, dass der Beweis ohne wesentliche Aenderungen des Gedankenganges lückenlos zu führen ist. — Der hier gegebene Beweis ist von der Richtigkeit des LAGUERREschen völlig unabhängig, und beruht auf einer ganz anderen Grundlage.

Potenzreihen, deren alle Abschnitte reelle Wurzeln eines Zeichens haben, hat in mehreren Arbeiten Herr PETROVITCH [3]) untersucht. In seinen beiden ersten Arbeiten stellte er fest, dass solche Potenzreihen für jedes $x$ konvergieren, und dass sie Functionen vom Geschlechte Null oder Eins darstellen. Letzteres folgt aus dem ersteren reichlich nach dem zitierten Satze von LAGUERRE.

In Beantwortung der Frage 3022 des *Intermédiaire* [4]) (gestellt von Herrn PETROVITCH) teilte LAURENT ohne Beweis eine Relation mit, woraus ohne weiteres die Richtigkeit des Satzes III folgt.

---

[2]) *Œuvres de* LAGUERRE (Paris, Gauthier-Villars), Bd. I (1898), S. 174-177. Für eine Anwendung siehe daselbst S. 202-204.

[3]) M. PETROVITCH: *a) Sur une classe de séries entières* (Comptes rendus hebdomadaires des séances de l'Académie des Sciences (Paris), Bd. CXLIII (2. Semester 1906), S. 208-210; *b) Sur certaines transcendantes entières* [Bulletin de la Société Mathématique de France, Bd. XXXIV (1906), S. 165-177]; *c) Une classe remarquable de séries entières* [Atti del IV° Congresso Internazionale dei Matematici (Roma 6-11 aprile 1908), Bd. II (1909), S. 36-43]; *d) Théorème sur les séries de* TAYLOR [Comptes rendus hebdomadaires des séances de l'Académie des Sciences (Paris), Bd. CXLVI (1. Semester 1908), S. 272-274].

[4]) L'Intermédiaire des Mathématiciens, Bd. XIII (1906), S. 38, 135-136, 159-160.

In seiner Arbeit loc. cit. [3]), $c$) bewies Herr PETROVITCH die LAURENTsche Relation und damit den Satz III. Diesen Beweis werde ich der Vollständigkeit halber unter 4. wiedergeben.

**2.** Ich habe bei dem Beweis den einfachsten Spezialfall einer von NEWTON herrührenden Regel nötig [5]). Um den Leser nicht anderswohin verweisen zu müssen, gebe ich den Satz mit einem bekannten kurzen Beweis wieder; er lautet so:

Hat das reelle Polynom $f(x)$

$$f(x) = \alpha_0 x^n + \binom{n}{1}\alpha_1 x^{n-1} + \binom{n}{2}\alpha_2 x^{n-2} + \cdots + \alpha_n$$

lauter reelle Wurzeln, so bestehen die Ungleichungen

$$(1) \qquad \alpha_1^2 - \alpha_0\alpha_2 \geqq 0, \qquad \alpha_2^2 - \alpha_1\alpha_3 \geqq 0, \ \ldots, \ \alpha_{n-1}^2 - \alpha_{n-2}\alpha_n \geqq 0.$$

In der Tat, es ist

$$\frac{df(x)}{dx} = n\left(\alpha_0 x^{n-1} + \binom{n-1}{1}\alpha_1 x^{n-2} + \binom{n-1}{2}\alpha_2 x^{n-3} + \qquad + \alpha_{n-1}\right),$$

$$\frac{d x^n f\left(\frac{1}{x}\right)}{dx} = n\left(\alpha_n x^{n-1} + \binom{n-1}{1}\alpha_{n-1} x^{n-2} + \binom{n-1}{2}\alpha_{n-2} x^{n-3} + \cdots + \alpha_1\right)$$

und so kann ich durch Differenzieren und Vertauschen von $x$ und $\frac{1}{x}$ bis zu den Polynomen zweiten Grades

$$\alpha_0 x^2 + 2\alpha_1 x + \alpha_2, \qquad \alpha_1 x^2 + 2\alpha_2 x + \alpha_3, \ \ldots, \ \alpha_{n-2} x^2 + 2\alpha_{n-1} x + \alpha_n$$

hinuntersteigen, die also *ebenfalls lauter reelle Wurzeln haben müssen*. Daraus folgt das Bestehen der Ungleichungen (1).

Sind $\alpha_0, \alpha_1, \ldots, \alpha_n$ alle positiv, so können die Ungleichungen (1) so geschrieben werden

$$\alpha_1^2 \geqq \alpha_0\alpha_2, \qquad \alpha_2^4 \geqq \alpha_1^2\alpha_3^2, \ \ldots, \ \alpha_p^{2p} \geqq \alpha_{p-1}^p \alpha_{p+1}^p, \ \ldots, \ \alpha_{n-1}^{2n-2} \geqq \alpha_{n-2}^{n-1}\alpha_n^{n-1}$$

Multipliziere ich die ersten $p$ Ungleichungen, so bekomme ich

$$\alpha_1^2\alpha_2^4\alpha_3^6 \qquad \alpha_p^{2p} \geqq \alpha_0\alpha_1^2\alpha_2^{1+3}\alpha_3^{2+4} \ldots \alpha_{p-1}^{p-2+p}\alpha_p^{p-1}\alpha_{p+1}^p$$

oder gekürzt

$$\alpha_p^{p+1} \geqq \alpha_0\alpha_{p+1}^p.$$

Daraus schliesst man: hat das Polynom

$$1 - a_1 x + a_2 x^2 - a_3 x^3 + \qquad + (-1)^n a_n x^n$$

---

5) S. z. B. H. WEBER, *Lehrbuch der Algebra* (Braunschweig, Friedr. Vieweg & Sohn), Zweite Auflage, Bd. I (1898), S. 345-353. Der in Text gegebene Beweis dürfte so ungefähr 150 Jahre alt sein, aber ich konnte nicht feststellen, von wem er eigentlich herrührt.

**lauter reelle positive Wurzeln, so bestehen die Ungleichungen**

(2) $$\frac{a_1}{n} \geqq \sqrt{\frac{a_2}{\binom{n}{2}}} \geqq \cdots \geqq \sqrt[p]{\frac{a_p}{\binom{n}{p}}} \geqq \cdots \geqq \sqrt[n]{a_n}.$$

Die beiden Enden zusammenfassend gewinnt man den Satz von dem arithmetischen und dem geometrischen Mittel. An der Hand des Beweises lässt sich auch der bekannte Ausnahmefall erkennen, wo das Zeichen $=$ in (2) das richtige ist — aber das werde ich nicht nötig haben.

3. Ich betrachte nun die Polynomfolge

$$\Phi_1(x), \quad \Phi_2(x), \ldots, \Phi_n(x), \ldots$$

wo jedes Polynom nur positive Wurzeln haben soll; die Polynomfolge soll in dem Kreise $|x| \leqq \rho$ gleichmässig gegen die Funktion $F(x)$ konvergieren. Ich setze voraus, dass $F(x)$ nicht identisch verschwindet.

Wie schon bemerkt wurde, es folgt aus dieser Voraussetzung zunächst, dass $F(x)$ für $|x| < \rho$ regulär ist; $F(x)$ wird also durch den Ausdruck gegeben

$$F(x) = a_0 - a_1 x + a_2 x^2 - a_3 x^3 + \cdots$$

wo die Reihe rechts für $|x| < \rho$ gewiss konvergiert.

Setze ich

(3) $$\Phi_n(x) = a_{n0} - a_{n1} x + a_{n2} x^2 - \cdots + (-1)^n a_{nn} x^n,$$

so besagt noch der zitierte Satz von WEIERSTRASS, dass

$$\lim_{n=\infty} a_{np} = a_p.$$

Ich kann es ohne Beschränkung voraussetzen, dass $a_0 \neq 0$ ist. Denn wäre $F(0) = 0$, so möchte ich die Funktion $F(x - \beta)$ betrachten, wo $0 < \beta < \rho$. $F(x - \beta)$ wird durch die Polynomfolge $\Phi_1(x - \beta), \ldots, \Phi_n(x - \beta), \ldots$ angenähert, und diese Polynomfolge genügt allen Voraussetzungen des Satzes I. Ferner kann $F(x - \beta)$ für $x = 0$ nicht verschwinden, denn $F(x)$ hat gewiss keine Wurzeln zwischen $-\rho$ und 0. Ebenso kann ich anstatt $F(x)$ und $\Phi_n(x)$, $\frac{F(x)}{a_0}$ und $\frac{\Phi_n(x)}{a_{n0}}$ betrachten (da doch $\lim_{n=\infty} a_{n0} = a_0 \neq 0$), und so kann ich annehmen, dass $\Phi_n(x)$ von der Form sei [6]:

(3') $$\begin{cases} \Phi_n(x) = 1 - a_{n1} x + a_{n2} x^2 - \cdots + (-1)^n a_{nn} x^n \\ \quad = \left(1 - \frac{x}{\alpha_{n1}}\right)\left(1 - \frac{x}{\alpha_{n2}}\right) \cdots \left(1 - \frac{x}{\alpha_{nn}}\right). \end{cases}$$

Aus den Ungleichungen (2) folgt, dass

(4) $$\frac{a_{n1}}{n} \geqq \sqrt[p]{\frac{a_{np}}{\binom{n}{p}}}, \qquad a_{n1}^p \frac{n(n-1)\ldots(n-p+1)}{n^p} \frac{1}{p!} \geqq a_{np}$$

[6]) Wenn $\Phi_n(x)$ den Grad $k (k < n)$ hat, so stehn natürlich in der zweiten Zeile nur $k$ Faktoren.

also

(5) $$\frac{a_1^p}{p!} \geqq a_p.$$

Davon folgt, dass $F(x)$ für jedes $x$ konvergiert. Es folgt ferner, dass

(6) $$|F(x)| \leqq F(-|x|) \leqq e^{a_1 |x|}$$

Da $a_{n1}$ gegen $a_1$ konvergiert, so gilt nach (4) von einem bestimmten $x$ an gewiss die Ungleichung

$$a_{np} \leqq \frac{(a_1+1)^p}{p!}$$

und daraus schliesst man, mittelst der Zerlegung

$$|F(x) - \Phi_n(x)| \leqq \left|\sum_0^N (-1)^p (a_p - a_{np}) x^p\right| + \left|\sum_{N+1}^\infty (-1)^p a_p x^p\right| + \left|\sum_{N+1}^n (-1)^p a_{np} x^p\right|$$
$$\leqq \left|\sum_0^N (-1)^p (a_p - a_{np}) x^p\right| + 2\sum_{N+1}^\infty \frac{(a_1+1)^p |x|^p}{p!}$$

dass für *jedes* $x$

$$\lim_{n=\infty} \Phi_n(x) = F(x)$$

und dass die Konvergenz in jedem endlichen Bereiche gleichmässig erfolgt.

Aus der Gleichmässigkeit der Konvergenz in jedem endlichen Gebiete schliesst man weiter, dass $F(x)$ nur reelle positive Wurzeln haben kann, wenn sie überhaupt Wurzeln besitzt. Diese Wurzeln seien der Grösse nach geordnet

$$\alpha_1, \quad \alpha_2, \quad \alpha_3, \ldots, \alpha_p, \ldots$$

wo jede Wurzel mit ihrer Multiplizität angeschrieben gedacht wird. Ich nehme an, es sei in der Formel (3')

$$\alpha_{n1} \leqq \alpha_{n2} \leqq \cdots \leqq \alpha_{np} \leqq \cdots \leqq \alpha_{nn}.$$

Dann folgt (ebenfalls aus wohlbekannten allgemeinen Prinzipien) dass

$$\lim_{n=\infty} \alpha_{np} = \alpha_p.$$

Nun ist

$$a_{n1} = \frac{1}{\alpha_{n1}} + \frac{1}{\alpha_{n2}} + \cdots + \frac{1}{\alpha_{nn}}$$

$$a_{n1} \geqq \frac{1}{\alpha_{n1}} + \frac{1}{\alpha_{n2}} + \cdots + \frac{1}{\alpha_{np}}$$

also

$$a_1 \geqq \frac{1}{\alpha_1} + \frac{1}{\alpha_2} + \cdots + \frac{1}{\alpha_p}.$$

Folglich ist die Reihe $\sum_1^\infty \frac{1}{\alpha_p}$ konvergent, und es besteht die Ungleichung

(7) $$a_1 \geqq \frac{1}{\alpha_1} + \frac{1}{\alpha_2} + \cdots + \frac{1}{\alpha_p} + \cdots.$$

Aus (7) folgt, dass $F(x)$ in die Form gesetzt werden kann

$$F(x) = e^{g(x)}\left(1 - \frac{x}{\alpha_1}\right)\left(1 - \frac{x}{\alpha_2}\right) \cdots \left(1 - \frac{x}{\alpha_p}\right) \cdots$$

wo $g(x)$ transcendent ganz ist. Es folgt nun aus (6), nach einem grundlegenden Satze des Herrn HADAMARD [7]), dass $g(x)$ eine lineare Funktion ist

$$g(x) = -\gamma x + \delta.$$

Man erhält durch Vergleichung der Koeffizienten in der Gleichung

$$F(x) = 1 - a_1 x + \cdots = e^{-\gamma x + \delta} \prod_{p=1}^{\infty} \left(1 - \frac{x}{\alpha_p}\right)$$

dass

$$\delta = 0$$

und dass

$$a_1 = \gamma + \frac{1}{\alpha_1} + \frac{1}{\alpha_2} + \cdots + \frac{1}{\alpha_p} + \cdots.$$

Daraus schliesst man, mit Hinzuziehung von (7), dass

$$\gamma \geqq 0.$$

**Somit ist Satz I. vollständig bewiesen.**

**4. Beim Beweise des Satzes II. ist man genötigt einen weniger einfachen Weg zu** verfolgen. Ich werde Satz II. auf Satz I. zurückführen.

Ich setze nun voraus, dass die Polynome

$$\Phi_1(x), \quad \Phi_2(x), \ldots, \Phi_n(x), \ldots$$

lauter *reelle* Wurzeln haben, und gleichmässig in dem Kreis $|x| \leqq \rho$ nach einer Funktion $F(x)$ konvergieren. $F(x)$ ist regulär analytisch und hat nur reelle Wurzeln im Kreise $|x| < \rho$. Es sei $F(x) \not\equiv 0$. Ich kann es ohne Beschränkung annehmen, dass $\Phi_n(x)$ in die Form (3') geschrieben ist, wo nun $\alpha_{n1}, \alpha_{n2}, \ldots$ gewisse *reelle* Zahlen bedeuten.

Ich setze

$$x = \xi + i\eta$$

und ich will zunächst beweisen, dass die Folge $\Phi_n(x)$, $(n = 1, 2, 3, \ldots)$ gleichmässig in jedem Gebiete der $x$ Ebene konvergiert, das durch die Ungleichungen

$$(8) \qquad -r \leqq \xi \leqq +r, \qquad -\vartheta\rho \leqq \eta \leqq +\vartheta\rho$$

begrenzt ist; dabei bedeutet $\vartheta$ einen positiven echten Bruch, und $r$ irgend eine positive Zahl.

Ich will das durch die Ungleichungen (8) begrenzte Gebiet als « Rechteck $\vartheta$, $r$ » bezeichnen.

Aus der Annahme unserer Behauptung folgt, dass die Folge $\Phi_n(x)$ gleichmässig gegen die Funktion $F(x)$ in jedem « Rechteck $\vartheta$, $r$ » konvergiert, wo

$$r < \rho\sqrt{1 - \vartheta^2}.$$

Ich werde nun den Satz beweisen:

---

[7]) J. HADAMARD, *Étude sur les propriétés des fonctions entières et en particulier d'une fonction considérée par* RIEMANN [Journal de Mathématiques pures et appliquées, Series IV, Bd. IX (1893), S. 171-215], S. 209.

*Wenn $\Phi_n(x)$ im Rechteck $\Theta$, $R$ gleichmässig konvergiert, dann konvergiert sie auch gleichmässig in jedem Rechteck $\vartheta$, $r$, wo*

$$\vartheta < \Theta, \quad r < 3R. \tag{9}$$

Es ist leicht zu sehen, dass mit dem Nachweise dieses Satzes die gleichmässige Konvergenz von $\Phi_n(x)$ in jedem durch die Ungleichungen (8) begrenzten Gebiete dargetan ist.

Nun ist $F(x) = \lim \Phi_n(x)$ der Annahme gemäss im *Inneren* des Rechteckes $\Theta$, $R - \varepsilon$ $(\varepsilon > 0)$ regulär analytisch und hat daselbst nur reelle Nullstellen, in endlicher Anzahl; seien diese

$$\xi_1, \quad \xi_2, \ldots, \xi_\nu$$

bezeichnet, diesmal *ohne* Rücksicht auf die Multiplizität.

Ist $\beta$ ein reeller Punkt des Rechtecks $\Theta$, $R - \varepsilon$, so ist die Polynomfolge

$$\Phi_n(\beta + x)\Phi_n(\beta - x) \qquad (n = 1, 2, 3, \ldots)$$

im Kreise $|x| < \rho$ gleichmässig konvergent. Ist

$$-R + \varepsilon < \beta < +R - \varepsilon$$

und ist $\beta$ von $\xi_1, \xi_2, \ldots, \xi_\nu$ verschieden, so hat man bei genügend hohem $n$

$$\begin{cases} \Phi_n(\beta + x)\Phi_n(\beta - x) = \Phi_n(\beta)^2 \prod_{p=1}^{n}\left(1 - \dfrac{x}{\alpha_{np} - \beta}\right)\left(1 + \dfrac{x}{\alpha_{np} - \beta}\right) \\ \qquad = \Phi_n(\beta)^2 \prod_{p=1}^{n}\left(1 - \dfrac{x^2}{(\alpha_{np} - \beta)^2}\right) \end{cases} \tag{10}$$

$\Phi_n(\beta + x)\Phi_n(\beta - x)$ ist ein Polynom in $x^2$, mit lauter positiven Wurzeln, und konvergiert für $n = \infty$ gleichmässig in einem gewissen Kreis um den Punkt $x^2 = 0$; also konvergiert sie, gemäss dem Satz I, für jedes $x$, und gleichmässig in jedem endlichen Gebiete der $x$ Ebene. Man überzeugt sich leicht, dass diese Folgerung bestehen bleibt, wenn auch eventuell $\beta = \xi_\mu$ ist, nur muss man dann anstatt Formel (10) eine etwas verschiedene anwenden.

Ich will nun beweisen, dass $\Phi_n(x)$ gleichmässig in der rechten Hälfte des Rechteckes $\vartheta$, $r$ konvergiert, wenn

$$\vartheta < \Theta, \quad r < 3(R - \varepsilon).$$

Für die linke Hälfte desselben Rechteckes geht es dann ebenso. Ich werde zu diesem Zwecke die Formel anwenden

$$\Phi_n(2\beta + x) = \frac{\Phi_n(\beta + (\beta + x))\Phi_n(\beta - (\beta + x))}{\Phi_n(-x)}$$

mit deren Hilfe die Konvergenz von $\Phi_n(x)$ gleichsam sich fortsetzen lässt.

In der Tat, $\dfrac{1}{\Phi(-x)}$ konvergiert gleichmässig im Rechtecke $\vartheta$, $R - \varepsilon$ wenn davon die Punkte $-\xi_1, -\xi_2, \ldots, -\xi_\nu$ durch irgendwelche Gebiete, z. B. durch schmale vertikale Streifen ausgeschlossen werden. $F(x)$ ist nämlich im Inneren und

***an der Begrenzung*** **des Rechteckes $\mathfrak{Z}$, $R-\varepsilon$ ausnahmslos regulär, und hat daselbst nur die Nullstellen $\xi_1, \xi_2, \ldots, \xi_\nu$.**

Ich bestimme nun zwei Zahlen $\beta$, $\beta'$ die den $4+\frac{\nu(\nu-1)}{2}+1$ Ungleichungen

$$(11) \qquad \frac{r-R+\varepsilon}{2}<\beta<R-\varepsilon, \qquad \frac{r-R+\varepsilon}{2}<\beta'<R-\varepsilon,$$

$$2\beta-\xi_i \neq 2\beta'-\xi_k \qquad (i, k=1, 2, \ldots, \nu)$$

$$\beta \neq \beta'$$

**genügen. Aus den Ungleichungen (11) folgt, dass**

$$2\beta+R-\varepsilon>r, \qquad 2\beta'+R-\varepsilon>r,$$

$$2\beta-R+\varepsilon<R-\varepsilon, \qquad 2\beta'-R+\varepsilon<R-\varepsilon.$$

**Ich schliesse nun die $2\nu$ Punkte**

$$2\beta-\xi_1, \ldots, 2\beta-\xi_\nu, \qquad 2\beta'-\xi_1, \ldots, 2\beta'-\xi_\nu$$

in so schmale vertikale Streifen ein, dass kein Punkt *zugleich* zwei verschiedenen von diesen $2\nu$ Streifen angehört.

Und dann schliesst man aus den beiden Formeln

$$\Phi_n(2\beta+x)=\Phi_n(\beta+(\beta+x))\Phi_n(\beta-(\beta+x))\frac{1}{\Phi_n(-x)}$$

$$\Phi(2\beta'+x)=\Phi(\beta'+(\beta'+x))\Phi_n(\beta'-(\beta'+x))\frac{1}{\Phi_n(-x)}$$

dass die rechte Hälfte des Rechteckes $\mathfrak{Z}$, $r$ ausnahmslos durch eine endliche Anzahl von Gebieten (Rechtecken) überdeckt werden kann, derart, dass in jedem dieser Gebiete das Polynom $\Phi_n(x)$ gleichmässig einem Grenzwert zustrebt.

Damit ist die schwierigere Hälfte des Beweises beendigt. Es folgt aus dem eben Bewiesenen, dass $F(x)$ regulär im unendlichen Streifen $-\rho<\eta<+\rho$ ist, und daselbst nur reelle Nullstellen hat; es sollen diese Nullstellen

$$\alpha_1, \quad \alpha_2, \quad \alpha_3, \ldots, \alpha_p, \ldots$$

bezeichnet werden, wobei jede Nullstelle mit ihrer Multiplizität angeschrieben ist. Wir denken uns diese Nullstellen der absoluten Grösse nach geordnet.

Wir wollen nun aus Satz I. einige Folgerungen ziehen.

Es folgt daraus zunächst mit Hinzuziehung der Gleichung (10), dass

$$(12) \qquad F(\beta+x)F(\beta-x)=F(\beta)^2 e^{-\gamma x^2}\prod_1^\infty\left(1-\frac{x^2}{(\alpha_p-\beta)^2}\right)$$

ist, wenn $\beta$ irgend eine reelle, nur von $\alpha_1, \alpha_2, \alpha_3, \ldots, \alpha_p, \ldots$ verschiedene Zahl bedeutet. $x$ ist eine nichtnegative Zahl, abhängig von $\beta$.

Es folgt aus dem Satz I ferner, dass die unendliche Reihe

$$\frac{1}{\alpha_1^2}+\frac{1}{\alpha_2^2}+\cdots+\frac{1}{\alpha_p^2}+\cdots$$

konvergiert, also dass das unendliche Produkt

$$\prod_{p=1}^{\infty}\left(1-\frac{x}{\alpha_p}\right)e^{\frac{x}{\alpha_p}}$$

ebenfalls konvergiert. Ich setze

$$\int_0^x \left(\frac{F'(x)}{F(x)} - \sum_{p=1}^{\infty}\left(\frac{1}{x-\alpha_p}+\frac{1}{\alpha_p}\right)\right)dx = g(x)$$

$g(x)$ ist gewiss regulär, solange $|x| < \rho$ ist. Man hat

$$F(x) = e^{g(x)}\prod_1^{\infty}\left(1-\frac{x}{\alpha_p}\right)e^{\frac{x}{\alpha_p}}.$$

Es bedeute $\beta$ irgend eine reelle Zahl, die in das Innere des Konvergenzkreises der Potenzreihe $g(x)$ fällt; man erhält durch Einsetzung in (12)

$$(12')\quad \begin{cases} F(\beta+x)F(\beta-x) = e^{g(\beta+x)+g(\beta-x)}\prod_1^{\infty}\left(1-\frac{\beta+x}{\alpha_p}\right)\left(1-\frac{\beta-x}{\alpha_p}\right)e^{\frac{2\beta}{\alpha_p}} \\ \qquad = e^{g(\beta+x)+g(\beta-x)}\prod_1^{\infty}\left(1-\frac{x}{\alpha_p-\beta}\right)\left(1+\frac{x}{\alpha_p-\beta}\right)\left(1-\frac{\beta}{\alpha_p}\right)^2 e^{2\frac{\beta}{\alpha_p}} \\ \qquad = F(\beta)^2 e^{-\gamma x^2}\prod_1^{\infty}\left(1+\frac{x^2}{(\alpha_p-\beta)^2}\right) \end{cases}$$

und daraus

$$(13)\quad \begin{cases} g(\beta+x)+g(\beta-x) = -\gamma x^2 + c \\ \qquad = 2g(\beta) + 2\frac{g''(\beta)}{2!}x^2 + 2\frac{g^{\text{IV}}(\beta)}{4!}x^4 + \end{cases}$$

Der Wert der Konstanten $c$ ist leicht aus (12') zu entnehmen. Also ist

$$g^{\text{IV}}(\beta) = 0$$

für alle Punkte eines Intervalles, und folglich ist $g(x)$ ein Polynom dritten Grades.

$$g(x) = kx^3 + \lambda x^2 + \mu x + \nu.$$

Davon folgt zunächst, dass $F(x)$ transcendent ganz ist. Ich will noch beweisen, dass $k = 0$ und $\lambda \leqq 0$ ist. Man erhält durch Einsetzung in die Formel (13)

$$6k\beta + 2\lambda = -\gamma \leqq 0$$

$6k\beta + 2\lambda$ ist eine lineare Funktion von $\beta$, und wäre $k \gtrless 0$, so könnte sie gewiss auch positive Werte annehmen. Also ist

$$k = 0 \quad \text{und} \quad \lambda = -\frac{\gamma}{2}$$

($\gamma$ ist also von $\beta$ unabhängig).

Hiermit ist Satz II. vollständig bewiesen.

5. Ich gehe nun zum Beweise des Satzes III. über. Der Einfachheit halber nehme ich zunächst an, die Potenzreihe

$$1 + a_1x + a_2x^2 + a_3x^3 + \cdots$$

habe die Eigenschaft, dass alle ihre Abschnitte, schon vom ersten an, lauter reelle negative Wurzeln besitzen.

Aus dieser Voraussetzung folgt natürlich, dass alle ihre Koeffizienten positiv (grösser als Null) sind.

Ich wende den in den Ungleichungen (1) ausgesprochenen Satz auf die letzten drei Koeffizienten des $n^{\text{ten}}$ Abschnittes an. So erhalte ich

$$\frac{a_{n-2}a_n}{\binom{n}{n-2}\binom{n}{n}} \leqq \frac{a_{n-1}^2}{\binom{n}{n-1}^2},$$

$$\frac{a_n}{a_{n-1}} \leqq \frac{1}{2}\,\frac{n-1}{n}\,\frac{a_{n-1}}{a_{n-2}}$$

und auf ähnliche Weise

$$\frac{a_{n-1}}{a_{n-2}} \leqq \frac{1}{2}\,\frac{n-2}{n-1}\,\frac{a_{n-2}}{a_{n-3}},$$

$$\cdots\cdots\cdots\cdots$$

$$\frac{a_3}{a_2} \leqq \frac{1}{2}\,\frac{2}{3}\,\frac{a_2}{a_1},$$

$$\frac{a_2}{a_1} \leqq \frac{1}{2}\,\frac{1}{2}\,\frac{a_1}{1}.$$

Durch Multiplikation der $n - 1$ Ungleichungen

(14) $$\frac{a_n}{a_{n-1}} \leqq \frac{1}{2^{n-1}}\,\frac{1}{n}\,\frac{a_1}{1}.$$

Diese Relation verdankt man LAURENT [8]); daraus folgt weiter

$$a_n \leqq a_{n-1}\frac{a_1}{2^{n-1}n},$$

$$a_{n-1} \leqq a_{n-2}\frac{a_1}{2^{n-2}\,n-1},$$

$$\cdots\cdots\cdots\cdots$$

$$a_2 \leqq a_1\frac{a_1}{2.2}$$

und dies alles multipliziert gibt die Ungleichung [9])

(15) $$a_n \leqq \frac{a_1^n}{2^{\frac{n(n-1)}{2}}\,n!}.$$

---

[8]) Loc. cit. [4]) steht der Druckfehler

$$\frac{a_{n+1}}{a_n} < \frac{1}{n+1}\,\frac{1}{2^n} \quad \text{anstatt} \quad \frac{a_{n+1}}{a_n} < \frac{1}{n+1}\,\frac{1}{2^n}\,\frac{a_1}{a_0}.$$

[9]) In seinen beiden ersten Arbeiten [loc. cit. [3]), *a*), *b*)] erhält Herr PETROVITCH nur die viel schwächere Ungleichung $a_n \leqq \frac{a_1^n}{n^n}$. — Die Ungleichung (15) des Textes steht in seiner Arbeit loc. cit. [3]), *c*) unter (12).

Haben die Abschnitte der Reihe $1 + a_1 x + \cdots$ nur von dem $q + 1^{\text{ten}}$ angefangen lauter reelle negative Wurzeln, so bestimme ich eine Zahl $G$, die alle die $(q-1)+1$ Ungleichungen

$$\frac{a_n}{a_{n-1}} \leqq \frac{G}{2} \frac{n-1}{n} \frac{a_{n-1}}{a_{n-2}} \qquad (n = 2, 3, 4, \ldots, q)$$
$$G \geqq 1$$

befriedigt. Dann folgen für *jedes n* die Ungleichungen

$$(14') \qquad \frac{a_n}{a_{n-1}} \leqq \frac{G^{q-1}}{2^{n-1}} \frac{1}{n} \frac{a_1}{1},$$

$$(15') \qquad a_n \leqq \frac{(a_1 G^{q-1})^n}{2^{\frac{n(n-1)}{2}} n!}$$

Es erhellt aus (15), (15'), dass die Potenzreihe $\sum_0^\infty a_n x^n$ für jedes $x$ konvergiert. Daraus folgt, kraft des Satzes I, dass sie gleich dem Produkte einer Funktion vom Geschlecht Null, und der Funktion $e^{-\gamma x}$ ist. Die HADAMARDsche Theorie hinzugezogen, erhellt es aus (15), (15'), dass $\sum_0^\infty a_n x^n$ vom Geschlecht Null ist, also dass $\gamma = 0$. Somit ist Satz III vollständig erwiesen; ich füge noch hinzu, dass $\sum_0^\infty a_n x^n$ *tatsächlich* Wurzeln besitzen muss, und zwar unendlich viele, wenn sich die Potenzreihe nicht auf ein Polynom reduziert.

**6.** Ich setze nun voraus, dass alle Abschnitte der Potenzreihe

$$F(x) = 1 - a_1 x + a_2 x^2 - a_3 x^3 + \cdots$$

schon von dem ersten angefangen, nur reelle Wurzeln haben.

Wenn also $a_n \gtrless 0$ ist, dann hat der $n^{\text{te}}$ Abschnitt $n$ von Null verschiedene reelle Wurzeln

$$\alpha_{n1}, \quad \alpha_{n2}, \quad \alpha_{n3}, \quad \ldots, \quad \alpha_{nn}$$

und es bestehen die Gleichungen

$$\frac{1}{\alpha_{n1}^2} + \frac{1}{\alpha_{n2}^2} + \cdots + \frac{1}{\alpha_{nn}^2} = a_1^2 - 2a_2 = c \qquad (c > 0)$$
$$\frac{1}{\alpha_{n1}\alpha_{n2}\cdots\alpha_{nn}} = a_n.$$

Nach dem Satze über das arithmetische und über das geometrische Mittel folgt daraus, dass

$$\frac{c}{n} \geqq \sqrt[n]{a_n^2}$$

oder, dass

$$(16) \qquad |a_n| \leqq \frac{c^{\frac{n}{2}}}{n^{\frac{n}{2}}}.$$

Diese Ungleichung (16) gilt *ausnahmslos*, wenn $n \geqq 2$ ist. Aus der Ungleichung (16) erhellt zunächst, dass die Reihe $F(x)$ für jedes $x$ konvergiert. Ferner besagt Ungleichung (16), nach der HADAMARDschen Theorie, dass $F(x)$ höchstens vom Geschlechte 2 ist. Endlich kann, laut unseres Satzes II, $F(x)$ so geschrieben werden:

$$F(x) = e^{-\gamma x^2 + \delta x} \prod_1^\infty \left(1 - \frac{x}{\alpha_p}\right) e^{\frac{x}{\alpha_p}}$$

wo $\gamma$ eine nicht negative reelle Zahl ist. Ich will nun beweisen, dass $\gamma = 0$, d. h. dass $F(x)$ höchstens vom Geschlechte Eins ist.

Man hat

$$(17) \quad \begin{cases} F(x)F(-x) = e^{-2\gamma x^2} \prod_1^\infty \left(1 - \frac{x^2}{\alpha_p^2}\right) \\ \qquad = (1 - a_1 x + a_2 x^2 - \cdots)(1 + a_1 x + a_2 x^2 + \cdots) \\ \qquad = 1 - (a_1^2 - 2a_2)x^2 + (a_2^2 - 2a_1 a_3 + 2a_4)x^4 - \cdots \\ \qquad = 1 - c_1 x^2 + c_2 x^4 - c_3 x^6 + \cdots \end{cases}$$

mit

$$c_1 = c.$$

Die rationale ganze Funktion

$$(18) \quad \begin{cases} (1 - a_1 x + a_2 x^2 - \cdots + a_{2n} x^{2n})(1 + a_1 x + a_2 x^2 + \cdots + a_{2n} x^{2n}) \\ \qquad = 1 - c_1 x^2 + c_2 x^4 - \cdots + (-1)^n c_n x^{2n} + \cdots + a_{2n}^2 x^{4n} \end{cases}$$

stimmt bis zum Gliede mit $x^{2n}$ einschliesslich, mit der Potenzreihe $F(x)F(-x)$ überein. Sie ist, als Funktion von $x^2$ betrachtet von $2n^{\text{tem}}$ oder von niedrigerem Grade, und hat lauter reelle positive Wurzeln. Wenn $a_{2n} \gtrless 0$ ist, so kann kein vorausgehender Koeffizient verschwinden und daraus schliesst man, dass alle $c_n > 0$ sind, den uninteressanten Fall, wo $F(x)$ ein Polynom ist, bei Seite lassend. [Letzteres erhellt übrigens aus Formel (17) ebenfalls].

Ich wende nun auf das $n - 2^{\text{te}}$, $n - 1^{\text{te}}$ und $n^{\text{te}}$ Koeffizient des Polynoms (18) den durch die Ungleichungen (1) ausgedrückten Satz an. So erhalte ich die Ungleichung

$$\frac{c_{n-2}c_n}{\binom{2n}{n-2}\binom{2n}{n}} \leqq \frac{c_{n-1}^2}{\binom{2n}{n-1}^2}$$

oder umgeformt

$$c_{n-2}c_n \leqq \frac{n-1!\,n-1!\,n+1!\,n+1!}{n-2!\,n!\,n!\,n+2!} c_{n-1}^2,$$

$$\frac{c_n}{c_{n-1}} \leqq \frac{n-1.\,n+1}{n.\,n+2} \frac{c_{n-1}}{c_{n-2}}.$$

Man setzt noch anstatt $n$ die Zahlen $n-1,\ n-2,\ \ldots,\ 3,\ 2$ hinein;

$$\frac{c_{n-1}}{c_{n-2}} \leqq \frac{n-2.\,n}{n-1.\,n+1} \frac{c_{n-2}}{c_{n-3}},$$

$$\cdots\cdots\cdots\cdots$$

$$\frac{c_3}{c_2} \leqq \frac{2.4}{3.5} \frac{c_2}{c_1},$$

$$\frac{c_2}{c_1} \leqq \frac{1.3}{2.4} \frac{c_1}{1}.$$

Durch Multiplikation aller dieser Ungleichungen erhalte ich

$$\frac{c_n}{c_{n-1}} \leqq \frac{n-1!\,\dfrac{n+1!}{2!}}{n!\,\dfrac{n+2!}{3!}}\,\frac{c_1}{1} = \frac{3c}{n.n+2}\,.$$

Man hat also

$$c_1 = 1.\frac{3c}{1.3}\,,$$

$$c_2 \leqq c_1\frac{3c}{2.4}\,,$$

$$\cdots\cdots\cdots\cdots$$

$$c_n \leqq c_{n-1}\frac{3c}{n.n+2}$$

und folglich

$$c_n \leqq \frac{2(3c)^n}{n!\,n+2!}\,. \tag{19}$$

Aus dieser Ungleichung folgt dass $F(x)F(-x)$ als Funktion von $x^2$ betrachtet vom Geschlecht Null ist, folglich dass $\gamma = 0$ ist; vgl. die Formel (17). Q. E. D.

Diesmal liesse sich übrigens auch die HADAMARDsche Theorie umgehen; setzt man in die Formel (17) $x = i\eta$ mit reellem $\eta$, so bekommt man

$$e^{\gamma\eta^2} \leqq F(i\eta)F(-i\eta) \leqq 2\sum_0^\infty \frac{(3c)^n\eta^{2n}}{n!\,n+2!}\,. \tag{20}$$

Wäre also $\gamma > 0$, so würde folgen

$$e^{\eta^2} \leqq 2\sum_0^\infty \frac{\left(\dfrac{3c}{2\gamma}\right)^n \eta^{2n}}{n!\,n+2!}$$

während nach einem verallgemeinerten Theoreme von CESÀRO [10]) tatsächlich

$$\lim_{\eta=\infty} \frac{\displaystyle\sum_0^\infty \frac{\left(\dfrac{3c}{2\gamma}\right)^n \eta^{2n}}{n!\,n+2!}}{\displaystyle\sum_0^\infty \frac{\eta^{2n}}{n!}} = \lim_{n=\infty} \frac{\left(\dfrac{3c}{2\gamma}\right)^n}{n+2!} = 0.$$

Die rechte Seite der Ungleichung (20) ist übrigens eine BESSELsche Funktion

$$\frac{-2}{\left(2i\eta\sqrt{\dfrac{3c}{2\gamma}}\right)^2} I_2\left(2i\eta\sqrt{\dfrac{3c}{2\gamma}}\right).$$

Aus der Tatsache $\gamma = 0$ kann man übrigens noch die Folgerung ziehen dass

---

[10]) K. KNOPP, *Grenzwerte von Reihen bei der Annäherung an die Konvergenzgrenze* (Inaugural-Dissertation, Berlin 1907), S. 37, Satz VI.

*$F(x)$ tatsächlich einige Wurzeln besitzt.* Man erhält nämlich aus Formel (17), dass

$$\sum_{p=1}^{\infty} \frac{1}{\alpha_p^2} = c > 0.$$

Es besteht noch der Satz: Wenn sämtliche Wurzeln sämtlicher Abschnitte der Potenzreihe

$$1 - a_1 x + a_2 x^2 - \cdots + (-1)^n a_n x^n + \cdots$$

in $k$ Halbstrahlen liegen, die von dem Punkt $x = 0$ ausgehend die Ebene in $k$ gleiche Winkel teilen — dann konvergiert die Reihe für jedes $x$ und stellt eine ganze Funktion vom endlichen Geschlecht ($\leqq k$) dar.

Es folgt nämlich aus der etwas merkwürdigen Voraussetzung [man vergleiche die Ableitung von (16)]

$$\frac{|s|}{n} \geqq \sqrt[n]{|a_n|^k} \qquad (n = k+1,\ k+2, \ldots)$$

wo $s$ einen gewissen rationalen ganzen Ausdruck in $a_1, a_2, \ldots, a_k$ bedeutet.

**7.** Wir fanden während des Beweises des Satzes I die kuriose Tatsache, dass wenn eine Folge von Polynomen mit lauter reellen positiven Wurzeln in irgend einem Gebiete gleichmässig konvergiert, welches einen Punkt der reellen negativen Achse im Innern enthält, und wenn die Grenzfunktion nicht identisch verschwindet, dann konvergiert dieselbe Folge notwendigerweise in der ganzen Ebene. Bei dem Beweise des Satzes II sind wir auf eine ähnliche Tatsache gestossen; aber es ist mir bisher nicht gelungen, zu entscheiden, ob folgender Satz wahr oder falsch ist: « Wenn eine Folge von Polynomen mit lauter reellen Wurzeln gleichmässig in irgend einem Gebiete der Ebene gegen einen von Null verschiedenen Grenzwert konvergiert, dann konvergiert sie notwendigerweise überall ».

Um ein Beispiel und eine Bestätigung des Satzes II zu haben, betrachten wir die Determinante

$$D(\lambda) = 1 - \frac{\lambda}{1!}\int_0^1 K(x, x)\,dx + \frac{\lambda^2}{2!}\int_0^1\int_0^1 \begin{vmatrix} K(x, x) & K(x, y) \\ K(y, x) & K(y, y) \end{vmatrix} dx\,dy - \cdots$$

der Integralgleichung mit dem symmetrischen Kern $K(x, y)$ und sehen wir zu, was für $D(\lambda)$ aus Satz II. folgt. Ich setze voraus, $K(x, y)$ sei beschränkt und integrabel ($R$). Hilbert zeigte, dass $D(\lambda)$ der gleichmässige Grenzwert von Polynomen mit lauter reellen Wurzeln in jedem endlichen Gebiete ist; daraus folgt also, dass

$$D(\lambda) = e^{-\gamma\lambda^2 + \delta\lambda} \prod_{p=1}^{\infty} \left(1 - \frac{\lambda}{\lambda_p}\right) e^{\frac{\lambda}{\lambda_p}}.$$

Es folgt ferner durch Koeffizientenvergleichung aus der Gleichung

$$D(\lambda)D(-\lambda) = e^{-2\gamma\lambda^2} \prod_{p=1}^{\infty} \left(1 - \frac{\lambda^2}{\lambda_p^2}\right)$$
$$= 1 - \frac{\lambda^2}{1!}\int_0^1\int_0^1 K(x, y)K(y, x)\,dx\,dy + \cdots$$

dass

$$2\gamma + \frac{1}{\lambda_1^2} + \frac{1}{\lambda_2^2} + \cdots = \int_0^1\int_0^1 K(x, y)K(y, x)\,dx\,dy = \int_0^1 K^2(x, x)\,dx.$$

Da nun $\gamma \geqq 0$ ist, man hat

$$\int_0^1 K^2(x, x)\,dx \geqq \frac{1}{\lambda_1^2} + \frac{1}{\lambda_2^2} + \frac{1}{\lambda_3^2} + \cdots.$$

Wir wissen, dass in der letzterhaltenen Relation das Zeichen $=$ unter sehr weiten Bedingungen das richtige ist, also dass $\gamma = 0$. Dass $D(\lambda)$ höchstens vom Geschlecht 2 ist, ergibt sich aus dem HADAMARD'schen Determinantensatz und aus der HADAMARDschen Theorie der ganzen transcendenten Funktionen auch bei nicht-symmetrischem beschränktem Kern unmittelbar [11]).

Satz II lässt folgende Umkehrung zu: « Ist die reelle transcendente ganze Funktion $F(x)$ gleich dem Produkte einer Funktion vom Geschlechte Null oder Eins und der Funktion $e^{-\gamma x^2}$, wo $\gamma \geqq 0$, und hat $F(x)$ nur reelle Wurzeln, so ist $F(x)$ ein Grenzwert von Polynomen mit lauter reellen Wurzeln; die Konvergenz der Polynomfolge ist gleichmässig in jedem endlichen Bereiche ». Herr JENSEN [12]) hat nämlich gezeigt, wie eine solche Polynomfolge $\Phi_1(x), \ldots, \Phi_n(x), \ldots$ auf eine einfache Art aus den Koeffizienten der MACLAURIN'schen Reihe von $F(x)$ zu bilden ist. Wird $F(x)$ durch die Reihe

$$1 + a_1 x + a_2 x^2 + \cdots = F(x)$$

dargestellt, so haben die Polynome von JENSEN

$$(21) \qquad \Phi_n(x) = 1 + a_1 x + a_2\left(1 - \frac{1}{n}\right)x^2 + \cdots + a_n\left(1 - \frac{1}{n}\right)\left(1 - \frac{2}{n}\right)\cdots\left(1 - \frac{n-1}{n}\right)x^n$$

nur reelle Wurzeln, und konvergieren gegen $F(x)$ [12]). Es besteht also der Satz: « Wenn die Potenzreihe $1 + a_1 x + \cdots$ in einem Kreise, beschrieben um einen Punkt der reellen Achse als Mittelpunkt, beliebig und gleichmässig durch Polynome mit lauter reellen Wurzeln approximiert werden kann, so kann sie durch die Polynome (21), die alle nur reelle Wurzeln haben, beliebig und gleichmässig in jedem endlichen Gebiet der $x$ Ebene approximiert werden ». Ueber Satz I lassen sich ähnliche Bemerkungen machen.

Die Sätze III und IV lassen gewiss keine Umkehrung zu. Es erhellt, dass ein sehr exceptioneller Fall ist, wenn alle Abschnitte einer Potenzreihe reelle Wurzeln haben. Insbesondere erhellt es aus der Ableitung des Satzes III, dass in den familiären Reihen für $\sin x$, $\cos x$, $I_0(x)$, $I_1(x)$, ... alle Abschnitte von einem gewissen an kom-

---

[11]) T. LALESCO, *Sur l'ordre de la fonction entière $D(\lambda)$ de* FREDHOLM [Comptes rendus hebdomadaires des séances de l'Académie des Sciences (Paris), Bd. CXLV (2. Semester 1907), S. 906-907].

[12]) J. L. W. V. JENSEN, *Recherches sur la théorie des équations* [Acta Mathematica, Bd. XXXVI (1913), S. 181-195.—JENSEN betrachtet Funktionen vom Geschlecht 0 oder 1, ohne den für seinen Zweck unerheblichen Faktor $e^{-\gamma x^2}$; um das Resultat des Textes zu erhalten, muss man am JENSEN'schen Beweise nur eine ganz geringfügige Aenderung vornehmen.

plexe Wurzeln haben, während die Funktionen selbst nur reelle Nullstellen besitzen. Wenn man nämlich durch eine gewisse Potenz von $x$ dividiert, haben alle diese Reihen die Form

$$a_0 - a_1 x^2 + a_2 x^4 - a_3 x^6 + \cdots$$

wo $a_0, a_1, a_2, \ldots$ positiv sind. Hat der $2n+2^{\text{te}}$ Abschnitt nur reelle Wurzeln, so muss die Ungleichung bestehen

$$\frac{a_{n-1}\,a_{n+1}}{a_n^2} \leq \frac{1}{2}\,\frac{n}{n+1} < \frac{1}{2}$$

während bei allen diesen Reihen

$$\lim_{n=\infty} \frac{a_{n-1}\,a_{n+1}}{a_n^2} = 1.$$

Diese Tatsachen werfen ein neues Licht auf die Eleganz des zitierten Satzes von Herrn JENSEN; seine kanonische Polynome tun es immer, was die Abschnitte nur so selten vermögen.

**8.** [13]) Satz I gestattet eine wesentliche Verallgemeinerung: Man kann erstens anstatt Polynome allgemeiner ganze Funktionen vom Geschlecht Null zulassen, und es genügt zweitens, die Wurzeln dieser ganzen Funktionen anstatt auf die positive reelle Achse auf einen Winkelraum zu beschränken, dessen Scheitel der Punkt $x = 0$ und dessen Oeffnung kleiner als $\pi$ ist [14]).

Es fliesst aus diesem verallgemeinerten Satz I ohne weiteres, dass Satz II auf ganze Funktionen vom Geschlecht Null oder Eins mit lauter reellen Wurzeln ausgedehnt werden kann. Ferner gestattet dieser verallgemeinerte Satz I die am Anfang von 7. gestellte Frage im bejahenden Sinne für Polynome mit lauter positiven Wurzeln zu beantworten [15]).

Satz I gestatten übrigens eine grosse Anzahl von Erweiterungen und Varianten. Man kann Funktionen vom Geschlecht Eins in Betracht ziehen, die lauter reelle Wurzeln und positive Koeffizienten haben; Ungleichung (4) wird hier durch eine von BOREL [16]) abgeleitete Ungleichung vertreten. Man kann ferner die Bedingung der gleichmässigen Konvergenz im Kreise um den Nullpunkt durch andere Bedingungen ersetzen, gestützt auf einen Satz von OSGOOD [17]). Bleibt man bei Geschlecht Null und bei den Wurzeln im Winkelraum, so kann man eine gleichmässig beschränkte Anzahl von Wurzeln auch ausserhalb des Winkelraums zulassen, und man erhält dieselbe

---

[13]) Hinzugefügt während der Korrektur. [Göttingen, den 18. Juni 1913].

[14]) Vgl. meine Arbeit *Über Annäherung durch Polynome, deren sämtliche Wurzeln in einen Winkelraum fallen* [Nachrichten von der Kgl. Gesellschaft der Wissenschaften zu Göttingen, Mathematisch-physikalische Klasse, Jahrgang 1913, Sitzung vom 24. Mai].

[15]) L. c. [14]), Satz II.

[16]) É. BOREL, *Leçons sur les fonctions entières* (Paris, Gauthier-Villars, 1900), S. 36.

[17]) W. F. OSGOOD, *Note on the Functions Defined by Infinite Series whose Terms are Analytic Functions of a Complex Variable; with corresponding Theorems for Definite Integrals* [Annals of Mathematics, Series II, Bd. III (1902), S. 25-34].

Folgerung für die Grenzfunktion, wenn man nur gleichmässige Konvergenz in jedem endlichen Bereiche voraussetzt.

Betrachtet man endlich die Wurzeln der Abschnitte einer Potenzreihe, so kann man behaupten, dass die Potenzreihe notwendigerweise überall konvergiert, wenn die Wurzeln des $n^{\text{ten}}$ Abschnittes in einen Winkelraum $W_n$ fallen, wo $W_n$ mit wachsendem *n genügend langsam* wachsend sich einer Halbebene nähert [18]).

Göttingen, den 30. April 1913.

GEORG PÓLYA.

[18]) Nach einer brieflichen Mitteilung von FEJÉR.

# Über Annäherung durch Polynome, deren sämtliche Wurzeln in einen Winkelraum fallen.

Von

**Georg Pólya** aus Budapest.

Vorgelegt von Herrn Hilbert in der Sitzung vom 24. Mai 1913.

Satz I. *Es sei gegeben eine Folge von Polynomen, mit folgenden Eigenschaften:*

*1) Alle Wurzeln aller Polynome fallen in einen Winkelraum, dessen Öffnung kleiner als $\pi$ ist.*

*2) Die Folge konvergiert gleichmäßig in einem Kreis, dessen Mittelpunkt der Scheitel des Winkelraumes ist.*

*3) Die Grenzfunktion verschwindet nicht identisch.*

*Dann konvergiert dieselbe Folge in der ganzen Ebene, und zwar gleichmäßig in jedem endlichen Bereiche.*

*Die Grenzfunktion ist eine ganze transzendente Funktion, und zwar gleich dem Produkte einer Funktion vom Geschlecht Null, und der Funktion $e^{\gamma x}$, wo $\gamma$ eine Konstante bezeichnet.*

Ich schicke dem Beweise die Bemerkung voraus, daß die Voraussetzung 3) ganz wesentlich ist. Um dies einzusehn, genügt es die Polynomfolge

$$x, x^2, x^3, \dots x^n, \dots$$

zu betrachten. —

Aus den Voraussetzungen unseres Satzes folgt zunächt, nach einem Satz von Weierstrass, daß die Grenzfunktion regulär analytisch in dem Kreise um den Scheitel ist, und es folgt ferner, nach einem Satz von Hurwitz, daß die Grenzfunktion in demjenigen Teil des Kreises, der außerhalb des Winkelraumes liegt, nicht verschwinden kann.



For comments on this paper[17], see p. 417.

Ich kann die Polynomfolge $\Phi_1(x)$, $\Phi_2(x)$, ... $\Phi_n(x)$... ohne Beschränkung der Allgemeinheit in der Form geschrieben

$$\Phi_n(x) = 1 - a_{n1}x + a_{n2}x^2 - \cdots + (-1)^n a_{nn}x^n$$
$$= \left(1 - \frac{x}{\alpha_{n1}}\right)\left(1 - \frac{x}{\alpha_{n2}}\right)\cdots\left(1 - \frac{x}{\alpha_{nn}}\right)$$

annehmen, wo

$$\alpha_{n1} = \varrho_{n1} e^{i\vartheta_{n1}}, \ldots \alpha_{nn} = \varrho_{nn} e^{i\vartheta_{nn}}$$

(1) $$\varrho_{np} > 0, \quad -\Theta \leqq \vartheta_{np} \leqq +\Theta \qquad (p = 1, 2, 3, \ldots n)$$

$$\Theta < \frac{\pi}{2}.$$

Denn ich kann, wenn es nötig ist, an Stelle des gegebenen Winkelraumes einen anderen betrachten, dessen Schenkel parallel den Schenkeln des vorherigen sind, und dessen Scheitel außerhalb des vorherigen Winkelraumes, aber innerhalb des gegebenen Kreises liegt. Ferner kann ich sowohl die Grenzfunktion, wie auch die annähernden Polynome (wenigstens von einem gewissen an) mit passenden Konstanten dividieren, und ich kann endlich die unabhängige Variable $x$ so linear und ganz transformieren, daß der Anfangspunkt der Koordinaten der Scheitel, und die positive reelle Achse die Halbierende unseres Winkels wird.

Neben den Polynomen $\Phi_n(x)$, betrachte ich noch die Polynome

$$\Psi_n(x) = \left(1 - \frac{x}{\varrho_{n1}}\right)\left(1 - \frac{x}{\varrho_{n2}}\right)\cdots\left(1 - \frac{x}{\varrho_{nn}}\right)$$
$$= 1 - r_{n1}x + r_{n2}x^2 - \cdots + (-1)^n r_{nn}x^n.$$

Man hat selbstverständlich die Ungleichungen

(2) $$|a_{n1}| \leqq r_{n1}, \ldots |a_{np}| \leqq r_{np}, \ldots |a_{nn}| \leqq r_{nn}.$$

Zwischen den Größen $r_{n1} \ldots r_{nn}$ bestehen die Ungleichungen

$$\frac{r_{n1}}{n} \geqq \sqrt[2]{\frac{r_{n2}}{\binom{n}{2}}} \geqq \cdots \geqq \sqrt[p]{\frac{r_{np}}{\binom{n}{p}}} \geqq \cdots \geqq \sqrt[n]{r_{nn}}$$

da doch die Gleichung $\Psi_n(x) = 0$ lauter reelle positive Wurzeln hat[1]). Das erste und das $p$-te Glied dieser Kette zusammenfassend, erhalte ich

1) Schlömilch, Über Mittelgrößen verschiedener Ordnungen, Zeitschr. f. Math. und Physik 3 (1858), S. 301–308. Vgl. S. 308, Formel 15).

$$r_{n1}^p \frac{n(n-1)\ldots(n-n+1)}{n^p} \frac{1}{p!} \geqq r_{np}$$

(3)
$$\frac{r_{n1}^p}{p!} > r_{np}.$$

Aus (1) folgt

$$\left| \frac{e^{-i\vartheta_{n1}}}{\varrho_{n1}} + \frac{e^{-i\vartheta_{n2}}}{\varrho_{n2}} + \cdots + \frac{e^{-i\vartheta_{nn}}}{\varrho_{nn}} \right| \geqq \frac{\cos\vartheta_{n1}}{\varrho_{n1}} + \frac{\cos\vartheta_{n2}}{\varrho_{n2}} + \cdots + \frac{\cos\vartheta_{nn}}{\varrho_{nn}}$$
$$\geqq \cos\Theta\left(\frac{1}{\varrho_{n1}} + \frac{1}{\varrho_{n2}} + \cdots + \frac{1}{\varrho_{nn}}\right)$$

oder kürzer

(4)
$$\frac{|a_{n1}|}{\cos\Theta} \geqq r_{n1}.$$

Aus (2), (3), (4) folgt

(5)
$$\frac{1}{p!}\left|\frac{a_{n1}}{\cos\Theta}\right|^p > |a_{np}|$$

$F(x) = \lim\limits_{n=\infty} \Phi_n(x)$ ist, wie gesagt, regulär analytisch in einem Kreise um den Punkt $x = 0$; also ist

$$F(x) = 1 - a_1 x + a_2 x^2 - \cdots + (-1)^p a_p x^p + \cdots$$

Man hat, nach dem schon zitierten Satz von Weierstrass,

$$\lim_{n=\infty} a_{n1} = a_1, \ldots \lim_{n=\infty} a_{np} = a_p, \ldots$$

und folglich, kraft der Ungleichung (5),

(6)
$$\frac{1}{p!}\left|\frac{a_1}{\cos\Theta}\right|^p \geqq |a_p|.$$

Folglich ist die Reihe $F(x)$ für jedes $x$ konvergent.

Aus der Ungleichung

$$|F(x) - \Phi_n(x)| \leqq \left|\sum_{p=0}^{N}(-1)^p(a_p - a_{np})x^p\right| + 2\sum_{N+1}^{\infty}\left(\frac{|a_1|+1}{\cos\Theta}\right)^p \frac{|x|^p}{p!}$$

(sie ist von einem gewissen an für alle $n$ gültig) erhellt es, daß die Polynome $\Phi_n(x)$ in jedem endlichen Bereiche gleichmäßig gegen die Potenzreihe $F(x)$ konvergieren. Damit ist der erste Teil unseres Satzes bewiesen.

Die ganze transzendente Funktion $F(x)$ habe die Wurzeln

$$\alpha_1, \alpha_2, \ldots \alpha_p, \ldots$$

Ich denke diese Wurzeln nach wachsender absoluten Größe geordnet, mit richtiger Multiplizität angeschrieben. Wären die

Wurzeln von $\Phi_n(x)$ nach wachsender absoluten Größe numeriert, so hat man

$$\lim_{n=\infty} \alpha_{n1} = \alpha_1, \ldots \lim_{n=\infty} \alpha_{np} = \alpha_p, \ldots$$

Aus (4) folgt a fortiori

$$\frac{|a_{n1}|}{\cos\Theta} \geq \frac{1}{|\alpha_{n1}|} + \frac{1}{|\alpha_{n2}|} + \cdots + \frac{1}{|\alpha_{np}|}$$

und in der Grenze

$$\frac{|a_1|}{\cos\Theta} \geq \frac{1}{|\alpha_1|} + \frac{1}{|\alpha_2|} + \cdots + \frac{1}{|\alpha_p|}$$

was auch $p$ sei. Dies besagt, daß die Reihe $\sum_{p=1}^{\infty} \frac{1}{|\alpha_p|}$ konvergiert. Folglich ist

$$F(x) = e^{g(x)} \prod_{p=1}^{\infty} \left(1 - \frac{x}{\alpha_p}\right)$$

wo $g(x)$ eine ganze Funktion bedeutet. Ungleichung (6) lehrt, nach der Hadamardschen Theorie, daß $g(x)$ eine lineare Funktion sein muß. Und hiermit ist auch der zweite Teil unseres Satzes bewiesen.

Auf Polynome mit lauter positiven Wurzeln angewandt, ergibt der zweite Teil unseres Satzes reichlich ein schon von Laguerre gefundenes Resultat[1]), das damit auf einem ganz neuen Wege wiedergewonnen ist. — Übrigens besteht der

Satz II. *Wenn eine Folge von Polynomen mit lauter positiven Wurzeln in irgend einem Gebiete gleichmäßig gegen eine nicht identisch verschwindende Grenzfunktion konvergiert, so konvergiert sie notwendigerweise in der ganzen Ebene.*

Denn in jedem Gebiet läßt sich ein innerer Punkt finden, der der Scheitel eines Winkelraumes ist, der die ganze positive reelle Achse einschließt und eine kleinere Öffnung hat, als $\pi$.

Ebenfalls als unmittelbare Anwendung des Satzes I, ergibt sich noch der

Satz III. *Wenn alle Wurzeln aller Polynome einer Folge in einem Kreis enthalten sind, und die Gradzahlen der Polynome unendlich wachsen, so kann die Polynomfolge außerhalb des besagten Kreises in keinem Gebiete gleichmäßig gegen eine von Null verschiedene Grenzfunktion konvergieren.*

Als Beispiel und Bestätigung betrachte man die Polynomfolgen

1) Laguerre, Oeuvres I, p. 174—177.

$$\begin{array}{lll} 1-x, & 1-x^2, \ldots & 1-x^n, \ldots \\ 1+x, & 1+x+x^2, \ldots & 1+x+x^2+\cdots+x^n, \ldots \\ 1+2x, & 1+2x+3x^2, \ldots & 1+2x+3x^2+\cdots+(n+1)x^n, \ldots \end{array}$$

Carathéodory bemerkte, daß aus den entwickelten Ungleichungen noch folgender Satz folgt:

Satz IV. *Gegeben sei eine Folge von Polynomen* $\Phi_1(x)$, $\Phi_2(x), \ldots \Phi_n(x), \ldots$

$$\Phi_n(x) = 1 - a_{n1}x + \cdots + (-1)^n a_{nn}x^n.$$

*1) Alle Wurzeln aller Polynome* $\Phi_n(x)$ *fallen in einen Winkelraum, dessen Öffnung kleiner ist, als* $\pi$, *und dessen Scheitel der Punkt* $x = 0$ *ist.*

*2)* $$|a_{n1}| \leqq M \qquad (n = 1, 2, 3, \ldots)$$

*Dann hat die Menge der Konvergenzpunkte der Folge* $\Phi_1(x), \ldots$ $\Phi_n(x), \ldots$ *entweder keinen Häufungspunkt im Endlichen, oder besteht aus der ganzen Ebene.*

Der Beweis geschieht nach einer von Carathéodory und Landau bei einer anderen Gelegenheit entwickelten Methode [1]).

Durch eine unwesentliche Änderung des Beweisganges können die Sätze I, II, IV anstatt für Polynomfolgen allgemeiner für Folgen von ganzen Funktionen vom Geschlecht Null bewiesen werden.

1) Carathéodory und Landau, Beiträge zur Konvergenz von Funktionenfolgen, Sitzungsber. d. preuß. Akademie, Berlin, XXVI (1911), S. 587—613. Vgl. S. 590—595.

# ÜBER EINEN ZUSAMMENHANG ZWISCHEN DER KONVERGENZ VON POLYNOMFOLGEN UND DER VERTEILUNG IHRER WURZELN.

Von **Egon Lindwart** (Riga) und **Georg Pólya** (Budapest).

Estratto dal tomo XXXVII (1° sem. 1914) dei *Rendiconti del Circolo Matematico di Palermo*.
Adunanza del 10 agosto 1913.

Die Untersuchungen, die der eine von uns über diesen Gegenstand vor kurzer Zeit begonnen hat [1]), sollen hier zu einem gewissen Abschluss geführt werden. Der im Mittelpunkt stehende Satz I. wurde zuerst von LINDWART formuliert und bewiesen; der einfache Beweis im Text ist von dem erstgefundenen völlig verschieden und rührt von PÓLYA her.

SATZ I. — *Es sei eine Folge von Polynomen vorgelegt*

$$\Phi_1(x),\quad \Phi_2(x),\ \ldots,\ \Phi_n(x),\ \ldots$$

$$(1)\qquad \left\{\begin{aligned}\Phi_n(x) &= \left(1-\frac{x}{\alpha_{n1}}\right)\left(1-\frac{x}{\alpha_{n2}}\right)\cdots\left(1-\frac{x}{\alpha_{nn}}\right)\\ &= 1 - a_{n1}x + a_{n2}x^2 - \cdots + (-1)^n a_{nn}x^n\end{aligned}\right.$$

*die in einem Kreis um den Punkt $x = 0$ gleichmässig konvergiert. Die Wurzeln von $\Phi_n(x)$ seien für alle $n$ der Ungleichung*

$$(2)\qquad \sum_{p=1}^{n}\frac{1}{|\alpha_{np}|^k} \leqq M$$

*unterworfen; $k$ und $M$ bedeuten feste positive Zahlen.*

*Dann konvergiert die Polynomfolge notwendigerweise in der ganzen Ebene, und zwar in jedem endlichen Bereiche gleichmässig.*

*Die Grenzfunktion ist eine ganze Funktion, von endlichem Geschlecht $\leqq [k]$. Ist $k$ ganz, so ist die Grenzfunktion gleich dem Produkt einer Funktion vom Geschlecht $\leqq k-1$ und der Funktion $e^{\gamma x^k}$ wo $\gamma$ eine Konstante bedeutet.*

*Beweis:* $\lim_{n=\infty}\Phi_n(x) = F(x)$ ist regulär analytisch im Innern des besagten Kreises,

[1]) G. PÓLYA: *a) Über Annäherung durch Polynome mit lauter reellen Wurzeln* [Rendiconti del Circolo Matematico di Palermo, Bd. XXXVI (2. Semester 1913), S. 279-295]; *b) Über Annäherung durch Polynome, deren sämtliche Wurzeln in einen Winkelraum fallen* [Nachrichten von der Kgl. Gesellschaft der Wissenschaften zu Göttingen, Mathematisch-physikalische Klasse, Jahrgang 1913, S. 326-330].



For comments on this paper[18], see p. 417.

nach einem Satz von WEIERSTRASS. Daher kann

$$F(x) = 1 - a_1 x + a_2 x^2 - a_3 x^3 + \cdots$$

gesetzt werden, und es besteht die Beziehung

$$\lim_{n=\infty} a_{np} = a_p .$$

Ich werde noch die Potenzsummen der reziproken Wurzeln von $\Phi_n(x)$ betrachten

$$s_{np} = \frac{1}{\alpha_{n1}^p} + \frac{1}{\alpha_{n2}^p} + \cdots + \frac{1}{\alpha_{nn}^p} \qquad (p = 1, 2, 3, \ldots)$$

$s_{np}$ ist ein ganzer rationaler Ausdruck in $a_{n1}, a_{n2}, \ldots, a_{np}$; daher ist für alle $n$

(3) $$|s_{np}| < S_p .$$

Ich setze

$$h = \begin{cases} [k] & \text{wenn } [k] < k, \\ k - 1, & \text{wenn } [k] = k. \end{cases}$$

Ich will die bekannte [2]), für jedes $z$ bestehende Ungleichung benutzen

(4) $$|1 - z| \leq e^{-\Re\left(\frac{z}{1} + \frac{z^2}{2} + \cdots + \frac{z^h}{h}\right) + c|z|^k};$$

$c$ bedeutet eine von $z$ unabhängige Konstante.

Es folgt aus (1) und (4)

$$|\Phi_n(x)| \leq \prod_{p=1}^{n} e^{-\Re\left(\frac{x}{1\alpha_{np}} + \frac{x^2}{2\alpha_{np}^2} + \cdots + \frac{x^h}{h\alpha_{np}^h}\right) + c\left|\frac{x}{\alpha_{np}}\right|^k}$$

$$= e^{-\Re\left(\frac{x s_{n1}}{1} + \frac{x^2 s_{n2}}{2} + \cdots + \frac{x^h s_{nh}}{h}\right) + c|x|^k \sum_{p=1}^{n} \frac{1}{|\alpha_{np}|^k}}$$

(2) und (3) hinzugezogen, gewinnt man die Ungleichung

(5) $$|\Phi_n(x)| \leq e^{\frac{|x| S_1}{1} + \frac{|x|^2 S_2}{2} + \cdots + \frac{|x|^h S_h}{h} + cM|x|^k}$$

Die Folge

$$\Phi_1(x), \quad \Phi_2(x), \quad \ldots, \quad \Phi_n(x), \quad \ldots$$

ist also gleichmässig beschränkt in jedem endlichen Gebiet, und konvergiert gleichmässig in einem Kreis um den Punkt $x = 0$. Daraus folgt, gemäss einem grundlegenden Satze von STIELTJES [3]), dass sie in der ganzen Ebene konvergiert.

Aus (5) folgt weiter

(5') $$|F(x)| \leq e^{\frac{|x| S_1}{1} + \frac{|x|^2 S_2}{2} + \cdots + \frac{|x|^h S_h}{h} + cM|x|^k}$$

(5') besagt, nach der HADAMARDschen Theorie der ganzen Funktionen, dass $F(x)$ höchstens vom Geschlechte $[k]$ ist.

---

[2]) Vgl. z. B. G. VIVANTI, *Theorie der eindeutigen analytischen Funktionen* (deutsch von A. GUTZMER) (Leipzig, Teubner, 1906), S. 233-236.

[3]) *Correspondance d'*HERMITE *et de* STIELTJES (Paris, Gauthier-Villars), Bd. II (1905), S. 369-370.

Es folgt endlich aus (2) a fortiori

$$M \geqq \frac{1}{|\alpha_{n1}|^k} + \frac{1}{|\alpha_{n2}|^k} + \cdots + \frac{1}{|\alpha_{np}|^k} \qquad (n = p, p+1, p+2, \ldots).$$

Nach einem Satze von HURWITZ muss diese Beziehung auch für irgendwelche $p$ Wurzeln der Grenzfunktion $F(x)$ bestehen, und das heisst, dass die Summe der $k$-ten Potenzen der absolut genommenen reziproken Wurzeln von $F(x)$ konvergiert, und $\leqq M$ ist. — Damit ist Satz I. vollständig bewiesen.

Wie aus der Ableitung klar hervorgeht, können die Voraussetzungen des Satzes I. verschiedentlich erweitert und modifiziert werden. Man kann ihn zuerst anstatt für Polynome, für ganze Funktionen vom Geschlechte $< k$ aussprechen, die im Punkte $x = 0$ den Wert 1 annehmen und bei welchen die Summe der $k^{\text{ten}}$ Potenzen der absolut genommenen reziproken Wurzeln der gleichen Bedingung (2) der Beschränktheit unterliegt. — Anstatt gleichmässige Konvergenz in dem Kreise um dem Punkt $x = 0$, genügt es Konvergenz in irgend welchen unendlich vielen Punkten vorauszusetzen, die einen Häufungspunkt im Endlichen haben, wenn zum Ersatz die weitere Bedingung hinzugefügt wird, dass die ersten $h$ Koeffizienten der $n^{\text{ten}}$ annähernden Funktion, $a_{n1}$, $a_{n2}, \ldots, a_{nh}$ für alle $n$ beschränkt bleiben. [Bedingung (2) muss natürlich beibehalten werden]. Bei diesen Voraussetzungen wird an Stelle des STIELTJESschen der weitergehende VITALIsche Satz [4]) benutzt.

Wir wollen aber zu den Anwendungen des Satzes I. schreiten. Man betrachte eine Polynomfolge $\Phi_1(x), \Phi_2(x), \ldots, \Phi_n(x), \ldots$ [5]). Die Wurzeln von $\Phi_n(x)$ sollen

$$\alpha_{n1} = \rho_{n1} e^{i\vartheta_{n1}}, \quad \alpha_{n2} = \rho_{n2} e^{i\vartheta_{n2}}, \ldots, \alpha_{nn} = \rho_{nn} e^{i\vartheta_{nn}}$$

heissen. (Ist der absolute Betrag $\rho_{np}$ der Wurzel $\alpha_{np}$ zufälligerweise $= 0$, so soll auch der Arcus $= 0$ gesetzt werden). Um uns im Folgenden kürzer ausdrücken zu können, werden wir die Menge

$$\vartheta_{11}, \vartheta_{21}, \vartheta_{22}, \vartheta_{31}, \vartheta_{32}, \vartheta_{33}, \ldots, \vartheta_{n1}, \ldots, \vartheta_{np}, \ldots$$

kurz die *Arcusmenge* der Folge $\Phi_1(x), \ldots, \Phi_n(x), \ldots$ nennen. Die Arcusmenge wird mod. $2\pi$ betrachtet, und ist eine Punktmenge im Intervalle $(0, 2\pi)$.

SATZ II. — *Eine Polynomfolge $\Phi_1(x), \ldots, \Phi_n(x), \ldots$ soll in einem Kreise um den Punkt $x = 0$ gleichmässig gegen eine nicht identisch verschwindende Grenzfunktion konvergieren, und die zugehörige Arcusmenge soll in einem der Gebiete A, B, C, enthalten sein.*

*Gebiet A heisst das Intervall $(-\Theta, +\Theta)$, wo $\Theta < \frac{\pi}{2}$.*

---

[4]) G. VITALI, *Sopra le serie di funzioni analitiche* [Annali di Matematica pura ed applicata, Series III, Bd. X (1904), S. 65-82]. — Vgl. ferner: C. CARATHÉODORY und E. LANDAU, *Beiträge zur Konvergenz von Funktionenfolgen* [Sitzungsberichte der Kgl. Preussischen Akademie der Wissenschaften (Berlin), Jahrgang 1911, S. 587-613] und die Bemerkung von CARATHÉODORY, loc. cit. [1]), *b*, Satz IV.

[5]) Insofern nicht das Gegenteil bemerkt wird, brauchen die Polynome $\Phi_n(x)$ jetzt nicht mehr die spezielle Gestalt (1) zu haben, wo $\Phi_n(0) = 1$ war.

*Gebiet B ist das Intervall* $\left(-\frac{\pi}{2}, +\frac{\pi}{2}\right)$.

*Gebiet C besteht aus den r getrennten Intervallen*

$$\left(-\frac{\pi}{2r}, \frac{\pi}{2r}\right), \quad \left(\frac{3\pi}{2r}, \frac{5\pi}{2r}\right), \dots \quad \left(\frac{(4t-1)\pi}{2r}, \frac{(4t+1)\pi}{2r}\right), \dots$$

$$\left(\frac{(4r-5)\pi}{2r}, \frac{(4r-3)\pi}{2r}\right).$$

(*Es werden immer abgeschlossene Intervalle betrachtet*).

*Dann konvergiert die Polynomfolge* $\Phi_1(x), \Phi_2(x), \dots, \Phi_n(x), \dots$ *in der ganzen Ebene, gleichmässig in jedem endlichen Gebiet, und stellt eine ganze Funktion von endlichem Geschlecht dar. Das Geschlecht ist höchstens* 1, *bzw.* 2, $2r$, *und es konvergiert absolut die Summe der* 1*-ten, bzw.* 2*-ten,* $2r$*-ten Potenzen der reziproken Nullstellen, je nachdem die Arcusmenge in das Gebiet A, bzw. B, C fällt.*

Um Satz II zu beweisen, genügt es, die Voraussetzungen des Satzes I der Reihe nach in den drei Fällen zu verifizieren.

Im Falle $A$ setze ich voraus (das kann ich ohne Beschränkung der Allgemeinheit tun) dass die Folge $\Phi_n(x)$ in die Form (1) gesetzt ist, und man sieht dann unmittelbar, dass [6])

$$\frac{1}{|\alpha_{n1}|} + \frac{1}{|\alpha_{n2}|} + \dots + \frac{1}{|\alpha_{nn}|} \leqq \frac{1}{\cos\Theta}\left(\frac{\cos\vartheta_{n1}}{|\alpha_{n1}|} + \frac{\cos\vartheta_{n2}}{|\alpha_{n2}|} + \dots + \frac{\cos\vartheta_{nn}}{|\alpha_{nn}|}\right) = \frac{1}{\cos\Theta}\Re(a_{n1}).$$

Im Falle $B$ betrachte ich (von einem gewissen $n$ an) die Polynomfolge

$$\frac{\Phi_n(x-d)}{\Phi_n(-d)} = \left(1 - \frac{x}{\alpha_{n1}+d}\right)\left(1 - \frac{x}{\alpha_{2n}+d}\right) \dots \left(1 - \frac{x}{\alpha_{nn}+d}\right)$$
$$= 1 - b_{n1}x + b_{n2}x^2 - \dots + (-1)^n b_{nn}x^n.$$

Ich kann für $d$ eine *positive* Zahl wählen, im Innern des Kreises, worin Konvergenz vorausgesetzt wurde, und derart, dass

$$\lim_{n=\infty} \Phi_n(-d) \neq 0.$$

Ich setze

$$\alpha_{np} + d = \xi_{np} + i\eta_{np}$$

dann hat man

$$b_{n1} = \sum_{p=1}^{n} \frac{1}{\alpha_{np}+d} = \sum_{p=1}^{n} \frac{\xi_{np} - i\eta_{np}}{|\alpha_{np}+d|^2},$$

$$|b_{n1}| \geqq \sum_{p=1}^{n} \frac{\xi_{np}}{|\alpha_{np}+d|^2} \geqq d \sum_{p=1}^{n} \frac{1}{|\alpha_{np}+d|^2}$$

also

$$\sum_{p=1}^{n} \frac{1}{|\alpha_{np}+d|^2} \leqq \frac{|b_{n1}|}{d}.$$

---

[6]) Vgl. l. c. [1]), *b*), Satz I.

So sind alle Voraussetzungen des Satzes I mit dem Exponenten $k = 2$ für die Folge $\dfrac{\Phi_n(x-d)}{\Phi_n(-d)}$ verifiziert.

Liegen endlich die Wurzeln des Polynoms $\Phi_n(x)$ im Gebiet $C$, so setze ich $\omega = e^{\frac{2\pi i}{r}}$, $z = x^r$, und dann liegen die Wurzeln des Polynoms der Variablen $z$

$$\Phi_n(x)\Phi_n(\omega x)\Phi_n(\omega^2 x) \ldots \Phi_n(\omega^{r-1}x) = c_{n0} - c_{n1}z + \cdots + (-1)^n c_{nn} z^n$$

d. h. die Zahlen

$$\alpha_{n1}^r, \quad \alpha_{n2}^r, \ldots, \alpha_{nn}^r$$

in dem Gebiete $B$. Daraus folgt, dass es eine positive Zahl $d$ gibt, sodass für alle $n$

$$\frac{1}{|\alpha_{n1}^r + d|^2} + \frac{1}{|\alpha_{n2}^r + d|^2} + \cdots + \frac{1}{|\alpha_{nn}^r + d|^2} < \text{Konst.}$$

Nun unterscheide ich zwei Fälle. Verschwindet die Grenzfunktion im Punkte $x = 0$ nicht, so ist für alle hinreichend grosse $n$

$$|\alpha_{np}| > \rho$$

also

$$\sum_{p=1}^{n} \frac{1}{|\alpha_{np}|^{2r}} \leq \sum_{p=1}^{n} \frac{1}{|\alpha_{np}|^{2r}} \frac{\left(1+\frac{d}{\rho^r}\right)^2}{\left|1+\frac{d}{\alpha_{np}^r}\right|^2} \leq \left(1+\frac{d}{\rho^r}\right)^2 . \text{ Konst.}$$

Wenn aber der Punkt 0 eine $m$-fache Wurzel der Grenzfunktion ist, so kann man von $\Phi_n(x)$ einen gegen $x^m$ konvergierenden Faktor abspalten, und die Voraussetzung des Satzes I mit $k = 2r$ für das zurückbleibende Polynom verifizieren.

Das Resultat für das Gebiet $C$ hat uns Herr FEKETE freundlichst mitgeteilt [7]).

*Zusatz: Es sollen dieselben Bedingungen betreffend die Konvergenz und die Grenzfunktion der Folge* $\Phi_1(x), \ldots, \Phi_n(x), \ldots$ *bestehen, als im Satz II. Ueber die Lage der Wurzeln soll aber jetzt die allgemeinere Voraussetzung gemacht werden, dass die Arcusse von höchstens T Wurzeln des annähernden Polynoms* $\Phi_n(x)$ *aus dem Gebiete A (bzw. B, C) hinaustreten können* $(n = 1, 2, 3, \ldots)$. *— Dann besteht noch immer die im Satz II angegebene Konsequenz.*

Um dies z. B. für das Gebiet $A$ zu beweisen, nehme ich $\Phi_n(x)$ in der Form an

$$\Phi_n(x) = \left(1-\frac{x}{\alpha_{n1}}\right) \cdots \left(1-\frac{x}{\alpha_{nn}}\right)\left(1-\frac{x}{\beta_{n1}}\right) \cdots \left(1-\frac{x}{\beta_{nT}}\right) = 1 - a_{n1}x + \cdots$$

wo die Wurzeln $\alpha_{n1}, \ldots, \alpha_{nn}$ ihre Arcusse zwischen $-\Theta$ und $+\Theta$ haben $\left(\Theta < \frac{\pi}{2}\right)$, während über die Lage von $\beta_{n1}, \ldots, \beta_{nT}$ nichts vorausgesetzt wird. Jedoch müssen (wegen der Voraussetzung über die gleichmässige Konvergenz) von

---

7) Er fand es in Kenntniss aller unserer vorhergehenden Resultate. Vgl. Hauptsächlich die Bemerkung über die Abschnitte von Potenzreihen in der Arbeit loc. cit. *a*), am Ende von 6.

einem gewissen $n$ an die Ungleichungen bestehen

$$|\beta_{nq}| > \rho > 0 \qquad (q = 1, 2, \ldots, T).$$

Nun ist

$$\frac{\Re\left(\sum_{p=1}^{n} \frac{1}{\alpha_{np}}\right)}{\cos\Theta} = \frac{\Re\left(a_{n1} - \sum_{q=1}^{T} \frac{1}{\beta_{nq}}\right)}{\cos\Theta} \geqq \frac{1}{|\alpha_{n1}|} + \frac{1}{|\alpha_{n2}|} + \cdots + \frac{1}{|\alpha_{nn}|}$$

und folglich

$$\frac{|a_{n1}| + \frac{T}{\rho}}{\cos\Theta} + \frac{T}{\rho} \geqq \frac{1}{|\alpha_{n1}|} + \cdots + \frac{1}{|\alpha_{nn}|} + \frac{1}{|\beta_{n1}|} + \cdots + \frac{1}{|\beta_{nT}|}.$$

Damit ist auch dieser Zusatz zum Satz II bewiesen. Satz II sagt also (unter anderem) aus, dass wenn die Polynome einer Folge alle ihre Wurzeln (höchstens mit einer gleichmässig beschränkten Anzahl von Ausnahmen) in einem Winkelraum mit der Oeffnung $< \pi$, bzw. in einer Halbebene haben, und die Folge gleichmässig in irgend einem Gebiete *ausserhalb* des Winkelraumes bzw. der Halbebene konvergiert und die Grenzfunktion nicht identisch verschwindet [8]), so konvergiert dieselbe Folge notwendigerweise in der ganzen Ebene, und die Grenzfunktion ist höchstens vom Geschlecht 1 bzw. 2. Daraus folgt ohne Weiteres der

SATZ III. — *Konvergiert eine Folge von Polynomen, deren keines mehr imaginäre (d. h. nicht reelle) Wurzeln hat als $T$, in irgend einem Gebiete der Ebene gleichmässig gegen eine nicht identisch verschwindende Grenzfunktion, so konvergiert sie in der ganzen Ebene. Die Grenzfunktion ist gleich dem Produkte einer ganzen Funktion vom Geschlecht* $\leqq 1$, *und der Funktion* $e^{-\gamma x^2}$, wo $\gamma \geqq 0$ [9]).

Dies ist auf Grund des Vorangegangenen evident — bis auf die Behauptung, dass

---

[8]) Man halte nur immer die Folge $x, x^2, \ldots, x^n, \ldots$ vor Augen. Für ganze Funktionen vom Geschlecht 1 gilt die Aussage ebenfalls nicht mehr. Beispiel:

$$\Phi_n(x) = 1 - e^{nix}$$

Sämtliche Wurzeln von $\Phi_n(x)$ liegen auf der Geraden $\eta = 0$; $\lim_{n=\infty} \Phi_n(x) = 1$, wenn $\eta > 0$, $\lim_{n=\infty} \Phi_n(x)$ nicht vorhanden, wenn $\eta \leqq 0$ $(x = \xi + i\eta)$.

[9]) E. LAGUERRE, *Œuvres* (Paris, Gauthier-Villars), Bd. I (1898), S. 174-177; G. PÓLYA, loc. cit. [1]), *a*), Satz II. — In letzterer Arbeit wurde die Frage aufgeworfen ob der Satz der vorliegenden Arbeit besteht oder nicht; vgl. Anfang von 7. Für reelle Wurzeln eines Zeichens wurde die Frage gelöst durch den Satz II in Arbeit loc. cit. [1]), *b*). — Man vgl. noch M. PETROVITCH, *Une classe remarquable de séries entières* [Atti del IV° Congresso dei Matematici (Roma, 6-11 aprile 1908), Bd. II (1909), S. 36-43] und a, Sätze III und IV. Bezüglich der zuletzt angeführten Untersuchungen bemerken wir: aus dem Satze III der vorliegenden Arbeit folgt die Alternative: wenn eine Potenzreihe *unendlich viele* Abschnitte mit nur reellen Wurzeln hat, dann ist ihr Konvergenzradius $\rho$ entweder 0 oder $\infty$. Man schliesst die *erste* Möglichkeit ($\rho = 0$) aus und gewinnt viel allgemeinere ähnliche Sätze auf Grund der Bemerkung: « Sind *unendlich viele* Abschnitte einer Potenzreihe für $|x| = R$ unter einer festen Grenze gelegen, so konvergiert die Potenzreihe für $|x| < R$ »

$\gamma \geqq 0$ ist. Der einfache Beweis dieser Behauptung für $T = 0$ ist aber schon an anderer Stelle erbracht [10]).

SATZ IV. — *Ist eine Polynomfolge gleichmässig konvergent in einem Gebiete, das den Punkt $x = 0$ im Innern enthält, aber nicht in der ganzen Ebene konvergent, so muss die zweite derivierte Menge der zugehörigen Arcusmenge noch Punkte enthalten* [11]). (*Dabei wird wieder vorausgesetzt, dass die Grenzfunktion nicht identisch verschwindet*).

Denn sollte dies nicht der Fall sein, so hätte die Arcusmenge nur eine endliche Anzahl von Häufungspunkten, $\mathfrak{z}_1, \mathfrak{z}_2, \ldots, \mathfrak{z}_l$. Man könnte dann $l + 1$ ganze Zahlen [12])

$$q, \; p_1, \; p_2, \ldots, p_l \qquad (q > 0)$$

so bestimmen, dass die Ungleichungen

$$\left|q\frac{\mathfrak{z}_1}{2\pi} - p_1\right| \leqq \frac{1}{q^{\frac{1}{l}}}, \ldots, \left|q\frac{\mathfrak{z}_l}{2\pi} - p_l\right| \leqq \frac{1}{q^{\frac{1}{l}}}$$

oder auch die Ungleichungen

$$\left|q\frac{\mathfrak{z}_1}{2\pi} - p_1\right| < \frac{1}{4}, \ldots, \left|q\frac{\mathfrak{z}_l}{2\pi} - p_l\right| < \frac{1}{4},$$

$$\frac{(4p_1 - 1)\pi}{2q} < \mathfrak{z}_1 < \frac{(4p_1 + 1)\pi}{2q}, \ldots, \frac{(4p_l - 1)\pi}{2q} < \mathfrak{z}_l < \frac{(4p_l + 1)\pi}{2q}$$

bestehen. Dies besagt aber, dass von einem gewissen $n$ an die ganze Arcusmenge in einem Gebiet $C$ liegt. Dann würde aber die Polynomfolge in der ganzen Ebene konvergieren, im Widerspruche zu unserer Voraussetzung.

Bei speziellen Polynomfolgen erlaubt aber der Satz II noch viel schärfere Konsequenzen zu ziehen. Es besteht z. B. der

SATZ V. — *Die Potenzreihe*

$$a_0 + a_1 x + a_2 x^2 + \cdots + a_n x^n + \cdots$$

*habe positive nie abnehmende Koeffizienten, und sei im Kreise $|x| < 1$ konvergent. Man bilde die Menge $M$ sämtlicher Wurzeln sämtlicher Abschnitte; die derivierte Menge $M'$ dieser Menge besteht aus den Wurzeln der Potenzreihe im Innern des Einheitskreises und aus dem ganzen Rande des Einheitskreises* [13]).

Nach einem algebraischen Satz [14]) wird die Menge $M$ gänzlich im Einheitskreis enthalten sein. Wir haben nur zu beweisen, dass *jeder* Punkt des Kreisrandes zur Menge $M'$ gehört. Sollte aber dies nicht der Fall sein, so würde ein ganzer Bogen existieren, der nicht zu $M'$ gehört; man könnte nun durch die beiden Endpunkte

---

[10]) Vgl. loc. cit. [1]), *a*) den Beweis für Satz I und das Ende des Beweises für Satz II.

[11]) Die unendlich oft vorkommende Arcusse werden zu der ersten derivierten Menge gerechnet.

[12]) H. MINKOWSKI, *Diophantische Approximationen* (Leipzig, Teubner, 1907), S. 8.

[13]) Vgl. loc. cit. [1]), *b*), Satz III.

[14]) S. KAKEYA, *On the Limits of the Roots of an Algebraic Equation with Positive Coefficients* [The Tôhoku Mathematical Journal, Bd. II (1912-1913), S. 140-142].

eines kleineren Bogens eine Gerade ziehen, die die Ebene in zwei Teile teilt, derart, dass sämtliche Abschnittswurzeln von einem gewissen $n$ an in die eine Halbebene fallen, während die andere Halbebene ein Stück des Konvergenzkreises enthält. Daraus würde aber folgen (nach Satz II), dass die Potenzreihe überall konvergiert, was gewiss nicht der Fall ist.

Beispiele zu Satz V bieten die geometrische Reihe und alle ihre Derivierten dar.

Göttingen, den 24. Juli 1913.

E. LINDWART.
G. PÓLYA.

---

Sonderabdruck aus Zeitschrift f. Mathematik u. Physik. 63. Band. 1914. Heft 3.
Druck und Verlag von B. G. Teubner in Leipzig.

# Über das Graeffesche Verfahren.[1])

Von G. Polya aus Budapest.

Im Folgenden wird gezeigt, daß das Graeffesche Verfahren zur beliebigen Annäherung der absoluten Werte der Wurzeln irgendeiner Potenzreihe taugt. Das Verfahren wird mit dem Hadamardschen verglichen, und die Besonderheiten der praktischen Durchführung, die bei Anwendung auf Potenzreihen auftreten, werden an einem Beispiel erläutert.

Die Fragestellung dieser Arbeit rührt von Herrn C. Runge her. Der Beweis des wichtigsten Satzes I ist das Ergebnis gemeinsamer Überlegungen des Verfassers und des Herrn C. Runge, dessen freundliches Interesse auch für den übrigen Teil der Arbeit förderlich war.

1. Will man die Wurzeln des Polynoms

$$f(x) = \left(1 - \frac{x}{\alpha_1}\right)\left(1 - \frac{x}{\alpha_2}\right)\cdots\left(1 - \frac{x}{\alpha_n}\right)$$

nach dem Graeffeschen Verfahren[2]) berechnen, so bildet man nacheinander die Gleichungen, denen die $2^{\text{ten}}$ bzw. die $4^{\text{ten}}$, $8^{\text{ten}}$, $16^{\text{ten}}$, $32^{\text{ten}}\ldots$ Potenzen der vorgelegten Gleichung $f(x) = 0$ genügen. Die Gleichung

$$\left(1 - \frac{z}{\alpha_1^k}\right)\left(1 - \frac{z}{\alpha_2^k}\right)\cdots\left(1 - \frac{z}{\alpha_n^k}\right) = 0,$$

welcher die $k^{\text{ten}}$ Potenzen der Wurzeln genügen, hat zum ersten, zweiten, ..... $n$-ten Koeffizienten die erste bzw. die zweite, ..... $n$-te elementare symmetrische Funktion der $n$ Größen

$$\frac{1}{\alpha_1^k}, \quad \frac{1}{\alpha_2^k}, \quad \frac{1}{\alpha_3^k}, \quad \cdots \quad \frac{1}{\alpha_n^k}.$$

Nehmen wir einen Moment an, die Wurzeln seien von verschiedenem absoluten Betrage

$$|\alpha_1| < |\alpha_2| < |\alpha_3| < \ldots < |\alpha_n|,$$

so ist ersichtlich, daß bei genügend hohem $k$ in jedem Koeffizienten *ein Glied vorwiegt,* nämlich in dem ersten das Glied $\frac{1}{\alpha_1^k}$, und in den

1) Eine vorläufige Mitteilung „Sur la méthode de Graeffe" erschien in den Comptes Rendus, T. CLVI, p. 1145 (1913, 1) (Paris).

2) Encke, Allgemeine Auflösung der numerischen Gleichungen. Journal für die reine und angewandte Mathematik Bd. 22 (1841) S. 193—248. C. Runge, Praxis der Gleichungen (1900) S. 157—182. E. Carvallo, Méthode pratique pour la résolution numérique complète des équations algébriques ou transcendantes (1910).

For comments on this paper[19], see p. 417.

nachfolgenden bzw. die Glieder $\frac{1}{\alpha_1^k \alpha_2^k}, \frac{1}{\alpha_1^k \alpha_2^k \alpha_3^k}, \ldots$; auf Grund dieser Bemerkung lassen sich die absoluten Beträge der Wurzeln aus den Koeffizienten der Gleichung für die $k^{\text{ten}}$ Potenzen mittels Division und Ausziehung $k^{\text{ter}}$ Wurzeln in guter Annäherung berechnen.

Wie wir sehen, beruht das Graeffesche Verfahren im wesentlichen auf dem Satze, daß die Koeffizienten eines Polynoms die elementaren symmetrischen Funktionen der Wurzeln sind; oder wenn das absolute Glied des Polynoms = 1 genommen wird, so sind die Koeffizienten die elementaren symmetrischen Funktionen der reziproken Wurzeln.

Dieser Satz trifft aber auch für ganze transzendente Funktionen vom Geschlechte 0 zu, und daraus ergibt sich sofort, daß das Graeffesche Verfahren auf irgendeine ganze transzendente Funktion vom *endlichen* Geschlecht anwendbar ist. Denn sei $f(x)$ vom Geschlechte $p$, $f(0) = 1$; dann hat $f(x)$ die Gestalt

$$f(x) = e^{g_1 x + g_2 x^2 + \cdots + g_p x^p} \prod_{\nu=1}^{\infty} \left(1 - \frac{x}{\alpha_\nu}\right) e^{\frac{x}{1\alpha_\nu} + \frac{x^2}{2\alpha_\nu^2} + \cdots + \frac{x^p}{p\alpha_\nu^p}}.$$

Ist dann $k > p$, und setzen wir

$$e^{\frac{2\pi i}{k}} = \omega,$$

so ist die linke Seite der Gleichung, die die $k^{\text{ten}}$ Potenzen der Wurzeln gibt,

$$f(x) f(\omega x) f(\omega^2 x) \ldots f(\omega^{k-1} x) = \prod_{\nu=1}^{\infty} \left(1 - \frac{x^k}{\alpha_\nu^k}\right),$$

also eine ganze transzendente Funktion vom *Geschlechte Null* der Variabeln $x^k$.[1])

J. Schur hat, eine Methode von E. Schmidt erweiternd, das Graeffesche Verfahren zur Ermittelung der Eigenwerte der Integralgleichung angewandt. Die Determinante der Integralgleichung mit symmetrischem Kern ist eine ganze Funktion, höchstens vom Geschlecht Eins, und mit lauter reellen Wurzeln; die Berechnung ihrer Wurzeln fällt also unter die eben gemachte Bemerkung.[2])

---

1) Borel, Fonctions entières (1900) S. 27—28.

2) Herr J. Schur schlägt, in voller Kenntnis dieser Bemerkung, einen andern Weg ein, der zugleich zur Berechnung der Eigenfunktionen führt, und der die Kenntnis des Geschlechts der Determinante nicht voraussetzt. Vgl. seine Abhandlung, Zur Theorie der linearen homogenen Integralgleichungen. Mathematische Annalen 67 (1909) S. 306—339.

Wir werden im Folgenden eine *beliebige* Potenzreihe

$$f(x) = 1 + a_1 x + a_2 x^2 + \cdots + a_n x^n + \cdots$$

untersuchen, die im Innern eines Kreises vom Radius $\varrho$ konvergiert; wir werden zeigen, daß die absoluten Werte der Wurzeln der Potenzreihe durch das Graeffesche Verfahren beliebig approximiert werden können.

Genauer gesagt, seien

$$\alpha_1, \alpha_2, \alpha_3, \ldots \alpha_n, \ldots$$

$$|\alpha_1| \leqq |\alpha_2| \leqq |\alpha_3| \leqq \cdots \leqq |\alpha_n| \leqq \cdots < \varrho$$

die nach ihrem absoluten Werte geordneten Wurzeln der Gleichung

$$f(x) = 1 + a_1 x + a_2 x^2 + \cdots + a_n x^n + \cdots = 0$$

innerhalb des Konvergenzkreises, mehrfache in richtiger Mehrfachheit geschrieben; sei ferner

$$f(x) f(\omega x) f(\omega^2 x) \ldots f(\omega^{k-1} x) = 1 + a_{1,k} x^k + a_{2,k} x^{2k} + \cdots + a_{n,k} x^{nk} + \cdots,$$

$$\omega = e^{\frac{2\pi i}{k}}$$

Wir werden drei Sätze beweisen, die sich mit den soeben eingeführten Bezeichnungen so aussprechen lassen:

I. *Ist* $|\alpha_n| < |\alpha_{n+1}|$, *oder liegen nur* $n$ *Wurzeln im Innern des Konvergenzkreises, so ist in beiden Fällen*

$$\lim_{k=\infty} \alpha_1^k \alpha_2^k \alpha_3^k \ldots \alpha_n^k a_{n,k} = (-1)^n.$$

II. *Ist* $|\alpha_n| = |\alpha_{n+1}|$, *so läßt sich noch immer behaupten, daß*

$$\limsup_{k=\infty} |\alpha_1^k \alpha_2^k \ldots \alpha_n^k a_{n,k}| = \textit{eine positive ganze Zahl.}$$

III. *Liegen im Innern des Konvergenzkreises mit dem Radius* $\varrho$ *nur* $n-1$ *Wurzeln, so ist*

$$\limsup_{k=\infty} \sqrt[k]{|a_{n,k}|} \leqq \frac{1}{|\alpha_1 \alpha_2 \ldots \alpha_{n-1}| \varrho}.$$

Wir untersuchen also die Größen $a_{n,k}$, indem wir $k$ alle positiven ganzen Zahlen durchlaufen lassen. Die Besonderheiten, die auftreten, wenn $k$ nur die Werte 2, 4, 8, 16, 32, ... annimmt, wie das bei dem gewöhnlichen Graeffeschen Verfahren geschieht, können dann leicht festgestellt werden.

2. Wir nehmen an, daß $|\alpha_n| < |\alpha_{n+1}|$, oder daß die Potenzreihe $f(x)$ nur $n$ Wurzeln im Innern ihres Konvergenzkreises $|x| < \varrho$ besitzt Setzt man die logarithmische Ableitung von $f(x)$

$$\frac{f'(x)}{f(x)} = \frac{1}{x-\alpha_1} + \frac{1}{x-\alpha_2} + \cdots + \frac{1}{x-\alpha_n} + b_1 + b_2 x + \cdots + b_n x^{n-1} + \cdots,$$

so konvergiert in beiden Fällen die Potenzreihe $\sum_1^{\infty} b_n x^{n-1}$ im Innern und auf dem Rande eines Kreises, *dessen Radius* $R > |\alpha_n|$ *ist.* — $R$ ist nämlich entweder $|\alpha_{n+1}| - \varepsilon$ oder $\varrho - \varepsilon$, wo $\varepsilon$ eine beliebig kleine positive Zahl bedeutet.

Aus der Konvergenz für $|x| = R$ folgt, daß

$$(1) \qquad |b_n| \leqq \frac{M}{R^n}.$$

In dieser Ungleichung kann gewiß $M \geqq 1$ angenommen werden; diese Annahme erspart uns später einiges Schreiben.

Diese Ungleichung (1) drückt die Bedingung des Satzes I in der für unseren Zweck bequemsten Form aus.

Nun ist

$$f(x) = \left(1 - \frac{x}{\alpha_1}\right)\left(1 - \frac{x}{\alpha_2}\right)\cdots\left(1 - \frac{x}{\alpha_n}\right) e^{\int_0^x (b_1 + b_2 x + \cdots + b_n x^{n-1} + \cdots)\,dx}$$

$$= \left(1 - \frac{x}{\alpha_1}\right)\left(1 - \frac{x}{\alpha_2}\right)\cdots\left(1 - \frac{x}{\alpha_n}\right) e^{\frac{b_1 x}{1} + \frac{b_2 x^2}{2} + \cdots + \frac{b_n x^n}{n} + \cdots}$$

also

$$f(x)\, f(\omega x)\, f(\omega^2 x) \ldots f(\omega^{k-1} x) =$$

$$(2) \qquad \begin{aligned} &= \left(1 - \frac{x^k}{\alpha_1^k}\right)\left(1 - \frac{x^k}{\alpha_2^k}\right)\cdots\left(1 - \frac{x^k}{\alpha_n^k}\right) e^{\sum_1^{\infty} \frac{b_n x^n}{n} + \sum_1^{\infty} \omega^n \frac{b_n x^n}{n} + \cdots + \sum_1^{\infty} \omega^{(k-1)n} \frac{b_n x^n}{n}} \\ &= \left(1 - \frac{x^k}{\alpha_1^k}\right)\left(1 - \frac{x^k}{\alpha_2^k}\right)\cdots\left(1 - \frac{x^k}{\alpha_n^k}\right) e^{\frac{b_k x^k}{1} + \frac{b_{2k} x^{2k}}{2} + \cdots + \frac{b_{nk} x^{nk}}{n} + \cdots} \\ &= \left(1 - \frac{x^k}{\alpha_1^k}\right)\left(1 - \frac{x^k}{\alpha_2^k}\right)\cdots\left(1 - \frac{x^k}{\alpha_n^k}\right)(1 + B_{1,k} x^k + B_{2,k} x^{2k} + B_{3,k} x^{3k} + \cdots \end{aligned}$$

Die letzte Zeile von Formel (2) entsteht, indem wir $e^{\sum_{n=1}^{\infty} \frac{b_{nk} x^{nk}}{n}}$ nach Potenzen von $x^k$ entwickeln; dabei bedeutet

$$B_{1,k} = b_k$$

$$B_{2,k} = \frac{1}{2!}(b_k^2 + b_{2k})$$

$$B_{3,k} = \frac{1}{3!}(b_k^3 + 3\, b_k b_{2k} + 2\, b_{3k})$$

**und allgemein**

$$(3) \qquad B_{n,k} = \sum \frac{1}{\lambda_1! \lambda_2! \ldots \lambda_n!} \left(\frac{b_k}{1}\right)^{\lambda_1} \left(\frac{b_{2k}}{2}\right)^{\lambda_2} \cdots \left(\frac{b_{nk}}{n}\right)^{\lambda_n},$$

**wo die Summation über alle nichtnegativen ganzzahligen Lösungssysteme $(\lambda_1, \lambda_2, \ldots \lambda_n)$ der diophantischen Gleichung**

$$1\lambda_1 + 2\lambda_2 + 3\lambda_3 + \cdots + n\lambda_n = n$$

**zu erstrecken ist.**[1])

**Nun ist nach Ungleichung (2)**

$$|b_k^{\lambda_1} b_{2k}^{\lambda_2} \ldots b_{nk}^{\lambda_n}| \leqq \frac{M^{\lambda_1}}{R^{k\lambda_1}} \frac{M^{\lambda_2}}{R^{2k\lambda_2}} \cdots \frac{M^{\lambda_n}}{R^{nk\lambda_n}} \leqq \left(\frac{M}{R^k}\right)^{1\lambda_1 + 2\lambda_2 + \cdots + n\lambda_n} = \frac{M^n}{R^{nk}},$$

wobei wir unsere Annahme benutzten, daß $M \geqq 1$. Daher folgt aus Formel (3), daß

$$|B_{n,k}| \leqq \frac{M^n}{R^{nk}} \sum \frac{1}{\lambda_1!\,\lambda_2!\ldots\lambda_n!\,1^{\lambda_1}2^{\lambda_2}\ldots n^{\lambda_n}}.$$

Auf der rechten Seite dieser Ungleichung ist $\frac{M^n}{R^{nk}}$ mit einer *nur von n, nicht von k* abhängigen Zahl multipliziert. Dies genügte eigentlich auch für unseren Zweck; setzen wir aber in Formel (3)

$$k = 1$$

$$b_{1k} = b_{2k} = b_{3k} = \cdots = b_{nk} = 1,$$

so ergibt die Identität

$$1 + x + x^2 + x^3 + \cdots = e^{\frac{x}{1} + \frac{x^2}{2} + \frac{x^3}{3} + \cdots},$$

daß die fragliche Zahl auch von $n$ unabhängig und genau $= 1$ ist.[2]) Also gilt die Ungleichung

(4) $$|B_{n,k}| \leqq \frac{M^n}{R^{nk}}.$$

3. Aus Formel (2) schließen wir

$$1 + a_{1,k}x^k + a_{2,k}x^{2k} + \cdots + a_{n,k}x^{nk} + \cdots$$

(2') $$= \left(1 - x^k \mathfrak{S}\frac{1}{\alpha_1^k} + x^{2k}\mathfrak{S}\frac{1}{\alpha_1^k\alpha_2^k} - \cdots + (-1)^n \frac{x^{nk}}{\alpha_1^k\alpha_2^k\cdots\alpha_n^k}\right)(1 + B_{1,k}x^k + \cdots).$$

Dabei sind durch die $\mathfrak{S}$ immer diejenigen elementaren symmetrischen Funktionen der $n$ Zahlen $\frac{1}{\alpha_1^k}, \frac{1}{\alpha_2^k}, \ldots \frac{1}{\alpha_n^k}$ angedeutet, die mit dem dahinterstehenden Gliede beginnen.

1) Abgesehen von den Vorzeichen, ist (3) mit der sogenannten Waringschen Formel identisch. Vgl. z. B. Serret, Algebra, üb. Wertheim (1878) I S. 376—377.

2) Vgl. z. B. Serret, l. c. II. S. 218—219.

Aus (2') folgt durch Koeffizientenvergleichung

$$a_{n,k} = \frac{(-1)^n}{\alpha_1^k \alpha_2^k \ldots \alpha_n^k} + (-1)^{n-1} B_{1,k} \mathop{\mathrm{S}} \frac{1}{\alpha_1^k \alpha_2^k \ldots \alpha_{n-1}^k} + \cdots + B_{n,k}$$

$$\begin{aligned} a_{n,k}\, \alpha_1^k \alpha_2^k \alpha_3^k \ldots \alpha_n^k = (-1)^n + \\ + (-1)^{n-1}(B_{1,k}\alpha_1^k + B_{1,k}\alpha_2^k + \cdots + B_{1,k}\alpha_n^k) \\ + (-1)^{n-2}(B_{2,k}\alpha_1^k\alpha_2^k + B_{2,k}\alpha_1^k\alpha_3^k + \cdots + B_{2,k}\alpha_{n-1}^k\alpha_n^k) \\ + \ldots \\ + B_{n,k}\alpha_1^k\alpha_2^k \ldots \alpha_n^k. \end{aligned}$$

Nach Abschätzung (4) ist

$$|B_{1,k}\alpha_1^k| \leqq M\left|\frac{\alpha_1}{R}\right|^k, \ldots |B_{1,k}\alpha_n^k| \leqq M\left|\frac{\alpha_n}{R}\right|^k$$

$$|B_{2,k}\alpha_1^k\alpha_2^k| \leqq M^2\left|\frac{\alpha_1\alpha_2}{R^2}\right|^k, \ldots |B_{2,k}\alpha_{n-1}^k\alpha_n^k| \leqq M^2\left|\frac{\alpha_{n-1}\alpha_n}{R^2}\right|^k$$

$$\cdots\cdots\cdots\cdots\cdots\cdots$$

$$|B_{n,k}\alpha_1^k\alpha_2^k \ldots \alpha_n^k| \leqq M^n\left|\frac{\alpha_1\alpha_2\ldots\alpha_n}{R^n}\right|^k.$$

Unter den $\binom{n}{1} + \binom{n}{2} + \cdots + \binom{n}{n} = 2^n - 1$ Gliedern der Differenz

$$a_{n,k}\alpha_1^k\alpha_2^k \ldots \alpha_n^k - (-1)^n$$

übersteigt kein einziges die Zahl $M^n\left|\frac{\alpha_n}{R}\right|^k$, also ist

$$\alpha_1^k\alpha_2^k \ldots \alpha_n^k\, a_{n,k} = (-1)^n + O\left(\left|\frac{\alpha_n}{R}\right|^k\right)$$

und somit ist Satz I bewiesen. —

Man findet ebenfalls durch Vergleichung der Koeffizienten in (2') die Gleichung

$$a_{n+1,k} = (-1)^n \frac{B_{1,k}}{\alpha_1^k\alpha_2^k \ldots \alpha_n^k} + (-1)^{n-1} B_{2,k} \mathop{\mathrm{S}} \frac{1}{\alpha_1^k\alpha_2^k \ldots \alpha_{n-1}^k} + \cdots$$

$$\alpha_1^k\alpha_2^k \ldots \alpha_n^k R^k a_{n+1,k} = (-1)^n R^k B_{1,k} + \cdots.$$

Die auf der rechten Seite der letztgewonnenen Gleichung nicht angeschriebenen Glieder haben höchstens die Ordnung $\left|\frac{\alpha_n}{R}\right|^k$, nach den eben gemachten Abschätzungen; also besteht von einem gewissen $k$ an die Ungleichung

$$|\alpha_1^k\alpha_2^k \ldots \alpha_n^k R^k a_{n+1,k}| < M + \varepsilon.$$

Daraus folgt, daß

$$\limsup_{k=\infty} |\alpha_1\alpha_2 \ldots \alpha_n|\, R \sqrt[k]{|a_{n+1,k}|} \leqq 1.$$

War aber $\alpha_n$ die letzte Wurzel, so kann $R = \varrho - \varepsilon$ gesetzt werden, woraus die Richtigkeit des Satzes III folgt.

Um den Beweis von Satz II nicht zu sehr in die Länge zu ziehen, betrachten wir den Fall, daß

$$(5) \qquad |\alpha_{p-1}| < |\alpha_p| = |\alpha_{p+1}| = |\alpha_{p+2}| = \cdots = |\alpha_n|.$$

Dabei wird noch immer vorausgesetzt, entweder, daß $\alpha_n$ die letzte Wurzel im Konvergenzkreise, oder daß

$$|\alpha_n| < |\alpha_{n+1}|$$

ist. Wir werden beweisen, daß unter dieser Bedingung (5)

$$\limsup |\alpha_1^k \alpha_2^k \dots \alpha_p^k a_{p,k}| = n - p + 1.$$

Man erhält aus (2′) durch Koeffizientenvergleichung, daß

$$a_{p,k} = (-1)^p \mathfrak{S} \frac{1}{\alpha_1^k \alpha_2^k \dots \alpha_p^k} + (-1)^{p-1} B_{1,k} \mathfrak{S} \frac{1}{\alpha_1^k \alpha_2^k \dots \alpha_{p-1}^k} + \cdots + B_{p,k}$$

$$\alpha_1^k \alpha_2^k \dots \alpha_p^k a_{p,k} = (-1)^p \left(1 + \frac{\alpha_p^k}{\alpha_{p+1}^k} + \frac{\alpha_p^k}{\alpha_{p+2}^k} + \cdots + \frac{\alpha_p^k}{\alpha_n^k}\right) + \cdots$$

Auf Grund der Bedingung (5) und durch Betrachtung der elementaren symmetrischen Funktionen, ergibt sich mit Hilfe der Abschätzung (4), daß die Ordnung der durch die Punkte angedeuteten Glieder die größere der beiden Ordnungen $\left|\frac{\alpha_{p-1}}{\alpha_p}\right|^k$ und $\left|\frac{\alpha_p}{R}\right|^k$ nicht übersteigen kann. Die Anzahl dieser Glieder ist

$$\binom{n}{p} - (n - p + 1) + \binom{n}{p-1} + \binom{n}{p-2} + \cdots + 1,$$

eine von $k$ unabhängige Zahl.

Ich behaupte *erstens*: da

$$1 = \left|\frac{\alpha_p}{\alpha_{p+1}}\right| = \left|\frac{\alpha_p}{\alpha_{p+2}}\right| = \cdots = \left|\frac{\alpha_p}{\alpha_n}\right|,$$

so folgt, daß für alle hinreichend großen $k$

$$|\alpha_1^k \alpha_2^k \dots \alpha_p^k a_{p,k}| < n - p + 1 + \varepsilon,$$

wie klein auch $\varepsilon > 0$ gewählt sei.

Ich bemerke *zweitens*: es kann gesetzt werden

$$\alpha_p = |\alpha_p| e^{2\pi \vartheta_p i}, \; \alpha_{p+1} = |\alpha_p| e^{2\pi \vartheta_{p+1} i}, \; \dots \; \alpha_n = |\alpha_p| e^{2\pi \vartheta_n i}$$

$$1 + \frac{\alpha_p^k}{\alpha_{p-1}^k} + \cdots + \frac{\alpha_p^k}{\alpha_n^k} = 1 + e^{2\pi i(\vartheta_p - \vartheta_{p+1})k} + \cdots + e^{2\pi i(\vartheta_p - \vartheta_n)k}$$

Man kann[1]) $k$ eine solche spezielle unendliche Folge von ganzen Zahlen durchlaufen lassen, daß für diese Werte von $k$ die $n - p$ Zahlen

$$(\vartheta_p - \vartheta_{p+1})k - [(\vartheta_p - \vartheta_{p+1})k], \dots (\vartheta_p - \vartheta_n)k - [(\vartheta_p - \vartheta_n)k], \dots$$

1) Vgl. z. B. H. Minkowski, Diophantische Approximationen (1907) S. 8.

gleichzeitig gegen Null konvergieren. ($[x]$ bedeutet die größte ganze Zahl, die $\leqq x$ ist.)

Also ist für *unendlich viele Werte* von $k$

$$|\alpha_1^k \alpha_2^k \ldots \alpha_p^k a_{p,k}| > n - p + 1 - \varepsilon.$$

Die beiden Ungleichungen zusammen sagen aus, daß

$$\limsup_{k=\infty} |\alpha_1^k \alpha_2^k \ldots \alpha_p^k a_{p,k}| = n - p + 1,$$

w. z. b. w.

Waren zufälligerweise

$$\alpha_p = \alpha_{p+1} = \alpha_{p+2} = \ldots = \alpha_n,$$

so ist in der letztgewonnenen Gleichung lim sup durch lim zu ersetzen.

Führt man den Beweis für Satz II allgemein und nicht unter der speziellen Bedingung (5), so tritt an die Stelle der Zahl $n - p + 1$ ein gewisser Binomialkoeffizient.

4. Zur Ergänzung betrachten wir noch den Fall, wo keine Wurzeln im Innern des Konvergenzkreises liegen. In diesem Falle haben die logarithmische Ableitung

$$\frac{f'(x)}{f(x)} = t_1 + t_2 x + \cdots + t_n x^{n-1} + \cdots$$

und die ursprüngliche Potenzreihe

$$f(x) = 1 + a_1 x + a_2 x^2 + a_3 x^3 + \cdots$$
$$= e^{\frac{t_1 x}{1} + \frac{t_2 x^2}{2} + \frac{t_3 x^3}{3} + \cdots}$$

den nämlichen Konvergenkreis vom Radius $\varrho$.

Nun ist (vgl. die Formel (2), (3))

$$a_{1,k} = t_k$$

und folglich

$$\limsup_{k=\infty} \sqrt[k]{|a_{1,k}|} = \limsup_{k=\infty} \sqrt[k]{|t_k|} = \frac{1}{\varrho}.$$

Nach dieser Bemerkung können wir die Diskussion der verschiedenen möglichen Fälle beginnen. Wir betrachten die Folge von positiven Zahlen

$$\text{(6)} \qquad \frac{1}{\limsup \sqrt[k]{|a_{1,k}|}}, \quad \frac{\limsup \sqrt[k]{|a_{1,k}|}}{\limsup \sqrt[k]{|a_{2,k}|}}, \quad \frac{\limsup \sqrt[k]{|a_{2,k}|}}{\limsup \sqrt[k]{|a_{3,k}|}}, \ldots$$

Wird ein Glied dieser Folge (6) durch Verschwinden des Nenners sinnlos, so setzen wir dieses Glied $= +\infty$, und brechen mit ihm die Folge (6) ab.

Erster Fall: alle Glieder der Folge (6) sind *kleiner* als die Zahl $\varrho$ (mit Ausschluß der Gleichheit). In diesem Falle muß die Potenzreihe

$$f(x) = 1 + a_1 x + a_2 x^2 + \cdots$$

unendlich viele Wurzeln im Innern des Konvergenzkreises haben, und die Folge (6) muß eine nie abnehmende Folge von positiven Zahlen sein, die gegen $\varrho$ konvergieren; und zwar stellen die nacheinanderfolgenden Glieder der Folge (6) die absoluten Beträge der der Größe nach geordneten Wurzeln dar, jede Wurzel mit ihrer Multiplizität berücksichtigt.

Hätte nämlich $f(x)$ keine Wurzeln im Konvergenzkreise, so wäre schon das erste Glied der Folge (6) $= \varrho$. Oder wenn $f(x)$ nur eine endliche Anzahl ($n$) Wurzeln im Innern des Konvergenzkreises besäße, so wären (kraft der Sätze I und II) die ersten $n$ Glieder der Folge (6) die absoluten Beträge dieser $n$ Wurzeln, und das $n+1^{\text{te}}$ Glied wäre — kraft des Satzes III — $\geqq \varrho$.

Zweiter Fall: das $n+1^{\text{te}}$ Glied in der Folge (6) ist das erste, dessen Wert $\geqq \varrho$ ist; in diesem Falle hat $f(x)$ genau $n$ Wurzeln.

Betrachten wir die Folge (6) nur bis zum ersten Glied (dieses eingeschlossen), das $\geqq \varrho$ ist, so hat sie folgende Eigenschaft: ist ein Glied kleiner (also nicht gleich) als das nächstfolgende, so ist im Nenner dieses Gliedes das Zeichen lim sup durch lim zu ersetzen.

Diese Sätze geben uns ein theoretisches Verfahren, um die absoluten Beträge der Wurzeln irgendeiner Potenzreihe zu berechnen. Sind alle Wurzeln von verschiedenem absoluten Betrage, und sind die Koeffizienten reell, so ist man selten im Zweifel, welches Vorzeichen den Wurzeln zu geben ist; sind aber die Koeffizienten komplex, jedoch die Wurzeln von verschiedenen absoluten Beträgen, so gestattet noch immer der Satz I die Berechnung der Argumente. Aus Satz I folgt nämlich, für $|\alpha_n| < |\alpha_{n+1}|$,

$$\lim_{k=\infty} \frac{a_{n,k}}{a_{n,k+1}} = \alpha_1 \alpha_2 \ldots \alpha_n .$$

Ist also auch

$$|\alpha_{n-1}| < |\alpha_n|,$$

so ist

$$\lim_{k=\infty} \frac{a_{n-1,k+1}\, a_{n,k}}{a_{n-1,k}\, a_{n,k+1}} = \alpha_n .$$

Nach einem interessanten Gedankengang von J. König[1]) könnte man, wenn die Bedingung $|\alpha_n| < |\alpha_{n+1}|$ besteht, nur aus den Vorzeichen der reellen Teile der Zahlen

$$a_{n,1},\ a_{n,2},\ a_{n,3},\ \ldots\ a_{n,k},\ \ldots$$

1) J. König: Ein allgemeiner Ausdruck für die ihrem absoluten Betrage nach kleinste Wurzel der Gleichung $n^{\text{ten}}$ Grades. Math. Ann. IX, S. 530 u. ff.

die Summe der Argumente der ersten $n$ Wurzeln berechnen. Der Beweis beruht ebenfalls auf Satz I; dies wollen wir aber nicht näher ausführen.

5. Diese Resultate zeigen eine merkwürdige Verwandtschaft mit den wohlbekannten Resultaten von Hadamard.[1])

Um die beiden Verfahren zu vergleichen, denken wir uns die Aufgabe vorgelegt, aus den Koeffizienten der logarithmischen Ableitung

$$\frac{f'(x)}{f(x)} = t_1 + t_2 x + t_3 x^2 + \cdots + t_n x^{n-1} + \cdots$$

die Wurzeln von $f(x)$ zu berechnen.

Für die Berechnung der Wurzel vom kleinsten absoluten Betrage fallen beide Methoden miteinander und mit der alten Bernoullischen Methode (im wesentlichen) zusammen; man bildet

$$\frac{1}{\limsup\limits_{k=\infty} \sqrt[k]{|t_k|}} = \frac{1}{\limsup\limits_{k=\infty} \sqrt[k]{|a_{1,k}|}} = |\alpha_1|.$$

Um die größeren Wurzeln zu finden, bildet man nach Hadamard die Determinante

$$D_{k,n-1} = \begin{vmatrix} t_k & t_{k+1} \cdots t_{k+n-1} \\ t_{k+1} & t_{k+2} \cdots t_{k+n} \\ \cdot & \cdot \quad \cdot \quad \cdot \quad \cdot \\ t_{k+n-1} & t_{k+n} \cdots t_{k+2n-2} \end{vmatrix}$$

also eine rationale ganze Funktion der $2n - 1$ *konsekutiven* Koeffizienten

$$t_k, t_{k+1}, t_{k+2}, \ldots t_{k+2n-2}.$$

$D_{k,n-1}$ ist „isobar" vom Gewichte $nk + n(n-1)$, wenn jedem Koeffizienten $t_k$ sein Index $k$ als Gewicht beigelegt wird.

Oben wurde der Ausdruck

$$a_{n,k} = \sum \frac{1}{\lambda_1!\,\lambda_2!\ldots\lambda_n!} \left(\frac{t_k}{1}\right)^{\lambda_1} \left(\frac{t_{2k}}{2}\right)^{\lambda_2} \cdots \left(\frac{t_{nk}}{n}\right)^{\lambda_n}$$

gebildet (vgl. Formel (3)), also eine ganze rationale Funktion der $n$ *äquidistanten* Koeffizienten

$$t_k, t_{2k}, t_{3k}, \ldots t_{nk}.$$

$a_{n,k}$ ist isobar vom Gewicht $nk$, zufolge der Bedingung

$$1\lambda_1 + 2\lambda_2 + 3\lambda_3 + \cdots + n\lambda_n = n.$$

---

1) Hadamard: Essai sur l'étude des fonctions données par leur développement de Taylor. Journal de Mathématiques p. et appl. (4 série, 8) (1892) S. 101 bis 186. Vgl. S. 118—154. Hadamard: La série de Taylor (Scientia) (1901), S. 38—43, 91—93.

Man hat nach Hadamard

$$\limsup_{k=\infty} \sqrt[k]{|D_{k,n-1}|} = \frac{1}{|\alpha_{\nu_1}\alpha_{\nu_2}\ldots\alpha_{\nu_n}|},$$

wo $\alpha_{\nu_1}, \alpha_{\nu_2}, \ldots \alpha_{\nu_n}$ die $n$ verschiedenen *Nullstellen* vom kleinsten absoluten Betrage bedeuten, ohne Rücksicht auf die Mehrfachheit. (Mehrfache Wurzeln von $f(x)$ sind nur einfache Pole der logarithmischen Ableitung.)

Nach Satz I und Satz II ist

$$\limsup_{k=\infty} \sqrt[k]{|a_{n,k}|} = \frac{1}{|\alpha_1\alpha_2\ldots\alpha_n|}.$$

In letzterer Formel treten mehrfache Wurzeln so oft auf, wie ihre Multiplizität beträgt; dasselbe Resultat wird nach Hadamard erzielt, wenn man die Determinante $D_{k,n-1}$ nicht aus den Koeffizienten der logarithmischen Ableitung, sondern aus den Koeffizienten der Potenzreihe

$$\frac{1}{f(x)} = 1 + c_1x + c_2x^2 + \cdots + c_nx^n + \cdots$$

bildet.

Ist $|\alpha_{\nu_n}| < |\alpha_{\nu_{n+1}}|$, so besteht die Gleichung[1])

$$\lim_{k=\infty} \alpha_{\nu_1}^k\alpha_{\nu_2}^k\ldots\alpha_{\nu_n}^k D_{k,n-1} = (-1)^n m_1 m_2 \ldots m_n \prod_{j<k}^{1\ldots n}\left(\frac{1}{\alpha_{\nu_j}} - \frac{1}{\alpha_{\nu_k}}\right)^2,$$

wo die positiven ganzen Zahlen

$$m_1, m_2, m_3, \ldots m_n$$

die Multiplizität der Wurzeln $\alpha_{\nu_1}, \alpha_{\nu_2}, \ldots \alpha_{\nu_n}$ bedeuten; und zwar konvergiert der Ausdruck linker Hand gegen seinen Grenzwert mit einem Fehler, dessen Ordnung $\left(\frac{|\alpha_{\nu_n}|}{|\alpha_{\nu_{n+1}}| - \varepsilon}\right)^k$ ist. Dies ist das Analogon zu unserem Satz I. Wäre die Determinante $D_{k,n-1}$ anstatt aus den Koeffizienten von $\frac{f'(x)}{f(x)}$ aus den Koeffizienten von $\frac{1}{f(x)}$ gebildet, so würde zwar unter der Bedingung $|\alpha_n| < |\alpha_{n+1}|$ die Gleichung

$$\lim_{k=\infty} \frac{D_{k\,n-1}}{D_{k+1,n-1}} = \alpha_1\alpha_2\ldots\alpha_n$$

gelten, dagegen würde der Ausdruck $\alpha_1^k\alpha_2^k\ldots\alpha_n^k D_{k,n-1}$ im allgemeinen keinem bestimmten Grenzwert zustreben, wenn einige unter den Zahlen $\alpha_1, \alpha_2, \ldots \alpha_n$ einander gleich wären.

1) Vivanti-Gutzmer: Theorie der eindeutigen analytischen Funktionen (1906) S. 463. Man beachte, daß bei uns die Indices der Koeffizienten um 1 verschoben sind.

6. Wir haben das **Hadamardsche** und das **Graeffesche** Verfahren nur in bezug auf die Berechnung der absoluten Werte der im Konvergenzkreis liegenden Wurzeln verglichen. Beide Verfahren gestatten auch die Argumente dieser Wurzeln zu berechnen, aber die dazu angewandten Mittel sind zu heterogen, um mit Nutzen verglichen werden zu können. Das **Hadamardsche** Verfahren besitzt übrigens eine viel allgemeinere Bedeutung, die jedoch hier nicht berührt zu werden braucht.

Läßt man $k$ alle ganzen Zahlen durchlaufen, so leisten die beiden Methoden bei Berechnung der absoluten Werte ungefähr dasselbe; auch die Genauigkeit der Annäherung ist von derselben Ordnung, nämlich $O\left(\left(\frac{|\alpha_n|}{|\alpha_{n+1}|-\varepsilon}\right)^k\right)$.

Einen entschiedenen Vorsprung gewinnt das **Graeffesche** Verfahren von rechnerischem Standpunkt aus erst dadurch, daß man $k$ nur die Potenzen von 2 durchlaufen läßt. Dadurch wird erstens die Genauigkeit nach dem $k$-ten Schritt ganz erheblich gesteigert; man hat ja für $|\alpha_n| < |\alpha_{n+1}|$ nach Satz I:

$$|\alpha_1 \alpha_2 \ldots \alpha_n| = \frac{1}{\sqrt[2^k]{|a_{n,2^k}|}}\left\{1 + O\left(\frac{1}{2^k}\left(\frac{|\alpha_n|}{|\alpha_{n+1}|-\varepsilon}\right)^{2^k}\right)\right\}.$$

Der zweite, und vielleicht noch wichtigere Vorteil ist, daß

$$a_{0,2k},\ a_{1,2k},\ a_{2,2k},\ \ldots\ a_{n,2k},$$

sich sehr einfach und alle *zu gleicher Zeit* aus

$$a_{0,k},\ a_{1,k},\ a_{2,k},\ \ldots\ a_{n,k},$$

berechnen lassen. Man bildet nämlich die dreieckige Tafel

$$(7)\qquad \begin{array}{cccccc}
a_{0,k}^2 & -a_{1,k}^2 & a_{2,k}^2 & -a_{3,k}^2 & +a_{4,k}^2 & \\
 & +2a_{0,k}a_{2,k} & -2a_{1,k}a_{3,k} & +2a_{2,k}a_{4,k} & -2a_{3,k}a_{5,k} & \ldots \\
 & & +2a_{0,k}a_{4,k} & -2a_{1,k}a_{5,k} & +2a_{2,k}a_{6,k} & \\
 & & & +2a_{0,k}a_{6,k} & -2a_{1,k}a_{7,k} & \\
 & & & & +2a_{0,k}a_{8,k}. &
\end{array}$$

Dann sind die Summen der aufeinanderfolgenden vertikalen Kolonnen gerade

$$a_{0,2k},\ a_{1,2k},\ a_{2,2k},\ a_{3,2k},\ a_{4,2k},\ \ldots$$

(wir haben bisher immer $a_{0,k} = 1$ gesetzt).

Läßt man $k$ anstatt durch alle positiven ganzen Zahlen nur durch die Potenzen von 2 ins Unendliche wachsen, so bleiben immerhin die Sätze I und III vollständig richtig. Bei dem Satz II muß aber das Gleichheitszeichen durch das Zeichen $\leqq$ ersetzt werden.

Die reellen und die rein imaginären Wurzeln und überhaupt die Wurzeln, deren Arcus die Form $2\pi \frac{p}{2^r}$ ($p$, $r$ ganz) hat, spielen hier eine ausgezeichnete Rolle, indem ihre $2^k$-ten Potenzen von einem gewissen $k$ an positiv werden. —

7. Um die ersten $n+1$ Koeffizienten von $f(x)f(-x)$, d. h. $a_{0,2}$, $a_{1,2}$, $a_{3,2}$, ... $a_{n,2}$ zu berechnen, braucht man nur die $2n+1$ ersten Koeffizienten $a_0$, $a_1$, $a_2$, ... $a_{2n}$ der vorgelegten Reihe $f(x)$ in Rechnung zu ziehen. Um also z. B. bei der 4ten Annäherung (in der Gleichung für die 16ten Potenzen) fünf Koeffizienten zu erhalten, (so viele Koeffizienten sind zur Berechnung von vier Wurzeln nötig) muß man von 65 Koeffizienten der vorgelegten Reihe ausgehen.

Da manchmal eben die Berechnung der Koeffizienten der vorgelegten Reihe den schwierigsten Teil der Arbeit bildet, wird man darauf geführt, *mit nicht vollständig berechneten Koeffizienten* in den Gleichungen für die 2ten, 4ten, 8ten ... Potenzen zu arbeiten.

So berechnete ich zur Stichprobe die wohlbekannten Wurzeln der Gleichung

$$J_0(2\sqrt{z}) = 1 - \frac{z}{1!^2} + \frac{z^2}{2!^2} - \frac{z^3}{3!^2} + \cdots = 0$$

nach dem Graeffeschen Verfahren. Ich berechnete 17 Koeffizienten $\left(\text{der letzte war also } \frac{1}{16!^2}\right)$; aus diesen 17 Koeffizienten lassen sich vollständig nur 9 Koeffizienten in der Gleichung für $z^2$ berechnen; ich berechnete noch zwei Koeffizienten ($a_{9,2}$, $a_{10,2}$), also insgesamt elf, und vernachlässigte den Teil der Ausdrücke von $a_{9,2}$ und $a_{10,2}$, der von $\frac{1}{17!^2}$, $\frac{1}{18!^2}$, $\frac{1}{19!^2}$, $\frac{1}{20!^2}$ abhängt. So fuhr ich fort, indem ich in der Gleichung für

| | $z$ | $z^2$ | $z^4$ | $z^8$ | $z^{16}$ |
|---|---|---|---|---|---|
| bzw. | | | | | |
| | 17 | 11 | 7 | 7 | 5 |

Koeffizienten hatte. Hätte ich mich auf „vollständig" berechnete Koeffizienten beschränkt, so hätte ich in diesen Gleichungen bzw. nur

| | | | | |
|---|---|---|---|---|
| 17 | 9 | 5 | 3 | 2 |

Koeffizienten gehabt. Hätte ich andererseits in der Gleichung für $z^{16}$ fünf vollständig berechnete Koeffizienten haben wollen, so hätte ich

| | | | | |
|---|---|---|---|---|
| 65 | 33 | 17 | 9 | 5 |

Koeffizienten in diesen Gleichungen berechnen müssen.

Dieses Vernachlässigungsverfahren kommt im wesentlichen auf dasselbe hinaus, was Carvallo[1]) vorgeschlagen hat: man nehme einen

1) Siehe a. a. O. S. 24—26.

„genügend“ hohen Abschnitt der Potenzreihe, und wende das Graeffesche Verfahren auf diesen Abschnitt an. So z. B. hatte ich aus der Gleichung für $z^{16}$ 3 Wurzeln berechnet. Eigentlich ist aber nur der für die erste Wurzel erhaltene Wert ein Näherungswert für die Wurzel der Gleichung $J_0(2\sqrt{z}) = 0$; die übrigen drei Werte sind Näherungswerte, im Sinne des Graeffeschen Verfahrens, für die kleinsten Wurzeln des 17ten Abschnittes der Potenzreihe. Ähnlicherweise hat Carvallo in seinem Beispiel ($\frac{1}{2} = \sin z$) in der Gleichung für

| $z$ | $z^2$ | $z^4$ | $z^8$ |
|---|---|---|---|
| 6 | 5 | 3 | 2 |

Koeffizienten.

Ich wählte mir ein Beispiel, wo die Vernachlässigung systematisch und mit einer rationellen Kontrolle gemacht werden kann. $J_0(2\sqrt{z})$ ist eine ganze transzendente Funktion, mit lauter reellen positiven Wurzeln, und vom Geschlechte Null.[1]) Folglich sind die Koeffizienten in der Gleichung

$$J_0(2\sqrt{z})\, J_0(2\sqrt{\omega z}) \ldots J_0(2\sqrt{\omega^{k-1} z}) = 0$$

— nach einer Bemerkung in 1 — bei jedem $k$ von abwechselndem Vorzeichen. Ich habe die nicht vollständig berechneten Koeffizienten bis zu dem letzten (einschließlich) beibehalten, der noch ein richtiges Vorzeichen gezeigt hat. Trotzdem merkte man schon an der Größenordnung, daß die letzten beibehaltenen Koeffizienten „schlecht“ waren.

Das erhellt aus dem Resultat der Rechnung ebenfalls.

| $n$ | $a'_{n,8}$ | $a'_{n,16}$ | $2\sqrt[1]{\frac{a'_{n-1,8}}{a'_{n,8}}}$ | $2\sqrt[32]{\frac{a'_{n-1,16}}{a'_{n,16}}}$ | $n^{te}$ Wurzel von $J_0(x)$ |
|---|---|---|---|---|---|
| 1 | $\overset{-2}{523772}$ | $\overset{-3}{274337}$ | 2,404 | 2,4048 | 2,4048 |
| 2 | $\overset{-9}{463224}$ | $\overset{-17}{214294}$ | 5,518 | 5,5193 | 5,5201 |
| 3 | $\overset{-19}{270018}$ | $\overset{-38}{705470}$ | 8,722 | 8,7320 | 8,6537 |
| 4 | $\overset{-31}{253939}$ | $\overset{-62}{644363}$ | 11,29 | 11,278 | 11,7915 |
| 5 | $\overset{-47}{900748}$ | | 18,49 | | 14,9309 |
| 6 | $\overset{-60}{273450}$ | | 13,96 | | 18,0711 |

(Mit dem Akzent in $a'_{n,8}$, $a'_{n,16}$ will ich andeuten, daß diese Koeffizienten, wie eben gesagt, nicht vollständig berechnet waren. — $\overset{-3}{274337}$ bedeutet $2{,}74337 \times 10^{-3}$. — Die Zahlen in der zweiten und in

1) Ein einfacher Beweis steht bei Laguerre: Oeuvres I, S. 202—204.

der dritten Spalte wurden, ebenso wie die Koeffizienten von $J_0(2\sqrt{z})$ mit der Rechenmaschine auf sechs Stellen genau berechnet. — Die Zahlen der sechsten Spalte sind dem Jahnke-Emdeschen Buche entnommen.[1])

Aus der Gleichung für $z^8$ berechnet ist die $5^{te}$ Wurzel größer als die $6^{te}$; das spricht dafür, daß die beiden letzten Koeffizienten schon „schlecht" sind. Die $3^{te}$ und die $4^{te}$ Wurzel scheinen eine konstante Abweichung vom wahren Wert zu zeigen.

Dieser Sachverhalt erklärt sich wahrscheinlich so: das Rechnen mit unvollständig berechneten Koeffizienten läuft, wie schon gesagt, ungefähr darauf hinaus, die Wurzeln eines gewissen Abschnittes anstatt der Wurzeln der Potenzreihe zu approximieren. Nun nähern sich im allgemeinen nur die absolut kleinsten Wurzeln der Abschnitte den Wurzeln der Potenzreihe, während die größeren aus dem Konvergenzkreise hinaus, oder ins Unendliche streben. Ein schlagendes Beispiel für dieses Verhalten liefern die wohlbekannten Reihen für $\sin x$, $\cos x$, $J_0(x)$, $J_1(x)$, ... Alle diese Reihen stellen ganze transzendente Funktionen mit lauter reellen einfachen Wurzeln dar, während alle ihre Abschnitte, von einem gewissen an, imaginäre Wurzeln haben (was sich leicht mit Hilfe der Newtonschen Regel zeigen läßt)[2]); so haben z. B. nur die ersten beiden Abschnitte der Reihe $J_0(2\sqrt{z})$ lauter reelle Wurzeln. Die paarweise auftretenden imaginären Wurzeln der Abschnitte können natürlich nicht nach den einfachen Wurzeln der Funktionen konvergieren, und müssen folglich ins Unendliche streben. — Wenn die Arbeit mit unvollständig berechneten Koeffizienten auf schlechte Resultate führt, so ist dies, wie es scheint, hauptsächlich diesen „überflüssigen" Wurzeln der Abschnitte zuzuschreiben.

Die im Falle von $J_0(2\sqrt{z})$ angewandte Kontrolle (richtiges Vorzeichen) ist zwar einfach und systematisch, aber keineswegs sicher, und dabei nur ganz selten anzuwenden. Carvallo schlug vor, die Differenz des Abschnittes und der Reihe in einem gewissen Kreise abzuschätzen, und nur solche Wurzeln des Abschnittes zu betrachten, die innerhalb dieses Kreises liegen.

Das Graeffesche Verfahren scheint nur auf die Berechnung der kleinsten Wurzeln von Potenzreihen mit Vorteil angewandt werden zu können; die gefundenen Werte müssen durch Einsetzen probiert und

---

1) Jahnke und Emde, Funktionentafeln (Leipzig 1909) S. 122. Tafel IV.

2) Vgl. für diese und ähnliche Erscheinungen meine Arbeit, Über Annäherung durch Polynome mit lauter reellen Wurzeln. Rendiconti del Circ. Mat. di Palermo, 1913, 2, S. 279—295, ferner eine im Archiv d. Math. u. Physik erscheinende Arbeit des Herrn Lukács: Über eine Eigenschaft des Konvergenzkreises.

auf anderem Wege verfeinert werden. Darum ist auch die Rechnung mit unvollständig berechneten Koeffizienten, selbst wenn man sich, ohne genaue Kontrolle, nur durch die Größenordnung führen läßt, nicht völlig abzuraten. Die kleinsten Wurzeln der Abschnitte nähern sich besser den Wurzeln der Reihe, und da die Werte ohnehin durch Einsetzen kontrolliert werden, riskiert man nicht viel dabei.

Die Entscheidung darüber, wie viele Koeffizienten der vorgelegten Reihe zu berechnen, und wie viele Koeffizienten bei den sukzessiven Schritten mitzunehmen sind, bildet das eigentlich Neue gegenüber der Anwendung auf Polynome. Die übrigen Regeln über Reihenfolge der Rechnungen, Erkennung der imaginären Wurzeln, „Zerfällung" der Gleichung, Beendigen der Rechnung usw. — dürften für Potenzreihen ebenso lauten wie für Polynome.

Es wurden in den ersten Abschnitten dieser Arbeit nicht alle üblichen Kunstgriffe des Graeffeschen Verfahrens gerechtfertigt (jedoch alle, die z. B. in Anwendung auf Gleichungen mit lauter reellen Wurzeln vorkommen); ich meine aber, daß diese Kunstgriffe bei Potenzreihen zu rechtfertigen nach den gegebenen Ausführungen kaum viel schwieriger sein dürfte als bei Polynomen.

Journal für die reine und angewandte Mathematik.
Herausgegeben von **K. Hensel.**
Druck und Verlag von Georg Reimer in Berlin.

(Sonderabdruck aus Heft 2 Bd. 144.)

# Über zwei Arten von Faktorenfolgen in der Theorie der algebraischen Gleichungen.

Von Herrn *G. Pólya* in Budapest und Herrn *J. Schur* in Bonn.

*Laguerre* hat zahlreiche spezielle unendliche Folgen reeller Zahlen

(A.) $$\alpha_0, \alpha_1, \alpha_2, \ldots$$

angegeben, die folgende merkwürdige Eigenschaft besitzen: ist

$$a_0 + a_1 x + a_2 x^2 + \cdots + a_m x^m = 0$$

eine beliebige algebraische Gleichung mit lauter reellen Wurzeln*), so sind die Wurzeln der Gleichung

$$\alpha_0 a_0 + \alpha_1 a_1 x + \alpha_2 a_2 x^2 + \cdots + \alpha_m a_m x^m = 0$$

ebenfalls sämtlich reell. Eine Zahlenfolge (A.), die diese Eigenschaft besitzt, nennen wir eine *Faktorenfolge erster Art.*

Unter einer *Faktorenfolge zweiter Art* verstehen wir eine unendliche Folge reeller Zahlen

(B.) $$\beta_0, \beta_1, \beta_2, \ldots,$$

die so beschaffen ist, daß, wenn

$$b_0 + b_1 x + b_2 x^2 + \cdots + b_m x^m = 0$$

eine beliebige Gleichung mit lauter reellen Wurzeln *von gleichem Vorzeichen* ist, die Gleichung

$$\beta_0 b_0 + \beta_1 b_1 x + \beta_2 b_2 x^2 + \cdots + \beta_m b_m x^m = 0$$

keine imaginäre Wurzel hat. Hierbei sprechen wir von einem System reeller Zahlen „von gleichem Vorzeichen", wenn die von Null verschiedenen Zahlen des Systems entweder sämtlich positiv oder sämtlich negativ sind.

*) Hierbei zählen wir die Konstanten zu den Polynomen mit lauter reellen Nullstellen.

For comments on this paper[20], see p. 418.

Unter den von *Laguerre* angegebenen Beispielen heben wir insbesondere folgende hervor: die Folgen

$$(1.)\quad 1,\ \frac{1}{\omega},\ \frac{1}{\omega(\omega+1)},\ \frac{1}{\omega(\omega+1)(\omega+2)},\ \ldots \qquad (\omega > 0),$$

$$(2.)\quad 1,\ q,\ q^4,\ q^9,\ \ldots \qquad (|q| \leqq 1)$$

sind Faktorenfolgen erster Art, ferner bilden, wenn $\lambda$ und $\vartheta$ zwei reelle Zahlen sind, die Größen

$$(3.)\qquad \cos\lambda,\ \cos(\lambda+\vartheta),\ \cos(\lambda+2\vartheta),\ \ldots$$

eine Faktorenfolge zweiter Art*).

Eine Faktorenfolge erster Art ist selbstverständlich zugleich eine solche zweiter Art. Das Umgekehrte ist aber nicht immer der Fall; z. B. ist die Folge (3.), wenn $\vartheta$ nicht ein ganzzahliges Multiplum von $\pi$ ist, keine Faktorenfolge erster Art.

Wir werden im folgenden für beide Arten von Faktorenfolgen einfache Kriterien angeben, die zugleich notwendig und hinreichend sind (§§ 3 und 4). Es wird sich insbesondere zeigen, daß die Untersuchung der beiden Arten von Faktorenfolgen und die Untersuchung gewisser zweier Klassen von ganzen transzendenten Funktionen identische Aufgaben sind. Auf diese Weise erhalten wir eine bemerkenswerte Methode, bekannte und auch neue Sätze über ganze transzendente Funktionen vom Geschlechte 0 und 1 mit lauter reellen Nullstellen abzuleiten (vgl. § 6).

Die folgenden Entwicklungen stützen sich in erster Linie auf den von *Schur* in der vorstehenden Arbeit bewiesenen Kompositionssatz. Diese Arbeit wird im folgenden kurz mit *A.* zitiert.

## § 1. Elementare Eigenschaften der Faktorenfolgen.

I. *In jeder Faktorenfolge erster Art*

$$(A.)\qquad \alpha_0,\ \alpha_1,\ \alpha_2,\ \ldots$$

*bilden die von Null verschiedenen Glieder eine einzige ununterbrochene Sequenz, die entweder lauter Zeichenwechsel oder lauter Zeichenfolgen aufweist.*

Es ist also zu zeigen: sind $\alpha_\lambda$ und $\alpha_{\lambda+\mu}$ von Null verschieden, so verschwindet auch keine der dazwischenliegenden Zahlen; ferner ist

$$(4.)\qquad \operatorname{sign}\alpha_{\nu-1} = \operatorname{sign}\alpha_{\nu+1}. \qquad (\nu=\lambda+1,\ldots\lambda+\mu-1)$$

Es sei nämlich

*) *Laguerre*, Œuvres, Bd. I. S. 31—35 und S. 199—206.

$$a_\lambda x^\lambda + a_{\lambda+1}x^{\lambda+1} + \cdots + a_{\lambda+\mu}x^{\lambda+\mu} = 0$$

eine beliebige Gleichung mit lauter reellen Wurzeln, wobei $a_\lambda$ und $a_{\lambda+\mu}$ von Null verschieden sind. Nach Voraussetzung hat dann auch die Gleichung

$$\alpha_\lambda a_\lambda x^\lambda + \alpha_{\lambda+1}a_{\lambda+1}x^{\lambda+1} + \cdots + \alpha_{\lambda+\mu}a_{\lambda+\mu}x^{\lambda+\mu} = 0$$

keine imaginäre Wurzel. Hieraus folgt, daß nicht zwei aufeinanderfolgende Glieder der Folge

$$\alpha_\lambda, \alpha_{\lambda+1}, \ldots \alpha_{\lambda+\mu-1}, \alpha_{\lambda+\mu}$$

verschwinden können (vgl. *A.*, Hilfssatz I).

Aber auch der Fall, daß nur ein Glied $\alpha_\nu$ dieser Folge Null ist, ist auszuschließen. Denn wäre $\alpha_\nu = 0$, so müßten $\alpha_{\nu-1}$ und $\alpha_{\nu+1}$ beide von Null verschieden sein; ferner müßte, wie durch Betrachtung der Gleichungen

$$x^{\nu-1} - x^{\nu+1} = 0, \qquad x^{\nu-1} + 2x^\nu + x^{\nu+1} = 0$$

hervorgeht, jede der beiden Gleichungen

$$(5.) \qquad \alpha_{\nu-1} - \alpha_{\nu+1}x^2 = 0$$

und

$$\alpha_{\nu-1} + \alpha_{\nu+1}x^2 = \alpha_{\nu-1} + 2\alpha_\nu x + \alpha_{\nu+1}x^2 = 0$$

reelle Wurzeln haben. Dies ist aber nicht möglich.

Da ferner (5.), was auch $\alpha_\nu$ sei, reelle Wurzeln haben muß, so ergibt sich zugleich die Richtigkeit der Gleichung (4.).

Noch einfacher beweist man:

II. *Sind in einer Faktorenfolge zweiter Art zwei nebeneinanderstehende Glieder gleich Null, so verschwinden entweder alle vorhergehenden oder alle folgenden Glieder. Ist ferner ein Glied der Folge Null und sind die beiden angrenzenden Glieder von Null verschieden, so müssen sie entgegengesetzte Vorzeichen haben.*

Ferner gilt die Regel:

III. *In jeder Faktorenfolge erster oder zweiter Art*

$$\gamma_0, \gamma_1, \gamma_2, \ldots \gamma_\nu, \ldots$$

*ist*

$$\gamma_\nu^2 - \gamma_{\nu-1}\gamma_{\nu+1} \geqq 0^{*}).$$

Beachtet man nämlich, daß die Gleichung

---

*) Hieraus geht z. B. hervor, daß die in der Einleitung erwähnte Folge (2.) für $|q| > 1$ keine Faktorenfolge ist.

$$x^{\nu-1} + 2x^{\nu} + x^{\nu+1} = 0$$

nur reelle Wurzeln von gleichem Vorzeichen hat, so ergibt sich, daß auch die Gleichung

$$\gamma_{\nu-1}x^{\nu-1} + 2\gamma_{\nu}x^{\nu} + \gamma_{\nu+1}x^{\nu+1} = 0$$

reelle Wurzeln besitzt, und hieraus folgt die Behauptung.

Sind

(A.) $\alpha_0, \alpha_1, \alpha_2, \dots \alpha_\nu, \dots$

(B.) $\beta_0, \beta_1, \beta_2, \dots \beta_\nu, \dots,$

zwei Zahlenfolgen, so heiße

$$\alpha_0\beta_0, \ \alpha_1\beta_1, \ \alpha_2\beta_2, \dots \alpha_\nu\beta_\nu, \dots$$

die aus (A.) und (B.) *komponierte* Zahlenfolge. Es besteht dann die Regel:

IV. *Aus zwei Faktorenfolgen erster Art entsteht durch Komposition eine Faktorenfolge erster Art. Eine Faktorenfolge erster Art gibt, mit einer Faktorenfolge zweiter Art komponiert, eine Faktorenfolge der zweiten Art.*

Der erste Teil dieses Satzes ist unmittelbar evident. — Ist ferner (A.) eine Faktorenfolge erster Art, (B.) eine solche zweiter Art und

$$b_0 + b_1x + b_2x^2 + \dots + b_mx^m = 0$$

eine Gleichung mit lauter reellen Wurzeln von gleichem Vorzeichen, so besitzt die Gleichung

$$\alpha_0b_0 + \alpha_1b_1x + \alpha_2b_2x^2 + \dots + \alpha_mb_mx^m = 0$$

nur reelle Wurzeln, die nach Satz I *von gleichem Vorzeichen* sind. Daher besitzt die Gleichung

$$\beta_0\alpha_0b_0 + \beta_1\alpha_1b_1x + \beta_2\alpha_2b_2x^2 + \dots + \beta_m\alpha_mb_mx^m = 0$$

keine imaginäre Wurzel.

V. *Ist*

$$\gamma_0, \gamma_1, \gamma_2, \dots \gamma_\nu, \dots$$

*eine Faktorenfolge erster oder zweiter Art, so ist für jedes* $\nu$

$$\gamma_\nu, \gamma_{\nu+1}, \gamma_{\nu+2}, \dots$$

*wieder eine Faktorenfolge derselben Art.*

Ist nämlich

$$c_0 + c_1x + c_2x^2 + \dots + c_mx^m = 0$$

eine Gleichung mit nur reellen Wurzeln, bzw. mit lauter reellen Wurzeln von gleichem Vorzeichen, so besitzt die Gleichung

$$c_0x^{\nu} + c_1x^{\nu+1} + \dots + c_mx^{\nu+m} = 0$$

dieselbe Eigenschaft. Daher hat

$$\gamma_\nu c_0 x^\nu + \gamma_{\nu+1} c_1 x^{\nu+1} + \cdots + \gamma_{\nu+m} c_m x^{\nu+m} = 0$$

oder, was dasselbe ist,

$$\gamma_\nu c_0 + \gamma_{\nu+1} c_1 x + \cdots + \gamma_{\nu+m} c_m x^m = 0$$

in beiden Fällen keine imaginären Wurzeln. Hieraus geht die Richtigkeit der Behauptung hervor.

VI. *Sind*

$$\gamma_{n0}, \gamma_{n1}, \gamma_{n2}, \ldots \gamma_{n\nu}, \ldots \qquad (n = 1, 2, 3, \ldots)$$

*unendlich viele Faktorenfolgen erster (bzw. zweiter) Art und existiert für jedes* $\nu$

$$\lim_{n=\infty} \gamma_{n\nu} = \gamma_\nu,$$

*so bilden die Zahlen*

$$\gamma_0, \gamma_1, \gamma_2, \ldots \gamma_\nu, \ldots$$

*ebenfalls eine Faktorenfolge erster (bzw. zweiter) Art.*

Dies ergibt sich sehr leicht aus *A.*, Hilfssatz III.

## § 2. Über zwei Klassen von ganzen Funktionen mit reellen Koeffizienten.

Unter einer *ganzen Funktion vom Typus* I verstehen wir eine ganze rationale oder eine ganze transzendente Funktion

$$\Phi(x) = \alpha_0 + \frac{\alpha_1}{1!} x + \frac{\alpha_2}{2!} x^2 + \cdots$$

mit lauter reellen Wurzeln von gleichem Vorzeichen, für die entweder $\Phi(x)$ oder $\Phi(-x)$ eine Produktzerlegung der Form

$$\text{(I.)} \qquad \Phi(x) = \frac{\alpha_r}{r!} x^r e^{\gamma x} \prod_{\nu=1}^{\infty} (1 + \gamma_\nu x)$$

besitzt. Hierbei soll

$$\alpha_r \gtrless 0, \ \gamma \geqq 0, \ \gamma_\nu \geqq 0$$

sein.

Ebenso soll eine ganze (rationale oder transzendente) Funktion

$$\Psi(x) = \beta_0 + \frac{\beta_1}{1!} x + \frac{\beta_2}{2!} x^2 + \cdots$$

als eine *Funktion vom Typus* II bezeichnet werden, wenn die Nullstellen der Funktion sämtlich reell sind und ihre Produktzerlegung von der Form

$$\text{(II.)} \qquad \Psi(x) = \frac{\beta_r}{r!} x^r e^{-\gamma x^2 + \delta x} \prod_{\nu=1}^{\infty} (1 + \delta_\nu x) e^{-\delta_\nu x} \qquad (\beta_r \lessgtr 0)$$

ist. Unter $\delta, \delta_1, \delta_2, \ldots$ sind hierbei reelle Zahlen*), unter $\gamma$ eine nicht negative reelle Zahl zu verstehen.

---

*) Sie brauchen nicht von demselben Vorzeichen zu sein.

Offenbar ist eine Funktion vom Typus I zugleich auch vom Typus II.

Diese beiden Funktionenklassen lassen sich durch die folgenden bemerkenswerten Sätze I und II charakterisieren:

I. *Eine Potenzreihe*

$$\Phi(x) = \alpha_0 + \frac{\alpha_1}{1!}x + \frac{\alpha_2}{2!}x^2 + \cdots$$

*mit reellen Koeffizienten stellt dann und nur dann eine ganze Funktion vom Typus I dar, wenn sich eine Folge von Polynomen*

$$\Phi_n(x) = \alpha_{n0} + \frac{\alpha_{n1}}{1!}x + \frac{\alpha_{n2}}{2!}x^2 + \cdots \qquad (n=1,2,3,\ldots)$$

*mit lauter reellen Nullstellen von gleichem Vorzeichen angeben läßt, die in einem Kreise* $|x| \leqq \varrho$ *gleichmäßig gegen* $\Phi(x)$ *konvergiert.*

Bei dem Beweise dieses Satzes kann ohne Beschränkung der Allgemeinheit vorausgesetzt werden, daß die Nullstellen der Polynome $\Phi_n(x)$ (bzw. der Funktion $\Phi(x)$) sämtlich $\leqq 0$ und die Koeffizienten $\alpha_{n\nu}$ (bzw. $\alpha_\nu$) sämtlich $\geqq 0$ sind.

Wir nehmen nun an, die Polynome $\Phi_n(x)$ konvergieren für $|x| \leqq \varrho$ gleichmäßig gegen $\Phi(x)$. Dann ist bekanntlich

$$\lim_{n=\infty} \alpha_{n\nu} = \alpha_\nu. \qquad (\nu=0,1,2,3,\ldots)$$

Wählt man eine beliebige positive ganze Zahl $m$ und beachtet man, daß die Wurzeln der Gleichung

$$(1+x)^m = \sum_{\mu=0}^{m} \binom{m}{\mu} x^\mu = 0$$

reell und negativ sind, so erkennt man auf Grund des in $A$. bewiesenen Kompositionssatzes, daß die Gleichung

$$\sum_{\mu=0}^{m} \mu! \frac{\alpha_{n\mu}}{\mu!} \binom{m}{\mu} x^\mu = 0 \qquad (6.)$$

nur reelle Wurzeln hat, und zwar sind wegen der über die Polynome $\Phi_n(x)$ gemachten Voraussetzung die nicht verschwindenden unter ihnen negativ. Läßt man in (6.) $n$ über alle Grenzen wachsen, so erhält man die Gleichung

---

*) Wir bemerken hier ausdrücklich, daß die Funktion, die identisch gleich Null ist, sowohl zum Typus I als auch zum Typus II gerechnet wird, obgleich sie in den Formeln (I.) und (II.) nicht enthalten ist; vergl. die Fußnote auf S. 89.

$$F_m(x) = \alpha_0 + \binom{m}{1}\alpha_1 x + \binom{m}{2}\alpha_2 x^2 + \cdots + \alpha_m x^m = 0,$$

deren Wurzeln ebenfalls reell und $\leqq 0$ sind.

Sind nun alle Zahlen $\alpha_0, \alpha_1, \alpha_2, \ldots$ gleich Null, so ist $\Phi(x)$ gewiß eine Funktion vom Typus I. Im andern Falle sei $\alpha_r$ der erste nicht verschwindende Koeffizient der Reihe $\Phi(x)$. Ist $m > r$, so sei

$$F_m(x) = \binom{m}{r}\alpha_r x^r \prod_{\mu=1}^{m-r}(1 + \gamma_{m\mu} x),$$

wo die $\gamma_{m\mu}$ reelle nicht negative Zahlen bedeuten. Dann wird

$$(7.) \qquad \binom{m}{r+1}\alpha_{r+1} = \binom{m}{r}\alpha_r \sum_{\mu=1}^{m-r}\gamma_{m\mu}$$

und

$$\alpha_m = \binom{m}{r}\alpha_r \prod_{\mu=1}^{m-r}\gamma_{m\mu}.$$

**Nach dem Satz über das arithmetische und das geometrische Mittel ergibt sich**

$$\frac{\alpha_m}{\binom{m}{r}\alpha_r} \leqq \left\{\frac{\binom{m}{r+1}\alpha_{r+1}}{(m-r)\binom{m}{r}\alpha_r}\right\}^{m-r}$$

oder, was dasselbe ist,

$$(8.) \qquad \alpha_m \leqq \binom{m}{r}\alpha_r\left(\frac{\alpha_{r+1}}{(r+1)\alpha_r}\right)^{m-r}.$$

Daher ist

$$\frac{\alpha_m}{m!} \leqq \frac{1}{(m-r)!}\,\frac{\alpha_r}{r!}\left(\frac{\alpha_{r+1}}{(r+1)\alpha_r}\right)^{m-r}$$

Hieraus folgt ohne weiteres, daß die Reihe $\Phi(x)$ beständig konvergent ist. Auf Grund der *Hadamard*schen Theorie ergibt sich zugleich, daß $\Phi(x)$ höchstens vom Geschlechte 1 ist.

Nun konvergieren, wie man leicht erkennt, die Polynome

$$F_m\left(\frac{x}{m}\right) = \alpha_0 + \frac{\alpha_1}{1!}x + \frac{\alpha_2}{2!}\left(1 - \frac{1}{m}\right)x + \frac{\alpha_3}{3!}\left(1 - \frac{1}{m}\right)\left(1 - \frac{2}{m}\right)x^2 + \cdots$$
$$= \frac{\alpha_r}{r!}\left(1 - \frac{1}{m}\right)\cdots\left(1 - \frac{r-1}{m}\right)x^r \prod_{\mu=1}^{m-r}\left(1 + \frac{\gamma_{m\mu}}{m}x\right)$$

in jedem endlichen Gebiet gleichmäßig gegen $\Phi(x)$. Hieraus folgt zunächst, daß die Nullstellen

$$\frac{1}{\gamma_1}, -\frac{1}{\gamma_2}, -\frac{1}{\gamma_3}, \ldots$$

der Funktion $\Phi(x)$ (falls solche überhaupt vorhanden sind) sämtlich reell sind und das den Größen $-\frac{m}{\gamma_{m\mu}}$ gemeinsame negative Vorzeichen besitzen.

Die Gleichung (7.) lautet anders geschrieben

$$\sum_{\mu=1}^{m-r} \frac{\gamma_{m\mu}}{m} = \frac{m-r}{m} \frac{\alpha_{r+1}}{(r+1)\alpha_r}.$$

Hieraus ergibt sich leicht, daß $\sum_1^\infty \gamma_\mu$ konvergiert und daß

$$(9.)\qquad \sum_1^\infty \gamma_\mu \leqq \frac{\alpha_{r+1}}{(r+1)\alpha_r}$$

ist. Daher kann gewiß geschlossen werden, daß

$$\Phi(x) = \frac{\alpha_r}{r!} x^r + \frac{\alpha_{r+1}}{(r+1)!} x^{r+1} + \cdots = \frac{\alpha_r}{r!} x^r e^{\gamma x} \prod_{\nu=1}^{\infty} (1 + \gamma_\nu x)$$

ist, und da hieraus

$$\frac{\alpha_{r+1}}{(r+1)!} = \frac{\alpha_r}{r!}\left(\gamma + \sum_{\nu=1}^{\infty} \gamma_\nu\right)$$

folgt, so ist wegen (9.) die Zahl $\gamma$ nicht negativ.

Daß umgekehrt zu jeder Funktion $\Phi(x)$ vom Typus I (mit nichtpositiven Nullstellen) eine Polynomfolge der verlangten Art angegeben werden kann, ist sehr leicht zu sehen. Ist nämlich

$$\Phi(x) = \frac{\alpha_r}{r!} x^r e^{\gamma x} \prod_{\nu=1}^{\infty} (1 + \gamma_\nu x) \qquad (\gamma, \gamma_\nu \geqq 0)$$

eine solche Funktion, so setze man etwa

$$\Phi_n(x) = \frac{\alpha_r}{r!} x^r \left(1 + \frac{\gamma x}{n}\right)^n \prod_{\nu=1}^{n} (1 + \gamma_\nu x).$$

Diese Ausdrücke liefern eine Folge von Polynomen mit lauter reellen, nicht positiven Nullstellen, die in jedem endlichen Bereich gleichmäßig gegen $\Phi(x)$ konvergiert.

II. *Eine Potenzreihe*

$$\Psi(x) = \beta_0 + \frac{\beta_1}{1!} x + \frac{\beta_2}{2!} x^2 + \cdots$$

*mit reellen Koeffizienten stellt dann und nur dann eine ganze Funktion vom zweiten Typus dar, wenn sich eine Folge von Polynomen*

$$\Psi_n(x) = \beta_{n0} + \frac{\beta_{n1}}{1!} x + \frac{\beta_{n2}}{2!} x^2 + \cdots$$

*mit lauter reellen Nullstellen angeben läßt, die in einem Kreise* $|x| \leqq \varrho$ *gleichmäßig gegen* $\Psi(x)$ *konvergiert.*

Konvergieren nämlich die Polynome $\Psi_n(x)$ für $|x| < \varrho$ gleichmäßig gegen $\Psi(x)$, so schließt man ganz ebenso wie beim Satze I unter Benutzung des Kompositionssatzes, daß die Gleichungen

$$G_m(x) = \beta_0 + \binom{m}{1}\beta_1 x + \binom{m}{2}\beta_2 x^2 + \cdots + \beta_m x^m = 0$$

für jedes $m$ lauter reelle Wurzeln besitzen, die in diesem Falle aber nicht notwendigerweise von gleichem Vorzeichen zu sein brauchen. Ist $\beta_r$ der erste nicht verschwindende Koeffizient der Reihe $\Psi(x)$, so sei $m > r+1$ und

$$G_m(x) = \binom{m}{r}\beta_r x^r \prod_{\mu=1}^{m-r}(1+\delta_{m\mu}x).$$

Dann ist

$$\binom{m}{r+1}^2\beta_{r+1}^2 - 2\binom{m}{r}\binom{m}{r+2}\beta_r\beta_{r+2} = \binom{m}{r}^2\beta_r^2\sum_{\mu=1}^{m-r}\delta_{m\mu}^2$$

und

$$\beta_m = \binom{m}{r}\beta_r\prod_{\mu=1}^{m-r}\delta_{m\mu}.$$

Hieraus folgt durch Anwendung des Satzes von dem arithmetischen und dem geometrischen Mittel auf die Zahlen $\delta_{m\mu}^2$, daß

$$\frac{\beta_m^2}{\binom{m}{r}^2\beta_r^2} \leqq \left\{\frac{\binom{m}{r+1}^2\beta_{r+1}^2 - 2\binom{m}{r}\binom{m}{r+2}\beta_r\beta_{r+2}}{(m-r)\binom{m}{r}^2\beta_r^2}\right\}^{m-r}$$

oder, einfacher geschrieben,

$$\beta_m^2 \leqq \binom{m}{r}^2\beta_r^2\left\{\frac{(m-r)\beta_{r+1}^2}{(r+1)^2\beta_r^2} - \frac{2(m-r-1)\beta_{r+2}}{(r+1)(r+2)\beta_r}\right\}^{m-r}$$

wird. Daher ist

$$\beta_m^2 \leqq m^m c^m,$$

wo $c$ eine passend gewählte Konstante ist (die nur von $r$, $\beta_r$, $\beta_{r+1}$, $\beta_{r+2}$ abhängt). Es ist also

$$(10.)\qquad \frac{|\beta_m|}{m!} \leqq \frac{m^{\frac{m}{2}}}{m!}c^{\frac{m}{2}},$$

und dies setzt in Evidenz, daß die Reihe $\Psi(x)$ beständig konvergiert; auf Grund der *Hadamard*schen Theorie ergibt sich zugleich, daß $\Psi(x)$ höchstens vom Geschlechte 2 ist.

Beachtet man nun, daß $\Psi_n(x)\Psi_n(-x)$, als ganze rationale Funktion von $x^2$ betrachtet, lauter reelle nicht negative Wurzeln besitzt*) und

*) Ihre Wurzeln sind nämlich die Quadrate der Wurzeln von $\Psi_n(x)$.

daß die Polynome $\Psi_n(x)\Psi_n(-x)$ im Kreise $|x^2| \leqq \varrho^2$ gleichmäßig gegen $\Psi(x)\Psi(-x)$ konvergieren, so ergibt sich nach Satz I, daß $\Psi(x)\Psi(-x)$, als Funktion von $x^2$ betrachtet, eine ganze Funktion vom ersten Typus mit lauter reellen nicht negativen Nullstellen ist.

Hieraus folgt *erstens*, daß die Nullstellen von $\Psi(x)$ reell sind, *zweitens*, daß die Summe der Quadrate der reziproken Nullstellen konvergent ist, und endlich auch, daß in der folglich zulässigen Produktentwicklung

$$\text{(II.)} \qquad \Psi(x) = \frac{\beta_r}{r!} x^r e^{-\gamma x^2 + \delta x} \prod_{\nu=1}^{\infty} (1 + \delta_\nu x) e^{-\delta_\nu x}$$

die Zahl $\gamma$ nicht negativ ist. Es ist nämlich

$$(-1)^r \Psi(x)\Psi(-x) = \frac{\beta_r^2}{r!^2} x^{2r} e^{-2\gamma x^2} \prod_{\nu=1}^{\infty} (1 - \delta_\nu^2 x^2).$$

**Ist umgekehrt $\Psi(x)$ eine ganze Funktion, die eine solche Darstellung** (von der Form (II.)) zuläßt, so setze man

$$\delta - \delta_1 - \delta_2 - \cdots - \delta_n = d_n$$

**und bestimme die positive ganze Zahl $m_n$ etwa derart, daß für $|x| < n$**

$$\left| 1 - \frac{\left(1 + \frac{d_n x}{m_n}\right)^{m_n}}{e^{d_n x}} \right| < \frac{1}{n}$$

**wird. Bedeutet dann $\Psi_n(x)$ das Polynom**

$$\Psi_n(x) = \frac{\beta_r}{r!} x^r \left(1 - \frac{\gamma x^2}{n}\right)^n \left(1 + \frac{d_n x}{m_n}\right)^{m_n} \prod_{\nu=1}^{n} (1 + \delta_\nu x),$$

dessen Nullstellen offenbar reell sind, so ist, wie man leicht erkennt, in jedem endlichen Bereich gleichmäßig

$$\lim_{n=\infty} \Psi_n(x) = \Psi(x).$$

Hiermit ist der Satz II vollständig bewiesen.

Daß eine Folge von Polynomen mit lauter reellen Nullstellen von gleichem Vorzeichen, die in *jedem* endlichen Bereich gleichmäßig konvergent ist, stets eine ganze Funktion vom ersten Typus darstellt, hat bereits *Laguerre**) bewiesen. Er hat auch den analogen Satz für Polynome mit nur reellen Nullstellen ohne Beweis ausgesprochen. Daß in beiden Fällen bereits die gleichmäßige Konvergenz in einem noch so kleinen

*) Œuvres, Bd. I, S. 174–177.

Kreise $|x| \leqq \varrho$ hinreichend ist, hat zuerst *Pólya**) gezeigt. Der hier angegebene Beweis, der sich in erster Linie auf den Kompositionssatz stützt, scheint uns wegen seines algebraischen Charakters von Interesse zu sein.

**Um eine unmittelbare Anwendung dieser Resultate zu geben, erwähnen wir folgendes. Es sei**

$$\begin{vmatrix} a_{11} & a_{12} & \cdots \\ a_{21} & a_{22} & \cdots \\ \cdot & \cdot & \cdots \end{vmatrix}$$

eine unendliche symmetrische Matrix mit reellen Elementen. Man setze

$$\varDelta_n(x) = \begin{vmatrix} 1 - a_{11}x & -a_{12}x & \cdots & -a_{1n}x \\ -a_{21}x & 1 - a_{22}x & \cdots & -a_{2n}x \\ \cdot & \cdot & \cdot & \cdot \\ -a_{n1}x & -a_{n2}x & \cdots & 1 - a_{nn}x \end{vmatrix}.$$

Existiert dann in einem noch so kleinen Kreise $|x| \leqq \varrho$ gleichmäßig $\lim_{n=\infty} \varDelta_n(x) = \varDelta(x)$, so ist

$$\varDelta(x) = \begin{vmatrix} 1 - a_{11}x & -a_{12}x & \cdots \\ -a_{21}x & 1 - a_{22}x & \cdots \\ \cdot & \cdot & \cdot \\ \cdot & \cdot & \cdot \end{vmatrix}$$

eine ganze Funktion vom Typus II.

Der Vollständigkeit wegen fügen wir noch folgende Bemerkung hinzu:

*Sind*

$$\Omega_n(x) = \gamma_{n0} + \frac{\gamma_{n1}}{1!}x + \frac{\gamma_{n2}}{2!}x^2 + \cdots$$

*Polynome, deren Nullstellen oberhalb oder auf der reellen Achse gelegen sind, und ist in einem noch so kleinen Kreise* $|x| \leqq \varrho$ *gleichmäßig*

$$\lim_{n=\infty} \Omega_n(x) = \Omega(x) = \gamma_0 + \frac{\gamma_1}{1!}x + \frac{\gamma_2}{2!}x^2 + \cdots,$$

*so ist* $\Omega(x)$ *eine ganze Funktion höchstens vom Geschlechte* 2.

*) Über Annäherung durch Polynome mit lauter reellen Wurzeln, Rend. del Circ. mat. di Palermo, t. 36 (1913), S. 279. — Weitergehende Sätze findet man in der Arbeit: *E. Lindwart* und *G. Pólya*, Über einen Zusammenhang zwischen der Konvergenz von Polynomfolgen und der Verteilung ihrer Wurzeln, Rend. del Circ. mat. di Palermo, t. 37 (1914).

Denn ist

$$\gamma_{n\nu} = \gamma'_{n\nu} + i\gamma''_{n\nu}, \qquad \gamma_\nu = \gamma'_\nu + i\gamma''_\nu$$

($\gamma'_{n\nu}, \gamma''_{n\nu}, \gamma'_\nu, \gamma''_\nu$ reell) und setzt man

$$\Omega_n^{(1)}(x) = \sum_{\nu=0}^{\infty} \frac{\gamma'_{n\nu}}{\nu!} x^\nu, \qquad \Omega_n^{(2)} = \sum_{\nu=0}^{\infty} \frac{\gamma''_{n\nu}}{\nu!} x^\nu,$$

$$\Omega^{(1)}(x) = \sum_{\nu=0}^{\infty} \frac{\gamma'_\nu}{\nu!} x^\nu, \qquad \Omega^{(2)}(x) = \sum_{\nu=0}^{\infty} \frac{\gamma''_\nu}{\nu!} x^\nu,$$

so wird für $|x| \leqq \varrho$ gleichmäßig

$$\lim_{n=\infty} \Omega_n^{(1)}(x) = \Omega^{(1)}(x), \qquad \lim_{n=\infty} \Omega_n^{(2)}(x) = \Omega^{(2)}(x).$$

Nun sind aber nach einem bekannten, von *Biehler* herrührenden Satze*) die Nullstellen der Polynome $\Omega_n^{(1)}(x)$ und $\Omega_n^{(2)}(x)$, infolge der über $\Omega_n(x)$ gemachten Voraussetzung, sämtlich reell. Nach der beim Beweis des Satzes II gefundenen Ungleichung (10.) gibt es zwei positive Konstanten $c'$ und $c''$, so daß

$$\frac{|\gamma'_m|}{m!} \leqq \frac{m^{\frac{m}{2}}}{m!} c'^m \qquad \frac{|\gamma''_m|}{m!} \leqq \frac{m^{\frac{m}{2}}}{m!} c''^m.$$

Hieraus folgt aber die oben ausgesprochene Behauptung über die Funktion $\Omega(x)$**).

## § 3. Algebraische Kriterien für Faktorenfolgen.

I. *Eine Folge reeller Zahlen*

$$\text{(A.)} \qquad \alpha_0, \alpha_1, \alpha_2, \ldots$$

*ist dann und nur dann eine Faktorenfolge erster Art, wenn alle Gleichungen*

$$\text{(11.)} \qquad \alpha_0 + \binom{n}{1}\alpha_1 x + \binom{n}{2}\alpha_2 x^2 + \cdots + \alpha_n x^n = 0 \qquad (n=1, 2, 3, \ldots)$$

*lauter reelle Wurzeln von gleichem Vorzeichen besitzen.*

Ist nämlich (A.) eine Faktorenfolge erster Art, so ergibt sich aus der Tatsache, daß die Wurzeln der Gleichung

$$1 + \binom{n}{1}x + \binom{n}{2}x^2 + \cdots + x^n = 0$$

alle reell sind, unmittelbar auf Grund der Definition der Faktorenfolgen erster Art, daß auch die Gleichung (11.) lauter reelle Wurzeln besitzt.

*) Vgl. *Netto*, Vorlesungen über Algebra, Bd. I, S. 236—237.
**) Vgl. *Lindwart* und *Pólya*, a. a. O.

Aus dem Satz I des § 1 ergibt sich ferner, daß diese Wurzeln alle von demselben Vorzeichen sind.

Weiß man umgekehrt, daß jede der Gleichungen (11.) lauter reelle Wurzeln von demselben Vorzeichen besitzt, so sei

$$a_0 + a_1 x + a_2 x^2 + \cdots + a_m x^m = 0$$

eine beliebige Gleichung ohne imaginäre Wurzeln. Aus dem Kompositionssatz ergibt sich, daß für jedes $n$ auch die Gleichung

$$a_0 \alpha_0 + 1!\, a_1 \alpha_1 \binom{n}{1} x + \cdots + m!\, a_m \alpha_m \binom{n}{m} x^m = 0$$

keine imaginäre Wurzel hat. Ersetzt man $x$ durch $\frac{x}{n}$, so erhält man die Gleichung

$$\alpha_0 a_0 + \alpha_1 a_1 x + \alpha_2 a_2 \left(1 - \frac{1}{n}\right) x + \cdots$$
$$+ \alpha_m a_m \left(1 - \frac{1}{n}\right)\left(1 - \frac{2}{n}\right) \cdots \left(1 - \frac{m-1}{n}\right) x^m = 0,$$

deren Wurzeln offenbar ebenfalls sämtlich reell sind. Da dies für jedes $n$ gilt, so ergibt sich durch Grenzübergang, daß auch die Gleichung

$$\alpha_0 a_0 + \alpha_1 a_1 x + \alpha_2 a_2 x^2 + \cdots + \alpha_m a_m x^m = 0$$

nur reelle Wurzeln hat. — Hiermit ist der Satz I vollständig bewiesen.

II. *Eine Folge reeller Zahlen*

$$\text{(B.)} \qquad \beta_0, \beta_1, \beta_2, \ldots$$

*ist dann und nur dann eine Faktorenfolge zweiter Art, wenn alle Gleichungen*

$$\text{(12.)} \qquad \beta_0 + \binom{n}{1} \beta_1 x + \binom{n}{2} \beta_2 x^2 + \cdots + \beta_n x^n = 0 \qquad (n = 1, 2, 3, \ldots)$$

*lauter reelle Wurzeln haben.*

Daß diese Bedingung notwendig erfüllt sein muß, ist hier unmittelbar klar. Sie ist aber auch hinreichend. Denn es sei

$$b_0 + b_1 x + b_2 x^2 + \cdots + b_m x^m = 0$$

eine Gleichung mit lauter reellen Wurzeln *von gleichem Vorzeichen.* Durch Komposition dieser Gleichung mit der Gleichung (12.), die nach Voraussetzung lauter reelle Wurzeln haben soll, ergibt sich wieder nach dem eben benutzten Kompositionssatz, daß auch die Gleichung

$$\beta_0 b_0 + 1!\binom{n}{1} \beta_1 b_1 x + 2!\binom{n}{2} \beta_2 b_2 x^2 + \cdots + m!\binom{n}{m} \beta_m b_m x^m = 0 \quad (n = 1, 2, 3, \ldots)$$

lauter reelle Wurzeln hat, und nun schließt man genau ebenso wie vorher, daß auch die Gleichung

14*

$$\beta_0 b_0 + \beta_1 b_1 x + \beta_2 b_2 x^2 + \cdots + \beta_m b_m x^m = 0$$

**keine imaginäre Wurzel besitzt.**

III. ***Eine Faktorenfolge zweiter Art***

$$\beta_0, \beta_1, \beta_2, \ldots$$

*ist dann und nur dann zugleich auch eine Faktorenfolge erster Art, wenn die von Null verschiedenen Glieder der Folge eine ununterbrochene Sequenz mit lauter Zeichenfolgen oder lauter Zeichenwechseln bilden.*

Denn dann und nur dann, wenn diese Bedingung erfüllt ist, sind die sämtlich reellen Wurzeln der Gleichungen (12.) von gleichem Vorzeichen.

Die Überlegung, die zu den Sätzen I und II führt, gestattet noch eine interessante Eigenschaft der Faktorenfolgen zweiter Art abzuleiten.

IV. *Es mögen die Zahlen*

$$\beta_0, \beta_1, \beta_2, \ldots$$

*eine Faktorenfolge zweiter Art bilden. Sind dann die Zahlen*

$$\beta_l, \beta_{l+1}, \beta_{l+2}, \ldots \beta_{l+m}$$

*von Null verschieden und entweder sämtlich von demselben Vorzeichen oder abwechselnd positiv und negativ, so besitzt stets, wenn*

$$a_0 + a_1 x + a_2 x^2 + \cdots + a_m x^m = 0$$

*eine beliebige Gleichung mit lauter reellen Wurzeln ist, auch die Gleichung*

$$\beta_l a_0 + \beta_{l+1} a_1 x + \beta_{l+2} a_2 x^2 + \cdots + \beta_{l+m} a_m x^m = 0$$

*keine imaginäre Wurzel.*

Auf Grund des Satzes V des § 1 bilden nämlich die unendlich vielen Zahlen

$$\beta_l, \beta_{l+1}, \beta_{l+2}, \ldots$$

eine Faktorenfolge zweiter Art. Daher besitzt jede der Gleichungen

$$\beta_l + \binom{n}{1} \beta_{l+1} x + \binom{n}{2} \beta_{l+2} x^2 + \cdots + \beta_{l+n} x^n = 0$$

lauter reelle Wurzeln. Folglich sind (vergl. *A.* Satz I'.) die Wurzeln der Gleichungen

$$\beta_l a_0 + 1! \binom{n}{1} \beta_{l+1} a_1 x + \cdots + m! \binom{n}{m} \beta_{l+m} a_m x^m = 0$$

sämtlich reell. Ersetzt man $x$ durch $\frac{x}{n}$ und läßt $n$ über alle Grenzen wachsen, so erhält man den Satz IV. —

Wir fügen noch eine Bemerkung hinzu, die dazu dienen soll, den Begriff der unendlichen Faktorenfolgen und zugleich den fortwährend benutzten Kompositionssatz von einer neuen Seite zu beleuchten.

Wir stellen uns die Aufgabe, alle unendlichen Zahlenfolgen

(13.) $$\gamma_0, \gamma_1, \gamma_2, \cdots \gamma_\nu \cdots$$

zu bestimmen, die folgende Eigenschaft haben: Besitzen die beiden Gleichungen

$$f(x) = a_0 + a_1 x + a_2 x^2 + \cdots + a_m x^m = 0,$$
$$g(x) = b_0 + b_1 x + b_2 x^2 + \cdots + b_n x^n = 0$$

nur reelle Wurzeln und sind die der zweiten Gleichung von gleichem Vorzeichen, so soll, wenn $k$ die kleinere der beiden Zahlen $m$ und $n$ bedeutet, die Gleichung

(14.) $$\gamma_0 a_0 b_0 + \gamma_1 a_1 b_1 x + \gamma_2 a_2 b_2 x^2 + \cdots + \gamma_k a_k b_k x^k = 0$$

keine imaginäre Wurzel haben.

Die Lösung lautet: *die Folge* (13.) *hat dann und nur dann die verlangte Eigenschaft, wenn die Zahlen*

(15.) $$\gamma_0, \frac{\gamma_1}{1!}, \frac{\gamma_2}{2!}, \cdots \frac{\gamma_\nu}{\nu!}, \cdots$$

*eine Faktorenfolge erster Art bilden.*

Ist nämlich (15.) eine Faktorenfolge erster Art, so besitzt nach dem Kompositionssatz die Gleichung

$$a_0 b_0 + 1!\, a_1 b_1 x + \cdots + k!\, a_k b_k x^k = 0$$

und folglich auch die Gleichung

$$\gamma_0 a_0 b_0 + \frac{\gamma_1}{1!} 1!\, a_1 b_1 x + \cdots + \frac{\gamma_k}{k!} k!\, a_k b_k x^k = 0$$

lauter reelle Wurzeln.

Weiß man umgekehrt, daß die Folge (13.) die verlangte Eigenschaft hat, so wähle man $f(x)$ beliebig und $g(x) = \left(1 + \frac{x}{n}\right)^n$. die Gleichung (14.), deren Wurzeln reell sein sollen, für $n \geqq m$ über in

$$\gamma_0 a_0 + \gamma_1 a_1 \binom{n}{1} \frac{x}{n} + \cdots + \gamma_m a_m \binom{n}{m} \frac{x^m}{n^m} = 0.$$

Läßt man $n$ über alle Grenzen wachsen, so erhält man die Gleichung

$$\gamma_0 a_0 + \frac{\gamma_1}{1!} a_1 x + \frac{\gamma_2}{2!} a_2 x^2 + \cdots + \frac{\gamma_m}{m!} a_m x^m = 0$$

Da diese Gleichung demnach zugleich mit $f(x) = 0$ lauter reelle Wurzeln hat, wie auch $f(x) = 0$ sonst gewählt sei, so bilden die Zahlen (15.) eine Faktorenfolge erster Art.

Dieses Resultat kann auch so aufgefaßt werden: Die sämtlichen „Faktorenfolgen" für die spezielle Klasse von Gleichungen

$$a_0 b_0 + a_1 b_1 x + a_2 b_2 x^2 + \cdots + a_k b_k x^k$$

mit nur reellen Wurzeln, auf die sich der *Malo*sche Satz bezieht, werden erhalten, indem man sämtliche Faktorenfolgen erster Art mit der Folge

$$0!, 1!, 2!, 3!, \ldots \nu!, \ldots$$

komponiert.

## § 4. Transzendente Kriterien für Faktorenfolgen.

I. *Eine Folge reeller Zahlen*

$$\alpha_0, \alpha_1, \alpha_2, \ldots \qquad (A.)$$

*ist dann und nur dann eine Faktorenfolge erster Art, wenn die Potenzreihe*

$$\Phi(x) = \alpha_0 + \frac{\alpha_1}{1!} x + \frac{\alpha_2}{2!} x^2 + \cdots$$

*beständig konvergiert und eine ganze Funktion vom ersten Typus darstellt*).*

Bilden nämlich die Zahlen (A.) eine Faktorenfolge erster Art, so haben die Gleichungen (11.) lauter reelle Wurzeln von gleichem Vorzeichen. Hieraus folgt aber, wie beim Beweise des Satzes I des § 2 (vergl. die Formeln (7.), (8.), (9.)) gezeigt worden ist, daß die Reihe $\Phi(x)$ beständig konvergiert und eine ganze Funktion vom Typus I ist.

Ist umgekehrt $\Phi(x)$ eine ganze Funktion vom ersten Typus, so läßt sich nach dem eben erwähnten Satze eine Folge von Polynomen

$$\Phi_n(x) = \alpha_{n0} + \frac{\alpha_{n1}}{1!} x + \frac{\alpha_{n2}}{2!} x^2 + \cdots \qquad (n=1,2,3,\ldots)$$

angeben, deren Wurzeln reell und *von gleichem Vorzeichen* sind, so daß in jedem endlichen Bereich gleichmäßig

$$\lim_{n=\infty} \Phi_n(x) = \Phi(x)$$

und folglich

$$\lim_{n=\infty} \alpha_{n\nu} = \alpha_\nu \qquad (\nu=0,1,2,3,\ldots) \qquad (16.)$$

wird.

---

*) Die Reihe $\Phi(x)$ haben bei speziellen Faktorenfolgen bereits *Laguerre* (Œuvres, t. I, p. 177 und p. 202—204) und *Hurwitz*, Über die Wurzeln einiger transzendenter Gleichungen (Hamb. Mitt. II, 1890, S. 25) behandelt und festgestellt, daß in diesen Fällen die Reihe eine ganze Funktion vom Typus I darstellt. Vergl. auch *Jensen*, Recherches sur la théorie des équations, Acta Math. Bd. 36, 1912—13, S. 181—195.

**Bedeutet nun**

$$a_0 + a_1 x + a_2 x^2 + \cdots + a_m x^m = 0$$

**eine beliebige Gleichung mit nur reellen Wurzeln, so ergibt sich aus dem Kompositionssatz, daß auch die Gleichungen**

$$\alpha_{n0} a_0 + \alpha_{n1} a_1 x + \alpha_{n2} a_2 x^2 + \cdots + \alpha_{nm} a_m x^m = 0 \qquad (n=1,2,3,\ldots)$$

**keine imaginäre Wurzel haben. Also sind wegen (16.) die Wurzeln der Gleichung**

$$\alpha_0 a_0 + \alpha_1 a_1 x + \alpha_2 a_2 x^2 + \cdots + \alpha_m a_m x^m = 0$$

**sämtlich reell.**

**II.** ***Eine Folge reeller Zahlen***

$$\beta_0, \beta_1, \beta_2, \ldots$$

***ist dann und nur dann eine Faktorenfolge zweiter Art, wenn die Reihe***

$$\Psi(x) = \beta_0 + \frac{\beta_1}{1!} x + \frac{\beta_2}{2!} x^2 + \cdots$$

*beständig konvergent ist und eine ganze Funktion vom zweiten Typus darstellt.*

Der Beweis läßt sich ganz ebenso führen, wie bei dem eben behandelten Satze I.

## § 5. Beispiele.

Auf Grund der Sätze I und II des vorhergehenden § 4 werden wir einige spezielle bemerkenswerte Faktorenfolgen ableiten.

1. Da für jedes positive ganze $r$

$$x^r e^x = r! \frac{x^r}{r!} + \frac{(r+1)!}{1!} \frac{x^{r+1}}{(r+1)!} + \frac{(r+2)!}{2!} \frac{x^{r+2}}{(r+2)!} + \cdots$$

eine ganze Funktion vom ersten Typus ist, so bilden die Zahlen

$$0,\ 0,\ \ldots\ 0,\ r!,\ \frac{(r+1)!}{1!},\ \frac{(r+2)!}{2!},\ \ldots$$

eine Faktorenfolge erster Art. Dies besagt nur, daß die $r$-te Derivierte eines Polynoms mit nur reellen Nullstellen dieselbe Eigenschaft besitzt.

2. Die Funktion

$$e^{-\frac{x^2}{2}} = 1 - \frac{x^2}{2!} + 1\cdot 3 \frac{x^4}{4!} - 1\cdot 3\cdot 5 \frac{x^6}{6!} + \cdots$$

ist vom Typus II, daher bilden die Zahlen

$$1,\quad 0,\quad -1,\quad 0,\quad 1\cdot 3,\quad 0,\quad -1\cdot 3\cdot 5,\quad 0,\ \ldots$$

eine Faktorenfolge zweiter Art.

3. Sind $\lambda$ und $\vartheta$ zwei reelle Zahlen, so ist, wie eine einfache Rechnung zeigt,

$$F(x) = e^{x\cos\vartheta}\cos(\lambda + x\sin\vartheta) = \sum_{\nu=0}^{\infty}\cos(\lambda+\nu\vartheta)\frac{x^\nu}{\nu!}.$$

Da die linksstehende Funktion $F(x)$ vom zweiten Typus ist, so bilden die Zahlen (3.) eine Faktorenfolge zweiter Art*). Besonders interessant sind die speziellen Fälle $F(x) = \cos x$ und $F(x) = \sin x$, welche auf die merkwürdigen Faktorenfolgen zweiter Art

$$1,\ 0,\ -1,\ \ 0,\ 1,\ 0,\ -1,\ \ldots$$
$$0,\ 1,\ \ 0,\ -1,\ 0,\ 1,\ \ 0,\ \ldots$$

führen.

Ist

$$a_0 + a_1x + a_2x^2 + \cdots + a_mx^m = 0$$

eine Gleichung mit lauter reellen Wurzeln (sie brauchen nicht von demselben Vorzeichen zu sein), und fallen die $m+1$ Zahlen

$$\lambda,\ \lambda+\vartheta,\ \lambda+2\vartheta,\ \ldots\ \lambda+m\vartheta$$

alle in das Intervall $\left(-\frac{\pi}{2},\ +\frac{\pi}{2}\right)$, so folgt aus dem Satz IV des § 3, daß die Gleichung

$$a_0\cos\lambda + a_1\cos(\lambda+\vartheta)x + \cdots + a_m\cos(\lambda+m\vartheta)x^m = 0$$

keine imaginäre Wurzel hat.

4. Da das Produkt zweier Funktionen vom ersten (bzw. zweiten) Typus wieder eine Funktion von demselben Typus ist, so ergibt sich die Regel:

*Sind*

$$\gamma_0,\ \gamma_1,\ \gamma_2,\ \cdots\ \gamma_\nu,\ \cdots$$
$$\gamma_0',\ \gamma_1',\ \gamma_2',\ \cdots\ \gamma_\nu',\ \cdots$$

*zwei Faktorenfolgen erster (bzw. zweiter) Art, so bilden auch die Zahlen*

$$\gamma_\nu'' = \gamma_0\gamma_\nu' + \binom{\nu}{1}\gamma_1\gamma_{\nu-1}' + \binom{\nu}{2}\gamma_2\gamma_{\nu-2}' + \cdots + \gamma_\nu\gamma_0' \qquad (\nu=0,1,2,3,\ldots)$$

*eine Faktorenfolge derselben Art.*

5. Gegeben seien $m$ reelle Zahlen

$$\gamma_1,\ \gamma_2,\ \cdots\ \gamma_m.$$

---

*) Vgl. Einleitung. *Laguerre* (Œuvres, t. I, p. 204—205) folgert dies aus dem *Biehler*schen Satz.

Man bilde, wenn $g(x)$ ein Polynom beliebigen Grades ist, die Gleichung

$$G(x) = g(x) + \gamma_1 \frac{x g'(x)}{1!} + \gamma_2 \frac{x^2 g''(x)}{2!} + \cdots + \gamma_m \frac{x^m g^{(m)}(x)}{m!} = 0.$$

Soll diese Gleichung für *jedes* Polynom $g(x)$, dessen Nullstellen sämtlich reell sind, keine imaginäre Wurzel haben, so lautet die notwendige und hinreichende Bedingung: *es muß die Gleichung*

$$(17.) \qquad 1 + \frac{\gamma_1}{1!} x + \frac{\gamma_2}{2!} x^2 + \cdots + \frac{\gamma_m}{m!} x^m = 0$$

*lauter reelle negative Wurzeln haben.*

Verlangt man aber lediglich, daß die Gleichung

$$G(x) = 0$$

für *jedes* Polynom $g(x)$, dessen Nullstellen sämtlich reell und *von gleichem Vorzeichen* sind, keine imaginäre Wurzel haben soll, so lautet die notwendige und hinreichende Bedingung: *es muß die Gleichung* (17.) *lauter reelle Wurzeln haben**).

Setzt man nämlich

$$g(x) = a_0 + a_1 x + a_2 x^2 + \cdots + a_n x^n,$$

so wird

$$G(x) = \alpha_0 a_0 + \alpha_1 a_1 x + \cdots + \alpha_n a_n x^n;$$

hierbei ist

$$\alpha_\nu = 1 + \binom{\nu}{1}\gamma_1 + \binom{\nu}{2}\gamma_2 + \binom{\nu}{3}\gamma_3 + \cdots + \binom{\nu}{m}\gamma_m \qquad (\nu = 0, 1, 2, \ldots)$$

zu setzen.

Wir haben also nur zu untersuchen, unter welchen Bedingungen die Zahlen $\alpha_\nu$ eine Faktorenfolge erster bzw. zweiter Art bilden, oder was dasselbe ist, unter welchen Bedingungen

$$\Omega(x) = \sum_0^\infty \frac{\alpha_\nu}{\nu!} x^\nu$$

eine ganze Funktion vom ersten bzw. vom zweiten Typus ist. Beachtet man nun, daß

$$\Omega(x) = e^x\left(1 + \frac{\gamma_1}{1!} x + \frac{\gamma_2}{2!} x^2 + \cdots + \frac{\gamma_m}{m!} x^m\right)$$

ist, so erkennt man die Richtigkeit der beiden oben aufgestellten Behauptungen.

*) Aus dem folgenden Beweise geht hervor, daß analoge Regeln auch dann gelten, wenn an Stelle der endlich vielen Zahlen $\gamma_1, \gamma_2, \ldots \gamma_m$ unendlich viele in Betracht gezogen werden.

Setzt man z. B. $m = 2$ und wählt für

$$1 + \frac{\gamma_1}{1!} x + \frac{\gamma_2}{2!} x^2$$

nacheinander die drei Funktionen

$$(1 + x)^2, \qquad 1 + ax + ax^2 \quad (a \geqq 4), \qquad (1 - x)^2,$$

so erkennt man, daß die Zahlen

$$1 + \nu + \nu^2, \qquad 1 + a\nu^2 \quad (a \geqq 4) \qquad\qquad (\nu = 0, 1, 2, 3, \ldots)$$

Faktorenfolgen erster Art und die Zahlen

$$1 - 3\nu + \nu^2 \qquad\qquad (\nu = 0, 1, 2, 3, \ldots)$$

eine Faktorenfolge zweiter Art bilden. Schon diese Beispiele scheinen neu zu sein.

**§ 6. Anwendungen auf ganze transzendente Funktionen vom Geschlechte 0 und 1.**

Die Resultate der §§ 2 und 4 zeigen, daß man die ganzen Funktionen, die hier als Funktionen vom Typus I und II bezeichnet werden, auf drei verschiedene Arten charakterisieren kann. Zunächst sind sie durch die Gestalt ihrer Produktentwicklung gekennzeichnet (vgl. § 2, Formeln (I.) und (II.)). Zweitens besagen die Resultate des § 2, daß sie die einzigen analytischen Funktionen sind, die durch Polynome mit lauter reellen Nullstellen von gleichem, bzw. von beliebigem Vorzeichen approximiert werden können. Und endlich sind sie dadurch bestimmt, daß die Werte ihrer sukzessiven Ableitungen an der Stelle $x = 0$ alle unendlichen Faktorenfolgen erster bzw. zweiter Art liefern.

Die zuletztgenannte Beziehung der Funktionen vom Typus I und II zu den algebraischen Gleichungen mit lauter reellen Wurzeln liefert eine eigentümliche Methode zum Studium dieser Funktionen, die im folgenden zum Beweise einiger Sätze benutzt werden soll. Da unsere Funktionen vom Typus II alle ganzen Funktionen vom Geschlecht Null und Eins, deren Koeffizienten und Nullstellen reell sind, umfassen, so werden wir im folgenden einige bekannte Sätze über Funktionen vom Geschlecht 0 und 1 wiederfinden.

I. *Ist*

$$\Omega(x) = \gamma_0 + \frac{\gamma_1}{1!} x + \frac{\gamma_2}{2!} x^2 + \cdots$$

*eine ganze Funktion vom ersten (bzw. zweiten) Typus, so ist ihre Ableitung*

$$\Omega'(x) = \gamma_1 + \frac{\gamma_2}{1!}x + \frac{\gamma_3}{2!}x^2 + \cdots$$

*von demselben Typus*).*

Dies folgt unmittelbar aus dem Satz V des § 1, der besagt, daß zugleich mit

$$\gamma_0, \gamma_1, \gamma_2, \ldots$$

auch die Zahlen

$$\gamma_1, \gamma_2, \gamma_3, \ldots$$

eine Faktorenfolge erster bzw. zweiter Art bilden.

Setzt man

$$\frac{d^n e^{-\frac{x^2}{2}}}{dx^n} = (-1)^n U_n(x) e^{-\frac{x^2}{2}},$$

so wird $U_n(x)$ das sog. *Hermite*sche Polynom

$$U_n(x) = x^n - \binom{n}{2} 1\, x^{n-2} + \binom{n}{4} 1 \cdot 3\, x^{n-4} - \cdots.$$

Da nun $e^{-\frac{x^2}{2}}$ eine Funktion vom Typus II ist, so ergibt sich auf Grund unseres Satzes die bekannte Tatsache, daß die Gleichung $U_n(x) = 0$ lauter reelle Wurzeln besitzt.

Eine andere Folgerung allgemeinerer Art sei noch erwähnt: Ist

$$\Psi(x) = \alpha_0 e^{-\gamma x^2 + \delta x} \prod_{\nu=1}^{\infty} (1 + \delta_\nu x) e^{-\delta_\nu x}$$

eine Funktion vom zweiten Typus, so ist nach dem eben bewiesenen Satz I

$$\Psi'(x) = \alpha_1 e^{-\gamma' x^2 + \delta' x} \prod_{\nu=1}^{\infty} (1 + \delta'_\nu x) e^{-\delta'_\nu x}$$

eine Funktion von demselben Typus. ***Wir behaupten nun, daß $\gamma' \geq \gamma$ ist.*** Es seien nämlich $\psi_1(x), \psi_2(x), \ldots$ **Polynome mit lauter reellen Wurzeln, die für $|x| \leq \varrho$ gleichmäßig gegen die ganze Funktion vom zweiten Typus $e^{\gamma x^2}\Psi(x)$ konvergieren. Es ist also**

$$\lim_{n=\infty} e^{-\gamma x^2} \psi_n(x) = \Psi(x).$$

**Hieraus folgt für $|x| < \varrho$**

$$\lim_{n=\infty} e^{-\gamma x^2} (\psi'_n(x) - 2\gamma x \psi_n(x)) = \Psi'(x).$$

Die Polynome $\psi'_n - 2\gamma x \psi_n$ haben aber lauter reelle Nullstellen, da auch $e^{-\gamma x^2}\psi_n(x)$ als Funktion vom Typus II aufzufassen ist. Daher ist nach dem Satz II des § 2

*) Vgl. *Borel*, Leçons sur les fonctions entières, p. 32.

$$\lim (\psi_n' - 2\gamma x \psi_n) = e^{-\gamma'' x} \Psi_1(x),$$

wo $\Psi_1(x)$ eine Funktion vom Geschlecht *Eins* ist und $\gamma''$ eine nicht negative reelle Konstante bedeutet. Es wird also $\gamma' = \gamma + \gamma'' \geqq \gamma$.

Auf ganz ähnliche Weise kann man ein analoges Resultat für den Typus I ableiten.

II. *Bei jeder Funktion*

$$\Psi(x) = \beta_0 + \frac{\beta_1}{1!} x + \frac{\beta_2}{2!} x^2 + \cdots$$

*vom Typus* II *bestehen die Ungleichungen*

$$\beta_\nu^2 - \beta_{\nu-1} \beta_{\nu+1} \geqq 0.$$

*Sind* $\beta_\nu$ *und* $\beta_{\nu+1}$ *zugleich Null, so wird entweder* $\Psi(x)$ *ein Polynom, höchstens vom Grade* $\nu - 1$, *oder es ist* $x = 0$ *eine Nullstelle, deren Vielfachheit nicht unterhalb* $\nu + 2$ *bleibt*).*

Da nämlich

$$\beta_0, \beta_1, \beta_2, \ldots$$

eine Faktorenfolge zweiter Art bilden, so ist dieser Satz identisch mit den Sätzen II und III des § 1.

III. *Eine ganze Funktion zweiter Art, deren nicht verschwindende Koeffizienten positiv sind, ist eine Funktion erster Art der Form*

$$e^{\gamma x} \prod_{\nu=1}^{\infty} (1 + \gamma_\nu x),$$

*wobei* $\gamma, \gamma_1, \gamma_2, \ldots$ *nicht negative Zahlen sind**).*

Der Beweis ergibt sich unmittelbar aus dem Satz III des § 3.

Auf Grund dieses Satzes erkennt man z. B., daß unter den Koeffizienten der Entwicklung von

$$\frac{1}{\Gamma(x)} = x e^{Cx} \prod_{n=1}^{\infty} \left(1 + \frac{x}{n}\right) e^{-\frac{x}{n}}$$

nach Potenzen von $x$ negative Zahlen vorkommen müssen. Diese Funktion, deren Nullstellen sämtlich negativ sind, ist nämlich zwar vom zweiten, aber nicht vom ersten Typus.

IV. *Eine Potenzreihe*

$$\gamma_0 + \frac{\gamma_1}{1!} x + \frac{\gamma_2}{2!} x^2 + \cdots \tag{18.}$$

*stellt dann und nur dann eine ganze Funktion vom zweiten bzw. ersten Typus dar, wenn die Gleichungen*

*) Vgl. *Borel*, a. a. O. S. 35.

**) Dieser Satz scheint neu zu sein. Vgl. *Borel*, a. a. O., p. 36.

$$(19.)\qquad \gamma_0 x^n + \binom{n}{1}\gamma_1 x^{n-1} + \binom{n}{2}\gamma_2 x^{n-2} + \cdots + \gamma_n = 0$$

*für jedes n lauter reelle, bzw. lauter reelle Wurzeln vom gleichen Vorzeichen besitzen.*

Dieser Satz besagt nur, daß die für die Faktorenfolgen in § 3 angegebenen algebraischen Kriterien mit den transzendenten Kriterien des § 4 äquivalent sind.

Unter der Annahme, daß die Potenzreihe (18.) beständig konvergent ist und eine ganze Funktion vom Geschlecht 0 oder 1 darstellt, hat bereits Herr *Jensen* gezeigt, daß die Realität sämtlicher Wurzeln der Gleichungen (19.) eine notwendige und hinreichende Bedingung für die Realität der Nullstellen der Funktion (18.) liefert*).

Wählt man insbesondere für (18.) die Funktion $e^{-\frac{x^2}{2}}$, so gehen die in (19.) linksstehenden Ausdrücke in die bereits erwähnten *Hermite*schen Polynome

$$U_n(x) = x^n - \binom{n}{2} x^{n-2} + \binom{n}{4} 1\cdot 3\, x^{n-4} - \cdots$$

über. So ergibt sich ein neuer Beweis für die Realität der Nullstellen dieser Polynome.

V. *Ist die Funktion*

$$\alpha_0 + \frac{\alpha_1}{1!} x + \frac{\alpha_2}{2!} x^2 + \cdots$$

*eine ganze Funktion vom ersten und*

$$\beta_0 + \frac{\beta_1}{1!} x + \frac{\beta_2}{2!} x^2 + \cdots$$

*eine ganze Funktion vom zweiten Typus, so ist die Reihe*

$$(20.)\qquad \alpha_0\beta_0 + \frac{\alpha_1\beta_1}{1!} x + \frac{\alpha_2\beta_2}{2!} x^2 + \cdots$$

*beständig konvergent, und sie stellt eine Funktion vom Typus* II *dar.*

Da nämlich auf Grund der Voraussetzungen

$$\alpha_0, \alpha_1, \alpha_2, \ldots$$

eine Faktorenfolge erster und

$$\beta_0, \beta_1, \beta_2, \ldots$$

eine Faktorenfolge zweiter Art ist, so ist nach Satz IV des § 1

$$\alpha_0\beta_0,\ \alpha_1\beta_1,\ \alpha_2\beta_2, \ldots$$

eine Faktorenfolge [redacted]ter Art. zwei

Dies ist die Übertragung des hier so oft benutzten Kompositionssatzes auf ganze transzendente Funktionen. Der Satz läßt sich aber auch

*) A. a. O. S. 187. Vgl. noch: *Laguerre*, Œuvres, t. I, p. 33 und p. 171.

so auffassen: Die unendlichen Faktorenfolgen erster Art (für Polynome mit lauter reellen Nullstellen) besitzen die analoge Eigenschaft auch für beliebige ganze Funktionen vom Typus II, und die unendlichen Faktorenfolgen zweiter Art (für Polynome mit lauter reellen Nullstellen von gleichem Vorzeichen) besitzen die analoge Eigenschaft auch für beliebige ganze Funktionen vom Typus I.

Kombiniert man die Funktion (20.) mit der der Faktorenfolge $\frac{1}{\nu!}$ (vgl. *A.*, § 3) entsprechenden *Bessel*schen Funktion

$$I_0(2\sqrt{-x}) = 1 + \frac{x}{1!\,1!} + \frac{x^2}{2!\,2!} + \frac{x^3}{3!\,3!} + \cdots,$$

so erkennt man, daß auch die Funktion

$$\alpha_0\beta_0 + \frac{\alpha_1\beta_1}{1!\,1!}x + \frac{\alpha_2\beta_2}{2!\,2!}x^2 + \cdots$$

vom Typus II ist.

Diese Übertragung des *Malo*schen Satzes (vgl. *A.*, § 3) auf ganze transzendente Funktionen hat schon Herr *Jensen* a. a. O. angegeben.

*Laguerre**) hat gezeigt: Ist $\Psi(x)$ eine ganze Funktion vom zweiten Typus mit lauter negativen Nullstellen und $\Phi(x)$ eine Funktion vom ersten Typus, deren Produktzerlegung die Form

$$\Phi(x) = e^{\gamma x}\prod_{\nu=1}^{\infty}(1+\gamma_\nu x) \qquad (\gamma \geqq 0, \gamma_\nu \geqq 0)$$

hat, so bilden die Zahlen

$$\alpha_\nu = \frac{\Psi(\nu)}{\Phi(0)\Phi(1)\cdots\Phi(\nu-1)}$$

eine Faktorenfolge erster Art. Ist also $\sum\limits_0^\infty \beta_\nu \frac{x^\nu}{\nu!}$ eine beliebige ganze Funktion vom zweiten Typus, so ist die Potenzreihe

$$\sum_0^\infty \frac{\beta_\nu}{\nu!}\,\frac{\Psi(\nu)}{\Phi(0)\Phi(1)\cdots\Phi(\nu-1)}\,x^\nu$$

beständig konvergent, und sie stellt ebenfalls eine Funktion von demselben Typus dar. Dieses Resultat hat im wesentlichen schon Herr *Jensen* a. a. O. angegeben.

Wir beweisen zuletzt noch eine Verallgemeinerung der Sätze I und II des § 2.

VI. *Konvergiert eine Folge ganzer Funktionen*

$$\Omega_n(x) = \gamma_{n0} + \frac{\gamma_{n1}}{1!}x + \frac{\gamma_{n2}}{2!}x^2 + \cdots \qquad (n=1,2,3,\ldots)$$

*) Œuvres, t. I, p. 202. Vgl. jedoch *Jensen*, a. a. O. S. 190.

*vom ersten (bzw. vom zweiten) Typus in einem noch so kleinen Kreise* $|x| \leq \varrho$ *gleichmäßig gegen*

$$\Omega(x) = \gamma_0 + \frac{\gamma_1}{1!}x + \frac{\gamma_2}{2!}x^2 + \dots,$$

*so ist die Reihe* $\Omega(x)$ *beständig konvergent, und zwar stellt sie eine ganze Funktion vom ersten (bzw. zweiten) Typus dar.*

Deutet man nämlich die Zahlenfolgen

$$\gamma_{n0}, \gamma_{n1}, \gamma_{n2}, \dots \qquad (n=1, 2, 3, \dots)$$

als Faktorenfolgen, und beachtet man, daß auf Grund der gemachten Voraussetzungen

$$(21.) \qquad \lim_{n=\infty} \gamma_{n\nu} = \gamma_\nu \qquad (\nu=0, 1, 2, 3, \dots)$$

ist, so erweist sich der Satz als identisch mit dem elementaren Grenzwertsatz VI des § 1.

Der Satz VI des gegenwärtigen Paragraphen läßt sich auch aus den Resultaten des § 2 folgern mit Hilfe derselben Überlegung, die zu dem Satz führt, daß die derivierte Menge einer Punktmenge abgeschlossen ist.

Der zuerst angegebene Weg, der von dem Begriff der Faktorenfolgen Gebrauch macht, führt jedoch unmittelbar auch zur folgenden Tatsache: *Weiß man nur, daß die Funktionen* $\Omega_n(x)$ *sämtlich vom Typus* I *(bzw.* II*) sind, und daß für jedes* $\nu$ *die Gleichung* (21.) *besteht, so stellt die Reihe* $\Omega(x)$ *eine Funktion von demselben Typus dar.*

Dabei brauchen die Funktionen $\Omega_n(x)$ in keinem Bereich zu konvergieren. Dies tritt z. B. ein, wenn man setzt

$$\Omega_n(x) = (nx)^n.$$

In diesem Fall existieren die Grenzwerte $\gamma_\nu$ sämtlich und sind gleich Null; $\Omega(x)$ verschwindet identisch, ist also eine Funktion der verlangten Art; die Folge divergiert aber für jedes von Null verschiedene $x$.

Man kann aber zeigen, daß, wenn $\Omega(x)$ nicht identisch verschwindet, aus den Gleichungen (21.) die gleichmäßige Konvergenz der Folge $\Omega_n(x)$ in jedem endlichen Bereich folgt*).

*) Wir beabsichtigen, demnächst auch auf die Bedeutung der hier behandelten Faktorenfolgen für algebraische Gleichungen mit imaginären Wurzeln näher einzugehen.

ANALYSE MATHÉMATIQUE. — *Sur une question concernant les fonctions entières*. Note de M. G. PÓLYA.

Considérons la fonction

$$(1) \qquad F(x) = ce^{-\gamma x^2 + \delta x} x^r \prod_{\nu=1}^{\infty} (1 - \delta_\nu x) e^{\delta_\nu x}.$$

$\gamma \geqq 0$, $c$, $\delta$, $\delta_1, \ldots, \delta_\nu, \ldots$ étant réels, $\delta_1^2 + \delta_2^2 + \ldots \delta_\nu^2 + \ldots$ convergeant. $F(x)$ est le produit de la fonction $e^{-\gamma x^2}$ et d'une fonction entière arbitraire de genre *un*, à racines et à coefficients réels. Comme on sait, toutes les dérivées de $F(x)$ ont aussi toutes leurs racines réelles. Cela résulte immédiatement de la remarque qu'il existe une suite des polynomes à *racines réelles*

$$\Phi_1(x), \quad \Phi_2(x), \quad \ldots, \quad \Phi_n(x),$$

convergeant vers $F(x)$. Posons, en effet,

$$\Phi_n(x) = c\left(1 - \frac{\gamma x^2}{n}\right)^n \left(1 + \frac{\delta + \delta_1 + \ldots + \delta_n}{m_n} x\right)^{m_n} x^r \prod_{\nu=1}^{n} (1 - \delta_\nu x),$$

$m_n$ étant un entier convenablement choisi. (1) représente d'ailleurs la fonction analytique la plus générale qui est limite d'une suite des polynomes à racines réelles (¹).

On est ainsi amené à se demander s'il existe ou non d'autres fonctions entières, ayant, *de même que toutes leurs dérivées*, exclusivement des racines réelles. Cette question me semble très difficile, mais je suis parvenu à en résoudre une partie, bien modeste, en effet, en démontrant le théorème suivant :

I. *Supposons la fonction entière* $F(x)$ *assujettie aux conditions suivantes :*

1° *Le genre de* $F(x)$ *est fini ;*
2° *Le nombre des racines de* $F(x)$ *est fini ;*

(¹) *Œuvres de Laguerre*, p. 174 ; *Rendiconti Palermo*, t. XXXVI, 1913, p. 279.

For comments on this paper[21], see p. 419.

3° *Les fonctions* $F(x)$, $F'(x)$, $F(x)$, ... *ont toutes leurs racines réelles.*

*Alors* $F(x)$ *est de la forme* (1).

Si la fonction $F(x)$ satisfait aux conditions 1° et 2°, elle est nécessairement de la forme

$$F(x) = g(x)e^{H(x)}, \tag{2}$$

$g(x)$ et $H(x)$ étant des polynomes. Supposons $H(x)$ de degré $m+1$ ; notre proposition revient à celle-ci :

II. *Si* $m+1 \geqq 3$, *la fonction* (2) *aura toujours des dérivées dont certaines racines ne seront pas réelles.*

*Même conclusion si,* $m+1$ *étant égal à* 2, *le coefficient de* $x^2$ *dans* $H(x)$ *est positif.*

J'ai obtenu une démonstration de ce fait en faisant usage d'une remarque que M. J. Schur a bien voulu me communiquer.

Posons

$$\frac{d^n F(x)}{dx^n} = g_n(x)e^{H(x)}, \qquad \frac{dH(x)}{dx} = h(x).$$

Les polynomes $g_n(x)$ sont déterminés par la formule récurrente

$$g_{n+1} = g_n h + g'_n,$$

d'où

$$\frac{g'_{n+1}}{g_{n+1}} = \frac{g'_n}{g_n} + \frac{h'}{h} + \frac{1}{1+\frac{g'_n}{hg_n}}\frac{d}{dx}\left(\frac{g'_n}{hg_n}\right). \tag{3}$$

Posons

$$\frac{g'}{g} = \sum_{\nu=0}^{\infty}\frac{s_\nu}{x^{\nu+1}}, \qquad \frac{h'}{h} = \sum_{\nu=0}^{\infty}\frac{t_\nu}{x^{\nu+1}}, \qquad \frac{g'_n}{g_n} = \sum_{\nu=0}^{\infty}\frac{S_{n,\nu}}{x^{\nu+1}},$$

$s_\nu$, $t_\nu$, $S_{n,\nu}$ étant les sommes des puissances $\nu^{\text{ièmes}}$ des racines de $g(x)$, $h(x)$, $g_n(x)$ respectivement. Posons enfin

$$\frac{1}{h(x)} = \frac{p_0}{x^m} + \frac{p_1}{x^{m+1}} + \frac{p_2}{x^{m+2}} + \dots.$$

**En égalant les coefficients dans (3), on déduit, par voie récurrente, les formules :**

**Pour** $\nu = 0, 1, 2, \dots, m$,

$$S_{n,\nu} = s_\nu + n t_\nu; \tag{4}$$

Pour $\nu = m+1, m+2, \ldots, 2m+1,$

(5) $$S_{n,\nu} = s_\nu + n t_\nu - \nu \sum_{k=0}^{\nu-m-1} p_k \left[ n s_{\nu-m-1-k} + \binom{n}{2} t_{\nu-m-1-k} \right].$$

Si $g_n(x)$ a toutes ses racines réelles, les quantités $S_{n,0}, S_{n,1}, \ldots, S_{n,\nu}, \ldots$ doivent satisfaire à certaines inégalités, dont voici les plus simples :

(6) $$S_{n,2\nu} \geqq 0, \qquad S_{n,2\mu} S_{n,2\nu} - S_{n,\mu+\nu}^2 \geqq 0.$$

Nous établirons notre proposition en démontrant que, pour $n$ suffisamment grand, certaines de ces inégalités ne peuvent pas subsister. En vertu des formules (4), (5), les premiers termes des inégalités (6) sont des polynomes par rapport à la variable $n$. Pour $n$ très grand, le signe de ces polynomes ne dépend que du coefficient de la puissance la plus élevée de $n$. Or, il est facile d'évaluer ce coefficient.

*Premier cas :* $m+1=2, p_0>0$. — $S_{n,2}$ est de degré 2, et l'on a

$$S_{n,2} = -p_0 n^2 + \ldots$$

*Deuxième cas :* $m+1 \geqq 3, m+1$ impair. On a

$$S_{n,m} S_{n,m+2} - S_{n,m+1}^2 = -\left(\frac{m+1}{2} p_0 t_0\right)^2 n^4 + \ldots.$$

*Troisième cas :* $m+1 \geqq 4, m+1$ pair. — On a

$$S_{n,m-1} S_{n,m+3} - S_{n,m+1}^2 = -\left(\frac{m+1}{2} p_0 t_0\right)^2 n^4 + \ldots.$$

Les coefficients calculés étant *négatifs*, notre théorème II est démontré dans tous les cas.

(*Comptes rendus*, t. 158, p. 330, séance du 2 février 1914.)

# Algebraische Untersuchungen über ganze Funktionen vom Geschlechte Null und Eins.

Von Herrn *G. Pólya* in Zürich.

Ich will in dieser Arbeit einige algebraische Sätze und Methoden auf ganze Funktionen vom Geschlechte 1 mit lauter reellen Wurzeln und Koeffizienten ausdehnen, bzw. auf solche ganzen Funktionen, die sich von den genannten nur um einen Faktor $e^{-\gamma x^2}$ $(\gamma > 0)$ oder eventuell um einen Faktor $R(x)$ unterscheiden, wo $R(x)$ ein Polynom mit reellen Koeffizienten bedeutet.

Ich will mit dieser Arbeit zum weiteren Ausbau derjenigen Untersuchungen beitragen, die von Herrn *J. Schur* und mir in dieser Zeitschrift veröffentlicht worden sind*). Ich werde mich auch fortwährend auf die Resultate der erwähnten Untersuchungen zu stützen haben. Diese Resultate machen die Ausdehnung algebraischer Sätze auf die oben charakterisierten ganzen Funktionen außerordentlich leicht und erklären zugleich den inneren Grund für die Möglichkeit einer solchen Ausdehnung. Man erkennt insbesondere, warum man sich naturgemäß auf die genannte Funktionenklasse beschränken muß.

Ich schließe mich auch einer Arbeit von Herrn *Jensen***) eng an, hauptsächlich in der konsequenten Benutzung gewisser von ihm eingeführten Polynomfolgen (vgl. A, § 6, IV).

---

*) Dieses Journal Bd. 144, S. 89—113. Die Arbeit wird im folgenden kurz mit „A" zitiert.

**) Recherches sur la théorie des équations, Acta Mathematica, Bd. 36 (1913), S. 181—195.

---

For comments on this paper[22], see p. 418.

In den §§ 1, 2 und 3 werde ich mich mit folgendem bekannten algebraischen Satz beschäftigen:

„Ist

$$F(x) = a_0 + a_1 x + a_2 x^2 + \cdots + a_n x^n \qquad (a_0 \neq 0)$$

ein Polynom mit lauter reellen Wurzeln und hat das Polynom $g(x)$ $r$ reelle Wurzeln, so hat das Polynom

$$\begin{aligned} F(D)\,g(x) &= (a_0 + a_1 D + a_2 D^2 + \cdots + a_n D^n)\,g(x) \\ &= a_0 g(x) + a_1 g'(x) + a_2 g''(x) + \cdots + a_n g^{(n)}(x) \end{aligned}$$

wenigstens $r$ reelle Wurzeln."

($D$ soll das Symbol des Differenzierens sein. Die übliche Rechnung mit diesem Symbol wird hauptsächlich in § 2 einige Erleichterung gewähren. — $F(x)$ und $g(x)$ haben, so wie alle Polynome und Potenzreihen, die in der vorliegenden Arbeit betrachtet werden, reelle Koeffizienten.)

Ich will über diesen Satz von *Hermite* und *Poulain* einige ganz elementare Bemerkungen machen, die aber in der Literatur nicht hervorgehoben zu sein scheinen und die ich in der Folge unumgänglich nötig habe. Ich widme diesen Bemerkungen den § 1, bevor ich zu den Anwendungen auf ganze Funktionen in den §§ 2 und 3 übergehe.

In den §§ 4 und 5 beweise ich einen allgemeinen Satz, der, auf die spezielle Funktion $\frac{1}{\Gamma(x)}$ angewendet, besagt, daß die Potenzreihenentwicklung von $\frac{1}{\Gamma(x)}$ um irgendeinen Punkt der reellen Achse sowohl unendlichviele Zeichenwechsel, wie unendlichviele Zeichenfolgen aufweisen muß. Diese spezielle Folgerung aus unserem allgemeinen Satz ist wohl direkt aus den einfachsten Eigenschaften der Gammafunktion abzulesen.

## § 1.

### *Elementare Bemerkungen zu dem Hermite-Poulainschen Satz*).*

Sei

$$F(x) = a_0 + a_1 x + a_2 x^2 + \cdots + a_n x^n$$

*) *Hermite*, Question 777, Nouvelles Annales des Mathématiques, 2ᵉ série, t. 5 (1866), p. 432 und Question 778, 779, a. a. O. p. 479. *Graindorge*, dieselbe Zeitschrift t. 5 (1866), p. 524. *Maffiotti*, dieselbe Zeitschrift t. 6 (1867), p. 76. *Poulain*, Théorèmes généraux sur les équations algébriques, dieselbe Zeitschrift t. 6 (1867), p. 21—33. Vgl. ferner für IV in *J. Schur*, Zwei Sätze über algebraische Gleichungen mit lauter reellen Wurzeln, dieses Journal Bd. 144, S. 75—78, den Hilfssatz II auf S. 77.

ein Polynom mit nur reellen Wurzeln, und es sei $F(0) \gtrless 0$. Sei ferner $g(x)$ ein Polynom mit reellen Koeffizienten und $r$ reellen Wurzeln.

Ich betrachte das Polynom

$$H(x) = F(D)g(x) = a_0 g(x) + a_1 g'(x) + \cdots + a_n g^{(n)}(x)$$

und behaupte folgende Tatsachen:

I. *Die Anzahl der reellen Wurzeln des Polynoms $H(x)$ ist entweder $r$ oder um eine gerade Zahl größer als $r$.*

II. *Ist $r \geqq 1$, so hat das Polynom $H(x)$ wenigstens eine reelle Wurzel von ungerader Vielfachheit und nimmt folglich für reelle Werte von $x$ sowohl positive wie negative Werte an.*

III. *Ist $r \geqq 2$, so hat $H(x)$ wenigstens zwei verschiedene reelle Wurzeln.*

IV. *Hat $g(x)$ nur reelle Wurzeln, so sind alle mehrfachen Nullstellen von $H(x)$ notwendigerweise auch mehrfache Nullstellen von $g(x)$.*

V. *Ist $r \geqq 1$ und hat $F(x)$ nur positive Wurzeln, so hat $H(x)$ eine reelle Wurzel von ungerader Vielfachheit, die größer ist als die größte reelle Wurzel von $g(x)$.*

Bei allen diesen Aussagen ist dem Sinne der Sache gemäß angenommen, daß $F(x)$ keine Konstante ist. Indem ich noch über einen konstanten Faktor passend verfüge, darf ich

$$F(x) = (p-x)(q-x)\cdots(t-x), \quad H(x) = (p-D)(q-D)\cdots(t-D)g(x)$$

setzen, wo $p, q, \ldots t$ sämtlich reell und von Null verschieden sind. So entsteht $H(x)$ aus $g(x)$ durch Wiederholung ähnlicher Schritte, und man kann, die einzelnen Behauptungen durchgehend, sich leicht überzeugen, daß es genügt, nur einen Schritt zu betrachten, d. h. die Behauptungen I—V für das Polynom

$$h(x) = (t-D)g(x) = tg(x) - g'(x)$$

zu beweisen.

Ist $r = 0$, so haben wir nichts zu beweisen.

Ist $r \geqq 1$ und hat $g(x)$ genau eine Nullstelle $x = a$ von der Multiplizität $r$, so hat das Polynom $h(x)$ die Zahl $x = a$ zur $(r-1)$-fachen Nullstelle. Das Polynom $h(x)$ hat aber denselben Grad, wie $g(x)$, folglich müssen die Anzahlen der reellen Wurzeln der beiden Polynome mod. 2 übereinstimmen. Daher hat das Polynom $h(x)$ eine ungerade Anzahl von reellen Wurzeln, die von *a verschieden* sind, und so hat es auch wenigstens *eine reelle Wurzel von ungerader Multiplizität.* In diesem Falle sind also I, II, III erwiesen.

Hat aber $g(x)$ mehrere voneinander verschiedene reelle Nullstellen $a, b, c, \dots l$

$$a < b < c < \cdots < l$$

bzw. von der Vielfachheit $\alpha, \beta, \gamma, \dots \lambda$

$$\alpha \geqq 1, \ \beta \geqq 1, \dots \ \lambda \geqq 1, \ \alpha + \beta + \cdots + \lambda = r,$$

so betrachte man die Intervalle

$$(1.) \qquad a \leqq x < b, \ b \leqq x < c, \dots \ k \leqq x < l$$

und das unendliche Intervall, das aus den beiden Teilen $l \leqq x$ und $x < a$ besteht. Dann schließt man nacheinander:

Das Polynom $h(x)$ hat die Zahlen $x = a, b, \dots l$ bzw. zu $(\alpha - 1)$-, $(\beta - 1)$-, ... $(\lambda - 1)$-fachen Nullstellen. Ferner hat es im *Innern* von jedem der Intervalle (1.) eine ungerade Anzahl von Wurzeln, da für genügend kleines $\varepsilon > 0$

$$\operatorname{sign} h(a + \varepsilon) = -\operatorname{sign} g'(a + \varepsilon) = \operatorname{sign} g'(b - \varepsilon) = -\operatorname{sign} h(b - \varepsilon)$$

usw. Daher hat $h(x)$ in jedem der einzelnen Intervalle (1.) entweder ebensoviel Wurzeln wie $g(x)$, oder es hat um eine gerade Zahl mehr Wurzeln als $g(x)$. Die Polynome $g(x)$ und $h(x)$ sind aber vom gleichen Grade, und so müssen die Anzahlen aller reellen Wurzeln der beiden Polynome mod. 2 übereinstimmen. Daraus schließt man, daß $h(x)$ im unendlichen Intervall $\lambda + 2\nu$ Wurzeln hat, wo $\nu \geqq 0$ ist.

$h(x)$ hat also wenigstens eine reelle Nullstelle von ungerader Vielfachheit — da wenigstens ein Intervall (1.) existiert.

$h(x)$ hat ferner (man hat jetzt $r \geqq 2$) wenigstens zwei verschiedene reelle Nullstellen: eine im Innern eines Intervalles (1.) und eine im Innern des unendlichen Intervalles.

Und da $h(x)$ sowohl in jedem der Intervalle (1.), wie auch im unendlichen Intervall ebensoviel oder mehr Wurzeln hat als $g(x)$, sind die Behauptungen I, II, III in allen Fällen erwiesen.

Hat nun $g(x)$ nur reelle Wurzeln, so kann $h(x)$ nicht mehr reelle Wurzeln haben als $g(x)$, und folglich hat $h(x)$ weder in einem Intervalle (1.), noch im unendlichen Intervall mehr Wurzeln als $g(x)$. Daher sind notwendigerweise alle von $a, b, c \dots l$ verschiedenen Wurzeln des Polynoms $h(x)$ einfach, und dies war die Behauptung IV.

Ich wende mich zum Beweise der letzten Behauptung V. Sei $t > 0$ und sei wieder $l$ die größte reelle Wurzel von $g(x)$. Dann kann man eine genügend kleine positive Zahl $\varepsilon$ finden, so daß

$$\operatorname{sign} g'(l+\varepsilon) = \operatorname{sign} g(l+\varepsilon) = \operatorname{sign} g(+\infty)$$

und zugleich

$$\operatorname{sign} h(l+\varepsilon) = \operatorname{sign}(t g(l+\varepsilon) - g'(l+\varepsilon)) = -\operatorname{sign} g'(l+\varepsilon)$$

ist. Nun ist andererseits (wegen $t > 0$)

$$\operatorname{sign} h(+\infty) = \operatorname{sign} g(+\infty),$$

und so muß $h(x)$ eine ungerade Anzahl von Wurzeln rechts von $l+\varepsilon$ haben. Hieraus folgt Behauptung V.

## § 2.

## *Über die Potenzreihenentwicklung der Reziproken einer ganzen Funktion vom Typus* II.

Die Sätze, die ich in diesem Paragraphen beweisen werde, sind großen Teils die Erweiterungen bekannter Sätze über Polynome mit nur reellen Wurzeln. Die Sätze II—V scheinen jedoch bisher sogar in dem Falle eines Polynoms unbemerkt geblieben zu sein.

Die Übertragung von Sätzen über Polynome mit nur reellen Wurzeln auf ganze Funktionen vom Typus II, die eben die Grenzfälle solcher Polynome sind, bietet zwar in den zu betrachtenden Fällen keine großen Schwierigkeiten dar, aber es ist etwas Vorsicht dabei erforderlich. Man muß genau unterscheiden, was durch Grenzbetrachtungen geschlossen und was nicht geschlossen werden kann.

Hilfssatz I*). *Sei*

$$\Psi(x) = a_0 + a_1 x + a_2 x^2 + \cdots$$

*eine Funktion vom Typus* II ($a_0 \gtrless 0$), *und besitze das Polynom m-ten Grades $g(x)$ reelle Koeffizienten und r reelle Wurzeln. Dann hat das Polynom*

$$\Psi(D) g(x) = \sum_{\nu=0}^{\infty} a_\nu g^{(\nu)}(x) = \sum_{\nu=0}^{m} a_\nu g^{(\nu)}(x)$$

*wenigstens r reelle Wurzeln.*

Man bestimme (nach A, § 2, II) eine Polynomfolge

$$\Psi_1(x),\ \Psi_2(x), \ldots\ \Psi_n(x), \ldots$$

mit nur reellen Wurzeln

*) Vgl. *Jensen*, a. a. O., S. 185—186.

$$\Psi_n(x) = a_{n0} + a_{n1}x + a_{n2}x^2 + \cdots,$$

die für $|x| < \varrho$ $(\varrho > 0)$ gleichmäßig gegen $\Psi(x)$ konvergiert. Dann ist, von einem gewissen $n$ an, $a_{n0} \neq 0$, und so hat nach dem *Hermite-Poulain*schen Satz das Polynom

$$\Psi_n(D)g(x) = a_{n0}g(x) + a_{n1}g'(x) + a_{n2}g''(x) + \cdots$$

wenigstens $r$ reelle Wurzeln, also höchstens $m-r$ imaginäre Wurzeln. Folglich kann auch das Grenzpolynom $\Psi(D)g(x)$ höchstens $m-r$ imaginäre Wurzeln haben. $\Psi(D)g(x)$ ist aber (wegen $a_0 \neq 0$) vom Grade $m$ und hat daher wenigstens $r$ reelle Wurzeln. W. z. b. w.

Hilfssatz I gestattet uns (was wir nebenbei bemerken wollen), folgende Aufgabe zu lösen: „Man bestimme alle unendlichen Folgen von reellen Zahlen

(1.) $$a_0, a_1, a_2, a_3, \ldots a_n, \ldots$$

von der Beschaffenheit, daß, wenn $g(x)$ ein beliebiges Polynom mit nur reellen Wurzeln bedeutet, das Polynom

$$a_0 g(x) + a_1 g'(x) + a_2 g''(x) + \cdots$$

stets nur reelle Wurzeln haben soll."

In der Tat, hat die Folge (1.) die gewünschte Eigenschaft, so haben die unendlichvielen Polynome

$$a_0 x^n + na_1 x^{n-1} + n(n-1)a_2 x^{n-2} + \cdots + n(n-1)\cdots 1 \cdot a_n \quad {\scriptstyle (n=1,2,3,\ldots)}$$

notwendigerweise nur reelle Wurzeln — da das Postulat auch für $g(x) = x^n$ erfüllt sein muß. Daraus folgt aber, nach A, § 6, IV, daß die Reihe

$$a_0 + a_1 x + a_2 x^2 + \cdots + a_n x^n + \cdots$$

für jedes $x$ konvergiert und eine Funktion vom Typus II darstellt.

Dies Resultat, zusammengefaßt mit dem (leicht modifizierten) Hilfssatz I, gestattet die Aussage:

„Damit die Folge (1.) die gewünschte Eigenschaft hat, ist notwendig und hinreichend, daß sie die Koeffizientenfolge einer Funktion vom Typus II ist."

Hilfssatz II. *Bedeutet*

$$\Phi(x) = a_0 + a_1 x + a_2 x^2 + \cdots \qquad (a_0 \neq 0)$$

*eine Funktion vom Typus* I *mit Koeffizienten von abwechselndem Vorzeichen und* $g(x)$ *ein Polynom mit reellen Koeffizienten und mit wenigstens einer reellen Wurzel, so ist die größte reelle Wurzel des Polynoms*

$$\Phi(D)g(x) = a_0 g(x) + a_1 g'(x) + a_2 g''(x) + \cdots$$

*nicht kleiner als die größte Wurzel von $g(x)$.*

Man weiß (A, § 2, I), daß eine unendliche Folge von Polynomen

$$\Phi_1(x),\ \Phi_2(x), \ldots\ \Phi_n(x), \ldots$$

mit lauter positiven Wurzeln existiert, die in jedem endlichen Gebiete gleichmäßig gegen $\Phi(x)$ konvergiert.

Nach § 1, V der vorliegenden Arbeit ist die größte reelle Wurzel des Polynoms $\Phi_n(D)g(x)$ größer als die größte reelle Wurzel von $g(x)$. Beachtet man, daß die Polynome der Folge

$$\Phi_1(D)g(x),\ \Phi_2(D)g(x), \ldots\ \Phi_n(D)g(x), \ldots$$

den Grad von $g(x)$ haben, ebenso wie das Polynom $\Phi(D)g(x)$, gegen welches sie konvergieren, so ergibt sich nach einem leichten Schluß der Hilfssatz II. —

Sei $\Psi(x)$ eine Funktion vom Typus II, $\Psi(0) > 0$. Ich will nun, nach den getroffenen Vorbereitungen, einige Sätze über die Reihenentwicklung

$$\frac{1}{\Psi(x)} = b_0 + b_1 x + b_2 x^2 + \cdots$$

beweisen. Ich werde öfters $\Psi(x)$ zu einer Funktion vom Typus I mit Koeffizienten von abwechselndem Vorzeichen spezialisieren. Die so spezialisierte Funktion werde ich dann mit $\Phi(x)$ bezeichnen.

I. *Wenn das Polynom $f(x)$ reelle Koeffizienten und $w$ reelle Wurzeln hat, so ist die Anzahl der reellen Wurzeln des Polynoms*

$$g(x) = \frac{1}{\Psi(D)} f(x) = b_0 f(x) + b_1 f'(x) + b_2 f''(x) + \cdots$$

*entweder $w$ oder um eine gerade Zahl kleiner als $w$.*

Man bezeichne die Anzahl der reellen Wurzeln von $g(x)$ mit $r$. Es ist

$$\Psi(x)\frac{1}{\Psi(x)} = (a_0 + a_1 x + a_2 x^2 + \cdots)(b_0 + b_1 x + b_2 x^2 + \cdots) = 1,$$

also ist

$$\Psi(D)g(x) = (a_0 + a_1 D + a_2 D^2 + \cdots)(b_0 + b_1 D + b_2 D^2 + \cdots)f(x) = f(x).$$

Wendet man Hilfssatz I auf diesen speziellen Fall an, so erhält man

$$r \leqq w,$$

w. z. b. w.*)

*) Diese elegante Schlußweise rührt von *Poulain* her. Vgl. a. a. O., p. 28. Sein erster Beweis p. 25—27 (identisch mit dem von *Maffiotti*) ließe sich nicht auf unsern Fall übertragen.

Bezeichnet man für einen Moment die Anzahl der reellen Wurzeln von $f(x)$ mit $\{f(x)\}$, so lassen sich die bisher gewonnenen Resultate in die einzige Formel zusammenfassen:

$$\{b_0 f(x) + b_1 f'(x) + \cdots\} \leqq \{f(x)\} \leqq \{a_0 f(x) + a_1 f'(x) + \cdots\}.$$

Aus Satz I ergibt sich die Lösung folgender Aufgabe:

„Alle unendlichen Folgen von reellen Zahlen

(2.) $$b_0, b_1, b_2, b_3, \ldots b_n, \ldots$$

zu bestimmen, die die beiden folgenden Eigenschaften haben:

1. $b_0 \neq 0$,
2. das Polynom

$$b_0 f(x) + b_1 f'(x) + b_2 f''(x) + \cdots$$

hat in keinem Falle mehr reelle Wurzeln als das Polynom $f(x)$."

Die Bedingung 2. besagt also, daß für jedes Polynom $f(x)$ die Ungleichung

$$\{b_0 f(x) + b_1 f'(x) + b_2 f''(x) + \cdots\} \leqq \{f(x)\}$$

erfüllt sein soll. —

Man bestimme die unendlichvielen Zahlen

$$a_0, a_1, a_2, \ldots a_n, \ldots$$

durch die Gleichungen

$$1 = a_0 b_0,$$
$$0 = a_1 b_0 + a_0 b_1,$$
$$0 = a_2 b_0 + a_1 b_1 + a_0 b_2.$$

Dies geht, da $b_0 \neq 0$ ist.

Ich behaupte, daß die Polynome

$$Y_n(x) = a_0 x^n + a_1 n x^{n-1} + a_2 n(n-1) x^{n-2} + \cdots + a_n n(n-1) \cdots 1 \quad (n = 1, 2, 3, \ldots)$$

nur reelle Wurzeln haben. In der Tat, man hat

$$b_0 Y_n(x) + b_1 Y_n'(x) + \cdots + b_n Y_n^{(n)}(x)$$
$$= (b_0 + b_1 D + \cdots + b_n D^n)(a_0 + a_1 D + \cdots + a_n D^n) x^n = x^n$$

und nach Bedingung 2. muß die Ungleichung

$$\{Y_n(x)\} \geqq \{b_0 Y_n(x) + b_1 Y_n'(x) + \cdots\} = \{x^n\} = n$$

bestehen. Da $Y_n(x)$ vom Grade $n$ ist, muß zugleich $\{Y_n(x)\} \leqq n$ sein, und daraus resultiert

$$\{Y_n(x)\} = n.$$

Aus der Realität aller Wurzeln der Polynome $Y_n(x)$ folgt aber (A, § 6, IV), daß die Reihe

$$a_0 + a_1 x + a_2 x^2 + \cdots + a_n x^n + \cdots$$

immer konvergiert und eine Funktion $\Psi(x)$ vom Typus II darstellt. Also ist notwendig, daß die Folge (2.) die Koeffizientenfolge einer Funktion $\frac{1}{\Psi(x)}$ ist; daß dies auch hinreichend ist, das besagt eben der Satz I. —

II. *Sei $\Psi(x)$ irgendeine Funktion vom Typus* II ($\Psi(0) > 0$), *nur nicht die Funktion $ce^{\delta x}$. Ist dann das Polynom $f(x)$ ($f(x) \neq 0$) für reelle Werte von $x$ keiner negativen Werte fähig, so ist das Polynom*

$$\frac{1}{\Psi(D)} f(x) = b_0 f(x) + b_1 f'(x) + b_2 f''(x) + \cdots \tag{3.}$$

*für alle reellen Werte von $x$ positiv.*

Die Funktionen vom Typus II ($\Psi(0) > 0$) zerfallen in zwei Klassen:

1. Solche Funktionen vom Typus II, die keine Wurzel haben. Alle diese Funktionen sind in der Formel

$$\Psi(x) = ce^{-\gamma x^2 + \delta x} \qquad (c > 0,\ \gamma \geqq 0,\ \delta \text{ reell})$$

enthalten.

2) Solche Funktionen vom Typus II, die Wurzeln haben. Ist $\Psi(x)$ eine solche Funktion und verschwindet sie für $x = \alpha$, so kann sie in die Form gesetzt werden

$$\Psi(x) = (x - \alpha)\,\Psi_1(x)$$

wo $\alpha$ reell, von Null verschieden und $\Psi_1(x)$ wieder eine Funktion vom Typus II ist.

Ich will Satz II zuerst für die zweiterwähnte, viel kompliziertere Klasse beweisen.

Das Polynom

$$f(x) = c_0 x^{2n} + c_1 x^{2n-1} + \cdots + c_{2n} \qquad (c_0 \neq 0)$$

hat für große Werte von $x$ das Vorzeichen von $c_0$, also ist $c_0 > 0$. Das höchste Glied des Polynoms (3.) ist nun $b_0 c_0 x^{2n}$, und da $b_0 = \frac{1}{\Psi(0)} > 0$ ist, hat das Polynom (3.) für große Werte von $x$ gewiß das positive Vorzeichen. Wir werden am Ziele sein, wenn wir gezeigt haben, daß (3.) keine reelle Wurzel besitzt. Nun sei das Gegenteil angenommen, nämlich daß (3.) $r$ reelle Wurzeln hat, wo $r > 0$. Wir haben nach Voraussetzung

$$\Psi(x) = (\alpha - x)\,\Psi_1(x).$$

Das Polynom

$$\Psi_1(D) \cdot \frac{1}{\Psi(D)} f(x)$$

hat nun, nach Hilfssatz I, wenigstens $r$ reelle Wurzeln. Daher müßte, nach § 1, II das Polynom

$$(\alpha - D) \cdot \Psi_1(D) \cdot \frac{1}{\psi(D)} f(x) = f(x)$$

sowohl positive wie negative Werte für reelle Argumente annehmen, was gegen die Voraussetzung ist.

Der Widerspruch löst sich nur dann, wenn wir zugeben, daß $r = 0$ ist, d. h., daß (3.) keine reellen Wurzeln hat und für alle reellen Werte von $x$ dasselbe Vorzeichen, das positive, beibehält, w. z. b. w.

Wenn nun $\Psi(x)$ eine Funktion der Klasse 1. und $f(x)$ wieder ein nichtnegatives Polynom bedeutet, so folgt aus dem eben Bewiesenen durch Grenzbetrachtungen die Ungleichung:

$$(4.) \qquad \frac{1}{\Psi(D)} f(x) \geqq 0.$$

Wir haben aber diese Grenzbetrachtungen gar nicht nötig, denn wir können die Ungleichung (4.) an expliziten Formeln verifizieren und näher diskutieren.

Ist $\Psi(x) = e^{\delta x}$, so ist

$$\frac{1}{e^{\delta D}} f(x) = e^{-\delta D} f(x) = f(x) - \frac{\delta}{1!} f'(x) + \frac{\delta^2}{2!} f''(x) - \cdots = f(x - \delta).$$

In dem Falle $\Psi(x) = e^{\delta x}$ kann also das Zeichen $=$ in der Ungleichung (4.) erreicht werden.

Ist $\Psi(x) = e^{-x^2}$, so hat man

$$\frac{1}{e^{-D^2}} f(x) = e^{D^2} f(x) = f(x) + \frac{1}{1!} f''(x) + \frac{1}{2!} f^{IV}(x) + \cdots$$

$$= \frac{1}{2\sqrt{\pi}} \int_{-\infty}^{+\infty} e^{-\frac{t^2}{4}} f(x + t)\, dt.$$

Aus dieser Integralform von Herrn *Stridsberg*, sowohl wie aus den von Herren *Remak* und *Hurwitz* für dieses wichtige Beispiel gegebenen elementaren Beweisen geht hervor*), daß im Falle $\Psi(x) = e^{-x^2}$ stets das Zeichen $>$ in der Ungleichung (4.) das richtige ist. Daraus ist nun leicht zu schließen, daß auch stets

*) *Stridsberg*, Sur la démonstration de M. *Hilbert* du théorème de *Waring*, Mathematische Annalen Bd. 72 (1912); vgl. S. 148. *Remak*, Bemerkung zu Herrn *Stridsbergs* Beweis des *Waring*schen Theorems, Mathematische Annalen Bd. 72 (1912), S. 153—156. *Hurwitz*, Über definite Polynome, Mathematische Annalen, Bd. 73 (1913), S. 173—176.

$$\frac{1}{ce^{-\gamma D^2+\delta D}} f(x) = \frac{1}{c} e^{\gamma D^2} \cdot e^{-\delta D} f(x) = \frac{1}{c} e^{\gamma D^2} f(x-\delta) > 0$$

ist, wenn nur $\gamma > 0$. Also ist in der Tat $\Psi(x) = ce^{\delta x}$ der einzige Ausnahmefall, in welchem das Zeichen = in der Ungleichung (4.) erreicht werden kann.

III. *Sei das Polynom $f(x) \geqq 0$ für $x \geqq a$. Sei ferner $\Phi(x)$ $(\Phi(0) > 0)$ irgendeine Funktion vom Typus* I *mit Koeffizienten von abwechselndem Vorzeichen, nur nicht die Funktion $ce^{-\gamma x}$ $(c > 0, \gamma \geqq 0)$. Dann ist das Polynom*

$$\frac{1}{\Phi(D)} f(x) = b_0 f(x) + b_1 f'(x) + b_2 f''(x) + \cdots \tag{5.}$$

*positiv für $x \geqq a$.*

Die gemachte Voraussetzung zieht nach sich, daß $\Phi(x)$ wenigstens eine Wurzel haben muß. Sei diese Wurzel $\alpha$, dann ist $\alpha > 0$ und

$$\Phi(x) = (\alpha - x)\,\Phi_1(x),$$

wo $\Phi_1(x)$ wieder vom Typus I ist.

Sei

$$f(x) = c_0 x^n + c_1 x^{n-1} + \cdots \qquad (c_0 \neq 0).$$

Es muß $c_0$ positiv sein, da $f(x)$ für große *positive* Werte von $x$ positiv ist. Daher ist der Koeffizient der höchsten Potenz von $x$ in dem Polynom (5.), d. h. die Zahl $b_0 c_0$, gewiß positiv.

Für große positive Werte von $x$ wird daher das Polynom (5.) gewiß positive Werte haben, und so bleibt uns nur der Nachweis übrig, daß $f(x)$ eine Wurzel von ungerader Vielfachheit besitzt, die größer ist als alle Wurzeln von (5.), falls letztere überhaupt vorhanden sind.

Nun ist nach Hilfssatz II die größte Wurzel von

$$\Phi_1(D) \cdot \frac{1}{\Phi(D)} f(x) \tag{6.}$$

nicht kleiner als die größte Wurzel von (5.). Andererseits hat aber nach § 1, V das Polynom

$$(\alpha - D) \cdot \Phi_1(D) \cdot \frac{1}{\Phi(D)} f(x) = f(x)$$

eine Wurzel von ungerader Vielfachheit, die größer ist als die größte Wurzel von (5.), w. z. b. w.

In dem Falle

$$\Phi(x) = ce^{-\gamma x} \qquad (c > 0, \gamma \geqq 0)$$

muß das Polynom

$$\frac{1}{ce^{-\gamma D}} f(x) = \frac{1}{c} e^{\gamma D} f(x) = \frac{1}{c} f(x+\gamma)$$

für $x \geqq a$ gewiß $\geqq 0$ sein, aber der Fall $= 0$ kann wohl eintreten.

Eine sehr schöne Bestätigung unseres Satzes liefert das von Herrn *Hurwitz**) betrachtete Beispiel

$$\frac{1}{1-D} f(x) = f(x) + f'(x) + f''(x) + \cdots = \int_0^{\infty} f(x+t) e^{-t} dt.$$

Aus der Integraldarstellung geht mit Evidenz hervor, daß $\frac{1}{1-D} f(x) > 0$, wenn für $t \geqq 0$ $f(x+t) \geqq 0$ ist.

IV. *Alle Hauptdeterminanten der unendlichen Matrix*

$$(7.) \qquad \begin{vmatrix} b_0 & 1!\,b_1 & 2!\,b_2 & \dots \\ 1!\,b_1 & 2!\,b_2 & 3!\,b_3 & \dots \\ 2!\,b_2 & 3!\,b_3 & 4!\,b_4 & \dots \\ \vdots & \vdots & \vdots & \end{vmatrix}$$

*sind positiv, wenn*

$$b_0 + b_1 x + b_2 x^2 + \cdots = \frac{1}{\Psi(x)},$$

*wo* $\Psi(x)$ *eine Funktion vom Typus* II, *verschieden von* $ce^{\delta x}$, *und* $\Psi(0) > 0$ *ist.*

Man setze mit Herrn *Remak* (vgl. a. a. O.)

$$f(x) = (u_0 + u_1 x + u_2 x^2 + \cdots + u_n x^n)^2,$$

dann ist nach Satz II

$$\left(\frac{1}{\Psi(D)} f(x)\right)_{x=0} = b_0 u_0^2 + b_1 1!\,(u_0 u_1 + u_1 u_0) + b_2 2!\,(u_0 u_2 + u_1^2 + u_2 u_0) + \cdots$$
$$= \sum_{i,k}^{0\ldots n} (i+k)!\, b_{i+k}\, u_i u_k > 0$$

für alle reellen Wertsysteme $u_0, u_1, u_2, \ldots u_n$, ausgenommen das einzige Wertsystem

$$u_0 = u_1 = u_2 = \cdots = u_n = 0.$$

Daraus ergibt sich Satz IV.

Bildet man die Matrix (7.) zu der Funktion $\Psi(x) = ce^{\delta x}$, so werden alle einreihigen Hauptdeterminanten positiv und alle in der Matrix enthaltenen Determinanten, die zwei oder mehr Reihen haben, verschwinden.

Aus Satz IV resultieren insbesondere die Ungleichungen

$$b_0 > 0, \; b_2 > 0, \; b_4 >, \ldots$$

die schon *Laguerre* angegeben hat**).

*) Vgl. *Hurwitz* a. a. O. und „Über die Nullstellen der *Bessel*schen Funktionen", Mathematische Annalen Bd. 33 (1889), S. 259.

**) *Laguerre*, Oeuvres, t. I, p. 169. Für den Fall eines Polynoms vgl. den

30*

V. *Ist*

$$b_0 + b_1 x + b_2 x^2 + \cdots = \frac{1}{\Phi(x)},$$

*wo $\Phi(x)$ irgendeine Funktion vom Typus I mit Koeffizienten von abwechselndem Vorzeichen bedeutet, die von $ce^{-\gamma x}$ ($\gamma \geqq 0$) verschieden und für $x = 0$ positiv ist, so sind alle Hauptdeterminanten der Matrix*

$$(8.) \qquad \begin{vmatrix} 1!\,b_1 & 2!\,b_2 & 3!\,b_3 \ldots \\ 2!\,b_2 & 3!\,b_3 & 4!\,b_4 \ldots \\ 3!\,b_3 & 4!\,b_4 & 5!\,b_5 \ldots \\ \vdots & \vdots & \vdots \end{vmatrix}$$

*positiv.*

Das Polynom

$$f(x) = x(u_0 + u_1 x + u_2 x^2 + \cdots + u_n x^n)^2$$

ist $\geqq 0$ für $x \geqq 0$. Daher wird infolge des Satzes III

$$\left(\frac{1}{\Phi(D)} f(x)\right)_{x=0} = 1!\,b_1 u_0^2 + 2!\,b_2(u_0 u_1 + u_1 u_0) + \cdots$$
$$= \sum_{i,k}^{0\ldots n} (i + k + 1)!\; b_{i+k+1} u_i u_k > 0,$$

wenn nicht alle die reellen Zahlen $u_0, u_1, \ldots u_n$ verschwinden. —

Eine Funktion vom Typus I (mit Koeffizienten von abwechselndem Vorzeichen) gibt also zu zwei verschiedenen definit-positiven unendlichen Matrizes Anlaß, zu (7.) und zu (8.).

Es erhebt sich naturgemäß die Frage, ob und in welchem Sinne die Sätze IV und V umzukehren sind*). Mir gelang es nicht, diese Frage zu beantworten, sogar unter der Voraussetzung nicht, daß $\Psi(x)$ ein Polynom ist.

Die Positivität der beiden quadratischen Formen (7.) und (8.) bringt es mit sich, nach den tiefen Untersuchungen von *Stieltjes***) über das „problème des moments", daß das Polynom $\frac{1}{\Phi(D)} f(x)$ immer eine ähnliche

---

schönen Beweis bei *J. Grommer*, Ganze transzendente Funktionen mit lauter reellen Nullstellen, Journal für die reine und angewandte Mathematik, Bd. 144, S. 114, Kapitel II, § 6.

*) Genauer ist die Frage so: wenn $\sum_0^\infty b_n x^n$ die Entwicklung der Reziproken einer ganzen Funktion $\Psi(x)$ ist und wenn die Matrix (7.) definit positiv ist, läßt sich dann oder läßt sich nicht schließen, daß $\Psi(x)$ vom Typus II ist? — Herr *J. Grommer* erledigt a. a. O. verwandte Fragen.

**) *Stieltjes*, Recherches sur les fractions continues, Annales de la fac. des scienc. de Toulouse VIII (1894), IX (1895).

Integraldarstellung zuläßt, wie wir sie an dem Beispiel $\Phi(x) = 1 - x$ beobachtet haben. Ob auch das Polynom $\frac{1}{\Psi(D)} f(x)$ immer eine Integraldarstellung von der Art zuläßt, wie wir sie bei dem Beispiel $\Psi(x) = e^{-x^2}$ konstatiert haben, ist eine noch nicht streng entschiedene Frage. —

Jetzt gehe ich zu dem Beweise von zwei Sätzen über, die schon *Laguerre**) ohne Beweis angegeben hat.

VI. *Sei $\Psi(x)$ wieder von $ce^{\delta x}$ verschieden. Dann haben die Polynome*

$$(9.)\qquad \frac{1}{\Psi(D)} x^n = b_0 x^n + b_1 n x^{n-1} + b_2 n(n-1) x^{n-2} + \cdots + b_n n(n-1) \cdots 1$$

*nur eine reelle Wurzel bzw. keine reelle Wurzel, je nachdem n ungerade oder gerade ist.*

Für gerades $n = 2m$ besagt VI nichts Neues, denn in diesem Falle ist $x^{2m} \geqq 0$, und unsere Behauptung ist im Satz II als spezieller Fall enthalten.

Ist aber $n = 2m+1$, so kann das Polynom (9.) höchstens eine reelle Wurzel haben, denn seine Derivierte

$$D \frac{1}{\Psi(D)} x^{2m+1} = (2m+1) \frac{1}{\Psi(D)} x^{2m}$$

ist für jeden (reellen) Wert von $x$ positiv, wie es eben festgestellt worden ist, und eine immer wachsende Funktion kann den Wert 0 (sowie irgendeinen andern Wert) nur einmal annehmen. Die Funktion $\Psi(x) = ce^{\delta x}$ nimmt wieder eine Sonderstellung ein, da

$$\frac{1}{ce^{\delta D}} x^n = \frac{1}{c} (x - \delta)^n$$

$n$ (zusammenfallende) reelle Wurzeln hat.

Ich will Satz VI auf den Spezialfall $\Psi(x) = 1 - x$ anwenden. Es stellt sich hier heraus, daß das Polynom

$$\frac{1}{n!} \frac{1}{1-D} x^n = \frac{1}{n!} (x^n + n x^{n-1} + n(n-1) x^{n-2} + \cdots + n(n-1) \cdots 2 \cdot 1)$$
$$= 1 + \frac{x}{1!} + \cdots + \frac{x^{n-2}}{(n-2)!} + \frac{x^{n-1}}{(n-1)!} + \frac{x^n}{n!}$$

höchstens eine reelle Wurzel hat**). Diese Tatsache kann dem folgenden allgemeinen Satz subsumiert werden:

---

*) A. a. O., p. 169. *Laguerre* spricht den ersten der genannten Sätze (hier VI) inkorrekt aus, indem er den Ausnahmefall $\Psi(x) = ce^{\delta x}$ nicht beachtet.

**) Vgl. *Sylvester*, Mathematical Papers, vol. II, p. 516. — *Graindorge*, Nouvelles Annales des Mathématiques, 2[e] série, t. 5 (1866), p. 522.

VII. *Die Abschnitte der Potenzreihenentwicklung von* $\frac{1}{\Psi(x)}$, *d. h. die Polynome*

(10.) $$b_0 + b_1 x + b_2 x^2 + \cdots + b_n x^n \qquad (n = 1, 2, 3, \ldots)$$

*haben höchstens eine reelle Wurzel.*

Der Satz ist für $\Psi(x) = e^{-x}$ (wie wir es eben gesehen haben), also offenbar auch für $\Psi = ce^{\delta x}$ richtig. Wir wollen daher $\Psi(x) \neq ce^{\delta x}$ voraussetzen und uns auf Satz VI stützen.

Jetzt kann man mit *Laguerre* so verfahren: nach einem seiner Sätze*) hat das Polynom

(11.) $$\frac{b_0 x^n}{n!} + \frac{b_1 x^{n-1}}{(n-1)!} + \frac{b_2 x^{n-2}}{(n-2)!} + \cdots + b_n$$

entweder ebensoviel oder mehr reelle Wurzeln als das Polynom (10.). Multipliziert man aber (11.) mit $n!$, so erhält man das Polynom (9.), von welchem eben bewiesen wurde, daß es höchstens eine reelle Wurzel hat. Daher wäre es widersprechend, anzunehmen, daß (10.) mehr als eine reelle Wurzel hat.

*Laguerre* hat an anderer Stelle einen sehr schönen Beweis für den Fall gegeben, wo $\Psi(x)$ ein Polynom ist, aber seine Argumentation für den Fall $\Psi(x) = e^x$ scheint mir unzureichend zu sein**).

## § 3.

### *Ausdehnung des Hermite-Poulainschen Satzes auf gewisse Paare von ganzen Funktionen. Anwendung auf Besselsche Funktionen und Hermitesche Polynome.*

*Sei die ganze Funktion*

$$\Phi(x) = \alpha_0 + \frac{\alpha_1}{1!} x + \frac{\alpha_2}{2!} x^2 + \cdots + \frac{\alpha_n}{n!} x^n + \cdots$$

*vom Typus* I *und ohne negative Koeffizienten, ferner sei die ganze Funktion*

$$\Psi(x) = \beta_0 + \frac{\beta_1}{1!} x + \frac{\beta_2}{2!} x^2 + \cdots + \frac{\beta_n}{n!} x^n + \cdots$$

---

*) A. a. O., p. 31 und p. 201.

**) A. a. O., p. 110—112 und p. 113. *Laguerre* verfällt an dieser Stelle, wie an manchen anderen (vgl. z. B. p. 9, 29, 113, 157, 198 seiner Oeuvres, t. I) in einen sehr elementaren Fehler, den ich an anderem Ort schon genügend auseinandergesetzt habe. Vgl. Sur un théorème de *Laguerre*, Comptes Rendus de l'Académie des Sciences, Paris, t. 156 (1913, 1), p. 996, Fußnote.

*vom Typus* II. *Dann konvergieren die vier Reihen*

$$(1.)\quad \sum_0^\infty \frac{\alpha_\nu}{\nu!}\,\Psi^{(\nu)}(x), \qquad (2.)\quad \sum_0^\infty \frac{\alpha_\nu}{\nu!}\,x^\nu\,\Psi^{(\nu)}(x),$$

$$(3.)\quad \sum_0^\infty \frac{\beta_\nu}{\nu!}\,\Phi^{(\nu)}(x), \qquad (4.)\quad \sum_0^\infty \frac{\beta_\nu}{\nu!}\,x^\nu\,\Phi^{(\nu)}(x)$$

*für jedes* $x$ *und stellen ganze Funktionen vom Typus* II *dar.*

In dem Beweis für die *Konvergenz* werde ich in dem, was $\Psi(x)$ betrifft, nur von der Tatsache Gebrauch machen, daß $\Psi(x)$ ganz ist, d. h., daß die Reihe

$$M(x) = |\beta_0| + \frac{|\beta_1|}{1!}\,x + \cdots + \frac{|\beta_n|}{n!}\,x^n + \cdots$$

für jedes $x$ konvergiert.

Von den Eigenschaften der Funktion $\Phi(x)$ genügt es, folgende zu benutzen: erstens, daß die Funktionen

$$\Phi^{(q)}(x) = \alpha_q + \frac{\alpha_{q+1}}{1!}\,x + \cdots + \frac{\alpha_{q+n}}{n!}\,x^n + \cdots,$$

$$\Phi(x+\varrho) = \Phi(\varrho) + \frac{\Phi'(\varrho)}{1!}\,x + \frac{\Phi''(\varrho)}{2!}\,x^2 + \cdots \qquad (\varrho > 0)$$

wieder vom Typus I sind, und zweitens, daß, falls $\alpha_0 > 0$ ist, die Ungleichung

$$(5.)\qquad 0 \leqq \alpha_\nu \leqq \alpha_0\left(\frac{\alpha_1}{\alpha_0}\right)^\nu \qquad (\nu = 0, 1, 2, \ldots)$$

besteht (vgl. A, § 2, Formel (8.)). Aus der letzterwähnten Tatsache folgt leicht, wenn $\alpha_q > 0$ ist, die Ungleichung

$$(5'.)\qquad 0 \leqq \alpha_\nu \leqq \alpha_q\left(\frac{\alpha_{q+1}}{\alpha_q}\right)^{\nu-q}, \qquad (\nu = q, q+1, \ldots)$$

und daß in allen Fällen die Ungleichung besteht

$$(5''.)\qquad 0 \leqq \Phi^{(\nu)}(\varrho) \leqq \Phi(\varrho)\left(\frac{\Phi'(\varrho)}{\Phi(\varrho)}\right)^\nu \qquad (\varrho > 0).$$

Die Ungleichung (5'.) und (5''.) erhält man, indem man die Ungleichung (5.) auf die Funktionen $\Phi^{(q)}(x)$ und $\Phi(x+\varrho)$ anwendet.

**Sei $\varrho > 0$, $|x| \leqq \varrho$.** Die vier Reihen **(1.), (2.), (3.), (4.) werden dann bzw. durch die vier folgenden Reihen majorisiert:**

$$(1'.)\qquad \sum_0^\infty \frac{\alpha_0\left(\frac{\alpha_1}{\alpha_0}\right)^\nu}{\nu!}\,M^{(\nu)}(\varrho) = \alpha_0 M\left(\frac{\alpha_1}{\alpha_0} + \varrho\right),$$

$$(2'.)\qquad \sum_0^\infty \frac{\alpha_0\left(\frac{\alpha_1}{\alpha_0}\right)^\nu}{\nu!}\,\varrho^\nu M^{(\nu)}(\varrho) = \alpha_0 M\left(\frac{\alpha_1}{\alpha_0}\,\varrho + \varrho\right),$$

$$(3'.)\qquad \sum_0^\infty \frac{|\beta_\nu|}{\nu!}\Phi(\varrho)\left(\frac{\Phi'(\varrho)}{\Phi(\varrho)}\right)^\nu = \Phi(\varrho)M\left(\frac{\Phi'(\varrho)}{\Phi(\varrho)}\right),$$

$$(4'.)\qquad \sum_0^\infty \frac{|\beta_\nu|}{\nu!}\varrho^\nu\Phi(\varrho)\left(\frac{\Phi'(\varrho)}{\Phi(\varrho)}\right)^\nu = \Phi(\varrho)M\left(\varrho\frac{\Phi'(\varrho)}{\Phi(\varrho)}\right).$$

Bei der Aufstellung der Majorantenreihen (1'.), (2'.) machte ich die Annahme, daß $\alpha_0 > 0$ ist, und bediente mich der Ungleichung (5.). Wäre $\alpha_0 = 0$, $\alpha_q > 0$, so könnte man sich mit ähnlichem Erfolg auf die Ungleichung (5'.) stützen. Bei Aufstellung von (3'.) und (4'.) wurde von der Ungleichung (5''.) Gebrauch gemacht. —

Bei dem Beweise dafür, daß die immer konvergierenden Reihen (1.), (2.), (3.), (4.) ganze Funktionen vom Typus II darstellen (d. h. Funktionen vom Geschlecht 1 ohne imaginäre Wurzeln, multipliziert mit einem Faktor $e^{-\gamma x^2}$, wo $\gamma \geqq 0$), muß ich *algebraische* Sätze heranziehen: den *Hermite-Poulain*schen Satz bei dem Beweise für (1.) und (3.), und den Satz A, § 5, 5. bei dem Beweise für (2.) und (4.).

Ich will mich auf den Beweis für (1.) beschränken. Ordnet man kraft des *Weierstraß*schen Fundamentalsatzes nach Potenzen von $x$

$$\sum_0^\infty \frac{\alpha_\nu}{\nu!}\Psi^{(\nu)}(x) = \sum_0^\infty \frac{\alpha_\nu}{\nu!}\left(\beta_\nu + \frac{\beta_{\nu+1}}{1!}x + \frac{\beta_{\nu+2}}{2!}x^2 + \cdots\right)$$
$$= \gamma_0 + \frac{\gamma_1}{1!}x + \frac{\gamma^2}{2!}x^2 + \cdots,$$

so erhält man die Koeffizienten

$$\gamma_0 = \alpha_0\beta_0 + \frac{\alpha_1\beta_1}{1!} + \frac{\alpha_2\beta_2}{2!} + \cdots + \frac{\alpha_\nu\beta_\nu}{\nu!} + \cdots,$$

$$(6.)\qquad \gamma_1 = \alpha_0\beta_1 + \frac{\alpha_1\beta_2}{1!} + \frac{\alpha_2\beta_3}{2!} + \cdots + \frac{\alpha_\nu\beta_{\nu+1}}{\nu!} + \cdots,$$

$$\gamma_2 = \alpha_0\beta_2 + \frac{\alpha_1\beta_3}{1!} + \frac{\alpha_2\beta_4}{2!} + \cdots + \frac{\alpha_\nu\beta_{\nu+2}}{\nu!} + \cdots.$$

Man überzeugt sich leicht, entweder mit Hilfe der Ungleichungen (5.), (5'.) und der eben entwickelten Methode oder aus A, § 6, V, daß die Reihen (6.) absolut konvergieren.

Man betrachte die Polynome

$$\Phi_n(x) = \alpha_0 + \binom{n}{1}\alpha_1\frac{x}{n} + \binom{n}{2}\alpha_2\frac{x^2}{n^2} + \cdots + \binom{n}{n}\alpha_n\frac{x^n}{n^n},$$

$$\Psi_n(x) = \beta_0 + \binom{n}{1}\beta_1\frac{x}{n} + \binom{n}{2}\beta_2\frac{x^2}{n^2} + \cdots + \binom{n}{n}\beta_n\frac{x^n}{n^n},$$

die nur reelle Wurzeln haben (A, § 6, IV). Das Polynom

$$\Phi_n(D)\,\Psi_n(x) = \sum_{\nu=0}^{n}\binom{n}{\nu}\alpha_\nu \frac{\Psi_n^{(\nu)}(x)}{n^\nu} = \gamma_{n0} + \frac{\gamma_{n1}}{1!}x + \cdots + \frac{\gamma_{nn}}{n!}x^n$$

hat *lauter reelle Wurzeln.* Man hat

$$\gamma_{n\nu} = \alpha_0\beta_\nu\left(1-\frac{1}{n}\right)\left(1-\frac{2}{n}\right)\cdots\left(1-\frac{\nu-1}{n}\right)$$
$$+\frac{\alpha_1\beta_{\nu+1}}{1!}\left(1-\frac{1}{n}\right)\left(1-\frac{2}{n}\right)\cdots\left(1-\frac{\nu}{n}\right)$$
$$+\frac{\alpha_2\beta_{\nu+2}}{2!}\left(1-\frac{1}{n}\right)\left(1-\frac{1}{n}\right)\left(1-\frac{2}{n}\right)\cdots\left(1-\frac{\nu+1}{n}\right)$$
$$+\cdots,$$

**und man schließt leicht aus der absoluten Konvergenz der Reihen (6.), daß**

$$\textbf{(7.)}\qquad \lim_{n=\infty}\gamma_{n\nu} = \gamma_\nu \qquad (\nu = 0, 1, 2, 3, \ldots).$$

Aus dem Bestehen der unendlich vielen Gleichungen (7.) folgt aber schon, daß die Reihe $\sum_0^\infty \frac{\gamma_\nu}{\nu!}x^\nu$ eine Funktion vom Typus II darstellt (nach A, § 6, VI). W. z. b. w.

Man setze z. B.

$$\Phi(x) = I_0(\sqrt{-x}) = \sum_{\nu=0}^{\infty}\frac{1}{2^{2\nu}\nu!}\frac{x^\nu}{\nu!},$$

so hat man

$$I_n(\sqrt{-x}) = (\sqrt{-x})^n 2^n \sum_{\nu=0}^{\infty}\frac{1}{2^{2n+2\nu}(n+\nu)!}\frac{x^\nu}{\nu!} = (\sqrt{-x})^n 2^n \Phi^{(n)}(x).$$

Schreibt man nun in Formel (3.) bzw. (4.) $\Psi(2x)$ bzw. $\Psi(-2x)$ anstatt $\Psi(x)$ und ersetzt man im Resultat $x$ durch $-x$, so erhält man den Satz:

*Ist* $\Psi(x) = \sum_0^\infty \frac{\beta_\nu}{\nu!}x^\nu$ *vom Typus* II, *so sind die Reihen*

$$\sum_{n=0}^{\infty}\frac{\beta_n}{n!}x^{-\frac{n}{2}}I_n(x^{\frac{1}{2}}),\qquad \sum_{n=0}^{\infty}\frac{\beta_n}{n!}x^{+\frac{n}{2}}I_n(x^{\frac{1}{2}})$$

*überall konvergent und stellen wieder Funktionen vom Typus* II *dar.*

Bezeichnet man mit $U_n(x)$ das $n$-te *Hermitesche* Polynom, so hat man ähnlich:

*Ist* $\Phi(x) = \sum_{\nu=0}^{\infty}\frac{\alpha_\nu}{\nu!}x^\nu$ *vom Typus* I, *ohne negative Koeffizienten, so sind die Reihen*

$$\sum_{n=0}^{\infty}\frac{\alpha_n}{n!}U_n(x),\qquad \sum_{n=0}^{\infty}\frac{\alpha_n}{n!}x^n U_n(x)$$

*überall konvergent und stellen Funktionen vom Typus* II *dar.*

Bei dem Beweise des letzteren Satzes benutzt man die Tatsache

$$\frac{d^n e^{-\frac{x^2}{2}}}{dx^n} = e^{-\frac{x^2}{2}}(-1)^n U_n(x),$$

aber es genügt nicht das einfache Einsetzen der Funktion $\Psi(x) = e^{-\frac{x^2}{2}}$ in die Formel (1.) und (2.), sondern man bedarf noch (um mit $e^{-\frac{x^2}{2}}$ wegdividieren zu können) eines ähnlichen Gedankenganges, wie im Zusatz zu A, § 6, I.

Ich mache auf die Menge der in diesen Sätzen enthaltenen speziellen Resultate aufmerksam. Schon folgende scheinen mir neu zu sein: Wenn $\lambda$ und $\mu$ irgend zwei reelle Zahlen sind, so haben die Funktionen

$$\lambda\sqrt{x}I_n(\sqrt{x}) + \mu I_{n+1}(\sqrt{x}), \qquad \lambda I_n(\sqrt{x}) + \mu\sqrt{x}I_{n+1}(\sqrt{x})$$

nur reelle Wurzeln. — Ersetzt man in einem Polynom mit lauter reellen Wurzeln $x^n$ durch das $n$-te *Hermite*sche Polynom, so erhält man wieder ein Polynom mit nur reellen Wurzeln.

Zusatz I. *Bedeuten in Formel* (1.) *sowohl* $\Phi(x)$ *wie* $\Psi(x)$ *Funktionen vom Typus* I, *mit nicht negativen Koeffizienten, so stellt* (1.) *eine Funktion vom Typus* I *dar.*

Dann hat nämlich das Polynom $\Phi_n(D)\Psi_n(x)$ nur reelle *negative* Wurzeln.

Zusatz II. *Bedeuten in Formel* (1.) *sowohl* $\Phi(x)$ *wie* $\Psi(x)$ *Funktionen vom Typus* II, *so kann man zwar im allgemeinen die Konvergenz der Reihe* (1.) *nicht behaupten, jedoch man kann behaupten, daß sie, falls sie für* $|x| < \varrho\ (\varrho > 0)$ *konvergiert, notwendigerweise eine ganze Funktion vom Typus* II *darstellt.*

Aus der Konvergenz der Reihe (1.) schließt man nach dem *Weierstraß*schen Doppelreihensatz die Konvergenz der Reihen (6.). Aber aus der bloßen *Konvergenz* der Reihen (6.) folgt schon die Gültigkeit der Formeln (7.), nach heutzutage allgemein gebräuchlichen Methoden*).

Sei z. B. $\Phi(x) = \cos\omega x$ und $\Psi(x)$ irgend eine andere Funktion vom Typus II. Die Reihe

$$\cos\omega D\cdot\Psi(x) = \Psi(x) - \frac{\omega^2}{2!}\Psi''(x) + \frac{\omega^4}{4!}\Psi^{IV}(x) - \cdots$$
$$= \frac{\Psi(x+\omega i) + \Psi(x-\omega i)}{2}$$

*) Vgl. z. B. *Lebesgue,* Séries trigonométriques, S. 40.

konvergiert ersichtlich für jedes $x$, folglich fällt sie unter Zusatz II und hat lauter reelle Wurzeln — was übrigens dem *Biehler*schen Satze ebenfalls zu entnehmen ist*).

Zusatz III. *Bedeuten wieder sowohl* $\Phi(x)$ *wie* $\Psi(x)$ *Funktionen vom Typus* II, *und setzt man zwar nicht die Konvergenz von* (1.), *sondern nur das voraus, daß sämtliche Reihen* (6.), *d. h. die Koeffizienten in der formal umgeordneten Reihe* (1.), *konvergieren, so stellt die aus* (1.) *durch formale Umordnung zu bildende Potenzreihe eine Funktion vom Typus* II *dar.*

Für die Richtigkeit dieses Satzes bürgt das Bestehen der Relationen (7.), infolge von A, § 6, VI.

Man setze z. B.

$$(8.)\qquad \Phi(x)=e^{-\frac{zx^2}{2}}\quad (z>0),\qquad \Psi(x)=e^{-\frac{x^2}{2}}.$$

Die Werte von

$$\alpha_0,\quad \alpha_1,\quad \alpha_2,\ldots\quad \alpha_{2\nu-1},\quad \alpha_{2\nu},\ldots,$$
$$\beta_0,\quad \beta_1,\quad \beta_2,\ldots\quad \beta_{2\nu-1},\quad \beta_{2\nu},\ldots$$

sind in diesem Falle bzw.

$$1,\quad 0,\quad -1z,\ldots\quad 0,\quad (-1)^\nu 1\cdot3\cdot5\cdots(2\nu-1)z^\nu,\ldots,$$
$$1,\quad 0,\quad -1,\ldots\quad 0,\quad (-1)^\nu 1\cdot3\cdot5\cdots(2\nu-1),\ldots.$$

Daher ist

$$\gamma_0=1+\frac{1.1}{2!}z+\frac{1.3.\,1.3}{4!}z^2+\cdots+\frac{1\cdot3\cdots(2\nu-1)\cdot1\cdot3\cdots(2\nu-1)}{2\nu!}z^\nu+\cdots,$$
$$\gamma_1=0,$$
$$-\gamma_2=1+\frac{1.1.3}{2!}z+\frac{1.3.\,1.3.5}{4!}z^2+\cdots+\frac{1\cdot3\cdots(2\nu-1)\cdot1\cdot3\cdots(2\nu-1)\cdot2\nu+1}{2\nu!}z^\nu+\cdots,$$
$$\cdots.$$

So erhält man das Resultat: Ist $0<z<1$, so konvergieren die Reihen $\gamma_0,\gamma_1,\gamma_2,\ldots$ und man hat bzw.

$$\gamma_0=\frac{1}{(1-z)^{\frac12}},\quad -\gamma_2=1\frac{1}{(1-z)^{\frac32}},\quad \gamma_4=1\cdot3\frac{1}{(1-z)^{\frac52}},\ldots,$$
$$\gamma_1=\gamma_3=\gamma_5=\cdots=0.$$

Die aus der formal angeschriebenen Reihe

$$e^{-\frac{z}{2}D^2}\cdot e^{-\frac12x^2}=\sum_0^\infty(-1)^\nu\frac{1\cdot3\cdots(2\nu-1)}{2\nu!}z^\nu\frac{d^{2\nu}e^{-\frac{x^2}{2}}}{dx^{2\nu}}$$

**durch Umordnung erhaltene Potenzreihe stellt die Funktion** $\frac{1}{\sqrt{1-z}}e^{-\frac{x^2}{2(1-z)}}$

*) *Laguerre*, a. a. O. p. 168.

dar, die gewiß vom Typus II ist. — Ist aber $z \geqq 1$, so divergieren die Reihen $\gamma_0, \gamma_2, \gamma_4, \ldots$ und die Funktionen (8.) geben das Beispiel eines Funktionenpaares vom Typus II, für welches die Reihe (1.) in keinem den Punkt $x = 0$ umschließenden Kreis konvergieren kann.

## § 4.

### *Die Funktionen vom Typus* I* *und* II*.

Ich werde in den nun folgenden beiden Paragraphen zwei neue Klassen von ganzen Funktionen betrachten. Ich nenne eine ganze Funktion „Funktion vom Typus I*", wenn sie gleich dem Produkte einer ganzen Funktion vom Typus I und eines Polynoms mit reellen Koeffizienten ist. Ist $F(x)$ vom Typus I*, so hat entweder $F(x)$ oder $F(-x)$ die Form

$$\text{(I*)} \qquad c x^r e^{\gamma x} \prod_{\mu=1}^{T} (1 + \beta_\mu x) \prod_{\nu=1}^{\infty} (1 + \gamma_\nu x),$$

wo $\gamma \geqq 0$, $\gamma_\nu \geqq 0$ und das Polynom $\prod_{\mu=1}^{T} (1 + \beta_\mu x)$ **reelle Koeffizienten hat.**

Ähnlich heiße das Produkt einer Funktion vom Typus II und eines Polynoms mit reellen Koeffizienten eine „Funktion vom Typus II*". Eine solche Funktion hat die Form

$$\text{(II*)} \qquad c x^r e^{-\gamma x^2 + \delta x} \prod_{\mu=1}^{\tau} (1 + \beta_\mu x)(1 + \bar{\beta}_\mu x) \prod_{\nu=1}^{\infty} (1 + \delta_\nu x) e^{-\delta_\nu x}$$

($\gamma \geqq 0$, $\beta_\mu$ und $\bar{\beta}_\mu$ konjugiert komplex, $\delta, \delta_\nu$ reell, $\sum_1^\infty \delta_\nu^2$ konvergent). Kurz eine Funktion vom Typus II* ist das Produkt der Funktion $e^{-\gamma x^2} (\gamma \geqq 0)$ und einer ganzen Funktion vom Geschlecht 0 oder 1, mit reellen Koeffizienten und mit einer *endlichen* Anzahl von imaginären Wurzeln.

Die Einführung dieser Funktionen rechtfertigt sich durch folgende Sätze:

I. *Eine Funktion vom Typus* I* *läßt sich immer als Grenzwert einer in jedem endlichen Gebiete gleichmäßig konvergierenden Polynomfolge darstellen, wo jedes Polynom der Folge reelle Koeffizienten und höchstens eine bestimmte Anzahl T von Wurzeln außerhalb der negativen (bzw. positiven) reellen Achse hat. — Umgekehrt, unterliegen die Polynome einer Folge den eben besagten Bedingungen, betreffend die Koeffizienten und die Verteilung der Wurzeln, und konvergiert die Folge in irgend einem Gebiete gleichmäßig, so ist ihr Grenzwert eine Funktion vom Typus* I*.

II. *Jede Funktion vom Typus* II* *läßt sich als der Grenzwert einer in jedem endlichen Gebiet gleichmäßig konvergierenden Folge von Polynomen darstellen, von denen keines imaginäre Koeffizienten oder mehr als* $2\tau$ *imaginäre Wurzeln hat.*

*Umgekehrt, konvergiert eine Polynomfolge, deren Polynome die besagten Eigenschaften haben, in irgend einem Gebiete der Ebene gleichmäßig, so ist die Grenzfunktion eine ganze Funktion vom Typus* II*.

Ich muß für den Beweis dieser Sätze auf andere Arbeiten verweisen*).

Der *erste Teil* dieser Sätze geht aus dem Beweise der Sätze A, § 2, I und A, § 2, II genügend hervor.

Der Beweis des *zweiten Teiles* findet sich in den Arbeiten C (vgl. Satz I) und D (vgl. Sätze II und III) — bis auf die Bestimmung des Vorzeichens von $\gamma$ in den Formeln (I*) und (II*). Diese Bestimmung wird in A, § 2, I und II, sowohl wie in B, Sätze I und II für den Fall $T = 0$ bzw. $2\tau = 0$ durchgeführt. Den allgemeinen Fall $T \geqq 0$ $(2\tau \geqq 0)$ auf diesen speziellen zurückzuführen, bedarf man einer etwas langwierigen Überlegung, die jedoch keine Schwierigkeit darbietet, und die ich hier wohl unterdrücken kann. Ich eile lieber meinem Endziel, dem Beweise des Satzes des folgenden § 5 zu, zu dessen Vorbereitung ich noch folgender Sätze bedarf.

III. *Stellt die Potenzreihe*

$$(1.) \qquad a_0 + \frac{a_1}{1!}x + \frac{a_2}{2!}x^2 + \cdots + \frac{a_n}{n!}x^n + \cdots$$

*eine Funktion vom Typus* I* *und von der Form* (I*) *mit höchstens T Wurzeln außerhalb der negativen reellen Achse dar, so haben die Polynome*

$$(2.) \qquad a_0 x^n + \binom{n}{1} a_1 x^{n-1} + \binom{n}{2} a_2 x^{n-2} + \cdots + a_n \qquad {\scriptstyle (n=1,2,3,\ldots)}$$

*ebenfalls höchstens T Wurzeln außerhalb der reellen negativen Achse.*

*) B) *Pólya*, Über Annäherung durch Polynome mit nur reellen Wurzeln, Rendiconti del Circolo Matematico di Palermo, t. 36 (1913, 2), p. 279—295. C) *Pólya*, Über Annäherung durch Polynome, deren sämtliche Wurzeln in einen Winkelraum fallen, Nachrichten der K. Gesellschaft der Wissenschaften zu Göttingen, Math.-phys. Klasse. 1913. D) *Lindwart* und *Pólya*, Über einen Zusammenhang zwischen der Konvergenz von Polynomfolgen und der Verteilung ihrer Wurzeln, Rendiconti del Circolo Matematico di Palermo, t. 37 (1914, 1).

*Haben umgekehrt alle Polynome (2.) reelle Koeffizienten und höchstens T Wurzeln außerhalb der negativen reellen Achse, so liegt die Alternative*) vor: entweder hat die Reihe (1.) den Konvergenzradius 0, oder sie hat den Konvergenzradius* $\infty$ *und stellt eine Funktion vom Typus I* dar.*

IV. *Stellt die Potenzreihe (1.) eine Funktion vom Typus II* mit höchstens* $2\tau$ *imaginären Wurzeln dar, so haben die Polynome (2.) ebenfalls höchstens* $2\tau$ *imaginäre Wurzeln. Umgekehrt, wenn die Polynome (2.) reelle Koeffizienten und höchstens* $2\tau$ *imaginäre Wurzeln haben, dann sind nur zwei Fälle möglich: entweder hat die Potenzreihe (1.) den Konvergenzradius 0, oder den Konvergenzradius* $\infty$, *und im letzteren Falle stellt sie eine Funktion vom Typus II* dar.*

Diese Sätze sind schon zum großen Teil von *Laguerre* und von *Jensen* angegeben worden (vgl. A, § 6, IV); ich will mich hier auf den Beweis von III beschränken, und ich will $a_0 \neq 0$ voraussetzen.

Gesetzt also, daß die Reihe (1.) eine Funktion vom Typus I* darstellt, bestimme man nach Satz I eine Polynomfolge

$$\Phi_1(x),\ \Phi_2(x), \ldots \Phi_k(x), \ldots,$$

$$\Phi_k(x) = a_{k0} + \frac{a_{k1}}{1} x + \cdots + \frac{a_{kk}}{k!} x^k,$$

so daß $\Phi_k(x)$ $(k = 1, 2, 3 \ldots)$ höchstens $T$ nicht negative Wurzeln hat, und daß

$$\lim_{k=\infty} \Phi_k(x) = a_0 + \frac{a_1}{1!} x + \frac{a_2}{2!} x^2 + \cdots$$

ist. **Daraus folgt:**

$$\lim_{k=\infty} a_{k\nu} = a_\nu. \qquad (\nu = 0, 1, 2, \ldots)$$

Ferner hat, nach einem schon benutzten Satze von *Laguerre***), das Polynom

$$\frac{1}{k!} \Phi_k(D) x^k = \frac{a_{k0} x^k}{k!} + \frac{a_{k1} x^{k-1}}{1!(k-1)!} + \frac{a_{k2} x^{k-2}}{2!(k-2)!} + \cdots,$$

*wenigstens* $k - T$ negative reelle Wurzeln, und so hat das Polynom

$$\frac{n!}{k!} D^{k-n} \Phi_k(D) x^k = \Phi_k(D) x^n = a_{k0} x^n + \binom{n}{1} a_{k1} x^{n-1} + \cdots$$

nach dem *Rolle*schen Satze wenigstens

---

*) Vermutlich ist der Fall, daß der Konvergenzradius 0 wird, auszuschließen. Mir genügt jedoch hier auch der im Text angegebene weniger scharfe Satz.

**) A. a. O. S. 31, 201.

$$(k-T)-(k-n)=n-T$$

negative reelle Wurzeln, also höchstens $T$ Wurzeln außerhalb der negativen reellen Achse. Daher kann dasselbe von dem Polynom

$$\lim_{k=\infty} \Phi_k(D)x^n = a_0x^n + \binom{n}{1}a_1x^{n-1} + \cdots + a_n$$

behauptet werden, und dies mußte ich zuerst beweisen.

Sei nun umgekehrt vorausgesetzt, daß das Polynom (2.), das ich für einen Moment mit $Y_n(x)$ bezeichnen will, höchstens $T$ nicht negative Wurzeln hat, und daß die Reihe (1.) für $|x| < \varrho$ konvergiert ($\varrho > 0$). Dann hat man, gleichmäßig im Kreise $|x| \leqq \varrho(1-\varepsilon)$

$$\lim_{n=\infty} \frac{x^n}{n^n} Y_n\left(\frac{n}{x}\right) = \lim_{n=\infty}\left(a_0 + a_1\binom{n}{1}\frac{x}{n} + a_2\binom{n}{2}\frac{x^2}{n^2} + \cdots\right)$$

$$= a_0 + \frac{a_1}{1!}x + \frac{a_2}{2!}x^2 + \cdots.$$

Also ist die Reihe (1.) im Kreise $|x| \leqq \varrho(1-\varepsilon)$ der Grenzwert einer gleichmäßig konvergierenden Folge von Polynomen, wo jedes Polynom reelle Koeffizienten hat und kein Polynom mehr als $T$ nicht negative Wurzeln besitzt. Nach dem zweiten Teile des Satzes I dieses Paragraphen stellt also die Reihe (1.) eine ganze Funktion vom Typus I* dar, und ist folglich überall konvergent, w. z. b. w.

## § 5.

### *Über die Koeffizienten der Funktionen vom Typus* I* *und* II*.

So habe ich die nötigen Vorbereitungen getroffen zum Beweise von folgendem Satze: *)

*Damit eine Funktion $F(x)$ vom Typus* II* *nicht zugleich eine Funktion vom Typus* I* *ist, dazu ist notwendig und hinreichend, daß die Reihenentwicklung*

$$(1.)\qquad F(x) = a_0 + \frac{a_1}{1!}x + \frac{a_2}{2!}x^2 + \cdots + \frac{a_n}{n!}x^n + \cdots$$

*sowohl unendlichviele Zeichenwechsel wie auch unendlichviele Zeichenfolgen aufweist.*

Bei Abzählung der *Zeichenwechsel* werden die verschwindenden Koeffizienten überhaupt nicht in Betracht gezogen (wie das in der Algebra

*) Vgl. A, § 6, III.

üblich ist). Unter der Anzahl der *Zeichenfolgen* verstehe ich die Anzahl der Zeichenwechsel in der Reihenentwicklung

$$F(-x) = a_0 - \frac{a_1}{1!}x + \frac{a_2}{2!}x^2 - \frac{a_3}{3!}x^3 + \cdots.$$

Nach dieser Definition weist z. B. die Reihe

$$\sin x = x - \frac{x^3}{3!} + \frac{x^5}{5!} - \cdots$$

sowohl unendlichviele Zeichenfolgen, wie auch unendlichviele Zeichenwechsel auf, während die Reihe

$$\frac{1}{1+x^3} = 1 - x^3 + x^6 - x^9 + \cdots$$

nur Zeichenwechsel und keine einzige Zeichenfolge hat. —

Zum Beweise unseres Satzes muß zuerst gezeigt werden, daß die Funktion $F(x)$, falls sie vom Typus II* ist und ihre Reihenentwicklung (1.) nur eine endliche Anzahl von Zeichenwechseln aufweist, notwendigerweise auch vom Typus I* sein muß.

In der Tat, nach Voraussetzung und infolge von Satz IV des vorangehenden § 4 hat keines der unendlichvielen Polynome (mit reellen Koeffizienten)

$$(2.) \qquad a_0x^n + \binom{n}{1}a_1x^{n-1} + \binom{n}{2}a_2x^{n-2} + \cdots + a_n \qquad (n=1,2,3,\ldots)$$

mehr imaginäre Wurzeln als eine bestimmte Anzahl $2\tau$. Aber ebenfalls nach Voraussetzung hat keines dieser Polynome mehr Zeichenwechsel als eine gewisse fixe Anzahl $W$, und somit kann nach der *Descartes*schen Regel keines dieser Polynome mehr positive Wurzeln haben als $W$. Da aber keines der Polynome (2.) mehr als $2\tau + W$ Wurzeln außerhalb der negativen reellen Achse hat, stellt infolge von Satz III des § 4, die Reihe (1.) eine Funktion vom Typus I* dar, w. z. b. w.

Zweitens soll gezeigt werden, daß, wenn $F(x)$ die in Formel (I*) angegebene Produktzerlegung hat, die Reihenentwicklung (1.) höchstens $T$ Zeichenwechsel aufweist. Das Polynom (2.) darf nun höchstens $T + r$ nicht negative Wurzeln haben und seine Entwicklung muß (nach der *Descartes*schen Regel) wenigstens so viel Zeichenfolgen aufweisen, als negative Wurzeln da sind. Nimmt man nun die Tatsache hinzu, daß die Anzahl der Zeichenfolgen vermehrt um die Anzahl der Zeichenwechsel $<$ ist als die Anzahl der von Null verschiedenen Wurzeln, so wird einleuchten, daß wirklich höchstens $T$ Zeichenwechsel in irgend einem Polynom (2.) zu finden sind. Daher kann auch (1.) nicht mehr Zeichenwechsel haben. —

Z. B. die Funktion

$$\frac{1}{\Gamma(x)} = x e^{cx} \prod_{n=1}^{\infty} \left(1 + \frac{x}{n}\right) e^{-\frac{x}{n}}$$

ist vom Typus II* (sogar vom Typus II), aber sie ist gewiß nicht vom Typus I*. Daher muß ihre Reihenentwicklung sowohl unendlichviele Zeichenwechsel wie auch unendlichviele Zeichenfolgen enthalten*).

Für gewisse Untersuchungen über die *Descartes*sche Zeichenregel**) ist insbesondere jene Folgerung von Belang, daß die Entwicklungen der Funktionen

$$e^{kx} \frac{1}{\Gamma(x)}, \qquad (1+x)^k \frac{1}{\Gamma(x)}$$

nach Potenzen von $x$ bei noch so großem positivem ganzem $k$ unendlichviele Zeichenwechsel aufweisen müssen, obzwar die Funktionen keine positiven Wurzeln haben.

Hier wurde mit Hilfe unseres Satzes aus der Kenntnis der Produktzerlegung die Art der Verteilung der Vorzeichen in der Reihenentwicklung erschlossen. Der Satz kann aber auch umgekehrt dazu benutzt werden, aus der Kenntnis der Vorzeichenverteilung und aus der Kenntnis einiger Eigenschaften der Produktzerlegung auf andere Eigenschaften der Funktion, z. B. auf die Existenz unendlichvieler imaginärer Nullstellen zu schließen***).

---

*) Die ersten Koeffizienten von $\frac{1}{\Gamma(x)}$, $\frac{1}{x(x+1)\Gamma(x)}$, $\frac{1}{e^{cx}x(x+1)\Gamma(x)}$ sind berechnet bei *Bourguet*, Sur les intégrales Eulériennes etc. Acta Mathematica Bd. 2 (1883), S. 261—295.

**) Vgl. *Laguerre*, a. a. O. p. 22—25. — *Fekete* und *Pólya*, Über ein Problem von *Laguerre*, Rendiconti del Circolo Matematico di Palermo, t. 34 (1912, 2), p. 119—120. — *Bálint*, Über reelle Wurzeln von Potenzreihen mit reellen Koeffizienten (Ungarisch), Mathematikai és természettudományi Értesitö, Bd. 31 (1913).

***) Ein solcher Schluß gelang Herrn *M. Riesz* bei einer von ihm untersuchten Funktion.

Jahresbericht der Deutschen Mathematiker-Vereinigung. XXIV. 1915. Heft 10/12.
Druck und Verlag von B. G. Teubner in Leipzig.

# Bemerkung zur Theorie der ganzen Funktionen.[1])

Von G. Pólya in Zürich.

**1.** Betrachten wir die Gesamtheit aller in der Formel

$$F(x) = cx^r e^{-\gamma x^2 + \delta x} \prod_{\nu=1}^{\infty} (1 - \delta_\nu x) e^{\delta_\nu x} \tag{1}$$

enthaltenen ganzen Funktionen $F(x)$, wo

$c$ beliebig,
$r$ eine nichtnegative ganze Zahl,
$\gamma$ reell und nichtnegativ,
$\delta, \delta_1, \delta_2, \ldots \delta_\nu, \ldots$ reell und die Reihe
$\delta_1^2 + \delta_2^2 + \cdots + \delta_\nu^2 + \cdots$ konvergent ist.

Der Inhalt der Formel (1) läßt sich so beschreiben: $F(x)e^{\gamma x^2}$, wo $\gamma \geq 0$, ist die allgemeinste ganze Funktion vom Geschlechte Eins, deren sämtliche Wurzeln reell sind, und in deren Potenzreihenentwicklung um $x = 0$ das Verhältnis je zweier Koeffizienten reell ist. — Ich bemerke ausdrücklich, daß den Konstanten in Formel (1) auch der Wert 0 zuerteilt werden kann, derart, daß $F(x)$ auch $\equiv 0$, eine Konstante, oder irgendein Polynom mit lauter reellen Wurzeln sein kann.

$F(x)$ hat keine imaginären (d. h. nichtreellen) Wurzeln, und es kann bewiesen werden, daß alle ihre Derivierten

$$F'(x), \quad F''(x), \ldots, F^{(n)}(x), \ldots$$

1) Vorliegendes ist die Ausarbeitung meiner in den Comptes Rendus Bd. 158 (1914, 1) S. 330 erschienenen Note „Sur une question concernant les fonctions entières".

For comments on this paper[28], see p. 419.

gleichfalls keine imaginären Wurzeln haben. Der einfachste Beweis dieser wohlbekannten[1]) Tatsache ist so: wenn die positiven ganzen Zahlen

$$m_1, \quad m_2, \quad .., \quad m_n, \ldots$$

genügend stark wachsen, und

$$\Phi_n(x) = cx^r \left(1 - \frac{\gamma x^2}{n}\right)^n \left(1 + \frac{\delta + \delta_1 + \cdots + \delta_n}{m_n} x\right)^{m_n} \prod_{\nu=1}^{n} (1 - \delta_\nu x)$$

gesetzt wird, so konvergieren die Polynome

$$\Phi_1(x), \quad \Phi_2(x), \ldots, \Phi_n(x), \ldots$$

gegen $F(x)$, und zwar in jedem endlichen Gebiete gleichmäßig. Die Polynome $\Phi_n(x)$ haben nun *lauter reelle Wurzeln,* und darum haben auch

$$\Phi_1'(x), \quad \Phi_2'(x), \qquad \Phi_n'(x),$$

nur reelle Wurzeln. Letztere Polynome konvergieren jedoch in jedem endlichen Bereiche gleichmäßig gegen $F'(x)$, und folglich kann $F'(x)$ keine imaginäre Wurzeln haben. Ebenso ist der Beweis für $F''(x)$, $F'''(x)$, ... usw.

Es sind die durch Formel (1) dargestellten Funktionen die allgemeinsten, auf die das vorangehende Beweisverfahren anwendbar ist: denn wenn eine Folge von Polynomen mit lauter reellen Wurzeln in einem noch so kleinen Gebiete der $x$-Ebene konvergiert, so ist ihr Grenzwert eine Funktion von der Form (1).[2]) So erhebt sich natürlicherweise die Frage: gibt es außer den in (1) enthaltenen Funktionen noch andere Funktionen $F(x)$ *von der Eigenschaft, daß*

$$F(x), \quad F'(x), \quad F''(x), \ldots, F^{(n)}(x), \ldots$$

*keine imaginäre Wurzeln haben?*

Diese Frage ist zu bejahen; der Forderung genügt

$$F(x) = ae^{bx} \tag{2}$$

wo $a$, $b$ beliebig komplex, oder auch

$$F(x) = a(e^{ibx} - c) \tag{3}$$

wo $a$ beliebig, $b$ reell und $|c| = 1$.

1) Vgl. z. B. Borel, Fonctions entières, S. 32, wo jedoch nur der Fall $\gamma = 0$ berücksichtigt ist.

2) Vgl. für dies und für Vorangehendes: G. Pólya und J. Schur: Über zwei Arten von Faktorenfolgen in der Theorie der algebraischen Gleichungen, Crelles Journal Bd. 144, S. 89—113. Der dort angegebenen Literatur sei noch hinzugefügt: E. Lindwart, Über eine Methode von Laguerre zur Bestimmung des Geschlechts einer ganzen Funktion. Dissertation, Göttingen 1914. R. Jentzsch, Sur l'extension d'un théorème de Laguerre. Comptes Rendus, 1914. Bd. 158.

„Alle ganzen Funktionen zu bestimmen, die nebst sämtlichen Derivierten nur reelle Wurzeln haben" — so lautet in voller Allgemeinheit das angeschnittene Problem. Obzwar die Vermutung naheliegt, daß (1) alle die gewünschten Funktionen darstellt, bis auf wenige Ausnahmen, etwa nur bis auf (2) und (3), scheint mir die Frage doch sehr schwierig zu sein. — Ich teile im folgenden ein sehr spezielles Resultat mit, das hauptsächlich nur als Sondierung des eben erwähnten Problems einiges Interesse beanspruchen kann und so lautet:

Satz I: *Wenn die Funktion $F(x)$ vom endlichen Geschlechte ist und nur eine endliche Anzahl von Wurzeln hat, und keine der Funktionen $F(x)$, $F'(x)$, ..., $F^{(n)}(x)$, ... imaginäre Wurzeln hat, so ist $F(x)$ entweder von der Form* (1) *oder von der Form* (2).

Hat $F(x)$ endliches Geschlecht und endlichviele Wurzeln, so ist

$$F(x) = g(x)e^{H(x)} \tag{4}$$

wo $g(x)$ und $H(x)$ Polynome sind. Satz I ist also eigentlich ein Satz über Polynome. Seinen Beweis vollständig zu erbringen gelang mir nur mit der freundlichen Hilfe von Herrn J. Schur; dieser Beweis wird im folgenden mitgeteilt.

**2.** Ich nehme an, daß in Formel (4) das Polynom $g(x)$ nicht identisch verschwindet, und daß das Polynom $H(x)$ sich nicht auf eine Konstante reduziert. Der Grad von $H(x)$ soll $m+1$ heißen, seine Derivierte

$$\frac{dH(x)}{dx} = h(x).$$

Es ist also

$$m \geqq 0, \quad h(x) \not\equiv 0.$$

Ich setze ferner

$$\frac{d^n F}{dx^n} = g_n e^H,$$

wo $g_n(x)$ ein gewisses Polynom ist, $g_0 = g$. Die Polynome $g_n$ sind durch die Rekursionsformel

$$g_{n+1} = g_n h + g_n'$$

bestimmt.

Es ist

$$\lg g_{n+1} = \lg g_n + \lg h + \lg\left(1 + \frac{g_n'}{g_n h}\right)$$

also

$$\frac{g_{n+1}'}{g_{n+1}} = \frac{g_n'}{g_n} + \frac{h'}{h} + \frac{1}{1 + \frac{g_n'}{g_n h}} \frac{d}{dx}\left(\frac{g_n'}{g_n h}\right). \tag{5}$$

Die $\nu$-ten Koeffizienten der Reihenentwicklungen

$$\frac{g'}{g} = \sum_{\nu=0}^{\infty} \frac{s_\nu}{x^{\nu+1}}, \quad \frac{h'}{h} = \sum_{\nu=0}^{\infty} \frac{t_\nu}{x^{\nu+1}}, \quad \frac{g_n'}{g_n} = \sum_{\nu=0}^{\infty} \frac{S_{n,\nu}}{x^{\nu+1}},$$

d. h. $s_\nu$, $t_\nu$, $S_{n,\nu}$ sind die $\nu$-ten Potenzsummen der Wurzeln der Polynome $g(x)$, bzw. $h(x)$ und $g_n(x)$, vorausgesetzt, daß diese Polynome sich nicht auf Konstanten reduzieren (in diesem Falle sind die Koeffizienten $= 0$). Auf alle Fälle stellen $s_0$, $t_0 = m$ und $S_{n,0}$ die richtigen Gradzahlen der Polynome $g$, $h$, $g_n$ dar. — Setzt man

$$\frac{1}{h} = \frac{p_0}{x^m} + \frac{p_1}{x^{m+1}} + \frac{p_2}{x^{m+2}} + \cdots,$$

so ist $p_0$, das Reziproke des höchsten Koeffizienten in $h$, von 0 verschieden.

Aus (5) lassen sich die $S_{n,\nu}$ für alle $n$ und wenigstens für die niedrigsten Werte von $\nu$ leicht berechnen. Es ist

$$\frac{g_n'}{g_n h} = \frac{p_0 S_{n,0}}{x^{m+1}} + \frac{p_0 S_{n,1} + p_1 S_{n,0}}{x^{m+2}} + \cdots$$

$$\frac{d}{dx}\left(\frac{g_n'}{g_n h}\right) = -(m+1)\frac{p_0 S_{n,0}}{x^{m+2}} - (m+2)\frac{p_0 S_{n,1} + p_1 S_{n,0}}{x^{m+3}} - \cdots$$

**Werden die rechte Seite von (5), d. h.**

$$\frac{g_n'}{g_n} + \frac{h'}{h} + \frac{d}{dx}\left(\frac{g_n'}{g_n h}\right) - \frac{g_n'}{g_n h}\frac{d}{dx}\left(\frac{g_n'}{g_n h}\right) + \left(\frac{g_n'}{g_n h}\right)^2 \frac{d}{dx}\left(\frac{g_n'}{g_n h}\right) - \cdots$$

**und der Ausdruck**

$$\frac{g_n'}{g_n} + \frac{h'}{h} + \frac{d}{dx}\left(\frac{g_n'}{g_n h}\right)$$

**beide nach fallenden Potenzen von $x$ entwickelt, so stimmen sie in den Koeffizienten von $x^{-1}, x^{-2}, \ldots, x^{-2m-2}$ überein. Formel (5) ergibt daher durch Koeffizientenvergleichung**

für $\nu = 0, 1, 2, \ldots, m$

$$S_{n+1,\nu} = S_{n,\nu} + t_\nu \tag{6}$$

für $\nu = m+1, m+2, \ldots, 2m+1$

$$S_{n+1,\nu} = S_{n,\nu} + t_\nu - \nu \sum_{k=0}^{\nu-(m+1)} p_k S_{n,\nu-m-1-k}. \tag{7}$$

Aus (6) folgt

für $\nu = 0, 1, 2, \ldots m$

$$S_{n,\nu} = s_\nu + n t_\nu. \tag{8}$$

Die Formel (7) und (8) geben kombiniert

$$S_{n+1,\nu} - S_{n,\nu} = t_\nu - \nu \sum_{k=0}^{\nu-m-1} p_k (s_{\nu-m-1-k} + n t_{\nu-m-1-k}),$$

und hieraus folgt

für $\nu = m+1,\ m+2,\ \quad 2m+1$

(9) $$S_{n,\nu} = s_\nu + nt_\nu - \nu \sum_{k=0}^{\nu-m-1} p_k\left(n\, s_{\nu-m-1-k} + \frac{n(n-1)}{2} t_{\nu-m-1-k}\right).$$

So ergeben sich $S_{n,0}, S_{n,1}, \ldots, S_{n,2m+1}$ als Polynome in der ganzzahligen Variablen $n$, vom Grade 0 oder 1 oder 2. So ist z. B.

(10) $$S_{n,m+1} = -\frac{(m+1)m}{2} p_0 n^2 + \left(t_{m+1} - (m+1)p_0 s_0 + \frac{(m+1)m}{2} p_0\right) n + s_{m+1}$$

vom Grade 2, wenn $m \geqq 1$,

" " 1, " $m = 0,\ s_0 \geqq 1$,

" " 0, " $m = 0,\ s_0 = 0$.

Die weitere Untersuchung beruht auf den Formeln (8), (9) und (10).

**3.** Hat weder die Funktion

(4) $$F(x) = g(x)\, e^{H(x)}$$

noch ihre Derivierte $F'(x)$ imaginäre Wurzeln, so müssen beide Reihen von Zahlen

$$s_1,\ s_2,\ \ldots,\ s_m,\ s_{m+1},\ \ldots$$
$$S_{1,1},\ S_{1,2},\ \ldots,\ S_{1,m},\ S_{1,m+1},\ \ldots$$

reell sein. Denn sie stellen entweder die Potenzsummen der reellen Wurzeln dar, wenn überhaupt welche Wurzeln da sind, oder besteht die ganze Reihe aus lauter Nullen, wenn es keine Wurzeln gibt. Um weitere Schlüsse aus diesem Umstande zu ziehen, unterscheide ich mehrere Fälle.

I. $s_0 \geqq 1$, d. h. $g(x)$ ist keine Konstante. — Da nach (8)

$$t_1 = S_{1,1} - s_1,\ \ldots,\ t_m = S_{1,m} - s_m$$

ist, müssen die Potenzsummen $t_1, t_2, \ldots, t_m$ der Wurzeln von $h(x)$ alle reell sein. Da $h(x)$ vom Grade $m$ ist, müssen auch alle anderen symmetrische Funktionen der Wurzeln von $h(x)$ reell sein, und insbesondere muß das Verhältnis je zweier Koeffizienten von $h(x)$ reell sein.

Ich behaupte, daß der höchste Koeffizient von $h(x)$ reell ist; in der Tat, aus (10) folgt

$$S_{1,m+1} = -(m+1)p_0 s_0 + t_{m+1} + s_{m+1}.$$

Es ist $(m+1)s_0 > 0$ und daher muß $p_0$, das Reziproke des höchsten Koeffizienten in $h(x)$, reell sein.

Kurz, ist $s_0 \geqq 1$, und haben $F(x)$ und $F'(x)$ keine imaginären Wurzeln, so sind die Koeffizienten von $h(x)$ reell.

Es muß nicht so sein im Falle

II. $s_0 = 0$, $m = t_0 \geqq 1$. Aber in diesem Falle hat

$$F'(x) = g_1 e^H$$

gewiß Wurzeln, da der Grad von $g_1(x)$

$$S_{1,0} = s_0 + t_0 \geqq 1$$

ist. Wendet man I. auf $F'(x)$ an, so erhält man dies: ist $m \geqq 1$, und haben $F(x)$, $F'(x)$, $F''(x)$ reelle Wurzeln, so müssen die Koeffizienten von $h(x)$ reell sein.

III. $s_0 = 0$, $m = t_0 = 0$. In diesem Falle stoßen wir auf die Form

$$F(x) = a e^{bx} \tag{2}$$

und $h(x) = b$ muß nicht reell sein.

Zusammengefaßt, können wir folgendes aussagen: ist $s_0 + m \geqq 1$, und haben $F(x)$, $F'(x)$, $F''(x)$ keine imaginäre Wurzeln, so gibt es eine Zahl $c$ (etwa $c = g(0)e^{H(0)}$), so daß $\frac{F(x)}{c}$ lauter reelle Koeffizienten hat. Indem wir also die Funktionen (2) beiseite lassen, nehmen wir im ferneren Verlaufe des Beweises von Satz I an, daß in der Formel

$$F(x) = g(x) e^{H(x)} \tag{3}$$

die Polynome $g$ und $H$ reelle Koeffizienten haben.

Die in diesem Absatze dargelegte einfache Tatsache ist wohl auch ohne die Benutzung der Formeln (8), (9), (10) zu zeigen, die mehr Übungs halber herangezogen worden sind. Dieser Formelapparat scheint aber unerläßlich im folgenden Absatz.

**4.** Ich beweise nun den

Satz II. *Ist in Formel*

$$F(x) = g(x) e^{H(x)} \tag{4}$$

*das Polynom $H(x)$ vom höheren Grade als 2, oder zwar vom Grade 2, aber sein höchster Koeffizient positiv, so haben alle Derivierten von $F(x)$, von einer gewissen an, wenigstens ein Paar imaginäre Wurzeln.*

Satz II beweist, zusammengenommen mit dem Resultat von 3, den Satz I vollständig, er besagt sogar etwas mehr.

Wenn $F^{(n)}(x)$ nur reelle Wurzeln hat, so genügen die Potenzsummen $S_{n,0}, S_{n,1}, S_{n,2}, \ldots$ seiner Wurzeln gewissen Ungleichungen, deren allereinfachste so lauten:

$$S_{n,2\nu} \geqq 0, \quad S_{n,2\mu} S_{n,2\nu} - S^2_{n,\mu+\nu} \geqq 0. \tag{11}$$

Ich werde Satz II beweisen, indem ich zeige, daß gewisse der Ungleichungen (11) für genügend großes $n$ nicht erfüllt sind. Kraft der

Formel (8), (9), 10) sind die linken Seiten der Ungleichungen (11) Polynome in der ganzzahligen Variablen $n$, wenn $\mu \leqq m$, $\nu \leqq m$. Für großes $n$ hängt das Vorzeichen dieser Polynome nur vom Vorzeichen des Koeffizienten der höchsten Potenz von $n$ ab. Dieser höchste Koeffizient ist aber leicht zu berechnen. Denn die Polynome (8) sind vom Grade $\leqq 1$, die Polynome (9) vom Grade $\leqq 2$, während das Polynom (10) in unserem Falle $(m+1 \geqq 2)$ vom genauen Grade 2 ist; wir werden es so einrichten, daß der höchste Koeffizient immer diesem Polynome (10) entnommen wird.

Ich unterscheide mehrere Fälle, je nach dem Werte der Zahl $m+1$, der Gradzahl von $H(x)$.

I. $m+1=2$, $p_0>0$. — $S_{n,2}$ ist vom Grade 2, und es ist nach (10)

$$S_{n,2} = -p_0 n^2 + \cdots.$$

II. $m+1 \geqq 3$, $m+1$ ungerade. — Man hat

$$S_{n,m} S_{n,m+2} - S^2_{n,m+1} = -\left(\frac{(m+1)\,m}{2} p_0\right)^2 n^4 + \cdots.$$

III. $m+1 \geqq 4$, $m+1$ gerade. — Man hat

$$S_{n,m-1} S_{n,m+3} - S^2_{n,m+1} = -\left(\frac{(m+1)\,m}{2} p_0\right)^2 n^4 + \cdots.$$

In allen drei Fällen sind die berechneten höchsten Koeffizienten *negativ*, und so ist der Beweis für Satz II erbracht.

Hat hingegen $H(x)$ den Grad 1, oder den Grad 2 und einen negativen höchsten Koeffizienten, und ist dabei $g(x)$ ein Polynom ohne imaginäre Wurzeln, kurz gesagt, wenn $F(x)$ die Form (1) hat, dann haben alle Derivierte von $F(x)$ nur reelle Wurzeln. Der Beweis von Satz II muß also in diesem Falle versagen, und es ist auch deutlich zu sehen, wo er versagt; ist $m+1=1$, so läßt sich $S_{n,2}$ und ist $m+1=2$, so läßt sich $S_{n,4}$ schon nicht aus den Formeln (8), (9), (10) berechnen.

Aus Satz II folgt: Ist eine Funktion $F(x)$ von der Form (4) der Grenzwert von Polynomen mit lauter reellen Wurzeln, so ist sie notwendigerweise auch von der Form (1): in der Tat, sonst hätten genügend hohe Derivierte von $F(x)$ imaginäre Wurzeln. Dies ist ein Bruchstück eines im Absatz 1 zitierten allgemeinen Satzes.

5. Betrachten wir nun alle ganze Funktionen $F(x)$, die in der Formel

$$F(x) = c x^r e^{\gamma x} \prod_{\nu=1}^{\infty} (1 + \gamma_\nu x) \tag{12}$$

enthalten sind, wo

$c$ beliebig

$r$ eine nichtnegative ganze Zahl

$\gamma, \gamma_1, \gamma_2, \ldots$ nichtnegative reelle Zahlen sind, und die Reihe

$\gamma_1 + \gamma_2 + \gamma_3 + \cdots$ konvergiert.

Die ganze Funktion $F(x)$ ist ein Grenzwert von Polynomen mit lauter reellen *nichtpositiven* Wurzeln, nämlich von den Polynomen

$$cx^r\left(1 + \frac{\gamma x}{n}\right)^n \prod_{\nu=1}^{n} (1 + \gamma_\nu x)$$

für unendlich wachsendes $n$. Daraus folgt, mit Hilfe einer eben befolgten Schlußweise, daß alle Derivierten von $F(x)$ nur reelle nichtpositive Wurzeln haben. — Formel (12) stellt übrigens die allgemeinste analytische Funktion dar, die ein Grenzwert von Polynomen mit lauter nichtpositiven reellen Wurzeln ist.[1])

Die Formeln (8), (9), (10) gestatten nun auch den Beweis von Satz III. *Ist*

$$F(x) = g(x)e^{H(x)}, \tag{4}$$

*wo* $g(x)$ *und* $H(x)$ *Polynome sind, und haben alle Funktionen*

$$F(x),\ F'(x),\ F''(x),\ \ldots\ F^{(n)}(x),\ \ldots$$

*nur reelle nichtpositive Wurzeln, so muß*

$$H(x) = \gamma x + \delta$$

*sein, wo* $\gamma \geqq 0$ — *abgesehen vom Falle, wo* $g(x)$ *und* $H'(x)$ *Konstanten sind.*

Die Folgerung des Satzes III lautet also kurzgefaßt so, daß $F(x)$ die Form (12) haben muß. Der bezeichnete Ausnahmefall ist wieder (2).

Kraft des Vorangehenden kann ich mich sofort auf reelle Koeffizienten und auf folgende drei Fälle beschränken:

I. $m + 1 = 2$, $p_0 < 0$. — Wenn alle Wurzeln von

$$F^{(n)}(x) = g_n e^H$$

$\leqq 0$ sind, so muß, wie es leicht ersichtlich ist, die Ungleichung

$$(-S_{n,1})(-S_{n,3}) - S^2_{n,\frac{1}{2}+\frac{3}{2}} = S_{n,1}S_{n,3} - S^2_{n,2} \geqq 0 \tag{13}$$

stattfinden. Die linke Seite von (13) ist aber ein Polynom vom Grade 4 in der ganzzahligen Variablen $n$,

$$S_{n,1}S_{n,3} - S^2_{n,2} = -p_0^2 n^4 + \cdots.$$

1) Vgl. Pólya und J. Schur, a. a. O.

Der berechnete höchste Koeffizient ist *negativ*, und darum können nicht alle Wurzeln von $F^{(n)}(x)$ negative Größen sein, wenn $n$ genügend groß ist.

II. $m+1=1$, $p_0<0$, $s_0 \geqq 1$. — Wären alle Wurzeln von $F^{(n)}(x)$ negativ, so wäre gewiß

$$S_{n,1} \leqq 0.$$

Nach Formel (10) hat man jedoch

$$S_{n,1} = -p_0 s_0 n + \cdots,$$

und daraus kann man die nämliche Folgerung ziehen, wie im Falle I. So bleibt nur der Fall

III. $m+1=1$, $p_0>0$, $s_0 \geqq 1$, d. h. der im Satz III bezeichnete Fall.

So ist Satz III bewiesen. — Nimmt man an, daß $g(x)$ lauter reelle Wurzeln hat, und betrachtet man $x+a$ anstatt $x$, so läßt sich durch Hervorgebrachtes zeigen, daß die extremen Wurzeln von $F^{(n)}(x)$ mit wachsendem $n$ ins positiv- oder negativ-Unendliche, oder nach beiden Richtungen hin wandern müssen, je nachdem der Fall II, III oder I vorliegt. Im Falle II und III läßt sich noch übrigens leicht feststellen, daß alle Wurzeln von $F^{(n)}(x)$ asymptotisch $= -p_0 n$ werden.

# Über algebraische Gleichungen mit nur reellen Wurzeln.

Von

Georg Pólya.

(Als Manuskript eingegangen am 5. Juni 1916.)

Die beiden Polynome

$$f(x) = a_0 + a_1 x + a_2 x^2 + \cdots + a_n x^n$$

$(a_n \gtrless 0)$ und

$$b_0 + b_1 x + b_2 x^2 + \cdots + b_n x^n + b_{n+1} x^{n+1} + \cdots + b_{n+m} x^{n+m}$$

$(m \geqq 0)$ sollen nur reelle Nullstellen besitzen, und überdies seien die ersten $n+1$ Koeffizienten $b_0, b_1, b_2, \ldots b_n$ des letzteren positiv.

Dann hat die Kurve $n$-ter Ordnung

$$(1) \quad F(x, y) \equiv b_0 f(y) + b_1 x f'(y) + b_2 x^2 f''(y) + \cdots + b_n x^n f^{(n)}(y) = 0$$

$n$ **reelle** Durchschnittspunkte mit jeder Geraden

$$s x - t y + u = 0,$$

vorausgesetzt, dass

$$s \geqq 0, \quad t \geqq 0, \quad s + t > 0, \quad u \text{ reell.}$$

Dieser Satz gehört wohl zu den allgemeinsten bekannten Sätzen über Wurzelrealität. Durch Spezialisierung der Werte $s, t, u$ bekommt man die Geraden

$$x = 1, \qquad y = 0, \qquad x = y,$$

und diesen drei Geraden entsprechend gewinnt man die drei wichtigsten Spezialfälle unseres Satzes, nämlich dass die Polynome

$$\text{I.} \quad b_0 f(y) + b_1 f'(y) + b_2 f''(y) + \cdots + b_n f^{(n)}(y)$$

$$\text{II.} \quad a_0 b_0 + 1!\, a_1 b_1 x + 2!\, a_2 b_2 x^2 + \cdots + n!\, a_n b_n x^n$$

$$\text{III.} \quad b_0 f(x) + b_1 x f'(x) + b_2 x^2 f''(x) + \cdots + b_n x^n f^{(n)}(x)$$

---

For comments on this paper[32], see p. 420.

nur reelle Nullstellen besitzen. Diese Spezialfälle sind bekannt. Der erste ist von Hermite und Poulain[1]), der zweite von Herrn J. Schur[2]), und der dritte von Herrn J. Schur und mir[3]) gefunden worden. Umgekehrt folgt der allgemeine Satz aus diesen drei Spezialfällen durch leicht ersichtliche Vertauschungen der Veränderlichen. Ich hatte nur die Absicht, diese drei speziellen Sätze in einer Aussage und in einem einheitlichen geometrischen Bilde zu vereinigen.

Ich will dieses geometrische Bild entwickeln, indem ich mir die Aufgabe stelle, von dem leicht beweisbaren und wohlbekannten Hermite-Poulain'schen Satze ausgehend, den tiefer liegenden Satz des Herrn J. Schur über das Polynom II zu beweisen.

Aus Stetigkeitsgründen kann man die $n$ reellen Wurzeln von $f(x)$ als verschieden voraussetzen. In diesem Falle hat jede Gerade $x =$ konst. $n$ reelle und verschiedene Durchschnittspunkte mit der Kurve (1). (Vergl. J. Schur a. a. O.) Daher besteht die Kurve (1) aus $n$ verschiedenen, stetigen Zügen. Ich behaupte, dass in jedem dieser $n$ Züge $y$ von $+\infty$ bis $-\infty$ geht, wenn $x$ die ganze Abscissenaxe durchlaufend sich von $-\infty$ bis $+\infty$ ändert. In der Tat, wie auch $x \gtrless 0$ gewählt sei, hat die Gleichung $n$-ten Grades für $t$

$$F(x, tx) = 0$$

nur reelle Wurzeln. Folglich hat auch die Gleichung

$$(2) \quad \lim_{|x|=\infty} \frac{F(x,tx)}{x^n} = a_n (b_0 t^n + n b_1 t^{n-1} + n(n-1) b_2 t^{n-2} + \cdots + n(n-1)\ldots 2.1\, b_n) = 0$$

nur reelle Wurzeln. Diese Wurzeln von (2) sind aber alle negativ ($< 0$), da $a_n \gtrless 0$, und $b_0 > 0$, $b_1 > 0, \ldots b_n > 0$, laut Voraussetzung.

Das Verhältnis von $y$ zu $x$ ist also endlich und negativ für $|x| = \infty$, und so variiert wirklich $y$ von $+\infty$ bis $-\infty$ in jedem Zuge der Kurve (1), wenn $x$ die Abscissenaxe beschreibt. Daher wird irgendeine Gerade $y =$ konst. alle $n$ Züge von (1) schneiden, d. h. die Kurve (1) hat wenigstens $n$ reelle Schnittpunkte mit irgendeiner Geraden $y =$ konst. Sie hat übrigens genau $n$ Schnittpunkte, da sie

[1]) Hermite, Nouvelles Annales, 1866, S. 432, 479, Poulain, dieselbe Zeitschrift, 1867, S. 21—33.

[2]) J. Schur, Crelle's Journal, Bd. 144, S. 75—88. Vergl. auch Malo, Journal des mathématiques spéciales, 1895, S. 7.

[3]) G. Pólya und J. Schur, Crelle's Journal, Bd. 144, S. 107.

von $n$-ter Ordnung ist. (Das geht, nebenbei bemerkt, nur so, dass alle $n$ Züge monoton abnehmend sind.)

Betrachten wir speziell die Gerade $y = 0$, so ergibt sich, dass die Gleichung

$$F(x, 0) \equiv a_0 b_0 + 1!\, a_1 b_1 x + 2!\, a_2 b_2 x^2 + \cdots + n!\, a_n b_n x^n = 0$$

$n$ reelle und verschiedene Wurzeln hat: dies ist das bemerkenswerte Resultat von Herrn J. Schur. Aus dem entwickelten geometrischen Bilde ergibt sich nun mühelos der volle am Anfang dieser Note ausgesprochene Satz.

# Über die Nullstellen gewisser ganzer Funktionen.

Von

Georg Pólya in Zürich.

## Einleitung.

Die nachfolgende Arbeit beschäftigt sich hauptsächlich mit den Nullstellen solcher ganzer Funktionen, die durch bestimmte Integrale von der Form

$$\int_0^1 f(t) \cos zt\, dt = U(z), \tag{1}$$

$$\int_0^1 f(t) \sin zt\, dt = V(z) \tag{2}$$

dargestellt werden. Die Bezeichnungen $U(z)$ und $V(z)$ für die beiden Funktionen (1) und (2) will ich im folgenden ständig beibehalten. Ich nehme der Einfachheit halber die obere Grenze der Integrale gleich 1 an, aber die Resultate übertragen sich selbstverständlich auf den Fall einer beliebigen endlichen oberen Grenze. Der Fall der unendlichen oberen Grenze, der mit Hinsicht auf die Riemannsche $\xi$-Funktion besonders interessant wäre, scheint hingegen den darzulegenden Methoden nicht ohne weiteres zugänglich zu sein.

Man begegnet in der mathematischen Physik mehreren Integralen von der Form (1) und (2). Ich führe nur zwei sehr bekannte Beispiele an:

$$\frac{2}{\pi}\int_0^1 \frac{\cos zt}{\sqrt{1-t^2}}\, dt = \sum_0^\infty (-1)^n \frac{\left(\frac{z}{2}\right)^{2n}}{n!\, n!} = J_0(z), \tag{3}$$

$$\int_0^1 t \sin zt\, dt = \frac{\sin z - z\cos z}{z^2} = \frac{\cos z}{z^2}(\operatorname{tg} z - z) \tag{4}$$

For comments on this paper[42], see p. 420.

Die Nullstellen dieser beiden letzteren Funktionen sind ziemlich genau bekannt: Sie sind alle reell und einfach und auf eine sehr regelmäßige Weise verteilt. Von den Nullstellen der Funktion (3) befindet sich je eine im Innern der Intervalle

$$\left(\frac{\pi}{2}, \pi\right), \quad \left(\frac{3\pi}{2}, 2\pi\right), \quad \left(\frac{5\pi}{2}, 6\pi\right), \ldots$$

**und wenn man zu diesen positiven Nullstellen die spiegelbildlichen negativen hinzunimmt, erhält man sämtliche Nullstellen von (3). Ähnlicherweise sind die positiven Nullstellen von (4) in die Intervalle**

$$\left(\pi, \frac{3\pi}{2}\right), \quad \left(2\pi, \frac{5\pi}{2}\right), \quad \left(3\pi, \frac{7\pi}{2}\right), \ldots$$

**eingeschlossen. Ich werde im folgenden diese gemeinsamen Eigenschaften der Nullstellen auf gemeinsame Eigenschaften der angegebenen Integralausdrücke der beiden Funktionen zurückführen, auf so einfache und augenfällige Eigenschaften, daß man sie durch bloßen Anblick der angeschriebenen Formeln feststellen kann. Ich werde nämlich zeigen, daß** ***die Funktionen*** $U(z)$ ***und*** $V(z)$ ***nur reelle Nullstellen haben, unter der einzigen Bedingung, daß*** $f(t)$ ***positiv und nicht abnehmend ist.*** **Ich werde ferner zeigen,** ***daß die fraglichen Nullstellen sicher einfach sind, wenn*** $f(t)$ ***stetig anwächst.*** **Die regelmäßige Verteilung, die wir an den Nullstellen von (3) wahrgenommen haben, kommt den Nullstellen aller solchen Funktionen** $U(z)$ **zu, deren zugehöriges** $f(t)$ **nicht nur stetig anwächst, sondern auch konvex ist, und ähnlich läßt sich die analoge Beobachtung über (4) auf eine ganze Klasse von Funktionen übertragen, zu denen auch die Funktion**

$$J_1(z) = -J_0'(z) = \sum_0^\infty (-1)^n \frac{\left(\frac{z}{2}\right)^{2n+1}}{n!\, \overline{n+1}!} = \frac{2}{\pi}\int_0^1 \frac{t \sin zt}{\sqrt{1-t^2}}\, dt$$

gehört. — Es scheint mir merkwürdig zu sein, daß derartig einfache Bedingungen, wie die Monotonie oder Konvexität von $f(t)$, so präzise und erschöpfende Eigenschaften der Nullstellen zufolge haben.

Ich werde die Untersuchung nach zwei verschiedenen Methoden durchführen, die, wenn auch ihre Ergebnisse sich teilweise decken, den Gegenstand von ganz anderen Seiten her zu betrachten lehren. Die erste Methode beruht auf einer Kombination einfachster und geläufigster algebraischer Sätze. Sie ist in den Paragraphen 1 bis 3 dargelegt. Die zweite Methode ging aus von einem Satze, den Herr Hurwitz schon vor längerer Zeit gefunden hatte und der, mit gütiger Erlaubnis des hochverehrten Herrn Verfassers, in dieser Arbeit zuerst mitgeteilt wird (vgl. § 5 und § 6). Der Paragraph 4 enthält einen längeren Exkurs und der letzte § 7 ist einer ergänzenden Untersuchung gewidmet, die die Dichtigkeit der Nullstellen analoger Funktionen betrifft und in den Bereich der Hadamardschen Theorie fällt.

Damit der Leser durch die hie und da notgedrungen minutiöse Darstellung nicht über die Einfachheit der Sache getäuscht wird, will ich die Hauptschlüsse der ersten Methode schon hier in kurzen Worten mitteilen. Herr Kakeya hat unlängst[1]) den höchst einfachen, aber wie es scheint recht nützlichen Satz gefunden, daß alle Nullstellen eines Polynoms, dessen Koeffizienten positiv und wachsend sind, den absoluten Betrag kleiner als 1 haben. Ist zum Beispiel $f(t)$ eine monoton wachsende positive Funktion, so liegen alle Wurzeln der Gleichung

$$f(0)+f\left(\frac{1}{n}\right)z+f\left(\frac{2}{n}\right)z^2+\ldots+f\left(\frac{n-1}{n}\right)z^{n-1}=0$$

im Innern des Einheitskreises. Daraus schließt man, durch eine geläufige Überlegung, daß alle Wurzeln der Gleichung

$$f(0)+f\left(\frac{1}{n}\right)\cos z+f\left(\frac{2}{n}\right)\cos 2z+\ldots+f\left(\frac{n-1}{n}\right)\cos(n-1)z=0$$

reell sind (vgl. § 2). Durch einen Grenzübergang folgt hieraus, daß alle Nullstellen der ganzen Funktion

$$\int_0^1 f(t)e^{zt}\,dt=\lim_{n=\infty}\frac{1}{n}\sum_{\nu=0}^{n-1}f\left(\frac{\nu}{n}\right)e^{\frac{z\nu}{n}}$$

in der linken Halbebene und die von

$$\int_0^1 f(t)\cos zt\,dt=\lim_{n=\infty}\frac{1}{n}\sum_{\nu=0}^{\nu-1}f\left(\frac{\nu}{n}\right)\cos\frac{z\nu}{n}$$

auf der reellen Achse liegen. Meine weiter unten folgende Darstellung unterscheidet sich von diesem Gedankengange nur darin, daß ich den Kakeyaschen Satz nicht durch einen Grenzübergang, sondern durch eine sinngemäße Nachbildung der präziseren Behandlung, die Herr Hurwitz diesem Satze zuteil werden ließ, auf das „kontinuierlich Unendliche" übertrage. Bei diesem etwas mühsameren Verfahren erhält man genauere Resultate.

## § 1.

## Analogon des Kakeyaschen Satzes.

Ich will im Verlauf des vorliegenden Paragraphen über die im Intervalle $0 < t < 1$ definierte Funktion $f(t)$ folgende Voraussetzungen machen:

[1]) S. Kakeya, On the Limits of the Roots of an Algebraic Equation with Positive Coefficients, The Tôhoku Mathematical Journal, Bd. 2, (1912), Nr. 3.

$f(t)$ positiv, d. h. $f(t) > 0$,
$f(t)$ nicht abnehmend, d. h. $f(t') \geqq f(t)$, wenn $t' > t$.

Darüber hinaus wird ferner angenommen, daß

$$\int_0^1 f(t)\,dt = \lim_{\varepsilon=0} \int_0^{1-\varepsilon} f(t)\,dt \quad \text{existiert.}$$

Ich unterscheide zwei Fälle (diese Fallunterscheidung ist für die ganze Untersuchung von Wichtigkeit): ich sage, daß die Funktion $f(t)$ sich im Ausnahmefall befindet, wenn sie streckenweise konstant ist, nur endlich viele Sprungstellen hat und ihre sämtlichen Sprungstellen rationale echte Brüche sind. — Liegt der Ausnahmefall nicht vor, so befindet sich $f(t)$ im allgemeinen Falle.

Ich will jetzt den folgenden Satz beweisen:

*Befindet sich die positive nicht abnehmende Funktion $f(t)$ im allgemeinen Falle, so liegen alle Nullstellen der ganzen Funktion*

$$F(z) = \int_0^1 f(t) e^{zt}\,dt \tag{5}$$

*im Innern der linken Halbebene, d. h. $z = x + iy$ gesetzt, im Gebiete $x < 0$. Im Ausnahmefalle liegen unendlich viele Nullstellen von $F(z)$ auf der imaginären Achse $x = 0$ und alle in der abgeschlossenen linken Halbebene $x \leqq 0$.*

Ich werde den Beweis in mehreren Schritten erbringen und zuerst das Verhalten von $F(z)$ auf der imaginären Achse untersuchen.

I. Ich will den Ausdruck von $F(z)$ mit Hilfe eines Stieltjesschen Integrals umformen. Sei, der Einfachheit halber, $\tau$ eine Stetigkeitsstelle von $f(t)$, dann ist, $\lim_{t=0} f(t) = f(0)$ gesetzt,

$$iyF(iy) = f(\tau)e^{iy\tau} - f(0) - \int_0^\tau e^{iyt}\,df(t) + iy\int_\tau^1 f(t)e^{iyt}\,dt.$$

Daraus folgt weiter

$$|iyF(iy)| \geqq f(\tau) - f(0) - \left|\int_0^\tau e^{iyt}\,df(t)\right| - |y|\int_\tau^1 f(t)\,dt,$$

$$|iyF(iy)| + |y|\int_\tau^1 f(t)\,dt \geqq \int_0^\tau df(t) - \left|\int_0^\tau e^{iyt}\,df(t)\right|.$$

Der Ausdruck rechts kann offenbar nicht abnehmen, wenn $\tau$ zunimmt, und das zweite Glied links hat für $\tau = 1$ den Grenzwert 0. Wir erhalten also:

$$\lim_{\tau=1} \left\{\int_0^\tau df(t) - \left|\int_0^\tau e^{iyt}\,df(t)\right|\right\} = \Omega(y) \tag{6}$$

existiert für alle $y$. Ist $\Omega(y) > 0$, so ist sicher $F(iy) \neq 0$.

Man hat $\Omega(0)=0$, aber offenbar $F(0)>0$. Da $F(iy)$ und $F(-iy)$ konjugiert komplex sind, genügt es überhaupt, nur den Fall $y>0$ zu betrachten.

Man kann noch die linke Seite von (6) etwas anders schreiben. Denn sei $\varphi$ so bestimmt, daß

$$\int_0^\tau e^{iyt}df(t)=e^{i\varphi}\left|\int_0^\tau e^{iyt}df(t)\right|,$$

**dann ist $\varphi$, bei festem $y$, nur eine Funktion von $\tau$, $\varphi=\varphi(\tau)$.** Ferner ist

$$(7)\quad \int_0^\tau df(t)-\left|\int_0^\tau e^{iyt}df(t)\right|=\int_0^\tau\bigl(1-\cos(yt-\varphi)\bigr)df(t)=2\int_0^\tau\sin^2\frac{yt-\varphi}{2}\,df(t).$$

**II. Hat $f(t)$ unendlich viele Sprungstellen, so ist $\Omega(y)>0$ für $y>0$.**

**In der Tat, seien $t'$ und $t''$ zwei verschiedene Sprungstellen von $f(t)$, $\Delta'$ und $\Delta''$ die dazu gehörigen Sprünge. Wählt man $\tau>t'$, $\tau>t''$, so ergibt sich**

$$\Omega(y)\geqq 2\int_0^\tau\sin^2\frac{yt-\varphi}{2}\,df(t)\geqq 2\Delta'\sin^2\frac{yt'-\varphi}{2}+2\Delta''\sin^2\frac{yt''-\varphi}{2}.$$

**Ist $\Omega(y_0)=0$, so gibt es zwei ganze Zahlen $m'$ und $m''$, so daß**

$$y_0t'-\varphi=2\pi m',\quad yt''-\varphi=2\pi m'',$$

**und für $y_0>0$ folgt weiter**

$$(8)\qquad |t''-t'|=\frac{2\pi}{y_0}|m''-m'|\geqq\frac{2\pi}{y_0}.$$

**Gibt es aber unendlich viele Sprungstellen, so gibt es unter ihnen** beliebig benachbarte, und die Relation (8) kann nicht für zwei beliebige Sprungstellen $t'$ und $t''$ richtig sein. Damit ist II. erwiesen.

III. Ist $f(t)$ im Intervalle $a\leqq t\leqq b$ stetig, und ist $f(b)>f(a)$, so ist $\Omega(y)>0$ für $y>0$.

Hält man $y$ fest, und läßt man $m$ alle ganze Zahlen durchlaufen, so fallen in das Intervall $a<t<b$ nur endlich viele Punkte der Form

$$t=\frac{\varphi(b)+2\pi m}{y},$$

**etwa $t_1, t_2, \ldots, t_{r-1}$. Es sei**

$$a=t_0<t_1<t_2<\ldots<t_{r-1}<t_r=b.$$

**Da nach Voraussetzung**

$$f(t_1)-f(t_0)+f(t_2)-f(t_1)+\ldots+f(t_r)-f(t_{r-1})=f(b)-f(a)>0$$

**ist, gibt es ein Intervall $(t_{s-1}, t_s)$, so daß**

$$f(t_s) - f(t_{s-1}) > 0.$$

Und weiter, wegen der vorausgesetzten Stetigkeit, gibt es ein $\varepsilon > 0$, so daß

$$f(t_s - \varepsilon) - f(t_{s-1} + \varepsilon) > 0.$$

Aber im Intervall $t_{s-1} + \varepsilon \leqq t \leqq t_s - \varepsilon$ verschwindet $\sin^2 \frac{yt-\varphi}{2}$ nicht, hat also daselbst ein bestimmtes positives Minimum, etwa $\mu$. Alles zusammengefaßt, ist

$$\Omega(y) \geqq 2\int_0^b \sin^2 \frac{yt-\varphi}{2}\, df(t) \geqq 2\int_{t_{s-1}+\varepsilon}^{t_s-\varepsilon} \sin^2 \frac{yt-\varphi}{2}\, df(t)$$

$$\geqq 2\mu(f(t_s - \varepsilon) - f(t_{s-1} + \varepsilon)) > 0,$$

w. z. b. w.

IV. Wenn $F(z)$ auf der imaginären Achse verschwindet, so liegt für $f(t)$ der Ausnahmefall vor.

Verschwindet $F(z)$ auf der imaginären Achse, so darf $f(t)$ nur endlich viele Sprungstellen haben (nach II.) und in den Stetigkeitsintervallen zwischen zwei aufeinanderfolgenden Sprungstellen muß $f(t)$ konstant sein (nach III.). Sind also die Sprungstellen von $f(t)$ die Punkte $t_1, t_2, \ldots, t_n$,

$$0 = t_0 < t_1 < t_2 < \ldots < t_n < t_{n+1} = 1,$$

so ist im Intervall $t_\nu < t < t_{\nu+1}$ die Funktion $f(t)$ konstant, $f(t) = c_\nu$ $(\nu = 0, 1, \ldots, n)$, wobei

$$(9) \qquad 0 < c_0 < c_1 < c_2 < \ldots < c_n.$$

$F(z)$ muß also die Form haben

$$(10) \quad zF(z) = c_0(e^{zt_1} - 1) + c_1(e^{zt_2} - e^{zt_1}) + \ldots + c_n(e^z - e^{zt_n})$$
$$= c_n e^z - c_0 - (c_1 - c_0)e^{zt_1} - (c_2 - c_1)e^{zt_2} - \ldots - (c_n - c_{n-1})e^{zt_n}.$$

Daraus folgt

$$(11) \quad |iyF(iy)| \geqq c_n - c_0 - (c_1 - c_0) - (c_2 - c_1) - \ldots - (c_n - c_{n-1}) = 0.$$

In der Ungleichung (11) kann das Gleichheitszeichen dann und nur dann erreicht werden, wenn alle Größen

$$e^{iy}, \quad e^{iyt_1}, \quad e^{iyt_2}, \ldots, \quad e^{iyt_n}$$

positiv ausfallen. Darum ist es nötig, daß es ganze Zahlen $q, p_1, p_2, \ldots, p_n$ gibt, derart, daß

$$y = 2\pi q, \quad yt_1 = 2\pi p_1, \quad yt_2 = 2\pi p_2, \ \ldots, \ yt_n = 2\pi p_n.$$

Da $y > 0$, und folglich auch $q > 0$ sein muß, wird

$$(12) \qquad t_1 = \frac{p_1}{q}, \quad t_2 = \frac{p_2}{q}, \ \ldots, \ t_n = \frac{p_n}{q}$$

sein. So ist IV. und damit der wesentlichste Teil des am Anfang dieses Paragraphen ausgesprochenen Satzes erwiesen.

V. In der positiven Halbebene

$$(13) \qquad x > 0$$

kann $F(z)$ nicht verschwinden.

Denn es ist

$$F(x+iy) = \int_0^1 e^{xt} f(t) e^{iyt} dt.$$

Unter der Bedingung (13) ist $e^{xt} f(t)$ zugleich mit $f(t)$ positiv und nichtabnehmend und befindet sich sicher nicht im Ausnahmefall.

Was das Vorhandensein des Ausnahmefalles eigentlich bedeutet, kann durch folgende Bemerkung aufgeklärt werden:

VI. Der Ausnahmefall für $f(t)$ tritt dann und nur dann ein, wenn es eine Konstante $q$ gibt, so beschaffen, daß $F(q \lg u) \lg u$ eine ganze rationale Funktion von $u$ wird.

Soll

$$(14) \qquad F(q \lg u) \lg u = P(u)$$

sein, wo $P(u)$ ein Polynom bedeutet, so muß $P(1) = 0$, also

$$(15) \qquad P(u) = (u-1) P_1(u)$$

sein, wo $P_1(u)$ wieder ein Polynom ist. Setzt man $q \lg u = z$, so folgt aus (5), (14) und (15):

$$z F(z) = q(e^{\frac{z}{q}} - 1) P_1(e^{\frac{z}{q}}) = z \int_0^1 f(t) e^{zt} dt.$$

Daher muß $F(z)$ für $z = \pm 2q\pi i, \ \pm 4q\pi i, \ \ldots$ verschwinden, also $f(t)$ sich (nach IV.) im Ausnahmefall befinden. Dies war zuerst zu zeigen.

Im Ausnahmefall ist nach (10) und (12), $u = e^{\frac{z}{q}}$ gesetzt,

$$(16) \quad \begin{aligned} q \lg u \, F(q \lg u) &= c_0(u^{p_1} - 1) + c_1(u^{p_2} - u^{p_1}) + \ldots + c_n(u^q - u^{p_n}) \\ &= (u-1)(c_0 + c_0 u + \ldots + c_0 u^{p_1 - 1} + c_1 u^{p_1} + \ldots + c_n u^{q-1}). \end{aligned}$$

Die fragliche Funktion ist also wirklich ein Polynom in $u$.

Genauer ist auf der rechten Seite von (16) der Faktor von $u-1$ ein Polynom mit nicht abnehmenden, positiven Koeffizienten. Da $q$ eine positive ganze Zahl bedeutet, kommt die Ungleichung $\Re(q \lg u) \leqq 0$ auf $|u| \leqq 1$ hinaus. So haben wir beiläufig auch den Kakeyaschen Satz bewiesen, allerdings ohne die von Herrn Hurwitz [2]) hinzugefügte Präzisierung.

---

[2]) A. Hurwitz, Über einen Satz des Herrn Kakeya, The Tôhoku Mathematical Journal, Bd. 4, Nr. 3. Vgl. auch Landau, Neuere Ergebnisse der Funktionentheorie, Berlin 1916, S. 20.

§ 2.

## Trigonometrische Polynome mit nur reellen Nullstellen.

Ich betrachte das Polynom

$$P(z) = a_0 + a_1 z + a_2 z^2 + \dots + a_n z^n, \tag{17}$$

von dem ich folgende Voraussetzungen mache:

1. Alle Koeffizienten sind reell, $a_n > 0$.

2. Alle Nullstellen liegen im Innern des Einheitskreises, d. h. im Gebiete $|z| < 1$.

Beide Voraussetzungen sind z. B. dann erfüllt, wenn

$$0 < a_0 < a_1 < a_2 < \dots < a_n \tag{18}$$

ist, und zwar infolge des Kakeyaschen Satzes.

I. Beide trigonometrischen Polynome:

$$u(z) = a_0 + a_1 \cos z + a_2 \cos 2z + \dots + a_n \cos nz, \tag{19}$$

$$v(z) = \quad a_1 \sin z + a_2 \sin 2z + \dots + a_n \sin nz \tag{20}$$

haben im Intervalle $0 \leqq z < 2\pi$ genau $2n$ einfache Nullstellen.

In der Tat, bezeichnen wir mit $w_1, w_2, \dots, w_n$ die Nullstellen des Polynoms (17), mehrfache mit ihrer Vielfachheit geschrieben. Setzt man, bei reellem $x$,

$$e^{ix} - w_\nu = \varrho_\nu e^{i\psi_\nu}, \qquad (\nu = 1, 2, 3, \dots, n)$$

so wird der Winkel $\psi_\nu$ sich stetig mit $x$ vergrößern und um $2\pi$ zunehmen, wenn $x$ um $2\pi$ zunimmt. Daher nimmt auch der Winkel

$$\Psi = \psi_1 + \psi_2 + \dots + \psi_n$$

ständig zu mit zunehmendem $x$ und vergrößert sich um $2n\pi$, wenn sich $x$ um $2\pi$ vergrößert. Setzt man

$$\begin{aligned} P(e^{ix}) &= a_n (e^{ix} - w_1)(e^{ix} - w_2) \quad \dots \quad (e^{ix} - w_n) \\ &= a_n \varrho_1 \varrho_2 \dots \varrho_n e^{i(\psi_1 + \psi_2 + \dots + \psi_n)} \\ &= R e^{i\Psi}, \end{aligned}$$

so ist ($x$ noch immer reell angenommen)

$$u(x) = R \cos \Psi, \qquad v(x) = R \sin \Psi. \tag{21}$$

Aus diesen Formeln (21) ist die Behauptung I ohne weiteres ersichtlich, und noch manche andere, z. B. folgende Tatsachen: Läßt man $x$ alle reellen Werte durchlaufen, so liegt zwischen je zwei Nullstellen von $u(x)$ genau eine von $v(x)$ und zwischen je zwei Nullstellen von $v(x)$ genau eine von $u(x)$. Es ist

$$(22)\qquad u(x)v'(x)-u'(x)v(x)=u^2(x)\frac{d\,\mathrm{tg}\,\Psi}{dx}=R^2\frac{d\Psi}{dx}>0$$

usw

II. Die trigonometrischen Polynome (19) und (20) haben nur reelle Nullstellen.

Setzt man

$$e^{iz}=\zeta,$$

so ist

$$u(z)=a_0+a_1\frac{\zeta+\zeta^{-1}}{2}+a_2\frac{\zeta^2+\zeta^{-2}}{2}+\dots+a_n\frac{\zeta^n+\zeta^{-n}}{2},$$

$$v(z)=\qquad a_1\frac{\zeta-\zeta^{-1}}{2i}+a_2\frac{\zeta^2-\zeta^{-2}}{2i}+\dots+a_n\frac{\zeta^n-\zeta^{-n}}{2i}.$$

und beide Gleichungen

$$u(z)=0,\qquad v(z)=0$$

ergeben je eine Gleichung $2n$-ten Grades für $\zeta$. Von diesen letzteren haben wir schon $2n$ verschiedene Wurzeln unter I. gefunden. Diese müssen also alle Wurzeln sein, und folglich entsprechen alle Wurzeln reellen Werten von $z$, w. z. b. w.

III. Seien $\lambda$ und $\mu$ reell, $\lambda^2+\mu^2>0$. Dann haben die beiden trigonometrischen Polynome

$$(23)\qquad \lambda u(z)-\mu v(z),$$

$$(24)\qquad \mu u(z)+\lambda v(z)$$

nur reelle einfache Nullstellen, die sich gegenseitig trennen.

Setzt man

$$\lambda+i\mu=\varrho e^{i\alpha},$$

so ist für reelles $x$, die vorangehenden Bezeichnungen beibehalten,

$$\lambda u(x)-\mu v(x)=R\varrho\cos(\Psi+\alpha),\qquad \mu u(x)+\lambda v(x)=R\varrho\sin(\Psi+\alpha),$$

und der Beweis geht so weiter wie unter I. und II.

Man kann von diesen Sätzen durch Grenzübergang noch manche andere ableiten, z. B. den folgenden Satz:

IV. Ist $\alpha$ reell und bestehen die Ungleichungen

$$a>0,\qquad d>0,$$

$$(25)\qquad 0\leqq a_1\leqq a_2\leqq\dots\leqq a_n,$$

so hat die Funktion

$$a_0\cos(ax+\alpha)+a_1\cos((a+d)x+\alpha)+a_2\cos((a+2d)x+\alpha)+\dots$$
$$+a_n\cos((a+nd)x+\alpha)$$

nur reelle Nullstellen.

Ist das Verhältnis $\frac{a}{d}$ rational, $\frac{a}{d}=\frac{p}{r}$, wo $p$ und $r$ ganze Zahlen sind, und ist nicht nur (25), sondern auch (18) erfüllt, so folgt IV. ohne weiteres aus dem Vorangehenden durch die Betrachtung des Polynoms

$$a_0 x^p + a_1 x^{p+r} + a_2 x^{p+2r} + \ldots + a_n x^{p+nr},$$

das alle seine Nullstellen im Innern des Einheitskreises hat. Sonst kann man IV. durch Grenzübergang ableiten, auf Grund eines heute geläufigen, zuerst von Herrn Hurwitz[3]) hervorgehobenen und bewiesenen Satzes über Folgen analytischer Funktionen.

Im nächsten Paragraphen will ich auf andere Grenzfälle eingehen.

## § 3.

## Trigonometrische Integrale mit nur reellen Nullstellen.

Ich will jetzt zu meinem eigentlichen Gegenstand, zur Untersuchung der Funktionen

(1) $$U(z)=\int_0^1 f(t)\cos zt\,dt,$$

(2) $$V(z)=\int_0^1 f(t)\sin zt\,dt,$$

übergehen.

Die Funktion $f(t)$ soll den in § 1 aufgezählten Bedingungen genügen, d. h. sie sei positiv, nicht abnehmend und im Intervall $(0, 1)$ (eventuell uneigentlich) integrabel. Es besteht folgender Satz:

*Die Funktionen $U(z)$ und $V(z)$, oder allgemeiner, die Funktion $\lambda U(z)-\mu V(z)$, wobei $\lambda$ und $\mu$ beliebige reelle Konstanten sind, haben nur reelle Nullstellen, und zwar sind alle ihre Nullstellen einfach, wenn in bezug auf $f(t)$ der (im § 1 definierte) allgemeine Fall vorliegt.*

Ich setze

$$U_n(z)=\frac{1}{n}\sum_{\nu=0}^{n-1} f\left(\frac{\nu}{n}\right) e^{\frac{\nu}{n^2}}\cos\frac{\nu z}{n},\qquad V_n(z)=\frac{1}{n}\sum_{\nu=0}^{n-1} f\left(\frac{\nu}{n}\right) e^{\frac{\nu}{n^2}}\sin\frac{\nu z}{n}.$$

Die Funktionen $U_n(z)$ und $V_n(z)$ haben nur reelle Nullstellen, die übrigens einfach sind und sich gegenseitig trennen, wegen der hinzugefügten Faktoren $e^{\frac{\nu}{n^2}}$ (vgl. § 2). Wie ich wohl hier nicht näher auszuführen brauche[4]),

---

[3]) A. Hurwitz, Über die Nullstellen der Besselschen Funktion, Math. Annalen, Bd. 33 (1889), S. 246—266. Vgl. S. 249.

[4]) Man kann sich auch zuerst auf den Fall beschränken, wo $\lim\limits_{t=1} f(t)$ endlich ist, und dann nochmaligen Grenzübergang vornehmen.

ist in jedem endlichen Bereiche der $z$-Ebene gleichmäßig

$$\lim_{n=\infty} U_n(z) = U(z), \qquad \lim_{n=\infty} V_n(z) = V(z).$$

Daher haben die Funktionen $U(z)$, $V(z)$, $\lambda U(z) - \mu V(z)$ sicherlich nur reelle Nullstellen.

Daß die Nullstellen im allgemeinen Falle tatsächlich einfach sind, genügt es bloß für die Funktion $V(z)$ zu zeigen.

I. Eine $m$-fache Nullstelle von $V(z)$ ist eine mindestens $m-1$-fache Nullstelle von $U(z)$.

Man bezeichne mit $z_0$ die fragliche $m$-fache Nullstelle von $V(z)$. In einen beliebigen Kreis, der $z_0$ zum Mittelpunkte hat, fallen nach dem oben zitierten Satze von Herrn Hurwitz genau $m$ Nullstellen von $V_n(z)$, sobald nur $n$ eine gewisse Grenze übersteigt. Die Nullstellen von $V_n(z)$ werden durch die von $U_n(z)$ getrennt. Folglich liegen in dem fraglichen Kreis mindestens $m-1$ Nullstellen von $U_n(z)$ für genügend großes $n$. Daher ist I. richtig.

Ich brauche nur noch folgendes zu zeigen:

II. Befindet sich $f(t)$ im allgemeinen Fall, so haben $U(z)$ und $V(z)$ keine gemeinsamen Nullstellen.

Dies ist aber in der Tat richtig. Denn eine gemeinsame, notwendigerweise reelle Nullstelle von $U(z)$ und $V(z)$ würde eine rein imaginäre Nullstelle des Integrals

$$F(z) = \int_0^1 f(t) e^{zt} dt \tag{5}$$

liefern. Solche gibt es aber nach § 1 nicht, wenn $f(t)$ sich im allgemeinen Falle befindet.

Man beachte, daß, wenn $f(t)$ sich im Ausnahmefalle befindet, $U(z)$ und $V(z)$ unendlich viele gemeinsame Nullstellen haben, und zwar immer auch solche, die für $V(z)$ doppelte Nullstellen sind. Dies geht aus der Formel (16) von § 1 leicht hervor. $U(z)$ hat auch im Ausnahmefalle keine mehrfachen Nullstellen. Vgl. weiter unten § 6, I.

Den eben bewiesenen Sätzen lassen sich noch manche andere hinzufügen, z. B. der folgende Satz:

III. Liegt für $f(t)$ der allgemeine Fall vor, so ist für alle reellen Werte $x$

$$U(x)V'(x) - U'(x)V(x) > 0.$$

Durch Grenzübergang aus der für trigonometrische Polynome gültigen Formel (22) kann nur $\geqq$ an Stelle von $>$ gefolgert werden. Würde aber ein Wert $x_0$ existieren, so beschaffen, daß

$$U(x_0)V'(x_0) - U'(x_0)V(x_0) = 0$$

wäre, so könnte man zwei reelle Zahlen $\lambda$, $\mu$ bestimmen, so daß $\lambda^2 + \mu^2 > 0$ und

$$\lambda U(x_0) - \mu V(x_0) = 0,$$
$$\lambda U'(x_0) - \mu V'(x_0) = 0$$

wäre. Dann hätte die Funktion $\lambda U(x) - \mu V(x)$ für $x = x_0$ eine mehrfache Nullstelle. Dies ist bei allgemeinem $f(t)$ ausgeschlossen, und damit der Satz III bewiesen.

IV. Hat $f_1(t)$ die von $f(t)$ vorausgesetzten Eigenschaften, und wird

$$U_1(z) = \int_0^1 f_1(t)\cos zt\,dt, \quad V_1(z) = \int_0^1 f_1(t)\sin zt\,dt$$

gesetzt, so haben die Funktionen

$$U(z)U_1(z) - V(z)V_1(z), \quad U(z)V_1(z) + V(z)U_1(z)$$

nur reelle Nullstellen.

Man beweist IV durch Betrachtung des Polynoms

$$\left(f(0) + f\left(\frac{1}{n}\right)z + \ldots + f\left(\frac{n-1}{n}\right)z^{n-1}\right)\left(f_1(0) + f_1\left(\frac{1}{n}\right)z + \ldots + f_1\left(\frac{n-1}{n}\right)z^{n-1}\right)$$

und anschließenden Grenzübergang.

Man sieht, wie man dieselben Überlegungen noch auf mannigfache Weisen kombinieren kann[5]). — Um die Resultate zu erläutern, kann man zu der Funktion von Typus $U(z)$

$$\frac{2}{\pi}\int_0^1 \frac{\cos zt}{\sqrt{1-t^2}}\,dt = \sum_{n=0}^{\infty} \frac{(-1)^n z^{2n}}{(2\cdot 4\cdot 6\ldots 2n)^2},$$

d. h. zu der 0-ten **Besselschen** Funktion, die Funktion

$$\int_0^1 \frac{\sin zt}{\sqrt{1-t^2}}\,dt = \sum_{n=0}^{\infty} \frac{(-1)^n z^{2n+1}}{(3\cdot 5\cdot 7\ldots 2n+1)^2}$$

vom Typus $V(z)$ als „Gefährten" zuordnen. Diese Funktionen haben nur reelle Nullstellen, die einfach sind und sich gegenseitig trennen usw.

---

[5]) Die Sätze III und IV sind im folgenden Satz enthalten, dessen Beweis uns jetzt zu weit vom Wege ablenken würde: Die positiven Nullstellen von $U(z)$ seien $\alpha_1, \alpha_2, \alpha_3, \ldots$, die von $V(z)$ etwa $\beta_1, \beta_2, \beta_3, \ldots$ Dann sind die Partialbruchentwicklungen

$$-\frac{V(z)}{U(z)} = \sum_{n=1}^{\infty} \frac{-2V(\alpha_n)z}{U'(\alpha_n)(z^2-\alpha_n^2)}, \quad \frac{U(z)}{V(z)} = \frac{U(0)}{z} + \sum_{n=1}^{\infty} \frac{2U(\beta_n)z}{V'(\beta_n)(z^2-\beta_n^2)}$$

durchgehends gültig und haben nur positive Residuen. Dabei ist, der Einfachheit halber, vorausgesetzt, daß $f(t)$ sich im allgemeinen Falle befindet.

## § 4.

## Nachträge und Beispiele zu § 1.

Es ist häufig bequem, einen Teil der Ergebnisse des § 1 so zu formulieren:

I. *Die Funktion $f(t)$ sei für $a < t < b$ stetig, positiv (d. h. $> 0$) und, abgesehen ev. von endlich vielen Punkten, differenzierbar. Ist für $a < t < b$*

$$\alpha \leqq -\frac{f'(t)}{f(t)} \leqq \beta, \tag{26}$$

*so kann das Integral*

$$\int_a^b f(t)e^{zt}\,dt \tag{27}$$

*nur für solche Werte $z$ verschwinden, die im offenen Streifen*

$$\alpha < x < \beta \tag{28}$$

*liegen $(z = x + iy)$, abgesehen von dem einzigen Ausnahmefall*

$$f(t) = e^{ct+d}. \qquad (c \text{ und } d \text{ konstant}) \tag{29}$$

D. h. der einzige Ausnahmefall stellt sich dann ein, wenn der Streifen (28) sich auf eine vertikale Gerade reduziert. Wie man leicht nachrechnet, liegen in diesem Ausnahmefall alle Nullstellen auf der betreffenden Geraden, oder diese Gerade ist die Konvergenzgrenze für das Integral (27).

Sind $a$ und $b$ beide endlich, so kann man sich auf die Betrachtung von $a = 0$, $b = 1$ beschränken, wie die Formel

$$\int_a^b f(t)e^{zt}dt = (b-a)e^{az}\int_0^1 f(a+(b-a)t)e^{(b-a)zt}dt$$

zeigt. Lineare ganze reelle Transformationen von $z$ und $t$ fügen nichts Neues dem ausgesprochenen Satze hinzu.

Nun ist,

$$F(z) = \int_0^1 f(t)e^{zt}dt$$

gesetzt,

$$F(\beta+z) = \int_0^1 f(t)e^{\beta t}e^{zt}dt,$$

$$F(\alpha-z) = \int_0^1 f(t)e^{\alpha t}e^{-zt}dt = e^{\alpha-z}\int_0^1 f(1-t)e^{-\alpha t}e^{zt}dt.$$

Die eine oder die andere dieser Formeln kann versagen, wenn $\alpha$ oder $\beta$ unendlich ist. Dann ist aber auch der betreffende Teil des Satzes nichtssagend. Nach Voraussetzung (26) ist

$$\frac{d}{dt} f(t) e^{\beta t} = f(t) e^{\beta t} \left( \frac{f'(t)}{f(t)} + \beta \right) \geqq 0,$$

$$\frac{d}{dt} f(1-t) e^{-\alpha t} = -f(1-t) e^{-\alpha t} \left( \frac{f'(1-t)}{f(1-t)} + \alpha \right) \geqq 0,$$

und zwar nicht identisch gleich 0, wenn der Fall (29) ausgeschlossen ist. Dies vorausgesetzt, sind also beide positive Funktionen

$$f(t) e^{\beta t}, \qquad f(1-t) e^{-\alpha t}$$

nicht abnehmend und nicht konstant. Damit ist aber auch die einzig mögliche Art ausgeschlossen, auf die sich der anfangs definierte Ausnahmefall für stetige Funktionen einstellen kann. Die Nullstellen von $F(\beta + z)$ und $F(\alpha - z)$ haben also negativen reellen Teil, w. z. b. w.

Ist $a$ oder $b$ unendlich, so ergibt sich der Satz durch die Überlegungen in § 1, I und § 1, III, wie ich das hier nicht ins einzelne ausführen will. Wenn man sich mit $\leqq$ an Stelle von $<$ zufrieden gibt, folgt er auch durch Grenzübergang aus dem schon bewiesenen Teil. Anwendbar ist er selbstverständlich nur im Innern des Konvergenzgebietes des Integrals (27).

Als Beispiel diene die ganze Funktion

$$\int_1^\infty u^{z-1} e^{-u} du = \int_0^\infty e^{zt - e^t} dt,$$

die man hie und da in Zusammenhang mit der $\Gamma$-Funktion zu betrachten pflegt. Man hat in diesem Falle

$$\frac{d}{dt}(-\lg f(t)) = e^t,$$

also ist $\alpha = 1$ und $\beta = \infty$. Daher liegen alle Nullstellen in der Halbebene $x > 1$.

Man kann zeigen, daß die obere Grenze der Realteile der Nullstellen wirklich $+\infty$ ist. Der Maximalbetrag der Funktion auf dem Kreise $|z| = r$ ist nach der Stirlingschen Formel $\sim \sqrt{2\pi}\, e^{(r-\frac{1}{2})\lg r - r}$. Daraus schließt man nach den Elementen der Hadamardschen Theorie, daß es unendlich viele Nullstellen gibt (oder genauer, daß der Konvergenzexponent der Nullstellen gleich 1 ist und daß die Summe der reziproken Nullstellen absolut divergiert). Man hat

$$\int_1^\infty u^{z-1} e^{-u} du = -\frac{1}{ez} - \frac{1}{ez(z+1)} + \frac{1}{z(z+1)} \int_1^\infty u^{z+1} e^{-u} du,$$

und daher ist in jedem vertikalen Streifen $1 \leqq x \leqq a$, gleichmäßig in $x$,

$$\lim_{y=\infty} (x+iy) \int_1^\infty u^{(x+iy)-1} e^{-u} du = -\frac{1}{e}.$$

Folglich gibt es in einem solchen Streifen von endlicher Dicke $a - 1$ nur endlich viele Nullstellen. So gibt es beliebig weit nach rechts gelegene Nullstellen, w. z. b. w.

II. Man bezeichne mit $\gamma$ die obere Grenze von $\left|\frac{f'(t)}{f(t)}\right|$. Dann liegen die Nullstellen des Integrals

$$U(z) = \int_0^a f(t) \cos zt\, dt,$$

$z = x + iy$ gesetzt, im offenen Streifen $-\gamma < y < +\gamma$.

Ein Ausnahmefall stellt sich ein für

$$\int_0^a c \cos zt\, dt = c \frac{\sin az}{z},$$

wo $\gamma = 0$ und kein offener Streifen vorhanden ist.

Wird $f(t)$ als eine gerade Funktion aufgefaßt, $f(-t) = f(t)$, so ist

$$U(iz) = \tfrac{1}{2} \int_{-a}^{+a} f(t) e^{zt}\, dt,$$

und II kommt auf I zurück.

Z. B. liegen alle Nullstellen der Funktion

$$(30) \qquad \int_0^a e^{-t} \cos zt\, dt = \frac{e^{-a}(z \sin az - \cos az) + 1}{z^2 + 1}$$
$$= \frac{i}{2}\left\{\frac{e^{a(-1-iz)} - 1}{z - i} - \frac{e^{a(-1+iz)} - 1}{z + i}\right\}$$

im horizontalen Streifen

$$(31) \qquad -1 < y < +1.$$

Ich will zeigen, daß die Ungleichung (31) nicht verbessert werden kann, wenn man $a$ frei variieren läßt.

Es ist nicht uninteressant zu bemerken, daß die Funktion (30) nur endlich viele imaginäre Nullstellen hat. Sie ist für großes $z$ ($a$ wird fest gedacht) $\sim \frac{e^{-a} \sin az}{z}$, also stimmen ihre Nullstellen asymptotisch mit denjenigen von $\sin az$ überein; sie sind, abgesehen von endlich vielen, einfach und reell, letzteres aus Symmetriegründen[6]). Die Anzahl der imaginären Nullstellen wächst aber mit $a$ ins Unendliche. Man betrachte

[6]) Die durch (1) gegebene Funktion $U(z)$ hat nur endlich viele imaginäre Nullstellen, wenn $f(t)$ reell, $f(1) \gtrless 0$, $f'(t)$ existiert und gewisse einfache Regularitätsbedingungen erfüllt. Auf die rechte Seite von (30) ist auch die bei Hurwitz, Über die Wurzeln einiger transzendenter Gleichungen, Mitteilungen d. Mathem. Gesellschaft in Hamburg, II (1890), S. 25—31, dargelegte Methode anwendbar.

**nämlich die Punkte $z = i + \frac{2n\pi}{a}$ $(n = \pm 1, \pm 2, \pm 3, \ldots)$ und man schlage um jeden einen Kreis vom Radius $\frac{1}{a}$. Auf der Peripherie dieser Kreise ist**

$$(32) \qquad z = i + \frac{2n\pi}{a} - \frac{i\zeta}{a}$$

$$\zeta = e^{i\varphi} \qquad (n = \pm 1, \pm 2, \pm 3, \ldots).$$

**Auf den Kreislinien (32) wird die Funktion (30) gleich**

$$\frac{ia}{2}\left\{\frac{e^{-\zeta}-1}{2n\pi - i\zeta} - \frac{e^{\zeta-2a}-1}{2n\pi - i\zeta + 2ai}\right\} = \frac{ia}{2}\{\Phi(\zeta) - \varphi(\zeta)\}.$$

Die Funktion $\Phi(\zeta)$ verschwindet für $\zeta = 0$, also als Funktion von $z$ im Mittelpunkte des Kreises (32). Auf der Peripherie ist aber

$$\frac{\varphi(\zeta)}{\Phi(\zeta)} = \frac{2n\pi - i\zeta}{2n\pi + 2ai - i\zeta}\,\frac{e^{\zeta-2a}-1}{e^{-\zeta}-1}.$$

Bezeichnet man mit M das Maximum von $\frac{1}{|e^{-\zeta}-1|}$ auf dem Kreis**rand (32), so ist von einem gewissen $a$ an sicher**

$$(33) \qquad \left|\frac{\varphi(\zeta)}{\Phi(\zeta)}\right| < \frac{2n\pi + 1}{\sqrt{4n^2\pi^2 + 4a^2} - 1}(\mathsf{M} + 1).$$

**Es gibt mit wachsendem $a$** immer mehr ganze Zahlen $n$, für welche die rechte Seite der Ungleichung (33), und folglich auch die linke $< 1$ wird. Also gibt es, wenn $a$ wächst, immer mehr Kreise (32), in deren Innern die Funktion (30) sicher verschwindet. Die Anzahl der imaginären Nullstellen der Funktion (30) wächst also mit $a$ über alle Grenzen und gewisse dieser Nullstellen schmiegen sich immer enger den beiden Geraden $y = \pm 1$ an.

Übrigens kann die Funktion (30) in irgendeinem festen, endlichen, abgeschlossenen Bereiche, das ganz im Streifen (31) liegt, keine Nullstellen haben, wenn $a$ genügend groß ist. Man hat nämlich in diesem Streifen

$$\lim_{a=\infty} \int_0^a e^{-t} \cos zt\, dt = \frac{1}{z^2+1},$$

und die Grenzfunktion hat überhaupt keine Nullstellen. Dies Zusammendrängen der Nullstellen an der Konvergenzgrenze steht im Einklang mit gewissen neueren Untersuchungen über Folgen analytischer Funktionen [7]).

---

[7]) Vgl. E. Lindwart und G. Pólya, Über einen Zusammenhang zwischen der Konvergenz von Polynomfolgen und der Verteilung ihrer Wurzeln, Rendiconti del Circolo Matematico, Palermo, Bd. 37 (1914), S. 297–304; R. Jentzsch, Untersuchungen zur Theorie der Folgen analytischer Funktionen, Acta Mathematica, Bd. 41, S. 219–251.

25*

## § 5.

## Über einen Satz von Hurwitz.

Herr Hurwitz machte mich, als ich ihm meine bisher dargelegten Untersuchungen mitteilte, auf einen verwandten Satz aufmerksam, den er vor Jahren fand und der so lautet:

*Die im Intervalle* $-1 < t < +1$ *definierte Funktion* $f(t)$ *sei gerade,* $f(-t) = f(t)$. *Ihre Fourier-Koeffizienten seien alternierend, d. h.*

(34) $$f(t) \sim \tfrac{1}{2}a_0 + a_1 \cos \pi t + a_2 \cos 2\pi t + a_3 \cos 3\pi t + \ldots$$

*gesetzt, sei*

(35) $$a_0 > 0, \quad a_1 < 0, \quad a_2 > 0, \quad a_3 < 0, \ \ldots$$

*Dann hat die ganze Funktion* $U(z) = \int_0^1 f(t) \cos zt\, dt$ *nur reelle einfache Nullstellen, die so verteilt sind, daß jedes der Intervalle*

(36) $$\ldots (-2\pi, -\pi), \quad (-\pi, 0), \quad (0, \pi), \quad (\pi, 2\pi), \ \ldots$$

*genau eine Nullstelle enthält, und zwar im Innern.*

Dieser Satz scheint auf den ersten Blick in einer andern Richtung zu liegen als die bisher behandelten Fragen. Sein Beweis eröffnet aber, wie wir bald sehen werden, einen neuen Weg, auf dem die Ergebnisse von § 3 teilweise neu bewiesen und sehr verfeinert werden können. Diesen Beweis will ich im vorliegenden Paragraphen darlegen mit einigen leichten, aber für den vorliegenden Zweck nicht belanglosen Erweiterungen.

Nur eine Bemerkung sei vorausgeschickt. Daß die Funktion $U(z)$ unendlich viele reelle Nullstellen hat, ist in der Voraussetzung des Satzes sozusagen unmittelbar enthalten, denn die „Äquivalenz" (34) bedeutet nur das Bestehen der Gleichungen

$$a_n = \int_{-1}^{+1} f(t) \cos n\pi t\, dt = 2\, U(n\pi) \qquad (n = 0, 1, 2, \ldots).$$

Die Voraussetzung (35) besagt also eigentlich, daß

(37) $$U(0) > 0, \quad U(\pi) < 0, \quad U(2\pi) > 0, \quad U(3\pi) < 0, \ \ldots$$

Daher ist evident, daß sich in jedem der Intervalle (36) mindestens eine Nullstelle von $U(z)$ befindet. Der springende Punkt ist zu zeigen, daß die so erhaltenen Nullstellen überhaupt alle Nullstellen von $U(z)$ ausmachen.

Der Beweis von Herrn Hurwitz stützt sich auf die Partialbruchentwicklung

(38) $$\frac{U(z)}{\sin z} = \frac{U(0)}{z} - U(\pi)\left(\frac{1}{z-\pi} + \frac{1}{z+\pi}\right) + U(2\pi)\left(\frac{1}{z-2\pi} + \frac{1}{z+2\pi}\right) - \ldots$$

Ich will diese Entwicklung unter der Voraussetzung beweisen, daß die (**Riemann**schen, eventuell uneigentlichen) Integrale

$$\int_0^1 f(t)\,dt, \qquad \int_0^1 |f(t)|\,dt$$

existieren.

I. Zu gegebenem $\eta > 0$ kann man eine Konstante $M = M(\eta)$ finden, derart, daß für solche $z$, die allen Ungleichungen

(39) $$|z - n\pi| \geqq \eta \qquad n = 0, \pm 1, \pm 2, \pm 3, \ldots$$

genügen,

(40) $$\left|\frac{U(z)}{\sin z}\right| \leqq M.$$

Mit anderen Worten: Schneidet man aus der komplexen Ebene unendlich viele Kreise aus, die alle mit demselben Radius $\eta$ um die Nullstellen von $\sin z$ herum beschrieben sind, so ist in der übrigbleibenden durchlöcherten Ebene die Funktion $\frac{U(z)}{\sin z}$ beschränkt.

In der Halbebene $y \geqq 1$ ist

$$|\sin(x + iy)| = \left|\frac{e^{ix-y} - e^{-ix+y}}{2i}\right| \geqq \tfrac{1}{2}(e^y - e^{-y}),$$

$$|U(x+iy)| = \left|\tfrac{1}{2}\int_0^1 f(t)\left(e^{(ix-y)t} + e^{(-ix+y)t}\right)dt\right| < e^y \int_0^1 |f(t)|\,dt,$$

$$\left|\frac{U(x+iy)}{\sin(x+iy)}\right| \leqq \frac{2\int_0^1 |f(t)|\,dt}{1-e^{-2y}} \leqq \frac{2\int_0^1 |f(t)|\,dt}{1-e^{-2}},$$

also beschränkt. Ähnlich in der Halbebene $y \leqq -1$.

In dem übrigbleibenden durchlöcherten Streifen ist $\frac{1}{\sin z}$ regulär und periodisch, also sicher beschränkt. Und sogar im vollen Streifen $-1 \leqq y \leqq +1$ ist

$$|U(x+iy)| \leqq e\int_0^1 |f(t)|\,dt.$$

Damit ist der Beweis von I. erbracht.

II. Die Reihe

$$\frac{U(0)}{z} - U(\pi)\left(\frac{1}{z-\pi} + \frac{1}{z+\pi}\right) + U(2\pi)\left(\frac{1}{z-2\pi} + \frac{1}{z+2\pi}\right) - \cdots$$

konvergiert gleichmäßig in jedem endlichen abgeschlossenen Bereich, der die Punkte $z = 0, \pm\pi, \pm 2\pi, \ldots$ nicht enthält.

Die Folge $U(0)$, $U(\pi)$, $U(2\pi)$, ... ist beschränkt, nach einer Bemerkung am Ende von I. So kommt man auf die Reihe

$$\frac{1}{z}+\sum_{n=1}^{\infty}\frac{2z}{z^2-n^2\pi^2},$$

deren absolute und gleichmäßige Konvergenz genügend bekannt ist.

III. Die in der ganzen Ebene analytische Funktion

$$\varphi(z)=\frac{U(z)}{\sin z}-\left\{\frac{U(0)}{z}+\sum_{\nu=1}^{\infty}\frac{(-1)^\nu 2\,U(\nu\pi)\,z}{z^2-\nu^2\pi^2}\right\}$$

ist eine Konstante.

Man bezeichne mit $C_n$ die Kreislinie $|z|=(n+\frac{1}{2})\pi$ $(n=1, 2, 3, \ldots)$. Wenn $z$ innerhalb $C_n$ liegt, was von einem gewissen $n$ an sicher der Fall ist, so besteht

$$\frac{1}{2\pi i}\int_{C_n}\frac{U(w)}{\sin w}\,\frac{dw}{w-z}=\frac{U(z)}{\sin z}+\sum_{\nu=-n}^{+n}\frac{U(\nu\pi)}{\cos\nu\pi\,(\nu\pi-z)},$$

das Integral in positivem Umlaufssinn erstreckt. Anders ausgedrückt, ist

$$(41)\qquad \varphi(z)=\frac{1}{2\pi i}\int_{C_n}\frac{U(w)}{\sin w}\,\frac{dw}{w-z}-\sum_{\nu=n+1}^{\infty}\frac{(-1)^\nu 2\,U(\nu\pi)\,z}{z^2-\nu^2\pi^2}.$$

Auf sämtlichen Kreisen $C_n$ besteht nach I. eine Ungleichung (40). Daher ist

$$\left|\frac{1}{2\pi i}\int_{C_n}\frac{U(w)}{\sin w}\,\frac{dw}{w-z}\right|\leqq\frac{1}{2\pi}M\,\frac{2\pi(n+\frac{1}{2})\pi}{(n+\frac{1}{2})\pi-|z|},$$

woraus man auf Grund von II. leicht schließt, daß in der ganzen Ebene

$$|\varphi(z)|\leqq M.$$

Die Funktion $\varphi(z)$ ist also eine Konstante, und zwar die Null, da sie ungerade ist, $\varphi(-z)=-\varphi(z)$. Damit ist die Partialbruchentwicklung (38) bewiesen.

Das eben Bewiesene kann auch durch die Formel

$$(42)\qquad \frac{U(z)}{\sin z}=\lim_{n=\infty}\sum_{\nu=-n}^{+n}\frac{(-1)^\nu U(\nu\pi)}{z-\nu\pi}$$

ausgedrückt werden. Die rationale Funktion, die unter dem Limes-Zeichen an der rechten Seite von (42) steht, kann für höchstens $2n$ verschiedene Werte von $z$ verschwinden und variiert von $+\infty$ bis $-\infty$, wenn $z$ die reelle Achse entlang von $\nu\pi$ bis $(\nu+1)\pi$ wandert, $\nu=-n, \ldots -2, -1, 0, 1, \ldots n-1$. Daher liegt je eine ihrer Nullstellen in diesen Intervallen $(\nu\pi, (\nu+1)\pi)$, und sie hat außer diesen $2n$ einfachen Nullstellen keine anderen. Überträgt man diese Verhältnisse durch Grenzübergang auf die Funktion $\frac{U(z)}{\sin z}$, so erhält man den vorausgeschickten Satz von Herrn

**Hurwitz.** Daß sich die Nullstellen während des Grenzübergangs auf die Endpunkte eines Intervalls $(\nu\pi, (\nu+1)\pi)$ heranschieben, ist durch die Voraussetzung (37) a priori ausgeschlossen.

Verschiedene Erweiterungen des eben dargelegten **Hurwitz**schen Gedankenganges liegen auf der Hand. Der Partialbruchentwicklung (38) lassen sich mehrere ähnliche zur Seite stellen, z. B. die folgenden (man beachte, daß $U(z)$ gerade und $V(z)$ ungerade ist):

$$(43)\quad \frac{U(z)}{z\cos z}=\frac{U(0)}{z}-\frac{U\left(\frac{\pi}{2}\right)}{\frac{\pi}{2}}\left(\frac{1}{z-\frac{\pi}{2}}+\frac{1}{z+\frac{\pi}{2}}\right)+\frac{U\left(\frac{3\pi}{2}\right)}{\frac{3\pi}{2}}\left(\frac{1}{z-\frac{3\pi}{2}}+\frac{1}{z+\frac{3\pi}{2}}\right)-\ldots,$$

$$(44)\quad \frac{V(z)}{z\sin z}=\frac{V'(0)}{z}-\frac{V(\pi)}{\pi}\left(\frac{1}{z-\pi}+\frac{1}{z+\pi}\right)+\frac{V(2\pi)}{2\pi}\left(\frac{1}{z-2\pi}+\frac{1}{z+2\pi}\right)-\ldots,$$

die sich besonders nützlich erweisen werden und ebenso oder noch etwas kürzer bewiesen werden können als (38). Man kann ferner mit denselben Hilfsmitteln, d. h. durch Beachtung der Vorzeichenänderungen der Funktion zwischen zwei konsekutiven Polen und durch Abzählung der Nullstellen noch manche andere Sätze über die Nullstellen rationaler Funktionen aufstellen, die geeignet sind, auf gewisse meromorphe Funktionen durch Grenzübergang übertragen zu werden. Ich will hier einen einfachen Fall durchdiskutieren, der uns später nützlich sein wird.

IV. Es sei

$$0<a_1<a_2<a_3<\ldots<a_n,$$
$$A_1>0,\quad A_2>0,\quad A_3>0,\ \ldots,\ A_n>0$$

**und $B$ reell. Die rationale Funktion**

$$(45)\quad \frac{A_n}{z+a_n}+\ldots+\frac{A_2}{z+a_2}+\frac{A_1}{z+a_1}+\frac{B}{z}+\frac{A_1}{z-a_1}+\frac{A_2}{z-a_2}+\ldots+\frac{A_n}{z-a_n}$$

**hat eine und nur eine Nullstelle in jedem der Intervalle**

$$(-a_n, -a_{n-1}),\ldots,(-a_3, -a_2), (-a_2, -a_1), (a_1, a_2), (a_2, a_3),\ldots,(a_{n-1}, a_n),$$

wie auch $B$ beschaffen sein mag. Außer diesen $2n-2$ kann es noch zwei Nullstellen geben, die entgegengesetzt gleich sind und sich folgendermaßen nach $B$ richten:

1. $B>0.$

Beide Nullstellen sind reell, die positive liegt im Intervalle $(0, a_1)$.

2. $-2(A_1+A_2+\ldots+A_n)<B<0.$

Beide Nullstellen sind rein imaginär.

3. $B<-2(A_1+A_2+\ldots+A_n).$

Beide Nullstellen reell, die positive liegt im Intervalle $(a_n, +\infty)$.

Zum Beweise ist es am einfachsten, (45) mit $z$ zu multiplizieren und dann als Funktion von $z^2$ zu betrachten. Man erhält IV., indem man die Vorzeichenänderungen beim Einsetzen von $z^2 = -\infty,\ 0,\ a_1^2 - 0,\ a_1^2 + 0,\ a_2^2 - 0,\ a_2^2 + 0,\ \ldots,\ a_n^2 - 0,\ a_n^2 + 0,\ +\infty$ beachtet. Der Fall 1) ist uns kürzlich auf der rechten Seite von (42) begegnet.

Die Entscheidung darüber, ob der Fall 2) oder ob der Fall 3) vorliegt, wird in einigen nachfolgenden Anwendungen nicht eben bequem sein. Achten wir aber nur auf die Nullstellen der Grenzfunktion, so kann uns folgende einfache Bemerkung aus der Verlegenheit helfen:

V. Die Funktion $U(z)$ hat keine rein imaginäre Nullstelle, wenn alle Glieder der Folge

$$(46)\qquad \int_0^1 f(t)\,dt,\quad \int_0^1 f(t)t^2\,dt,\quad \int_0^1 f(t)t^4\,dt,\ \ldots$$

gleiches Vorzeichen haben, und sie hat genau zwei rein imaginäre Nullstellen, wenn die Folge (46) einen Vorzeichenwechsel aufweist.

Die erste Behauptung leuchtet aus der Formel

$$(47)\qquad U(iy) = \int_0^1 f(t)\cos iyt\,dt = \sum_{n=0}^{\infty} \frac{y^{2n}}{2n!} \int_0^1 f(t)t^{2n}\,dt$$

ohne weiteres ein. Hat aber die Folge (46) einen Zeichenwechsel, so lehrt dieselbe Formel (47), daß $U(0)$ und $U(i\infty)$ entgegengesetztes Zeichen haben und es mindestens zwei rein imaginäre Nullstellen gibt. Daß es nicht mehr gibt, ist eine Folge der von Laguerre[8]) verallgemeinerten Descartesschen Zeichenregel. (Dieser letzte Teil ist für unsern Zweck nicht so wesentlich.) Man kann in bezug auf $V(z)$ analoge Betrachtungen anstellen. Insbesondere gilt: ist $f(t)$ positiv, so hat keine der beiden Funktionen $U(z)$ und $V(z)$ rein imaginäre Nullstellen.

## § 6.

## Die Trennung der Nullstellen.

**Ich werde in diesem Paragraphen die Nullstellen der Funktionen**

$$(1)\qquad U(z) = \int_0^1 f(t)\cos zt\,dt,$$

$$(2)\qquad V(z) = \int_0^1 f(t)\sin zt\,dt$$

**separieren, d. h. ich werde Intervalle angeben, in denen eine und nur eine Nullstelle liegt. Da $U(z)$ gerade und $V(z)$ ungerade ist, genügt es in**

[8]) Laguerre, Œuvres, Bd. I, S. 3–5.

beiden Fällen, nur die Lage der positiven Nullstellen festzustellen. Über die Funktion $f(t)$ werde ich verschiedene Voraussetzungen machen, aber bis zur Erwähnung des Gegenteils sollen die folgenden festgehalten werden: $f(t)$ ist für $0 < t < 1$ definiert und das Integral $\int_0^1 f(t)\,dt$ existiert.

I. Es sei $f(t) > 0$ und nicht abnehmend. Dann hat $U(z)$ nur reelle einfache Nullstellen. Das Intervall $\left(0, \frac{\pi}{2}\right)$ enthält keine Nullstelle und jedes der Intervalle

$$\left(\frac{\pi}{2}, \frac{3\pi}{2}\right), \quad \left(\frac{3\pi}{2}, \frac{5\pi}{2}\right), \quad \left(\frac{5\pi}{2}, \frac{7\pi}{2}\right),$$

genau eine, und zwar im Innern.

Man hat

$$U(0) = \int_0^1 f(t)\,dt > 0.$$

Ferner ist für $n = 0, 1, 2, 3, \ldots$

$$\int_0^1 f(t)\cos(4n+1)\frac{\pi}{2}t\cdot dt = \int_0^{\frac{1}{4n+1}} f(t)\cos(4n+1)\frac{\pi}{2}t\cdot dt$$

$$+ \sum_{\nu=1}^{n} \int_{\frac{4\nu-3}{4n+1}}^{\frac{4\nu+1}{4n+1}} f(t)\cos(4n+1)\frac{\pi}{2}t\cdot dt \geqq \int_0^{\frac{1}{4n+1}} f(t)\cos(4n+1)\frac{\pi}{2}t\cdot dt > 0,$$

$$\int_0^1 f(t)\cos(4n+3)\frac{\pi}{2}t\cdot dt = \left(\int_0^{\frac{2}{4n+3}} + \int_{\frac{2}{4n+3}}^{\frac{3}{4n+3}} + \sum_{\nu=1}^{n} \int_{\frac{4\nu-1}{4n+3}}^{\frac{4\nu+3}{4n+3}}\right) f(t)\cos(4n+3)\frac{\pi}{2}t\cdot dt$$

$$\leqq \int_{\frac{2}{4n+3}}^{\frac{3}{4n+3}} f(t)\cos(4n+3)\frac{\pi}{2}t\cdot dt < 0.$$

D. h. es ist

$$(48) \quad U(0) > 0, \quad U\left(\frac{\pi}{2}\right) > 0, \quad U\left(\frac{3\pi}{2}\right) < 0, \quad U\left(\frac{5\pi}{2}\right) > 0, \quad U\left(\frac{7\pi}{2}\right) < 0, \ldots$$

In der Partialbruchentwicklung

$$(43) \quad \frac{U(z)}{z\cos z} = \frac{U(0)}{z} - \frac{U\left(\frac{\pi}{2}\right)}{\frac{\pi}{2}}\left(\frac{1}{z-\frac{\pi}{2}} + \frac{1}{z+\frac{\pi}{2}}\right) + \frac{U\left(\frac{3\pi}{2}\right)}{\frac{3\pi}{2}}\left(\frac{1}{z-\frac{3\pi}{2}} + \frac{1}{z+\frac{3\pi}{2}}\right) -$$

ist also das Residuum im Pole $z = 0$ positiv, in allen übrigen Polen negativ. Die bei einem beliebigen $n$ abgebrochene Partialbruchentwicklung ist also, abgesehen von einem unwesentlichen Faktor $-1$, vom Typus (45), und der Satz § 5, IV. wird anwendbar, wobei es nur unentschieden bleibt, ob wir uns im Falle 2) oder 3) befinden. Die reellen Nullstellen von $U(z)$ sind also auf alle Fälle so verteilt, wie angegeben wurde; es bleibt (vom Standpunkte des § 5) vorderhand nur noch unentschieden, ob $U(z)$ noch ein paar rein imaginäre Nullstellen hat oder nicht. Der Satz § 5, V. entscheidet aber dafür, daß $U(z)$ nur reelle Nullstellen hat[9]).

II. Es sei $f(t) > 0$ und nicht abnehmend. Wenn $f(t)$ nicht dem Ausnahmefall (im Sinne von § 1) angehört, so hat $V(z)$ nur reelle einfache Nullstellen. Das Intervall $(0, \pi)$ enthält nur die Nullstelle $z = 0$, und jedes der Intervalle

$$(\pi, 2\pi), \quad (2\pi, 3\pi), \quad (3\pi, 4\pi), \ldots$$

enthält genau eine Nullstelle, und zwar im Innern.

Es ist zuerst

$$V(\pi) = \int_0^1 f(t) \sin \pi t \cdot dt > 0,$$

ersichtlicherweise. Ferner ist

$$V(2\pi) = \int_0^1 f(t) \sin 2\pi t \cdot dt = \int_0^{\frac{1}{2}} \sin 2\pi t\,(f(t) - f(1-t))\,dt.$$

Die Funktion $-f(t) + f(1-t)$ ist definiert und nicht zunehmend für $0 < t \leqq \frac{1}{2}$ und verschwindet für $t = \frac{1}{2}$. Da $f(t)$ keine Konstante ist, so muß

$$\lim_{t=0} (f(t) - f(1-t)) < 0$$

sein. Daraus leuchtet dann

$$V(2\pi) < 0$$

(nicht $= 0$) ein. Nun sieht man, daß allgemein für $n = 1, 2, 3, \ldots$

$$V((2n+1)\pi) = \int_0^{\frac{1}{2n+1}} f(t) \sin(2n+1)\pi t \cdot dt + \sum_{\nu=1}^{n} \int_{\frac{2\nu-1}{2n+1}}^{\frac{2\nu+1}{2n+1}} f(t) \sin(2n+1)\pi t \cdot dt$$

$$\geqq \int_0^{\frac{1}{2n+1}} f(t) \sin(2n+1)\pi t \cdot dt > 0$$

---

[9]) Definiert man $f(t)$ durch $f(-t) = f(t)$, $f(t+2) = -f(t)$ für alle reellen nicht ganzzahligen Werte von $t$, so ist

$$f(t) \sim \sum_{n=0}^{\infty} 2\,U\left(\frac{2n+1}{2}\pi\right) \cos \frac{2n+1}{2}\pi t,$$

$$U(0) = \int_0^1 f(t)\,dt = \sum_{n=0}^{\infty} \frac{(-1)^n\, 2\,U\left(\frac{2n+1}{2}\pi\right)}{\frac{2n+1}{2}\pi}.$$

Letztere Formel zeigt, daß die annähernden rationalen Funktionen sich im Falle 3) des § 5, IV. befinden. — Man könnte dieselbe Formel auch durch Residuenrechnung finden.

und

$$V(2n\pi)=\sum_{\nu=1}^{n}\int_0^{\frac{1}{2n}} \sin 2\pi n t\left\{f\left(\frac{\nu-1}{n}+t\right)-f\left(\frac{\nu}{n}-t\right)\right\}dt<0$$

ist. Denn $V(2n\pi)$ könnte nur dann gleich 0 sein, wenn die Funktion $f(t)$ in jedem Intervall von der Form $\frac{\nu-1}{n}<t<\frac{\nu}{n}$ $(\nu=1, 2, \ldots, n)$ konstant wäre, also dem Ausnahmefall angehörte.

Zusammenfassend ist

$$(49) \qquad V(\pi)>0, \quad V(2\pi)<0, \quad V(3\pi)>0, \quad V(4\pi)<0, \ \ldots$$

Nimmt man noch

$$V'(0)=\int_0^1 t f(t)dt>0$$

hinzu, so sieht man, daß die Partialbruchentwicklung

$$(44) \quad \frac{V(z)}{z \sin z}=\frac{V'(0)}{z}-\frac{V(\pi)}{\pi}\left(\frac{1}{z-\pi}+\frac{1}{z+\pi}\right)+\frac{V(2\pi)}{2\pi}\left(\frac{1}{z-2\pi}+\frac{1}{z+2\pi}\right)-\ldots$$

im Pole $z=0$ ein positives Residuum, in den übrigen Polen $z=\pm\pi$, $\pm 2\pi$, $\pm 3\pi, \ldots$ negative Residua hat. Satz II ergibt sich, wie I, aus § 5, IV. und § 5, V.[10]).

III. Es sei $f(t)$ wachsend, nirgends konkav und

$$\lim_{t=0} f(t)=0.$$

Dann hat $V(z)$ in jedem der Intervalle

$$(50) \qquad \left(\pi, \frac{3\pi}{2}\right), \quad \left(2\pi, \frac{5\pi}{2}\right), \quad \left(3\pi, \frac{7\pi}{2}\right), \quad \left(4\pi, \frac{9\pi}{2}\right), \ldots$$

eine einfache Nullstelle, und zwar im Innern, außerhalb derselben keine positive Nullstelle und überhaupt keine imaginäre Nullstelle.

In III. werden sowohl die Voraussetzungen wie die Behauptungen von II. vermehrt. Daß $f(t)$ (von unten gesehen) nirgends konkav ist, bedeutet das Bestehen der Ungleichung

$$\tfrac{1}{2}\{f(t)+f(t')\} \geqq f\{\tfrac{1}{2}(t+t')\}$$

für beliebige $t, t'$. Es folgt[11]), daß $f(t)$ für $0<t<1$ eine bestimmte

[10]) Man kann mit Benutzung Fourierscher Reihen oder Cauchyschen Integralsatzes die Beziehung

$$V'(0)=\frac{2V(\pi)}{\pi}-\frac{2V(2\pi)}{2\pi}+\frac{2V(3\pi)}{3\pi}-\ldots$$

beweisen, wodurch direkt gezeigt wird, daß die annähernden rationalen Funktionen sich im Falle 3) des § 5, IV. befinden.

[11]) Jensen, Sur les fonctions convexes et les inégalités entre les valeurs moyennes, Acta Mathematica, Bd. 30 (1906), S. 175–193. Vgl. S. 190.

rechte Derivierte hat, die ich kurz mit $f'(t)$ bezeichne, und daß $f'(t)$ eine nicht abnehmende Funktion ist. Die Voraussetzung, daß $f(t)$ wachsend sei, übersetzt sich daher in die Ungleichung

$$f'(t) > 0.$$

Man beachte, daß aus der ständigen Voraussetzung der Existenz des Integrals $\int^1 f(t)\,dt$

$$\lim_{t=1} (1-t) f(t) = 0$$

folgt, da $f(t)$ beständig zunimmt. Nun ergibt sich durch partielle Integration

$$V\left((2n+1)\frac{\pi}{2}\right) = \int_0^1 f(t)\sin(2n+1)\frac{\pi}{2}t\cdot dt = \frac{1}{(2n+1)\frac{\pi}{2}}\int_0^1 f'(t)\cos(2n+1)\frac{\pi}{2}t\cdot dt.$$

Die Funktion $f'(t)$ unterliegt denselben Bedingungen wie $f(t)$ in I. Daher wird

$$V\left(\frac{3\pi}{2}\right) < 0, \quad V\left(\frac{5\pi}{2}\right) > 0, \quad V\left(\frac{7\pi}{2}\right) < 0, \quad V\left(\frac{9\pi}{2}\right) > 0, \ldots.$$

Diese Ungleichungen zusammen mit denen unter (49) ergeben die Ergänzung, die III. dem Satz II hinzufügt.

Satz III ergibt die bekannte Verteilung der Nullstellen der Funktionen

$$\int_0^1 t \sin zt\,dt = -\frac{\cos z}{z} + \frac{\sin z}{z^2} = \frac{\cos z}{z^2}(\operatorname{tg} z - z),$$

$$\frac{2}{\pi}\int_0^1 \frac{t \sin zt}{\sqrt{1-t^2}}\,dt = \sum_0^\infty (-1)^n \frac{\left(\frac{z}{2}\right)^{2n+1}}{n!\,n+1!} = J_1(z).$$

Die Nullstellen der ersteren nähern sich asymptotisch dem rechten Ende, die der letzteren der Mitte der Intervalle (50).

IV. Es sei $f(t)$ wachsend, nirgends konkav, und seine rechte Derivierte $f'(t)$ gehöre nicht dem Ausnahmefalle des § 1 an. Dann sind die positiven Nullstellen von $U(z)$ in dem Innern der Intervalle

$$\left(\frac{\pi}{2}, \pi\right), \quad \left(\frac{3\pi}{2}, 2\pi\right), \quad \left(\frac{5\pi}{2}, 3\pi\right), \ldots$$

enthalten, und zwar liegt in jedem Intervall genau eine einfache Nullstelle.

Man erhält durch partielle Integration

$$(51) \qquad U(n\pi) = \int_0^1 f(t)\cos n\pi t\cdot dt = -\frac{1}{n\pi}\int_0^1 f'(t)\sin n\pi t\cdot dt.$$

Da $f'(t)$ denselben Bedingungen genügt, wie $f(t)$ unter II., so erhält man nun

(52) $U(\pi) < 0, \quad U(2\pi) > 0, \quad U(3\pi) < 0, \quad U(4\pi) > 0, \ldots.$

Diese Ungleichungen zusammen mit denen unter (48) setzen uns in Stand, den Satz I zu IV zu ergänzen.

Satz IV. kann auf die Besselsche Funktion

$$J_0(z) = \sum_{n=0}^{\infty}(-1)\,\frac{\left(\frac{z}{2}\right)^{2n}}{n!\,n!} = \frac{2}{\pi}\int_0^1 \frac{\cos zt}{\sqrt{1-t^2}}\,dt$$

angewandt werden[12]).

V. Es sei $f(t)$ positiv, abnehmend, nirgends konvex; wird mit $f'(t)$ die rechte Derivierte von $f(t)$ bezeichnet, so gehöre $-f'(t)$ dem allgemeinen Fall vom § 1 an. Dann hat $U(z)$ nur reelle Nullstellen, von denen jedes Intervall

$$(\pi,\ 2\pi), \quad (2\pi,\ 3\pi), \quad (3\pi,\ 4\pi), \ldots$$

je eine und zwar im Innern enthält, während für $-\pi \leqq z \leqq +\pi$ die Funktion $U(z) > 0$ ist.

Satz V behandelt einen Typus von Funktionen, über den der § 3 nichts aussagt. Der Beweis ist ähnlich wie in den vorangehenden Fällen: durch partielle Integration wird für $n = 1, 2, 3, \ldots$

$$U(n\pi) = \int_0^1 f(t)\cos n\pi t\,dt = \frac{1}{n\pi}\int_0^1 \left(-f'(t)\right)\sin n\pi t\,dt,$$

also nach den Entwicklungen unter II.

$$U(\pi) > 0, \quad U(2\pi) < 0, \quad U(3\pi) > 0, \quad U(4\pi) < 0, \ldots.$$

Selbstverständlich ist $U(0) > 0$; jetzt schließt man aus der Hurwitzschen Partialbruchentwicklung (38), aus § 5, IV. und § 5, V., wie unter I. und II.

Um zu zeigen, wie viele Möglichkeiten es noch gibt, die vorangehenden Überlegungen mit andern zu kombinieren, gebe ich noch folgenden Satz:

VI. Es sei $f(t)$ zunehmend, konvex, und $f(\alpha) = 0$ $(0 < \alpha < 1)$. Die Funktion $U(z)$ hat dann keine oder zwei imaginäre Nullstellen, je nachdem

(53) $$\int_0^1 f(t)\,dt \gtrless 0.$$

[12]) Für diese Verteilung der Nullstellen der Besselschen Funktion hat auch Herr Hurwitz einen Beweis gegeben, der ebenfalls auf seinem Prinzip des Grenzübergangs vom Algebraischen aus beruht. Vgl. l. c. [6]).

Die Ungleichungen (52) folgen ebenso, wie unter IV. aus der durch partielle Integration gewonnenen Formel (51). Wendet man die Partialbruchzerlegung (38) an, so ergibt sich aus § 5, IV., daß nur die beiden in VI. genannten Möglichkeiten für die Nullstellen von $U(z)$ vorliegen können. Um diese auseinanderzuhalten, denke man sich $\nu$ von 0 bis $+\infty$ stetig variierend. Dann wächst die Funktion von $\nu$

$$\frac{1}{\alpha^{\nu}}\int_{0}^{1} f(t)t^{\nu}\,dt = -\int_{0}^{\alpha} |f(t)| \left(\frac{t}{\alpha}\right)^{\nu} dt + \int_{\alpha}^{1} |f(t)| \left(\frac{t}{\alpha}\right)^{\nu} dt$$

beständig und strebt offenbar gegen $+\infty$. Die in § 5, V. betrachtete Folge (46) zeigt also keinen oder einen Zeichenwechsel, nach dem ersten oder zweiten Fall der Alternative (53). Somit ist VI. bewiesen.

Z. B. hat die transzendente Gleichung

$$J_0(z) - c\,\frac{\sin z}{z} = \int_{0}^{1}\left(\frac{2}{\pi\sqrt{1-t^2}} - c\right)\cos zt\cdot dt = 0$$

keine imaginären Nullstellen, wenn $c < 1$, und genau zwei, wenn $c > 1$.

Endlich will ich noch einen sehr einfachen Fall betrachten, wo das Integrationsintervall unendlich ist.

VII. Es sei $f(t) > 0$ und beständig abnehmend. Dann kann das Integral

$$\int_{0}^{\infty} f(t)\sin zt\,dt$$

für keinen positiven Wert von $z$ verschwinden. Ist $f(t)$ zugleich konvex, so kann das Integral

$$\int_{0}^{\infty} f(t)\cos zt\,dt$$

für keinen reellen Wert von $z$ verschwinden.

Man hat

$$\int_{0}^{\infty} f(t)\sin zt\,dt$$

$$= \int_{0}^{\frac{\pi}{z}} \sin zt\left\{f(t) - f\left(t+\frac{\pi}{z}\right) + f\left(t+\frac{2\pi}{z}\right) - f\left(t+\frac{3\pi}{z}\right) + \dots\right\}dt > 0,$$

$$z\int_{0}^{\infty} f(t)\cos zt\,dt = \int_{0}^{\infty}\left(-f'(t)\right)\sin zt\,dt.$$

Man könnte leicht, wie in vorangehenden Fällen, genau die sehr enge Funktionenklasse bestimmen, die den Ausnahmefall von VII. bildet.

Als Beispiel zu verschiedenen Sätzen dieses Paragraphen betrachte ich die ganze Funktion von $z$

$$1 - \frac{z^2}{(\alpha+2)(\alpha+3)} + \frac{z^4}{(\alpha+2)(\alpha+3)(\alpha+4)(\alpha+5)} - \cdots$$

$$= (\alpha+1)\int_0^1 (1-t)^\alpha \cos zt\, dt$$

und ich will die Veränderungen ihrer Nullstellen verfolgen, wenn der reelle Parameter $\alpha$ von $+\infty$ bis $-1$ abnimmt. Man hat, von einem positiven Faktor abgesehen,

$$f(t) = (1-t)^\alpha > 0, \quad f'(t) = -\alpha(1-t)^{\alpha-1}, \quad f''(t) = \alpha(\alpha-1)(1-t)^{\alpha-2}.$$

1. $\alpha > 1$. Demnach $f'(t) < 0$, $f''(t) > 0$.

Keine reellen Nullstellen nach den Schlüssen in VII.

2. $\alpha = 1$.

Die Funktion $2\frac{1-\cos z}{z^2}$ hat nur reelle doppelte Nullstellen. Die positiven sind $z = 2\pi, 4\pi, 6\pi, \ldots$.

3. $0 < \alpha < 1$. Demnach $f'(t) < 0$, $f''(t) < 0$.

In Anwendung von V., nur reelle einfache Nullstellen, je eine positive im Innern der Intervalle $(\pi, 2\pi)$, $(2\pi, 3\pi)$, ....

4. $\alpha = 0$.

Die Funktion $\frac{\sin z}{z}$ hat nur reelle einfache Nullstellen, $z = \pi, 2\pi, 3\pi, \ldots$.

5. $-1 < \alpha < 0$. Demnach $f'(t) > 0$, $f''(t) > 0$.

In Anwendung von IV., nur reelle einfache Nullstellen, je eine positive im Innern der Intervalle $\left(\frac{\pi}{2}, \pi\right)$, $\left(\frac{3\pi}{\pi}, 2\pi\right)$, ....

6. $\alpha = -1$. (Nur die Reihendarstellung gültig.)

Die Funktion $\cos z$ hat nur reelle einfache Nullstellen in $z = \frac{\pi}{2}, \frac{3\pi}{2}, \frac{5\pi}{2}, \ldots$.

Beachtet man den Weg der kleinsten positiven Nullstelle bei variierendem $\alpha$, so sieht man, daß die Sätze IV und V möglichst enge Grenzen angeben. Von I., II., III. kann man dasselbe durch ebenso einfache Beispiele zeigen.

## § 7.

## Bestimmung des Konvergenzexponenten.

*Es sei $f(t)$ im Intervalle $0 < t < 1$ definiert. Ich setze die Existenz der (Riemannschen, ev. uneigentlichen) Integrale*

$$\int_0^1 f(t)\,dt, \qquad \int_0^1 |f(t)|\,dt > 0$$

*voraus. Die von 0 verschiedenen Nullstellen der ganzen Funktion*

$$F(z) = \int_0^1 f(t) e^{zt}\,dt \tag{5}$$

*seien, mehrfache mit ihrer Vielfachheit angeschrieben, mit $\alpha_1, \alpha_2, \alpha_3, \ldots$ bezeichnet. Es ist*

$$\frac{1}{|\alpha_1|^{1+\varepsilon}} + \frac{1}{|\alpha_2|^{1+\varepsilon}} + \frac{1}{|\alpha_3|^{1+\varepsilon}} + \cdots \tag{54}$$

*für jedes $\varepsilon > 0$ konvergent, und*

$$\frac{1}{|\alpha_1|} + \frac{1}{|\alpha_2|} + \frac{1}{|\alpha_3|} + \cdots \tag{55}$$

*divergent.*

In diesem Satze ist die Voraussetzung der Endlichkeit des Intervalls wesentlich, wie das Beispiel

$$\int_{-\infty}^{+\infty} e^{-\frac{t^2}{2}} e^{zt}\,dt = \sqrt{2\pi}\, e^{+\frac{z^2}{2}}$$

zeigt. — Von $f(t)$ ist nicht vorausgesetzt, daß es nur reelle Werte annimmt.

Es ist

$$|F(z)| \leqq e^{|z|} \int_0^1 |f(t)|\,dt. \tag{56}$$

Aus dieser Ungleichung folgt schon bekanntlich die Konvergenz der Reihe (54).

Der Ungleichung (56) zufolge ist $F(z)$ auf alle Fälle eine Funktion vom Geschlecht 0 oder 1. Wäre die Reihe (55) konvergent, so würde $F(z)$ die Form

$$F(z) = e^{cz} g(z) \tag{57}$$

haben, wo $c$ eine Konstante und

$$g(z) = C z^r \left(1 - \frac{z}{\alpha_1}\right)\left(1 - \frac{z}{\alpha_2}\right)\left(1 - \frac{z}{\alpha_3}\right)\cdots \tag{58}$$

eine Funktion vom Geschlecht 0 ist, die alle Nullstellen von $F(z)$ mit richtiger Vielfachheit ebenfalls zu Nullstellen hat. Als ganze Funktion vom Geschlecht 0, hätte $g(z)$ bekanntlich die Eigenschaft, daß zu jedem $\varepsilon > 0$ ein $R = R(\varepsilon)$ auf die Weise anzugeben ist, daß für $|z| > R$ die Ungleichung

$$|g(z)| < e^{\varepsilon |z|}$$

besteht. Daher definierte nach einem wichtigen Satze des Herrn Wigert[13]) die für $|x| < |e^{-c}|$ konvergente Potenzreihe

$$\begin{aligned}\Phi(x) &= g(0) + g(1)e^{c}x + g(2)e^{2c}x^2 + g(3)e^{3c}x^3 + \dots \\ &= F(0) + F(1)x + F(2)x^2 + F(3)x^3 + \dots,\end{aligned}$$

eine Funktion, die in der ganzen $x$-Ebene eindeutig und, ausgenommen im Punkte $x = e^{-c}$, überall regulär wäre.

Diese letzte Folge der Voraussetzung (57) ist aber sicher unrichtig. Denn nach (5) kann

$$(59) \qquad \begin{aligned}\Phi(x) &= \int_0^1 f(t)(1 + xe^t + x^2e^{2t} + x^3e^{3t} + \dots)\,dt \\ &= \int_0^1 \frac{f(t)\,dt}{1 - xe^t} = \int_{\frac{1}{e}}^1 \frac{f(-\lg u)\,du}{u - x}\end{aligned}$$

gesetzt werden. Man schließt zuerst, daß die Darstellung (59) im Kreise $e|x| < 1$ und dann, nach dem Prinzip der analytischen Fortsetzung, daß sie überall gültig ist, ausgenommen höchstens die Punkte der Strecke $\frac{1}{e} \leqq x < 1$ auf der positiven reellen Achse. Nun kann man aber sicher an dieser Strecke einen von $e^{-c}$ verschiedenen Punkt $\gamma$ finden, derart, daß $t = -\lg \gamma$ ein Stetigkeitspunkt der Funktion $f(t)$ und

$$f(-\lg \gamma) \neq 0$$

wird. Es ist aber bekanntlich, wenn $\eta$ durch positive Werte gegen 0 strebt,

$$\lim_{\eta=0}\big(\Phi(\gamma + i\eta) - \Phi(\gamma - i\eta)\big) = 2\pi i f(-\lg\gamma) \neq 0,$$

also entweder ist die Funktion $\Phi(x)$ mehrdeutig, oder sie ist im Punkte $x = \gamma \neq e^{-c}$ singulär. Der Widerspruch löst sich nur dann, wenn man die Voraussetzung (57) fallen läßt und damit die Divergenz der Reihe (55) zugibt, w. z. b. w.

---

[13]) Vgl. S. Wigert, Sur les fonctions entières, Öfversigt af K. Vetenskaps-Akademiens Förhandlingar (1900), S. 1001–1011. Vgl. auch G. Faber, Über die Fortsetzbarkeit gewisser Taylorscher Reihen, Mathem. Annalen, Bd. 57 (1903), S. 369–388, oder auch das Lehrbuch von G. Vivanti, Theorie der eindeutigen analytischen Funktionen (deutsch von A. Gutzmer), Leipzig (1906), S. 452 ff.

Durch den bewiesenen Satz haben wir zugleich Aufklärung über die Nullstellen der ganzen Funktionen von der Form $\lambda U(z) - \mu V(z)$ gewonnen. Denn setzt man

$$h(t) = \begin{cases} \frac{\lambda + i\mu}{2} f(t) & \text{für } t > 0, \\ \frac{\lambda - i\mu}{2} f(-t) & \text{für } t < 0, \end{cases}$$

so ist

$$\int_0^1 f(t)(\lambda \cos zt - \mu \sin zt)\,dt = \int_{-1}^{+1} h(t) e^{zt}\,dt.$$

Daß die Funktionen $\lambda U(z) - \mu V(z)$ unendlich viele Nullstellen mit dem Konvergenzexponenten 1 haben, und daß die Summe der reziproken Nullstellen nicht absolut konvergieren kann, war schon aus § 3 und § 6 in vielen Fällen ersichtlich[14]).

Ich will noch eine kleine Bemerkung über die benutzte Methode machen. Daß aus der Ungleichung (56) und aus der Annahme der Konvergenz der Reihe (55) die Gleichung (57) folgt — wobei

(58) $$g(z) = C z^r \left(1 - \frac{z}{\alpha_1}\right)\left(1 - \frac{z}{\alpha_2}\right)\left(1 - \frac{z}{\alpha_3}\right)\cdots$$

eine Funktion vom Geschlecht 0 bedeutete —, wird in der Hadamardschen Theorie durch eine Reihe von Schlüssen hergeleitet, deren wichtigster auf folgendem Satze beruht: zu beliebig vorgegebenem $\varepsilon > 0$ gibt es Kreise $|x| = r_1$, $|x| = r_2$, ... mit unendlich wachsenden Radien ($\lim_{n=\infty} r_n = \infty$), auf deren Peripherie die Ungleichung

(60) $$|g(z)| > e^{-\varepsilon |z|}$$

besteht. Ich will zeigen, daß dieser Satz auch als Folgerung des zitierten Wigertschen Satzes aufgefaßt werden kann. In der Tat, man betrachte neben der Funktion (58) die Funktion

$$G(z) = |C| z^r \left(1 - \frac{z}{|\alpha_1|}\right)\left(1 - \frac{z}{|\alpha_2|}\right)\left(1 - \frac{z}{|\alpha_3|}\right)\cdots,$$

die ebenfalls vom Geschlecht 0 ist und nur reelle positive Nullstellen hat. Die Funktionen $g(z)$ und $G(z)$ sind durch die Ungleichungen

(61) $$|G(|z|)| \leqq |g(z)| \leqq (-1)^r G(-|z|)$$

verbunden. Nach dem Wigertschen Satze hat die Potenzreihe

[14]) Hat $\lambda U(z) - \mu V(z)$ nur reelle Nullstellen, so ist es ein Grenzwert von Polynomen mit nur reellen Nullstellen. Vgl. G. Pólya und I. Schur, Über zwei Arten von Faktorenfolgen in der Theorie der algebraischen Gleichungen, Journal für Mathematik, Bd. 144, (1914), S. 89–113. Durch die Methoden dieser Arbeit lassen sich manche Einzelheiten in § 3 und § 6 von einer neuen Seite auffassen.

$$G(0)+G(1)z+G(2)z^2+\ldots$$

nur den Punkt $z=1$, diesen aber ganz gewiß zum singulären Punkte. Darum muß

$$\overline{\lim_{n=\infty}}\sqrt[n]{|G(n)|}=1$$

sein. **Also gibt es zu jedem $\varepsilon>0$ unendlich viele ganze Zahlen $n$, so daß**

$$|G(n)|>e^{-\varepsilon n}$$

gilt. Vergleicht man dies mit der linken Seite von (61), so findet man, daß die Ungleichung (60) auf unendlich vielen Kreisen (sogar mit ganz zahligen Radien) erfüllt ist, w. z. b. w.

(Eingegangen am 30. April 1918.)

# Geometrisches über die Verteilung der Nullstellen gewisser ganzer transzendenter Funktionen.

Von **Georg Pólya** in Zürich.

Vorgelegt von A. Pringsheim in der Sitzung am 8. Mai 1920.

Es handelt sich im folgenden um ganze transzendente Funktionen von der Form

$$F(z) = P_1(z)\, e^{a_1 z} + P_2(z)\, e^{a_2 z} + \cdots + P_m(z)\, e^{a_m z},$$

wo $a_1, a_2, \ldots a_m$ voneinander verschiedene Konstanten und $P_1(z), P_2(z), \ldots P_m(z)$ Polynome sind $(m > 1)$. Diese Funktionen bieten sich ungezwungen der Betrachtung dar, als die Lösungen von linearen homogenen Differential- oder Differenzengleichungen mit konstanten Koeffizienten. Die asymptotische Verteilung ihrer Nullstellen folgt einfachen und eleganten geometrischen Gesetzen, die, soweit mir bekannt, bisher unbemerkt geblieben sind, und die ich in diesen Zeilen darstellen will. Um nicht weitläufig zu werden, will ich die Beweise nur kurz andeuten. Denn einerseits lassen sich diese Beweise mit geläufigen Mitteln führen. Andererseits soll der Gegenstand ausführlich behandelt, in feinere Einzelheiten verfolgt und weitergeführt werden in einer von mir veranlaßten Zürcher Dissertation.

1. Man betrachte in der komplexen Zahlenebene die $m$ Punkte

$$a_1,\ a_2,\ a_3,\ \cdots\ a_m.$$

---

For comments on this paper[59], see p. 422.

Das kleinste konvexe Polygon, das diese $m$ Punkte umfaßt, soll mit $\mathfrak{A}$ bezeichnet werden. $\mathfrak{A}$ kann sich eventuell auf eine Strecke reduzieren, jedoch nie auf einen Punkt, da $m > 1$. Ich bezeichne mit $\overline{\mathfrak{A}}$ das kleinste konvexe Polygon, das die $m$ konjugiert komplexen Punkte

$$\bar{a}_1, \; \bar{a}_2, \; \bar{a}_3, \cdots \bar{a}_m$$

umfaßt. $\mathfrak{A}$ und $\mathfrak{A}$ sind Spiegelbilder voneinander in Bezug auf die reelle Achse. $\mathfrak{A}$ und $\overline{\mathfrak{A}}$ haben gleich viel, sagen wir $l$ Ecken ($l \leqq m$). Es sei die Bezeichnung so gewählt, daß die in positivem Umlaufssinn aufeinander folgenden Ecken von $\mathfrak{A}$ $\quad a_1, a_2, a_3, \ldots a_l \quad$ heißen.

Die Nullstellen von $F(z)$ häufen sich gegen $l$ verschiedene Halbstrahlen, die den äußeren Normalen des Polygons $\overline{\mathfrak{A}}$ parallel sind.

Mit anderen Worten und genauer beschrieben heißt das folgendes: man errichte von dem Punkt $z = 0$ aus $l$ Halbstrahlen, die bzw. den Vektoren

$$i(\bar{a}_2 - \bar{a}_1), \; i(\bar{a}_3 - \bar{a}_2), \cdots i(\bar{a}_1 - \bar{a}_l)$$

parallel sind. Man umgebe jeden Halbstrahl mit einem Winkelraum, den der betreffende Halbstrahl halbiert, dessen Spitze der Nullpunkt und dessen Öffnung $\varepsilon$ ist. Es sei $\varepsilon$ so klein gewählt, daß diese Winkelräume sich nicht überdecken. Wie klein auch die positive Größe $\varepsilon$ sein mag, es befinden sich außerhalb der beschriebenen $l$ Winkelräume von der Gesamtöffnung $l\varepsilon$ nur endlich viele Wurzeln von $F(z)$.

Zum Beweise betrachte man die beiden von $z = 0$ ausgehenden Vektoren $i(\bar{a}_\lambda - \bar{a}_{\lambda-1})$ und $i(\bar{a}_{\lambda+1} - \bar{a}_\lambda)$, deren Verlängerungen, und den durch diese Verlängerungen begrenzten Winkelraum ($\lambda = 1, 2, \ldots l$). In jedem Winkelraum, der die Spitze im Punkte $z = 0$ hat, aber sonst ganz im Innern des eben beschriebenen liegt, ist gleichmäßig

$$\lim_{|z| = \infty} \frac{F(z)}{P_\lambda(z)\, e^{\bar{a}_\lambda z}} = 1.$$

2. Es sei $s$ die Länge einer bestimmten Seite des Polygons $\mathfrak{A}$. Die Anzahl derjenigen Nullstellen von $F(z)$, die sich der zur besagten Seite senkrechten Richtung anschließen und einen absoluten Betrag unterhalb $r$ haben, ist asymptotisch $\frac{rs}{2\pi}$ bis auf einen Fehler, der durch $\lg r$ dividiert beschränkt bleibt.

Man schließe, wie vorher, die fragliche Richtung in einen Winkelraum von der Öffnung $\varepsilon$ ein, und schneide aus dem Winkelraum einen Kreissektor aus; Mittelpunkt des Kreises ist $z = 0$, sein Radius $r$. Es handelt sich um die asymptotische Anzahl der Nullstellen innerhalb dieses Sektors, wobei $\varepsilon$ beliebig, jedoch fest und $r$ als unbeschränkt wachsend angenommen ist. Es folgt aus dem ausgesprochenen Satze, in Verbindung mit 1, daß die asymptotische Anzahl der Nullstellen von $F(z)$ innerhalb eines Kreises vom Radius $r$ mit dem Mittelpunkt $z = 0$ gleich ist $\frac{r}{2\pi} \times$ Umfang von $\mathfrak{A}$.

Der Satz wird natürlich durch die Betrachtung des Integrals $\frac{1}{2\pi i}\int \frac{F'(z)}{F(z)}\,dz$ bewiesen. Es empfiehlt sich nicht, dieses Integral um die Grenzen des fraglichen Sektors herum zu erstrecken, sondern um die Grenzen eines andern Gebietes, das ich nur in dem Falle beschreibe, daß die fragliche Seite von $\mathfrak{A}$ die Richtung der positiven reellen $x$-Achse hat und folglich der dazugehörige Verdichtungshalbstrahl der Nullstellen die positive imaginäre $y$-Achse ist. In diesem Falle (worauf ein beliebiger anderer Fall durch eine passende Drehung der Ebene zurückgeführt werden kann) besteht der zweckmäßige Integrationsweg 1) aus einem Stück der Kurve $x = k \lg y$ von $x = 0$, $y = 1$ bis $y = r$; 2) aus einer nach links gerichteten horizontalen Strecke von der Länge $2k \lg r$; 3) aus einem Stück der Kurve $x = -k \lg y$ von $y = r$ bis $y = 1$. Dabei bedeutet $k$ eine passend, insbesondere hinreichend groß gewählte positive Konstante. Der heikelste Punkt der Rechnung, der das Integral an der horizontalen, ins Unendliche rückenden Strecke entlang betrifft, erledigt sich durch eine Überlegung von Backlund[1]).

3. Es seien die Nullstellen von $F(z)$, mehrfache in richtiger Vielfachheit geschrieben, nach niemals abnehmenden absoluten Beträgen geordnet $a_1, a_2, a_3, \ldots$. Ich setze voraus, daß $|a_1| > 0$, d. h. daß der Punkt $z = 0$ keine Nullstelle ist. Dann ist

$$F(z) = F(0)\, e^{az} \left(1 - \frac{z}{a_1}\right)\left(1 - \frac{z}{a_2}\right)\left(1 - \frac{z}{a_3}\right)\cdots.$$

Die komplexe Zahl $a$ wird in der Gaußschen Zahlenebene durch einen inneren Punkt des Polygons $\mathfrak{A}$ dargestellt, der als sein Krümmungsschwerpunkt bezeichnet wird. Unter „Krümmungsschwerpunkt" eines konvexen Polygons versteht man den Schwerpunkt einer Gesamtmasse $2\pi$, die auf die einzelnen Ecken des Polygons so verteilt ist, daß eine Ecke mit dem Innenwinkel $\alpha$ die Masse $\pi - \alpha$ erhält[2]). Zum besseren Verständnis des ausgesprochenen Satzes sei noch erwähnt, daß das Produkt $\left(1 - \frac{z}{a_1}\right)\left(1 - \frac{z}{a_2}\right)\left(1 - \frac{z}{a_3}\right)\ldots$ **nicht absolut** konvergent ist.

Zum Beweis nimmt man an, daß $z$ von sämtlichen Nullstellen von $F(z)$ verschieden ist, und man betrachtet das

---

[1]) Backlund, Sur les zéros de la fonction $\zeta(s)$ de Riemann (Comptes Rendus, Paris, Bd. 158 (1914) S. 1979–1981).

[2]) Vgl. Steiner, Gesammelte Werke Bd. 2, S. 97 ff., insbesondere S. 129. Die Steinerschen Eigenschaften des Krümmungsschwerpunktes ergeben sich leicht aus passenden Integralformeln. Ist $p = p(\varphi)$ die Stützfunktion (d. h. der Abstand von dem Nullpunkt der Stützgeraden, als Funktion des Polarwinkels $\varphi$ ihrer Normalen) so sind die beiden Koordinaten des „Krümmungsschwerpunktes"

$$x = \frac{1}{2\pi}\int_0^{2\pi} (p\cos\varphi - p'\sin\varphi)\, d\varphi, \quad y = \frac{1}{2\pi}\int_0^{2\pi} (p\sin\varphi + p'\cos\varphi)\, d\varphi.$$

Integral $\frac{1}{2\pi i}\int \frac{F'(u)}{F(u)} \lg\left(1-\frac{z}{u}\right) du$, erstreckt über zwei geschlossene Kurven; die sind: 1) ein Kreis, der durch keine Nullstelle von $F(u)$ hindurchgeht, mit dem Mittelpunkte $u=0$ und dem Radius $\varrho > |z|$, im positiven Sinne durchlaufen; 2) eine geschlossene doppelpunktlose Kurve, ganz im Innern des genannten Kreises enthalten, die $u=0$ und $u=z$ einschließt, sämtliche Nullstellen von $F(u)$ ausschließt und im negativen Sinne durchlaufen wird. Es ist zu bemerken, daß im Zwischenraum der beiden beschriebenen Kurven der Integrand eindeutig und bis auf Pole erster Ordnung regulär ist. Es ist zweckmäßig $\varrho$ nicht stetig, sondern durch gewisse ausgewählte Werte hindurch ins Unendliche wachsen lassen, die eine günstige Abschätzung von $\frac{F'(z)}{F(z)}$ gestalten. Es kann etwa der folgende elementare und verhältnismäßig einfache Hilfssatz benutzt werden:

Es sei $0 < c_1 \leq c_2 \leq c_3 \leq \ldots$, $\lim_{n=\infty} c_n = \infty$. Die Anzahl derjenigen Zahlen $c_\nu$, die $\leq r$ sind, sei mit $N(r)$ bezeichnet. Es sei vorausgesetzt, daß

$$\lim_{r=\infty} \frac{N(r)-r}{\sqrt{r}} = 0.$$

Dann kann man, sobald $r$ eine gewisse Grenze übersteigt, in dem Intervall von $r-\sqrt{r}$ bis $r+\sqrt{r}$ eine Zahl $\varrho$ finden ($\varrho$ ist als Funktion von $r$ aufzufassen), derart daß

$$\overline{\lim_{r=\infty}} \frac{1}{\sqrt{\varrho}\lg\varrho} \sum_{\nu=1}^{\infty} \frac{\varrho}{c_\nu |\varrho - c_\nu|} < 1.$$

4. Von den Beziehungen dieser Sätze zu geometrischen Fragen sei nur einiges erwähnt. Neben $F(z)$ und $\mathfrak{A}$ betrachte man die Funktion

$$G(z) = Q_1(z)e^{b_1 z} + Q_2(z)e^{b_2 z} + \cdots + Q_n(z)e^{b_n z}$$

($Q_1(z)$, $Q_2(z)$, ... $Q_n(z)$ Polynome) und das kleinste konvexe Polygon $\mathfrak{B}$, das die Punkte $b_1, b_2, \ldots b_n$ umfaßt. Es sei

$0 < t < 1$. Zu der Funktion $F(tz)\,G((1-t)\,z)$ gehört das kleinste konvexe Polygon, das die Punkte $a_\mu t + b_\nu (1-t)$ umfaßt ($\mu = 1, 2, 3, \ldots m$; $\nu = 1, 2, 3, \ldots n$). Dieses Polygon, das ich mit $\{t\mathfrak{A} + (1-t)\mathfrak{B}\}$ bezeichnen will, durchläuft die auf die Polygone $\mathfrak{A}$ und $\mathfrak{B}$ aufgebaute „lineare Schar" konvexer Polygone[1]). Nehmen wir Einfachheit halber an, daß keine Seite von $\mathfrak{A}$ einer Seite von $\mathfrak{B}$ parallel ist. Aus dem Satze unter 1 folgt, daß die einzelnen Seiten des Polygons $\{t\mathfrak{A} + (1-t)\mathfrak{B}\}$ entweder einer Seite von $\mathfrak{A}$ oder einer Seite von $\mathfrak{B}$ parallel sind. Aus dem Satze unter 2 folgt, daß $\{t\mathfrak{A} + (1-t)\mathfrak{B}\}$ genau $m+n$-Seiten hat; $m$ verschiedene Seiten sind den $m$ verschiedenen Seiten von $\mathfrak{A}$ parallel und verhalten sich der Länge nach zu ihnen, wie $t$ zu 1, $n$ Seiten sind den Seiten von $\mathfrak{B}$ parallel und verhalten sich zu ihnen, wie $1-t$ zu 1.

Aus dem Satze unter 3 ist ähnlicherweise eine einfache Konstruktion des Krümmungsschwerpunktes von $\{t\mathfrak{A} + (1-t)\mathfrak{B}\}$ aus den Krümmungsschwerpunkten von $\mathfrak{A}$ und $\mathfrak{B}$ abzulesen. Die fragliche Konstruktion ist übrigens auch den in der Anmerkung [2]) S. 288 gegebenen Formeln zu entnehmen.

[1]) Vgl. z. B. W. Blaschke, Kreis und Kugel, (Leipzig, 1916), S. 92 ff.

# Über die Nullstellen sukzessiver Derivierten.

Von

Georg Pólya in Zürich.

## Einleitung.

Wenn ein Polynom nur reelle Nullstellen besitzt, so besitzen seine sämtlichen Derivierten ebenfalls nur reelle Nullstellen. Wenn eine analytische Funktion Grenzwert von Polynomen mit nur reellen Nullstellen ist, so gehört sie einer scharf abgrenzbaren Klasse von ganzen Funktionen an[1]); auch die ganzen Funktionen dieser Klasse haben die Eigenschaft, daß keine der Derivierten nichtreelle Nullstellen besitzt. Welche Funktionen sind noch dieser Eigenschaft teilhaftig?

Diese Frage in voller Allgemeinheit zu beantworten dürfte nicht leicht sein, aber für zwei Funktionenklassen, die den rationalen ganzen Funktionen besonders nahe stehen, läßt sie sich vollständig entscheiden: für rationale gebrochene Funktionen und für solche ganzen Funktionen von endlichem Geschlecht, die nur eine endliche Anzahl von Nullstellen haben. Die folgenden Sätze gehen über die angedeutete Fragestellung noch etwas hinaus.

I. *Es sei $R(z)$ eine rationale gebrochene Funktion. Die Anzahl der nicht reellen Nullstellen von $R^{(n)}(z)$, der n-ten Derivierten von $R(z)$, wächst mit n ins Unendliche, wenn keiner der folgenden beiden Ausnahmefälle vorliegt:*

1. *$R(z)$ hat im Endlichen nur einen Pol (er kann einfach oder mehrfach sein).*

2. *$R(z)$ hat im Endlichen nur zwei Pole, die in bezug auf die reelle Achse zueinander symmetrisch liegen.*

*Im Ausnahmefall 1. bleibt die Anzahl sämtlicher Nullstellen von $R^{(n)}(z)$ beschränkt, wenn n ins Unendliche strebt. Wenn $R(z)$ sich im*

[1]) G. Pólya und J. Schur, Über zwei Arten von Faktorenfolgen in der Theorie der algebraischen Gleichungen, Crelles Journal **144**, S. 89–113.

For comments on this paper[67], see p. 422.

*Ausnahmefall 2. befindet und für reelles z reelle Werte annimmt, so bleibt die Anzahl der nichtreellen Nullstellen von* $R^{(n)}(z)$ *unverändert bei wachsendem n, von einem bestimmten Werte von n an.*

II. *Es seien* $P(z)$ *und* $Q(z)$ *Polynome, es sei* $Q(0)=0$ *und es sei*

$$G(z)=P(z)e^{Q(z)}$$

*gesetzt. Die Anzahl der nichtreellen Nullstellen von* $G^{(n)}(z)$, *der n-ten Derivierten von* $G(z)$, *wächst mit n ins Unendliche, wenn keiner der folgenden beiden Ausnahmefälle vorliegt:*

1. $Q(z)$ *ist vom Grade* 1.

2. $Q(z)$ *ist vom Grade* 2, $Q(z)=bz-cz^2$, *wo b reell und c positiv ist.*

*Im Ausnahmefall* 1. *bleibt die Anzahl sämtlicher Nullstellen von* $G^{(n)}(z)$ *beschränkt, wenn n ins Unendliche strebt. Wenn* $G(z)$ *sich im Ausnahmefall* 2. *befindet und für reelles z reelle Werte annimmt, so nimmt die Anzahl der nichtreellen Nullstellen von* $G^{(n)}(z)$ *mit wachsendem n nie zu.*

Unter welchen Umständen die Anzahl der nichtreellen Nullstellen von $R^{(n)}(z)$ bzw. $G^{(n)}(z)$ mit $n$ ins Unendliche wächst, unter welchen sie beschränkt bleibt, habe ich im Ausnahmefall 2. bei Zulassung von Funktionen, die für reelles $z$ auch nichtreelle Werte annehmen, noch nicht vollständig entschieden. Das Hauptgewicht liegt aber auch nicht auf diesem Ausnahmefall, sondern auf der Methode, die im allgemeinen Fall zur Entscheidung, zu dem Nachweis von unendlich vielen nichtreellen Nullstellen führt. Diese Methode liefert noch viel mehr, nämlich die folgenden Sätze:

III. *Es sei* $F(z)$ *eine meromorphe Funktion. Man betrachte die abzählbare Punktmenge, die aus sämtlichen Nullstellen der Funktionen* $F(z), F'(z), F''(z), \ldots, F^{(n)}(z), \ldots$ *besteht. Die Gesamtheit der Häufungspunkte dieser Punktmenge hängt nur von der Lage der Pole von* $F(z)$ *ab (also z. B. nicht von deren Multiplizität). Zur Gesamtheit der Häufungspunkte gehört ein Punkt z dann und nur dann, wenn die beiden ihm nächstliegenden Pole von* $F(z)$ *in gleichem Abstand von ihm liegen.*

IV. *Es seien* $P(z)$ *und* $Q(z)$ *Polynome, es sei*

$$Q(z)=bz^q+b_1z^{q-1}+b_2z^{q-2}+\ldots+b_q,$$

$b\neq 0$, $q\geqq 2$, *und es sei*

$$G(z)=P(z)e^{Q(z)}$$

*gesetzt. Man betrachte die abzählbare Punktmenge, die aus sämtlichen Nullstellen der Funktionen* $G(z), G'(z), G''(z), \ldots, G^{(n)}(z), \ldots$ *besteht. Die Gesamtheit der Häufungspunkte dieser Punktmenge hängt nur von dem Grad* $q$ *und von den beiden höchsten Koeffizienten von* $Q(z)$, *von* $b$ *und* $b_1$ *ab. Sie besteht nämlich aus* $q$ *Halbstrahlen, die aus dem Punkte* $z = -\frac{b_1}{qb}$ *auslaufend die Ebene in* $q$ *gleiche Winkelräume teilen. Diese Halbstrahlen laufen parallel den* $q$ *als Vektoren aufgefaßten Wurzeln der Gleichung* $bz^q + 1 = 0$.

Die Gesamtheit der Häufungspunkte, die im Satz III erwähnt ist, hat eine auch rein geometrisch genommen merkwürdige Gestalt, die einer näheren Beschreibung wert ist. Es sei $a$ ein Pol der gegebenen meromorphen Funktion $F(z)$. Diejenigen Punkte $z$ der Ebene, die dem Pol $a$ näher liegen, als allen übrigen Polen von $F(z)$, bilden den „Wirkungsbereich" von $a$. Wenn $a$ und $b$ zwei Pole von $F(z)$ sind, deren Wirkungsbereiche gemeinsame Grenzpunkte haben, so liegen dieselben in der Symmetrale der beiden Punkte $a$ und $b$, d. h. in der Geraden, die die Verbindungsstrecke von $a$ und $b$ senkrecht trifft und halbiert. Der Wirkungsbereich von $a$ ist daher das Innere von einem konvexen Polygon, das sich eventuell ins Unendliche erstreckt und in diesem Falle auch unendlich viele Seiten haben kann. Handelt es sich z. B. um die elliptische Funktion $\wp(z)$, so sind die Wirkungsbereiche der verschiedenen Pole untereinander kongruent, jedes bildet einen Fundamentalbereich, und hat im allgemeinen die Form eines zentrisch-symmetrischen Sechsecks mit drei Paaren von gleichen und parallelen Seiten, kann aber auch in ein rechtwinkliges Parallelogramm ausarten. Satz III besagt, daß die derivierte Menge der abzählbaren Punktmenge, die aus sämtlichen Nullstellen der meromorphen Funktion $F(z)$ und ihrer Derivierten $F'(z), F''(z), \ldots$ besteht, identisch ist mit der Menge sämtlicher Punkte der Grenzlinien, die die Wirkungsbereiche der verschiedenen Pole von $F(z)$ voneinander scheiden. Das Gebiet, das von dem Pol $a$ beherrscht wird, ist identisch mit der Menge solcher Punkte $z$, in denen entwickelt die Funktion $F(z)$ eine Potenzreihe ergibt, die an der Konvergenzgrenze den einzigen singulären Punkt $a$ hat. Satz III besagt also, daß solche und nur solche Punkte der Ebene Häufungspunkte der Nullstellen der sukzessiven Derivierten einer meromorphen Funktion sind, in denen entwickelt dieselbe eine Potenzreihe mit mehr als einem singulären Punkt an der Konvergenzgrenze erzeugt. Diese Formulierung bringt uns schon dem Beweis außerordentlich nahe.

Satz III gilt auch im Falle, wenn die meromorphe Funktion nur einen Pol hat. Dessen Wirkungsbereich hat keine Grenzen im Endlichen und die Nullstellen der sukzessiven Derivierten haben keinen Häufungspunkt im Endlichen. Für ganze Funktionen wird aber die Untersuchung sofort viel schwieriger[1a]). Den einfachsten Fall klärt Satz IV auf: die Nullstellen

[1a]) Ich bezeichne, wie üblich, den Wert $a$ als Picardschen Ausnahmewert der ganzen transzendenten Funktion $g(z)$, wenn $g(z) - a$ nur endlich viele Nullstellen hat.

der sukzessiven Derivierten der dort betrachteten ganzen Funktion $G(z)$ häufen sich an genau denselben Stellen, wie die der sukzessiven Derivierten von irgendeiner der rationalen Funktionen, die man erhält, wenn man in

$$\left\{1 - \frac{b}{m}\left(z + \frac{b_1}{qb}\right)^q\right\}^{-m}$$

$m = 1$ oder 2 oder 3 ... setzt.

Übrigens werde ich noch mehr beweisen, als in den Sätzen III, IV ausgesprochen ist. Die Gesamtheit der Nullstellen der $n$-ten Derivierten strebt in beiden untersuchten Fällen mit unendlich wachsendem $n$ gegen eine *Grenzlage*, in einem Sinne, den ich später genau definieren will. Diese Grenzlage ist identisch mit der Menge der Häufungspunkte sämtlicher Nullstellen sämtlicher Derivierten. Ferner streben auch die Einsstellen oder irgendwelche $a$-Stellen der $n$-ten Derivierten gegen dieselbe Grenzlage wie die Nullstellen, und haben auch dieselbe Häufungseigenschaft wie die Nullstellen.

Die Untersuchung des infinitären Verhaltens der sukzessiven Derivierten $F(z), F'(z), F''(z), \ldots$ in einem *festen* Punkt $z$ bildet die Theorie der Taylorschen Reihe. Durch die gegenwärtige Untersuchung wird eine natürliche Erweiterung dieser Theorie angeschnitten: dieselbe Funktionenfolge wird jetzt bei variablem $z$ in einem Gebiet der $z$-Ebene auf ihre asymptotischen Eigenschaften hin untersucht.

Der Satz III (über meromorphe Funktionen) ergibt sich sozusagen ohne Rechnung, aus der Kombination geläufigster Resultate, durch eine ähnliche Anwendung des Stieltjes-Vitalischen Konvergenzsatzes, wie sie in einer wohlbekannten Arbeit von Jentzsch[2]) zu finden ist. Der Beweis des Satzes IV verläuft nach derselben Methode wie der des Satzes III, benötigt jedoch eine nicht ganz einfache asymptotische Rechnung.

Ein besonders einfaches Beispiel, das den Satz III erläutert, ergibt die rationale Funktion $\frac{1}{1+z^2}$, deren $n$-te Dirivierte die $n$ reellen Nullstellen

*Besitzen $g(z)$ und seine beiden ersten Derivierten, $g'(z)$ und $g''(z)$ Picardsche Ausnahmewerte, so ist $g(z) = P(z)e^{Q(z)} + a$, wo $a$ eine Konstante ist, $P(z)$ und $Q(z)$ Polynome sind.* Daraus folgt das Korollar: Wenn $g(z)$ nicht die Funktion $ae^{bz}$ ist, wo $a, b$ Konstanten, so besitzt das Produkt $g(z)g'(z)g''(z)$ Nullstellen In einer etwas weniger vollständigen Form habe ich diese Sätze schon früher angekündigt. (Vgl. Bestimmung einer ganzen Funktion endlichen Geschlechts durch viererlei Stellen, Nyt Tidsskrift for Mat. B. (1921), S. 14–21.) Ich fand sie im Anschluß an eine briefliche Mitteilung von Herrn P. Csillag in Budapest. Der Beweis soll an anderem Ort ausgeführt werden. (Anmerkung bei der Korrektur. Juli 1921. G. P.)

[2]) R. Jentzsch, Untersuchungen zur Theorie der Folgen analytischer Funktionen. Acta Mathematica 41 (1918), S. 219–251.

$z = \operatorname{cotg}\frac{\pi}{n+1}, \operatorname{cotg}\frac{2\pi}{n+1}, \operatorname{cotg}\frac{3\pi}{n+1}, \ldots \operatorname{cotg}\frac{n\pi}{n+1}$ besitzt. Es wurde durch A. A. Markoff bewiesen[3]), daß die Nullstellen der sukzessiven Derivierten von $e^{-z^2}$, die bis auf den Faktor $e^{-z^2}$ mit den sogenannten Hermiteschen Polynomen identisch sind, jedem Punkte der reellen Achse beliebig nahe kommen. Dies liefert ein Beispiel zu Satz IV. Auf dieses wichtige Beispiel zugespitzt, würden sich die zur Begründung des Satzes IV nötigen Rechnungen beträchtlich abkürzen lassen. Daß die Derivierten der im Satze II betrachteten ganzen Funktionen nicht sämtlich nur reelle Nullstellen haben können, wenn von den dort präzisierten Ausnahmefällen 1. und 2. abgesehen wird, ist in früheren Arbeiten von mir gezeigt worden[4]). Mit den Nullstellen sukzessiver Derivierten hat sich insbesondere Herr Ålander vielfach beschäftigt[5]). Seine wichtigsten Resultate beziehen sich auf ganze Funktionen vom Geschlechte 2, 3, 4 und 5, jedoch hat er auch manche beachtenswerte Gesichtspunkte, Beispiele, heuristische Betrachtungen und Vermutungen entwickelt, die auch die Gegenstände dieser Arbeit betreffen und die durch die gegenwärtigen Resultate zum Teil bestätigt werden. Insbesondere hat Herr Ålander in seiner Abhandlung a. a. O.[5c]) die Frage aufgeworfen, die durch meinen Satz I beantwortet wird, und die mir übrigens den Anlaß zur Wiederaufnahme meiner Beschäftigung mit dem Gegenstand gegeben hat.

## Meromorphe Funktionen.

1. Es sei $F(z)$ eine meromorphe Funktion. Ich betrachte die Folge der positiven Funktionen

$$(1) \qquad \left|\frac{F'(z)}{1!}\right|, \quad \left|\frac{F''(z)}{2!}\right|^{\frac{1}{2}} \quad \ldots \quad \left|\frac{F^{(n)}(z)}{n!}\right|^{\frac{1}{n}}$$

Ich will zwei Eigenschaften dieser Folge nachweisen.

a) Von der Kreisfläche $|z| \leqq R$ seien alle Punkte entfernt, die von einem Pol von $F(z)$ eine kleinere Entfernung als $\delta$ haben. So entsteht

[3]) A. A. Markoff, Wahrscheinlichkeitsrechnung (Leipzig u. Berlin 1912), vgl. S. 261, Lehrsatz 2. Für eine Verallgemeinerung in anderer Richtung vgl. G. Pólya, Über den zentralen Grenzwertsatz der Wahrscheinlichkeitsrechnung und das Momentenproblem, Mathem. Zeitschrift **8** (1920), S. 171--181.

[4]) G. Pólya, a) Sur une question concernant les fonctions entières, Comptes Rendus **158** (1914), 330—333, b) Bemerkung zur Theorie der ganzen Funktionen, Jahresbericht d. deutsch. Math. Ver. **24** (1915), 392—400.

[5]) M. Ålander, a) Sur le déplacement des zéros des fonctions entières par leur dérivation, Thèse, Upsal (1914), b) Sur les zéros extraordinaires des dérivées des fonctions entières réelles, Arkiv för Math., Astr. och. Fys. **11** (1916), No. 15, c) Sur les zéros des dérivées des fonctions rationnelles et d'autres fonctions méromorphes, Arkiv för Math., Astr. och Fys. **14** (1920) No. 23.

ein abgeschlossener Bereich $[R, \delta]$. In irgendeinem Bereiche $[R, \delta]$ ist die Funktionenfolge (1) gleichmäßig beschränkt.

b) Die Folge (1) ist konvergent in jedem Punkte der Ebene, der zu keiner der Grenzlinien gehört, die die Wirkungsbereiche der verschiedenen Pole von $F(z)$ voneinander scheiden. Es ist

$$\lim_{n=\infty} \left| \frac{F^{(n)}(z)}{n!} \right|^{\frac{1}{n}} = \frac{1}{|z-a|} \text{ oder } \frac{1}{|z-b|} \text{ oder } \frac{1}{|z-c|} \cdots$$

jenachdem der betrachtete Punkt im Wirkungsbereiche vom Pol $a$ oder in dem von $b$ oder in dem von $c \ldots$ liegt. Die Konvergenz findet gleichmäßig statt in jedem abgeschlossenen Teilbereiche des Wirkungsbereiches von $a$, der den Punkt $a$ nicht enthält. Ähnliches gilt für die Wirkungsbereiche der übrigen Pole $b, c, \ldots$ von $F(z)$.

Der Wirkungsbereich von $a$ wurde als die Gesamtheit derjenigen Punkte definiert, die näher an $a$ liegen, als an irgendeinem anderen Pol von $F(z)$, „näher" im Sinne von $<$, nicht im Sinne von $\leqq$ verstanden. Der Wirkungsbereich von $a$ enthält also nur innere Punkte.

Um a) zu beweisen, betrachte man den Bereich $\left[R + \frac{\delta}{2}, \frac{\delta}{2}\right]$; in diesem Bereich ist die Funktion $F(z)$ regulär und $F(z)$ hat darin ein wohlbestimmtes Maximum $M$. Um jeden Punkt $z$ des Bereiches $[R, \delta]$ läßt sich ein Kreis mit dem Radius $\frac{\delta}{2}$ beschreiben, der vollständig im Bereiche $\left[R + \frac{\delta}{2}, \frac{\delta}{2}\right]$ liegt. Nach einer klassischen Ungleichung der Funktionentheorie ist also

$$\left| \frac{F^{(n)}(z)}{n!} \right| \leqq \frac{M}{\left(\frac{\delta}{2}\right)^n}, \qquad \left| \frac{F^{(n)}(z)}{n!} \right|^{\frac{1}{n}} \leqq \frac{2 M^{\frac{1}{n}}}{\delta}$$

in jedem Punkte von $[R, \delta]$, woraus die Behauptung a) folgt.

Um die Behauptung b) zu beweisen, betrachte ich den Pol $a$, der $q$ 1-fach sein soll, und setze

$$F(z) = \frac{A_0}{z-a} + \frac{1!\, A_1}{(z-a)^2} + \frac{2!\, A_2}{(z-a)^3} + \cdots + \frac{q!\, A_q}{(z-a)^{q+1}} + \Phi(z),$$

wo $\Phi(z)$ an der Stelle $a$ regulär ist ($A_q \neq 0$, $q \geqq 0$). Es ist

$$F^{(n)}(z) = (-1)^n \left\{ \frac{n!\, A_0}{(z-a)^{n+1}} + \frac{(n+1)!\, A_1}{(z-a)^{n+2}} + \cdots + \frac{(n+q)!\, A_q}{(z-a)^{n+q+1}} \right\} + \Phi^{(n)}(z)$$

$$(2)\qquad \frac{F^{(n)}(z)}{n!}$$

$$= (-1)^n \frac{(n+1)(n+2)\dots(n+q)A_q}{(z-a)^{n+q+1}}\left\{1 - \frac{(z-a)^{q+1}}{(n+1)\dots(n+q)}\,\frac{(a-z)^n}{n!}\,\frac{\Phi^{(n)}(z)}{A_q}\right.$$

$$\left. + \sum_{k=0}^{q-1}\frac{A_k}{A_q}\,\frac{(z-a)^{q-k}}{(n+k+1)\dots(n+q)}\right\} = (-1)^n\frac{(n+1)(n+2)\dots(n+q)A_q}{(z-a)^{n+q+1}}\{1+\varphi_n(z)\}.$$

Ich bezeichne mit $\varrho(z)$ den Konvergenzradius der Potenzreihe, die durch Entwicklung von $\Phi(z)$ um den Punkt $z$ entsteht. $\varrho(z)$ ist bekanntlich eine stetige Funktion von $z$. (Denn es sei $|z'-z| < \varrho(z)$, d. h. $z'$ im Konvergenzkreis um $z$ gelegen. Aus der Konstruktion des kleinsten und des größten Kreises vom Mittelpunkte $z'$, der den Konvergenzkreis vom Mittelpunkt $z$ berührt, ergibt sich, wie bekannt

$$\varrho(z) - |z'-z| \leqq \varrho(z') \leqq \varrho(z) + |z'-z|).$$

Ich betrachte die Funktion $\frac{|z-a|}{\varrho(z)}$. Sie ist in jedem Punkte $z$ stetig, wo $\varrho(z) > 0$. Sie ist also sicherlich stetig im Wirkungsbereiche von $a$; daselbst ist ferner $\frac{|z-a|}{\varrho(z)} < 1$. Ich bezeichne mit $\mathfrak{A}$ einen abgeschlossenen, ganz im endlichen gelegenen Teilbereich des Wirkungsbereiches von $a$. Ich bezeichne mit $\varrho_0$ das Minimum von $\varrho(z)$ in $\mathfrak{A}$ und mit $\alpha$ das Maximum von $\frac{|z-a|}{\varrho(z)}$ daselbst. Es ist also

$$(3)\qquad \varrho(z) \geqq \varrho_0 > 0, \qquad \frac{|z-a|}{\varrho(z)} \leqq \alpha < 1 \qquad \text{in } \mathfrak{A}.$$

Man wähle ein festes $\beta$,

$$(4)\qquad \alpha < \beta < 1.$$

Man beschreibe um jeden Punkt $z$ von $\mathfrak{A}$ einen Kreis vom Radius $\beta\varrho(z)$. Das durch die Flächen aller dieser Kreise überdeckte Gebiet heiße $\mathfrak{A}^*$. Ein in $\mathfrak{A}^*$ gelegener Punkt $z$ hat von dem nächstgelegenen singulären Punkte der Funktion $\Phi(z)$ eine Entfernung, die $\geqq (1-\beta)\varrho_0$ ist. Die Funktion $\Phi(z)$ ist somit im Innern und am Rande von $\mathfrak{A}^*$ regulär, und es gibt eine Zahl $M$, so daß in jedem Punkte $z$ von $\mathfrak{A}^*$

$$\Phi(z) \leqq M.$$

Um jeden Punkt $z$ von $\mathfrak{A}$ gibt es aber einen Kreis vom Radius $\beta\varrho(z)$, der ganz in $\mathfrak{A}^*$ verläuft. Daher ist in jedem Punkt $z$ von $\mathfrak{A}$

$$\frac{|\Phi^{(n)}(z)|}{n!} \leqq \frac{M}{(\beta\varrho(z))^n},$$

woraus nach (3) folgt

$$(5) \qquad \left|\frac{(z-a)^n \Phi^{(n)}(z)}{n!}\right| \leqq \left(\frac{\alpha}{\beta}\right)^n M.$$

Es folgt aus den Formeln (5) (4) (2) für die durch die letztere erklärte Funktion $\varphi_n(z)$, daß

$$\lim_{n=\infty} \varphi_n(z) = 0 \qquad \text{gleichmäßig in } \mathfrak{A}.$$

Dadurch ist Behauptung b) vollständig bewiesen.

In einem ganz im Endlichen gelegenen Bereich, wie z. B. im Bereich $\mathfrak{A}$, kann eine einzelne Funktion $F^{(n)}(z)$ nur eine endliche Anzahl Nullstellen haben. Aus der bewiesenen Behauptung b) folgt also die eine Hälfte des Satzes III: außerhalb der Grenzlinien, die die Wirkungsbereiche der verschiedenen Pole von $F(z)$ voneinander scheiden, haben die Nullstellen der Folge $F(z)$, $F'(z)$, $F''(z)$, ... keinen Häufungspunkt.

2. Um den Beweis der zweiten, wichtigeren Hälfte des Satzes III möglichst klar zu gestalten, will ich einige Hilfssätze, die keinen Anspruch auf Neuheit erheben und die übrigens teilweise noch schärfer gefaßt werden könnten, explicite formulieren.

Hilfssatz I. Die Funktionen $f_1(z)$, $f_2(z)$, ... $f_n(z)$, ... seien analytisch im Bereiche $\mathfrak{B}$, der nur innere Punkte enthält, und es soll daselbst die Funktionenfolge

$$\mathfrak{R} f_1(z), \ \mathfrak{R} f_2(z), \qquad \mathfrak{R} f_n(z), \ \ldots$$

(die Folge der reellen Teile) konvergieren, und zwar gleichmäßig in jedem abgeschlossenen Teilbereich $\mathfrak{B}'$ von $\mathfrak{B}$. Es gebe ferner einen Punkt $z_0$ im Bereiche $\mathfrak{B}$, so so daß auch die Zahlenfolge

$$f_1(z_0), \ f_2(z), \ \ldots \ f_n(z_0), \ \ldots$$

konvergiert. Dann konvergiert die Funktionenfolge

$$f_1(z), \ f_2(z), \ldots \ f_n(z), \ldots$$

in $\mathfrak{B}$, und zwar gleichmäßig in jedem abgeschlossenen Teilbereiche $\mathfrak{B}'$ von $\mathfrak{B}$.

Ich nehme an, $\mathfrak{B}$ sei der Einheitskreis $|z| < 1$ und $z_0 = 0$. Von diesem Fall kann man durch bekannte Schlußweisen (dachziegelartige Überdeckung mit Kreisen) zu einem beliebigen Gebiet übergehn. Als Teilgebiet $\mathfrak{B}'$, worin ich den Satz zu beweisen habe, nehme ich die Kreisfläche $|z| \leqq r$ an. Es sei $r < R < 1$. Nach Voraussetzung ist, wenn $\varepsilon > 0$ vorgegeben, für alle hinreichend große $m$ und $n$

$$|f_m(0) - f_n(0)| < \varepsilon, \qquad |\mathfrak{R} f_m(z) - \mathfrak{R} f_n(z)| < \varepsilon$$

für alle Punkte $z$ im Kreise $|z| \leqq R$. Daraus folgt, wenn die Carathéodorysche Ungleichung[6]) auf die Funktion $f_m(z) - f_n(z)$ angewendet wird,

$$|f_m(z) - f_n(z)| < \frac{2R3\varepsilon}{R-r}$$

im Kreise $|z| \leqq r$, womit Hilfssatz I bewiesen ist.

Hilfssatz II. **Es seien $\mu_1, \mu_2, \ldots \mu_n, \ldots$ positive Zahlen, $\lim_{n=\infty} \mu_n = \infty$.** Die Funktionen $f_1(z), f_2(z), \ldots f_n(z), \ldots$, seien analytisch im Bereiche $\mathfrak{B}$, der nur innere Punkte enthält, und es soll daselbst die Folge positiver Funktionen

$$(6) \qquad |f_1(z)|^{\frac{1}{\mu_1}}, \; |f_2(z)|^{\frac{1}{\mu_2}}, \ldots \; |f_n(z)|^{\frac{1}{\mu_n}}, \ldots$$

gegen eine stets von 0 verschiedene Grenzfunktion konvergieren, und zwar gleichmäßig in jedem abgeschlossenen Teilbereiche $\mathfrak{B}'$ von $\mathfrak{B}$. Dann kann man durch Auswahl einer passenden Bestimmung der Funktion $f_n(z)^{\frac{1}{\mu_n}}$ in einem Punkte $z_0$ von $\mathfrak{B}$ erreichen, daß die Folge der analytischen Funktionen

$$f_n(z)^{\frac{1}{\mu_1}}, \quad f_2(z)^{\frac{1}{\mu_2}}, \quad f_n(z)^{\frac{1}{\mu_n}}, \ldots$$

in $\mathfrak{B}$ konvergiert, und zwar gleichmäßig in jedem Teilbereiche $\mathfrak{B}'$ von $\mathfrak{B}$, ferner, daß die Grenzfunktion im Punkte $z_0$ einen vorgeschriebenen Arcus erhält.

Es sei $\alpha$ eine vorgegebene reelle Zahl. Man wähle von den unendlich vielen Bestimmungen der Funktion $lg\, f_n(z)$ diejenige, für welche

$$-\pi + \mu_n \alpha < \mathfrak{J}\, lg\, f_n(z_0) \leqq \mu_n \alpha$$

Das ist mindestens von einem gewissen $n$ an möglich, sobald nämlich $f_n(z_0) \neq 0$ ist. Es folgt daraus

$$\lim_{n=\infty} \frac{\mathfrak{J}\, lg\, f_n(z_0)}{\mu_n} = \alpha,$$

und weil die Konvergenz des reellen Teiles von $\frac{lg\, f_n(z_0)}{\mu_n}$ sowieso vorausgesetzt wurde, ergibt sich die Konvergenz der Funktionenfolge

$$(8) \qquad \frac{lg\, f_1(z)}{\mu_1} \quad \frac{lg\, f_2(z)}{\mu_2} \quad \ldots \quad \frac{lg\, f_n(z)}{\mu_n}.$$

in dem Punkte $z = z_0$.

Es sei $\mathfrak{B}'$ ein abgeschlossener Teilbereich von $\mathfrak{B}$. Die Funktionenfolge (6) konvergiert in $\mathfrak{B}'$ gleichmäßig, nach Voraussetzung, und hat somit

[6]) Vgl. z. B. E. Landau, Darstellung und Begründung einiger neuerer Ergebnisse der Funktionentheorie, Berlin (1916), S. 89.

daselbst eine stetige Grenzfunktion. Diese verschwindet nicht in $\mathfrak{B}'$, ebenfalls nach Voraussetzung, hat also daselbst ein von 0 verschiedenes Minimum $\delta$. Wegen der Gleichmäßigkeit der Konvergenz gilt in $\mathfrak{B}'$, höchstens mit Ausnahme von endlich vielen $n$, $|f_n(z)|^{\frac{1}{\mu_n}} > \frac{\delta}{2}$. Insbesondere sind die Funktionen $f_n(z)$ alle von einem gewissen $n$ an von 0 verschieden in $\mathfrak{B}'$ und folglich ist daselbst $lg\, f_n(z)$ regulär. Somit kann Hilfssatz I angewendet werden auf die Folge (8), deren reeller Teil in $\mathfrak{B}'$ nach Voraussetzung gleichmäßig konvergiert und die im Punkte $z = z_0$, nach (7), überhaupt konvergiert.

Somit ist die Konvergenz der Folge mit dem allgemeinen Glied

$$e^{\frac{lg\, f_n(z)}{\mu_n}} = (f_n(z))^{\frac{1}{\mu_n}}$$

bewiesen. Die Grenzfunktion hat im Punkte $z_0$ den vorgegebenen Arcus $\alpha$, gemäß (7).

Im Hilfssatz II ist implicite die folgende geläufige Tatsache enthalten: sind $f(z)$ und $g(z)$ in einem Kreise analytisch, und ist daselbst $|f(z)| = |g(z)|$, ferner im Mittelpunkte $z_0$ des Kreises $f(z_0)$ $g(z_0)$, so sind $f(z)$ und $g(z)$ identisch.

3. Es sei $\mathfrak{K}$ ein Kreis, dessen Mittelpunkt an der Begrenzung des Wirkungsbereiches von $a$ liegt. Ich behaupte, daß es unter den Funktionen $F(z)$, $F'(z)$ $F''(z), \ldots$ höchstens endlich viele gibt, die keine Nullstellen in $\mathfrak{K}$ haben.

Ich darf annehmen, daß $\mathfrak{K}$ keinen Pol von $F(z)$ enthält. Würde die ausgesprochene Behauptung nicht zutreffen, so gäbe es unendlich viele **Funktionen**

$$\left(\frac{F^{(m)}(z)}{m!}\right)^{\frac{1}{m}} \qquad m = \mu_1, \mu_2, \mu_3, \ldots \mu_n, \ldots \tag{9}$$

die im Kreise $\mathfrak{K}$ keinen Verzweigungspunkt hätten, also darin regulär wären. Ein Teil von $\mathfrak{K}$ liegt im Wirkungsbereiche von $a$. Es sei $z_0$ ein darin gelegener Punkt. Ich kann (nach Hilfssatz II) die Bestimmungen der Funktionen (9) so wählen, daß sie in $z_0$ konvergieren, und zwar gegen $\frac{1}{z_0 - a}$ (vgl. b)). Dann muß die Folge (9) (nach b) und nach Hilfssatz II) in einem gewissen Teil des Kreises $\mathfrak{K}$ gegen $\frac{1}{z-a}$ streben, nämlich in dem Teil, der im Wirkungsbereiche von $a$ liegt, Der Kreis $\mathfrak{K}$ liegt aber sicherlich im Innern eines passend gewählten Gebietes $[R, \delta]$, von dem in a) die Rede war. Also ist die Folge (9) in $\mathfrak{K}$ gleichmäßig beschränkt. Daher müßte, nach dem Stieltjesschen Spezialfall des grundlegenden Vitalischen Konvergenzsatzes, die Konvergenz der Folge (9) sich auf den ganzen Kreis $\mathfrak{K}$

ausdehnen, und die Folge (9) müßte im ganzen Kreis $\mathfrak{K}$ gegen $\frac{1}{z-a}$ streben. Der Kreis $\mathfrak{K}$ enthält aber noch einen Teil von dem Wirkungsbereiche eines von $a$ verschiedenen Poles von $F(z)$, sagen wir von $b$. In diesem Teil von $\mathfrak{K}$ streben die absoluten Werte der Funktionen (9), wie vorher bewiesen (vgl. b)), gegen $\frac{1}{|z-b|} > \frac{1}{|z-a|}$. Wir kommen somit zu einem Widerspruch. Dieser löst sich nur dann, wenn wir zugeben, daß, eventuell mit Ausnahme von endlich vielen, alle Funktionen (9) im Kreise $\mathfrak{K}$ Verzweigungspunkte, also Nullstellen haben, w. z. b. w.

Ich habe noch etwas mehr bewiesen, als im Satz III ausgesprochen ist. Um das Bewiesene kurz formulieren zu können, will ich erklären, was ich unter der *Grenzlage* einer Folge von Punktmengen $\mathfrak{M}_1, \mathfrak{M}_2, \mathfrak{M}_3, \ldots$ verstehe. Diese Punktmengen seien in der Ebene der komplexen Zahlen gelegen. Unter Umgebung eines Punktes $z$ sei ein Kreis mit dem Mittelpunkte $z$ verstanden. Ich teile die Punkte der Ebene in drei Kategorien.

Ein Punkt gehört zur *ersten Kategorie*, wenn in einer gewissen Umgebung von ihm nur endlich viele unter den Mengen $\mathfrak{M}_1, \mathfrak{M}_2, \ldots \mathfrak{M}_n, \ldots$ Punkte besitzen.

Ein Punkt gehört zur *zweiten Kategorie*, wenn in jeder Umgebung von ihm unendlich viele unter den Mengen $\mathfrak{M}_1, \mathfrak{M}_2, \ldots \mathfrak{M}_n, \ldots$ Punkte besitzen, aber wenn in einer gewissen Umgebung von ihm unendlich viele unter den Mengen $\mathfrak{M}_1, \mathfrak{M}_2, \ldots \mathfrak{M}_n, \ldots$ keine Punkte besitzen.

Ein Punkt gehört zur *dritten Kategorie*, wenn in jeder Umgebung von ihm sämtliche Mengen $\mathfrak{M}_1, \mathfrak{M}_2, \ldots \mathfrak{M}_n, \ldots$, eventuell bis auf eine Ausnahme von endlich vielen, Punkte besitzen.

Man kann den Unterschied der drei Kategorien noch etwas anders ausdrücken. Ich bezeichne eine Punktfolge $z_1, z_2, z_3, \ldots z_n, \ldots$ als eine *Repräsentantenfolge* der Mengenfolge $\mathfrak{M}_1, \mathfrak{M}_2, \mathfrak{M}_3, \ldots \mathfrak{M}_n, \ldots$, wenn $z_1$ der Menge $\mathfrak{M}_1$, $z_2$ der Menge $\mathfrak{M}_2, \ldots z_n$ der Menge $\mathfrak{M}_n, \ldots$ entnommen ist. Gibt es eine Repräsentantenfolge, die gegen $z$ konvergiert, so gehört $z$ zur *dritten* Kategorie; gibt es keine Repräsentantenfolge, die gegen $z$ konvergiert, aber wohl eine solche, zu deren Häufungspunkten $z$ gehört, so $z$ von der *zweiten* Kategorie; gibt es keine Repräsentantenfolge, zu deren Häufungspunkten $z$ gehört, so ist $z$ von der *ersten* Kategorie.

Die Punkte der dritten Kategorie bilden die *kleinste Grenzlage* der Folge von Punktmengen $\mathfrak{M}_1, \mathfrak{M}_2, \ldots \mathfrak{M}_n, \ldots$ Die Punkte von der dritten und zweiten Kategorie zusammen bilden die *größte Grenzlage* derselben Folge. Wenn die kleinste und die größte Grenzlage zusammenfallen, d. h. wenn Punkte der zweiten Kategorie nicht existieren, so spreche ich kurz von einer *Grenzlage* der fraglichen Folge. Man kann sich den Begriff der Grenzlage etwa an dem Fall klarmachen, wo jedes $\mathfrak{M}_n$ sich auf einen einzigen Punkt reduziert, oder an funktionentheoretischen Beispielen. Gute Beispiele bieten dar die Nullstellen einer gleichmäßig konvergenten Folge analytischer Funktionen innerhalb des Konvergenzbereiches, die bekannte Gibbssche Erscheinung bei den Fourierreihen usw.

Es bedeute jetzt $\mathfrak{M}_n$ die abzählbare Punktmenge, die aus sämtlichen Nullstellen von $F^{(n)}(z)$, von der $n$-ten Derivierten der meromorphen Funktion $F(z)$ besteht. Wie bewiesen wurde, gehört ein Punkt, der im Innern des Wirkungsbereiches irgendeines Poles $a$ von $F(z)$ liegt, zur *ersten Kategorie* (vgl. unter 1); ein Punkt, der gemeinsamer Grenzpunkt der Wirkungsbereiche zweier verschiedener Pole ist, gehört zur dritten Kategorie (vgl. vorstehend). Die eingeführte Terminologie erlaubt unser Resultat so zu formulieren:

Zusatz I zum Satz III. *Ist $F(z)$ eine meromorphe Funktion, so strebt die Menge der Nullstellen von $F^{(n)}(z)$ einer bestimmten Grenzlage zu. Zu dieser Grenzlage gehört ein Punkt dann und nur dann, wenn die beiden ihm nächstliegenden Pole von $F(z)$ in gleichem Abstand von ihm liegen.*

Es gilt noch der

Zusatz II zum Satz III. *Ist $F(z)$ eine meromorphe Funktion, so strebt die Menge der $a$-Stellen von $F^{(n)}(z)$ einer bestimmten Grenzlage zu. Diese Grenzlage ist identisch mit der Menge der Häufungspunkte der abzählbaren Punktmenge, die aus sämtlichen $a$-Stellen sämtlicher Funktionen $F(z)$, $F'(z)$, ... $F^{(n)}(z)$, ... besteht. Endlich ist die fragliche Grenzlage für alle $a$-Werte dieselbe. Es gilt somit die auf die 0-Stellen bezügliche Beschreibung der Grenzlage im Satz III auch für die $a$-Stellen.*

Zusatz II geht daraus hervor, daß die Funktionenfolge

$$|F'(z)-a|, \quad \left|\frac{F''(z)-a}{2!}\right|^{\frac{1}{2}}, \ldots, \quad \left|\frac{F^{(n)}(z)-a}{n!}\right|^{\frac{1}{n}}, \ldots$$

dieselben beiden Eigenschaften hat, wie die Folge (1): in jedem Bereich $[R, \delta]$ bleibt sie gleichmäßig beschränkt, und im Innern des Wirkungsbereiches irgendeines Poles von $F(z)$ ist

$$\lim_{n=\infty} \left|\frac{F^{(n)}(z)-a}{n!}\right|^{\frac{1}{n}} = \lim_{n=\infty} \left|\frac{F^{(n)}(z)}{n!}\right|^{\frac{1}{n}}.$$

## Ganze Funktionen von endlichem Geschlecht mit endlich vielen Nullstellen.

4. Es seien $P(z)$ und $Q(z)$ Polynome vom Grade $p$ bzw. $q$

$$P(z) = z^p + a_1 z^{p-1} + \ldots + a_p \tag{10}$$

(11) $$Q(z) = \frac{z^q}{q} + b_2 z^{q-2} + b_3 z^{q-3} + \ldots \quad b_{q-1} z$$

$p \geqq 0$, $q \geqq 2$. Um Satz IV zu beweisen, genügt es, ganze Funktionen

(12) $$G(z) = P(z) e^{Q(z)}$$

zu betrachten, wo $P(z)$, $Q(z)$ die Form (10), (11) haben. Denn wenn auch eine im Satz IV erwähnte ganze Funktion $G(z)$ nicht die vorgelegte spezielle Form hätte, so lassen sich immer drei Kontsanten $a, b, c$ bestimmen, so daß $aG(bz + c)$ sicherlich die vorgelegte Form hat. Ich werde zwei Eigenschaften der durch (10) (11) (12) gegebenen ganzen Funktion $G(z)$ nachweisen.

A. Zu jedem $R$ $(R > 0)$ und zu jedem $a$ läßt sich eine Konstante $M$ bestimmen, derart daß im Kreise $|z| \leqq R$

$$\left| \frac{(G^{(n)}(z) - a) n^{\frac{n-p}{q} + \frac{1}{2}} e^{-\frac{n}{q}}}{n!} \right| < M.$$

B. Man teile die Ebene durch $q$ Halbstrahlen, die von dem Punkt $z = 0$ aus durch die $q$ Wurzeln der Gleichung $z^q = -1$ **gezogen** ins Unendliche laufen, in $q$ Winkelräume. Es sei $a$ fest gegeben, $e^{\frac{2\pi i}{q}} = \omega$ gesetzt. Dann besteht

$$\lim_{n=\infty} \left| \frac{(G^{(n)}(z) - a) n^{\frac{n-p}{q} + \frac{1}{2}}}{n!} \frac{e}{e^{\frac{n}{q}}} \right|^{n^{\frac{1}{q} - 1}} = \left| e^{z\omega^{-r}} \right|$$

in demjenigen unter den beschriebenen Winkelräumen, dessen Winkelhalbierende durch den Punkt $\omega^r$ geht.

Da die Funktionen $e^z$, $e^{z\omega^{-1}}, \ldots e^{z\omega^{-q+1}}$ sich nicht bloß in einer multiplikativen Konstante unterscheiden, folgt aus A., B. nach der Beweismethode, die ich unter 1, 2, 3 dargelegt habe, daß die Menge der Häufungsstellen sämtlicher $a$ Stellen von $G(z)$, $G'(z)$, $G''(z) \ldots G^{(n)}(z), \ldots$ identisch ist mit den $q$ Halbstrahlen, die die Gebiete voneinander scheiden, worin der Grenzwert verschiedenen analytischen Charakter hat; ferner daß diese $q$ Halbstrahlen auch die Grenzlage der $a$-Stellen von $G^{(n)}(z)$ bilden. Für $a = 0$ ergibt sich insbesondere der Satz IV.

Die Eigenschaft A. ist sehr leicht nachzuweisen. Es kann zunächst eine positive Konstante $A$ bestimmt werden, so daß für

(13) $$|z| \leqq R, \qquad |u| \geqq 1$$

(14) $$|P(z + u)| \leqq e^{A|u|^{q-1}}.$$

Ferner gibt es eine Konstante $B$, so daß für $|z| \leqq R$

$$\sum_{k=0}^{q-1} \frac{1}{k!} |Q^{(k)}(z)| \leqq B.$$

**Daher ist, wenn beide Bedingungen (13) erfüllt sind,**

$$(15) \qquad |Q(z+u)| = \left|\frac{u^q}{q} + \sum_{k=0}^{q-1} \frac{u^k}{k!} Q^{(k)}(z)\right| \leqq \frac{|u^q|}{q} + B|u|^{q-1}$$

**und,** $A + B = C$ **gesetzt, unter denselben** Bedingungen (13) gemäß (14) (15)

$$|G(z+u)| \leqq \exp\left(\frac{|u|^q}{q} + C|u|^{q-1}\right).$$

(Ich schreibe $e^z = \exp(z)$.) Daher ist

$$\left|\frac{G^{(n)}(z)}{n!}\right| \leqq \frac{\exp\left(\frac{|u|^q}{q} + C|u|^{q-1}\right)}{|u|^n}.$$

Setzen wir hierin $|u|^q = n$. Es ergibt sich

$$(16) \qquad \left|\frac{G^{(n)}(z)}{n!}\right| \leqq e^{\frac{n}{q}} n^{-\frac{n}{q}} e^{C n^{1-\frac{1}{q}}}$$

Beachten wir noch, daß

$$(17) \qquad \lim_{n=\infty} \left|\frac{n^{\frac{n-p}{q}+\frac{1}{2}} e^{-\frac{n}{q}}}{n!}\right|^{n^{\frac{1}{q}-1}} = \lim_{n=\infty} \exp\left\{n^{\frac{1}{q}}\left(1-\frac{1}{q}\right)(1-\lg n)\right\}:$$

Aus (16) (17) ergibt sich leicht die Behauptung A.

Die Behauptung B. konnte ich hingegen nur durch eine asymptotische Rechnung nachweisen, die ziemlich weitläufig ist und eigentlich mehr beweist, als es genau genommen nötig wäre. Ich schicke zwei Bemerkungen voraus. Erstens: es genügt mit Rücksicht auf (17) die Behauptung B. nur im Falle $a = 0$ zu beweisen. Zweitens: es genügt nur einen Winkelraum unter den $q$ fraglichen zu betrachten, etwa den Winkelraum

$$-\frac{\pi}{q} < \operatorname{arc} z < +\frac{\pi}{q}.$$

Zu den übrigen $q-1$ Winkelräumen kann man dann durch Drehungen der Ebene übergehn.

5. Erstreckt man die Integration um eine den Punkt $w = 0$ umfassende doppelpunktslose geschlossene Kurve, so ist

$$\frac{G^{(n)}(z)}{n!} = \frac{1}{2\pi i}\int \frac{G(z+w)}{w^n} \frac{dw}{w}.$$

Der Beweis der Behauptung A. unter 4 legt die Variablenvertauschung $w \mid n^{\frac{1}{q}} w$ nahe; es ist

$$\frac{G^{(n)}(z)}{n!} = \frac{1}{2\pi i n^{\frac{n}{q}}} \int \frac{G(z + n^{\frac{1}{q}} w)}{w^n} \frac{dw}{w}. \tag{18}$$

Setzen wir $\frac{1}{k!} Q^{(k)}(z) = Q_k(z)$, $k = 0, 1, \ldots, q$. Dann ist (vgl. (11))

$$Q(z + n^{\frac{1}{q}} w) = \frac{w^q n}{q} + w^{q-1} n^{1-\frac{1}{q}} z + \sum_{k=0}^{q-2} w^k n^{\frac{k}{q}} Q_k(z).$$

$$\frac{G^{(n)}(z)}{n!} \tag{19}$$

$$= \frac{n^{\frac{p}{q}} e^{z n^{1-\frac{1}{q}}}}{2\pi i n^{\frac{n}{q}} e^{-\frac{n}{q}}} \int \frac{P(z + n^{\frac{1}{q}} w)}{n^{\frac{p}{q}}} \left( \frac{e^{\frac{w^q - 1}{q}}}{w} \right)^n e^{(w^{q-1}-1) n^{1-\frac{1}{q}} z} \exp\left\{ \sum_{k=0}^{q-2} w^k n^{\frac{k}{q}} Q_k(z) \right\} \frac{dw}{w}.$$

Man bezeichne mit $\mathfrak{G}$ dasjenige Gebiet der $w$-Ebene, worin

$$\left| \frac{e^{\frac{w^q - 1}{q}}}{w} \right| < 1. \tag{20}$$

$\mathfrak{G}$ enthält nur innere Punkte. Die $q$-ten Einheitswurzeln gehören *nicht* zu $\mathfrak{G}$. Man beachte, daß solche Punkte $w$, worin beide Ungleichungen

$$\frac{1}{|w|} < 1, \tag{21}$$

$$\left| e^{\frac{w^q - 1}{q}} \right| < 1 \tag{22}$$

*zugleich* erfüllt sind, sicherlich zu $\mathfrak{G}$ gehören. (21) ist im Außenraume des Einheitskreises erfüllt. Um (22) zu diskutieren, setze ich

$$w = s e^{i\psi} \qquad (s > 0,\ \psi \text{ reell}) \tag{23}$$

und betrachte die in Polarkoordinaten $s, \psi$ gegebene Kurve

$$s^q = \frac{1}{\cos q\psi}. \tag{24}$$

Die Kurve (24) hat $q$ verschiedene Äste; man teile die $w$-Ebene in $2q$ gleiche Winkelräume, deren gemeinsame Spitze der Punkt $w = 0$ ist, so daß einer davon durch die positive reelle Achse halbiert wird; in jedem zweiten Winkelraum liegt eine $q$-te Einheitswurzel (in der Winkelhalbierenden) und verläuft ein Ast der Kurve (24), der in der betreffenden Einheitswurzel den Kreis $|w| = 1$ berührt (vgl. Figur für $q = 3$). Die Kurve (24) zerschneidet die $w$-Ebene in $q + 1$ Stücke: in einem derselben, das den Punkt $w = 0$ enthält und nach dem üblichen Sprachgebrauch als ein „Sterngebiet“ zu bezeichnen ist, ist $\mathfrak{R}(w^q - 1) = s^q \cos q\psi - 1 < 0$, also (22) erfüllt. In den $q$ übrigen, untereinander kongruenten Gebieten ist $\Re(w^q - 1) > 0$; an der Kurve (24) selber ist $\Re(w^q - 1) = s^q \cos q\psi - 1 = 0$.

Betrachten wir das regelmäßige $q$-Eck $\mathfrak{Q}$, das den Kreis $|w| = 1$ in den $q$-ten Einheitswurzeln berührt. Sieht man von diesen $q$ Berührungspunkten ab, so sind entlang des geschlossenen Linienzuges $\mathfrak{Q}$ beide Bedingungen (21) (22) erfüllt. Für (21) ist das klar. Betrachten wir diejenige Seite von $\mathfrak{Q}$, die durch den Punkt $w = 1$ geht. Sie hat in Polarkoordinaten die Gleichung $s \cos\psi = 1$. Daß (22) entlang von $\mathfrak{Q}$ erfüllt ist, kommt somit auf das Bestehen der Ungleichung

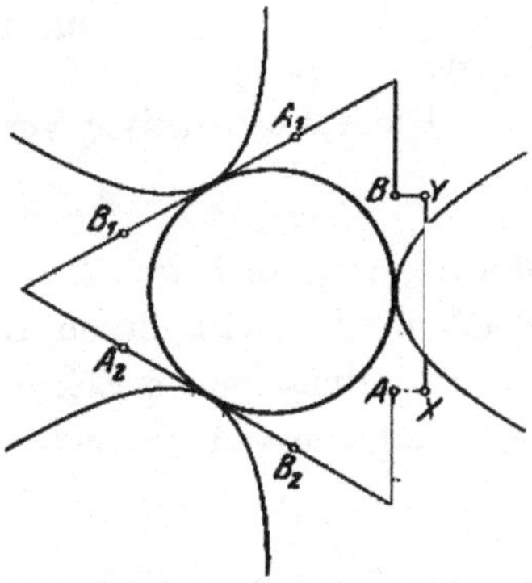

Fig. 1.

$$\frac{\cos q\psi}{(\cos\psi)^q} - 1 < 0 \qquad \text{für } 0 < \psi < \frac{\pi}{2q}$$

heraus, die man etwa aus der in denselben Grenzen geltenden Ungleichung

$$\frac{d}{d\psi}(\lg\cos q\psi - q\lg\cos\psi) = -q(\operatorname{tg} q\psi - \operatorname{tg}\psi) < 0$$

beweist. Daß die polygonale Linie $\mathfrak{Q}$, abgesehen von seinen $q$ zum Nullpunkt nächsten Punkten, ganz im Gebiet $\mathfrak{G}$ verläuft, ist wichtig für das Folgende.

In den $q$-ten Einheitswurzeln $1, \omega, \omega^2, \ldots, \omega^{q-1}$ $(\omega = e^{\frac{2\pi i}{q}})$ ist $\exp\{(w^{q-1} - 1)n^{1-\frac{1}{q}}z\}$ das ausschlaggebende Glied unter dem Integralzeichen rechts in (19). Es sei

$$z = re^{i\varphi} \tag{25}$$

$$r > 0, \qquad \frac{\pi}{q} < \varphi < +\frac{\pi}{q}. \tag{26}$$

Es ist für

$$w = \omega^\nu, \qquad 1 \leqq |\nu| \leqq \frac{q}{2}$$

$$\Re(w^{q-1} - 1)z = r\left\{\cos\left(-\frac{2\pi\nu}{q} + \varphi\right) - \cos\varphi\right\}. \tag{27}$$

Es ist gemäß (26)

$$\left|-\frac{2\pi\nu}{q} + \varphi\right| \geqq \frac{2\pi|\nu|}{q} - |\varphi| > \frac{2\pi|\nu|}{q} - \frac{\pi}{q} \geqq \frac{\pi}{q} > |\varphi|,$$

$$\left|-\frac{2\pi\nu}{q} + \varphi\right| \leqq \frac{2\pi|\nu|}{q} + |\varphi| < \pi + \frac{\pi}{q} \leqq 2\pi - \frac{\pi}{q} < 2\pi - |\varphi|,$$

**woraus, nach** (27)

$$(28)\qquad r^{-1}\Re(w^{q-1}-1)z = \cos\left(-\frac{2\pi\nu}{q}+\varphi\right)-\cos\varphi < 0$$
$$\text{für } w=\omega^{\nu},\quad \nu \not\equiv 0 \pmod{q}$$

folgt.

Diese Verhältnisse veranlassen uns, den geschlossenen Linienzug

$$AXYBA_1B_1A_2B_2\ldots A_{q-1}B_{q-1}A$$

der Figur (worin $q=3$) als Integrationskurve für das Integral (19) zu wählen. Ich will diesen Linienzug mit $\mathfrak{Q}'$ bezeichnen. $\mathfrak{Q}'$ entsteht aus dem regelmäßigen $q$-Eck $\mathfrak{Q}$ durch eine rechteckige Ausbuchtung $AXYB$ d r durch $w=1$ gehenden Seite. Setzt man

$$A=1-\beta i,\qquad B=1+\beta i,\qquad X=1+\xi-\beta i,\qquad Y=1+\xi+\beta i,$$

so ist der Integrationsweg durch die Angabe der beiden reellen Zahlen $\xi, \beta$ ($\beta>0$) vollständig festgelegt. Die genaue Wahl von $\xi$ und $\beta$ behalte ich mir vor, nur folgendes sei im voraus bemerkt: $\beta$ wird fest gewählt. Die Wahl von $\xi$ wird von $n$ abhängen. Doch wird eine Zahl $\alpha$ fest gewählt, derart, daß die beiden horizontalen Strecken mit den Endpunkten

$$(29)\qquad 1-\alpha+i\beta,\quad 1+\alpha+i\beta;\qquad 1-\alpha-i\beta,\quad 1+\alpha-i\beta$$

ganz im Gebiete $\mathfrak{G}$ liegen, wo (20) erfüllt ist, und es wird stets mindestens von einem gewissen $n$ an $-\alpha<\xi<+\alpha$ sein [7]).

Unter diesen Bedingungen ist entlang $YBA_1B_1\ldots A_{q-1}B_{q-1}AX$ für ein gewisses $\gamma$, $\gamma>0$

$$(30)\qquad \int\limits_{YB\ldots AX} \frac{P(z+n^{\frac{1}{q}}w)}{n^{\frac{p}{q}}}\left(\frac{e^{\frac{w^q-1}{q}}}{w}\right)^{n} e^{(w^{q-1}-1)n^{1-\frac{1}{q}}z}\exp\left\{\sum_{k=0}^{q-2} w^k n^{\frac{k}{q}} Q_k(z)\right\}\frac{dw}{w} = O\left(e^{-\gamma n^{1-\frac{1}{q}}}\right)$$

und zwar gleichmäßig in $z$, wenn $z=re^{i\varphi}$ auf einen abgeschlossenen endlichen Teil des Winkelraumes (26) beschränkt ist. Man kann nämlich, gemäß (28), eine Zahl $c>0$ und an der durch $\omega^{\nu}$ gehenden Seite von $\mathfrak{Q}$ zwei Punkte $A_\nu$, $B_\nu$ fixieren ($\nu=1,2,\ldots q-1$), die $\omega^{\nu}$ unter sich enthalten, derart, daß an der Strecke $A_\nu B_\nu$ für alle in Betracht kommende $z$

$$\Re(w^{q-1}-1)z < -c.$$

Die Linienzüge $YBA_1$, $B_1A_2, \ldots, B_{q-2}A_{q-1}$, $B_{q-1}AX$ liegen im Innern des Gebietes $\mathfrak{G}$, wo (20) erfüllt ist, also ist an diesen Zügen das Integral sogar $O(e^{-kn})$ für ein passend gewähltes $k$.

---

[7]) Für $q=2$ sind die Verhältnisse etwas anders, aber viel einfacher. Man kann als Integrationskurve für (19) etwa das Quadrat wählen, das den Kreis $|w|=1$ in den Punkten $w=1, i, -1, -i$ berührt.

Ich setze jetzt $w = 1 + \eta$ und entwickle nach Potenzen von $\eta$

$$(31)\quad \left(\frac{w^q - 1}{q} - \lg w\right) n + (w^{q-1} - 1) n^{\frac{q-1}{q}} z + \sum_{k=0}^{q-2} w^k n^{\frac{k}{q}} Q_k(z) = \sum_0^{\infty} A_k \eta^k$$

$A_0, A_1, A_2, \ldots$ sind Polynome in $n^{\frac{1}{q}}$ und $z$. Es ist insbesondere

$$(32)\quad \begin{cases} A_0 = \sum_{k=0}^{q-2} n^{\frac{k}{q}} Q_k(z), \\ A_1 = (q-1) n^{\frac{q-1}{q}} z + \sum_{k=0}^{q-2} k n^{\frac{k}{q}} Q_k(z), \\ A_2 = \frac{q}{2} n + \frac{(q-1)(q-2)}{2} n^{\frac{q-1}{q}} z + \sum_{k=0}^{q-2} \frac{k(k-1)}{2} Q_k(z) n^{\frac{k}{q}}, \\ \ldots \end{cases}$$

Es ist zu ersehen, daß $A_3, A_4, \ldots$ als höchste Potenz von $n$ $n^1 = n^{\frac{q}{q}}$ enthalten. Ich bemerke ferner, daß $A_q, A_{q+1}, A_{q+2}, \ldots$ von $z$ unabhängig sind, indem

$$A_q = \frac{n}{q}(1 + (-1)^q), \quad A_{q+1} = (-1)^{q+1} \frac{n}{q+1}, \quad A_{q+2} = (-1)^{q+2} \frac{n}{q+2}, \ldots.$$

Ich werde die Ungleichung nötig haben: für $|\eta| < \frac{1}{2}$ ist

$$(33)\quad |A_{q+1}\eta^{q+1} + A_{q+2}\eta^{q+2} + \ldots| < \eta^{q+1} n.$$

Ich setze jetzt

$$(34)\quad \eta = \delta + \frac{it}{\sqrt{n}},$$

$$(35)\quad \delta = B_1 n^{-\frac{1}{q}} + B_2 n^{-\frac{2}{q}} + \ldots + B_q n^{-1}$$

$$(36)\quad \begin{aligned} &A_0 + A_1\eta + A_2\eta^2 + \ldots + A_q\eta^q \\ &= C_0 + \frac{it}{\sqrt{n}} C_1 - t^2 C_2 + \frac{t^3}{\sqrt{n}} C_3 + \frac{t^4}{n} C_4 + \ldots + \frac{t^q}{n^{\frac{q-2}{2}}} C_q, \end{aligned}$$

wo $B_1, B_2, B_3, \ldots, B_q$ nur von $z$, $C_0, C_1, C_2, \ldots, C_q$ von $n$ und $z$ abhängen, und $B_1, B_2, B_3, \ldots, B_q$ so bestimmt sind, daß $C_1$ möglichst stark für $n = \infty$ verschwindet. (Diese Forderung werde ich bald präzisieren.) Man findet

$$(37)\quad \begin{cases} C_0 = A_0 + A_1\delta + A_2\delta^2 + \ldots + A_q\delta^q, \\ C_1 = A_1 + 2A_2\delta + 3A_3\delta^2 + \ldots + qA_q\delta^{q-1} \\ C_2 = \frac{1}{n}(A_2 + 3A_3\delta + \ldots), \\ C_3 = -\frac{i}{n}(A_3 + \ldots), \\ \ldots \end{cases}$$

Insbesondere ist

$$(38)\quad \frac{C_1}{n} = (q-1)n^{-\frac{1}{q}} + \sum_{k=0}^{q-2} k n^{-\frac{q-k}{q}} Q_k(z) + (q+\ldots)(B_1 n^{-\frac{1}{q}} + B_2 n^{-\frac{2}{q}} + \ldots) + \ldots$$

$$= (qB_1 + q - 1)n^{-\frac{1}{q}} + (qB_2 + \ldots)n^{-\frac{2}{q}} + (qB_3 + \ldots)n^{-\frac{3}{q}} + \ldots$$

Verlangt man, daß in dieser Entwicklung nach wachsenden Potenzen von $n^{-\frac{1}{q}}$ die Koeffizienten von $n^{-\frac{1}{q}}, n^{-\frac{2}{q}}, \ldots, n^{-\frac{q}{q}}$ verschwinden sollen, so lassen sich $B_1, B_2, \ldots, B_q$ nacheinander bestimmen, und zwar als Konstanten oder als Polynome in $z$. Es ist $B_1 = -\frac{q-1}{q}$ usw. [8]). Nach dieser Bestimmung von $B_1, B_2, \ldots, B_q$, also von $\delta$ gemäß (35), sind auch die Ausdrücke $C_0, C_1, \ldots, C_q$ mitbestimmt, nach (37). Ich will folgende Eigenschaften hervorheben:

$C_0$ enthält $n^{\frac{q-2}{q}}$ als höchste Potenz von $n$.

$C_1, C_2, C_3, \ldots, C_q$ können nach wachsenden Potenzen von $n^{-\frac{1}{q}}$ geordnet werden (sie enthalten keine positive Potenz von $n$). Für $\lim n = \infty$ konvergieren sie also gegen endliche Grenzwerte und bleiben bei allen fraglichen Werten von $z$, $n$ beschränkt. Insbesondere ist

$$(39)\qquad \lim_{n=\infty} C_2 = \frac{q}{2}.$$

Setzt man gemäß (34)

$$(40)\qquad w = 1 + \eta = 1 + \delta + \frac{it}{\sqrt{n}},$$

so sei die geradlinige Strecke $XY$ dadurch bestimmt, daß $t$ in (40) reelle Werte annehmen soll. Führt man die Variablenvertauschung (40) aus, so wird aus (19) mit Berücksichtigung von (30), (31), (36)

$$(41)\quad \frac{G^{(n)}(z)}{n!} = \frac{n^{\frac{p}{q}} e^{zn^{1-\frac{1}{q}}+C_0}}{2\pi n^{\frac{n}{q}+\frac{1}{2}} e^{-\frac{n}{q}}} \left\{ \int_{-(\beta+d)\sqrt{n}}^{+(\beta-d)\sqrt{n}} \Phi_n(t)\,dt + O\left(\sqrt{n}\, e^{-\gamma n^{1-\frac{1}{q}}-C_0}\right) \right\},$$

**wo zur Abkürzung**

$$(42)\qquad d = \Im \delta,$$

$$(43)\quad \Phi_n(t) = \frac{P(z + n^{\frac{1}{q}} w)}{n^{\frac{p}{q}}} \frac{1}{1 + \delta + \frac{it}{\sqrt{n}}} \exp\left\{ \frac{it}{\sqrt{n}} C_1 - t^2 C_2 + \frac{t^3}{\sqrt{n}} C_3 + \ldots + \frac{t^q}{n^{\frac{q-2}{q}}} C_q + \sum_{q+1}^{\infty} \eta^k A_k \right\}$$

[8]) Die Gleichung $C_1 = 0$ definiert $\delta$ als eine algebraische Funktion von $n^{-\frac{1}{q}}$ Der Ausdruck (35) ist der Anfang der Reihentwicklung des einzigen Zweiges, der für $n^{-\frac{1}{q}} = 0$ verschwindet.

gesetzt wurde. Es ist aus den auseinandergesetzten Eigenschaften der Größen $C_1, C_2, \ldots, C_q, A_{q+1}, \ldots$ (vgl. insbesondere (33), (39)) und aus der Bedeutung von $\eta$, $\delta$ (vgl. (34), (35)) klar, daß bei festem $t$

$$\lim_{n=\infty} \Phi_n(t) = e^{-\frac{qt^2}{2}}. \tag{44}$$

Nun gibt es offenbar zwei Konstanten $K$, $K'$, so daß für alle fragliche Werte von $z$, $n$

$$|C_1| < K, \tag{45}$$

$$\left| \frac{P(z + n^{\frac{1}{q}} w)}{n^{\frac{p}{q}}} \cdot \frac{1}{1 + \delta + \frac{it}{\sqrt{n}}} \right| < K'. \tag{46}$$

Ferner ist für genügend großes $n$ sicher

$$\left| C_2 - \frac{q}{2} \right| < \frac{1}{4} \tag{47}$$

(vgl. (39)); ferner, wie auch das feste $\beta$ gewählt ist,

$$-2\beta < -\beta - d < \beta - d < +2\beta, \tag{48}$$

da doch nach (42), (35)

$$\lim_{n=\infty} d = 0.$$

Nun beachte man, daß nach (34) entweder $|\eta| \leqq 2|\delta$ **oder** $|\eta| \leqq \frac{2|t|}{\sqrt{n}}$. Im ersteren Falle ist, gemäß (33),

$$\left| \sum_{k=q+1}^{\infty} A_k \eta^k \right| \leqq 2^{q+1} |\delta|^{q+1} n < 1$$

von einem gewissen $n$ an, mit Rücksicht auf (35). Im zweiten Falle ist innerhalb der Grenzen des Integrals (41)

$$\left| \sum_{k=q+1}^{\infty} A_k \eta^k \right| \leqq \left| \frac{2t}{\sqrt{n}} \right|^{q+1} n = t^2 2^{q+1} \left| \frac{t}{\sqrt{n}} \right|^{q-1} < t^2 2^{2q} \beta^{q-1}$$

von einem gewissen $n$ an, mit Rücksicht auf (48), vorausgesetzt, daß, um der Ungleichung (33) die Anwendbarkeit zu sichern, das feste $\beta < \frac{1}{8}$ gewählt ist. Zusammengefaßt ist auf alle Fälle

$$\left| \sum_{k=q+1}^{\infty} A_k \eta^k \right| \leqq 1 + t^2 2^{2q} \beta^{q-1} \tag{49}$$

**Nun bin ich endlich in der Lage, die Größe von $\beta$ zu fixieren:** es **sei $< \frac{1}{8}$ gewählt, ferner so, daß für alle fraglichen $n$ und $z$**

$$2\beta|C_3| + (2\beta)^2|C_4| + \ldots + (2\beta)^{q-2}|C_q| + 2^{2q}\beta^{q-1} < \frac{1}{4} \tag{50}$$

wird, was zu erreichen ist, da $C_3, C_4, \ldots, C_q$ beschränkt bleiben. Nach (43), (45), (46), (47), (49), (50) ist

$$(51) \qquad |\Phi_n(t)| < K' \exp\left\{K + \left(-\frac{q}{2} + \frac{1}{4}\right)t^2 + t^2\frac{1}{4} + 1\right\}$$

von einem gewissen $n$ an für $-2\beta < t < +2\beta$, **also, gemäß** (48), im ganzen Integrationsintervall des Integrals in (41). Da

$$\int_{-\infty}^{+\infty} K' \exp\left(K + 1 - \frac{q-1}{2}t^2\right) \cdot dt$$

konvergiert, folgt aus (44), (51) offenbar, daß

$$\lim_{n=\infty} \int_{-(\beta+d)\sqrt{n}}^{+(\beta-d)\sqrt{n}} \Phi_n(t)\, dt = \int_{-\infty}^{+\infty} e^{-\frac{qt^2}{2}} dt = \sqrt{\frac{2\pi}{q}}.$$

**Daher ist, nach** (41),

$$(52) \qquad \lim_{n=\infty} \frac{G_n(z)}{n!} \frac{n^{\frac{n}{q}+\frac{1}{2}} e^{-\frac{n}{q}}}{n^{\frac{p}{q}} e^{zn^{1-\frac{1}{q}}+C_0}} = \frac{1}{\sqrt{2\pi q}}.$$

Man beachte, daß gemäß (37), (35), (32) $C_0$ aus einer endlichen Anzahl von Gliedern besteht, daß es in $z$ ein Polynom ist, und daß $n^{\frac{q-2}{q}}$ die höchste Potenz von $n$ ist, die in $C_0$ vorkommt. Man kann also dem Resultat (52) auch die Form geben

$$(53) \quad G^{(n)}(z) \sim n!\, n^{-\frac{n-p}{q}-\frac{1}{2}} e^{\frac{n}{q}} \exp\left\{zn^{1-\frac{1}{q}} + D_2(z)n^{1-\frac{2}{q}} + \ldots + D_q(z)\right\},$$

wo $D_2(z), D_3(z), D_4(z), \ldots, D_q(z)$ Polynome in $z$ bedeuten, zu deren Berechnung der Beweis eine bestimmte Anweisung gibt. Aus dieser asymptotischen Entwicklung folgt reichlich die unter 4 ausgesprochene Behauptung B.

## Diskussion der Ausnahmefälle.

6. Es sei $R(z)$ eine rationale Funktion. Soll die Anzahl der nichtreellen Nullstellen von $R^{(n)}(z)$ unter einer von $n$ unabhängigen oberen Schranke liegen, so darf offenbar die Grenzlage dieser Nullstellen keine Strecke außerhalb der reellen Achse in sich begreifen (vgl. Zusatz I zu Satz III). Man betrachte das kleinste konvexe Polygon $\mathfrak{P}$, das sämtliche Pole von $R(z)$ umschließt, man zerlege den Umfang dieses Polygons $\mathfrak{P}$ durch die darauf liegenden Pole von $R(z)$ in einzelne Strecken, und man errichte auf jeder solchen Strecke als Mittellot einen Halbstrahl in der Richtung der äußeren Normalen von $\mathfrak{P}$. Von jedem solchen Halbstrahl

gehört ein unendliches Stück zur Grenzlage der Nullstellen von $R^{(n)}(z)$. Soll also die Grenzlage keine Strecke außerhalb der reellen Achse enthalten, so bleiben nur zwei Fälle übrig: entweder reduziert sich das erwähnte Polygon $\mathfrak{P}$ auf einen einzigen Punkt (Ausnahmefall 1 des Satzes I) oder auf eine Strecke, die von der reellen Achse senkrecht halbiert wird und deren beide Endpunkte die einzigen Pole von $R(z)$ sind (Ausnahmefall 2 des Satzes I).

Es sei $G(z)$ eine ganze Funktion von der im Satz II erwähnten Form. Es sei $q$ der Grad des Polynoms $Q(z)$, $Q(z) = bz^q + b_1 z^{q-1} + \ldots$. Soll die im Satz IV beschriebene Grenzlage keine Strecke außerhalb der reellen Achse in sich begreifen, so muß die Gleichung $bz^q + 1 = 0$ nur reelle Wurzeln haben; also muß $b$ reell und negativ und $q = 2$ sein; ferner müssen die $q = 2$ im Satz IV erwähnten Halbstrahlen zusammen die reelle Achse ausmachen, also muß $b_1$ reell sein (Ausnahmefall 2 des Satzes II). Oder aber die Funktion $G(z)$ darf überhaupt nicht unter den Satz IV fallen, also $q = 1$ sein (Ausnahmefall 1 des Satzes II).

7. Nachdem ich so ausführlich dargelegt habe, welche ganz spezielle geometrische Konfigurationen zu den Ausnahmefällen Anlaß geben, will ich die Resultate der algebraischen Diskussion dieser Fälle in aller Kürze mitteilen und die Beweise, die aus geläufigen Überlegungen aufgebaut sind, nur andeuten.

Es handelt sich um die ganze Funktion $G(z)$ und um die rationale Funktion $R(z)$. Im Ausnahmefall 1 haben diese die Form

$$G(z) = P(z)e^{az}, \qquad R(z) = \frac{Q(z)}{(z-a)^p} + S(z)$$

und im Ausnahmefall 2 die Form

$$G(z) = P(z)e^{bz-cz^2}, \qquad R(z) = \frac{Q(z)}{((z-b)^2+c^2)^p} + S(z),$$

$P(z), Q(z), S(z)$ sind Polynome, $a$ eine Konstante, $b, c$ reelle Konstanten, $c > 0$, $p$ eine positive ganze Zahl. Ich betrachte die $n$-ten Derivierten im Ausnahmefall 1

$$G^{(n)}(z) = P_n(z)e^{az}, \qquad R^{(n)}(z) = \frac{Q_n(z)}{(z-a)^{p+n}}$$

und im Ausnahmefall 2

$$G^{(n)}(z) = P_n(z)e^{bz-cz^2}, \qquad R^{(n)}(z) = \frac{Q_n(z)}{((z-b)^2+c^2)^{p+n}}.$$

(Ich nehme $n$, wenn es sich um $R(z)$ handelt, größer als der Grad von $S(z)$ an.) In diesen Formeln sind $P_n(z)$, $Q_n(z)$ Polynome. Man sieht dies durch vollständige Induktion ein, sich auf eine Rekursionsformel stützend, worin $P_{n+1}(z)$ linear homogen durch $P_n(z)$ und $P_n'(z)$ ausgedrückt wird, ähnlich wie $Q_{n+1}(z)$ durch $Q_n(z)$ und $Q'_n(z)$. Dieselbe Rekursionsformel zeigt, daß im Ausnahmefall 1 $P_{n+1}(z)$ denselben Grad hat wie $P_n(z)$, während im Ausnahmefall 2 der Grad von $P_{n+1}(z)$ denjenigen von $P_n(z)$ um eine Einheit übertrifft. Ähnlich ist das Verhältnis zwischen $Q_{n+1}(z)$ und $Q_n(z)$.

Ich betrachte jetzt den Fall, wo $G(z)$ und $R(z)$ für reelles $z$ reelle Werte annehmen. In diesem Falle *hat* $P_{n+1}(z)$ *ebenso viel oder weniger nichtreelle Nullstellen als* $P_n(z)$, und ähnlich steht es mit $Q_{n+1}(z)$ und $Q_n(z)$. Dies kann man aus der Beziehung zwischen den Graden und aus der Abzählung der neu hinzukommenden reellen Nullstellen schließen. Man benutzt entweder die erwähnten Rekursionsformeln oder noch besser, das Theorem von Rolle. Es ist dabei nützlich, auch die Nullstellen in $z = +\infty$ bzw. in $z = -\infty$ zu berücksichtigen. Man sagt, daß eine solche Nullstelle im Unendlichen vorliegt, wenn die Funktion für $z = +\infty$ bzw. $z = -\infty$ mit einem von einer gewissen Stelle an unveränderten Vorzeichen der Null zustrebt. Bei Zulassung solcher Nullstellen bleibt der Satz von Rolle gültig, der die Existenz einer ungeraden Anzahl Nullstellen der Derivierten zwischen zwei sukzessiven Nullstellen der Funktion behauptet.

So sind die Umrisse der einfachen Überlegungen, die bestätigen können, was in den Sätzen I, II über die Ausnahmefälle gesagt wurde[9]). Diese Sätze I, II erhalten eine besonders scharfe Fassung, wenn man sich auf solche Funktionen $G(z)$ und $R(z)$ beschränkt, die für reelles $z$ reelle Werte annehmen, und wenn man noch voraussetzt, daß $R(z)$ echtgebrochen ist, d. h. für $z = \infty$ verschwindet. Befindet sich $G(z)$ oder $R(z)$ nicht in einem der beiden Ausnahmefälle, so wächst die Anzahl der nichtreellen Nullstellen von $G^{(n)}(z)$ bzw. $R^{(n)}(z)$ mit $n$ ins Unendliche. Befindet sich hingegen $G(z)$ bzw. $R(z)$ in einem der beiden Ausnahmefälle, so nimmt die Anzahl der nichtreellen Nullstellen von $G^{(n)}(z)$ bzw. $R^{(n)}(z)$ mit wachsendem $n$ nie zu, strebt also gegen einen endlichen Grenzwert und ist insbesondere stets $= 0$, wenn schon $G(z)$ bzw. $R(z)$ keine nichtreellen Nullstellen hatten. Man kann in den Ausnahmefällen übrigens (mit dem Rolleschen Satze) auch zeigen, daß die reellen Nullstellen von $G^{(n)}(z)$ bzw. $R^{(n)}(z)$ von einem gewissen $n$ an sämtlich einfach sind. Diese Verhältnisse sind besonders bemerkenswert im Ausnahmefall 2, wo doch die reellen Nullstellen von $G^{(n)}(z)$ bzw. von $R^{(n)}(z)$ mit wachsendem $n$ immer zahlreicher werden und in jedes Intervall der reellen Achse eindringen.

8. Ich will nicht unerwähnt lassen, daß sich das Verhalten der absolut größten Nullstellen von $R^{(n)}(z)$ mit Erfolg studieren läßt, wenn $R(z)$ eine

---

[9]) Für andere Beweise vgl. z. B. a. a. O. [4b]), S. 392–393, [5c]), S. 9–11 oder etwa schon H. Laurent, Traité d'algèbre III[e] partie (Paris 1894) die Aufgaben 14, 16, 30, 39, S. 70 75.

rationale Funktion ist. $R(z)$ soll die Pole $a, b, c, \ldots, l$ bzw. von der Ordnung $\alpha, \beta, \gamma, \ldots, \lambda$ besitzen. Dann hat $R(z)$ die Form

$$\begin{aligned} R(z) = S(z) &+ \frac{A_0}{z-a} + \frac{1!\,A_1}{(z-a)^2} + \cdots + \frac{(\alpha-1)!\,A_{\alpha-1}}{(z-a)^\alpha} \\ &+ \frac{B_0}{z-b} + \frac{1!\,B_1}{(z-b)^2} + \cdots + \frac{(\beta-1)!\,B_{\beta-1}}{(z-b)^\beta} \\ &\cdots\cdots\cdots\cdots\cdots\cdots \\ &+ \frac{L_0}{z-l} + \frac{1!\,L_1}{(z-l)^2} + \cdots + \frac{(\lambda-1)!\,L_{\lambda-1}}{(z-l)^\lambda} \\ = S(z) &+ \sum \left( \frac{A_0}{z-a} + \frac{1!\,A_1}{(z-a)^2} + \cdots + \frac{(\alpha-1)!\,A_{\alpha-1}}{(z-a)^\alpha} \right). \end{aligned}$$

$S(z)$ bedeutet ein Polynom, $A_0, A_1, \ldots, A_{\alpha-1}, B_0, \ldots, L_{\lambda-1}$ Konstanten, und zwar ist $A_{\alpha-1} \neq 0,\ B_{\beta-1} \neq 0, \ldots, L_{\lambda-1} \neq 0$; $\Sigma$ bedeutet eine Summation über alle Pole $a, b, c, \ldots, l$. Es ist

$$R^{(n)}(z) = (-1)^n \sum \left( \frac{n!\,A_0}{(z-a)^{n+1}} + \frac{(n+1)!\,A_1}{(z-a)^{n+2}} + \cdots + \frac{(n+\alpha-1)!\,A_{\alpha-1}}{(z-a)^{n+\alpha}} \right).$$

(54) $$\lim_{n=\infty} (nz)^{n+1} (-1)^n \frac{R^{(n)}(nz)}{n!} =$$

$$\begin{aligned} &= \lim_{n=\infty} \sum \left( \frac{A_0}{\left(1-\frac{a}{nz}\right)^{n+1}} + \frac{n+1}{nz-a} \frac{A_1}{\left(1-\frac{a}{nz}\right)^{n+1}} \quad + \frac{(n+1)\ldots(n+\alpha-1)}{(nz-a)\ldots(nz-a)} \frac{A_{\alpha-1}}{\left(1-\frac{a}{nz}\right)^{n+1}} \right) \\ &= \sum \left( A_0 + \frac{1}{z} A_1 + \cdots + \frac{1}{z^{\alpha-1}} A_{\alpha-1} \right) e^{\frac{a}{z}} \\ &= \mathfrak{A}\left(\frac{1}{z}\right) e^{\frac{a}{z}} + \mathfrak{B}\left(\frac{1}{z}\right) e^{\frac{b}{z}} + \cdots + \mathfrak{L}\left(\frac{1}{z}\right) e^{\frac{l}{z}} \\ &= F\left(\frac{1}{z}\right), \end{aligned}$$

wo $\mathfrak{A}(z), \mathfrak{B}(z), \mathfrak{C}(z), \ldots, \mathfrak{L}(z)$ Polynome bedeuten, bzw. vom Grade $\alpha-1, \beta-1, \gamma-1, \ldots, \lambda-1$ und $F(z)$ eine ganze Funktion ist.

Über das asymptotische Verhalten der Nullstellen von $R^{(n)}(z)$ in einer mit $n$ sich verengernden **Umgebung** des Punktes $z = \infty$ gibt das Verhalten der Nullstellen von $F\left(\frac{1}{z}\right)$ Aufschluß. Die Nullstellenverteilung dieser Funktion für kleines $z$ **gehorcht** aber sehr eleganten, geometrisch formulierbaren Gesetzen[10]), die **mit dem** schon unter 6 betrachteten klein-

[10]) G. Pólya, Geometrisches über die Verteilung der Nullstellen gewisser ganzer transzendenter Funktionen, Sitzungsber. München (1920), S. 285–290. Vgl. noch H. Poincaré, Théorie analytique de la propagation de la chaleur (Paris, 1895), Kapitel 11. E. Feyer, Asymptotische Darstellung gewisser meromorpher Funktionen, Dissertation, Breslau 1919. Diese Stellen waren mir bei Abfassung meiner zitierten Arbeit noch unbekannt.

sten konvexen Polygon $\mathfrak{P}$ zusammenhängen, das sämtliche Punkte $a, b, c, \ldots, l$ umschließt. Insbesondere gilt folgendes: Errichtet man von dem Nullpunkt aus Halbstrahlen, die den äußeren Normalen des Polygons $\mathfrak{P}$ parallel sind, so schließen sich die Nullstellen von $F\left(\frac{1}{z}\right)$ diesen Halbstrahlen asymptotisch an. Dieses Verhalten ist bei Kenntnis des Satzes III aus geometrischen Gründen plausibel.

Ich überlasse es dem Leser, sich zu überlegen, bis zu welchem Punkte der Beweis des Satzes I gefördert werden kann, wenn man von der Kenntnis des Satzes III absieht und sich nur auf die Grenzformel (54) und auf die Kenntnis der Nullstellenverteilung der darin auftretenden ganzen Funktion $F(z)$ stützt[11]).

---

[11]) Vgl. dazu a. a. O. [5c]) S. 4–8. Für die eingehende Behandlung eines hierher gehörigen Spezialfalles vgl. noch G. Pólya, Bemerkung über die Mittag-Lefferschen Funktionen $E_\alpha(z)$. Tôhoku Math. J. 19 (1921), S. 241–248.

(Eingegangen am 7. Januar 1921.)

# Bemerkung über die Mittag-Lefflerschen Funktionen $E_\alpha(z)$.

(Auszug aus einem an Herrn Mittag-Leffler gerichteten Briefe.)

von

G. Pólya, in Zürich, Schweiz.

Unter den ganzen Funktionen

$$E_\alpha(z) = \sum_{n=0}^{\infty} \frac{z^n}{\Gamma(\alpha n + 1)}$$

die Sie in die Analysis eingeführt haben, ist unzweifelhaft die einfachste

$$E_1(z) = e^z = 1 + \frac{z}{\lfloor 1} + \frac{z^2}{\lfloor 2} + \frac{z^3}{\lfloor 3} + \cdots\cdots.$$

An Einfachheit stehen $E_1(z)$ am nächsten die übrigen $E$-Funktionen mit ganzzahligem Parameterwert

$$(1) \qquad E_q(z) = 1 + \frac{z}{\lfloor q} + \frac{z^2}{\lfloor 2q} + \frac{z^3}{\lfloor 3q} + \cdots\cdots \quad (q = 2, 3, 4, \cdots\cdots)$$

denn diese Funktionen lassen sich durch $E_1(z) = e^z$ ausdrücken. Es ist

$$(2) \qquad E_q(z^q) = \frac{1}{q}\left\{e^z + e^{\omega z} + e^{\omega^2 z} + \cdots\cdots + e^{\omega^{q-1} z}\right\}$$

wo $\omega$ eine $q$-te Einheitzwurzel, $= e^{\frac{2\pi i}{q}}$ ist.

Herr Wiman(1) hat gefunden, dass Ihre Funktionen $E_\alpha(z)$ nur reelle negative Nullstellen haben, wenn $\alpha \geqq 2$. Es wird Sie vielleicht interessieren, dass diese merkwürdige Tatsache für die Funktionen (1) durch sehr elementare Betrachtungen, und sogar auf mehrere Arten bestätigt werden kann. Ich kann drei verschiedene Polynomfolgen mit nur reellen negativen Nullstellen angeben, die gegen die Funktion $E_q(z)$ konvergieren, u. zw. gleichmässig in jedem endlichen Bereich. Durch die Angabe einer derartigen Polynomfolge wird der Nachweis auf die prinzipiell einfachste Weise geliefert.

---

(1) A. Wiman, Über die Nullstellen der Funktionen $E_\alpha(z)$, Acta Mathematica, 29, 217–234 (1905).

---

For comments on this paper[71], see p. 423.

**1.** Es sei $q$ eine ganze Zahl, $q \geqq 2$. Ich setze

$$\frac{d^n e^{-z^q}}{dz^n} = P_n(z)\, e^{-z^q}, \qquad \frac{d^{n-1}}{dz^{n-1}}\left(\frac{z^{q-1}}{1+z^q}\right) = \frac{Q_n(z)}{(1+z^q)^n}.$$

Es ist

$$P_1(z) = -qz^{q-1} \qquad Q_1(z) = z^{q-1}$$

$$P_{n+1}(z) = P_n'(z) - qz^{q-1} P_n(z) \qquad Q_{n+1} = (1+z^q)\, Q_n'(z) - nqz^{q-1} Q_n(z)$$

woraus man durch vollständige Induktion leicht folgern kann, dass $P_n(z)$ ebenso wie $O_n(z)$ ein Polynom ist, und zwar vom Grade $n(q-1)$.

Ich bezeichne mit $v_n$ die Anzahl der verschwindenden Nullstellen von $P_n(z)$; es wird sich zeigen, dass die entsprechende Anzahl für $Q_n(z)$ gleich gross ist. $v_n$ ist also der Exponent der niedrigsten Potenz von $z$ in der Maclaurinschen Entwicklung von $P_n(z)\, e^{-z^q}$, die einen von 0 verschiedenen Koeffizienten hat. Es ist

$$P_1(z)\, e^{-z^q} = a_1 z^{q-1} + a_2 z^{2q-1} + a_3 z^{3q-1} + \cdots\cdots$$

wo alle Konstanten $a_1, a_2, a_3, \cdots\cdots$ von 0 verschieden sind. $Q_n(z)(1+z^q)^{-n}$ hat eine Maclaurinschen Reihe von gleicher Beschaffenheit. Folglich ist, wie die sukzessieven Derivationen zeigen

$$\begin{array}{llll} v_1 = q-1, & v_2 = q-2, & \cdots\cdots & v_q = 0, \\ v_{q+1} = q-1, & v_{q+2} = q-2, & \cdots\cdots & v_{2q} = 0, \\ v_{2q+1} = q-1, & \cdots\cdots & & \end{array} \tag{3}$$

Man könnte diese Tabelle in die beiden Angaben

$$v_n \equiv -n \ (\text{mod. } q), \qquad 0 \leqq v_n \leqq q-1. \tag{4}$$

zusammenfassen.

Ich bezeichne mit $p_n$ die Anzahl der positiven Nullstellen von $P_n(z)$. Es wird sich herausstellen, dass die entsprechende Anzahl für $Q_n(z)$ gleich gross ist. Man betrachte die $q$ Halbstrahlen, die von dem Punkt $z=0$ aus durch die Einheitswurzeln $1, \omega, \omega^2, \cdots\cdots, \omega^{q-1}$ ins Unendliche gezogen die Ebene in $q$ gleiche Winkelräume zerschneiden. Die positive reelle Axe ist eine dieser Halbstrahlen und jeder Nullstelle von $P_n(z)$, die auf der positiven Axe liegt entsprechen $q-1$ andere Nullstellen von gleichem absoluten Betrage, die auf den anderen $q-1$ Halbstrahlen liegen. Ich behaupte, dass sämtliche Nullstellen der Polynome $P_n(z)$ und $Q_n(z)$ auf den beschriebenen $q$ Halbstrahlen liegen, und ferner, dass nur im gemeinsamen Ausgangspunkte der Halbstrahlen, im Punkte $z=0$, mehrfache Nullstellen liegen können.

Die Behauptung trifft für $n=1$ zu. Um die Behauptung durch vollständige Induktion zu beweisen, nehme ich an, dass sie für $P_n(z)$ schon bewiesen sei. (Für $Q_n(z)$ geht der Beweis ebenso.) Es seien $\alpha_1, \alpha_2, \alpha_3, \cdots\cdots, \alpha_{p_n}$ die positiven Nullstellen von $P_n(z)$. Ich nehme also an, dass $0<\alpha_1<\alpha_2<\alpha_3<\cdots\cdots<\alpha_{p_n}$ und dass ausser der Nullstelle im Punkt $z=0$, diesen $p_n$ positven Nullstellen und den entsprechenden an den $q-1$ übrigen fraglichen keine andere gibt, d. h. dass

$$v_n+qp_n=n(q-1). \tag{5}$$

Auf alle Fälle ist

$$v_{n+1}+qp_{n+1}\leqq(n+1)(q-1)=v_n+qp_n+q-1 \tag{6}$$

gemäss (5). Daraus folgt

$$p_{n+1}\leqq p_n+\frac{v_n-v_{n+1}+q-1}{q},$$

was man, zwei Fälle unterscheidend, gemäss (3) oder (4) auch so schreiben kann

$$\begin{aligned} p_{n+1}&\leqq p_n+1, &&\text{wenn} \quad v_n>0\\ p_{n+1}&\leqq p_n, &&\text{wenn} \quad v_n=0. \end{aligned} \tag{7}$$

Anderseits nimmt die Funktion $P_n(z)\,e^{-z^q}$ reelle Werte für reelles $z$ an. Sie verschwindet für $z=\alpha_1, \alpha_2, \alpha_3, \cdots\cdots, \alpha_{p_n}$ und für $\lim z=+\infty$. Daher hat die Derivierte

$$\frac{d}{dz}\left(P_n(z)\,e^{-z^q}\right)=P_{n+1}(z)\,e^{-z^q}$$

mindestens eine Nullstelle im Innern von jedem der $p_n$ Intervalle $(\alpha_1, \alpha_2)$, $(\alpha_2, \alpha_3)$, $\cdots\cdots$ $(\alpha_{p_n}, +\infty)$, nach dem Satz von Rolle. Ist $v_n>0$, d. h. $P_n(0)=0$, so kommt noch mindestens eine Nullstelle im Intervall $(0, \alpha_1)$ dazu. Kurzum es ist

$$\begin{aligned} p_{n+1}&\geqq p_n+1, &&\text{wenn} \quad v_n>0\\ p_{n+1}&\geqq p_n, &&\text{wenn} \quad v_n=0. \end{aligned}$$

Daher muss in (7) ebenso wie schon in (6) das Zeichen $=$ gültig sein, d. h. es muss

$$v_{n+1}+qp_{n+1}=(n+1)(q-1)$$

sein, und in den fraglichen Intervallen kann nur je eine notwendigerweise einfache Nullstelle enthalten sein, w. z. b. w.

Die Angabe, dass sämtliche Nullstellen von $\frac{d^n e^{-z^q}}{dz^n}$ an den besagten Halbstrahlen liegen, fand ich in der interessanten Dissertation von Herrn Ålander[1] vor, nebst einer Andeutung des Beweises.

**2.** Ich setze jetzt

$$\frac{d^n e^{z^q}}{dz^n} = \overline{P}_n(z)\, e^{z^q}, \qquad \frac{d^{n-1}}{dz^{n-1}}\left(\frac{z^{q-1}}{z^q-1}\right) = \frac{\overline{Q}_m(z)}{(1+z^q)^n}$$

Nach einer ersichtlichen Umformung der Resultate über $P_n(z)$ und $Q_n(z)$ sind $\overline{P}_n(z)$ und $\overline{Q}_n(z)$ Polynome vom Grade $n(q-1)$, deren Nullstellen auf $q$ Halbstrahlen liegen, die von dem Punkt $z=0$ aus durch die Nullstellen des Polynoms $z_q+1$ hindurchgehend ins Unendliche laufen; sie halbieren die von den vorher betrachteten Halbstrahlen eingeschlossenen Winkelräume.

Ich betrachte zunächst $\overline{Q}_n(z)$. Es ist

$$\frac{\overline{Q}_1(z)}{z^q-1} = \frac{z^{q-1}}{z^q-1} = \frac{1}{q}\left\{\frac{1}{z-1} + \frac{1}{z-\omega} + \frac{1}{z-\omega^2} + \cdots + \frac{1}{z-\omega^{q-1}}\right\}.$$

Daraus folgt durch Differenzieren, Variablenvertauschung $z \mid \frac{n}{z}$ und Umsetzung

$$\frac{(-1)^{n-1}}{\lfloor n-1}\, \frac{\overline{Q}_n(z)}{(z^q-1)^n} = \frac{1}{q}\left\{\frac{1}{(z-1)^n} + \frac{1}{(z-\omega)^n} + \cdots + \frac{1}{(z-\omega^{q-1})^n}\right\}$$

$$(8) \qquad \frac{(-1)^{n-1}\left(\frac{z}{n}\right)^{n(q-1)} \overline{Q}_n\left(\frac{z}{n}\right)}{\lfloor n-1}$$

$$= \frac{\left(1-\left(\frac{z}{n}\right)^q\right)^n}{q}\left\{\frac{1}{\left(1-\frac{z}{n}\right)^n} + \frac{1}{\left(1-\frac{\omega z}{n}\right)^n} + \cdots\cdots + \frac{1}{\left(1-\frac{\omega^{q-1} z}{n}\right)^n}\right\}.$$

Die linke Seite von (8) ist ein Polynom in $z$. Man könnte noch leicht einsehen, dass sein absolutes Glied $=1$ ist, und dass es nur solche Potenzen von $z$ enthält, deren Exponenten durch $q$ teilbar sind. Es folgt aus (8)

$$(9) \qquad \lim_{n=\infty} \frac{\left(\frac{z}{n}\right)^{n(q-1)} \overline{Q}_n\left(\frac{n}{z}\right)}{(-1)^{n-1}\lfloor n-1} = \frac{1}{q}\left\{e^z + e^{\omega z} + \cdots + e^{\omega^{q-1} z}\right\} = E_q(z^q).$$

---

(1) M. Ålander, Sur le déplacement des zéros des fonctions entières par leur dérivation. Thèse, Upsal 1914. Vgl. S. 57.

Man kann $E_q(z^q)$ auch zu den Polynomen $\overline{P}_n(z)$ in Beziehung setzen. Es ist

$$e^{z^q} = \sum_{\mu=-n}^{\infty} \frac{z^{qn+q\mu}}{\underline{|n+\mu}}.$$

Daraus folgt durch $qn$-maliges Differenzieren

$$P_{qn}(z)\, e^{z^q} = \sum_{\mu=0}^{\infty} \frac{\underline{|qn+q\mu}}{\underline{|n+\mu}} \, \frac{z^{q\mu}}{\underline{|q\mu}}.$$

$P_{qn}(z)$ enthält nur solche Potenzen von $z$, deren Exponent durch $q$ teilbar ist; das absolute Glied von $P_{qn}(z)$ ist $\frac{\underline{|qn}}{\underline{|n}}$. Ich erhalte durch Variablenvertauschung $z \,|\, zq^{-1} n^{-1+\frac{1}{q}}$

$$\text{(10)} \qquad \frac{\underline{|n}}{\underline{|qn}} P_{qn}\left(\frac{z}{qn^{\frac{q-1}{q}}}\right) e^{z^q q^{-q} n^{-q+1}}$$

$$= \sum_{\mu=0}^{\infty} \frac{qn+1}{q(n+1)} \, \frac{qn+2}{q(n+2)} \cdots \frac{qn+\mu}{q(n+\mu)} \, \frac{qn+\mu+1}{qn(\mu+1)} \, \frac{qn+\mu+2}{qn(\mu+2)} \cdots \frac{qn+q\mu}{qn\cdot q\mu} \, \frac{z^{q\mu}}{\mu!}$$

$$= \sum_{\mu=0}^{\infty} \frac{qn+1}{q(n+1)} \, \frac{qn+2}{q(n+2)} \cdots \frac{qn+\mu}{q(n+\mu)} \left(1+\frac{\mu+1}{qn}\right)\left(1+\frac{\mu+2}{qn}\right) \cdots \left(1+\frac{q\mu}{qn}\right) \frac{z^{q\mu}}{\underline{|q\mu}}.$$

**Sind** $a$, $b$ ganze Zahlen, $a>1$, $b>1$, so ist $(a-1)(b-1) \geqq 1$, $a+b \leqq ab$. Dies beachtend, ersieht man aus der ersten Zeile von (10), dass $\sum_{\mu=0}^{\infty} \frac{z^{q\mu}}{\underline{|n}}$ alle Reihen majoriert, die man aus (10) für $n=1, 2, 3, \cdots$ erhält. Mit Rücksicht darauf folgt aus der zweiten Zeile von (10)

$$\text{(11)} \qquad \lim_{n=\infty} \frac{\underline{|n}}{\underline{|qn}} P_{qn}\left(zq^{-1} n^{-1+\frac{1}{q}}\right) = \sum_{\mu=0}^{\infty} \frac{z^{q\mu}}{\underline{|q\mu}} = E_q(z^q).$$

Unter dem Limes-Zeichen steht sowohl in (9) wie in (11) ein Polynom, dessen sämtliche Nullstellen auf $q$ von dem Nullpunkt aus laufenden, durch die Wurzeln der Gleichung $z^q = -1$ hindurchgehenden Halbstrahlen liegen. An denselben Halbstrahlen müssen also auch die Nullstellen von $E_q(z^q)$ liegen, also müssen die Nullstellen von $E_q(z)$ sämtlich reell und negativ sein, w. z. b. w. Ersetzt man in (9) und (11) $z$ durch $z^{\frac{1}{q}}$, so gibt jede der beiden Formeln eine Annäherung von $E_q(z)$ durch Polynome mit nur reellen negativen Nullstellen.

**3.** Die Formeln (9), (11) habe ich nicht etwa durch Zufall gefunden, sondern im Laufe einer systematischen Untersuchung [1] der Nullstellen der höheren Derivierten, zu deren Erläuterung sie mir sehr nützlich waren. Von einer anderen systematischen Untersuchung [2] ausgehend gelange ich zur folgenden Betrachtung. Es sei

$$(12) \qquad P(z)=a_0+a_1z+a_2z^2+\cdots\cdots+a_nz^n$$

ein Polynom mit nur reellen Nullstellen. Laguerre bemerkte, dass dann für positives $\alpha$ auch das Polynom

$$\alpha P(x)+zP'(z)=a_0\alpha+a_1(\alpha+1)z+a_2(\alpha+2)z^2+\cdots+a_n(\alpha+n)z^n$$

nur reelle Nullstellen hat, und folgerte durch Wiederholung dieser Bemerkung und Grenzübergang, dass zugleich mit (12) auch das Polynom

$$a_0G(0)+a_1G(1)z+a_2G(2)z^2+\cdots+a_nG_n(n)z^n$$

nur reelle Nullstellen hat, wo $G(z)$ eine beliebige ganze Funktion vom Geschlecht 0 oder 1 bedeutet [3]. Ich wende diesen Satz auf das Polynom

$$\left(1+\frac{z}{n}\right)^n=1+\frac{z}{\underline{|1}}+\frac{z^2}{\underline{|2}}\left(1-\frac{1}{n}\right)+\frac{z^3}{\underline{|3}}\left(1-\frac{1}{n}\right)\left(1-\frac{2}{n}\right)$$
$$+\cdots+\frac{z^n}{\underline{|n}}\left(1-\frac{1}{n}\right)\left(1-\frac{2}{n}\right)\cdots\left(1-\frac{n-1}{n}\right)$$

und auf die ganze Funktion vom Geschlecht 1

$$G(z)=\frac{\Gamma(z+1)}{\Gamma(zq+1)}$$

an; letztere hat die Nullstellen $-\frac{m}{q}$, wo $m$ irgendeine durch $q$ nicht teilbare positive ganze Zahl bedeutet. Es ergibt sich durch Grenzübergang, dass auch

---

(1) G. Pólya, Über die Nullstellen sukzessiver Derivierten, erscheint in der Mathematischen Zeischrift.

(2) G. Pólya und J. Schur, Über zwei Arten von Faktorenfolgen in der Theorie der algebraischen Gleichungen, Crelle's Journal für die reine u. ang. Math., 144, 89–113 (1913).

(3) Laguerre, Oeuvres Bd. I, 200–201.

$$\lim_{n=\infty}\sum_{\mu=0}^{\infty}\frac{z^\mu}{\underline{|\mu}}\left(1-\frac{1}{n}\right)\left(1-\frac{2}{n}\right)\cdots\left(1-\frac{\mu-1}{n}\right)\frac{\Gamma(\mu+1)}{\Gamma(\mu q+1)}$$

$$=\sum_{\mu=0}^{\infty}\frac{z^\mu}{\underline{|\mu}}\,\frac{\underline{|\mu}}{\underline{|\mu q}}=E_q(z).$$

nur reelle Nullstellen hat.—Man kann sich fragen, welche Zahlenfolgen mit der Laguerreschen Zahlenfolge $G(0)$, $G(1)$, $G(2)$, ...... die Eigenschaft teilen, beliebige Polynome mit nur reellen Nullstellen in Polynome derselben Art zu verwandeln? Diese Frage wurde von Herrn J. Schur und nur in einer gemeinsamen Untersuchung, worauf ich schon früher (3) hindeutete, durch Aufstellung notwendiger und hinreichender Bedingungen beantwortet.

**4.** Es seien $a, b, c, \cdots, l$ voneinander verschiedene Zahlen, $P(z)$, $Q(z)$, $R(z)$, ......, $T(z)$ nicht identisch verchwindende Polynome. Ich habe kürzlich (1) bemerkt, dass das asymptotische Verhalten von ganzen Funktionen von der Form

$$F(z)=P(z)\,e^{az}+Q(z)\,e^{bz}+R(z)\,e^{cz}+\cdots\cdots+T(z)\,e^{lz} \tag{14}$$

in sehr einfachem Zusammenhang steht mit dem kleinsten konvexen Polygon $\mathfrak{P}$, das die in der komplexen Zahlenebene gezeichneten Punkte $\bar{a}$, $\bar{b}$, $\bar{c}$, $\cdots$, $\bar{l}$ umfasst. (Mit $\bar{a}$ bezeichne ich die zu $a$ konjugierte Zahl.)

Die Funktionen

$$E_q(z^q)=\frac{1}{q}\left\{e^z+e^{\omega z}+e^{\omega^2 z}+\cdots+e^{\omega^{q-1}z}\right\}$$

hat die Form (14). Das Polygon $\mathfrak{P}$ ist im Falle von $E_q(z^q)$ das reguläre $q$-Eck, dessen Ecken die $q$-ten Einheitswurzeln $1$, $\omega$, $\omega^2$, $\cdots$, $\omega^{q-1}$ sind. Die äusseren Normalen von $\mathfrak{P}$ liegen in den Halbstrahlen, die vom Punkte $z=0$ auslaufend die Seiten von $\mathfrak{P}$ halbieren. Dass die sämtlichen Nullstellen von $E_q(z^q)$, wie ich früher konstatierte, in diesen Halbstrahlen liegen, stimmt mit einem allgemeinen Satz überein, dass ich a. a. O. bewiesen habe. Aus demselben folgt, dass auch die Nullstellen der Funktion $E_q(z^q)-a$, d. h. die $a$-Stellen von $E_q(z^q)$ sich denselben Halbstrahlen asymptotisch anschliessen müssen. Der Umfang von $\mathfrak{P}$ ist $2q\sin\frac{\pi}{q}$. Daraus folgt nach einem anderen Satz a. a. O. dass die Anzahl der Nullstellen von $E_q(z^q)$ in der Kreisfläche $|z|\leqq r$ asymptotisch

(1) G. Pólya, Geometrisches über die Verteilung der Nullstellen gewisser ganzer transzendenter Funktionen, Sitzungsber. d. Bayerischen Akad. Jahrg. 1920, 285-290.

$\frac{2q \sin\frac{\pi}{q}}{2\pi} r$ ist. Also ist die Anzahl der Nullstellen von $E_q(z)$ in derselben Kreisfläche, nach einer elementaren Transformation $\frac{\sin\frac{\pi}{q}}{\pi} r^{\frac{1}{q}}$, was mit dem Resultate von Herrn Wiman übereinstimmt (¹). Die $a$-Stellen von $E_q(z^q)$ haben übrigens dieselbe asymptotische Anzahl.

Ein sehr leicht einzusehender Zusammenhang zwischen den Eigenschaften der Funktion (14) und dem Polygon $\mathfrak{P}$, den ich übrigens in meiner erwähnter Mitteilung noch nicht formulierte, ist die folgende:

Es sei der Punkt $z=0$ im Innern von $\mathfrak{P}$ gelegen. Die Fusspunktskurve des Polygons $\mathfrak{P}$ inbezug auf den Punkt $z=0$ habe in Polarkoordinaten $\rho, \varphi$ die Gleichung $\rho=\lambda(\varphi)$. (Diese Fusspunktskurve ist aus mehreren Kreisbögen zusammengesetzt; jeder Bogen ist einem Kreise entnommen, der eine Verbindungslinie des Punktes $z=0$ mit einem Eckpunkte von $\mathfrak{P}$ zum Durchmesser hat.) Es ist, wenn der Vektor $e^{i\varphi}$ zu keiner äusseren Normalen von $\mathfrak{P}$ parallel läuft,

$$\lim_{r=\infty} \frac{\lg |F(re^{i\varphi})|}{r} = \lambda(\varphi).$$

Wenn $e^{i\varphi}$ zu einer äusseren Normalen von $\mathfrak{P}$ parallel ist, so ist

$$\overline{\lim_{r=\infty}} \frac{\lg |F(re^{i\varphi})|}{r} = \lambda(\varphi).$$

Ich erwähne noch, dass die Betrachtung der Kurve $\rho=\lambda(\varphi)$ mich zu einer übersichtlichen geometrischen Formulierung und zu kleinen Erweiterungen der bekannten Phragmén-Lindelöfschen Sätze führte, worüber ich Ihnen vielleicht bei anderen Gelegenheit berichten darf.

(¹) A. a. O., S. 227.

# ON THE ZEROS OF AN INTEGRAL FUNCTION REPRESENTED BY FOURIER'S INTEGRAL.

By *G. Pólya.*

We do not possess a general method for discussing the reality of zeros of an integral function represented by Fourier's integral (such a method would be available for Riemann's $\xi$-function.) I present here a special case where the discussion is not quite trivial, but may be carried out with the help of known results.

Consider the function

$$F_\alpha(z) = \int_0^\infty e^{-t^\alpha} \cos zt\, dt. \tag{1}$$

If $0 < \alpha < 1$, then $F_\alpha(z)$ is defined by this formula only for real values of $z$. We have

$$F_1(z) = \frac{1}{1+z^2}.$$

For $\alpha > 1$ we get

$$F_\alpha(z) = \frac{1}{\alpha} \sum_{n=0}^{\infty} (-1)^n \frac{\Gamma\left(\frac{2n+1}{\alpha}\right)}{\Gamma(2n+1)} z^{2n}. \tag{2}$$

This development shows that $F_\alpha(z)$ is an integral function of order $\dfrac{\alpha}{\alpha - 1}$. In particular,

$$F_2(z) = \tfrac{1}{2}\sqrt{\pi}\, e^{-\frac{1}{4}z^2}. \tag{3}$$

Following the method employed by G. H. Hardy* to prove that Riemann's $\xi(t)$ has an infinite number of real zeros, F. Bernstein† proved the same thing for $F_4(z), F_6(z), F_8(z), \ldots$. Now it is easy to go further in the case of $F_\alpha(z)$ [though naturally not in the case of $\xi(t)$], and to prove the following results:

(I) *If* $\alpha = 2$, *then there are no zeros at all.*

(II) *If* $\alpha = 4, 6, 8, \ldots$, *then there are an infinite number of real zeros but no complex zeros.*

---

* *Comptes Rendus*, 6 April, 1914.
† *Mathematische Annalen*, vol. lxxix. (1919), pp. 265–268.

For comments on this paper[81], see p. 423.

(III) *If* $\alpha > 1$, *and is not an even integer, then there are an infinite number of complex zeros and a finite number, not less than* $2\left[\frac{1}{2}\alpha\right]$, *of real zeros.*

The statement (I) needs no demonstration: compare (3). The proof of (II) is based on the following special case of a theorem of Laguerre: *

*If* $\Phi(z)$ *is an integral function of order less than 2 which assumes real values along the real axis and possesses only real negative zeros, then the zeros of the integral function*

$$\Phi(0) + \frac{\Phi(1)}{1!} z + \frac{\Phi(2)}{2!} z^2 + \ldots + \frac{\Phi(n)}{n!} z^n + \ldots$$

*are also all real and negative.*

Put

$$\Phi(z) = \frac{\Gamma\left(\frac{2z+1}{2k}\right)\Gamma(z+1)}{\Gamma(2z+1)}, \tag{4}$$

where $k$ is a positive integer. The poles of the numerator

$$z = -\tfrac{1}{2}, \; -\tfrac{1}{2}(2k+1), \; -\tfrac{1}{2}(4k+1), \; \ldots, \quad z = -\tfrac{2}{2}, \; -\tfrac{4}{2}, \; -\tfrac{6}{2}, \; \ldots,$$

are absorbed by those of the denominator

$$z = -\tfrac{1}{2}, \; -\tfrac{2}{2}, \; -\tfrac{3}{2}, \; -\tfrac{4}{2}, \; -\tfrac{5}{2}, \; \ldots .$$

Thus $\Phi(z)$ is an integral function satisfying the conditions required by the theorem of Laguerre, and consequently the zeros of

$$\sum_{n=0}^{\infty} \frac{z^n}{n!} \frac{\Gamma\left(\frac{2n+1}{2k}\right)\Gamma(n+1)}{\Gamma(2n+1)} = 2k F_{2k}(i\sqrt{z})$$

are all real and negative; we infer that the zeros of $F_{2k}(z)$ are all real.

The order of the integral function $F_{2k}(z)$ is $\frac{2k}{2k-1}$; if $k = 2, 3, 4, \ldots$, then $1 < \frac{2k}{2k-1} < 2$. Thus $F_{2k}(z)$ is not of integral order and consequently possesses an infinity of zeros; they are all real, and thus (II) is completely proved.

Suppose $x$ is positive. Then we have, by partial integration,

$$x^{\alpha+1} F_\alpha(x) = x^\alpha \int_0^\infty \sin xt \,.\, \alpha t^{\alpha-1} e^{-t^\alpha} dt.$$

* *Oeuvres*, vol. i. (Paris, 1898), pp. 200–203.

Introduce the new variable $u = x^\alpha t^\alpha$; then we have

$$(5) \qquad x^{\alpha+1} F_\alpha(x) = \mathfrak{I} \int_0^\infty \exp(iu^{1/\alpha} - ux^{-\alpha})\, du,$$

where $\mathfrak{I}A$ denotes the imaginary part of $A$. Choose as path of integration, not the positive real axis, but a straight line running from 0 to $\infty$ in the upper half-plane and making a sufficiently small angle with the positive real axis. With this path we have

$$\lim_{x=+\infty} x^{\alpha+1} F_\alpha(x) = \mathfrak{I} \int_0^\infty e^{iu^{1/\alpha}} du.$$

Rotating the path of integration in the positive direction until it reaches the position where $\arg z = \frac{1}{2}\pi\alpha$, we get finally

$$(6) \qquad \lim_{x=+\infty} x^{\alpha+1} F_\alpha(x) = \mathfrak{I} \int_0^{+\infty} e^{-r^{1/\alpha}} e^{i\pi\alpha/2} dr$$
$$= \Gamma(\alpha+1) \sin(\pi\alpha/2).$$

If the limit (6) is different from 0, that is, if $\alpha$ is different from 2, 4, 6, ..., then $F_\alpha(z)$ possesses

(*a*) a finite number of real zeros and

(*b*) an infinite number of zeros.

Of these assertions, (*a*) is evident from (6). To prove (*b*) we make use of the theorem that an integral function of finite order having a finite number of zeros is of the form

$$(7) \qquad P(z)\, e^{Q(z)},$$

where $P(z)$, $Q(z)$ are polynomials. Now $F_\alpha(z)$ is certainly not of the form (7), since it converges to 0 when $z \rightarrow +\infty$ in the same manner as a negative power of $z$, as may be seen from (6). The statements (*a*), (*b*) just proved contain the first two parts of (III).

From (1) follows, by Fourier's theorem,

$$\frac{2}{\pi} \int_0^\infty F_\alpha(x) \cos xt\, dx = e^{-t^\alpha} = 1 - \frac{t^\alpha}{1!} + \dots .$$

Differentiating $2m$ times with respect to $t$, where

$$(8) \qquad 2m < \alpha < 2m+2,$$

and then putting $t = 0$, we get

$$(9) \quad \int_0^\infty F_\alpha(x) x^2 dx = \int_0^\infty F_\alpha(x) x^4 dx = \dots = \int_0^\infty F_\alpha(x) x^{2m} dx = 0$$

The convergence of the integrals (9) is assured by (6) and (8). It follows from (9) that

$$\int_0^\infty F_\alpha(x)\,x^{\nu}\,P(x^2)\,dx = 0, \tag{10}$$

where $P(z)$ denotes any polynomial in $z$ of degree not exceeding $m-1$. Assume now, if possible, that $F_\alpha(x)$ changes sign at most $m-1$ times for $x > 0$, *e.g.* at the points $x_1, x_2, \ldots, x_{m-1}$, where $0 < x_1 < x_2 < \ldots < x_{m-1}$; and put

$$P(x^2) = (x_1^{\,2} - x^2)(x_2^{\,2} - x^2)\ldots(x_{m-1}^{\,2} - x^2).$$

Then the integrand in (10) is never negative and our assumption leads to a contradiction. Thus $F_\alpha(x)$ changes sign at least $m = [\frac{1}{2}\alpha]$ times for $x > 0$. We have now proved the whole of Theorem (III).

The results we have obtained may be completed in many respects. If $a \geq 0$ and $k$ is an integer not less than 2, then the zeros of the integral function of $z$

$$\int_0^\infty e^{at^2 - t^{2k}} \cos zt\, dt$$

are all real; the asymptotic distribution of the zeros can be calculated by more laborious and more usual methods; and so on. The function $F_\alpha(z)$ has been considered in connection with questions arising in the theory of errors, especially by Cauchy*, and P. Lévy† proved that $F_\alpha(x) \geq 0$ for $0 < \alpha \leq 2$ and for real values of $x$. More recently W. R. Burwell‡ has discussed the asymptotic expansion of $F_\alpha(z)$ for $\alpha = 3, 4, 5, \ldots$, and has shown in particular that, when $\alpha = 4, 6, \ldots$, the number of complex zeros is finite. This result is included in Theorem (II) above. Finally we may add that $F_\alpha(z)$ is of much importance in Waring's problem.§

---

* *Comptes Rendus*, vol. xxxvii. (1853), pp. 202–206, and *passim*.
† *Comptes Rendus*, vol. clxxvi. (1923), pp. 1118–1120.
‡ *Proc. Lond. Math. Soc.* (2), vol. xxii. (1923), pp. 57–72.
§ G. H. Hardy and J. E. Littlewood, *Göttinger Nachrichten* (1920), pp. 33–54.

# ON THE ZEROS OF CERTAIN TRIGONOMETRIC INTEGRALS

G. Pólya.*

[*Extracted from the Journal of the London Mathematical Society, Vol. 1, Part 2.*]

1. What properties of the function $F(u)$ are sufficient to secure that the integral

$$2\int_0^\infty F(u)\cos zu\,du = G(z) \tag{1}$$

has only real zeros? The origin of this rather artificial question is the Riemann hypothesis concerning the Zeta-function. If we put

$$F(u) = \sum_{n=1}^{\infty} (4\pi^2 n^4 e^{\frac{9}{2}u} - 6\pi n^2 e^{\frac{5}{2}u})\, e^{-n^2\pi e^{2u}}, \tag{2}$$

$G(z)$ becomes Riemann's function $\xi(z)$.

I have found some criteria answering the proposed question, but I will not give them here, because they are of a rather unsystematic and tentative character. I prefer to enumerate a few cases in which I have proved that $G(z)$ represents an integral function having only real zeros:

(i) $$F(u) = (1-u^{2n})^{\alpha-1} \quad (0<u<1), \quad F(u)=0 \quad (u>1),$$

(ii) $$F(u) = e^{-u^{2n}-\alpha u^{4n}},$$

(iii) $$F(u) = e^{-2\alpha\cosh u},$$

(iv) $$F(u) = 8\pi^2 \cosh \tfrac{9}{2}u\, e^{-\quad \cosh 2u}$$

(v) $$F(u) = \{8\pi^2\cosh\tfrac{9}{2}u - 12\pi\cosh\tfrac{5}{2}u\}\, e^{-2\pi\cosh 2u}.$$

In these formulae $\alpha$ denotes a positive number and $n$ a positive integer. Putting in case (i) $n=1$, we get the well known theorem that the Bessel function $J_{\alpha-\frac{1}{2}}(z)$ has only real zeros. Some other special cases are also known. Observe that the function of case (iv) differs little, and that of case (v) differs yet less, from the leading term of the series (ii), corresponding to $n=1$, as $u$ tends to $+\infty$.

* Received and read 10 December, 1925.

For comments on this paper[90], see p. 424.

2. The existence of an infinity of real zeros is generally easier to establish than the non-existence of complex zeros. A method of Hardy leads to the following very convenient criterion :

*Suppose that $F(u)$ is an even function, analytic and real for real values of $u$, and such that*

$$\lim_{u \to +\infty} F^{(n)}(u)\, u^2 = 0 \quad (n = 0, 1, 2, \ldots).$$

*If the function $G(z)$ has only a finite number of real zeros, then there is an integer $N$ such that $|F^{(n)}(it)|$ is a steadily increasing function of $t$ if $n > N$ and $0 < t < T$, $iT$ being the singular point of $F(u)$ which is next to the origin* [$T = +\infty$ if $F(u)$ is an integral function].

This criterion, applied to the cases (ii), (iii), (iv), and (v) shows at once that the corresponding function $G(z)$ has an infinity of real zeros. In order to apply it to the function $\xi(z)$ put

$$\sqrt[4]{x} \sum_{n=-\infty}^{+\infty} e^{-n^2 \pi x} = \vartheta(x) \tag{3}$$

(which does not agree with the usual notation), and write the function (2) in the more convenient form

$$F(u) = \frac{d^2 \vartheta(x)}{du^2} - \tfrac{1}{4}\vartheta(x) \quad (x = e^{2u}). \tag{2'}$$

From the well known property of the function (3), namely that $\vartheta(x^{-1}) = \vartheta(x)$, it is easy to deduce the following properties of the function (2′) :

$$F(-u) = F(u), \tag{a}$$

$$\lim_{t \to \frac{1}{4}\pi} F^{(n)}(it) = 0 \quad (n = 0, 1, 2, \ldots;\ t \text{ real}). \tag{b}$$

Now property (*b*) is, in virtue of the general criterion, inconsistent with the assumption that $\xi(z)$ has only a finite number of real zeros. Thus we get a proof for the existence of an infinity of real zeros of $\xi(z)$, which is analogous to the original proof due to Hardy, but different from it, and, I think, a very simple one.

# BEMERKUNG ÜBER DIE INTEGRALDARSTELLUNG DER RIEMANNSCHEN ξ-FUNKTION.

Von

G. PÓLYA

in Zürich.

Die Riemannsche ξ-Funktion, definiert durch die Formel

$$\xi(iz) = \frac{1}{2}\left(z^2 - \frac{1}{4}\right)\pi^{-\frac{z}{2}-\frac{1}{4}}\,\Gamma\left(\frac{z}{2}+\frac{1}{4}\right)\zeta\left(\frac{1}{2}+z\right), \tag{1}$$

wurde von Riemann selbst durch ein unendliches trigonometrisches Integral dargestellt. Es ist[1]

$$\xi(z) = 2\int_0^\infty \Phi(u)\cos zu\,du \tag{2}$$

$$\Phi(u) = 2\pi e^{\frac{5u}{2}}\sum_{n=1}^{\infty}\left(2\pi e^{2u} n^2 - 3\right) n^2 e^{-n^2\pi e^{2u}} \tag{3}$$

Es ist offenbar

$$\Phi(u) \sim 4\pi^2 e^{\frac{9u}{2} - \pi e^{2u}} \qquad \text{für } u \to +\infty. \tag{4}$$

Ferner ist (vgl. unter 4) $\Phi(u)$ eine gerade Funktion. Folglich gilt

$$\Phi(u) \quad 4\pi^2\left(e^{\frac{9u}{2}} + e^{-\frac{9u}{2}}\right)e^{-\pi\left(e^{2u}+e^{-2u}\right)} \qquad \text{für } u \to \pm\infty. \tag{5}$$

[1] B. Riemann, Werke (1876), S. 138.

39—25389. *Acta mathematica.* 48. Imprimé le 1 mars 1926.

For comments on this paper[93], see p. 424.

Mit Hinsicht auf die Riemannsche Vermutung könnte man die folgende Frage aufwerfen[1]: Hat die Funktion, die aus der rechten Seite von (2) dadurch hervorgeht, dass $\Phi(u)$ durch die rechte Seite von (4) ersetzt wird, nur reelle Nullstellen?

Die Antwort ist verneinend (vgl. unter 4): die entstehende Funktion hat unendlich viele imaginären Nullstellen. Wird aber anstatt der rechten Seite von (4) die von (5) verwendet, so entsteht die Funktion

$$\xi^*(z) = 8\pi^2 \int_0^\infty \left(e^{\frac{9u}{2}} + e^{-\frac{9u}{2}}\right) e^{-\pi(e^{2u}+e^{-2u})} \cos zu \, du, \tag{6}$$

die man etwa die »verfälschte $\xi$-Funktion» nennen könnte, und $\xi^*(z)$ besitzt tatsächlich *nur reelle Nullstellen.* Es ist übrigens

$$\xi(z) \sim \xi^*(z),$$

wenn $z$ in irgend einem abgeschlossenen Winkelraum von Scheitel o, der die reelle Achse nicht enthält, gegen $\infty$ strebt. Wird die Anzahl der Nullstellen von $\xi(z)$ in der Kreisfläche $|z| \leqq r$ mit $N(r)$ und die entsprechende Anzahl für $\xi^*(z)$ mit $N^*(r)$ bezeichnet, so ist

$$N(r) \sim N^*(r)$$

und sogar

$$N(r) - N^*(r) = O(\log r).$$

Ich erbringe im folgenden den Nachweis für die Realität sämtlicher Nullstellen von $\xi^*(z)$. Die Untersuchung konzentriert sich auf eine andere ganze Funktion, nämlich auf die Funktion

$$\mathfrak{G}(z) = \mathfrak{G}(z; a) = \int_{-\infty}^{+\infty} e^{-a(e^u+e^{-u})+zu} \, du, \tag{7}$$

die einige schöne, einfache Eigenschaften aufweist. Dem Parameter $a$ wird stets ein positiver Wert zugeschrieben. $\xi^*(z)$ lässt sich durch $\mathfrak{G}(z)$ ausdrücken. Es ist

$$\xi^*(z) = 2\pi^2 \left\{ \mathfrak{G}\left(\frac{iz}{2} - \frac{9}{4}; \pi\right) + \mathfrak{G}\left(\frac{iz}{2} + \frac{9}{4}; \pi\right) \right\} \tag{8}$$

---

[1] Sie wurde von Prof. LANDAU in 1913 in einem Gespräch gelegentlich erwähnt.

wie man leicht aus (6), (7) herleitet. Ich werde zeigen, dass $\mathfrak{G}(iz)$ *nur reelle Nullstellen hat.* Hieraus folgt dann leicht dieselbe Eigenschaft für $\xi^*(z)$.

1. Die wichtigste Eigenschaft der ganzen Funktion $\mathfrak{G}(z)$ ist, dass sie einer einfachen Differenzengleichung genügt; es ist

$$z\,\mathfrak{G}(z) = a(\mathfrak{G}(z+1) - \mathfrak{G}(z-1)) \tag{9}$$

wie man durch partielle Integration leicht feststellt. Es sei vermerkt, dass $\mathfrak{G}(z)$ gerade ist,

$$\mathfrak{G}(-z) = \mathfrak{G}(z). \tag{10}$$

Ferner gilt, wenn $z$ keine ganze Zahl ist,

$$\mathfrak{G}(z) = a^{-z}\Gamma(z)\left(1 + \sum_{n=1}^{\infty} \frac{a^{2n}}{n!\,(1-z)(2-z)\ldots(n-z)}\right) \tag{11}$$

$$+ a^{z}\Gamma(-z)\left(1 + \sum_{n=1}^{\infty} \frac{a^{2n}}{n!\,(1+z)(2+z)\ldots(n+z)}\right).$$

Den Beweis für (11) kann man etwa so führen: es ist

$$\Gamma(z) = \int_0^a e^{-v} v^{z-1}\,dv + \int_a^\infty e^{-v} v^{z-1}\,dv = P(z) + Q(z), \tag{12}$$

$$P(z) = P(z;a) = \sum_{n=0}^{\infty} \frac{(-1)^n a^{z+n}}{n!\,(z+n)}, \tag{13}$$

$$Q(z) = Q(z;a) = a^z \int_0^\infty e^{-a e^u + uz}\,du. \tag{14}$$

Nun ist

$$\mathfrak{G}(z) = \int_0^\infty e^{-a(e^u + e^{-u})}(e^{uz} + e^{-uz})\,du$$

$$= \int_0^\infty \sum_{n=0}^{\infty} e^{-a e^u} \frac{(-a)^n}{n!} (e^{(-n+z)u} + e^{(-n-z)u})\,du.$$

Hieraus folgt, gemäss (14), nach Vertauschung von Summation und Integration, die durch absolute Konvergenz leicht zu rechtfertigen ist, dass

$$(15)\qquad \mathfrak{G}(z)=a^{-z}\sum_{n=0}^{\infty}\frac{(-1)^n a^{2n}}{n!}Q(-n+z)+a^z\sum_{n=0}^{\infty}\frac{(-1)^n a^{2n}}{n!}Q(-n-z).$$

Anderseits ist offenbar

$$0=\sum_{k=0}^{\infty}\sum_{l=0}^{\infty}\frac{(-1)^{k+l}a^{k+l}}{k!\,l!}\left(\frac{1}{-k+z+l}+\frac{1}{k-z-l}\right)$$

$$=a^{-z}\sum_{k=0}^{\infty}\frac{(-1)^k a^{2k}}{k!}\sum_{l=0}^{\infty}\frac{(-1)^l a^{-k+z+l}}{l!\,(-k+z+l)}$$

$$+a^z\sum_{l=0}^{\infty}\frac{(-1)^l a^{2l}}{l!}\sum_{k=0}^{\infty}\frac{(-1)^k a^{-l-z+k}}{k!\,(-l-z+k)},$$

also, gemäss (13),

$$(16)\qquad 0=a^{-z}\sum_{k=0}^{\infty}\frac{(-1)^k a^{2k}}{k!}P(-k+z)+a^z\sum_{l=0}^{\infty}\frac{(-1)^l a^{2l}}{l!}P(-l-z).$$

Es folgt aus (12), (15), (16)

$$\mathfrak{G}(z)=a^{-z}\sum_{n=0}^{\infty}\frac{(-1)^n a^{2n}}{n!}\Gamma(-n+z)+a^z\sum_{n=0}^{\infty}\frac{(-1)^n a^{2n}}{n!}\Gamma(-n-z)$$

was mit (11) gleichbedeutend ist.

Ich erwähne noch, ohne sie zu beweisen und auch ohne sie nachher anzuwenden, die beiden folgenden Darstellungen:

$$\mathfrak{G}(z)=\frac{1}{2\pi i}\int_{\alpha-i\infty}^{\alpha+i\infty}\Gamma\left(s-\frac{z}{2}\right)\Gamma\left(s+\frac{z}{2}\right)a^{-2s}\,ds,$$

$$\mathfrak{G}(z)=\frac{\pi}{\sin\pi z}e^{\frac{i\pi z}{2}}J_{-z}(2ia)-\frac{\pi}{\sin\pi z}e^{-\frac{i\pi z}{2}}J_z(2ia).$$

In der ersten ist $2\alpha>|\Re z|$ zu nehmen, in der zweiten sind beide Glieder rechts Lösungen derselben Differenzengleichung, der auch $\mathfrak{G}(z)$, gemäss (9), genügt.

2. Die asymptotische Darstellung und die Abschätzungen von $\mathfrak{G}(z)$, die uns jetzt beschäftigen werden, lassen sich auf Grund der Entwicklung (11) gewinnen.

Es müssen verschiedene Gebiete der $z$-Ebene nacheinander untersucht werden. Es sei $z=x+iy=re^{i\varphi}$ gesetzt, wo $x, y, r, \varphi$ reell, $r\geqq 0$; falls $y>0$ ist, wird $0<\varphi<\pi$ angenommen; $x-iy=\bar{z}$.

I. *Für* $|y|\geqq 1$, $a\leqq A$ *ist*

$$\mathfrak{G}(z)=a^{-z}\,\Gamma(z)\left(1+\frac{\chi(z)}{z}\right)+a^{z}\,\Gamma(-z)\left(1-\frac{\chi(-z)}{z}\right) \tag{17}$$

*wobei der Betrag der Funktion* $\chi(z)=\chi(z;\,a)$ *unter einer nur von A abhängigen Schranke liegt.*

Es ist, gemäss (11),

$$\chi(z)=\frac{z\,a^{2}}{1-z}\left(1+\sum_{n=2}^{\infty}\frac{a^{2n-2}}{n!\,(2-z)(3-z)\ldots(n-z)}\right),$$

woraus die Behauptung ohne weiteres hervorgeht.

II. *Es seien $\varepsilon$ und A feste positive Zahlen. Es sei*

$$\frac{a^{z}\,\mathfrak{G}(z)}{\Gamma(z)}-1=\psi(z)=\psi(z;\,a) \tag{18}$$

*gesetzt. Dann gilt in der Halbebene* $x\geqq\varepsilon$

$$\lim_{|z|\to\infty}\psi(z)=0, \tag{19}$$

*und zwar gleichmässig in z und a, falls* $a\leqq A$ *ist.*

Es folgt aus der Stirlingschen Formel die Existenz einer Konstanten $C$, sodass für $y\geqq 1$, $x\geqq\varepsilon$, $r\geqq a\,e$

$$\left|a^{2z}\frac{\Gamma(-z)}{\Gamma(z)}\right|\leqq a^{2x}\,C r^{-2x}\,e^{-(\pi-2\varphi)\,y+2x}\leqq C\left(\frac{a\,e}{r}\right)^{2\varepsilon}. \tag{20}$$

In demjenigen Teil der Halbebene $x\geqq\varepsilon$, wo $y\geqq 1$ ist, folgt die Behauptung II unmittelbar aus (17), (18) und (20); sie folgt durch Symmetrie in dem Teil, wo $y\leqq -1$. Es bleibt der Halbstreifen

$$x\geqq\varepsilon,\qquad -1\leqq y\leqq 1$$

übrig. An dessen Rand strebt, nach dem schon bewiesenen Teil der Behauptung II, die Funktion (18) gegen Null für $z\to\infty$. Da die Funktion (18) ganz und von endlicher Ordnung ist, muss sie nach wohlbekannten allgemeinen Sätzen[1], gleichmässig in vollem Halbstreifen für $z \to \infty$ gegen Null streben; dies vervollständigt den Beweis der Behauptung II. Natürlich könnte man anstatt allgemeine Sätze heranzuziehen die Funktion (18) auch direkt mittels (11) an passenden, den Halbstreifen durchsetzenden Kurven, z. B. an den Geraden $x=k+\frac{1}{2}$, $k=0, 1, 2, 3, \ldots$ abschätzen. Wir gehen daran, im Falle $k=0$ für einen anderen Zweck eine solche Abschätzung durchzuführen, vgl. (22).

III. *Ist* $a \leqq \frac{1}{4}$, *so liegen keine Nullstellen von* $\mathfrak{G}(z;a)$ *ausserhalb des Streifens* $-\frac{1}{2}<x<\frac{1}{2}$.

Da $\mathfrak{G}(z)$ gerade ist, genügt es die Halbebene $x \geqq \frac{1}{2}$ zu betrachten. An der Geraden $x=\frac{1}{2}$ ist

$$z+\bar{z}=1, \qquad \bar{z}=1-z$$

und folglich ist, wegen der Symmetrie des Wertverlaufs inbezug auf die reelle Achse,

$$|\Gamma(1-z)|=|\Gamma(z)|,$$

woraus

$$\left|\frac{\Gamma(-z)}{\Gamma(z)}\right|=\left|\frac{\Gamma(1-z)}{-z\,\Gamma(z)}\right|=\frac{1}{|z|}\leqq 2 \qquad \left(x=\frac{1}{2}\right) \tag{21}$$

folgt. Wird (21) benutzt, so ergibt sich aus (11), dass auf der Geraden $x=\frac{1}{2}$

$$|\psi(z)|=\left|\frac{a^{z}\,\mathfrak{G}(z)}{\Gamma(z)}-1\right|= \tag{22}$$

$$=\left|\sum_{n=1}^{\infty}\frac{a^{2n}}{n!\,(1-z)\ldots(n-z)}+\frac{a^{2z}\,\Gamma(-z)}{\Gamma(z)}\left(1+\sum_{n=1}^{\infty}\frac{a^{2n}}{n!\,(1+z)\ldots(n+z)}\right)\right|$$

$$\leqq \sum_{n=1}^{\infty}\frac{a^{2n}}{n!\,\frac{1}{2}\cdot\frac{3}{2}\cdots\frac{2n-1}{2}}+a\cdot 2\left(1+\sum_{n=1}^{\infty}\frac{a^{2n}}{n!\,\frac{3}{2}\cdot\frac{5}{2}\cdots\frac{2n+1}{2}}\right)$$

$$=\sum_{n=1}^{\infty}\frac{(2a)^{2n}}{2n!}+\sum_{n=0}^{\infty}\frac{(2a)^{2n+1}}{(2n+1)!}=e^{2a}-1.$$

---

[1] Vgl. etwa G. Pólya u. G. Szegö, Aufgaben und Lehrsätze aus der Analysis (Berlin 1925) Bd. 1, Aufgaben III 333, III 339.

Es folgt aus (22), dass

$$(23) \qquad |\psi(z)| = |\psi(z;\, a)| < 1 \qquad \text{für } x = \frac{1}{2},\ a \leqq \frac{1}{4}.$$

Es folgt aus II die Existenz einer Zahl $R$, so dass

$$(24) \qquad |\psi(z)| = |\psi(z;\, a)| < 1 \qquad \text{für } x \geqq \frac{1}{2},\ r \geqq R,\ a \leqq \frac{1}{4}.$$

Es gilt ferner $|\psi(z)| < 1$ auch im Kreissegment $x \geqq \frac{1}{2}$, $r \leqq R$, da doch die fragliche Ungleichung, gemäss (23), (24), am Rande des Kreissegementes erfüllt ist. Also gilt $|\psi(z)| < 1$ in der vollen Halbebene $x \geqq \frac{1}{2}$; somit kann $\mathfrak{G}(z)$, vgl. (18), in dieser Halbebene nicht verschwinden.

Es ist gut für das folgende eine bestimmte Einteilung der Ebene vor Augen zu haben (vgl. die Figur): der Streifen $-1 \leqq x \leqq 1$ sei mit $S$ bezeichnet. Der Teil der Ebene, wo zugleich $r \leqq R$ und $|x| > 1$ gilt, sei mit $T$ bezeichnet. Der übrigbleibende ins Unendliche reichende Teil mit $U$. Wir wählen die Zahl $R = R(A)$ nach Vorgabe einer bestimmten positiven Zahl $A$ so, dass in und am Rande von $U$ die Ungleichung $|\psi(z)| < 1$ für $a \leqq A$ gilt; dies ist, gemäss II, möglich. Aus (18) folgt, dass $\mathfrak{G}(z)$ weder innerhalb $U$ noch am Rande von $U$ verschwindet.

3. Wir werden jetzt aus der Differenzengleichung (9) Folgerungen ziehen und sie mit jenen verbinden, die wir eben aus der Darstellung (11) gewonnen haben.

IV. *Es liegen keine Nullstellen von $\mathfrak{G}(z)$ auf den Geraden $x = 1$ und $x = -1$, d. h. auf dem Rande von $S$.*

Wir haben zweierlei zu berücksichtigen: Erstens die Differenzengleichung und die Symmetrie von $\mathfrak{G}(z)$, zweitens die Differenzengleichung und die asymptotischen Eigenschaften von $\mathfrak{G}(z)$.

Erstens: Die Funktion $\mathfrak{G}(z)$ ist gerade und nimmt reelle Werte für reelles $z$ an. Hieraus folgt: ist $y$ reell, so ist der Wert $\mathfrak{G}(iy)$ reell und die beiden Werte $\mathfrak{G}(1+iy)$ und $\mathfrak{G}(-1+iy)$ sind konjugiert komplex. Somit ergibt (9) für $z=iy$

$$y\,\mathfrak{G}(iy) = 2a\,\mathfrak{J}\,\mathfrak{G}(1+iy). \tag{25}$$

Zweitens: Es ist nicht möglich, dass $\mathfrak{G}(z)$ in zwei Punkten, deren Verbindungsstrecke der reellen Achse parallel liegt und von der Länge 1 ist, zugleich verschwindet. Denn wäre $\mathfrak{G}(c)=0$ und auch $\mathfrak{G}(c-1)=0$, so würde aus (9) $\mathfrak{G}(c+1)=0$ folgen, also auch $\mathfrak{G}(c+2)=0$, $\mathfrak{G}(c+3)=0, \ldots$, und so würde $\mathfrak{G}(z)$ Nullstellen im Gebiete $U$ haben (vgl. Figur); das ist jedoch nicht der Fall.

$\mathfrak{G}(z)$ ist für relles $z$ positiv, vgl. (7). Aus $\mathfrak{G}(1+iy)=0$ würde einerseits $y \neq 0$, andererseits $\mathfrak{J}\,\mathfrak{G}(1+iy)=0$, somit, gemäss (25), $\mathfrak{G}(iy)=0$ folgen. Das gleichzeitige Verschwinden von $\mathfrak{G}(1+iy)$ und $\mathfrak{G}(iy)$ ist jedoch ausgeschlossen, und foglich ist $\mathfrak{G}(1+iy)\neq 0$.

V. *Es liegen keine Nullstellen von $\mathfrak{G}(z)$ ausserhalb des Streifens S.*

Für $a \leqq \frac{1}{4}$ ist dies schon bewiesen, vgl. III. Es sei

$$\frac{1}{4} \leqq a \leqq A. \tag{26}$$

Im Gebiete $U$ (vgl. Figur) und an dessen Rand liegen, wie wir festgestellt haben, keine Nullstellen von $\mathfrak{G}(z)$. Nehmen wir IV hinzu, so sehen wir, dass auch am Rande von $T$ keine Nullstellen von $\mathfrak{G}(z)$ liegen. Variiert $z$ am Rande von $T$, und $a$ im abgeschlossenen Intervall (26), so ist $\mathfrak{G}(z;a)$ eine stetige, von Null verschiedene Funktion von $z$ und $a$. Also ist das Integral

$$\frac{1}{2\pi i}\int \frac{\mathfrak{G}'(z;a)\,dz}{\mathfrak{G}(z;a)}, \tag{27}$$

die um den Rand von $T$ in positivem Sinne erstreckt ist, eine stetige Funktion von $a$. Das Integral (27) stellt eine ganze Zahl, nämlich die Anzahl der Nullstellen von $\mathfrak{G}(z;a)$ innerhalb $T$ dar. Eine stetige Funktion, die nur ganzzahlige Werte annimmt, ist eine Konstante. Also ist das Integral (27) stets $=0$, da es $=0$ für $a=\frac{1}{4}$ ist, vgl. III.

VI. *Alle innerhalb des Streifens $S$ liegende Nullstellen von $\mathfrak{G}(z)$ sind einfach und rein imaginär.*

Es folgt aus (17) und der Stirlingschen Formel, dass im Streifen $-1 \leqq x \leqq 1$ **für $y \to +\infty$ gleichmässig in $x$**

$$\mathfrak{G}(x+iy) = \frac{1}{\sqrt{2\pi y}} e^{-\frac{\pi}{2}y + i\frac{\pi}{2}x} \left\{ \left(\frac{y}{a}\right)^{x} e^{i\Phi} + \left(\frac{y}{a}\right)^{-x} e^{-i\Phi} \right\} + O\left(e^{-\frac{\pi}{2}y} y^{|x|-3/2}\right) \tag{28}$$

**gilt; zur Abkürzung ist**

$$\Phi = y \log \frac{y}{a} - y - \frac{\pi}{4} \tag{29}$$

gesetzt. Eine abgeschwächte Form der Behauptung VI, worin anstelle aller Nullstellen »alle Nullstellen mit Ausnahme endlich vieler» auftreten, könnte man bloss aus (28), (29) beweisen. Der Beweis des vollen Resultates muss etwas mehr benutzen.

Man betrachtet denjenigen Zweig von $\log \mathfrak{G}(z)$, der für $z=1$ reell ausfällt; er ist, gemäss IV, entlang der Geraden $x=1$, unbeschränkt fortsetzbar. Man verfolge $\mathfrak{I} \log \mathfrak{G}(1+iy)$, wenn $y$ von $0$ zu $+\infty$ zunimmt und bezeichne den *kleinsten* positiven Wert von $y$, für welchen

$$\mathfrak{I} \log \mathfrak{G}(1+iy) = (2n+1)\frac{\pi}{2}$$

ausfällt, mit $y_n$ ($n=0, 1, 2, 3, \ldots$). In der geschweiften Klammer an der rechten Seite von (28) überwiegt für $x=1$ das Glied $a^{-x} y^x e^{i\Phi}$; man schliesst aus (29), dass

$$\mathfrak{I} \log \mathfrak{G}(1+iy) \to +\infty \qquad \text{für } y \to \infty.$$

**Daher existiert $y_n$, $n=0, 1, 2, 3, \ldots$.**

**Man bezeichne mit $R_n$ das Rechteck, dessen 4 Ecken**

$$1+iy_n, \quad -1+iy_n, \quad -1-iy_n, \quad 1-iy_n$$

**sind.** An den vertikalen Seiten von $R_n$ liegen, gemäss IV, keine Nullstellen von $\mathfrak{G}(z)$; dass auch an den horizontalen Seiten für genügend grosses $n$ keine liegen, wird bald gezeigt. Es bezeichne

$H_n$ die Änderung von $\mathfrak{I} \log \mathfrak{G}(z)$, wenn $z$ geradlinig von $1+iy_n$ nach $-1+iy_n$ wandert;

$N_n$ die Anzahl der rein imaginären Nullstellen von $\mathfrak{G}(z)$ innerhalb $R_n$, *ohne* Multiplizität gerechnet;

$N_n + N_n^*$ die Anzahl sämtlicher Nullstellen von $\mathfrak{G}(z)$ innerhalb $R_n$ *mit* Multiplizität gerechnet.

In $N_n^*$ ist die Anzahl der etwaigen nicht rein imaginären Nullstellen von $\mathfrak{G}(z)$ innerhalb $R_n$ inbegriffen. Ferner liefert jede in $R_n$ befindliche rein imaginäre Nullstelle von der Multiplizität $m$ den Beitrag $m-1$ zu $N_n^*$. $N_n$ und $N_n^*$ können mit wachsendem $n$ nicht abnehmen.

Die Gesamtänderung von $\mathfrak{I} \log \mathfrak{G}(z)$, wenn $z$ den Rand des Rechtecks $R_n$ in positivem Sinne einmal beschreibt, ist

$$2\pi(N_n + N_n^*) = 2H_n + (2n+1)2\pi \tag{30}$$

nach der Definition von $y_n$, $H_n$ und aus Symmetriegründen.

Nach Definition nimmt $\mathfrak{I} \log \mathfrak{G}(1+iy)$ für $y = y_{\nu-1}$ den Wert $\left(\nu - \frac{1}{2}\right)\pi$, für $y = y_\nu$ den Wert $\left(\nu + \frac{1}{2}\right)\pi$ an; es gibt also mindestens einen Wert $\eta$, $y_{\nu-1} < \eta < y_\nu$, so dass

$$\mathfrak{I} \log \mathfrak{G}(1+i\eta) = \nu\pi.$$

Hieraus folgt

$$\mathfrak{I}\, \mathfrak{G}(1+i\eta) = 0$$

und, gemäss (25),

$$\mathfrak{G}(i\eta) = 0.$$

Mit $i\eta$ ist auch $-i\eta$ Nullstelle von $\mathfrak{G}(z)$, und so haben wir, $\nu = 1, 2, 3, \ldots n$ gesetzt, die Existenz von mindestens $2n$ verschiedenen reinimaginären Nullstellen im Rechteck $R_n$ erschlossen; d. h. es ist

$$N_n \geqq 2n. \tag{31}$$

(30) und (31) ergeben

$$2\pi N_n^* \leqq 2H_n + 2\pi. \tag{32}$$

Man bezeichne mit $\Phi_n$ den Wert, den (29) für $y = y_n$ annimmt. Da, wie gesagt, für $x = 1$ das erste Glied der geschweiften Klammer von (28) dominiert, ist

$$\mathfrak{I} \log \mathfrak{G}(1 + iy_n) = (2n+1)\frac{\pi}{2} \equiv \Phi_n + \frac{\pi}{2} + \varepsilon_n \pmod{2\pi},$$

wo

$$\lim_{n \to \infty} \varepsilon_n = 0.$$

Da $\Phi_n \equiv n\pi - \varepsilon_n$, ist für $y = y_n$ bei grossem $n$ der Wert von $e^{i\Phi_n}$ nahezu $(-1)^n$, und die geschweifte Klammer in (28) nahezu reell. Hieraus folgt zweierlei. 1) Es überwiegt rechts in (28) für $y = y_n$ das Hauptglied das $O$-Glied auf der *ganzen* Strecke $-1 \leqq x \leqq 1$, so dass $\mathfrak{G}(z)$ an den horizontalen Seiten des Rechtecks $R_n$ nicht verschwindet, wie schon früher behauptet wurde. 2) Für die Änderung von arc $\mathfrak{G}(z)$ entlang dieser Seite wird in Formel (28) der Faktor $e^{i\pi x/2}$ massgebend, oder genauer, es ist für beliebiges positives $\varepsilon$

$$H_n < -\pi + \varepsilon, \tag{33}$$

wenn $n$ genügend gross ist. (32) und (33) ergeben

$$2\pi N_n^* < 2\varepsilon.$$

Somit ist $N_n^*$, als nichtnegative ganze Zahl, $=0$ für genügend grosses $n$, folglich stets $=0$, da $N_n^*$ mit wachsendem $n$ nie abnimmt; und VI ist bewiesen.

IV, V, VI ergeben eine lückenlose Einteilung der Ebene und zeigen, dass $\mathfrak{G}(z)$ *nur rein imaginäre einfache Nullstellen* besitzt. Die Betrachtung ergibt nebenbei, dass die Anzahl der Nullstellen, deren Ordinaten zwischen 0 und $y$ liegen

$$\frac{y}{\pi}\log\frac{y}{a} - \frac{y}{\pi} + O(1)$$

ist.

4. Um auf alle in der Einleitung erwähnten Behauptungen zurückkommen zu können, benötige ich zwei einfache Hilfssätze von allgemeinem Charakter.

**Hilfssatz I.** *Es sei die Funktion $F(u)$ analytisch und reellwertig für sämtliche nichtnegative reelle Werte von $u$. Ferner soll*

$$\lim_{u\to\infty} u^2 F^{(n)}(u) = 0 \tag{34}$$

*für $n = 0, 1, 2, \ldots$ gelten ($F^{(0)}(u) = F(u)$). Wenn $F(u)$ keine gerade Funktion ist, ist die Funktion*

$$G(x) = \int_0^\infty F(u)\cos xu\, du \tag{35}$$

*für hinreichend grosse reelle Werte $x$ von Null verschieden.*

Ist $F(u)$ keine gerade Funktion, so gilt für eine passende ganze Zahl $q$

$$F'(0) = F'''(0) = \cdots = F^{(2q-3)}(0) = 0, \qquad F^{(2q-1)}(0) \neq 0.$$

Man erhält mit Rücksicht auf (34) durch wiederholte partielle Integration

$$G(x) = (-1)^q \frac{F^{(2q-1)}(0)}{x^{2q}} + \frac{(-1)^{q+1}}{x^{2q+1}} \int_0^\infty F^{(2q+1)}(u) \sin xu \, du.$$

Hieraus folgt, wieder mit Rücksicht auf (34),

$$\lim_{x \to \infty} x^{2q} G(x) = (-1)^q F^{(2q-1)}(0) \neq 0,$$

also die Behauptung.

Versteht man unter $F(u)$ die rechte Seite von (4) oder setzt man allgemeiner irgendwelche endliche Anzahl Glieder der Reihe (3) für $F(u)$ in (33) ein, so erhält man eine ganze Funktion $G(x)$, von der auf Grund der Hadamardschen Theorie leicht nachzuweisen ist, dass sie unendlich viele Nullstellen hat. Von diesen Nullstellen sind aber, gemäss Hilfssatz I, nur endlich viele reell, da die gewählte Funktion $F(u)$ offenbar nicht gerade ist. — Die in der Integraldarstellung (2) der $\xi$-Funktion auftretende Funktion $\Phi(u)$ muss, gemäss Hilfssatz I, gerade sein, was man natürlich auch direkt bestätigen kann.

**Hilfssatz** II. *Es sei $a$ eine positive Konstante und $G(z)$ eine ganze Funktion vom Geschlecht* 0 *oder* 1, *die für reelles $z$ reelle Werte annimmt, keine imaginären Nullstellen und mindestens eine reelle Nullstelle hat. Dann hat auch die Funktion*

(36) $$G(z - ia) + G(z + ia)$$

*nur reelle Nullstellen*[1].

Die Voraussetzung betreffend $G(z)$ besagt, dass

$$G(z) = c z^q e^{\alpha z} \Pi \left(1 - \frac{z}{\alpha_n}\right) e^{\frac{z}{\alpha_n}}$$

ist, wo $c, \alpha, \alpha_1, \alpha_2, \ldots$ reelle Konstanten sind, $\alpha_n \neq 0$ für $n = 1, 2, \ldots, \alpha_1^{-2} + \alpha_2^{-2} + \ldots$ konvergent und $q$ eine nichtnegative ganze Zahl ist. (Wenn $G(z)$ keine Nullstelten hat, d. h. sich auf $ce^{\alpha z}$ reduziert, kann (36) identisch verschwinden.) Ist $z = x + iy$ eine Nullstelle der Funktion (36), so ist

$$|G(z - ia)| = |G(z + ia)|,$$

[1] Das Entsprechende für Polynome ist Specialfall eines von CH. BIEHLER herrührenden Satzes. (Vgl. z. B. G. PÓLYA u. G. SZEGÖ a. a. O., Aufgabe III 25.)

also

$$1 = \left| \frac{G(z - ia)}{G(z + ia)} \right|^2 = \left( \frac{x^2 + (y-a)^2}{x^2 + (y+a)^2} \right)^q \Pi \frac{(x - \alpha_n)^2 + (y-a)^2}{(x - \alpha_n)^2 + (y+a)^2}.$$

Ist $y > 0$, so sind alle Faktoren rechts $< 1$, ist $y < 0$, so sind alle Faktoren rechts $> 1$. Somit muss, da doch mindestens ein Faktor vorhanden sein soll, $y = 0$ sein.

Dass $\mathfrak{G}\left(\frac{1}{2} iz\right)$ nur reelle Nullstellen hat, ist vorher bewiesen worden. Dass $\mathfrak{G}\left(\frac{1}{2} iz\right)$ auch inbezug auf das Geschlecht der Voraussetzung des Hilfssatzes II genügt, ist leicht aus der Hadamardschen Theorie zu folgern. Wendet man Hilfssatz II auf $G(z) = \mathfrak{G}\left(\frac{1}{2} iz; \pi\right)$ und $a = \frac{9}{2}$ an, so ergibt sich, gemäss (8), die Realität sämtlicher Nullstellen von $\xi^*(z)$.

Man findet übrigens auf Grund von (8), (17), (19), dass in der Halbebene $y \geqq \varepsilon$ ($\varepsilon$ fest, $\varepsilon > 0$) für $z \to \infty$

$$\xi^*(iz) \backsim \frac{1}{2} z^2 \pi^{-\frac{z}{2} - \frac{1}{4}} \Gamma\left(\frac{z}{2} + \frac{1}{4}\right).$$

Diese Formel ist mit (1) zu vergleichen.[1]

[1] Anmerkung bei der Korrektur (5. 2. 26). Mittels einer passenden Erweiterung des Hilfssatzes II kann man noch zeigen, dass die Funktion

$$\xi^{**}(z) = 4\pi \int_0^\infty \left[ 2\pi \left( e^{\frac{9u}{2}} + e^{-\frac{9u}{2}} \right) - 3 \left( e^{\frac{5u}{2}} + e^{-\frac{5u}{2}} \right) \right] e^{-\pi(e^{2u} + e^{-2u})} \cos zu \, du,$$

die sich der wahren ξ-Funktion noch etwas »besser anschliesst», ebenfalls nur reelle Nullstellen besitzt.

# SOPRA UNA EQUAZIONE TRASCENDENTE TRATTATA DA EULERO

In una piccola Memoria ([1]) poco nota ma molto interessante, EULERO si occupa dell' equazione

$$1 - \frac{z^2}{\alpha(\alpha+1)} + \frac{z^4}{\alpha(\alpha+1)(\alpha+2)(\alpha+3)} - \frac{z^6}{\alpha(\alpha+1)\dots(\alpha+5)} + \dots = 0;$$

$\alpha$ è un parametro positivo; il primo membro è, nella odierna terminologia, una funzione trascendente intera di $z$ che indicheremo con $F_\alpha(z)$. Si ha

$$F_1(z) = \cos z, \qquad F_2(z) = \frac{\operatorname{sen} z}{z},$$

$$F_3(z) = -\frac{2}{z^2}(\cos z - 1), \quad F_4(z) = -\frac{6}{z^3}(\operatorname{sen} z - z).$$

EULERO osserva che $F_\alpha(z)$ ha, per $\alpha = 1$ ed $\alpha = 2$, soltanto radici reali e semplici, per $\alpha = 3$ sole radici doppie e per $\alpha = 4$ non ha radici reali. Egli ne intuisce, con mirabile divinazione, *che* $F_\alpha(z)$ *ha sole radici reali per* $0 < \alpha \leq 3$, *mentre non ha radici reali per* $\alpha > 3$.

Egli non cerca di dimostrare questa asserzione. Egli calcola approssimativamente le minime radici positive di $F_\alpha(z)$ per $\alpha = \frac{1}{2}, \frac{1}{3}, \frac{1}{4}$ ([2]) e le quattro radici imaginarie (giacenti simmetricamente) di $F_4(z)$.

La risoluzione dell' asserzione enunciata da EULERO si stacca anche dal quadro usuale delle ricerche d' oggigiorno, ed è una fortunata combinazione che la risoluzione stessa si possa condurre a termine senza ricorrere a complicati sviluppi ([3]).

([1]) Nova Acta Petropolitana, T. 9 (1791), pag. 19-40; N. 684 dell' indice di ENESTRÖM; sarà pubblicato nel T. XVI delle « Opera omnia ».

([2]) Onde rintracciare qualche eventuale dipendenza con $\pi$.

([3]) Senza conoscere la memoria di EULERO, ho qualche tempo fa discusso la realtà delle radici di $F_\alpha(z)$ per $\alpha \geq 1$. Cfr. Math. Zeitschrift, T. 2, (1918), pag. 352-383. in particolare pag. 379. La presente discussione è diversa da quella, sebbene con essa in relazione.

For comments on this paper[94], see p. 426.

In ciò che segue, voglio confermare l'asserzione di EULERO circa alla realtà delle radici di $F_\alpha(z)$.

**1. Dalla serie infinita che definisce $F_\alpha(z)$, si possono verificare senza difficoltà le seguenti formule:**

$$(1) \qquad (1 - F_\alpha(z))\,\alpha(\alpha+1) = z^2 F_{\alpha+2}(z),$$

$$(2) \qquad zF'_\alpha(z) + (\alpha - 1)F_\alpha(z) = (\alpha - 1)F_{\alpha-1}(z),$$

$$(3) \qquad F_\alpha(z) = (\alpha - 1)\int_0^1 (1 - t)^{\alpha-2}\cos zt\,dt \qquad (\alpha > 1),$$

$$(4) \qquad zF_\alpha(z) = (\alpha - 1)(\alpha - 2)\int_0^1 (1 - t)^{\alpha-3}\operatorname{sen} zt\,dt \qquad (\alpha > 2).$$

**2. Quando $x$ è reale, $x \neq 0$ e $\alpha > 1$, segue da (3)**

$$|F_\alpha(x)| < (\alpha - 1)\int_0^1 (1 - t)^{\alpha-2}\,dt = 1,$$

cioè

$$1 - F_\alpha(x) > 0$$

e quindi, in forza di (1),

$$F_{\alpha+2}(x) > 0.$$

Poichè $F_{\alpha+2}(0) = 1$, così $F_{\alpha+2}(x)$ ha per ogni $\alpha > 1$ e per ogni valore reale di $x$ un valore positivo, ciò che era da dimostrare per prima cosa ([4]).

**3.** Rimane da considerare il caso alquanto più difficile $0 < \alpha < 3$. Mi giovo all'uopo della seguente proposizione, ch'io ritengo nuova.

Lemma I. *La funzione* f(t) *sia definita per* $-1 \leq t < 1$, *non mai negativa nè decrescente, ed il suo integrale sia, nell'intervallo*

([4]) $F_{2m}(z)$, $m$ intero positivo, è il termine complementare della serie di MACLAURIN per sen $z$, divisa per un monomio, e $F2m - 1(z)$ ha la stessa relazione con cos $z$. Con ciò, quanto si è dimostrato si riduce, *per $\alpha$ intero*, a proprietà note degli sviluppi in serie di cos $z$ e sen $z$. Cfr. p. es. G. PÓLYA e G. SZEGÖ, *Aufgaben und Lehrsätze aus der Analysis*, (Berlin 1925), Aufgabe I, 142.

$-1 < t < 1$, *finito e diverso da zero; precisamente*

$$f(t) \geq 0, \quad (f(t') - f(t))(t' - t) \geq 0, \quad \int_{-1}^{+1} f(t)dt > 0.$$

*La funzione* $\varphi(t)$ *sia reale e a derivata continua per* $-1 \leq t \leq 1$. *Infine, gli zeri del polinomio* $P(z)$ *siano nel semipiano sinistro chiuso (cioè nel campo ove è* $\Re(z) \leq 0$). *Sotto queste condizioni, gli zeri del polinomio*

$$(5) \qquad P^*(z) = \int_{-1}^{1} f(t) \frac{d}{dt}\left[e^{i\varphi(t)} P(z+t)\right] dt$$

*sono parimente nel semipiano sinistro chiuso.*

Data una funzione $f(t)$ soddisfacente alle condizioni enunciate e dato un numero positivo $\varepsilon$, vi è, come è facile riconoscere, una funzione positiva costantemente crescente e a derivata continua $f^*(c)$, così fatta che i coefficienti di $P^*(z)$ si mutino per meno di $\varepsilon$ quando, nell' integrale (5), $f(t)$ viene sostituito con $f^*(t)$. Con ciò, basta dare la dimostrazione nell' ipotesi più restrittiva, che $f(t)$ sia definita per $-1 \leq t \leq 1$ e con derivata continua, ed inoltre tale che sia

$$(6) \qquad f(-1) \geq 0, \quad f'(t) > 0.$$

Sia

$$P(z) = A(z - a)(z - a_1)(z - a_2) \dots (z - a_{n-1}).$$

Si ponga, con $x$, $y$, $\alpha$, $\beta$ reali:

$$z = x + iy, \qquad a = -\alpha + i\beta,$$
$$(7) \qquad x > 0, \qquad \alpha \geq 0,$$
$$(8) \qquad -1 \leq t < 1.$$

Si ha allora

$$-x - 1 - \alpha < x + t + \alpha < x + 1 + \alpha,$$

onde

$$(x + t + \alpha)^2 + (y - \beta)^2 < (x + 1 + \alpha)^2 + (y - \beta)^2,$$

cioè

$$|z + t - a| < |z + 1 - a|.$$

Trattando nel medesimo modo i rimanenti $n-1$ fattori lineari di $P(z)$, si ottiene, sotto le ipotesi (7) e (8)

$$(9) \qquad |P(z+t)| < |P(z+1)|.$$

Ma si ha da (5), mediante integrazione per parti:

$$P^*(z) = f(1)e^{i\varphi(1)}P(z+1) - f(-1)e^{i\varphi(-1)}P(z-1) - \int_{-1}^{+1} f'(t)e^{i\varphi(t)}P(z+t)\, dt,$$

onde, presupposte le (7), da (6) e (9):

$$P^*(z) \geq f(1) \mid P(z+1) \mid - f(-1) \mid P(z-1) - \int_{-1}^{1} f'(t) \mid P(z+t) \mid dt$$

$$> f(1) \mid P(z+1) \mid - f(-1) \mid P(z+1) \mid - \int_{-1}^{1} f'(t) \mid P(z+1) \mid dt = 0.$$

In conclusione è $| P^*(x+iy) | > 0$ se è $x > 0$, c. d. d.

**4.** Mi occorrono ancora alcune proposizioni ausiliari, le quali però sono ben note ([5]).

Lemma II. *Se i coefficienti del polinomio* P(z) *sono reali e le sue radici hanno la parte reale negativa, le radici del polinomio*

$$P(iz) - P(-iz)$$

*sono reali.*

Lemma III. *Se il polinomio* P(z) *ha sole radici reali e* $\beta$ *è positivo, anche il polinomio*

$$zP'(z) + \beta P(z)$$

*ha sole radici reali.*

Lemma IV. *Se i polinomî* $P_1(z)$, $P_2(z)$, $P_3(z)$, ... *hanno sole radici reali e convergono in tutto il piano ad una funzione* G(z), *e precisamente vi convergono uniformemente in ogni dominio chiuso, allora* G(z) *è una funzione intera senza radici immaginarie.*

**5.** Sia $2 < \alpha < 3$. Si ponga, nel Lemma I:

$$P(z) = \frac{z^{n+1}}{n+1}, \quad \varphi(t) = 0, \quad f(t) = \begin{cases} 0 \text{ per } - \leq t < 0, \\ (1-t)^{\alpha-3} \text{ per } 0 \leq t < 1. \end{cases}$$

Ne segue che tutti gli zeri del polinomio

$$\int_0^1 (1-t)^{\alpha-3}(z+t)^n dt$$

giaciono nel semipiano sinistro chiuso. Ivi pure giaciono gli zeri del polinomio

$$\int_0^1 (1-t)^{\alpha-3}\left(1+\frac{zt}{n}\right)^n dt,$$

poichè la rappresentazione $z' = \frac{n}{z}$ porta questo semipiano in sè

([5]) Cfr. p. es. PÓLYA e SZEGÖ, loc. cit. ([4]), Aufgaben, III 25, V 66, III 203.

stesso. Ne segue, dal Lemma II, che il polinomio

$$\frac{(\alpha-1)(\alpha-2)}{z}\int_0^1 (1-t)^{\alpha-3}\frac{1}{2i}\left[\left(1+\frac{izt}{n}\right)^n-\left(1-\frac{izt}{n}\right)^n\right]dt=Q_n(z)$$

ha sole radici reali. Lo stesso, per il Lemma III, vale per i polinomî

$$\frac{z}{\alpha-1}\frac{dQ_n(z)}{dz}+Q_n(z)=Q_n^*(z),$$

$$\frac{z}{\alpha-2}\frac{dQ_n^*(z)}{dz}+Q_n^*(z)=Q_n^{**}(z);$$

si osservi che è $\alpha-2>0$. Se $n$ tende ad $\infty$, i polinomî $Q_n(z)$, $Q_n^*(z)$, $Q_n^{**}(z)$ tendono rispettivamente ad $F_\alpha(z)$, $F_{\alpha-1}(z)$, $F_{\alpha-2}(z)$; si tengano presenti (4) e (2). Con ciò abbiamo, in base al Lemma IV, che $F_\alpha(z)$, $F_{\alpha-1}(z)$, $F_{\alpha-2}(z)$ non hanno zeri immaginari quando è $2<\alpha<3$; c. d. d.

6. Se nelle precedenti considerazioni viene soltanto $P(z)$ specializzato nel modo detto, mentre $f(t)$ e $\varphi(t)$ rimangono generali e sottoposte soltanto alle condizioni del Lemma I, si ha il teorema che la funzione intera

$$\int_{-1}^{1} f(t)\frac{d}{dt}[\cos(zt+\varphi(t))]dt$$

*ha sole radici reali* ([6]). Il Lemma I medesimo si può ottenere, con passaggio al limite, dal seguente teorema puramente algebrico:

*Se le radici del polinomio* P(z) *giaciono nel semipiano sinistro chiuso* (dove $\Re(z)\leq 0$), *lo stesso vale per il polinomio*

$$a_0P(z-n)+\dots+a_\nu P(z-n+2\nu)+\dots+a_nP(z+n),$$

*quando si supponga che gli zeri del polinomio*

$$a_0+\dots+a_\nu z^\nu+\dots+a_nz^n$$

*sono tutti entro il cerchio unità chiuso* (cioè $|z|\leq 1$).

Io spero, in altra occasione, di potere trattare più ampiamente di questa dipendenza.

([6]) Cfr. loc. cit. ([3]).

ANALYSE MATHÉMATIQUE. — *Sur les opérations fonctionnelles lineaires échangeables avec la dérivation et sur les zéros des polynomes.* Note (¹) de **M. G. Polya.**

I. Le champ fonctionnel envisagé est l'ensemble des polynomes. Nous considérons une opération fonctionnelle **L** déterminée par la donnée d'une suite infinie de constantes $l_0, l_1, \ldots, l_n, \ldots$ et transformant un polynome quelconque $f(z)$ en

$$\mathbf{L}f(z) = l_0 f(z) + l_1 f'(z) + l_2 f''(z) + \ldots.$$

En introduisant **D**, symbole de la dérivation et la série

$$L(x) = l_0 + l_1 x + l_2 x^2 + \ldots$$

(qui peut être divergente), on peut aussi écrire

$$\mathbf{L}f(z) = L(\mathbf{D}) f(z).$$

Problème. — *Déterminer la transformation* **L** *la plus générale qui conserve un domaine convexe donné* K *en ce sens que toutes les racines de* $\mathbf{L}f(z)$ *se trouvent en* K *si toutes les racines de* $f(z)$ *y sont situées.*

Si K est fini, toutes les constantes $l_0, l_1, l_2, \ldots$ s'annulent, sauf une.

Si K est infini, supposons qu'il contient l'origine. (S'il ne la contient pas, on lui fait subir un déplacement parallèle préalable.) L'ensemble des demi-droites issues de l'origine et contenues dans K couvre un domaine A. A est soit une demi-droite, soit une droite, soit un angle d'ouverture $\leq \pi$, selon les cas. La condition nécessaire et suffisante cherchée peut être exprimée de trois manières différentes :

I. Les racines de $\mathbf{L}z^n$ sont contenues dans A, $n = 1, 2, 3, \ldots$.

II. La série $L(x)$ converge partout et représente soit un polynome dont toutes les racines sont contenues dans $\overline{A}$, symétrique de A par rapport à l'axe réel, soit une fonction entière limite de polynomes de cette espèce.

III. Enfin, on peut exprimer la condition en question en donnant la décomposition de $L(x)$ en facteurs. Par exemple, si K est le demi-plan

(¹) Séance du 9 août 1926.

For comments on this paper[95], see p. 427.

inférieur où $Iz$ (partie imaginaire de $z$) est $\leqq 0$, nous obtenons

$$L(x) = l e^{-\gamma x^2 + \beta x} x^q \prod \left(1 - \frac{x}{\alpha_n}\right) e^{\frac{x}{\alpha_n}},$$

le produit étant fini ou absolument convergent, $I\alpha_n \geqq 0$, $\Sigma I \frac{1}{\alpha_n}$ convergente et $\geqq -I\beta$, $\gamma$ réel et $\geqq 0$.

2. La classe des fonctions entières rencontrées au problème précédent est intéressante à plusieurs titres.

Si une suite de polynomes converge uniformément dans un cercle entourant l'origine, vers une fonction limite qui ne s'annule pas identiquement, et si les racines des polynomes sont contenues dans un angle dont le sommet est l'origine et l'ouverture $\leqq \pi$, la suite convergera partout et la fonction limite sera de la classe envisagée et en particulier de l'ordre $\leqq 2$. Mais si l'ouverture de l'angle surpasse $\pi$, rien d'analogue ne se produit : la suite peut diverger dans une partie du plan et, si par hasard elle converge partout, la fonction limite peut être d'ordre infini.

La classe de fonctions envisagée intervient dans une foule d'autres problèmes analogues au précédent (1).

---

(1) Voir aussi G. Pólya et I. Schur, *Journal f. d. reine u. angew. Math.*, 144, 1914, p. 89-113.

(Extrait des *Comptes rendus des séances de l'Académie des Sciences*, t. 183, p. 413, séance du 17 août 1926.)

ANALYSE MATHÉMATIQUE. — *Sur les opérations fonctionnelles linéaires échangeables avec la dérivation et sur les zéros des sommes d'exponentielles.* Note (¹) de M. G. Pólya.

1. Le champ fonctionnel est constitué par l'ensemble des sommes d'exponentielles de la forme

$$a_0 e^{\lambda_0 z} + a_1 e^{\lambda_1 z} + \ldots + a_n e^{\lambda_n z} = f(z); \tag{1}$$

$n$ est un entier, $a_0, a_1, \ldots, a_n$ sont réels, $\lambda_0, \lambda_1, \ldots, \lambda_n$ sont réels et appartiennent à un intervalle donné I. Tous ces nombres sont arbitraires, à part les conditions énoncées. Nous considérons une opération fonctionnelle **L** qui est déterminée par la donnée d'une fonction $L(x)$, analytique et à valeurs réelles en I, et qui transforme la somme d'exponentielles $f(z)$ en

$$\mathbf{L}f(z) = L(D)f(z) = L(\lambda_0)a_0 e^{\lambda_0 z} + L(\lambda_1)a_1 e^{\lambda_1 z} + \ldots + L(\lambda_n)a_n e^{\lambda_n z}.$$

Problème I. — *Déterminer la transformation* **L** *la plus générale qui conserve les racines réelles des sommes d'exponentielles* (1) *en ce sens que* $\mathbf{L}f(z)$ *n'a pas moins de racines réelles que* $f(z)$.

$L(x)$ est soit un polynome à racines toutes réelles, soit une fonction entière limite de polynomes de cette nature et $L(x)$ n'a pas de racine dans l'intervalle I.

Problème II. — *Déterminer la transformation* **L** *la plus générale conservant les sommes d'exponentielles de signe constant, c'est-à-dire ayant la propriété que* $\mathbf{L}f(z)$ *n'a pas de racine réelle d'ordre impair si* $f(z)$ *n'en a pas.*

$L(x)$ [ou $-L(x)$] est soit une somme d'exponentielles à coefficients $a_\nu$ positifs, soit une limite de sommes de cette nature dans l'intervalle I. En d'autres termes

$$L(x) = \int_{-\infty}^{+\infty} e^{xu}\, d\Phi(u) \tag{2}$$

et $x$ se trouve dans I, $\Phi(u)$ étant monotone.

Problème III. — *Déterminer la transformation* **L** *la plus générale telle que*

(¹) Séance du 9 août 1926.

For comments on this paper[96], see p. 427.

*la plus grande racine réelle d'ordre impair de* $\mathbf{L}f(z)$ *ne soit pas supérieure à la racine analogue de* $f(z)$.

$L(x)$ [ou $-L(x)$] est soit une somme d'exponentielles à coefficients $a_\nu$ et exposants $\lambda_\nu$ positifs, soit limite de sommes de cette nature dans l'intervalle I. En d'autres termes, (2) est valable avec la restriction additionnelle que $\Phi(u)$ est constante pour $u < 0$.

2. On peut résoudre encore d'autres problèmes analogues, modifier le champ fonctionnel et trouver des cas particuliers curieux. Je mentionne le suivant :

*Si le polynome*

$$a_0 + \frac{a_1}{1!}z + \frac{a_2}{2!}z^2 + \frac{a_3}{3!}z^3 + \ldots$$

*n'a que des racines réelles négatives, le polynome*

$$a_k + \frac{a_{k+l}}{1!}z + \frac{a_{k+2l}}{2!}z^2 + \frac{a_{k+3l}}{3!}z^3 + \ldots$$

*aura la même propriété* ($k \geqq 0$, $l \geqq 1$).

Ce théorème est le *meilleur* de son espèce, c'est-à-dire qu'on peut en déduire tous les autres de nature analogue, par exemple le suivant :

*Si le polynome*

$$a_0 + a_1 z + a_2 z^2 + a_3 z^3 + \ldots$$

*n'a que des racines réelles négatives, le polynome*

$$a_k + a_{k+l} z + a_{k+2l} z^2 + a_{k+3l} z^3 + \ldots$$

*aura la même propriété* ($0 \leqq k < l$).

Les deux théorèmes s'étendent aux fonctions entières qui sont limites de polynomes à racines toutes négatives. Ainsi, en appliquant le second théorème à la série exponentielle, on obtient que la fonction entière

$$\sum_{0}^{\infty} \frac{x^n}{\Gamma(1 + k + nl)} \qquad (-1 < k < l,\ l \geqq 2)$$

n'a que des zéros réels, pourvu que $k$, $l$ soient des entiers.

Dans certains exemples, la dernière restriction s'est montrée superflue.

(Extrait des *Comptes rendus des séances de l'Académie des Sciences* t. 183, p. 467, séance du 30 août 1926.)

# Über trigonometrische Integrale mit nur reellen Nullstellen.

Von *G. Pólya* in Zürich.

Es werden im folgenden trigonometrische Integrale von der Form

$$(1) \qquad \int_{-\infty}^{+\infty} F(t) e^{izt} dt$$

betrachtet. Von der für reelle Werte von $t$ definierten Funktion $F(t)$ wird ständig vorausgesetzt, daß sie in jedem endlichen Intervall eigentlich integrabel ist, daß sie in Punkten, die zum Nullpunkt symmetrisch liegen, konjugiert komplexe Werte annimmt,

$$(2) \qquad F(-t) = \overline{F(t)},$$

und schließlich, daß es zwei positive Konstanten $A$ und $\alpha$ gibt, so beschaffen, daß für alle reellen Werte von $t$

$$(3) \qquad |F(t)| < A e^{-|t|^{2+\alpha}}$$

gilt. Gemäß (3) stellt das Integral (1) eine ganze Funktion von $z$ dar, die gemäß (2) für reelles $z$ reelle Werte annimmt. Unter welchen Bedingungen kann man behaupten, daß die durch (1) dargestellte ganze Funktion nur reelle Nullstellen hat? Zu dieser Frage soll die vorliegende Arbeit einen Beitrag liefern.

Auf den ersten Anblick scheint diese Fragestellung ziemlich willkürlich und künstlich zu sein. Anlaß dazu gab der Umstand, daß *Riemann* die von ihm in die Primzahltheorie eingeführte $\xi$-Funktion durch ein Integral von der Form (1) dargestellt hat [1]). Die Fragestellung selbst ist in einer Abhandlung von *Jensen* erwähnt [2]); die von ihm in Aussicht gestellten weiteren Publikationen, die nähere Ausführungen hätten enthalten sollen, sind ausgeblieben.

Nach Behandlung einiger Beispiele [3]) ist es mir gelungen, einen Teil der Frage-

[1]) *B. Riemann*, Werke (1876), S. 138.

[2]) *J. L. W. V. Jensen*, Acta Mathematica, **36** (1912), 181—195.

[3]) *G. Pólya*, a) Mathematische Zeitschrift, **2** (1918), 352—383. b) The Messenger of Mathematics, **52** (1923), 185—188. c) Acta Mathematica, **48** (1926), 305—317. d) Bolletino dell' Unione Matematica Italiana **5** (1926), 64—68. e) The Journal of The London Mathematical Society, **1** (1926), 98—99. Vgl. ferner *S. Kakeya*, Proc. of The Physico-Math. Society of Japan, (3) **2** (1920), No. 7, und für eine verwandte Frage *F. Bernstein*, Mathematische Annalen, **79** (1919), 265—268.

For comments on this paper[101], see p. 427.

stellung zu isolieren, der einer abgerundeten Lösung fähig ist. Es handelt sich dabei *um universell anwendbare Faktoren, die die Realität der Nullstellen erhalten.* Genauer wird dieser Begriff durch den folgenden Satz umschrieben:

I. *Die Funktion $\varphi(t)$ sei analytisch für alle reellen Werte von $t$ und von folgender Beschaffenheit: Wenn das Integral*

$$\int_{-\infty}^{+\infty} F(t) e^{izt} dt \tag{1}$$

***nur reelle Nullstellen hat, so hat (wie auch $F(t)$ sonst beschaffen sei) das Integral***

$$\int_{-\infty}^{+\infty} \varphi(t) F(t) e^{izt} dt$$

*ebenfalls nur reelle Nullstellen. Hierzu ist notwendig und hinreichend, daß $C e^{\gamma t^2} \varphi(it)$ eine ganze Funktion vom Geschlecht 1 sei, die nur reelle Nullstellen besitzt und für reelles $t$ reelle Werte annimmt; $C$ bedeutet eine nichtverschwindende, $\gamma$ eine reelle, nichtnegative Konstante.*

Zur Erläuterung sei beigefügt, daß von der Funktion $\varphi(t)$ ziemlich viel gefordert wird, nämlich nicht bloß, daß sie die Realität der Nullstellen von einem oder einigen Integralen von der Form (1) erhält, sondern von überhaupt allen, die nur reelle Nullstellen haben. Eben weil die Forderung so stark ist, kann die Natur von $\varphi(t)$ so scharf präzisiert werden. Der Begriff: „vom Geschlecht 1" ist so aufzufassen, daß die ganzen Funktionen vom Geschlecht 0, die ganzen rationalen Funktionen und die Konstanten als spezielle Funktionen vom Geschlecht 1 gelten. Die notwendige und hinreichende Bedingung, die für $\varphi(t)$ durch Satz I angegeben wird, besteht eigentlich darin, daß $\varphi(it)$ *ein Polynom mit nur reellen Nullstellen oder ein Grenzwert solcher Polynome sei* [1]).

Die Fragestellung betreffend $\varphi(t)$ ist analog zu einer auf *Laguerre* zurückgehenden Frage; diese betrifft Faktorenfolgen, welche die Realität der Nullstellen von Polynomen erhalten, und wurde von *J. Schur* und dem Verfasser gelöst a. a. O.[1]). In der Tat werden dieselben Hilfsmittel in beiden Fällen herangezogen.

Ich benutze die Gelegenheit, noch einen mit denselben Hilfsmitteln beweisbaren Satz mitzuteilen:

II. *Es sei die Funktion $f(t)$ für positive Werte von $t$ definiert, reellwertig, absolut integrabel und für genügend großes $t$ der Ungleichung*

$$|f(t)| < B e^{-t^{\frac{1}{2}+\beta}} \tag{4}$$

*unterworfen ($B$, $\beta$ sind positive Konstanten). Ferner sei $f(t)$ in einer Umgebung des Punktes $t = 0$ analytisch. Dann stellt das Integral*

$$\int_0^{\infty} t^{z-1} f(t) dt = H(z)$$

[1]) *G. Pólya* u. *J. Schur*, dieses Journal, **144** (1914), 89—113.

*eine meromorphe Funktion dar. Wenn die Funktion $H(z)$ nur reelle negative Nullstellen besitzt, und $q$ eine positive ganze Zahl ist, so besitzt die durch das Integral*

$$\int_{-\infty}^{+\infty} f(t^{2q}) e^{izt} dt$$

*dargestellte ganze Funktion nur reelle Nullstellen.*

Die Ungleichungen (3), (4) hätten durch weniger einschränkende ersetzt werden können, aber ich wollte mich dabei nicht aufhalten. Beide Sätze sind zur Feststellung der Realität der Nullstellen in speziellen Fällen gut brauchbar, was ich durch Beispiele belegen will.

## Zusammenstellung von Hilfssätzen über eine Klasse von ganzen Funktionen.

1. Eine ganze Funktion $g(z)$ soll kurz als eine „*reell gerichtete*" Funktion bezeichnet werden, wenn sie das Produkt von $e^{-\gamma z^2}$ und einer ganzen Funktion vom Geschlecht 1 ist, die nur reelle Nullstellen hat und für reelles $z$ reelle Werte annimmt; $\gamma$ bezeichnet eine reelle nichtnegative Konstante. Es ist also

$$g(z) = A z^q e^{-\gamma z^2 + \delta z} \prod_{\nu=1}^{\infty} (1 + \delta_\nu z) e^{-\delta_\nu z} \tag{5}$$

wo die ganze Zahl $q \geqq 0$ ist, sämtliche Konstanten $A, \gamma, \delta, \delta_1, \delta_2, \ldots$ reell sind, $\gamma \geqq 0$ ist und $\delta_1^2 + \delta_2^2 + \delta_3^2 + \cdots$ konvergiert. Hierbei ist der Begriff des Geschlechtes 1 so auszulegen, wie in der Einleitung im Anschluß an Satz I gesagt wurde. Es wird insbesondere zugelassen, daß einige oder auch sämtliche Zahlen $\gamma, \delta, \delta_1, \delta_2, \ldots$ verschwinden.

Die reell gerichteten Funktionen sind durch die Produktentwicklung (5) definiert worden; man kann sie aber auch durch die Beschaffenheit ihrer Potenzreihenentwicklung charakterisieren, wie der folgende Satz lehrt[1]):

A. *Damit die Potenzreihe*

$$a_0 + \frac{a_1}{1!} z + \frac{a_2}{2!} z^2 + \cdots + \frac{a_n}{n!} z^n + \cdots \tag{6}$$

*eine reell gerichtete ganze Funktion darstelle, ist notwendig und hinreichend, daß die Polynome*

$$P_n(z) = a_0 + a_1 \binom{n}{1} \frac{z}{n} + a_2 \binom{n}{2} \left(\frac{z}{n}\right)^2 + \cdots + a_n \binom{n}{n} \left(\frac{z}{n}\right)^n \tag{7}$$

*nur reelle Nullstellen besitzen* ($n = 1, 2, 3, \ldots$).

Aus dem Inhalt des Satzes A. hebe ich besonders hervor, daß die Realität der Nullstellen der Polynome (7) die Konvergenz der Reihe (6) für jedes $z$ nach sich zieht. Steht diese Konvergenz schon fest, so ist leicht zu sehen, daß

$$\lim_{n \to \infty} P_n(z) = a_0 + \frac{a_1}{1!} z + \frac{a_2}{2!} z^2 + \cdots \tag{8}$$

[1]) Vgl. a. a. O. [S. 7, Anm. 1], Satz IV, S. 110.

gleichmäßig in jedem endlichen Bereich gilt. Ferner ist leicht zu sehen, daß, wenn die Reihe (6) eine ganze Funktion von der Form (5) darstellt, die Polynome (7) einer Ungleichung von der Form

$$(9) \qquad |P_n(z)| < e^{(|z|^2+1)K}$$

genügen ($n = 1, 2, 3, \ldots; z$ beliebig), wo $K$ eine passende positive Konstante bezeichnet [1]).

Die Gleichung (8) lehrt, daß die reell gerichteten Funktionen gleichmäßig durch Polynome mit nur reellen Nullstellen approximiert werden können. Dies ist, nebenbei bemerkt, die wesentliche Eigenschaft dieser Funktionen. Es folgen daraus mit Leichtigkeit zahlreiche weitere Sätze, insbesondere die folgenden:

B. *Ist*

$$h(z) = b_0 + b_1 z + b_2 z^2 + \cdots + b_l z^l$$

*ein Polynom mit nur reellen Nullstellen und* $g(z)$ *eine reell gerichtete ganze Funktion, so hat die Funktion*

$$(10) \qquad h(D)g(z) = b_0 g(z) + b_1 g'(z) + b_2 g''(z) + \cdots + b_l g^{(l)}(z)$$

*nur reelle Nullstellen.*

C. *Ist* $h(z)$ *eine reell gerichtete ganze Funktion, die für positives* $z$ *nicht verschwindet, und stellt die Potenzreihe* (6) *irgendeine reell gerichtete ganze Funktion dar, so stellt auch die Potenzreihe*

$$a_0 h(0) + \frac{a_1 h(1)}{1!} z + \frac{a_2 h(2)}{2!} z^2 + \cdots + \frac{a_n h(n)}{n!} z^n + \cdots$$

*eine ganze Funktion ohne imaginäre Nullstellen dar.*

Auf Grund von A. reduziert sich der Beweis der Sätze B. C. im wesentlichen auf den fast trivialen Fall, worin $g(z)$ ein Polynom und $h(z)$ ein Polynom ersten Grades ist [2]). — Das in (10) auftretende Symbol $D$ ist das Symbol des Differenzierens in bezug auf $z$.

2. Kraft der Bedingung (3) ist

$$\left|\int_{-\infty}^{+\infty} F(t) e^{izt} dt\right| < 2A \int_0^{\infty} e^{|z|t - t^{2+\alpha}} dt$$

$$= 2A \left( \int_0^{2|z|^{\frac{1}{\alpha+1}}} + \int_{2|z|^{\frac{1}{\alpha+1}}}^{\infty} \right) \exp(|z|t - t^{2+\alpha})\, dt$$

$$< 2A \left[ |z|^{-1} \exp\left(2|z|^{\frac{2+\alpha}{1+\alpha}}\right) \right] + \int_0^{\infty} \exp(-\tfrac{1}{2} t^{2+\alpha})\, dt;$$

---

1) Vgl. die mit (9) äquivalente Ungleichung a. a. O. [S. 7, Anm. 1], S. 97, Formel (10).

2) Satz B. rührt in seiner einfachsten Form von *Hermite* und *Poulain*, Satz C. von *Laguerre* her. Vgl. z. B. *G. Pólya* u. *G. Szegö*, Aufgaben und Lehrsätze aus der Analysis, (Berlin 1925), die Nummern V 62—67, 167. Ferner a. a. O. [S. 6, Anm. 2], S. 185, 190 und a. a. O. [S. 7, Anm. 1], S. 112.

wir haben benutzt, daß

$$|z|\,t - t^{2+a} < |z|\,t \qquad \text{für } 0 < t < 2|z|^{\frac{1}{1+a}}$$

$$|z|\,t - t^{2+a} < (\tfrac{1}{2}t)^{1+a}\,t - t^{2+a} < -\tfrac{1}{2}\,t^{2+a} \qquad \text{für } t > 2|z|^{\frac{1}{1+a}}$$

ist. Somit stellt das Integral (1) eine ganze Funktion dar, deren Ordnung höchstens

$$\frac{2+a}{1+a} < 2$$

und deren Geschlecht folglich höchstens 1 ist.

Das Integral (1) fällt ferner kraft (2) für reelles $z$ reell aus. Wenn es eine ganze Funktion ohne imaginäre Nullstellen darstellt, so ist dieselbe reell gerichtet.

Ein für uns interessanter Grenzfall der Integrale (1) sind die ganzen Funktionen von der Form

$$c_0 e^{-inz} + c_1 e^{i(2-n)z} + \cdots + c_\nu e^{i(2\nu-n)z} + \cdots + c_n e^{inz}; \tag{11}$$

hierin bedeuten $c_0, c_1, \ldots, c_n$ Konstanten. Die Funktion (11) ist von Ordnung und Geschlecht 1; sie ist, wie leicht zu sehen, eine reell gerichtete Funktion, wenn die Wurzeln der algebraischen Gleichung

$$c_0 + c_1 z + c_2 z^2 + \cdots + c_n z^n = 0 \tag{12}$$

alle vom absoluten Betrage 1 sind und die zusätzliche Bedingung

$$c_n = \bar{c}_0 \neq 0 \tag{13}$$

erfüllt ist.

## Beweis des Satzes I.

3. Es sei angenommen, daß das Integral (1) eine ganze Funktion mit nur reellen Nullstellen darstellt.

Es stellt dann (1), wie unter 2. überlegt, eine reell gerichtete Funktion dar. Es sei $g(z)$ irgendeine reell gerichtete Funktion, dargestellt durch die Potenzreihe (6). Dann hat, gemäß Satz A., auch $P_n(z)$, und, gemäß Satz B., auch

$$P_n(D)\int_{-\infty}^{+\infty} F(t)\,e^{izt}\,dt = \int_{-\infty}^{+\infty} P_n(it)\,F(t)\,e^{izt}\,dt \tag{14}$$

nur reelle Nullstellen; das Symbol $D$ ist in (14) wie in (10) verwendet. Lassen wir an der rechten Seite von (14) $n$ gegen $\infty$ streben, so erhalten wir, gemäß (8), (9), (3) die Grenzfunktion

$$\int_{-\infty}^{+\infty} g(it)\,F(t)\,e^{izt}\,dt\,,$$

die, als gleichmäßiger Grenzwert von ganzen Funktionen mit nur reellen Nullstellen, ebenfalls nur reelle Nullstellen besitzt.

Anders gesagt, ist $g(it)$ ein Faktor, der die Realität der Nullstellen von (1) erhält, falls $g(z)$ eine reell gerichtete ganze Funktion ist, und hiermit ist die eine Hälfte des Satzes I schon bewiesen [1]).

4. Zur Vorbereitung der anderen Hälfte von Satz I dient das folgende

Lemma. *Es sollen sämtliche Wurzeln der Gleichung* (12) *vom Betrage* 1 *sein,* (13) *sei erfüllt, und die Funktion* (1) *soll nur reelle Nullstellen besitzen. Dann hat, falls* $\delta$ *eine reelle Zahl bedeutet und*

$$c_0 F(t-n\delta)+c_1 F(t+(2-n)\delta)+\cdots+c_\nu F(t+(2\nu-n)\delta)+\cdots+c_n F(t+n\delta) = F^*(t)$$

*gesetzt wird, auch das Integral*

$$\int_{-\infty}^{+\infty} F^*(t)\, e^{izt}\, dt$$

*nur reelle Nullstellen.*

Es ist in der Tat

$$\int_{-\infty}^{+\infty} F^*(t)\, e^{izt}\, dt = \int_{-\infty}^{+\infty} \sum_{\nu=0}^{n} c_\nu F(t-(n-2\nu)\delta)\, e^{izt}\, dt$$

$$= \sum_{\nu=0}^{n} c_\nu \int_{-\infty}^{+\infty} F(u)\, e^{iz(u+(n-2\nu)\delta)}\, du = \int_{-\infty}^{+\infty} F(u)\, e^{izu}\, du \cdot \sum_{\nu=0}^{n} c_\nu e^{iz(n-2\nu)\delta}$$

ein Produkt von zwei Funktionen, die beide nach Voraussetzung nur reelle Nullstellen haben.

5. Es sei nun angenommen, daß $\varphi(t)$ ein universell anwendbarer Faktor ist, der die Realität der Nullstellen der Integrale von der Form (1) erhält. Ferner sei $\varphi(t)$ analytisch für alle reellen Werte von $t$. Es soll um den Punkt $t=0$ herum die Reihenentwicklung

$$\varphi(t) = b_0 + \frac{b_1}{1!}t + \frac{b_2}{2!}t^2 + \cdots \tag{15}$$

gelten. $\varphi(t)$ ist durch die analytische Fortsetzung der Reihe (15) für reelles $t$ eindeutig bestimmt.

Nun hat das spezielle Integral (1), worin

$$F(t) = \begin{cases} \dfrac{1}{2a} & \text{für } -a \leqq t \leqq a, \\ 0 & \text{,,} \quad |t| > a \end{cases} \tag{16}$$

ist ($a$ ist eine von $t$ unabhängige positive Zahl), nur reelle Nullstellen, da

$$\frac{1}{2a}\int_{-a}^{+a} e^{izt}\, dt = \frac{\sin az}{az}$$

[1]) Es gilt übrigens etwas mehr: Wenn das Integral (1) eine endliche Anzahl $2j$ von nichtreellen Nullstellen hat, so hat (14), und folglich die Grenzfunktion nicht mehr als $2j$ nichtreelle Nullstellen.

ist. Wir finden weiter, indem wir in dem Lemma unter 4.

$$c_0 + c_1 z + c_2 z^2 + \cdots + c_n z^n = (1 - z)^n (-i)^n$$

setzen, daß auch

$$\int_{-\infty}^{+\infty} \sum_{\nu=0}^{n} (-1)^\nu \binom{n}{\nu} F(t - (n - 2\nu)\delta)\, e^{izt}\, dt$$

nur reelle Nullstellen hat.

Diese reellen Nullstellen hat aber $\varphi(t)$, nach Voraussetzung, zu erhalten. Somit hat auch

$$\int_{-\infty}^{+\infty} \varphi(t) \sum_{\nu=0}^{n} (-1)^\nu \binom{n}{\nu} F(t - (n - 2\nu)\delta)\, e^{izt}\, dt$$

nur reelle Nullstellen; letzterer Ausdruck ist, gemäß (16),

$$= \sum_{\nu=0}^{n} (-1)^\nu \binom{n}{\nu} \frac{1}{2a} \int_{-a+(n-2\nu)\delta}^{+a+(n-2\nu)\delta} \varphi(t)\, e^{izt}\, dt.$$

Läßt man hierin zuerst $a$ und dann, nach Division mit $(2\delta)^n$, $\delta$ gegen 0 streben, so erhält man sukzessive, daß die ganzen Funktionen

$$\sum_{\nu=0}^{n} (-1)^\nu \binom{n}{\nu} \varphi((n - 2\nu)\delta)\, e^{iz(n-2\nu)\delta}$$

und

$$\lim_{\delta \to 0} \frac{1}{(2\delta)^n} \sum_{\nu=0}^{n} (-1)^\nu \binom{n}{\nu} \varphi((n - 2\nu)\delta)\, e^{iz(n-2\nu)\delta} = \left\{ \frac{d^n}{dt^n} [\varphi(t) e^{izt}] \right\}_{t=0}$$

$$= \varphi(0)(iz)^n + \binom{n}{1} \varphi'(0)(iz)^{n-1} + \cdots = b_0 (iz)^n + \binom{n}{1} b_1 (iz)^{n-1} + \cdots + b_n$$

nur reelle Nullstellen haben; vgl. (15). Also haben auch die Polynome

$$b_0 + b_1 \binom{n}{1} \frac{iz}{n} + b_2 \binom{n}{2} \left(\frac{iz}{n}\right)^2 + \cdots + b_n \binom{n}{n} \left(\frac{iz}{n}\right)^n$$

nur reelle Nullstellen, und somit ist, gemäß Satz A., die Potenzreihe

$$b_0 + \frac{b_1}{1!} iz + \frac{b_2}{2!} (iz)^2 + \cdots = \varphi(iz)$$

stets konvergent, und stellt (eventuell abgesehen von einem komplexen konstanten Faktor) eine reell gerichtete Funktion dar. Hiermit ist auch die zweite Hälfte von Satz I bewiesen.

### Beispiele zu Satz I.

6. Die vorliegende Nummer ist von den übrigen Teilen der Arbeit unabhängig und erbringt einen neuen Beweis des folgenden Satzes [1]):

---

[1]) Vgl. a. a. O. [S. 6, Anm. 3c]. Es kann (17) als $\pi i \exp(-\frac{1}{2}\pi z) H^{(1)}_{iz}(i\alpha)$ bezeichnet werden. Vgl. *G. N. Watson*, A treatise on the theory of Bessel functions, (Cambridge 1922), S. 180, Formel (10).

***Ist a ein positiver Parameter, so stellt das Integral***

$$(17)\qquad \int_{-\infty}^{+\infty} \exp\left(-\tfrac{1}{2}a(e^t + e^{-t}) + izt\right)dt = \int_{-\infty}^{+\infty} e^{-a\cosh t} e^{izt}\,dt$$

***eine ganze Funktion von z mit nur reellen Nullstellen dar.***

Zum Beweis werden die Rollen von $a$ und $z$ vertauscht, es wird $z$ als ein komplexer Parameter und $a$ als eine positive Variable angesehn. Wir wollen das Integral (17) zur Abkürzung mit $w$ bezeichnen und für $w$ als Funktion von $a$ eine Differentialgleichung aufstellen. Einerseits findet man mittels partieller Integration, daß

$$(18)\qquad -z^2 w = \int_{-\infty}^{+\infty} e^{-a\cosh t}\frac{d^2}{dt^2} e^{izt}\,dt = \int_{-\infty}^{+\infty} e^{izt}\frac{d^2}{dt^2} e^{-a\cosh t}\,dt$$

ist. Andererseits findet man nach Differentiation unter dem Integralzeichen und Zusammenfassung, daß

$$(19)\qquad a^2\left(\frac{d^2w}{da^2} - w\right) + a\frac{dw}{da} = \int_{-\infty}^{+\infty} e^{izt}e^{-a\cosh t}(a^2\sinh^2 t - a\cosh t)\,dt.$$

Die rechten Seiten von (18) und (19) sind einander gleich, und wir erhalten so die Differentialgleichung

$$(20)\qquad \frac{d}{da}\left(a\frac{dw}{da}\right) = \left(a - \frac{z^2}{a}\right)w.$$

Wir behandeln (20) mit einer Methode, die wohl zuerst von *A. Hurwitz* verwendet und dann durch *E. Hille* allseitig untersucht und durchgebildet wurde [1]). Wir ersetzen die Differentialgleichung, die von zweiter Ordnung ist, durch zwei Gleichungen erster Ordnung mit zwei Unbekannten, indem wir

$$(21)\qquad \frac{dw}{da} = \frac{W}{a}, \qquad \frac{dW}{da} = \left(a - \frac{z^2}{a}\right)w$$

schreiben. Wir gehen nun in der ersten Gleichung (21) zu den konjugierten Werten über; durch Multiplikation mit $W$ bzw. $\overline{w}$ und Addition erhalten wir

$$(22)\qquad \frac{d}{da}(W\overline{w}) = \frac{1}{a}\left(|W|^2 + (a^2 - z^2)|w|^2\right).$$

Nun bedeutet $w$ das Integral (17) und daher ist offenbar

$$(23)\qquad \lim_{a\to\infty} w = \lim_{a\to\infty} W = 0.$$

Es sei nun angenommen, daß für $a = a_0 > 0$ das Integral (17) verschwindet; wir erhalten dann aus (22) mit Rücksicht auf (23)

$$(24)\qquad 0 = \int_{a_0}^{\infty} a^{-1}\left(|W|^2 + (a^2 - z^2)|w|^2\right)da.$$

---

[1]) Unter mehreren diesbezüglichen Arbeiten von *E. Hille* sei besonders hervorgehoben: Arkiv för Matematik, Astronomi och Fysik, 16 (1922), Nr. 17.

Insbesondere muß der Imaginärteil der rechten Seite von (24) verschwinden, d. h. es ist, $z = x + iy$ gesetzt, wo $x, y$ reell sind,

$$(25) \qquad 0 = -2ixy \int_{a_0}^{\infty} a^{-1} |w|^2 da.$$

Nun ist klar, daß das Integral (17), das heißt $w > 0$ ist, wenn $x = 0$ ist, und so kann es sich beim Verschwinden von $w$ für $a = a_0$ nur um den Fall

$$(26) \qquad x \neq 0$$

handeln. Aus (25), (26) folgt, daß $y = 0$ ist, d. h. es kann (17) nur für reelles $z$ verschwinden. W. z. b. w.

7. Satz I gestattet aus dem Integral (17), dessen Nullstellen eben als reell erkannt worden sind, beliebig viele andere von derselben Eigenschaft abzuleiten. Da für positive $A, a$

$$2A \cos az = A(e^{iaz} + e^{-iaz})$$

offenbar eine reell gerichtete Funktion ist, hat auch das Integral

$$(27) \qquad \int_{-\infty}^{+\infty} A(e^{at} + e^{-at}) e^{-a \cosh t} e^{izt} dt \qquad (A, a, a > 0)$$

nur reelle Nullstellen. Dies ist insofern von einigem heuristischen Interesse, als die *Riemann*sche $\xi$-Funktion sich durch ein Integral von der Form (1) darstellen läßt, dessen Integrand für große reelle Werte von $t$ sich wie der Integrand von (27) verhält [1]). Ähnliches gilt übrigens für diejenige Verallgemeinerung der $\xi$-Funktion, die in analoger Beziehung zu der *Dedekind*schen $\zeta$-Funktion steht, wie die gewöhnliche $\xi$-Funktion zu der *Riemann*schen $\zeta$-Funktion.

Übrigens hat auch das Integral

$$(28) \qquad \int_{-\infty}^{+\infty} [A(e^{at} + e^{-at}) - B(e^{bt} + e^{-bt})] e^{-a \cosh t} e^{izt} dt$$

nur reelle Nullstellen, falls

$$(29) \qquad A > B > 0, \quad a > b > 0, \quad a > 0$$

ist [2]). Denn sind $a$ und $b$ ganze Zahlen, so ist $Az^a - Bz^b$ ein Polynom, dessen Nullstellen offenbar im Einheitskreise liegen. Hieraus folgt weiter [3]), daß die Nullstellen von

$$Az^a - Bz^b - Bz^{-b} + Az^{-a}$$

den Betrag 1 haben, und schließlich, wie unter 2. besprochen wurde, daß

$$(30) \qquad Ae^{iaz} - Be^{ibz} - Be^{-ibz} + Ae^{-iaz}$$

[1]) Vgl. a. a. O. [S. 6, Anm. 3c].
[2]) Vgl. a. a. O. [S. 6, Anm. 3c], die Fußnote S. 317.
[3]) Mit Hilfe des Argumentenprinzips, vgl. a. a. O. [S. 6, Anm. 3a], S. 359—361.

eine reell gerichtete Funktion ist. Wenn dies von (30) mit ganzzahligen $a$, $b$ gilt, so gilt es auch mit rationalen und mit beliebigen reellen $a$, $b$, wie durch Variablenvertauschung und Grenzübergang ersichtlich ist. Somit ergibt (30) nach Vertauschung von $z$ mit $it$ einen Faktor, der dem Integranden des Integrals (17) beigefügt, dasselbe unter Wahrung der Wurzelrealität in (28) verwandelt.

## Beweis des Satzes II.

8. Ich benutze zunächst (in bekannter Weise [1])) den Teil der Voraussetzung, daß $f(t)$ in einer Umgebung des Punktes $t = 0$ analytisch ist. Es sei die Reihenentwicklung

$$f(t) = c_0 + c_1 t + c_2 t^2 + \cdots$$

absolut konvergent für $0 \leqq t \leqq \varrho$, $\varrho > 0$. Dann gilt, falls der Realteil von $z$ als positiv vorausgesetzt wird,

$$H(z) = \int_0^{\varrho} \sum_{\nu=0}^{\infty} c_\nu t^{\nu+z-1}\, dt + \int_{\varrho}^{\infty} f(t) t^{z-1}\, dt$$

oder auch

$$H(z) = \varrho^z \sum_{\nu=0}^{\infty} \frac{c_\nu \varrho^\nu}{z+\nu} + \int_{\log \varrho}^{\infty} f(e^u) e^{zu}\, du. \tag{31}$$

Die Darstellung (31) ist in der ganzen $z$-Ebene gültig, ausgenommen gewisse nichtpositive ganze Zahlen, die einfache Pole für (31) sind. Somit ist (31) als eine meromorphe Funktion erkannt; wir wollen noch ihre Größenordnung abschätzen.

Gemäß Bedingung (4) kann man zu jeder, noch so großen positiven Konstanten $\alpha$ eine positive Konstante $A$ finden, so daß

$$|f(e^u)| < B \exp\left(-e^{(\frac{1}{2}+\beta)u}\right) < A \exp\left(-|u|^{2+\alpha}\right)$$

für alle genügend großen Werte von $u$ besteht, und so folgt aus der Rechnung unter 2., daß der zweite Summand rechts in (31) eine ganze Funktion ist, deren Ordnung 1 nicht übersteigt. — Man schneide aus der $z$-Ebene Kreise vom Radius $\delta$ aus, $\delta > 0$, deren Mittelpunkte $z = 0, -1, -2, \ldots$ sind. In der übrigbleibenden durchlöcherten Ebene bleibt der erste Summand rechts in (31) dem Betrage nach kleiner als $K|\varrho^z|$, wo $K$ eine passende Konstante bedeutet.

Es sei $q$ eine positive ganze Zahl. Man bilde die Funktion

$$\frac{\Gamma\left(\frac{z}{2}+1\right) H\left(\frac{z+1}{2q}\right)}{\Gamma(z+1)} = h(z). \tag{32}$$

Der Zähler von $h(z)$ hat nur einfache Pole, die in den Punkten

$$-2,\ -4,\ -6, \ldots,\ -2n, \ldots$$
$$-1,\ -(2q+1),\ -(4q+1), \ldots,\ -(2nq+1), \ldots$$

[1]) Vgl. *A. Hurwitz,* Mathematische Annalen, 53 (1900), 220—224.

liegen. Alle diese Pole werden durch die Pole des Nenners, die in allen negativen ganzzahligen Punkten liegen, aufgehoben, und somit ist $h(z)$ eine ganze Funktion. Die Ordnung von $h(z)$ ist, nach der eben besprochenen Abschätzung von (31), höchstens 1. Wenn $H(z)$ nur reelle negative Nullstellen hat, hat $h(z)$ ersichtlicherweise auch nur reelle negative Nullstellen, ist also eine reell gerichtete Funktion, die für positives $z$ nicht verschwindet.

Wir können somit Satz C. auf $h(z)$ und auf die Reihe

$$1 - \frac{z^2}{1!} + \frac{z^4}{2!} - \frac{z^6}{3!} + \cdots,$$

deren Summe die reell gerichtete Funktion $\exp(-z^2)$ ist, anwenden. Somit hat die Funktion

$$\sum_{n=0}^{\infty} \frac{(-1)^n h(2n) z^{2n}}{n!} = \sum_{n=0}^{\infty} \frac{(-1)^n \Gamma(n+1) H\left(\frac{2n+1}{2q}\right) z^{2n}}{n!\,\Gamma(2n+1)}$$

$$= \sum_0^{\infty} \frac{(-1)^n z^{2n}}{2n!} \int_0^{\infty} t^{\frac{2n+1}{2q}-1} f(t)\,dt = 2q \sum_{n=0}^{\infty} \frac{(-1)^n z^{2n}}{2n!} \int_0^{\infty} u^{2n} f(u^{2q})\,du$$

$$= 2q \int_0^{\infty} f(u^{2q}) \sum_{n=0}^{\infty} \frac{(-1)^n (uz)^{2n}}{2n!} \cdot du = q \int_{-\infty}^{+\infty} f(u^{2q})\, e^{iuz}\, du$$

nur reelle negative Nullstellen. W. z. b. w. (Die Vertauschung von Summation und Integration ist wegen (4) ersichtlicherweise erlaubt.)

**Beispiele zu Satz II.**

9. Die meromorphen Funktionen

$$\int_0^1 t^{z-1}(1-t)^{a-1}\,dt = \frac{\Gamma(z)\,\Gamma(a)}{\Gamma(z+a)}, \quad (a > 0), \qquad \int_0^{\infty} t^{z-1} e^{-t}\,dt = \Gamma(z)$$

haben bekanntlich außerhalb der reellen negativen Achse keine Nullstellen; folglich haben die trigonometrischen Integrale

$$(33) \qquad \int_{-1}^{+1} (1 - t^{2q})^{a-1} e^{izt}\,dt \qquad (a > 0),$$

$$(34) \qquad \int_{-\infty}^{+\infty} e^{-t^{2q}} e^{izt}\,dt$$

nur reelle Nullstellen [1]). Verschiedene spezielle Fälle sind wohl bekannt. Z. B. stellt (33) für $q = 1$ bis auf einen unwesentlichen Faktor die *Bessel*sche Funktion $J_{a-\frac{1}{2}}(z)$ dar. Für $a < 1$ folgt die Realität der Nullstellen von (33) auch auf andere Weise [2]). Für $q = 1$ hat (34) bekanntlich überhaupt keine Nullstellen. Schließlich

[1]) Vgl. a. a. O. [S. 6, Anm. 3b].
[2]) Vgl. a. a. O. [S. 6, Anm. 3a, 3d].

sei bemerkt, daß man (34) auch aus (33) folgern kann, nämlich als Grenzfall für $a \to \infty$.

10. ***Wenn $P(z)$ ein Polynom*** *mit nur reellen negativen Nullstellen ist, und $l$, $q$ positive ganze Zahlen sind, so hat*

$$\int_{-1}^{+1} (1 - t^{2q})^{l-1} P(t^{2q}) e^{izt} dt \tag{35}$$

*nur reelle negative Nullstellen.*

Man setze

$$P(t) = c_0 + c_1 t + c_2 t^2 + \cdots + c_m t^m \tag{36}$$

und untersuche gemäß Satz II die Funktion

$$\int_0^1 t^{z-1}(1-t)^{l-1} P(t)\, dt \tag{37}$$

$$= \sum_{\mu=0}^{m} c_\mu \frac{\Gamma(\mu+z)\Gamma(l)}{\Gamma(l+\mu+z)} = \frac{\Gamma(l)\Gamma(z)}{\Gamma(l+m+z)} Q(z),$$

wobei $Q(z)$ ein Polynom $m$-ten Grades ist,

$$Q(z) =$$

$$\sum_{\mu=0}^{m} c_\mu z(z+1)\cdots(z+\mu-1)(l+\mu+z)(l+\mu+1+z)\cdots(l+m-1+z).$$

Andererseits findet man, daß

$$(1+x)^{l-1} P(-x) = \sum_{\mu=0}^{m} \sum_{\lambda=0}^{l-1} (-1)^\mu c_\mu \frac{(l-1)!}{\lambda!\,(l-\lambda-1)!} x^{\mu+\lambda} \tag{38}$$

$$= (l-1)! \sum_{n=0}^{l+m-1} \frac{Q(-n) x^n}{n!\,(l+m-n-1)!}$$

ist. Das Polynom (38) hat, nach Voraussetzung, $m$ positive Nullstellen; folglich muß, gemäß der *Descartes*schen Regel, die Reihe seiner Koeffizienten, also die Zahlenreihe

$$Q(0),\ Q(-1),\ Q(-2), \ldots, Q(-l-m+1)$$

$m$ Zeichenwechsel aufweisen. Somit hat $Q(z)$ $m$ negative Nullstellen, also nur negative Nullstellen, und das Integral (37) erfüllt die Voraussetzungen von Satz II. W. z. b. w.

Man setze in (35)

$$P(t) = (1+t)^{l+k-1} \qquad l+k-1 \geqq 0.$$

Es folgt, daß das Integral

$$\int_{-1}^{+1} (1-t^{4q})^{l-1}(1+t^{2q})^k e^{izt} dt$$

nur reelle Nullstellen hat; hieraus folgt durch leichten Grenzübergang und durch Hinzufügung des Faktors $e^{ct^2}$ auf Grund des Satzes I dasselbe für das Integral

$$(39) \qquad \int_{-\infty}^{+\infty} e^{-at^{4q}+bt^{2q}+ct^2} e^{izt}\,dt \qquad (a > 0,\ b \text{ reell},\ c \geqq 0).$$

Wir haben im vorhergehenden auf verschiedenen Wegen erkannt, daß die Integrale (17), (27), (28), (33), (34), (39) nur reelle Nullstellen besitzen. Vielleicht verdienen diese Resultate als Beobachtungsmaterial zur Auffindung einer tiefer dringenden Gesetzmäßigkeit etwas Beachtung.

---

# ÜBER DIE ALGEBRAISCH-FUNKTIONENTHEORETISCHEN UNTERSUCHUNGEN VON J. L. W. V. JENSEN

VON

G. PÓLYA

In seinem am 29. und 31. August 1911, anlässlich des skandinavischen Mathematikerkongresses in Kopenhagen gehaltenen Vortrag[1], der interessante Sätze aus dem Grenzgebiet von Funktionentheorie und Algebra entwickelt, kündigte J. L. W. V. Jensen eine Reihe von 5 weiteren Abhandlungen über dasselbe Gebiet an. Die ersten beiden sollten den Inhalt seines Vortrages ausführen und erweitern, die letzte sollte seine algebraisch-funktionentheoretischen Untersuchungen auf die Riemannsche $\xi$-Funktion anwenden. Die angekündigten 5 Abhandlungen wurden jedoch nie publiziert.

Es hatte daher ein begreifliches Interesse zu erfahren, was hierüber in dem Nachlass von Jensen[2] sich befindet. Alle auffindbaren wissenschaftlichen Manuskripte Jensens wurden von Herrn Professor N. E. Nörlund in Verwahrung genommen, und auf seine Veranlassung von Herrn Mag. scient. G. Rasch während des Jahres 1925—26 einer ersten Durchsicht unterzogen. Ich hatte Gelegenheit die Manuskripte während des Monats September 1926 einzusehen.

Die in Verwahrung befindlichen Manuskripte Jensens sind sehr umfangreich, enthalten aber häufige Wieder-

[1] Undersøgelser over Ligningernes Theori, Beretning om den anden skandinaviske Matematikerkongres i Kjøbenhavn 1911, 51—65.

In französischer Übersetzung: Recherches sur la théorie des équations, Acta Mathematica, 36, 1913, 181—195. In den folgenden Fussnoten wird der Vortrag mit JV zitiert und es werden die Seitenzahlen des französischen Textes angegeben.

[2] In Fussnoten mit JN zitiert.

For comments on this paper[102], see p. 427.

holungen und bestehen nur zu kleinerem Teil aus übersichtlichen Aufzeichnungen seiner Untersuchungen. Der grössere Teil besteht aus fragmentarischen Notizen, aus Rechenblättern mit Formeln ohnen verbindenden Text, aus isoliert auftretenden Formulierungen von Sätzen, bei denen es nur selten ersichtlich ist, ob es sich um Bewiesenes oder Vermutetes handelt, dann aus Auszügen fremder Arbeiten, Literaturverzeichnissen, u. s. w. Dies alles in einigen kleinen Heften und an einer grossen Anzahl von losen Blättern, so dass in den allermeisten Fällen unmöglich festzustellen ist, in welcher Reihenfolge und zu welchem Datum die Aufzeichnungen entstanden sind.

Wie aus dieser Schilderung hervorgeht, erlaubt der Zustand des Nachlasses nicht, dessen Inhalt mit Sicherheit festzustellen. Auch verfügte ich nur über einen kleinen Bruchteil der Zeit, die zu einer philologisch genauen Bearbeitung nötig gewesen wäre. Daher können meine nachfolgenden, die Manuskripte betreffenden Äusserungen **nicht auf Sicherheit**, sondern nur auf eine gewisse Wahrscheinlichkeit Anspruch erheben. Mir persönlich scheint allerdings der erzielte Wahrscheinlichkeitsgrad ein ziemlich hoher zu sein.

Der grösste Teil des Nachlasses bezieht sich auf das Grenzgebiet von Algebra und Funktionentheorie, ferner auf die $\zeta$-Funktion, also auf den Inhalt der 5 geplanten, aber nicht zustandegekommenen Abhandlungen[3]. Manche all-

[3] Auch deren Titel sind gefunden worden:

I. Introduction. Le théorème de Rolle et ses conséquences.

II. Conditions pour qu'une fonction entière de genre fini ait un nombre fini de racines imaginaires. Théorèmes divers.

III. Variation des signes et nombre des racines.

IV. Transformations linéaires, invariants et convariants.

V. Sur une classe de fonctions de genre un et en particulier sur une fonction de Riemann.

gemein gehaltenen algebraisch-funktionentheoretischen Untersuchungen sind vollständig verständlich und erreichen gut erkennbare Zielpunkte. Jedoch betreffend die Anwendung dieser allgemeinen Resultate auf die Riemannsche $\xi$-Funktion liess sich Nichts finden, was über eine blosse Formulierung der Aufgaben oder über die allerersten Anfänge hinausgeht.

Es sollen im folgenden einige Punkte der Jensenschen Untersuchungen aus dem Grenzgebiet der Algebra und der Funktionentheorie näher beleuchtet werden, sowohl auf Grund des Jensenschen Nachlasses wie auf Grund meiner eigenen Untersuchungen. Ich werde dabei häufig auf einige meiner früheren Publikationen[4] über das Gebiet zu verweisen haben, die sich mit Jensens Untersuchungen in zahlreichen Punkten kreuzen.

Ich will an dieser Stelle Herrn Mag. scient. G. Rasch für seine Hilfe bei Durchsicht der Manuskripte und für seine Mitarbeit bei Auswahl des Stoffes bestens danken.

[4] G. Pólya 1) Algebraische Untersuchungen über ganze Funktionen vom Geschlechte Null und Eins, Journal für die reine und angewandte Mathematik, 145 (1915) 224—249. — 2) Über die Nullstellen gewisser ganzen Funktionen, Mathematische Zeitschrift, 2 (1918) 352—383. — 3) Bemerkung über die Integraldarstellung der Riemannschen $\xi$-Funktion, Acta Mathematica, 48 (1926) 305—317. — 4) On the zeros of certain trigonometric integrals, The Journal of the London Mathematical Society 1 (1926) 98—99. — 5) Über trigonometrische Integrale mit nur reellen Nullstellen; erscheint in dem Journal für die reine und angewandte Mathematik (eingesandt am 26. 6. 1926). — Diese Arbeiten sind im folgenden mit $P_1, P_2, \ldots P_5$ zitiert.

Vgl. ferner G. Pólya und I. Schur, Über zwei Arten von Faktorenfolgen in der Theorie der algebraischen Gleichungen, Journal für die reine und angewandte Mathematik, 144 (1914) 89—113 (wird mit PSch zitiert). — G. Pólya und G. Szegö, Aufgaben und Lehrsätze aus der Analysis, Bd. I—II, Berlin, 1925 (wird mit PSz zitiert).

Kapitel I.

## Über die Realität der Nullstellen gewisser trigonometrischer Integrale.

Einleitung.

1. Wir betrachten im folgenden reelle ganze Funktionen, d. h. solche, die für reelle Werte der Variablen reelle Werte annehmen. Die Potenzreihe

$$a_0 + \frac{a_1 z}{1!} + \frac{a_2 z^2}{2!} + \ldots + \frac{a_n z^n}{n!} + \ldots = F(z)$$

stellt dann und nur dann eine reelle ganze Funktion dar, wenn sie stets konvergiert und die Zahlen $a_0, a_1, a_2, \ldots$ sämtlich reell sind.

Wir werden insbesondere ganze Funktionen von erhöhtem Genus 1 betrachten. $F(z)$ heisst von erhöhtem Genus 1, wenn

$$F(z) = e^{-\gamma z^2} H(z)$$

ist, wo $H(z)$ eine ganze transzendente Funktion vom Geschlecht (= Genus) 0 oder 1 oder ein Polynom ist, und $\gamma$ eine nichtnegative reelle Konstante bedeutet. Die Klasse der ganzen Funktionen von erhöhtem Genus 1 umfasst also gewisse spezielle ganze Funktionen vom Geschlecht 2, alle Funktionen vom Geschlecht 1 und 0 und die Polynome; sie verdient eine besondere Benennung wegen einfacher algebraischer Eigenschaften, die wiederholt hervortreten werden. (Vgl. Hilfssatz II in Nr. 8).

Dieses Kapitel befasst sich mit Funktionen von der Form:

$$F(z) = 2\int_0^\infty \Psi(t) \cos zt \cdot dt. \tag{1}$$

Es wird an folgenden Voraussetzungen festgehalten:

1) $\Psi(t)$ ist definiert, verschwindet nicht identisch und nimmt reelle Werte an, wenn $t$ reell und nicht negativ ist.

2) $\Psi(t)$ ist unbegrenzt oft differenzierbar.

3) $\lim\limits_{t \to \infty} t^{-1} \log |\Psi^{(n)}(t)| = -\infty$ für $n = 0, 1, 2, 3, \ldots$

Aus 3) folgt (schon allein aus dem Fall $n = 0$), dass $F(z)$ eine ganze Funktion ist. Nach 1) ist $F(z)$ eine reelle ganze Funktion. $F(z)$ ist ersichtlicherweise eine gerade Funktion. Es folgt aus 1) und 3), dass $F(z)$ kein Polynom ist (vgl. den Schluss von Nr. 7). Es sei hinzugefügt die Voraussetzung:

4) $F(z)$ ist von erhöhtem Genus 1.

Die Integraldarstellung der Riemannschen $\xi$-Funktion besitzt, wie wir unter Nr. 3—4 sehen werden, alle hier geforderten Eigenschaften.

2. Jensen bewies in seinem öfters erwähnten Vortrag[5] den folgenden bemerkenswerten Satz:

*Die ganze Funktion $F(z)$ hat dann und nur dann lauter reelle Nullstellen, wenn das Polynom*

$$F(D)z^n = \int_0^\infty \Psi(t)(e^{itD} + e^{-itD})z^n\,dt = \tag{2}$$

$$= \int_0^\infty \Psi(t)\left((z+it)^n + (z-it)^n\right)dt$$

*für $n = 1, 2, 3, \ldots$ nur reelle Nullstellen besitzt.*

Jensen knüpft an diesen Satz folgende Bemerkungen: »Es gelang mir notwendige Bedingungen hierfür aufzustellen; diese führten durch Anwendung der Resultate meiner anderweitigen Untersuchungen zu hinreichenden, wenn auch nicht notwendigen Bedingungen, welche glücklicherweise den Fall der $\xi$-Funktion umfassen. Unterdessen erfordert selbst die Verifikation der Bedingungen wegen der komplizierten Form von $\Phi(t)$ eine sehr bedeutende Rechen-

[5] JV S. 189. — $D$ bedeutet, wie üblich, das Symbol des Differenzierens, und zwar nach der Variablen $z$.

arbeit[6]. Mit dem Vorangehenden habe ich das Riemannsche Problem vom Transzendenten auf das Algebraische zurückgeführt«.

Nach Einsicht des Jensenschen Nachlasses und nach eingehender Überlegung der Sachlage ist hierzu, scheint es mir, folgendes zu sagen:

1) Es konnten in Jensen's Nachlass einige einfache notwendige Bedingungen für die Realität der Nullstellen des Integrals (1) aufgefunden werden, die im Falle der $\xi$-Funktion nachweisbar erfüllt sind. (Vgl. Nr. 6).

2) Es konnten im Nachlass mehrere notwendige und hinreichende Bedingungen aufgefunden werden (vgl. Nr. 7—9), aber ohne Nachweis dafür, dass sie durch die $\xi$-Funktion erfüllt sind, ja ohne die Andeutung irgendeines zum Nachweis führenden Weges. Insbesondere sind keine numerischen Rechnungen, die irgendwie diesem Zwecke dienen könnten, vorhanden. Die Bedingungen sind übrigens von so komplizierter Form, dass durch ihre Aufstellung die Aufgabe kaum zugänglicher gemacht worden zu sein scheint.

3) Nicht notwendige, nur hinreichende Kriterien, insbesondere solche, deren Anwendung auf die $\xi$-Funktion irgendwie fortgeschritten wäre, konnten im Nachlass nicht aufgefunden werden.

4) Nachzuweisen, dass die unendlich vielen algebraischen Gleichungen, die durch Nullsetzen der Polynome (2) entstehen, nur reelle Wurzeln haben, scheint mir keine algebraische Aufgabe zu sein, und ein solcher Nachweis scheint mir undurchführbar ohne die Auffindung gewisser Eigenschaften der Funktion $\Psi(t)$. Nun sind aus dem Nachlass

[6] Wird $\Psi(t)$ zu $\Phi(t)$, so wird die durch die Formel definierte Funktion $F(z)$ zu $\xi(z)$. Die Bezeichnung $\Phi(t)$ wird auch hier (in einer wenig verschiedenen Bedeutung) gebraucht. Vgl. (9), (10), (11).

nur wenige Eigenschaften derjenigen speziellen Funktion $\Psi(t)$ $(= \Phi(t))$ ersichtlich, die in der Integraldarstellung der $\xi$-Funktion auftritt. Ich werde durch ein Beispiel zeigen, dass aus diesen wenigen Eigenschaften die Realität der Nullstellen noch nicht gefolgert werden kann. (Beispiel b) in Nr. 11.)

5) Überhaupt scheint mir (wie den meisten andern in der Frage Interessierten) das Vorhaben, ein derartiges Problem durch numerische Rechnung entscheiden zu wollen, aussichtslos zu sein. Ich werde zugunsten dieser Ansicht bei Besprechung des eben erwähnten Beispiels (in Nr. 11) ein Argument hervorbringen.

Das Folgende bringt ausser der Besprechung der erwähnten Jensenschen Kriterien eine Zusammenstellung derjenigen dem Verfasser bekannten wenigen Eigenschaften der Integraldarstellung der $\xi$-Funktion, deren Zusammenhang mit der Frage der Wurzelrealität schon heute einigermassen ersichtlich ist. Der Gegenstand berührt sich vermutlich mit dem der letzten der von Jensen geplanten 5 Abhandlungen[7].

[7] Der hier diskutierte Weg, den Jensen in seinem Vortrag[1] zur Lösung der Riemannschen Aufgabe andeutet, ist wesentlich verschieden von dem, den er 12 Jahre vorher in folgenden Worten angekündigt hat: (Acta Mathematica, Bd. 22, 1899, S. 364): »...en employant le critère donné plus haut, je suis parvenu à démontrer rigoureusement que $\xi(t)$ n'a pas de zéros à l'intérieur du cercle $|t - ri| = r$«. Unter »critère« kann man dabei kaum was anderes verstehen, als das auf S. 362, Zeile 11 v. u. erwähnte »critère précieux«. Es handelt sich also um die folgende Situation (worauf auch verschiedene Zeichnungen in JN sich beziehen): Die Jensensche Formel wird auf $\zeta(s)$ angewandt in einem Kreis vom Radius $r$ und Mittelpunkt $s = r + \frac{1}{2}$. Man kann hieraus einen Ausdruck konstruiren, der dann und nur dann genau $= 0$ ist, wenn $\zeta(s)$ keine Nullstellen im besagten Kreise hat, also für beliebig grosses $r$ dann und nur dann verschwindet, wenn die Riemannsche Vermutung richtig ist. Wir besitzen keine Mittel, um diesen Ausdruck, dessen wesentlicher Teil ein entlang der Kreisperipherie erstrecktes Integral ist, genau zu berechnen.
(Forsetzung auf S. 10.)

## Die Integraldarstellung der $\xi$-Funktion.

3. Riemann setzt[8]

$$\frac{1}{2}\left(z^2-\frac{1}{4}\right)\pi^{-\frac{z}{2}-\frac{1}{4}}\Gamma\left(\frac{z}{2}+\frac{1}{4}\right)\zeta\left(z+\frac{1}{2}\right)=\xi(iz)$$

$$e^{-\pi x}+e^{-4\pi x}+e^{-9\pi x}+\ldots=\psi(x)$$

und findet

$$\text{(3)}\qquad \xi(z)=\frac{1}{2}-\left(z^2+\frac{1}{4}\right)\int_1^{\infty}\psi(x)\,x^{-\frac{3}{4}}\cos\left(\frac{1}{2}z\log x\right)dx.$$

**Man vertausche** $z$ **mit** $\frac{1}{2}z$, **führe eine neue Integrations-** variable mittels

$$x=e^{4t}$$

ein, und setze

$$\text{(4)}\qquad \frac{1}{4}e^t\sum_{-\infty}^{+\infty}e^{-n^2\pi e^{4t}}=\frac{1}{4}e^t\left(1+2\psi(e^{4t})\right)=\omega(t).$$

**Man findet so**

$$\text{(5)}\quad \xi\left(\frac{z}{2}\right)=-\int_0^{\infty}\left(2\omega(t)-\frac{1}{2}e^t\right)\cos zt\,dt+\frac{1}{2}-\int_0^{\infty}\left(2\omega(t)-\frac{1}{2}e^t\right)z^2\cos zt\,dt.$$

**Die bekannte Gleichung (das Zeichen $\vartheta(x)$ wird** in einer **von der üblichen abweichenden Bedeutung gebraucht)**

$$\text{(6)}\qquad \vartheta(x)=\sum_{-\infty}^{+\infty}e^{-n^2\pi x}=\frac{1}{\sqrt{x}}\sum_{-\infty}^{+\infty}e^{-\frac{n^2\pi}{x}}$$

**besagt, dass**

$$\text{(7)}\qquad \omega(-t)=\omega(t)$$

Da aber nur ein unendlich klein werdender Teil der Kreisperipherie in den kritischen Streifen fällt, ist leicht festzustellen, dass der fragliche Ausdruck für $r\to\infty$ gegen Null strebt. Aus dieser im ersten Moment verheissungsvollen Tatsache kann man aber nichts über die Riemannsche Vermutung schliessen. Denn lässt man den Kreis mit demselben Mittelpunkt anstelle die Gerade $\sigma=\frac{1}{2}$ die Gerade $\sigma=0$ berühren ($\sigma=\Re s$), so wird für $r\to\infty$ der im kritischen Streifen verlaufende Bogen dem ganzen Umfang gegenüber noch immer unendlich klein, obzwar dann der Kreis bei wachsendem $r$ nacheinander alle Nullstellen aufnimmt.

[8] Riemann's Werke, (1876), S. 138.

ist. Hieraus folgt

$$(8) \qquad \omega'(0) = 0.$$

Man forme das zweite Integral an der rechten Seite von (5) durch zweimalige partielle Integration um, indem man beide Male den zweiten trigonometrischen Faktor des Integranden integriert. Mit Beachtung der Formel (8) und des Verhaltens von $\omega(t)$ für $t \to \infty$ folgt[9]

$$(9) \quad \xi\left(\frac{z}{2}\right) = 2\int_0^\infty (\omega''(t) - \omega(t)) \cos zt\,dt = 2\int_0^\infty \Phi(t) \cos zt\,dt.$$

**Wir haben zur Abkürzung**

$$(10) \qquad \omega''(t) - \omega(t) = \Phi(t)$$

**gesetzt.**

**4. Wir wollen jetzt einige Eigenschaften der Funktion $\Phi(t)$ aufzählen[10]. Gemäss (10) und (4) ist**

$$(11) \qquad \Phi(t) = 4\sum_1^\infty (2n^4\pi^2 e^{9t} - 3n^2\pi e^{5t})\, e^{-n^2\pi e^{4t}}.$$

**I. Ist $\varepsilon > 0$, so gilt für $n = 0, 1, 2, 3, \ldots$**

$$\lim_{t \to +\infty} \Phi^{(n)}(t)\, e^{(\pi - \varepsilon) e^{4t}} = 0.$$

Dies folgt unmittelbar aus (11) und zeigt, dass $\Phi(t)$ die Bedingung 3), die wir in Nr. 1 der Funktion $\Psi(t)$ auferlegt haben, reichlich erfüllt.

[9] Formel (9) ist im wesentlichen die Riemannsche Integraldarstellung der $\xi$-Funktion a. a. O. [8], verschieden ist nur der Aufbau der Funktion $\Phi$. Dieser Aufbau wird übrigens auch in $P_4$ verwendet. In JN wird (9) gelegentlich als die »wichtigste Formel« (wohl unter den Integraldarstellungen der $\xi$-Funktion) bezeichnet.

[10] I ist in JV (S. 188), II und III sind in JN öfters hervorgehoben. Für II und IV vgl. $P_3$. — II und III waren (nebst der in Nr. 6 im Anschluss an Satz III hervorgehobenen Konsequenz) mehreren mit mir befreundeten Mathematikern bekannt; beide kommen in den Tagebüchern von A. Hurwitz (aufbewahrt in der Bibliothek der Eidg. Technischen Hochschule in Zürich) unter dem Datum 1899 vor.

II. $\Phi(t)$ ist eine gerade Funktion.

Dies folgt aus (10) und (7).

III. Es ist $\Phi(t) > 0$ für alle reellen Werte von $t$.

Für $t \geqq 0$ sind alle Glieder der Summe (11) positiv, da $2\pi > 3$. Für $t < 0$ ist II zu beachten.

IV. Es ist für $t \to \pm\infty$

$$\Phi(t) \backsim 8\pi^2 (e^{9t} + e^{-9t})\, e^{-\pi(e^{4t} + e^{-4t})}. \tag{12}$$

Dies folgt für $t \to +\infty$ aus der Darstellung (11), für $t \to -\infty$ aus II. Diese Eigenschaft ist aus folgendem Grunde kurios: ersetzt man in dem Integral (9) $\Phi(t)$ durch die rechte Seite von (12), so entsteht eine ganze Funktion von $z$, die nachweisbar nur reelle Nullstellen besitzt[11].

5. Die im vorangehenden aufgezählten Eigenschaften von $\Phi(t)$ betreffen nur sein Verhalten im Reellen. Es sei nun $\Phi(t)$ als analytische Funktion von $t$ betrachtet[12].

Die in (6) als $\vartheta(x)$ bezeichnete Funktion ist regulär für $\Re x > 0$, d. h. in der rechten Hälfte der $x$-Ebene, und hat die imaginäre Achse zur natürlichen Grenze, wie auf mehrere Arten, z. B. aus der Reihe (6) zu ersehen ist. Es ist gemäss (4)

$$\omega(t) = \frac{1}{4} e^{t}\, \vartheta(e^{4t}). \tag{13}$$

Folglich ist $\omega(t)$, wie $\Phi(t)$, vgl. (10), regulär im Streifen

$$-\frac{\pi}{8} < \Im t < \frac{\pi}{8} \tag{14}$$

und hat deren Begrenzung, die aus zwei zur reellen Achse der $t$-Ebene parallelen Geraden besteht, zur natürlichen Grenze.

Bewegt sich $t$ entlang der imaginären Achse der $t$-Eben

[11] Siehe $P_3$ und für einen einfacheren Beweis $P_5$.

[12] Vgl. $P_4$.

von $-\frac{i\pi}{8}$ zu $\frac{i\pi}{8}$, so beschreibt $x = e^{4t}$ einen Halbkreis in der $x$-Ebene, deren Endpunkte $x = -i$ und $x = i$ sind. Wir wollen das Verhalten von $\vartheta(x)$ in der Umgebung des Punktes $x = i$ ermitteln. Es ist, gemäss (6),

$$(15) \quad \vartheta(i+x) = \sum_{n=-\infty}^{+\infty} (-1)^n e^{-n^2 \pi x} =$$

$$\sum_{m=-\infty}^{+\infty} e^{-4m^2\pi x} - \sum_{n=-\infty}^{+\infty} e^{-n^2\pi x} = 2\vartheta(4x) - \vartheta(x)$$

$$= 2\frac{1}{\sqrt{4x}} \sum_{m=-\infty}^{+\infty} e^{-\frac{m^2\pi}{4x}} - \frac{1}{\sqrt{x}} \sum_{m=-\infty}^{+\infty} e^{-\frac{m^2\pi}{x}}$$

In den beiden Summen der letzten Zeile heben sich die Glieder für $m = 0$ genau auf, und hieraus ist leicht zu schliessen, dass $\vartheta(i+x)$ für $x \to 0$ sich so verhält, wie $\frac{1}{\sqrt{x}} e^{-\frac{1}{x}}$, d. h. $\vartheta(i+x)$ strebt samt allen Derivierten gegen 0, wenn sich $x$ dem Nullpunkte in einem Winkelraume vom Scheitel 0 und Öffnung $< \pi$ nähert, dessen Winkelhalbierende die positive reelle Achse der $x$-Ebene ist. Hieraus folgt durch Vertauschung von $i+x$ mit $x$ und durch die Abbildung $\frac{1}{4}\log x = t$ gemäss (13) und (10):

V. Die Funktion $\Phi(t)$ strebt samt allen ihren Derivierten gegen Null, wenn $t$ der imaginären Achse entlang dem Punkte $t = \frac{i\pi}{8}$, dem dem Nullpunkt nächstgelegenen singulären Punkt von $\Phi(t)$, zustrebt.

## Notwendige Bedingungen.

6. Es sind hier solche notwendigen Bedingungen für die Realität aller bzw. unendlich vieler Nullstellen zu-

sammengestellt, welche durch die Integraldarstellung (9) der $\xi$-Funktion nachweisbar erfüllt sind [13].

I. **Ist $\Psi''(t) \geqq 0$ für $t \geqq 0$, so hat $F(z)$ überhaupt keine reellen Nullstellen.**

Aus der Voraussetzung und aus $\Psi'(t) \to 0$, $\Psi(t) \to 0$ für $t \to +\infty$, vgl. 3) unter Nr. 1, schliesst man $\Psi'(t) \leqq 0$, $\Psi(t) \geqq 0$ für $t \geqq 0$. Aus der letzten Feststellung folgt, dass $F(0) > 0$ ist. Wenn $x$ als reell und $\neq 0$ vorausgesetzt wird, erhalten wir aus (1) durch zweimalige partielle Integration, dass

$$\begin{aligned} x^2 F(x) &= -x\,2\int_0^\infty \Psi'(t)\sin xt\,dt \\ &= -2\Psi'(0) - 2\int_0^\infty \Psi''(t)\cos xt\,dt \\ &> 2\left(-\Psi'(0) - \int_0^\infty \Psi''(t)\,dt\right) = 0 \end{aligned}$$

w. z. b. w.

Soll also $F(z)$ reelle Nullstellen haben, so muss $\Psi''(t)$ notwendigerweise Zeichen wechseln. Dies ist immer der Fall, wenn $\Psi(t)$ gerade ist, denn dann ist

$$\int_0^\infty \Psi''(t)\,dt = -\Psi'(0) = 0.$$

So ist insbesondere, wegen II unter Nr. 4, die besprochene notwendige Bedingung durch die $\xi$-Funktion erfüllt [14].

II. **Wenn $F(z)$ unendlich viele Nullstellen in einem Parallelstreifen von der Form**

[13] I, II, III in JN. I auch in $P_2$ (Satz VII, S. 378) und ein mit II verwandter Satz in $P_3$ (Hilfssatz I, S. 315). Für III vgl. das in Fussnote [10] bezüglich der Eigenschaften II und III Gesagte.

[14] Eine andere in JN befindliche Anwendung des Satzes I betrifft die Funktion $\frac{1}{2} - \xi(z)$. Diese Funktion bleibt für reelles $z$ positiv, wie Formel (3) in Verbindung mit Satz I zeigt. Das Resultat kann noch anders bewiesen werden: Aus Formel (9) folgt in Verbindung mit Eigenschaft III in Nr. 4, dass $|\xi(z)| < \xi(0)$ für reelles $z \neq 0$.

(16) $$-k \leqq \Im z \leqq k$$

besitzt ($k$ ist eine positive Konstante), so ist notwendigerweise

$$\psi'(0) = \psi'''(0) = \psi^{(5)}(0) = \ldots = 0.$$

Es wird also, kurz gesagt, behauptet, dass $\psi(t)$ eine gerade Funktion ist. Falls diese Behauptung nicht zutrifft, ist für ein gewisses ganzes $q$

$$\psi'(0) = \psi'''(0) = \ldots = \psi^{(2q-3)}(0) = 0, \quad \psi^{(2q-1)}(0) \neq 0.$$

Man erhält aus (1), mit Rücksicht auf Bedingung 3) in Nr. 1, durch wiederholte partielle Integration

$$F(z) = \frac{2(-1)^q \psi^{(2q-1)}(0)}{z^{2q}} + \frac{2(-1)^{q+1}}{z^{2q+1}} \int_0^\infty \psi^{(2q+1)}(t) \sin zt \cdot dt.$$

Genügt $z$ der Ungleichung (16), so ist $|\sin zt| \leqq e^{kt}$. Daher ist, wenn $z$ im Streifen (16) bleibend gegen $\infty$ strebt,

$$\lim z^{2q} F(z) = 2(-1)^q \psi^{(2q-1)}(0) \neq 0.$$

Also ist $F(z)$ im genügend entfernten Teil des Streifens $\neq 0$, was der Voraussetzung wiederspricht.

Bekanntlich erfüllt $\xi\left(\frac{z}{2}\right)$ die Voraussetzung des Satzes II mit $k = 1$. Somit folgt, dass $\Phi(t)$ eine gerade Funktion ist. Dies ist in Nr. 4 auf ganz anderem Wege nachgewiesen worden (Eigenschaft II).

III. Wenn $F(z)$ nur reelle Nullstellen besitzt, und seine Reihenentwicklung

$$F(z) = b_0 - \frac{b_1}{1!} z^2 + \frac{b_2}{2!} z^4 - \ldots$$

geschrieben wird, sind alle Koeffizienten $b_0$, $b_1$, $b_2, \ldots$ vom selben Vorzeichen.

$F(z)$ ist, gemäss dem Integralausdruck (1), eine reelle und gerade ganze Funktion, und zwar, nach Voraussetzung 4) in Nr. 1, von erhöhtem Genus 1. Somit besitzt $F(z)$ einen Produktausdruck von der Form

$$F(z) = c z^{2q} e^{-\gamma z^2} \prod_\nu \left(1 - \frac{z^2}{\alpha_\nu^2}\right);$$

$c$ ist reell, $\gamma \geqq 0$, und das Produkt $\prod_\nu$ umfasst unendlich oder endlich viele oder gar keine Faktoren (in diesem letzten Fall bedeutet es die Einheit). Wenn alle $\alpha_\nu$ reell sind, haben die Entwicklungskoeffizienten von $F(iz)$ ersichtlicherweise sämtlich das Vorzeichen von $c$; hieraus folgt die Behauptung.

Die durch Satz III gelieferte notwendige Bedingung ist sicherlich erfüllt, wenn $\Psi(t) \geqq 0$ ist, da doch

$$b_n = \frac{n!\,2}{2n!} \int_0^\infty \Psi(t)\, t^{2n}\, dt$$

in diesem Falle ersichtlich $> 0$ ist. Somit ist die Bedingung insbesondere im Falle der $\xi$-Funktion, d. h. durch $\Phi(t)$ erfüllt, vgl. die Eigenschaft III in Nr. 4.

Wie wenig wir aber an diesem Wege fortgeschritten sind, zeigt es am deutlichsten, dass die nächsteinfachste notwendige Bedingung für die Realität aller Nullstellen[15]

$$b_n^2 - b_{n-1} b_{n+1} \geqq 0 \tag{17}$$

im Falle der $\xi$-Funktion noch nicht verifiziert ist.

## Notwendige und hinreichende Bedingungen.

7. Mit Rücksicht auf Satz II der vorangehenden Nr. 6 sei nun angenommen, dass die reellwertige Funktion $\Psi(t)$

[15] Vgl. PSch Satz II, S. 110. Die aus (17) für die Funktion $\Phi(t)$ sich ergebende Ungleichung wird in JN wiederholt ohne Beweis erwähnt.

für alle reellen Werte von $t$ definiert ist, ferner, dass sie gerade ist und den Bedingungen 2) 3) 4) der Nr. 1 genügt. Für die Realität sämtlicher Nullstellen der Funktion $F(z)$, definiert durch (1), fanden sich in Jensens Nachlass[16] drei verschiedene notwendigen und hinreichenden Kriterien.

I. Die Nullstellen von $F(z)$ sind dann und nur dann sämtlich reell, wenn

$$(18)\quad \int_{-\infty}^{+\infty}\int_{-\infty}^{+\infty} \Psi(\alpha)\Psi(\beta)\,e^{i(\alpha+\beta)x}e^{(\alpha-\beta)y}(\alpha-\beta)^2\,d\alpha\,d\beta \geqq 0$$

für alle reellen Werte von $x$ und $y$.

II. Die Nullstellen von $F(z)$ sind dann und nur dann sämtlich reell, wenn

$$(19)\quad \int_{-\infty}^{+\infty}\int_{-\infty}^{+\infty} \Psi(\alpha)\,\Psi(\beta)\,e^{i(\alpha+\beta)x}(\alpha-\beta)^{2n}\,d\alpha\,\alpha\beta \geqq 0$$

für alle reellen Werte von $x$ und $n = 0, 1, 2, 3, \ldots$.

III. Die Nullstellen von $F(z)$ sind dann und nur dann sämtlich reell, wenn

$$(20)\quad \int_{-\infty}^{+\infty}\int_{-\infty}^{+\infty} \Psi(\alpha)\Psi(\beta)(x+i\alpha)^n(x+i\beta)^n(\alpha-\beta)^2 d\alpha\,d\beta > 0$$

für alle reellen Werte von $x$ und $n = 0, 1, 2, 3, \ldots$.

Ob diese Kriterien durch die $\xi$-Funktion erfüllt sind oder nicht, wissen wir nicht, und es ist auch kein Weg

[16] In JN steht $\geqq 0$ in Kriterium III anstelle von dem hier gegebenen $> 0$. Für den Fall $\geqq 0$ ist das Hinreichen, für $> 0$ die Notwendigkeit schwieriger zu begründen. Ich habe mich auf den Fall $> 0$ beschränkt und zu dessen Behandlung das über JV und JN etwas hinausgehende Kriterium III′ aufgestellt. — In JV werden nur Funktionen vom Geschlecht 0 oder 1 betrachtet (dies hätte schon in Fussnote [5] hervorgehoben werden sollen). Die Ausdehnung auf den etwas allgemeineren Fall von »erhöhtem Genus 1« wird in JN für verschiedene verwandte Sätze ins Auge gefasst. Durch diese Ausdehnung wird der volle Gültigkeitsbereich der Sätze erreicht. Vgl. PSch, insbesondere Satz IV, S. 110.

ersichtlich, an dem das Erfülltsein geprüft werden könnte. Nur das ist leicht zu sehen, dass alle fraglichen Ungleichungen für $x = 0$ sicher richtig sind, falls $\psi(t) > 0$ ist, also insbesondere auch im Fall der $\xi$-Funktion.

Um die Kriterien I, II, III zu beweisen, ist es vorteilhaft sie anders und etwas allgemeiner zu formulieren:

Es sei $F(z)$ eine reelle ganze Funktion von erhöhtem Genus 1. Die notwendige und hinreichende Bedingung dafür, dass die Nullstellen von $F(z)$ sämtlich reell seien, lässt sich in den folgenden beiden Formen ausdrücken:

I′. Für alle reellen Werte von $x$ und $y$ ist

$$\frac{\partial^2}{\partial y^2} | F(x+iy) |^2 \geqq 0.$$

II′. Für alle reellen Werte von $x$ sind die Entwicklungskoeffizienten von $|F(x+iy)|^2$ nach wachsenden Potenzen von $y$ sämtlich nicht negativ.

Die notwendige und hinreichende Bedingung dafür, dass die Nullstellen von $F(z)$ sämtlich reell seien und $F(z)$ **nicht von der Gestalt** $e^{\alpha z} P(z)$ sei, wo $\alpha$ eine Konstante und $P(z)$ ein Polynom ist, lautet so:

III′. Wird

$$F(z) = a_0 + \frac{a_1}{1!} z + \frac{a_2}{2!} z^2 + \ldots + \frac{a_n}{n!} z^n + \ldots$$

und das Polynom

$$a_0 z^n + \binom{n}{1} a_1 z + \binom{n}{2} a_2 z^2 + \ldots + a_n = F_n(z) \tag{21}$$

**gesetzt, so ist für alle reelle Werte von $x$ und für $n = 1, 2, 3, \ldots$**

$$F_n^2(x) - F_{n-1}(x) F_{n+1}(x) > 0. \tag{22}$$

Dass die Kriterien I′, II′, III′ tatsächlich auf I, II, III herauskommen, falls $F(z)$ durch (1) gegeben und $\Psi(t)$ gerade ist, ist leicht zu sehen. Man beachte zunächst, dass in diesem Fall

$$|F(x+iy)|^2 = F(x+iy)\,F(z-iy) =$$

$$= \int_{-\infty}^{+\infty}\int_{-\infty}^{+\infty} \Psi(\alpha)\,\Psi(\beta)\,e^{i(\alpha+\beta)x}\,e^{-(\alpha-\beta)y}\,d\alpha\,d\beta$$

$$= \sum_{0}^{\infty} \frac{y^{2n}}{2n!} \int_{-\infty}^{+\infty}\int_{-\infty}^{+\infty} \Psi(\alpha)\,\Psi(\beta)\,e^{i(\alpha+\beta)x}\,(\alpha-\beta)^{2n}\,d\alpha\,d\beta$$

und

$$F_n(z) = \int_{-\infty}^{+\infty} \Psi(t)\,(z+it)^n\,dt$$

ist. Hieraus folgen I, II und auch das Formale an III.

Nun kann die durch (1) definierte Funktion $F(z)$ nicht identisch verschwinden, da $\Psi(t)$ nicht identisch verschwindet[17]. Ferner strebt $F(z)$ gegen 0, wenn $z$ entlang der reellen Achse gegen $\infty$ strebt, wie man durch partielle Integration zeigt, vgl. den Beweis von I unter Nr. 6; somit ist $F(z)$ auch kein Polynom. Schliesslich ist $F(z)$ eine gerade Funktion, und kann als solche auch nicht die Gestalt $e^{\alpha z}\times$ Polynom annehmen.

8. Die Beweise der Kriterien I′ und II′ finden sich im Jensenschen Vortrag und sind ziemlich einfach, der Beweis des Kriteriums III′ ist heikler und erfordert einige Hilfssätze[18].

Hilfssatz I. Es sei $\alpha$ eine reelle Konstante, $g(z)$ ein Polynom mit nur reellen Nullstellen, und $M$

[17] Vgl. G. Pólya, Mathematische Zeitschrift, 18 (1923) 105—106.

[18] Betreffend die Kriterien I, II vgl. JV 191—193. Die Hilfssätze I, III, IV verschärfen in JV befindliche Gedankengänge (S. 184—187), die teilweise schon auf Hermite und Laguerre zurückgehn. Die Methode ist ähnlich wie in $P_1$, S. 232—234.

die grösste von den Nullstellen des Polynoms $g(z)$ erreichte Multiplizität. Dann besitzt

$$(D-\alpha)g(z) = g'(z) - \alpha g(z)$$

ebenfalls nur reelle Nullstellen, und zwar keine von höherer Multiplizität als $M-1$, falls $M \geqq 2$ ist.

Es seien $x_1, x_2, \ldots x_l$ sämtliche Stellen, an denen $g(z)$ verschwindet, $x_1 < x_2 < \ldots < x_l$, und zwar sei $x_\nu$ eine Nullstelle von der Multiplizität $m_\nu$. Es ist $M = Max(m_1, m_2, \ldots m_l)$. Betrachten wir, Bestimmtheit halber, den Fall, in dem $\alpha > 0$ ist. Es hat die Funktion

$$De^{-\alpha z} g(z) = e^{-\alpha z}\left(g'(z) - \alpha g(z)\right)$$

auf Grund des Satzes von Rolle, im Innern des halboffenen Intervalles $x_{\nu-1} < x \leqq x_\nu$ mindestens eine Nullstelle und an dessen rechtem Endpunkt $x_\nu$ hat sie offenbar $m_\nu - 1$ (was $\geqq 0$ ist) zusammenfallende Nullstellen. Dies gilt auch für $\nu = 1$, wenn $x_0 = -\infty$ gesetzt ist. Somit haben wir $m_1 + m_2 + \ldots + m_l$ reelle Nullstellen des Polynoms $g'(z) - \alpha g(z)$ nachgewiesen. Die sind alle seine Nullstellen, Insbesondere ist die Nullstelle im Innern des Intervalls $x_{\nu-1} < x \leqq x_\nu$ einfach, und somit hat von den eventuellen mehrfachen Nullstellen keine höhere Multiplizität als $M-1$.

**Hilfssatz II.** Eine reelle ganze Funktion $F(z)$ von erhöhtem Genus 1 kann so durch eine reelle Polynomfolge $f_1(z), f_2(z), f_3(z), \ldots$ angenähert werden, dass erstens

$$\lim_{n \to \infty} f_n(z) = F(z)$$

gleichmässig in jedem beschränktem Bereich gilt, und zweitens alle nichtreellen Nullstellen von $f_n(z)$ unter den Nullstellen von $F(z)$ enthalten sind.

In der Tat, $F(z)$ hat nach Definition eine Produktzerlegung von der Gestalt

$$(23) \qquad F(z) = ce^{-\gamma z^2 + \beta z} z^q \Pi\left(1 - \frac{z}{\alpha_\nu}\right) e^{\frac{z}{\alpha_\nu}};$$

$\alpha_\nu$, $\beta$, $\gamma$, $c$, $q$ sind Konstanten, $q$ ganz und $\geqq 0$, $\gamma$ reell und $\geqq 0$. Die $\alpha_\nu$ sind entweder gar nicht vorhanden (in diesem Fall ist das Produkt durch 1 zu ersetzen) oder in endlicher Anzahl oder es ist $\Sigma |\alpha_\nu|^{-2}$ konvergent; soweit vorhanden, ist $\alpha_\nu \neq 0$. Da $F(z)$ eine reelle Funktion ist, sind $\beta$ und $c$ reell, und die $\alpha_\nu$ zerfallen in zwei Kategorien: gewisse unter ihnen sind reell, andere gehören paarweise zusammen und sind konjugiert imaginär.

Man setze nun

$$f_n(z) = \left(1 - \frac{\gamma z^2}{N}\right)^N \left(1 + z\frac{\beta + \Sigma_n \alpha_\nu^{-1}}{N}\right)^N cz^q \Pi_n\left(1 - \frac{z}{\alpha_\nu}\right).$$

Die Summe $\Sigma_n$ und das Produkt $\Pi_n$ sind über solche Werte von $\nu$ erstreckt, für welche $|\alpha_\nu| \leq n$ ist. Mit jedem nicht reellen $\alpha_\nu$ kommt also das dazu konjugierte $\overline{\alpha}_\nu$ in in $\Sigma_n$ und $\Pi_n$ vor. Daher ist $f_n(z)$ reell und hat ausser den betreffenden $\alpha_\nu$ keine nichtreellen Nullstellen. (Man beachte, dass $\gamma \geqq 0$ ist).

Die ganze Zahl $N = N(n)$ sei so bestimmt, dass im Kreise $|z| \leq n$

$$\left| f_n(z) - e^{-\gamma z^2} e^{z(\beta + \Sigma_n \alpha_\nu^{-1})} cz^q \Pi_n\left(1 - \frac{z}{\alpha_\nu}\right)\right| < \frac{1}{n}$$

ist; $N$ muss bloss genügend gross gewählt werden.

Die Polynomfolge $f_1(z)$, $f_2(z)$, $f_3(z)$, ... besitzt offenbar alle von ihr im Hilfssatz II behaupteten Eigenschaften.

Hilfssatz III. H a b e n  s o w o h l  d i e  r e e l l e  g a n z e  F u n k t i o n

$$F(z) = a_0 + \frac{a_1 z}{1!} + \frac{a_2 z^2}{2!} + \frac{a_3 z^3}{3!} + \dots$$

**von erhöhtem Genus 1 wie das Polynom $g(z)$ nur reelle Nullstellen, so hat auch das Polynom**

$$F(D)\, g(z) = a_0 g(z) + \frac{a_1 g'(z)}{1!} + \frac{a_2 g''(z)}{2!} + \dots$$

nur reelle Nullstellen, und zwar hat es lauter **verschiedene** Nullstellen, wenn $F(z)$ **nicht** von der Gestalt $e^{\alpha z} P(z)$ ist, wo $\alpha$ eine reelle Konstante und $P(z)$ ein Polynom bedeutet.

Wir wollen zum Beweis mehrere spezielle Fälle unterscheiden

(a) Falls $F(z)$ ein Polynom $m$-ten Grades,

$$F(z) = (z - \alpha_1)(z - \alpha_2) \dots (z - \alpha_m)$$

ist, ergibt sich die Realität aller Nullstellen von

$$F(D)\, g(z) = (D - \alpha_m)(D - \alpha_{m-1}) \dots (D - \alpha_1)\, g(z) \tag{24}$$

durch $m$-malige Anwendung des Hilfsatzes I.

b) Falls $F(z)$ ein Polynom $m$-ten Grades ist und der Grad von $g(z)$ nicht mehr als $m+1$ beträgt, ist die in Hilfssatz I genannte Zahl $M \leqq m+1$ und somit hat, wie es sich wieder durch $m$-malige Anwendung des Hilfssatzes I ergibt, das Polynom (24) lauter einfache Nullstellen.

c) Falls $F(z)$ irgend eine reelle ganze Funktion von erhöhtem Genus 1 mit nur reellen Nullstellen ist, haben die in Hilfssatz II erwähnten Polynome $f_1(z)$, $f_2(z)$, $f_3(z)$, ... nur reelle Nullstellen. Somit hat, wie unter a) gezeigt, $f_n(D)\, g(z)$ nur reelle Nullstellen, und dasselbe kann man auf Grund einer geläufigen Überlegung auch von

$$\lim_{n \to \infty} f_n(D)\, g(z) = F(D)\, g(z)$$

behaupten.

d) Falls $F(z)$ unendlich viele Nullstellen besitzt, und der Grad von $g(z)$ $m+1$ beträgt, wähle man $m$ Nullstellen von $F(z)$ aus und bilde man das Polynom $f(z)$ $m$-ten Grades, das diese $m$ Nullstellen besitzt. Man spaltet also $F(z)$ folgendermassen:

$$F(z) = f(z)\, F_1(z),$$

wobei $F_1(z)$ wieder eine reelle ganze Funktion von erhöhtem Genus 1 mit nur reellen Nullstellen bezeichnet. Indem man c) auf $F_1(z)$ anstelle auf $F(z)$ anwendet, findet man, dass

$$F_1(D)\, g(z) = g_1(z)$$

nur reelle Nullstellen hat; übrigens ist der Grad von $g_1(z)$ nicht grösser als $m+1$. Daher hat auf Grund von b)

$$F(D)\, g(z) = f(D)\, F_1(D)\, g(z) = f(D)\, g_1(z)$$

nur reelle einfache Nullstellen.

e) Falls $F(z) = e^{-\gamma z^2}$ ist, $\gamma > 0$, wissen wir schon auf Grund von c), dass

$$e^{-\gamma D^2} g(z) = g^*(z)$$

nur reelle Nullstellen hat. Um mehr zu beweisen, betrachten wir die Formel

$$(25) \quad g(z) = e^{\gamma D^2} g^*(z) = \frac{1}{\sqrt{2\pi}} \int_{-\infty}^{+\infty} e^{-\frac{t^2}{2} - t\sqrt{2\gamma} D}\, dt \cdot g^*(z)$$

$$= \frac{1}{\sqrt{2\pi}} \int_{-\infty}^{+\infty} e^{-\frac{t^2}{2}} g^*(z - t\sqrt{2\gamma})\, dt$$

$$= \sqrt{\frac{\gamma}{\pi}}\, e^{-\frac{z^2}{4\gamma}} \int_{-\infty}^{+\infty} e^{zu}\, e^{-\gamma u^2} g^*(2\gamma u)\, du.$$

Wendet man einen von Laguerre herrührenden, der Descartesschen Zeichenregel analogen Satz[19] auf das letzte Integral in (25) an, so findet man, dass $g(z)$ nicht mehr reelle Nullstellen haben kann, als $e^{-\gamma u^2} g^*(2\gamma u)$ voneinander verschiedene reelle Nullstellen ungerader Multiplizität aufweist. Da $g(z)$ nur reelle Nullstellen und denselben Grad wie $g^*(z)$ besitzt, muss $g^*(z)$ lauter reelle einfache Nullstellen haben.

f) Falls $F(z)$ nicht unendlich viele Nullstellen hat und auch nicht von der Gestalt $e^{\alpha z} \times$ Polynom ist, ist es, vgl. (23), sicherlich von der Gestalt

$$F(z) = e^{-\gamma z^2} F_1(z),$$

wobei $\gamma > 0$ ist und $F_1(z)$ wieder eine reelle ganze Funktion von erhöhtem Genus 1 mit nur reellen Nullstellen bezeichnet. Es folgt aus e), ähnlich wie unter d), dass $F_1(D)\, g(z)$ nur reelle Nullstellen und

$$F(D)\, g(z) = e^{-\gamma D^2} \big(F_1(D)\, g(z)\big)$$

nur reelle einfache Nullstellen besitzt.

Hilfssatz III ist durch a) b) c) d) e) f) vollständig bewiesen.

Hilfssatz IV. Notwendig und hinreichend dafür, dass die reelle ganze Funktion

$$F(z) = a_0 + \frac{a_1 z}{1!} + \ldots + \frac{a_n z^n}{n!} + \ldots$$

von erhöhtem Genus 1 nur reelle Nullstellen besitze und nicht von der Gestalt $e^{\alpha z} \times$ Polynom sei, ist die Bedingung, dass das Polynom

[19] Laguerre, Oeuvres, Bd. I, S. 29. Der dort befindliche Beweis ist lückenhaft, vgl. jedoch PSz Bd. 2, Aufgabe V 80, S. 50 und 236.

$$a_0 z^n + \binom{n}{1} a_1 z^{n-1} + \binom{n}{2} a_2 z^{n-2} + \ldots + a_n = F_n(z)$$

für $n = 1, 2, 3, \ldots$ nur reelle **einfache** Nullstellen besitzen soll.

Falls $F(z)$ nur reelle Nullstellen hat und nicht von der Gestalt $e^{\alpha z} \times$ Polynom ist, hat

$$F_n(z) = F(D)\, z^n$$

nur reelle einfache Nullstellen, auf Grund des Hilfssatzes III.

Falls $F(z) = e^{\alpha z} P(z)$, wo $P(z)$ ein Polynom $m$-ten Grades ist, hat, für $n > m$,

$$P(D)\, z^n = P^*(z)$$

eine $(n-m)$-fache Nullstelle im Punkte $z = 0$, und folglich

$$F_n(z) = F(D)\, z^n = e^{\alpha D} P(D)\, z^n = e^{\alpha D} P^*(z) = P^*(z+\alpha)$$

eine $(n-m)$-fache Nullstelle im Punkte $z = -\alpha$.

Wenn, umgekehrt, $F_n(z)$ für $n = 1, 2, 3, \ldots$ nur reelle Nullstellen hat, hat auch

$$\left(\frac{z}{n}\right)^n F_n\left(\frac{n}{z}\right) = a_0 + \frac{a_1 z}{1!} + \frac{a_2 z^2}{2!}\left(1 - \frac{1}{n}\right) + \frac{a_3 z^3}{3!}\left(1 - \frac{1}{n}\right)\left(1 - \frac{2}{n}\right) + \ldots$$

nur reelle Nullstellen, und folglich auch

$$\lim_{n \to \infty} \left(\frac{z}{n}\right)^n F_n\left(\frac{n}{z}\right) = a_0 + \frac{a_1 z}{1!} + \frac{a_2 z^2}{2!} + \ldots + \frac{a_n z^n}{n!} + \ldots = F(z).$$

Diese drei Feststellungen erschöpfen den Inhalt von Hilfssatz IV.

Hilfssatz V. Das reelle Polynom $n$-ten Grades $f(x)$ hat dann und nur dann lauter reelle einfache Nullstellen, wenn die $n-1$ Ungleichungen

$$(26)\quad \begin{cases} (n-1)\left(f'(x)\right)^2 - n f(x) f''(x) > 0, \\ (n-2)\left(f''(x)\right)^2 - (n-1) f'(x) f'''(x) > 0, \\ \dots\dots\dots\dots\dots\dots\dots\dots \\ \left(f^{(n-1)}(x)\right)^2 - 2 f^{(n-2)}(x) f^{(n)}(x) > 0 \end{cases}$$

für alle reellen Werte von $x$ Geltung haben.

a) Es sei

$$f(x) = (x-\alpha_1)(x-\alpha_2)\dots(x-\alpha_n).$$

Bekanntlich ist[20] die Hessesche Form von $f(x)$

$$(n-1)f'^2(x) - n f(x) f''(x) =$$
$$= \frac{1}{2} f^2(x) \sum_{j=1}^{n} \sum_{k=1}^{n} \frac{(\alpha_j - \alpha_k)^2}{(x-\alpha_j)^2 (x-\alpha_k)^2}.$$

Diese Formel zeigt, dass die erste im Hilfssatz V genannte Ungleichung für alle reellen Werte von $x$ erfüllt ist, wenn alle Nullstellen $\alpha_1, \alpha_2, \dots \alpha_n$ reell und voneinander verschieden sind.

b) Wenn $f(x)$ die Eigenschaft besitzt, dass seine Nullstellen alle reell und voneinander verschieden sind, besitzen die Derivierten $f'(x), f''(x), \dots f^{(n-2)}(x)$ dieselbe Eigenschaft. Somit sind, auf Grund von a) alle im Hilfssatz V genannten Ungleichungen erfüllt.

c) Wenn die $n-1$ Ungleichungen (26) für alle reellen Werte von $x$ erfüllt sind, bildet die Funktionenfolge

$$(27)\quad f(x),\ f'(x),\ f''(x), \dots f^{(n-1)}(x),\ f^{(n)}(x)$$

eine verallgemeinerte Sturmsche Kette. In der Tat, aus $f^{(\nu)}(\xi) = 0,\ 1 \leqq \nu \leqq n-1$ und (26) folgt

$$-f^{(\nu-1)}(\xi) f^{(\nu+1)}(\xi) > 0,$$

[20] Vgl. z. B. E. Cesàro, Einleitung in die Infinitesimalrechnung, Leipzig u. Berlin, 1922, S. 411—413.

also dass $f^{(\nu-1)}(x)$ und $f^{(\nu+1)}(x)$ von Null verschieden und von entgegengesetztem Vorzeichen sind. Für $x = -\infty$ zeigt die Kette (27) nur Zeichenwechsel, für $x = +\infty$ nur Zeichenfolgen, somit hat $f(x)$ nur reelle Nullstellen.

Unter a) und b) haben wir bewiesen, dass die Bedingungen (26) für die Realität und Einfachheit aller Nullstellen von $f(x)$ notwendig sind, unter c), dass sie hinreichen[21].

9. Aus den Hilfssätzen der vorangehenden Nummer folgt das Kriterium III′ der Nr. 7.

Dass $F(z)$ nur reelle Nullstellen hat und nicht von der Gestalt $e^{\alpha z} \times$ Polynom ist, ist, gemäss Hilfssatz IV, mit dem Umstand äquivalent, dass die Polynome $F_n(z)$ nur reelle, voneinander verschiedene Nullstellen besitzen.

Es folgt aus (21), dass

$$F_n'(z) = n F_{n-1}(z), \quad F_n''(z) = n(n-1) F_{n-2}(z)$$

also

$$(n-1) F_n'^2(z) - n F_n(z) F_n''(z) =$$
$$= n^2 (n-1) \left(F_{n-1}^2(z) - F_n(z) F_{n-2}(z)\right).$$

Die im Hilfssatz V erwähnten $n-1$ Ungleichungen (26) haben also im Falle $f(z) = F_n(z)$ eine besondere Struktur: Sie entstehen aus den analogen auf $F_{n-1}(z)$ bezüglichen $n-2$ Ungleichungen durch hinzufügen einer. Dass die

[21] Hilfssatz V steht in Zusammenhang mit einer merkwürdigen, zwischen Fourier und Poisson diskutierten Fragestellung (vgl. Oeuvres de Fourier Bd. 2 (1890), 185—210), worauf auch in JN wiederholt Bezug genommen wird. Ich benütze die Gelegenheit einen damit zusammenhängenden Satz zu erwähnen: »Ist $F(z)$ eine reelle ganze Funktion mit nur endlich vielen imaginären Nullstellen, deren Ordnung kleiner als $\frac{2}{3}$ ist, so gibt es in der Folge der Derivierten $F'(z)$, $F''(z)$, $F'''(z)$, ... eine, die (ebenso, wie alle nachfolgenden) **nur reelle Nullstellen** hat.« Die Zahl $\frac{2}{3}$ scheint nicht in der Natur der Sache, vielmehr in der des benutzten Beweisverfahrens zu liegen.

Polynomfolge $F_1(z)$, $F_2(z)$, $F_3(z)$, ... nur Polynome mit lauter reellen und einfachen Nullstellen enthält, ist somit, gemäss Hilfssatz V, mit dem Bestehen der Ungleichung (22) für $n = 1, 2, 3, \ldots$ äquivalent. Somit ist Kriterium III′ bewiesen.

## Eine hinreichende Bedingung für die Existenz unendlich vieler reeller Nullstellen.

10. Im vorangehenden haben wir dem Nachlass von Jensen folgend, die Funktion $\Psi(t)$ als Funktion der reellen Variablen $t$ betrachtet. Die Methode, durch welche Hardy[22] die Existenz unendlich vieler reeller Nullstellen der $\xi$-Funktion zuerst bewiesen hat, und welche von F. Bernstein[23] auf ein anderes Beispiel angewendet wurde, führt schliesslich dazu, die Funktion $\Psi(t)$ als analytische Funktion einer komplexen Veränderlichen zu betrachten.

Ich beginne mit dem Beweis des folgenden Satzes[24]:

I. *Es sei $\Psi(t)$ eine gerade Funktion, analytisch und reell für reelles $t$; ihre Potenzreihenentwicklung um den Punkt $t = 0$ herum sei*

$$\Psi(t) = c_0 - c_1 t^2 + c_2 t^4 - c_3 t^6 + \ldots$$

*und ihre Derivierten seien der Bedingung*

[22] G. H. Hardy, Sur les zéros de la fonction $\xi(s)$ de Riemann, Comptes rendus, 158 (1914) 1012—1014.

[23] F. Bernstein, Über das Fourierintegral $\int_0^\infty e^{-x^4} \cos tx \cdot dx$, Mathematische Annalen 79 (1919) 265—268.

[24] Satz I kombiniert die Überlegungen von F. Bernstein a. a. O.[23] mit denen von L. Fejér, Nombre des changements de signe d'une fonction dans un intervalle et ses moments, Comptes rendus, 158 (1914) 1328—1331; auch die letztere Arbeit ist im Anschluss an G. H. Hardy entstanden. Der aus I leicht folgende Satz II ist in $P_4$ formuliert und auf die im folgenden ausführlicher dargestellte Weise auf die $\xi$-Funktion angewendet.

$$\lim_{t \to +\infty} t^2 \psi^{(n)}(t) = 0 \qquad (n = 0, 1, 2, 3, \ldots)$$

**unterworfen. Hat das Integral**

$$(1') \qquad F(z) = 2\int_0^{\infty} \psi(t) \cos zt\, dt = \int_{-\infty}^{+\infty} \psi(t)\, e^{izt}\, dt$$

**nur $p$ positive,** voneinander verschiedene Nullstellen **ungerader** Multiplizität, so kann die **Zahlenfolge** $c_0, c_1, c_2, \ldots c_n, \ldots$ nicht mehr als $p$ verschwindende Glieder und auch nicht mehr als $p$ Zeichenwechsel aufweisen.

Die zum Beweis des Satzes II in Nr. 6 verwendete partielle Integration zeigt unter den vorliegenden Bedingungen ($\psi(t)$ gerade!), dass

$$(28) \qquad \lim_{x \to \pm\infty} x^{2q} F(x) = 0$$

($x$ ist reell) für beliebig grosses $q$ gilt. Mit Rücksicht auf (28) kann man auf (1′) die Fouriersche Umkehrformel anwenden und beliebig oft differenzieren. Man erhält so

$$\psi(t) = \frac{1}{2\pi}\int_{-\infty}^{+\infty} e^{-ixt} F(x)\, dx$$

$$\psi^{(m)}(t) = \frac{1}{2\pi}\int_{-\infty}^{+\infty} e^{-ixt} (-ix)^m F(x)\, dx$$

$$(29) \qquad 2\, n!\, c_n = (-1)^n \psi^{(2n)}(0) = \frac{1}{\pi}\int_0^{\infty} x^{2n} F(x)\, dx.$$

Nach einem (schon einmal benutzten) Satz von Laguerre[25] hat die für $\Re z > -1$ sicher reguläre Funktion

$$f(z) = \frac{1}{\pi}\int_0^{\infty} x^z F(x)\, dx = \frac{1}{\pi}\int_{-\infty}^{+\infty} e^{zu} F(e^u)\, e^u\, du$$

nicht mehr reelle nichtnegative Nullstellen, als $F(x)$ voneinander verschiedene positive Nullstellen ungerader Multi-

[25] A. a. O. [19].

plizität aufweist. Beachtet man (29), also dass $f(2n)$ das Vorzeichen von $c_n$ hat, so folgt I ohne weiteres. — Die schwächere Aussage, dass $c_n$ für grosses $n$ nicht verschwindet und festes Vorzeichen bewahrt, ist aus (29) auch ohne den Laguerreschen Satz leicht abzulesen[26]. Für uns genügt eigentlich diese schwächere Aussage. Sie führt durch die Betrachtung der Potenzreihe

$$\Psi(it) = c_0 + c_1 t^2 + c_2 t^4 + \dots$$

und mit Benutzung wohlbekannter funktionentheoretischer Tatsachen, unmittelbar zum folgenden Satz:

II. W e n n $\Psi(t)$ d e n B e d i n g u n g e n v o n S a t z I u n t e r w o r f e n b l e i b t u n d $F(z)$ **nur endlich viele reellen Nullstellen besitzt**, s o l i e g t k e i n e s i n g u l ä r e S t e l l e d e r F u n k t i o n $\Psi(t)$ d e m P u n k t e $t = 0$ n ä h e r a l s e i n g e w i s s e r P u n k t $iT$ a n d e r i m a g i n ä r e n A c h s e $(T > 0)$, u n d e s g i b t e i n $N$, s o b e s c h a f f e n, d a s s $|\Psi^{(n)}(it)|$ m i t w a c h s e n d e m r e e l l e n $t$ s t ä n d i g w ä c h s t, w e n n $0 < t < T$ u n d $n > N$.

(Wenn $\Psi(t)$ eine ganze Funktion ist, bleibt der Schlusssatz von II mit $T = +\infty$ gültig).

Die Aussage II ist auf die $\xi$-Funktion anzuwenden. Die in der Integraldarstellung (9) von $\xi$ auftretende Funktion $\Phi(t)$ besitzt alle von $\Psi(t)$ in I geforderten Eigenschaften (vgl. I und II unter Nr. 4 und den Anfang von Nr. 5); ihr zum Punkt $t = 0$ nächstgelegener singulärer Punkt ist $t = \frac{i\pi}{8}$, aber k e i n e D e r i v i e r t e v o n $\Phi(t)$ k a n n d e m B e t r a g e n a c h m o n o t o n z u n e h m e n, wenn $t$ geradlinig von $t = 0$ zu $t = \frac{i\pi}{8}$ sich bewegt, kraft des Schlusssatzes

[26] Vgl. Hardy, a. a. O. [22]. Bernstein a. a. O. [23].

von Nr. 5. Die Folgerung von II ist nicht erfüllt und somit muss $\xi(z)$ unendlich viele reellen Nullsstellen haben.

Der vorgetragene Beweis folgt dem ursprünglichen Hardyschen Beweis für die Existenz unendlich vieler Nullstellen an der kritischen Geraden nicht nur in dem Grundgedanken, sondern auch darin, dass dieselbe singuläre Stelle der Funtion (6) betrachtet wird. Er ist aber vom Hardyschen Beweis doch verschieden, denn es wird eine andere Integraldarstellung benutzt, und er ist insoferne einfacher, dass die Konvergenz, u. zw. die absolute Konvergenz des betrachteten Integrals von vornherein feststeht. Vielleicht verdient noch erwähnt zu werden, dass in dem vorgetragenen Beweis die Riemannsche Integraldarstellung der $\xi$-Funktion, worauf Riemann einiges Gewicht gelegt zu haben scheint, verwendet worden ist, und dass dieselbe vorher, soweit mir bekannt, nie für die Frage der Lage der Nullstellen mit greifbarem Nutzen verwendet wurde.

## Schlussbemerkungen.

11. Die Frage, um welche sich die ganze Untersuchung dreht, ist eigentlich die folgende: Welche Eigenschaften der Funktion $\Psi(t)$ vermögen die Realität aller Nullstellen von $F(z)$ zu sichern? Auf allgemeine Eröterungen will ich hier nicht eingehen[27], nur zwei Beispiele sollen die Komplikationen der Fragestellung erörtern.

a) Man weiss heute noch nicht, ob das Integral

$$2\int_0^\infty (\omega''(t) - \omega(t)) \cos zt\, dt = \xi\left(\frac{1}{2} z\right)$$

nur reelle Nullstellen hat oder nicht, man kann aber beweisen, dass das Integral

[27] Vgl. $P_5$.

(30) $$2\int_0^\infty (\omega''(t) - \omega(t))(e^t + e^{-t}) \cos zt\, dt$$

sicherlich nur reelle Nullstellen besitzt. Aus der Integraldarstellung können wir dies allerdings kaum einsehen, wohl aber folgendermassen: Durch (30) wird

(31) $$\xi\left(\frac{z-i}{2}\right) + \xi\left(\frac{z+i}{2}\right)$$

dargestellt. Nun liegen alle Nullstellen von $\xi\left(\frac{1}{2}(z-i)\right)$ in der oberen Halbebene, wo $\Im z > 0$. Da $\xi(z)$ eine gerade Funktion vom Geschlecht 1 ist, kann es durch Polynome angenähert werden, die nur in den Nullstellen von $\xi(z)$ verschwinden. Ersetzt man in (31) beide Summanden durch die entsprechenden Polynome, so entsteht ein Polynom, dessen Nullstellen nach dem bekannten Hermite-Biehlerschen Satz[28] sämtlich reell sind. Hieraus folgt das Behauptete durch Grenzübergang.

b) Es soll jetzt

(32) $$\Psi(t) = e^{-\frac{t^2}{2}}(e^t + e^{-t} + 2a\sqrt{e})$$

gesetzt werden, wobei $a$ eine positive Konstante bedeutet. Bei dieser Wahl ist

(33) $$2\int_0^\infty \Psi(t) \cos zt\, dt = 2\sqrt{2\pi e}\, e^{-\frac{z^2}{2}}(a + \cos z).$$

Nun hat die Funktion (32) ersichtlicherweise folgende Eigenschaften:

I. Es gilt für $n = 0, 1, 2, 3,$

$$\lim_{t \to +\infty} t^{-1} \log |\Psi^{(n)}(t)| = -\infty.$$

II. $\Psi(t)$ ist eine gerade Funktion.

[28] Vgl. z. B. PSz, Bd. I, Aufgabe III 25, S. 88 und 256.

III. Es ist $\Psi(t) > 0$ für reelles $t$.

IV. Es ist für $t \to +\infty$

$$\Psi(t) \backsim e^{-\frac{t^2}{2}}(e^t + e^{-t}). \tag{34}$$

Wird in (33) $\Psi(t)$ durch die rechte Seite von (34) ersetzt, so entsteht eine Funktion mit nur reellen Nullstellen.

Diese Eigenschaften entsprechen den unter Nr. 4 betrachteten Eigenschaften I—IV der Funktion $\Phi(t)$, die in der Integraldarstellung der $\xi$-Funktion auftritt. Wir sehen, dass aus diesen Eigenschaften nicht auf die Realität der Nullstellen geschlossen werden kann: (33) hat nur reelle Nullstellen, wenn $0 < a \leqq 1$, und nur imaginäre Nullstellen, wenn $a > 1$.

Man kann durch eine numerische Rechnung, die mit beschränkter Genauigkeit geführt werden muss, nie entscheiden, ob eine Zahl irrational ist oder nicht, und ebensowenig ob sie genau $= 1$ ist oder nicht.

Wenn man aber bei dem erreichbaren Genauigkeitsgrad der numerischen Rechnung etwa 0,9999 nicht von 1,0001 zu unterscheiden vermag, kann man auch die Fälle, in denen (33) nur reelle Nullstellen hat, nicht von denen unterscheiden, in denen es keine hat.[29]

[29] Es sind noch hier einige Literaturangaben zu verschiedenen Teilen der Arbeit nachzutragen. Zu Nr. 6, IV vgl. ausser a. a. O. [11] M. Bôcher, On some applications of Bessel's functions with pure imaginary index, Annals of Mathematics (1) 6 (1891—92) 137—160, insbesondere S. 149 und ff. (Den Hinweis auf diese Stelle verdanke ich Herrn Prof. Einar Hille.) — Zu Nr. 11, Beispiel a) vgl. L. Tchacaloff, Sur le l'extension d'un théorème algébrique de Biehler à une certaine classe de trancendantes entières, Rendiconti della R. Accademia delle Scienze Fisiche et Mathematiche di Napoli, (3) 31 (1925) 104—107. — Einen völlig falschen Satz über den Gegenstand dieser Arbeit veröffentlichte kürzlich Herr O. Onicescu, Il comportamento assintotico et gli zeri di una classe di funzioni intere, Atti della R. Accademia dei Lincei, (6) 5 (1927) 271—274.

Færdig fra Trykkeriet den 30. Juni 1927.

*Überreicht vom Verfasser.*

Sonderabdruck aus der Vierteljahrsschrift
der Naturforschenden Gesellschaft in Zürich. LXXIII (1928).
Redaktor: Prof. Dr. Hans Schinz, Zürich.
Ausgegeben am 28. Februar 1928.

# Über positive Darstellung von Polynomen.

Von

G. PÓLYA.

(Als Manuskript eingegangen am 2. Dezember 1927.)

Eine Form in $n$ Variabeln, die für alle nichtnegativen Wertsysteme der Variabeln, mit Ausnahme des identisch verschwindenden Wertsystems, positive Werte annimmt, lässt sich als Quotient zweier Formen mit lauter positiven Koeffizienten darstellen.

Die behauptete Darstellung bringt die als Voraussetzung auftretende Eigenschaft der Form zur Evidenz. Der Fall $n=1$ ist trivial. Für $n=2$ wurde der Satz zuerst von H. POINCARÉ [1]), für $n=3$ von E. MEISSNER [2]) bewiesen; letzterer Beweis ergibt auch einen prinzipiellen Ansatz für $n>3$. Diese Autoren behandeln übrigens nicht Formen, d. h. homogene ganze rationale Funktionen von $n$ Variabeln, sondern Polynome, d. h. inhomogene ganze rationale Funktionen von $n-1$ Variablen; dies kommt auf dasselbe hinaus, nur bringt für $n>2$ die Einführung von Formen eine Vereinfachung der Aussage mit sich. Für $n=2$ ergibt sich der Satz auch als Spezialfall eines allgemeineren [3]) und wurde wiederholt behandelt [4]). Eine für den Fall $n=2$ von E. BÁLINT [4]) gegebener Beweis, der zu einer Darstellung mit besonders einfachem Nenner führt, lässt sich für beliebiges $n$ verallgemeinern, und die Verallgemeinerung fällt bei Betrachtung von Formen (anstatt von Polynomen) besonders einfach aus, wie das folgende zeigt.

Es sei von der homogenen ganzen rationalen Funktion $F(x_1, x_2, \dots x_n)$ angenommen, dass

$$F(x_1, x_2, \dots x_n) > 0$$

ausfällt, wenn

$$(1) \qquad x_1 \geqq 0, \ x_2 \geqq 0, \dots x_n \geqq 0, \qquad x_1 + x_2 + \dots + x_n = 1$$

ist. (Wegen der Homogeneität kann die letzte Bedingung unter (1) die Bedingung $x_1 + x_2 + \dots + x_n > 0$ ersetzen.) Durch die Bedingungen (1) wird im $n$-dimensionalen, auf rechtwinklige Koordinaten $x_1, x_2, \dots x_n$ bezogenen Raum eine beschränkte und abgeschlossene $(n-1)$-dimensionale Mannigfaltigkeit abgegrenzt (eine Strecke, ein Dreieck, ein

**For comments on this paper[107], see p. 428.**

Tetraëder, ... für $n = 2, 3, 4, \ldots$); es erreicht darin $F(x_1, x_2, \ldots x_n)$ ein positives Minimum $\mu$.

Es sei

$$(2) \qquad F(x_1, x_2, \ldots x_n) = \sum_{(\alpha)}^{m} A_{\alpha_1 \alpha_2 \ldots \alpha_n} \frac{x_1^{\alpha_1} x_2^{\alpha_2} \ldots x_n^{\alpha_n}}{\alpha_1! \, \alpha_2! \ldots \alpha_n!}$$

gesetzt; die $A$ sind reelle Zahlenkoeffizienten, und die Summation $\sum_{(\alpha)}^{m}$ soll auf alle Wertsysteme der $n$ Indices $\alpha_1, \alpha_2, \ldots \alpha_n$ erstreckt werden, für welche

$$(3) \qquad \alpha_1 \geqq 0, \quad \alpha_2 \geqq 0, \ldots \alpha_n \geqq 0, \quad \alpha_1 + \alpha_2 + \ldots + \alpha_n = m$$

gilt; $m$ ist also der Grad von $F$. In analoger Bezeichnung ist

$$(4) \qquad (x_1 + x_2 + \ldots + x_n)^{k-m} = (k-m)! \sum_{(\beta)}^{k-m} \frac{x_1^{\beta_1} x_2^{\beta_2} \ldots x_n^{\beta_n}}{\beta_1! \, \beta_2! \ldots \beta_n!}$$

wenn $k$ eine $m$ übersteigende ganze Zahl bedeutet.

Neben $F$ soll noch die Funktion

$$(5) \qquad \Phi(x_1, x_2, \ldots x_n; y) = y^m \sum_{(\alpha)}^{m} A_{\alpha_1 \alpha_2 \ldots \alpha_n} \binom{x_1 y^{-1}}{\alpha_1} \binom{x_2 y^{-1}}{\alpha_2} \ldots \binom{x_n y^{-1}}{\alpha_n}$$

betrachtet werden. Der Binomialkoeffizient $\binom{x}{\alpha}$ ist für beliebiges $x$ und nichtnegatives ganzzahliges $\alpha$ auf die übliche Art definiert, so dass, falls $y \neq 0$,

$$\binom{x y^{-1}}{0} = 1,$$

$$y^\alpha \binom{x y^{-1}}{\alpha} = \frac{x(x-y)(x-2y)\ldots(x-(\alpha-1)y)}{1 \cdot 2 \cdot 3 \ldots \alpha} \qquad \text{für } \alpha > 0$$

ist. Wird

$$(6) \qquad \Phi(x_1, x_2, \ldots x_n; 0) = F(x_1, x_2, \ldots x_n)$$

gesetzt, so ist $\Phi$ für alle Wertsysteme definiert und eine homogene ganze rationale Funktion $m$-ten Grades der $n+1$ Variabeln $x_1, x_2, \ldots x_n, y$. $\Phi$ ist insbesondere stetig; wegen (6) gibt es somit ein positives $\eta$, so dass für alle den Bedingungen (1) unterworfenen Wertsysteme $x_1, x_2, \ldots x_n$ und für $0 < y < \eta$

$$(7) \qquad \Phi(x_1, x_2, \ldots x_n; y) > \tfrac{1}{2}\mu > 0$$

gilt.

Wir erhalten aus (2) und (4)

$$F(x_1, x_2, \dots x_n)(x_1 + x_2 + \dots + x_n)^{k-m} =$$

$$= (k-m)! \sum_{(\alpha)}^{m} \sum_{(\beta)}^{k-m} A_{\alpha_1 \alpha_2 \dots \alpha_n} \frac{x_1^{\alpha_1+\beta_1} x_2^{\alpha_2+\beta_2} \dots x_n^{\alpha_n+\beta_n}}{\alpha_1! \beta_1! \alpha_2! \beta_2! \dots \alpha_n! \beta_n!}$$

$$= (k-m)! \sum_{(\gamma)}^{k} \frac{x_1^{\gamma_1} x_2^{\gamma_2} \dots x_n^{\gamma_n}}{\gamma_1! \gamma_2! \dots \gamma_n!} \sum_{(\alpha)}' A_{\alpha_1 \alpha_2 \dots \alpha_n} \binom{\gamma_1}{\alpha_1} \binom{\gamma_2}{\alpha_2} \dots \binom{\gamma_n}{\alpha_n}.$$

Die äussere Summation $\sum_{(\gamma)}^{k}$ ist so verstanden, dass $\gamma_1, \gamma_2, \dots \gamma_n$ die Wertsysteme durchläuft, für welche

$$\gamma_1 \geqq 0, \ \gamma_2 \geqq 0, \dots \gamma_n \geqq 0, \ \gamma_1 + \gamma_2 + \dots + \gamma_n = k \tag{8}$$

gilt. Die innere Summation $\sum_{(\alpha)}'$ ist auf solche Wertsysteme $\alpha_1, \alpha_2, \dots \alpha_n$ erstreckt, für welche

$$0 \leqq \alpha_1 \leqq \gamma_1, \ 0 \leqq \alpha_2 \leqq \gamma_2, \dots 0 \leqq \alpha_n \leqq \gamma_n, \ \alpha_1 + \alpha_2 + \dots + \alpha_n = m$$

gilt. Wenn man diese Summation etwas weiter erstreckt, nämlich auf alle Wertsysteme $\alpha_1, \alpha_2, \dots \alpha_n$, die den weniger beengenden Bedingungen (3) genügen, bleibt der Wert der Summe ungeändert: Die hinzukommenden Glieder sind $= 0$, da $\binom{\gamma}{\alpha} = 0$ ist, wenn $\alpha$ die nichtnegative ganze Zahl $\gamma$ übersteigt.

Somit ist

$$F(x_1, x_2, \dots x_n)(x_1 + x_2 + \dots + x_n)^{k-m} =$$

$$(k-m)! \sum_{(\gamma)}^{k} \frac{x_1^{\gamma_1} x_2^{\gamma_2} \dots x_n^{\gamma_n}}{\gamma_1! \gamma_2! \dots \gamma_n!} \sum_{(\alpha)}^{m} A_{\alpha_1 \alpha_2 \dots \alpha_n} \binom{\gamma_1}{\alpha_1} \binom{\gamma_2}{\alpha_2} \dots \binom{\gamma_n}{\alpha_n},$$

welche Gleichung, gemäss (5), auch so geschrieben werden kann:

$$F(x_1, x_2, \dots x_n) = \tag{9}$$

$$= \frac{(k-m)! \, k^m \sum_{(\gamma)}^{k} \Phi\left(\frac{\gamma_1}{k}, \frac{\gamma_2}{k}, \dots \frac{\gamma_n}{k}; \frac{1}{k}\right) \frac{x_1^{\gamma_1} x_2^{\gamma_2} \dots x_n^{\gamma_n}}{\gamma_1! \gamma_2! \dots \gamma_n!}}{(x_1 + x_2 + \dots + x_n)^{k-m}}$$

Im Zähler der rechten Seite von (9) treten, gemäss (8), nur solche Werte $\Phi(x_1, x_2, \dots x_n; y)$ auf, die für einen Punkt $x_1, x_2, \dots x_n$ der Mannigfaltigkeit (1) gebildet sind. Sobald $k > \eta^{-1}$ gewählt ist, sind, gemäss (7), alle Koeffizienten der im Zähler stehenden Form $k$-ten Grades positiv, w. z. b. w.

Die Darstellung (9) gibt uns einen bestimmten Algorithmus, um zu entscheiden, ob eine Form $F$ in der Mannigfaltigkeit (1) stets positive Werte annimmt oder nicht: Wenn ja, muss aus $F$ bei wiederholter Multiplikation mit $x_1 + x_2 + \ldots + x_n$ schliesslich eine Form mit lauter positiven Koeffizienten hervorgehen.

Die Darstellung (9) hat den Vorteil, dass die Koeffizienten des Zählers dem durch die Koeffizienten von $F$ bestimmten Zahlkörper angehören; die Koeffizienten des Nenners sind rational.

Denjenigen auf (inhomogene) Polynome bezüglichen Satz, der mit dem am Anfang dieser Arbeit ausgesprochenen äquivalent ist, kann man der Darstellung (9) dadurch entnehmen, dass man darin $x_n = 1$ setzt; ich verzichte auf die etwas umständliche Formulierung. Setzt man in (9)

$$x_n = 1 - x_1 - x_2 - \ldots - x_{n-1}\,,$$

so ergibt sich folgende Verallgemeinerung eines auf $n = 2$ bezüglichen Resultates von F. Hausdorff[5]):

Wenn das Polynom $f(x_1\, x_2, \ldots x_{n-1})$ in dem Bereich

$$x_1 \geqq 0\,,\ x_2 \geqq 0\,, \ldots\ x_{n-1} \geqq 0\,,\ x_1 + x_2 + \ldots + x_{n-1} \leqq 1$$

stets positive Werte annimmt, kann sie als Summe von Polynomen von der Form

$$p\, x_1^{\gamma_1}\, x_2^{\gamma_2} \ldots x_{n-1}^{\gamma_{n-1}}\, (1 - x_1 - x_2 - \ldots - x_{n-1})^{\gamma_n}$$

dargestellt werden, wobei $\gamma_1, \gamma_2, \ldots \gamma_n$ nichtnegative ganze Zahlen sind und die Konstante $p$ positiv ist.

Auch hier wird die als Voraussetzung auftretende Eigenschaft des Polynoms $f$ durch die behauptete Darstellung zur Evidenz gebracht.

Es kann schliesslich bemerkt werden, dass die Darstellung (9) einigermassen in Zusammenhang mit einer Fragestellung von Hilbert steht, die kürzlich durch E. Artin mit tiefgehenden Mitteln gelöst wurde.[6]) Die Fragestellung betrifft die Zerlegung definiter Formen in Quadrate, und eine solche Zerlegung kann, allerdings in einem sehr speziellen Falle, der Darstellung (9) unmittelbar entnommen werden. Man nehme, was gestattet ist, $k - m$ in (9) als gerade Zahl an und ersetze $x_1, x_2, \ldots x_n$ bezw. durch $x_1^2, x_2^2, \ldots x_n^2$. Es erscheint dann $F(x_1^2, x_2^2, \ldots x_n^2)$ als Summe von Quadraten rationaler homogener Funktionen von der Gestalt

$$\frac{c\, x_1^{\gamma_1}\, x_2^{\gamma_2} \ldots x_n^{\gamma_n}}{(x_1^2 + x_2^2 + \ldots + x_n^2)^{\frac{k-m}{2}}}\,;$$

$c$ ist hierbei eine reelle Zahl. Wenn die Koeffizienten von $F$ rational sind, sind die des Zählers von (9) rational und positiv, und können als solche in Summen von Quadraten rationaler Zahlen zerlegt werden. Wenn $p$ und $q$ positiv ganz sind, ist

$$\frac{p}{q} = \frac{pq}{q^2} = \left(\frac{1}{q}\right)^2 + \left(\frac{1}{q}\right)^2 + \cdots + \left(\frac{1}{q}\right)^2 \quad (pq \text{ Summanden}).$$

So gelangt man zur Aussage:

Eine Form in $n$ Variabeln, die eine gerade Funktion von jeder der Variabeln ist und für alle reellen Wertsysteme, das identisch verschwindende Wertsystem ausgenommen, positiv ausfällt, lässt sich als Summe von Quadraten rationaler gebrochener homogener reeller Funktionen darstellen. U. zw. lassen sich diese rationalen gebrochenen Funktionen als rationalzahlig wählen, wenn die vorgelegte Form rationalzahlig ist.

---

[1]) H. Poincaré, Sur les équations algébriques, Comptes Rendus, *97* (1888), S. 1418 bis 1419.

[2]) E. Meissner, Über positive Darstellung von Polynomen, Math. Annalen *70* (1911), S. 223–235.

[3]) Schon bei Poincaré a. a. O. [1]).

[4]) E. Bálint, Rendiconti del Circ. Math. di Palermo *34* (1912), S. 120 (in einer Arbeit von M. Fekete und G. Pólya) und Dissertation (Budapest, 1916), D. R. Curtiss, Math. Annalen *73* (1913), S. 424—435 und Annals of Math. (2) 19 (1918), S. 251—278, C. Siegel Math. Zeitschrift *11* (1921), S. 265—267, Hilfssatz 6 (unabhängig von den übrigen, nach anderer Richtung und tiefer gehenden Entwicklungen der Siegelschen Arbeit).

[5]) F. Hausdorff, Math. Zeitschrift *16* (1926), S. 224.

[6]) E. Artin, Über die Zerlegung definiter Funktionen in Quadrate, Abhandl. aus d. Math. Seminar Hamburg, *5* (1926), S. 100—115.

Jahresbericht der Deutschen Mathematiker-Vereinigung. XXXVIII. 1929. Heft 5/8.
Verlag und Druck von B. G. Teubner in Leipzig.

# Über einen Satz von Laguerre.

Von G. Pólya in Zürich.

In der vorstehenden Arbeit[1]) gibt Herr Obreschkoff einen neuen Beweis für das wohlbekannte Resultat von Hurwitz[2]), betreffend die Besselsche Funktion $J_{-\nu}(z)$, daß die ganze Funktion

$$(1) \qquad (\sqrt{z})^{\nu} J_{-\nu}(2\sqrt{z}) = \sum_{n=0}^{\infty} \frac{(-z)^n}{n!} \frac{1}{\Gamma(n+1-\nu)}$$

genau $[\nu]$ nichtpositive Nullstellen besitzt, falls $\nu \geqq 0$. (Ich wähle diese Fassung, weil sie auch für ganzzahliges $\nu$ gültig bleibt.) In der ersten Hälfte seines Beweises gibt Herr Obreschkoff eine obere Abschätzung der Anzahl der fraglichen Nullstellen, indem er sich auf die Reihendarstellung (1) stützt und an einen algebraischen Satz von Laguerre[3]) anknüpft; in der zweiten Hälfte benützt er auch die Differentialgleichung von $J_{-\nu}(z)$ und knüpft an die Kontinuitätsbetrachtungen an, die Herr Hilb zum Beweis desselben Hurwitzschen Satzes verwendet hat.[2])

Ich bemerke, daß der ganze Beweis auf Grund der Reihendarstellung mit Hilfe des Laguerreschen Ansatzes geführt werden kann. Ich werde nämlich aus diesem Ansatz den in Nr. 1 formulierten Satz I herleiten, der geeignet ist, die Anzahl der nichtpositiven Nullstellen von gewissen rationalen oder transzendenten ganzen Funktionen nicht bloß abzuschätzen, sondern genau zu bestimmen. Satz I ergibt durch unmittelbare Spezialisierung einerseits das genannte Hurwitzsche

1) Siehe S. 156—161.

2) A. Hurwitz, Math. Annalen 33 (1889) 246—266. Vgl. auch E. Hilb, Math. Zeitschrift 15 (1922) 274—279.

3) E. Laguerre, Œuvres (Paris 1898) Bd. I, S. 200—202. 11*

For comments on this paper[114], see p. 428.

Resultat, andererseits einige kuriose Sätze über Polynome mit nur negativen Nullstellen (vgl. unter Nr. 4), die ich schon vor einiger Zeit angekündigt habe.[4])

1. Ich bezeichne im folgenden eine ganze Funktion als *reell gerichtet* bzw. als *positiv gerichtet*, wenn sie als Grenzwert einer reellkoeffizientigen Polynomfolge mit nur reellen bzw. mit nur positiven Nullstellen dargestellt werden kann. Wie bekannt[5]), ist diese Definition mit der folgenden äquivalent: Die ganze Funktion $G(z)$ heißt reell gerichtet, wenn

$$G(z) = e^{-\gamma z^2} H(z)$$

ist, wobei $\gamma$ reell und nichtnegativ ist und $H(z)$ eine ganze rationale oder eine ganze transzendente Funktion vom Geschlechte Null oder Eins bedeutet, die für reelles $z$ reelle Werte annimmt und nur reelle Nullstellen hat. Die ganze Funktion $g(z)$ heißt positiv gerichtet, wenn $g(z^2)$ reell gerichtet ist. Unter Verwendung dieser Bezeichnungen behaupte ich den Satz:

I. *Es sei*

$$g(z) = a_0 + a_1 z + a_2 z^2 + a_3 z^3 + \cdots \tag{2}$$

*entweder ein Polynom m-ten Grades mit lauter positiven Nullstellen oder eine positiv gerichtete ganze transzendente Funktion ohne verschwindende Nullstellen; mit* $\mathfrak{J}$ *bezeichne man im ersten, algebraischen Fall das abgeschlossene Intervall* $[0, m]$, *im zweiten, transzendenten Fall das von links abgeschlossene Intervall* $[0, +\infty)$.[6]) *Es sei* $G(z)$ *eine reell gerichtete ganze Funktion, die im Intervalle* $\mathfrak{J}$ *genau s Nullstellen besitzt, und zwar seien diese s Nullstellen einfach, und der Abstand zwischen zwei konsekutiven sei nicht kleiner als* 1. *Im ersten Fall besitzt*

$$a_0 G(0) + a_1 G(1) z + a_2 G(2) z^2 + a_3 G(3) z^3 + \cdots \tag{3}$$

*genau* $m - s$ *positive, im zweiten genau s nichtpositive Nullstellen.*

Im algebraischen Fall läßt sich die Anzahl der nichtpositiven Nullstellen nicht genau angeben, da $G(m) = 0$ sein kann, im transzendenten Fall ist die Anzahl der positiven Nullstellen im allgemeinen $= \infty$. Der transzendente Fall wird aus dem algebraischen hergeleitet, vgl. unter Nr. 3.

---

4) Comptes Rendus 183 (1926) 413—414 und 467—468, insbesondere S. 468. Von der an jener Stelle angekündigten und zu jener Zeit abgeschlossenen Untersuchung ist das hier Mitgeteilte nur ein Ausschnitt.

5) a) G. Pólya und I. Schur, Journal f. d. reine u. angew. Math. 144 (1914) 89—113. b) G. Pólya, daselbst 145 (1915) 224—249.

6) In der Hervorhebung des abgeschlossenen Intervallendes mittels [ bzw. ] und des offenen mittels ( bzw. ) schließe ich mich an F. Hausdorff an.

Setzt man $g(z) = e^{-z} = \lim_{m \to \infty}\left(1 - \frac{z}{m}\right)^m = \sum_{n=0}^{\infty} \frac{(-z)^n}{n!}$,

$$G(z) = \frac{1}{\Gamma(z - \nu + 1)} \qquad (\nu \geqq 0),$$

so sind die Bedingungen des Satzes I (des zweiten, transzendenten Falles) offenbar erfüllt, $s = [\nu]$, die Reihe (3) spezialisiert sich zu (1), und so folgt der volle Hurwitzsche Satz auf einen Schlag aus Satz I.

2. Es sei angenommen, daß $g(z)$ ein Polynom $m$-ten Grades ist.

Zwei Koeffizienten $a_k$ und $a_l (k < l)$ eines Polynoms von der Form (2) bilden einen Zeichenwechsel, wenn $a_k a_l < 0$ und $a_{k+1} = \cdots = a_{l-1} = 0$ ist. (Die letztere Bedingung betrifft die zwischen $a_k$ und $a_l$ liegenden Koeffizienten und tritt nur auf, wenn es solche gibt, das heißt, wenn $l - k > 1$ ist.)

Wir versetzen uns nun in die Voraussetzungen des algebraischen Falles des Satzes I. Die im Intervalle $[0, m]$ gelegenen Nullstellen von $G(z)$ seien mit $\alpha_1, \alpha_2, \ldots, \alpha_s$ bezeichnet:

$$(4) \qquad 0 \leqq \alpha_1 < \alpha_2 < \cdots < \alpha_s \leqq m,$$

$$(5) \qquad \alpha_{k+1} \geqq \alpha_k + 1 \qquad (k = 1, 2, \ldots, s-1),$$

und es sei

$$(6) \qquad G(z) = (z - \alpha_1)(z - \alpha_2) \ldots (z - \alpha_s) G^*(z) \qquad \text{gesetzt.}$$

Ich bezeichne generell mit $\alpha$ eine im Intervall $[0, m]$ gelegene, mit $\beta$ eine außerhalb davon gelegene reelle Zahl. Es sind also $\alpha_1, \alpha_2, \ldots, \alpha_s$ spezielle $\alpha$, und die Nullstellen, die $G^*(z)$ eventuell besitzt, sind $\beta$.

a) Die Koeffizienten von (2) zeigen, nach Voraussetzung und gemäß der Descartesschen Zeichenregel, $m$ Zeichenwechsel, sie sind abwechselnden Vorzeichens. Dasselbe gilt von den Koeffizienten des Polynoms

$$(7) \qquad g^*(z) = a_0 G^*(0) + a_1 G^*(1) z + \cdots + a_m G^*(m) z^m,$$

da doch $G^*(z)$ im Intervalle $[0, m]$ nicht verschwindet und folglich auch das Zeichen nicht wechselt.

Nun zeigen die Koeffizienten des Polynoms

$$(8) \qquad a_0 (0 - \alpha) G^*(0) + a_1 (1 - \alpha) G^*(1) z + \cdots + a_m (m - \alpha) G^*(m) z^m$$

genau einen Zeichenwechsel weniger als (7); um sich hiervon zu überzeugen, geht man alle Fälle durch: Es kann $\alpha$ Endpunkt oder innerer Punkt von $[0, m]$ und als innerer Punkt ganzzahlig oder nichtganzzahlig sein.

Geht man von (7) zu (3) in $s$ Schritten über, indem man, gemäß (6), bei jedem Schritt einen neuen Linearfaktor $z - \alpha$ heranzieht (es stellt (8) mit $\alpha = \alpha_1$ den ersten solchen Schritt dar), so wird mit jedem Schritt ein Zeichenwechsel zerstört, wie man sich auf Grund von (5) überzeugt; diese Bedingung sichert nämlich, daß der durch $\alpha_k$ zerstörte Zeichenwechsel durch $\alpha_{k+1}$ nicht wieder hergestellt wird.

Somit hat (3) genau $m - s$ Zeichenwechsel und folglich, auf Grund der Descartesschen Regel, höchstens $m - s$ positive Nullstellen.

b) Man bilde mit dem Polynom unter (2) die für positive $x$ reellwertige und analytische Funktion $x^{-\beta} g(x)$. Diese hat, nach Voraussetzung, $m$ Nullstellen im offenen Intervalle $(0, +\infty)$ und strebt gegen 0, wenn $x$ gegen einen der beiden Endpunkte dieses Intervalles konvergiert; es kommt der linke oder der rechte Endpunkt in Betracht, je nachdem $\beta < 0$ oder $\beta > m$ ist. Man schließt aus einer geeigneten Fassung des Rolleschen Satzes[7]), daß

$$(9) \quad x^{\beta+1} \frac{d x^{-\beta} g(x)}{dx} = x g'(x) - \beta g(x)$$
$$= a_0(0 - \beta) + a_1(1 - \beta) x + a_2(2 - \beta) x^2 + \cdots + a_m(m - \beta) x^m$$

mindestens $m$, also genau $m$ positive Nullstellen besitzt. Hieraus folgt durch Iteration und Grenzübergang, daß das Polynom (7) genau $m$ positive Nullstellen hat. Es ist zuerst zu beachten, daß $G^*(z)$ als Grenzwert von Polynomen darstellbar ist, die nur reelle, außerhalb $[0, m]$ gelegene Nullstellen wie $\beta$ besitzen, und ferner, daß die Zahlen $a_0, a_m, G^*(0), G^*(m)$ von Null verschieden sind; letzterer Umstand sichert nämlich, daß die $m$, bei jeder Annäherung von $G^*(z)$ durch die besagten Polynome im offenen Intervall $(0, +\infty)$ vorhandenen Nullstellen bei dem Grenzübergang nicht in die Endpunkte entweichen.

Von $x^{-\alpha} g^*(x)$ kann man, im Gegensatz zu $x^{-\beta} g(x)$, nicht behaupten, daß sie gegen Null strebt, wenn $x$ gegen einen Endpunkt von $(0, +\infty)$ konvergiert, da $\alpha$ in $[0, m]$ gelegen ist. Daher kann man jetzt, im Gegensatz zu (9), nur so viel aus dem Rolleschen Satz schließen, daß das Polynom

$$(10) \qquad x^{\alpha+1} \frac{d x^{-\alpha} g^*(x)}{dx} = x \frac{d g^*(x)}{dx} - \alpha g^*(x),$$

das mit dem unter (8) angeschriebenen identisch ist, mindestens $m - 1$ positive Nullstellen hat. Wenn wir, wie unter a), von (7) zu (3) in $s$ Schritten übergehen, von denen (10) und (8) mit $\alpha = \alpha_1$ den ersten

7) Vgl. z. B. G. Pólya u. G. Szegö, Aufgaben und Lehrsätze aus der Analysis (Berlin, 1925) Bd. II, Nr. V 16, S. 39 u. 223.

darstellen, mit jedem Schritt einen neuen Linearfaktor $z - \alpha$ heranziehend, so finden wir, daß (3) mindestens $m - s$ positive Nullstellen hat.

Unter a) und b) haben wir den algebraischen Fall von Satz I bewiesen, nämlich daß das Polynom (3) $m - s$ positive Nullstellen besitzt, also daß es, vgl. unter a), *genau so viel positive Nullstellen wie Zeichenwechsel besitzt.*

3. Durch Grenzübergang aus dem algebraischen Fall des Satzes I kann in bezug auf den transzendenten Fall davon unmittelbar geschlossen werden, daß die Anzahl der nichtpositiven Nullstellen $\leqq s$ ist, aber auch nicht mehr. Daß es $= s$ ist, erhält man mit Hilfe des folgenden Satzes, den ich bei anderer Gelegenheit[8]) im Anschluß an Jensen[9]) bewiesen habe.

II. *Die unendliche Potenzreihe*

$$c_0 + \frac{c_1 z}{1!} + \frac{c_2 z^2}{2!} + \cdots = f(z)$$

*sei nicht stets divergent, ihre Koeffizienten* $c_0, c_1, c_2, \ldots$ *seien reell, das mit diesen Koeffizienten gebildete Polynom*

$$c_0 + \binom{m}{1} c_1 z + \binom{m}{2} c_2 z^2 + \cdots + c_m z^m$$

*soll* $t_m$ *nichtpositive Nullstellen haben. Dann ist* $t_1 \leqq t_2 \leqq t_3 \leqq \cdots$. *Die Funktion* $f(z)$ *ist dann und nur dann das Produkt einer positiv gerichteten ganzen Funktion mit einem reellkoeffizientigen Polynom, wenn*

$$\lim_{m \to \infty} t_m = t$$

*endlich ist. Ist diese Bedingung erfüllt, so hat* $f(z)$ *genau* $t$ *nichtpositive Nullstellen.*

Man kann zeigen, daß die Reihe (3) unter den Voraussetzungen des Satzes I (wir sind jetzt im transzendenten Falle) stets konvergiert.[10]) Ich will mit diesem Nachweis den Text nicht belasten und den Beweis unter der Annahme führen, daß (3) nicht stets divergiert; dies ist für die Anwendungsbeispiele [wie für (1)] gewöhnlich leicht direkt nachzuprüfen.

8) a. a. O. 5 b), S. 245, Satz III.

9) J. L. W. V. Jensen, Acta Math. 36 (1913) 181—195, vgl. S. 187.

10) Es ist nämlich $G(n) = O(a^n)$ mit passendem, von $n$ unabhängigem positiven $a$, wie man entweder durch direkte Diskussion der Produktdarstellung von $G(z)$ findet oder aus dem Umstande, daß, wenn $p$ eine, die größte positive Nullstelle von $G(z)$ übersteigende ganze Zahl ist, $G(p)$, $G(p+1)$, $G(p+2)$, ... in der Terminologie a. a. O. 5a) eine Faktorenfolge erster Art bilden.

Wir schließen zuerst, uns auf die Voraussetzung des transzendenten Falles von Satz I stützend, mittels Satz II von der Reihe (2) auf das Polynom

$$a_0 + \binom{m}{1} 1!\, a_1 z + \binom{m}{2} 2!\, a_2 z^2 + \cdots + m!\, a_m z^m.$$

Dieses hat nur positive Nullstellen. Es sei $m$ größer als die größte der $s$ nichtnegativen Nullstellen von $G(z)$; dann ist das Polynom

$$(11) \qquad a_0 G(0) + \binom{m}{1} 1!\, a_1 G(1) z + \cdots + m!\, a_m G(m) z^m$$

genau vom Grade $m$ und hat $m$ Nullstellen, von welchen, wie wir mittels des schon bewiesenen algebraischen Falles von Satz I weiterschließen, genau $s$ nichtpositiv sind. Endlich schließen wir mittels Satz II von den Polynomen (11) auf die Reihe (3): Dieses hat genau $s$ nichtpositive Nullstellen. Somit ist auch der transzendente Fall von Satz I bewiesen.

4. Beide nachfolgenden Beispiele erläutern den algebraischen Fall des Satzes I.

a) Man schreibe das unter (2) betrachtete Polynom mit nur positiven Wurzeln in der Form

$$(12) \qquad g(z) = b_0 - b_1 z + b_2 z^2 - + \cdots$$

Die Zahlen $b_0, b_1, b_2, \ldots$ sind alle von Null verschieden und desselben Zeichens, sagen wir positiv. Es seien $k, l$ ganze Zahlen $0 \leqq k < l$. Dann sind die Bedingungen von Satz I durch

$$(13) \qquad G(z) = \frac{(-1)^k \sin \pi (z-k)}{l \sin \frac{\pi (z-k)}{l}} = (-1)^{l-1} G(z+l)$$

sämtlich erfüllt. Satz I ergibt, daß das aus (12) und (13) konstruierte Polynom

$$b_0 G(0) - b_1 G(1) z + b_2 G(2) z^2 - + \cdots$$
$$= b_k z^k - b_{k+l} z^{k+l} + b_{k+2l} z^{k+2l} - + \cdots$$

ebensoviel positive Nullstellen wie Zeichenwechsel besitzt; vgl. den Schluß von Nr. 2. Aber je zwei konsekutive stehengebliebene Koeffizienten weisen einen Zeichenwechsel auf; so kommen wir zu dem Satz:

*Wenn das Polynom*

$$b_0 + b_1 z + b_2 z^2 + \cdots + b_m z^m$$

*nur negative Nullstellen hat, so hat das Polynom*

$$b_k + b_{k+l} z + b_{k+2l} z^2 + \cdots + b_{k+ql} z^q,$$

**wobei** $0 \leqq k < l, \quad k + ql \leqq m < k + (q + 1)l,$

*ebenfalls nur negative Nullstellen.*

b) Wir schreiben jetzt das Polynom (2) mit lauter positiven Wurzeln so:

$$g(z) = b_0 - \frac{b_1 z}{1!} + \frac{b_2 z^2}{2!} - \frac{b_3 z^3}{3!} + - \cdots \tag{14}$$

und wählen, die Bedeutung von $k$ und $l$ beibehalten,

$$G(z) = \frac{\Gamma\left(-\frac{z-k}{l}\right)}{l\,\Gamma(-z)} = \frac{(-1)^k \sin \pi (z-k)}{l \sin \frac{\pi (z-k)}{l}} \; \frac{\Gamma(1+z)}{\Gamma\left(1+\frac{z-k}{l}\right)}. \tag{15}$$

Die Funktion (15) ist ganz; denn es sind die Pole des Zählers des ersten Bruches

$$z = k, \quad k + l, \quad k + 2l, \ldots$$

unter denen des Nenners

$$z = 0, \quad 1, \quad 2, \quad 3, \ldots$$

enthalten. Hieraus sieht man ferner, daß (15) nur nichtnegative ganzzahlige Nullstellen hat. Endlich ist die Funktion (15), wie $1/\Gamma(z)$ vom Geschlecht Eins. Somit sind alle Bedingungen des Satzes I erfüllt, und folglich hat das aus (14) und (15) konstruierte Polynom

$$b_0 G(0) - \frac{b_1}{1!} G(1) z + \frac{b_2}{2!} G(2) z^2 - + \cdots$$
$$= b_k z^k - \frac{b_{k+l}}{1!} z^{k+l} + \frac{b_{k+2l}}{2!} z^{k+2l} - + \cdots$$

ebensoviel positive Nullstellen wie Zeichenwechsel. Wir gelangen so zu dem Satz ($q$ ist wie in Beispiel a) bestimmt):

*Wenn das Polynom*

$$b_0 + \frac{b_1}{1!} z + \frac{b_2}{2!} z^2 + \cdots + \frac{b_m}{m!} z^m$$

*nur negative Nullstellen hat, so hat das Polynom*

$$b_k + \frac{b_{k+l}}{1!} z + \frac{b_{k+2l}}{2!} z^2 + \cdots + \frac{b_{k+ql}}{(k+ql)!} z^q$$

*ebenfalls nur negative Nullstellen.*

Die unter a) und b) gefundenen Sätze erweitert man ohne Schwierigkeit (mit oder ohne Gebrauch des Satzes II) auf negativ gerichtete ganze Funktionen, das heißt auf solche, die Grenzwerte von Polynomen mit nur negativen Nullstellen sind. ($g(z)$ ist negativ gerichtet, wenn $g(-z)$ positiv gerichtet ist.) An Stelle einer allgemeinen Formulierung begnüge ich mich mit einem Beispiel: Der erweiterte Satz unter a), angewandt auf

$$e^z = 1 + \frac{z}{1!} + \frac{z^2}{2!} + \cdots$$

ergibt, daß die ganze Funktion

$$\frac{1}{k!} + \frac{z}{(k+l)!} + \frac{z^2}{(k+2l)!} + \cdots$$

negativ gerichtet ist, also insbesondere, daß sie nur negative Nullstellen hat. Der (erweiterte) Satz unter b) führt $e^z$ in $e^z$ über, ergibt also nichts Neues.[11])

---

11) Die Sätze unter a), b) sind a. a. O. 4) S. 468 angekündigt. In einem gewissen Sinne ist unter allen möglichen analogen Sätzen b) der „stärkste", z. B. „stärker" als a), der sich aus b) mit Hilfe von Mitteln, die auf beliebige Polynome mit nur negativen Nullstellen anwendbar sind, ableiten läßt, nämlich, in der Terminologie a. a. O. 5a), mit Hilfe einer Faktorenfolge erster Art. Vgl. N. Obreschkoff, Universitätsschriften Sofia **23** (1927) 177—200, insb. S. 200.

(Eingegangen am 17. 6. 1928.)

# SOME PROBLEMS CONNECTED WITH FOURIER'S WORK ON TRANSCENDENTAL EQUATIONS

*By* G. PÓLYA

[Received 8 February 1930]

THIS paper is concerned with a very bold argument by which Fourier tried to prove that a certain integral function has only real zeros: Fourier applied a rule which was, then and now, proved only for polynomials, to a transcendental function. The question arises whether this application can be justified by some general theorem. This question was much discussed between Fourier and Poisson, mentioned by some contemporary writers, and quite forgotten afterwards. I resume the question in the present paper. I have not been able to solve it completely, though I have been led by it to some general theorems which may be interesting in themselves (section 3). All I can show is that we may draw from Fourier's argument *some* definite conclusion, namely, that the function under consideration has *either* only real zeros *or* an *infinity* of imaginary zeros.

1. **Historical introduction.** The integral function which Fourier tried to prove to have real zeros only is

$$f(x) = 1-\frac{x}{1^2}+\frac{x^2}{1^2.2^2}-\frac{x^3}{1^2.2^2.3^2}+\ldots = J_0(2\sqrt{x}) \tag{1}$$

(in the notation current now). The algebraical rule to which he appealed is this: *a polynomial $f(x)$ with real coefficients has real roots only, if its derivatives $f'(x), f''(x), \ldots, f^{(\nu)}(x), \ldots$ have the property*:

$$\textit{if } \xi \textit{ is real and } f^{(\nu)}(\xi) = 0, \textit{ then } f^{(\nu-1)}(\xi)f^{(\nu+1)}(\xi) < 0. \tag{2}$$

The rule is easily established now by the theorems of Budan-Fourier or Sturm; but its discovery was prior to that of these more general and better-known theorems, and was an important step towards them. It is due to de Gua.†

The function (1) satisfies the differential equation

$$f(x)+f'(x)+xf''(x) = 0; \tag{3}$$

from which we deduce, by repeated differentiation,

$$f^{(\nu-1)}(x)+\nu f^{(\nu)}(x)+xf^{(\nu+1)}(x) = 0. \tag{4}$$

The series (1) shows that $f^{(\nu)}(\xi)$ cannot vanish for $\xi \leqslant 0$. If $\xi > 0$ and $f^{(\nu)}(\xi) = 0$, then $f^{(\nu-1)}(\xi)$ and $f^{(\nu+1)}(\xi)$ have opposite signs on account

† *Histoire de l'Académie des Sciences*, 1741, p. 459.

For comments on this paper[118], see p. 429.

of (4); i.e. (2) is true. (Two successive derivatives cannot vanish simultaneously, since then, by (4), all would vanish, and $f(x)$ would vanish identically.) Fourier applies de Gua's algebraical rule to $f(x)$ without further inquiry, and concludes that $f(x)$ has real zeros only.†

Cauchy expressed doubt about the validity of Fourier's reasoning.‡ Poisson went further, and refuted it by an example.§ The differential equation

$$af(x)+bf'(x)+cf''(x)=0 \tag{5}$$

may be treated like (3), if $a$, $b$, $c$ are real and $ac>0$. We have in fact

$$af^{(\nu-1)}(x)+bf^{(\nu)}(x)+cf^{(\nu+1)}(x)=0,$$

and (2) follows. But the function

$$f(x)=e^{x}-e^{2x}=e^{x}(1-e^{x}) \tag{6}$$

is an integral of (5), with $a=2$, $b=-3$, $c=1$, and Fourier's argument shows that all the zeros of (6) are real, which is obviously false.

Poisson returned to the question on other occasions. One remark is worth quoting: 'Ces règles [the reference is to de Gua's] supposent qu'en différentiant un nombre de fois suffisant l'équation qu'on considère, on parvient enfin à une autre équation dont on sait que toutes les racines sont réelles.'‖ It is worth noticing that (as appears still more clearly from the context) Poisson is thinking here not only of polynomials but also of transcendental functions whose derivatives of high enough order have real zeros only; he regards the application of the rule of de Gua as legitimate for such transcendental functions, and for such only.††

Fourier defended himself brilliantly and energetically;‡‡ whether

† *Théorie de la chaleur*, Paris 1822, article 308, or *Œuvres*, edited by G. Darboux, Paris 1890, vol. 1, pp. 335–7.

‡ 'Quant à l'idée qu'a eue le même géomètre d'appliquer aux équations transcendantes les règles établies pour les équations algébriques, elle donne naissance à plusieurs difficultés' (*Œuvres complètes de Cauchy*, 2me série, vol. 2, p. 400).

§ *Journal de l'École Polytechnique*, vol. 12, 19. cahier, pp. 381–3. I present the example in the manner of G. Darboux (*Œuvres de Fourier*, vol. 1, p. 336) and with the numerical specialization considered by Fourier (*Œuvres*, vol. 2, p. 188).

‖ *Mémoires de l'Académie des Sciences*, vol. 8, pp. 367–8.

†† He changed his opinion afterwards concerning the applicability of the rule to (1). Compare *Mémoires de l'Académie des Sciences*, vol. 8, pp. 367–8, and vol. 9, p. 95.

‡‡ *Œuvres*, vol. 2, pp. 176–8, and 185–210. He objects to Poisson's example (6) that it does not satisfy (2) for $\xi=-\infty$ (but, in proving the result for (1),

correctly or not, we cannot tell even now. But he shifted his position more than he seems to admit, and especially on two points.

He gives a new proof† of the reality of all zeros of the function (1), which is entirely rigorous if we appeal to auxiliary lemmas which may be regarded as evident now (though hardly then). He proves first the reality of the zeros of a polynomial $f_n(x)$ of degree $n$, using a differential equation like (3), and the rule of de Gua, then of course valid. He then proves that $f_n(x) \to f(x)$ when $n \to \infty$.‡

Further, Fourier gives *conditions* for the validity of de Gua's rule. He also states a more general theorem which it is worth quoting verbally: § 'Étant proposée une équation algébrique ou transcendante $\phi x = 0$ formée d'un nombre fini ou infini de facteurs réels ou imaginaires

$$\left(1-\frac{x}{\alpha}\right), \left(1-\frac{x}{\beta}\right), \left(1-\frac{x}{\gamma}\right), \left(1-\frac{x}{\delta}\right), \ldots,$$

... l'équation $\phi x = 0$ a précisément autant de racines imaginaires qu'il y a de valeurs réelles de $x$ qui, substituées dans une fonction dérivée intermédiaire d'un ordre quelconque, rendent cette fonction nulle, et donnent deux résultats de même signe pour la fonction dérivée qui la précède et pour celle qui la suit. Par conséquent si l'on parvient à prouver qu'il n'y aucune valeur réelle de $x$ qui, en faisant évanouir une fonction dérivée intermédiaire, donne le même signe à celle qui la précède, et à celle qui la suit, on est assuré que la proposée ne peut avoir aucune racine imaginaire.'

No proof of this theorem (by Fourier or another mathematician) is known. Stern|| gave an invalid proof, and repeated in greater detail some affirmations of Fourier. Since then the question seems to have been neglected.

he did not examine $\xi = \pm\infty$, nor has the sign of the function for $\xi = \pm\infty$ or that of its derivatives anything to do with the criterion if it is stated correctly).

† *Œuvres*, vol. 2, pp. 200–4.

‡ After having completed his proof, Fourier tries to establish that the function (1) is a product of linear factors (*Œuvres*, vol. 2, pp. 204–7). Laguerre (see his *Œuvres*, Paris 1898, vol. 1, pp. 202–4), by combining a general theorem of his own with the differential equation (3), showed that the limiting process of Fourier establishes the decomposition into linear factors, i.e. that, in Laguerre's terminology generally adopted to-day, (1) is of genus 0. Laguerre's work reads quite like an analysis and completion of Fourier's proof, but he does not quote Fourier.

§ Fourier, *Analyse des équations déterminées*, Paris 1831, p. 66.

|| *Crelle's Journal für die reine u. angew. Mathematik* vol. 22 (1841), pp. 1–62. See in particular pp. 49–50.

**2. Hypothetical theorems.** Before going further I have to explain a terminology often used in the sequel.

An integral function which takes real values on the real axis will be called a *real* integral function.

Let $g(z)$ be a real polynomial or a real integral function of genus 0 or 1, and $\gamma$ a non-negative real constant. The integral function

$$f(z) = e^{-\gamma z^2} g(z)$$

will be called of *genus* 1*. Such a function is certainly real; its genus may be 0 or 1 or 2, but in the last case it is only 'slightly' higher than genus 1.

Let us suppose for a moment that neither the real integral function $f(z)$ nor any of its derivatives $f'(z), f''(z), \ldots$ possesses multiple zeros. Draw the curve whose equation in rectangular co-ordinates is

$$y = f^{(n-1)}(x),$$

and consider its positive minima and negative maxima, i.e. its extrema which are convex towards the $x$-axis; the abscissae of these points are called by Fourier the *critical points* of $f(z)$. In other terms, $\xi$ is a critical point of $f(z)$, if

$$f^{(n)}(\xi) = 0, \qquad f^{(n-1)}(\xi)\, f^{(n+1)}(\xi) > 0.$$

We have to consider $n = 1, 2, 3, \ldots$, and each abscissa is counted as many times as there are different graphs in which it arises. The definition is more elaborate if there are multiple zeros (see section 5).

In this terminology an essential part of Fourier's theorem quoted in section 1 is embodied in the following proposition:

A. *A real integral function of genus* 0 *has just as many critical points as couples of imaginary zeros.*

This statement is narrower than that of Fourier's; it includes only the case where the product considered by Fourier is absolutely convergent, and does not apply, say, to $\sin z$.† If it could be proved, Fourier's argument about (1) would be completely justified, since this function is of order $\frac{1}{2}$ and thus certainly of genus zero, and fulfils the condition (2) of the rule of de Gua, i.e. has no critical points. Proposition A includes the assertion that the number of critical points and that of imaginary zeros are simultaneously infinite, and there lies the chief difference between it and the following proposition B.

Algebraic rules about the reality of roots extend naturally and

† Stern applied Fourier's argument to $\sin z$ (l.c., pp. 50–1). Poisson was, at a certain moment, inclined to believe that it applied to (1) but not to $\sin z$; see *Mémoires de l'Académie*, vol. 8 (1829), pp. 367–8.

often quite easily to integral functions of genus 1* having only a finite number of imaginary zeros, because these functions (and only these) may be approximated by real polynomials having a bounded number of non-real roots (see Lemma III in section 6). Thus we are led to the following proposition.

B. *If an integral function of genus* 1* *has only a finite number of imaginary zeros, it has just as many critical points as couples of imaginary zeros.*

There is no necessary contradiction between Poisson's statement about the zeros of derivatives quoted in the preceding section, and the proposition B. If we admit that they are simultaneously true we are led to the following proposition.

C. *If an integral function* $f(z)$ *of genus* 1* *has only a finite number of imaginary zeros, its derivatives from a certain one onward, let us say* $f^{(m)}(z), f^{(m+1)}(z), \ldots,$ *have no imaginary zeros at all.*

3. **Theorems to prove.** I do not know whether any one of the theorems A, B, C is true or not. But some information about the question is contained in the following theorems I and II, which I shall prove in the sequel.

THEOREM I. *If an integral function* $f(z)$ *of genus* 1* *has only a finite number* $J$ *of couples of imaginary zeros, then (as is well known) any derivative* $f^{(n)}(z)$ *of* $f(z)$ *has also only a finite number* $J_n$ *of couples of imaginary zeros, and*

$$J \geqslant J_1 \geqslant J_2 \geqslant J_3 \geqslant \ldots.$$

*Let* $K$ *be the number of critical points of* $f(z)$ *and*

$$J_\infty = \lim_{n\to\infty} J_n.$$

*Then*
$$J = K + J_\infty. \tag{7}$$

THEOREM II. *If the order of a real integral function* $f(z)$ *is less than* $\frac{2}{3}$ *and* $f(z)$ *has only a finite number of imaginary zeros, its derivatives from a certain one onward, let us say* $f^{(m)}(z), f^{(m+1)}(z), \ldots,$ *have no imaginary zeros at all.*†

† I stated this theorem without proof in 1927 ('Ueber die algebraisch-funktionentheoretischen Untersuchungen von J. L. W. V. Jensen', *Matematisk-fysiske Meddelelser* (of the Danish Academy), vol. 7, No. 17, p. 27, footnote). Since the present paper went to press, M. Ålander published a proof and communicated a more general theorem stated by A. Wiman as probably true (*Opuscula Mathematica A. Wiman dedicata*, Lund 1930, pp. 79–98. p. 93). Ålander's proof is identical with my own which will be given in section 4, and the theorem suggested by Wiman is identical with the theorem C, suggested by Poisson's remark.

It follows from (7) that

$$K \leqslant J. \tag{8}$$

This inequality remains true for any function of genus 1* because it affirms nothing in the case $J = \infty$, excluded in Theorem I. The case of inequality for (8) presents itself in Poisson's example (6), where $K = 0$ and $J = \infty$. The function (6) is of genus and order 1, and thus it does not contradict the hypothetical theorem A, which affirms $K = J$ for the genus 0 and so for any order less than 1. Theorem I shows further that the hypothetical theorems B and C are equivalent, since, by (7), $J = K$ is equivalent to $J_\infty = 0$.

Theorem II shows that C and consequently B becomes certainly true under narrower conditions, namely, if we replace 'genus 1*' by 'order less than $\frac{2}{3}$'.

Theorems I and II permit us to draw a definite conclusion from Fourier's argument about (1). What Fourier actually proved is that $K = 0$ for the real integral function (1) whose order is $\frac{1}{2} < \frac{2}{3}$. If (1) had only a finite number $J$ of couples of imaginary zeros, we could apply first Theorem I, then Theorem II, and obtain

$$J = J_\infty = 0.$$

That is, it follows from $K = 0$ that (1) has either an infinity of imaginary zeros or no such zeros.

4. **Proof of Theorem II.** I begin with the proof of Theorem II, which requires less algebraic machinery than that of Theorem I.

Let $\beta + i\gamma$, $\beta - i\gamma$, where $\beta$ and $\gamma$ are real, be a couple of conjugate imaginary zeros of the real integral function $f(z)$. Consider the ellipse whose minor axis has $\beta + i\gamma$ and $\beta - i\gamma$ as endpoints and whose major axis has the length $2\gamma\sqrt{n}$ ; it will be called a *Jensen ellipse of order* $n$ of $f(z)$. A Jensen ellipse of the first order is a circle, a *Jensen circle* of $f(z)$. I have to use the following well-known lemma:†

Lemma I. *If $f(z)$ is an integral function of genus 1*, the imaginary zeros of $f'(z)$ are contained in the Jensen circles of $f(z)$ and, more generally, the imaginary zeros of $f^{(n)}(z)$ in the Jensen ellipses of the n-th order of $f(z)$.*

Let the function considered in Theorem II be

$$f(z) = c_0 + c_1 z + c_2 z^2 + \ldots + c_n z^n + \ldots . \tag{9}$$

Its order is less than $\frac{2}{3}$, and therefore its genus is 0, and because it

† J. L. W. V. Jensen, *Acta Mathematica*, vol. 36 (1913), pp. 181–95, see p. 190; J. L. Walsh, *Annals of Mathematics*, 2nd series, vol. 22 (1920), pp. 128–44; J. v. Sz. Nagy, *Jahresber. d. Deutsch. Math. Ver.*, vol. 31 (1922), pp. 238–51.

is real it is certainly contained in the class of functions of genus 1* to which Lemma I applies. $f(z)$ has only a finite number of imaginary zeros; thus its Jensen ellipses of order $m$ cover only a finite region, interior to a circle

$$|z| \leqslant b+c\sqrt{m}, \tag{10}$$

where $b$ and $c$ are independent of $m$; they are determined by the situation of the imaginary zeros $\beta+i\gamma$ of $f(z)$, $b = \operatorname{Max}|\beta|$, $c = \operatorname{Max}|\gamma|$. The imaginary zeros of $f^{(m)}(z)$, if any, are, by Lemma I, situated in the circle (10).

On the other hand,† since the order of (9) is less than $\frac{2}{3}$, there is a constant $\alpha$,

$$0 < \alpha < \tfrac{2}{3}, \tag{11}$$

such that

$$\lim_{n\to\infty} c_n n^{n/\alpha} = 0. \tag{12}$$

It follows from (11), by a familiar remark,‡ that there are arbitrarily large $m$ such that

$$|c_m| m^{m/\alpha} > |c_{m+k}| (m+k)^{(m+k)/\alpha}$$

for $k = 1, 2, 3, \ldots$. Therefore

$$\left|\frac{c_{m+k}}{c_m}\right| < \frac{m^{m/\alpha}}{(m+k)^{(m+k)/\alpha}} < \frac{1}{(m+k)^{k/\alpha}},$$

$$\left|\frac{f^{(m)}(z)}{m!\,c_m}\right| = \left|\sum_{k=0}^{\infty} \frac{(m+k)!}{m!\,k!} \frac{c_{m+k}}{c_m} z^k\right|$$

$$\geqslant 1 - \sum_{k=1}^{\infty} \frac{(m+1)(m+2)\ldots(m+k)}{k!} \left|\frac{c_{m+k}}{c_m}\right| |z|^k$$

$$> 1 - \sum_{k=1}^{\infty} \frac{(m+k)^k}{k!} \frac{1}{(m+k)^{k/\alpha}} |z|^k$$

$$> 1 - \sum_{k=1}^{\infty} \frac{|z|^k m^{k-k/\alpha}}{k!} = 2 - \exp(|z| m^{1-1/\alpha}).$$

† The following argument and the result concerning (13) are due to M. Ålander, 'Sur le déplacement des zéros des fonctions entières par leur dérivation' (*Thèse*, Upsala, 1914, pp. 6–8).

‡ See e.g. G. Pólya and G. Szegö, *Aufgaben und Lehrsätze* (Berlin 1925), vol. 1, p. 8, no. 108.

Therefore $f^{(m)}(z)$ has all its zeros outside a circle, namely, in the region

$$|z| > m^{\frac{1}{\alpha}-1}\log 2. \tag{13}$$

Now, by (11),

$$\frac{1}{2}=\frac{3}{2}-1<\frac{1}{\alpha}-1;$$

and thus, if $m$ is sufficiently great, the regions (10) and (13) have no common point and $f^{(m)}(z)$ has no imaginary zero. It follows, as is well known,† that also $f^{(m+1)}(z)$, $f^{(m+2)}(z)$, ... have only real zeros.

5. **Critical points.** Suppose that $f(x)$ takes real values and is a regular analytic function in some interval of the real axis. Suppose that $\xi$ is a real zero of $f'(x)$ of multiplicity $m$ but not a zero of $f(x)$. That is

$$f(\xi)\neq 0,\ f'(\xi)=f''(\xi)=\ldots=f^{(m)}(\xi)=0,\ f^{(m+1)}(\xi)\neq 0. \tag{14}$$

Put

(i) $k=\dfrac{m}{2}$, if $m$ is even,

(ii $\alpha$) $k=\dfrac{m+1}{2}$, if $m$ is odd and $f(\xi)f^{(m+1)}(\xi)>0$,

(ii $\beta$) $k=\dfrac{m-1}{2}$, if $m$ is odd and $f(\xi)f^{(m+1)}(\xi)<0$.

If $k>0$ we shall say that $\xi$ is a *critical zero of* $f'(x)$ *of the (critical) multiplicity* $k$.

Observe that:

(*a*) If $m=1$, the point $\xi$ is or is not a critical zero of $f'(x)$ according as $f(\xi)f''(\xi)$ is positive or negative, that is, according as the convex or the concave side of the curve $y=f(x)$ is turned towards the $x$-axis at the point $\xi$, where $f(x)$ reaches an extremum. If $m=k=1$, the point $\xi$ is simple (has the multiplicity 1) as a zero and also as a critical zero. A zero of $f'(x)$ of multiplicity $m$ and of critical multiplicity $k$ may be interpreted as arising from $m$ coincident simple real zeros, $k$ of which are critical and $m-k$ non-critical.

(*b*) Critical zeros of $f'(x)$ may arise also from coincident imaginary zeros. Assume that the analytic functions $f_1(x)$, $f_2(x)$, ... take real values along an interval of the real axis, and tend towards $f(x)$, uniformly in a rectangle of the complex plane that contains the interval in question in its interior. Consider the zero $\xi$ of $f'(x)$, of

† E. Laguerre, *Œuvres*, vol. 1, pp. 178–80.

multiplicity $m$ and critical multiplicity $k$, and a given small neighbourhood of $\xi$ in the real points of which $f(x)f^{(m+1)}(x)$ keeps a constant sign. For sufficiently great $n$, the sign of $f_n(x)f_n^{(m+1)}(x)$ will be the same, and the neighbourhood will contain just $m$ zeros of $f_n'(x)$ among which $2j^*$ may be imaginary and $k^*$ critical. If we examine the cases (i), (ii $\alpha$), (ii $\beta$) we see easily that in each of them

$$2k = 2j^* + 2k^*.$$

(*c*) If $x$ passes through $\xi$, the sequence $f(x)$, $f'(x)$, $f''(x)$, ... considered in the Budan-Fourier rule,† loses $2k$ variations owing to the critical zero $\xi$ of $f'(x)$ of multiplicity $k$, i.e. it loses just $2k$ variations if there is no derivative of $f(x)$, beyond those mentioned in (14), that vanishes at the point $\xi$. These $2k$ variations are 'wasted' for $f(x)$, i.e. they indicate no root of $f(x)$, but they are not 'wasted' for $f'(x)$, i.e. the shorter sequence $f'(x)$, $f''(x)$, ... loses just as many variations as there are roots of $f(x)$ in the point $\xi$.

A critical zero of $f^{(n)}(x)$, $n \geqslant 1$, is related in just the same way to the curve $y = f^{(n-1)}(x)$ as a critical zero of $f'(x)$ to the curve $y = f(x)$. All the critical zeros of $f'(x)$, $f''(x)$, $f'''(x)$, ... are called *critical points* of $f(x)$. The multiplicity of a critical point of $f(x)$ is the sum of the (critical) multiplicities of the critical zeros of $f'(x)$, $f''(x)$, ... lying in that point. If $c$ is the multiplicity of a critical point $\xi$ of $f(x)$, then just $2c$ variations of the sequence $f(x)$, $f'(x)$, $f''(x)$, ... are 'wasted' for $f(x)$ when $x$ passes through $\xi$.

Consider an interval $a$, $b$. Suppose that, multiple zeros of any kind being counted with the proper multiplicity,

$N$ is the number of zeros of $f(x)$ in $a$, $b$;

$N_1$ is the number of zeros of $f'(x)$ in $a$, $b$;

$K_\nu$ is the number of critical zeros of $f^{(\nu)}(x)$ in $a$, $b$ $(\nu = 1, 2, 3, \ldots)$.

Suppose now that both at $a$ and at $b$ the function $f(x)$ and its derivatives are different from zero, and further that a certain derivative $f^{(l)}(x)$ is different from zero throughout $a$, $b$. Let $\{f(x)\}$ be the number of variations in the sequence $f(x)$, $f'(x)$, $f''(x)$, ... $f^{(l)}(x)$, and $\{f'(x)\}$ that in the shorter sequence $f'(x)$, $f''(x)$, ... $f^{(l)}(x)$.

Then, by (*c*) and the Budan-Fourier rule,

$$N + 2(K_1 + K_2 + \ldots + K_{l-1}) = \{f(a)\} - \{f(b)\}, \qquad (15)$$

$$N_1 + 2(K_2 + \ldots + K_{l-1}) = \{f'(a)\} - \{f'(b)\}. \qquad (16)$$

† The Budan-Fourier rule in the generality needed here was discussed by A. Hurwitz, *Math. Annalen*, vol. 71 (1912), pp. 584–91.

Since
$$\{f(a)\}-\{f'(a)\}=\tfrac{1}{2}[1-sg f(a)f'(a)],$$
and there is an analogous relation for $b$, we infer from (15) and (16) that
$$N+2K_1-N_1=\tfrac{1}{2}[sg f(b)f'(b)-sg f(a)f'(a)]. \tag{17}$$
Though the proof supposed more, (17) is valid on the sole hypothesis that $f(a)f(b)f'(a)f'(b)\neq 0$. This is easy to confirm by direct geometrical considerations if we divide $a$, $b$ into partial intervals by the zeros of $f(x)$ and $f'(x)$. The following special or rather limiting cases are particularly easy.

(*d*) If the interval is *closed*, and both its endpoints are roots of $f(x)$, then
$$N_1=N-1+2K_1. \tag{18}$$
(*e*) If $f(x)$ is a polynomial, the interval is *open*, and one of its extremities is a root of $f(x)$ and the other $+\infty$ or $-\infty$, then
$$N_1=N+2K_1. \tag{19}$$

**6. Integral functions of genus 1*.** An integral function $f(z)$ of genus 1* has the form
$$f(z)=\alpha e^{-\gamma z^2+\beta z}z^q\Pi\left(1-\frac{z}{\alpha_\mu}\right)e^{\frac{z}{\alpha_\mu}}\Pi\left(1-\frac{z}{a_\nu}\right)\left(1-\frac{z}{\bar{a}_\nu}\right)e^{\frac{z}{a_\nu}+\frac{z}{\bar{a}_\nu}}, \tag{20}$$
where
$$a_\nu=\beta_\nu+i\gamma_\nu, \qquad \bar{a}_\nu=\beta_\nu-i\gamma_\nu,$$
$\alpha$, $\beta$, $\gamma$, $\alpha_\mu$, $\beta_\nu$, $\gamma_\nu$ are real, $\alpha\neq 0$, $\gamma\geqslant 0$, $\alpha_\mu\neq 0$, $\gamma_\nu>0$, $q$ is a non-negative integer, and each of the two products $\Pi$ is either absolutely convergent, or has a finite number of factors, or has no factors at all (in which case it is to be replaced by 1). I prove here two lemmas, one on the critical points of integral functions of genus 1* and one on their approximation by polynomials.

LEMMA II. *If $f(z)$ is an integral function of genus 1*, the critical zeros of $f'(z)$ are contained in the Jensen circles of $f(z)$ and, more generally, the critical zeros of $f^{(n)}(z)$ in the Jensen ellipses of order $n$ of $f(z)$.*

I will prove only the first part of the lemma, that about the Jensen circles. The second part, which by the way will not be used in the sequel, follows from the first and from Lemma I by an easy geometrical argument† also used in the proof of Lemma I.

† See J. v. Sz. Nagy, *Jahresber. d. Deutsch. Math. Ver.*, vol. 31 (1922), pp. 243–4.

Differentiating $\log f(z)$ twice we obtain

$$\frac{f'(z)^2-f(z)f''(z)}{f(z)^2}=$$

$$=2\gamma+\frac{q}{z^2}+\sum\frac{1}{(z-\alpha_\mu)^2}+2\sum\frac{(z-\beta_\nu)^2-\gamma_\nu^2}{[(z-\beta_\nu)^2+\gamma_\nu^2]^2}. \quad (21)$$

Exclude the case (in which there is nothing to prove) that (21) vanishes identically, or what is the same, that $f(z)$ is of the form $\alpha e^{\beta z}$. If $\xi$ is a real zero of $f'(x)$ but not a zero of $f(x)$, and $\xi$ is exterior to all the Jensen circles, that is if

$$(\xi-\beta_\nu)^2>\gamma_\nu^2,$$

then we obtain from (21)

$$-f(\xi)f''(\xi)>0.$$

Thus $\xi$ is a simple and non-critical zero of $f'(z)$, which is the relevant part of Lemma II.

Lemma II expresses a relation between the situation of the imaginary zeros and that of the critical points of an integral function of genus 1*. It is *a fortiori* valid for polynomials; and this special case may be part of an answer to a rather obscure question of Gauss.† The geometrical relation given by Lemma II may be expressed in a different form:

*Let $f(z)$ be an integral function of genus* 1* *and $\xi$ a critical zero of $f'(z)$. Let two straight lines passing through $\xi$ divide the complex plane into four right angles two of which are bisected by the real axis. Then the two right angles which are not bisected by the real axis contain each at least one complex zero of $f(z)$. If $\xi$ were a critical zero of $f^{(n)}(z)$, instead of being one of $f'(z)$, then, in order to obtain the same conclusion, we must open the two angles just considered till the aperture of each becomes* $2\arctan\sqrt{n}$.

LEMMA III. *If the integral function $f(z)$ of genus* 1* *has only a finite number of imaginary zeros, all situated in a certain closed domain $R$ of the complex plane, then there is a sequence of real polynomials tending to $f(z)$, uniformly in $R$, and such that each polynomial of the sequence has just the same zeros in $R$ as $f(z)$ and only real zeros outside $R$.*

† *Werke*, vol. 3, p. 120. The question is whether there is a 'definite' one-to-one relation between critical points and couples of imaginary zeros: 'ob jeder *bestimmten* Lücke ein *bestimmtes* Paar imaginärer Wurzeln angehört.' Did Gauss mean a geometrical relation?

If $f(z)$ has the form (20), polynomials of the required kind are given by the formula

$$\alpha\left(1-\frac{\gamma z^2}{P}\right)^P z^q \left(1+z\frac{\beta+\Sigma_p\,\alpha_\mu^{-1}+\Sigma\,(a_\nu^{-1}+\bar{a}_\nu^{-1})}{P}\right)^P \times$$
$$\times\Pi_p\left(1-\frac{z}{\alpha_\mu}\right)\Pi\left(1-\frac{z}{a_\nu}\right)\left(1-\frac{z}{a_\nu}\right);$$

here $p$ runs through all integers from a certain one onward, the product $\Pi_p$ and the sum $\Sigma_p$ are extended over the $\alpha_\mu$ whose modulus does not exceed $p$, and $P=P(p)$ is a suitably chosen (large) integer.†

7. **Proof of Theorem I.** The main point of Theorem I is contained in the following:

LEMMA IV. *If $f(z)$ is an integral function of genus 1* and has $2J$ imaginary zeros, and its derivative $f'(z)$ has $2J_1$ imaginary and $K_1$ critical zeros, then*

$$J = J_1+K_1. \tag{22}$$

Relation (22) is easy to prove for real polynomials, and the following proof extends it with the help of approximating polynomials (Lemma III) to functions of genus 1*; this process succeeds because the imaginary and critical zeros of the derivative cannot 'escape to infinity' (Lemmas I and II). But the details need very careful handling.

Consider a rectangle $R$ with horizontal and vertical sides, symmetrical with respect to the real axis. Choose $R$ so that

(i) $R$ contains in its interior all the $2J$ couples of imaginary roots of $f(z)$ with the corresponding Jensen circles, and both its vertical sides are halved by a root of $f(z)$. These roots are real and will be called $a$ and $b$.

The choice of $R$ to satisfy the second condition in (i) is certainly possible if $f(z)$ possesses an *unlimited number of positive and negative zeros*. I assume this in the following proof, which requires a slight modification—use of the more complicated (17) instead of (18) and (19)—in the other cases where $f(z)$ possesses only a finite number of zeros of one sign or altogether.

It follows from (i), by Lemmas I and II, that the $2J_1$ imaginary and the $K_1$ critical zeros of $f'(z)$ are contained in the interior of $R$.

† Compare Hilfssatz ii, p. 20, (*Matematisk-fysiske Meddelelser*, vol. 7, No. 17). Note that 'erhöhtes Genus 1' and 'genus 1*' mean the same thing.

(ii) Let $f_n(z)$ be a real polynomial of degree $n$ which has just the same zeros in the closed rectangle $R$ as $f(z)$, and no imaginary zeros outside $R$.

Let $f(z)$, and therefore $f_n(z)$, have $N$ real zeros in the closed rectangle $R$. If the number of zeros of $f_n(z)$ outside $R$ (all of which are real) is $n'$, then

$$n = 2J+N+n'. \tag{23}$$

(iii) Let the zeros of $f'(z)$ inside $R$ be the centres of small circles all interior to $R$ and exterior to each other. Choose $f_n(z)$, according to Lemma III, so that $f'_n(z)$ has in each of these small circles exactly the same number of roots as $f'(z)$ and no other roots inside or on the boundary of $R$, except possibly roots in $a$ and $b$ if these points are multiple zeros of $f(z)$. This choice is possible, by Lemma III and well-known general theorems.

By (i) and (ii), $f(z)$ and $f_n(z)$ have the same imaginary roots and Jensen circles, all inside $R$. Therefore, by Lemmas I and II, all imaginary and critical zeros of $f'(z)$ and $f'_n(z)$ are contained in the interior of $R$. Let $f'_n(z)$ have $2J_1^*$ imaginary, $K_1^*$ critical, and $N_1^*$ real zeros in the closed rectangle $R$, the corresponding numbers for $f'(z)$ being $2J_1$, $K_1$, and $N_1$.

Since $f'_n(z)$ has no critical zeros outside $R$, it has, by (*e*) of section 5, just the same number of real zeros outside $R$ as $f_n(z)$. Therefore, compare (23),

$$n-1 = 2J_1^*+N_1^*+n'. \tag{24}$$

By (*d*) of section 5 we have

$$N_1^* = N-1+2K_1^*. \tag{25}$$

By (iii) and (*b*) of section 5, we have

$$2J_1^*+2K_1^* = 2J_1+2K_1. \tag{26}$$

Combining (23) and (24) we obtain

$$N_1^* = N-1+2J-2J_1^*.$$

This gives, compared with (25),

$$J = J_1^*+K_1^* = J_1+K_1,$$

by (26). Thus (22) is proved.

Suppose that $f^{(\nu)}(z)$ has $2J_\nu$ imaginary and $K_\nu$ critical zeros, ($\nu = 1, 2, 3, \ldots$). Since $f(z)$ is of genus 1* and has only a finite number of imaginary zeros, $f'(z), f''(z), \ldots$ are also† of genus 1*. Thus we have a system of equations like (22), viz.

$$J_1 = J_2 + K_2,\; J_2 = J_3 + K_3, \ldots;$$

and thus

$$J = J_n + K_1 + K_2 + \ldots + K_n,$$

$$J = J_\infty + K_1 + K_2 + K_3 + \ldots$$

which is Theorem I.

† This is an easy development of a theorem of Laguerre (*Œuvres*, vol. 1, pp. 178–80). See e.g. G. Pólya, *Crelle's Journal für die reine u. ang. Math.*, vol. 145 (1914), pp. 224–9, p. 245, Theorem II, from which it follows at once.

# ON THE ROOTS OF CERTAIN ALGEBRAIC EQUATIONS

*By* A. BLOCH *and* G. PÓLYA.

[Received 3 September, 1930.—Read 13 November, 1930.]

[*Extracted from the Proceedings of the London Mathematical Society, Ser.* 2, *Vol.* 33, *Part* 2.]

1. This paper is concerned with polynomials of the form

(1) $$f(x) = 1+\epsilon_1 x+\epsilon_2 x^2+\epsilon_3 x^3+\ldots+\epsilon_n x^n,$$

where

(2) $$\epsilon_\nu^3 = \epsilon_\nu \quad (\nu = 1, 2, 3, \ldots, n),$$

that is $\epsilon_\nu$ takes one of the values $-1$, 0, 1. The total number of polynomials of this form (1) is $3^n$. Among these $3^n$ polynomials there is one (or more) possessing a *maximum* number of real zeros in the open interval $0<x<1$; let this maximum number be $P_n$. It is immediately evident that $0 \leqslant P_n \leqslant n$, and that $P_n$ cannot decrease as $n$ increases. This paper aims at determining the order of magnitude of $P_n$ as $n$ tends to infinity. Since this question seems very particular and rather out of the way, we begin by enumerating some of the examples and observations which led to it.

(i) Let $p$ be an odd prime, and consider the polynomial, involving Legendre symbols,

$$\left(\frac{1}{p}\right)+\left(\frac{2}{p}\right)x+\left(\frac{3}{p}\right)x^2+\ldots+\left(\frac{p-1}{p}\right)x^{p-2}.$$

If it has no roots in the interval $0<x<1$, we know that the Dirichlet series

$$L(s) = \sum_1^\infty \left(\frac{n}{p}\right)\frac{1}{n^s}$$

possesses no positive real root. The polynomial has been examined for all odd primes under 300, that is in 61 cases. In 54 cases there are no

For comments on this paper[128], see p. 429.

roots, in four cases there are just two roots in the interval $0 < x < 1$, and in the remaining three cases further computations must be carried out in order to decide whether the number of roots in question is 0 or 2†.

(ii) Denote as usual by $\lambda(1)$, $\lambda(2)$, $\lambda(3)$, ... the Liouville numbers defined by the series

$$\lambda(1)1^{-s}+\lambda(2)2^{-s}+\ldots+\lambda(n)n^{-s}+\ldots = \zeta(2s)/\zeta(s).$$

Numerical computations show that the polynomial

$$\lambda(1)+\lambda(2)x+\lambda(3)x^2+\ldots+\lambda(n)x^{n-1}$$

has just one real root in the interval $0<x<1$ if $2<n\leqslant 1500$‡.

(iii) The polynomial

$$\mu(1)+\mu(2)x+\mu(3)x^2+\ldots+\mu(n)x^{n-1},$$

involving the Möbius numbers, has more than $o(\log n)$ roots, as follows from the consideration of the series

$$\mu(1)1^{-s}+\mu(2)2^{-s}+\ldots+\mu(n)n^{-s}+\ldots = 1/\zeta(s),$$

by a theorem of the preceding paper§ and the simplest properties of the $\zeta$-function.

(iv) The polynomial $1-x+x^2-\ldots+(-1)^n x^n$, the $n$-th partial sum, or briefly the $n$-th section of the geometric series whose sum is $1/(1+x)$, has no root between 0 and 1.

(v) Consider the power series

$$1-x-x^2-x^3+x^4+\ldots+x^8-x^9-\ldots = \frac{1-2x+2x^4-\ldots+(-1)^n 2x^{n^2}+\ldots}{1-x}$$

The first coefficient is $+1$, and is followed by three coefficients $-1$, next five coefficients $+1$, then seven coefficients $-1$, and so on. It may be shown, by a not quite obvious application of a theorem due to Laguerre, that no section of this power series has more than two positive roots or more than one negative root.

† G. Grimm, "Ueber die reellen Nullstellen Dirichletscher $L$-Reihen", *Thesis* (Zürich, 1931).

‡ G. Pólya, *Jahresbericht der deutschen Math. Ver.*, 28 (1919), 31–40; see 38.

§ See the end of Art. 4, 89, *supra*.

(vi) In the power series

$$x-x^2-x^3+x^4+\ldots+x^7-x^8-\ldots = \frac{x-2x^2+2x^4-\ldots+(-1)^n 2x^{2^n}+\ldots}{1-x}$$

the first non-vanishing coefficient is $+1$, then follow two coefficients $-1$, next four coefficients $+1$, then eight coefficients $-1$, and so on. The number of real roots of the $n$-th section in the interval $0<x<1$ is† $(\log n/\log 2)+O(1)$.

(vii) If we change $x$ into $-x$ we obtain from (1) a polynomial of the same kind, as also we do if we change $x$ into $1/x$ and multiply by a suitable factor. Thus for a *general* polynomial (1) it is nearly the same thing to find the number of the real roots between 0 and 1 as to find the total number of real roots, the roots $-1$ and $+1$ being excepted. Now it is easy to see that *if* $\epsilon_n \neq 0$ *and* $n > 3$, *all roots of* (1) *cannot be real.* For suppose that $a_1, a_2, \ldots, a_n$, the roots of (1), are all real. Applying the inequality connecting arithmetic and geometric means to the positive numbers $a_1^2, a_2^2, \ldots, a_n^2$ we find that

$$1 = (a_1^2 a_2^2 \ldots a_n^2)^{1/n} \leqslant \frac{a_1^2+a_2^2+\ldots+a_n^2}{n} = \frac{\epsilon_{n-1}^2-2\epsilon_n\epsilon_{n-2}}{\epsilon_n^2 n} \leqslant \frac{3}{n},$$

that is $n \leqslant 3$. Observe that all roots of

$$(1-x)^2(1+x) = 1-x-x^2+x^3$$

are real.

(viii) *The average number of real roots of the polynomial* (1) *does not exceed* $O(\sqrt{n})$. We give a proof for the analogous result in the case of equations with coefficients $\pm 1$, which is, in this respect, a little simpler. Consider the equation

$$\eta_0+\eta_1 x+\eta_2 x^2+\ldots+\eta_n x^n = 0, \tag{3}$$

where $\eta_\nu^2 = 1$, $\nu = 0, 1, 2, \ldots, n$. The number of roots of the equation (3) in the *closed* interval $0 \leqslant x \leqslant 1$ exceeds at most by a unit the number of changes of sign in the sequence‡

$$\eta_0, \quad \eta_0+\eta_1, \quad \eta_0+\eta_1+\eta_2, \quad \ldots \quad \eta_0+\eta_1+\ldots+\eta_n. \tag{4}$$

Therefore it will be sufficient to prove that the average number of these

† Compare the preceding paper, the beginning of Art. 4, 88–89.

‡ This follows from a theorem of E. Laguerre, *Œuvres* 1 (Paris, 1898), 6, if $x=1$ is not a root, and from the ordinary Descartes' rule if $x=1$ is a root.

changes of sign is $O(\sqrt{n})$. But this problem is identical with a classical problem of the calculus of probability. We may consider a player who plays heads and tails, throwing a coin $n+1$ times, and betting each time a shilling. We may interpret $\eta_0, \eta_1, \ldots, \eta_n$ as the (positive or negative) gains of the player at the successive events, and $\eta_0+\eta_1+\ldots+\eta_\nu$ as his total gain in the first $\nu+1$ events. The probability of having

$$\eta_0+\eta_1+\eta_2+\ldots+\eta_{2k-1}=0$$

is, as is well known,

$$\frac{1}{2^{2k}}\binom{2k}{k}=\frac{1.3.5\ldots(2k-1)}{2.4.6\ldots 2k}$$

and the probability that $\eta_0+\eta_1+\ldots+\eta_{2k-2}$ and $\eta_0+\eta_1+\ldots+\eta_{2k}$ have opposite signs is therefore

$$\frac{1}{2}\cdot\frac{1.3.5\ldots(2k-1)}{2.4.6\ldots 2k}.$$

Determine the integer $m$ by the inequality $2m-1<n\leqslant 2m+1$; then the average number of changes of sign in the sequence (4) is

$$\sum_{k=1}^{m}\frac{1}{2}\cdot\frac{1.3.5\ldots(2k-1)}{2.4.6\ldots 2k}\sim\sum_{k=1}^{m}\frac{1}{2\sqrt{(k\pi)}}\sim\sqrt{\left(\frac{n}{2\pi}\right)}.$$

The result in (viii) "explains" up to a certain point the foregoing observations (i)–(vii). We shall prove that not only the average number, but also the maximum number of roots of (1) between 0 and 1 is only an infinitely small fraction of $n$ as $n$ becomes infinitely large, that is $P_n=o(n)$. The crucial question is whether $P_n$ is of an order as low as $\log n$. [See examples (ii), (iii), and (vi).] We found that the answer is in the negative. Though we have not been able to determine the exact order of magnitude of $P_n$, we can limit it on both sides.

*There is a positive constant $A$ such that, for $n>3$,*

$$\frac{1}{A}\frac{n^{\frac{1}{2}}}{(\log n)^{\frac{1}{2}}}<P_n<A\frac{n\log\log n}{\log n}. \tag{5}$$

We shall prove this double inequality in the two subsequent sections.

2. The second inequality (5) is contained in the following more general proposition.

*Assume that the coefficients $a_0, a_1, \ldots, a_n$ of the polynomial*

$$a_0x^n+a_1x^{n-1}+a_2x^{n-2}+\ldots+a_n=f(x) \tag{6}$$

*are real and satisfy the following conditions:*

$$a_\nu^2 \leqslant 1 \quad (\nu = 0, 1, 2, \ldots, n), \tag{7}$$

$$a_0^2 \geqslant a, \quad a_n^2 \geqslant a. \tag{8}$$

*Denote by* $R_n$ *the number of real roots of the polynomial* (6). *To any given* $a$, *such that* $0 < a < 1$, *corresponds a positive constant* $A$ *such that*

$$R_n < A \frac{n \log \log n}{\log n} \tag{9}$$

*for* $n \geqslant 3$†.

We observe that $f(-x)$ and $x^n f(1/x)$ satisfy the same conditions as $f(x)$. This observation permits us to change $x$ into $-x$ or into $1/x$ in certain parts of the proof. We observe further that, if the inequality (9) holds with a certain $A$ for sufficiently great $n$, it evidently holds with some other $A$ for $n \geqslant 3$.

The following proof could be presented in a real and purely algebraical form, but we shall make free use of the theory of analytic functions of a complex variable $z$. We need the following lemmas.

LEMMA 1. *All roots of* (6) *are situated in the circular ring*

$$\frac{a}{1+a} < |z| < \frac{1+a}{a}.$$

Put

$$\frac{1+a}{a} = \beta. \tag{10}$$

If $|z| \geqslant \beta$, then we obtain, using (7) and (8),

$$|a_0 z^n + a_1 z^{n-1} + \ldots + a_n| \geqslant |a_0 z^n| \left(1 - \frac{|a_1|}{|a_0 z|} - \frac{|a_2|}{|a_0 z^2|} - \ldots - \frac{|a_n|}{|a_0 z^n|}\right)$$

$$> |a_0| \beta^n \left(1 - \frac{1}{a\beta} - \frac{1}{a\beta^2} - \ldots\right)$$

$$= |a_0| \beta^n \left(1 - \frac{1}{a(\beta - 1)}\right) = 0.$$

Thus we have proved that $|f(z)| > 0$ for $|z| \geqslant \beta$. This establishes the complete Lemma 1, since we may change $z$ in $1/z$, as we observed above.

† That $R_n = o(n)$ could be deduced from a result of G. Szegö, *Berliner Sitzungsberichte*, 21 (1922), 59–64, by observing that the polynomials (6) form a "normal family".

LEMMA 2. *If $1<q<\beta$, then the number of roots of* (6) OUTSIDE *the circular ring*

(11) $$\frac{1}{q}<|z|<q$$

*does not exceed*

(12) $$\frac{B}{q-1}\log\frac{1}{q-1},$$

*where $B$ depends only on $\alpha$.*

Denote by $N$ the number of the roots of (6) whose modulus does not exceed $1/q$. Put

(13) $$\frac{1}{q}=\rho,\quad \frac{1+\rho}{2}=r,$$

and apply Jensen's formula to (6). We obtain

(14) $$\begin{aligned} N\log\frac{r}{\rho} &\leqslant -\log|f(0)|+\frac{1}{2\pi}\int_0^{2\pi}\log|f(re^{i\phi})|\,d\phi \\ &\leqslant -\tfrac{1}{2}\log\alpha+\tfrac{1}{2}\log\left(\frac{1}{2\pi}\int_0^{2\pi}|f(re^{i\phi})|^2d\phi\right) \\ &= -\tfrac{1}{2}\log\alpha+\tfrac{1}{2}\log(|a_0|^2r^{2n}+\dots+|a_{n-1}|^2r^2+|a_n|^2) \\ &< \tfrac{1}{2}\log\frac{1}{\alpha(1-r^2)}. \end{aligned}$$

We have here used (8), the inequality between the geometric and arithmetic means of a function, and (7). It follows from (13) and (14) that

$$N\leqslant\tfrac{1}{2}\left(\log\frac{4q^2}{\alpha(3q+1)}+\log\frac{1}{q-1}\right)\Big/\log\left(1+\frac{q-1}{2}\right).$$

Thus the number of the zeros of (6) inside the circle $|z|\leqslant 1/q$ does not exceed an expression of the form (12). We complete the proof of Lemma 2 by changing $z$ into $1/z$.

LEMMA 3. *Denote by $z_1, z_2, \dots, z_n$ the roots of the polynomial* (6) *and put*

$$z_1^m+z_2^m+\dots+z_n^m=s_m,$$

*$m$ being any positive integer. Then*

(15) $$|s_m|<\left(1+\frac{1}{\alpha}\right)^m$$

In fact,

$$\sum_1^\infty \frac{s_m}{m}\frac{1}{z^m} = -\sum_{\nu=1}^n \log\left(1-\frac{z_\nu}{z}\right) = -\log\frac{f(z)}{a_0 z^n}$$

$$= -\log\left(1+\frac{a_1}{a_0}\frac{1}{z}+\frac{a_2}{a_0}\frac{1}{z^2}+\dots+\frac{a_n}{a_0}\frac{1}{z^n}\right)$$

$$\ll -\log\left(1-\frac{1}{az}-\frac{1}{az^2}-\dots-\frac{1}{az^n}-\dots\right)$$

$$= -\log\left\{1-\left(1+\frac{1}{a}\right)\frac{1}{z}\right\}+\log\left(1-\frac{1}{z}\right)$$

$$\ll -\log\left\{1-\left(1+\frac{1}{a}\right)\frac{1}{z}\right\}$$

We have here used (7), (8), and the current notation for majorant series. Comparing the coefficient of $z^{-m}$ in the first and the last series we get (15).

In the following proof we assume that the polynomial (6) has not less positive zeros than negative zeros; this is no limitation, since we may change $x$ into $-x$ We put

$$l = [a \log n] \tag{16}$$

($[x]$ means here the integral part of $x$), and

$$q = 1+\frac{\log l}{l}. \tag{17}$$

We denote the total number of zeros of (6) *outside* the circular ring (11) by $Q_n$ and the number of *positive* zeros of (6) *inside* the circular ring (11) by $P_n^*$. Then we have at most $P_n^*+Q_n$ positive zeros in all, and thus

$$R_n \leqslant 2(P_n^*+Q_n). \tag{18}$$

It follows from Lemma 2 and from (16) and (17) that

$$Q_n < \frac{Bl}{\log l}\log\frac{l}{\log l} < Bl < B\log n, \tag{19}$$

for sufficiently great $n$.

We put further

$$k = q^2, \tag{20}$$

and consider the real-valued function

$$(21) \qquad T(z) = \frac{2}{k} r \cos\phi + \frac{2}{k^2} r^2 \cos 2\phi + \ldots + \frac{2}{k^l} r^l \cos l\phi$$

of the complex variable

$$z = |z| e^{i\phi} = re^{i\phi}.$$

If $|z| \leqslant \beta$ [see (10)], then we get, from (16) and (21),

$$(22) \qquad |T(z)| \leqslant |T(\beta)| < 2l\beta^l \leqslant 2a \log n \, \beta^{a \log n}$$

$$= 2an^{a \log \beta} \log n = 2an^{\gamma} \log n.$$

We put

$$(23) \qquad \gamma = a \log \beta = a \log\left(1+\frac{1}{a}\right) < a \cdot \frac{1}{a} = 1.$$

If

$$r = |z| \leqslant q,$$

$$(24) \quad T(z) + 1 - \frac{k^2 - r^2}{k^2 - 2kr\cos\phi + r^2}$$

$$= -2\left\{\left(\frac{r}{k}\right)^{l+1} \cos(l+1)\phi + \left(\frac{r}{k}\right)^{l+2} \cos(l+2)\phi + \ldots\right\}$$

$$\geqslant -2\left\{\left(\frac{q}{k}\right)^{l+1} + \left(\frac{q}{k}\right)^{l+2} + \ldots\right\}$$

$$= -2(q^{-l-1} + q^{-l-2} + \ldots) = -\frac{2}{q^l(q-1)};$$

we have here used (20). Now, if $x > 0$,

$$\log(1+x) > x - \frac{x^2}{2} > x - x^2, \quad 1 + x > e^{x-x^2}.$$

Therefore

$$(25) \qquad q^l = \left(1 + \frac{\log l}{l}\right)^l > e^{\log l - (\log l)^2/l}$$

$$= le^{-(\log l)^2/l} > \tfrac{1}{2} l,$$

if $n$ is sufficiently large. It follows from (24) and (25) that

$$(26) \qquad T(z) > -1 + \frac{k^2 - r^2}{k^2 - 2kr\cos\phi + r^2} - \frac{2}{\frac{1}{2} l \log l / l} > -1 - \frac{4}{\log l}.$$

Finally, if $z$ is positive and inside the circular ring (11), then, by (26), (20), and (17),

$$(27)\qquad T(z) \geqslant T\left(\frac{1}{q}\right) > -1 + \frac{k^2 - q^{-2}}{(k-q^{-1})^2} - \frac{4}{\log l}$$

$$= \frac{2}{kq-1} - \frac{4}{\log l} = \frac{2}{(1+\log l/l)^3 - 1} - \frac{4}{\log l}.$$

We collect the inequalities (22), (23), (26), (27) in the following lemma.

LEMMA 4. *If we define $k$ and $q$ by* (20), (17), *and* (16), *the function* (21) *satisfies the following inequalities for sufficiently large $n$:*

$$(28)\qquad T\left(\frac{1+a}{a}\right) < Cn^{\gamma} \log n,$$

$$(29)\qquad T(z) > -Cn^{\gamma} \log n \quad \textit{if} \quad \frac{a}{1+a} < |z| < \frac{1+a}{a},$$

$$(30)\qquad T(z) > -2 \quad \textit{if} \quad q^{-1} < |z| < q,$$

$$(31)\qquad T(z) > \frac{1}{C} \frac{\log n}{\log \log n} \quad \textit{if} \quad z \textit{ is real, } q^{-1} < z < q,$$

*where the positive numbers $C$ and $\gamma$ depend only on $a$ (in particular, they are independent of $n$) and*

$$(32)\qquad \gamma < 1.$$

The situation is this : the circular ring (11) becomes infinitely narrow as $n$ increases. Outside it the number of zeros is very small [see (19)], inside it the positive zeros $z$ give rise to a comparatively large positive $T(z)$ [see (31)], and all the other zeros give rise to a $T(z)$ which is bounded from below [see (30)]. We shall be able to use all these remarks in considering the formula

$$(33)\qquad T(z_1) + T(z_2) + \ldots + T(z_n) = \frac{2}{k} s_1 + \frac{2}{k^2} s_2 + \ldots + \frac{2}{k^l} s_l.$$

[To establish (33), we use the result that the coefficients $a_0, a_1, \ldots, a_n$ of (6) are real, and, therefore, the imaginary part of $s_m$ is zero.]

The right-hand side of (33) is, by Lemma 3, less than

$$\frac{2}{k} \frac{1+a}{a} + \frac{2}{k^2}\left(\frac{1+a}{a}\right)^2 + \ldots + \frac{2}{k^l}\left(\frac{1+a}{a}\right)^l = T\left(\frac{1+a}{a}\right) < Cn^{\gamma} \log n$$

in virtue of (28). We estimate the left-hand side of (33) from below, using (29), (30), (31), and Lemma 1. We obtain

$$P_n^* \frac{\log n}{C \log\log n} - Q_n C n^\gamma \log n - (n - P_n^* - Q_n) 2 < C n^\gamma \log n,$$

and hence

$$P_n^* \left(\frac{\log n}{C \log\log n} + 2\right) < C(1+Q_n) n^\gamma \log n + 2(n - Q_n)$$

$$< C(1+B\log n) n^\gamma \log n + 2n;$$

we have used (19) for the last line. With the aid of (18) and (19), it follows that, for sufficiently large $n$,

$$R_n < 2P_n^* + 2Q_n < \frac{4C \log\log n}{\log n} \{n + BCn^\gamma (\log n)^2\} + 2B \log n.$$

This proves the theorem expressed by (9) if we take account of (32).

3. We now proceed to prove the first part of (5).

LEMMA 5. *If $n \geqslant 2$, there is a polynomial of the form* (1) *for which the point $x=1$ is a root whose multiplicity is not less than*

$$\left[\sqrt{\left(\frac{2n \log 2}{\log n}\right)}\right] - 1.$$

Consider the $k$ linear forms

$$\begin{array}{llllll} y_1 = & x_0 + & x_1 + & x_2 + \dots + & x_n, \\ y_2 = & & 1x_1 + & 2x_2 + \dots + & nx_n, \\ \dots & \dots & \dots & \dots & \dots \\ y_k = & \binom{0}{k-1} x_0 + & \binom{1}{k-1} x_1 + & \binom{2}{k-1} x_2 + \dots + & \binom{n}{k-1} x_n. \end{array}$$

Their coefficients are non-negative integers (binomial coefficients), and they depend on $n+1$ variables $x_0, x_1, x_2, \dots, x_n$. If each of these variables takes the values 0 and 1 independently of the others, we obtain $2^{n+1}$ systems of integers $y_1, y_2, \dots, y_k$, or, as it is perhaps preferable to say, $2^{n+1}$ lattice points in the $k$-dimensional space, situated in a portion of this space which is defined by the inequalities

$$0 \leqslant y_1 \leqslant \binom{n+1}{1}, \quad 0 \leqslant y_2 \leqslant \binom{n+1}{2}, \quad \quad 0 \leqslant y_k \leqslant \binom{n+1}{k}.$$

If the total number of lattice points in this portion of space is less than the number of systems $x_0, x_1, x_2, \ldots, x_n$, that is if

$$\left[\binom{n+1}{1}+1\right]\left[\binom{n+1}{2}+1\right]\cdots\left[\binom{n+1}{k}+1\right] < 2^{n+1}, \tag{34}$$

there are certainly two different systems $x_0', x_1', \quad x_n'$ and $x_0'', x_1'', \quad x_n''$ which give rise to the same lattice point; that is, putting

$$x_0''-x_0' = \xi_0, \quad x_1''-x_1' = \xi_1, \qquad x_n''-x_n' = \xi_n,$$

we have

$$\begin{aligned} \xi_0+\quad \xi_1+\quad \xi_2+\ldots+\quad \xi_n &= 0,\\ 1\xi_1+\quad 2\xi_2+\ldots+\quad n\xi_n &= 0,\\ \binom{0}{k-1}\xi_0+\binom{1}{k-1}\xi_1+\binom{2}{k-1}\xi_2+\ldots+\binom{n}{k-1}\xi_n &= 0, \end{aligned} \tag{35}$$

where the $\xi_\nu$ are equal to 1 or 0 or $-1$, but *not all equal to* 0. This fact may be expressed by saying that the polynomial

$$\phi(x) = \xi_0+\xi_1 x+\xi_2 x^2+\ldots+\xi_n x^n$$

does not vanish identically, and equations (35) may be written as

$$\phi(1) = \phi'(1) = \phi''(1) = \ldots = \phi^{(k-1)}(1) = 0.$$

Dividing $\phi(x)$ by $\xi_r x^r$, where $\xi_r$ is the first non-vanishing number in the sequence $\xi_0, \xi_1, \xi_2, \ldots$ we obtain a polynomial of the form (1) that has not less than $k$ zeros concentrated at the point $x = 1$.

All that remains to do is to discuss the inequality (34). If $n \geqslant 2$,

$$\frac{n+2}{2} \leqslant n, \quad \frac{n^2+n+2}{2} \leqslant n^2, \quad \binom{n+1}{3}+1 < n^3,$$

and so (34) is certainly true if

$$n \,.\, n^2 \,.\, n^3 \ldots n^k < 2^n,$$

$$\frac{k(k+1)}{2} < \frac{n \log 2}{\log n},$$

and it is *a fortiori* true if

$$(k+1)^2 \leqslant \frac{2n \log 2}{\log n}.$$

This last inequality is satisfied by

$$k = \left[\sqrt{\left(\frac{2n \log 2}{\log n}\right)}\right] - 1.$$

This proves Lemma 5.

By Lemma 5 we obtained a polynomial having a great number of real roots concentrated at the right-hand end-point of the interval $0 < x < 1$. If the $\xi_\nu$ could vary continuously, it would be very easy to shift these roots from the end-point into the interior of the interval; but since they cannot, we need a less obvious transformation that succeeds in shifting the roots.

LEMMA 6. *Assume that the point $x = 1$ is a root of the polynomial*

$$f(x) = a_0 + a_1 x + a_2 x^2 + \ldots + a_\mu x^\mu + \ldots + a_m x^m,$$

*of multiplicity not less than $2q$, and form with the same real coefficients $a_0, a_1, \ldots, a_m$ the polynomial*

$$F(x) = a_0 + a_1 x + a_2 x^4 + \ldots + a_\mu x^{\mu^2} + \ldots + a_m x^{m^2}.$$

*Then the point $x = 1$ is a root of $F(x)$ with a multiplicity not less than $q$, and, moreover, $F(x)$ possesses in the interval $0 < x < 1$ at least $q$ different roots of odd order.*

(I) That the point $x = 1$ is a root of multiplicity greater than or equal to $2q$, for $f(x)$, may be expressed by the equation

$$P(0)a_0 + P(1)a_1 + P(2)a_2 + \ldots + P(n)a_n = 0,$$

where $P(x)$ is an *arbitrary* polynomial of degree not exceeding $2q-1$. Thus, in particular, if $Q(x)$ is an arbitrary polynomial of degree not exceeding $q-1$, we have

$$Q(0)a_0 + Q(1)a_1 + Q(4)a_2 + \ldots + Q(n^2)a_n = 0,$$

*i.e.* the point $x = 1$ is a root for $F(x)$ with a multiplicity not less than $q$.

From this it follows that $F(e^{-1/t}) = O(t^{-q})$ as $t$ tends to $\infty$, and therefore

$$\int_0^\infty t^{m-\frac{1}{2}} F(e^{-1/t})\, dt \tag{36}$$

converges for $m = 0, 1, 2, \ldots, q-1$.

(II) Using the well known integral formula†

$$\int_0^\infty e^{-at-b/t} t^{-\frac{1}{2}} dt = \sqrt{(\pi/a)} e^{-2\sqrt{(ab)}}$$

we obtain, for $x > 0$,

$$\int_0^\infty e^{-xt} \sum_{\nu=0}^{n} a_\nu e^{-\nu^2/t} t^{-\frac{1}{2}} dt = \sqrt{(\pi/x)} \sum_{\nu=0}^{n} a_\nu e^{-2\nu\sqrt{x}}$$

that is

$$\int_0^\infty e^{-xt} F(e^{-1/t}) t^{-\frac{1}{2}} dt = \sqrt{(\pi/x)} f(e^{-2\sqrt{x}}). \tag{37}$$

Now, by hypothesis, the expansion of the right-hand side in ascending powers of $\sqrt{x}$ contains no smaller power than $x^{q-\frac{1}{2}}$. Differentiating (37) $q-1$ times and putting $x = 0$, we find that the integral (36) vanishes for $m = 0, 1, 2, \ldots, q-1$. That is to say, the first $q$ moments of the function $F(e^{-1/t})t^{-\frac{1}{2}}$ in the interval $0 < t < \infty$ vanish; from this it follows, by a classical argument‡, that the function in question has at least $q$ different zeros of odd order in the interval§.

In order to prove the first inequality (5), consider $n$ as given, and choose the integer $m$ such that

$$m^2 \leqslant n < (m+1)^2.$$

Applying Lemma 5 to $m$ (instead of $n$) we find a polynomial $1+\epsilon_1 x+ \ldots +\epsilon_m x^m$ to which we may apply Lemma 6. The resulting polynomial

$$1+\epsilon_1 x+\epsilon_2 x^4+\epsilon_3 x^9+\ldots+\epsilon_m x^{m^2}$$

is of the required form (1), and possesses at least

$$n^{\frac{1}{2}} \sqrt{\left(\frac{\log 2}{\log n}\right)} - O(1),$$

different zeros of odd order in the interval $0 < x < 1$. Thus we have proved the first part of the inequality (5), even if we count in $P_n$ the roots of odd multiplicity just once and do not count at all the roots of even multiplicity.

---

† See, *e.g.*, C. Jordan, *Cours d'Analyse*, 3 ed., 2 (Paris, 1913), 198.

‡ J. Liouville, *Journal de Math.*, 2 (1837), 1–2.

§ It may be proved that, if $f(x)$ has $p$ roots in the interval $0 < x < 1$, $F(x)$ has there at least $p+q$ different roots of odd order. This proposition depends on a suitable extension of a theorem of Laguerre.

# Über die Realität der Nullstellen fast aller Ableitungen gewisser ganzer Funktionen.

Von

G. Pólya in Zürich.

## 1. Einleitung.

Der Zweck der vorliegenden Arbeit ist, die voranstehende gleichbetitelte Arbeit des Herrn Wiman, die ich im Manuskript einsehen zu können den Vorzug hatte, um einen Schritt weiterzuführen.

Bis zu welchem Punkt die Arbeit von Wiman gelangt, ersieht man recht deutlich aus dem Vergleich von zwei Beispielen. Es sei $P(z)$ ein Polynom mit reellen Koeffizienten, aber mit imaginären Wurzeln; betrachten wir die beiden folgenden ganzen Funktionen:

$$P(z) \sin z, \qquad P(z)/\Gamma(z).$$

Von der ersten zeigen die Ausführungen von Wiman, daß ihre Ableitungen genügend hoher Ordnung nur reelle Nullstellen haben, von der zweiten jedoch nicht. Der durch Wimans Schlußweise ausgenutzte Unterschied der beiden Funktionen besteht darin, daß die von 0 verschiedenen Nullstellen der ersten sich so anordnen lassen, daß die Summe der Reziproken konvergiert, die Nullstellen der zweiten sich jedoch nicht so anordnen lassen. Ich konnte Wimans Methode so weiterführen, daß ich auch die zweite Funktion, welche ja, wie die erste, von der Ordnung 1 ist, behandeln kann. Ich werde (die Terminologie wird sofort nachher erläutert) den folgenden Satz beweisen:

*Wenn die Ordnung einer reellen ganzen Funktion $G(z)$ kleiner als $\frac{4}{3}$ ist und $G(z)$ nur endlich viele imaginäre Nullstellen hat, so wird eine gewisse Ableitung $G^{(n)}(z)$ von $G(z)$ keine imaginären Nullstellen und auch keine außerordentlichen mehrfachen Nullstellen haben, und übrigens werden sich auch alle nachfolgenden Ableitungen $G^{(n+1)}(z)$, $G^{(n+2)}(z)$, ... ebenso verhalten.*

Ich nenne eine ganze Funktion *reell*, wenn sie für reelle Werte der Variablen nur reelle Werte annimmt. Ich nenne eine mehrfache Nullstelle $a$ von $G^{(n)}(z)$ *ordentlich*, wenn $a$ eine mindestens $n+2$-fache Nullstelle von $G(z)$ ist, so daß außer $G^{(n)}(a)$ und $G^{(n+1)}(a)$ auch $G(a)$, $G'(a)$, ..., $G^{(n-1)}(a)$ verschwinden.

For comments on this paper[153], see p. 430.

*Außerordentlich* heißt eine mehrfache Nullstelle einer Ableitung von $G(z)$, wenn sie nicht ordentlich ist, wenn sie also nicht direkt von $G(z)$ herstammt, sondern im Verlaufe der sukzessiven Derivationen irgendwann später auftritt.

Mit der kleineren, also weniger besagenden Grenze $\frac{2}{3}$ für die Ordnung (statt $\frac{4}{3}$) und ohne Bezugnahme auf außerordentliche mehrfache Nullstellen wurde der Satz schon vor mehreren Jahren von Ålander und dem Verfasser bewiesen[1]). Die vorangehende Arbeit von Wiman ergibt das schließliche Reellwerden der Nullstellen bei sukzessiver Derivation für alle ganzen Funktionen unterhalb der Ordnung 1 und für eine große Klasse von Funktionen bis zur Ordnung 2 einschließlich, aber wie man am eben erwähnten Beispiel $P(z)/\Gamma(z)$ sieht, nicht für alle Funktionen von der Ordnung 1.

Ich habe das ausgesprochene Resultat gewonnen, indem ich das scharfsinnige Beweisverfahren der vorangehenden Wimanschen Arbeit kritisch zerlegt und nachher „quantitativ" gewendet habe. Ich werde mich bemühen, die Darstellung so einzurichten, daß der Leser die Motive, welche von der vorangehenden Wimanschen Arbeit zur vorliegenden hinüberführen, klar durchblicken kann[2]).

## 2. Hilfssätze.

Es bezeichne $F(z)$ eine *reelle ganze Funktion vom Geschlechte* 0 *oder* 1, *welche nur endlich viele nichtreelle Nullstellen besitzt.* Diese Bezeichnung bzw. Voraussetzung soll im Laufe der gegenwärtigen Nummer, insbesondere bei der Formulierung der beiden folgenden Hilfssätze I und II festgehalten werden.

---

[1]) M. Ålander in „Opuscula mathematica Andreae Wiman dedicata" (Upsala 1930), S. 79—98; vgl. S. 93. G. Pólya, Quarterly Journal of Math. (Oxford series) **1** (1930), S. 21—34; vgl. Theorem II.

[2]) Soll man die Motive der Überlegung mit zur Darstellung bringen? Man kann hierüber, wohl mit Recht, verschiedener Ansicht sein. Heutzutage ist man im allgemeinen dagegen, und zwar, wie mir scheint, zu einseitig dagegen, aber manche Klassiker waren entschieden dafür. So verstand Euler seine Motive besonders reizvoll darzulegen und Leibniz tat den Ausspruch: „Il n'y a rien de si important que de voir les origines des inventions, qui valent mieux à mon avis que les inventions mêmes." Meine Ansicht wäre: Ja, man soll die Motive mit zur Darstellung bringen, aber mit angemessener Diskretion und möglichst geringer Mehrbeanspruchung von Raum. — Damit diese allgemeine Auseinandersetzung an dieser Stelle niemand befremde, muß ich wohl noch hinzufügen, wie ich dazu komme, sie hierherzusetzen: Nach Fertigstellung des Manuskripts bemerkte ich, daß ich, vielleicht aus gesunder Oppositionsstimmung gegen eine zu einförmige Meinung, der Darlegung der Motive etwas mehr Platz als gewöhnlich eingeräumt habe.

Der Erfolg des Beweises von Wiman scheint mir vor allem auf dem folgenden, von ihm entdeckten originellen Hilfssatz zu beruhen, der mit einem geringfügigen Zusatz[3]) so gefaßt werden kann:

Hilfssatz I. *Wenn $F^{(n)}(z)$, die n-te Ableitung von $F(z)$, weder nichtreelle Nullstellen noch außerordentliche mehrfache Nullstellen besitzt, und $Q(z)$ ein Polynom m-ten Grades mit lauter reellen Wurzeln bedeutet, so besitzt die p-te Ableitung des Produktes $F(z)\,Q(z)$ für $p \geqq m + n$ weder nichtreelle noch außerordentliche mehrfache Nullstellen.*

Dieser Hilfssatz soll hier ganz nach dem Vorgange von Wiman verwendet werden: Wir wollen die Funktion $G(z)$, um die es sich in dem hier zu beweisenden Satz handelt, in zwei Faktoren, $F(z)$ und $Q(z)$, von besagter Natur zerlegen, und zwar möglichst günstig zerlegen; gelingt uns die erstrebte Behauptung für $F(z)$ zu beweisen, so wird sie, kraft des Wimanschen Hilfssatzes I, auch für

$$G(z) = F(z)\,Q(z)$$

mitbewiesen sein.

Wimans Beweis macht ferner wesentlichen Gebrauch von einem Teil des folgenden, von J. L. W. V. Jensen herrührenden Satzes[4]):

*Zu jedem konjugierten Paar imaginärer Nullstellen $\alpha + i\beta$, $\alpha - i\beta$ von $F(z)$ konstruiere man die Ellipse*

$$\frac{(x-\alpha)^2}{n\beta^2} + \frac{y^2}{\beta^2} = 1,$$

*und betrachte den von der Gesamtheit dieser endlich vielen Ellipsenflächen bedeckten Bereich $\mathfrak{B}_n$. Sowohl die nichtreellen Nullstellen, als auch die außerordentlichen mehrfachen Nullstellen von $F^{(n)}(z)$ liegen im Bereiche $\mathfrak{B}_n$.*

---

[3]) Vgl. vorstehend, S. 621. Der Zusatz betrifft die mehrfachen Nullstellen, und der zu diesem Zusatz nötige Schluß ist wohlbekannt, vgl. z. B. J. v. Sz. Nagy, Jahresbericht d. deutschen Mathematiker-V. **31** (1922), S. 238—251, insbesondere Satz VI, S. 244 oder die unter [1]) zweitzitierte Arbeit, Lemma II, S. 30; nur der einfachste Fall, in welchem keine Jensenschen Kreise vorhanden sind, kommt hier in Betracht. (Für Wimans Schluß kommen in diesen beiden Arbeiten bzw. Satz I, S. 239 und Lemma I, S. 26 entsprechenderweise in Betracht.)

[4]) J. L. W. V. Jensen, Acta Mathematica **36** (1913), S. 181—195, insbesondere S. 190; ferner J. L. Walsh, Annals of Mathematics (2) **22** (1920), S. 128—144, und die unter [3]) zitierte Arbeit von J. v. Sz. Nagy. Der Satz, wie auch der vorangehende Hilfssatz I, bleibt unter einer etwas allgemeineren Voraussetzung gültig, wobei $F(z)e^{-\gamma z^2}$ anstatt der hiesigen Funktion $F(z)$ mit $\gamma \geqq 0$ betrachtet wird. Im Beweise von J. v. Sz. Nagy scheint mir der Hinweis (S. 243, Zeilen 22—26) auf die Hadamardsche Theorie in dem Falle, daß $f(z)$ zwar vom Geschlechte 1, aber von der Ordnung 2 ist, nicht ohne weiteres zu genügen. Ein Hinweis auf die „Laguerresche Schlußweise", d. h. auf den Grenzübergang von Polynomen her, ist, mindestens im Falle nur endlich vieler imaginärer Nullstellen, leichter zu vervollständigen.

Wiman abstrahiert hiervon die folgende „qualitative" Aussage[5]):

*Es gibt einen bloß durch die Lage der nichtreellen Nullstellen von $F(z)$ bestimmten* (und von der sonstigen Beschaffenheit von $F(z)$ unabhängigen) *Bereich, von dem man von vornherein weiß, daß er sämtliche nichtreellen Nullstellen von $F^{(n)}(z)$ enthält.*

Auch hier soll bloß von einem Teil des Jensenschen Satzes Gebrauch gemacht werden, aber wir wollen davon immerhin etwas mehr, nämlich die folgende „quantitative" Aussage abstrahieren:

Hilfssatz II. *Es sei vorausgesetzt, daß jede nichtreelle Nullstelle $\alpha + i\beta$ von $F(z)$ der Ungleichung $|\beta| < 1$ genügt. Es gibt eine bloß durch die Lage der nichtreellen Nullstellen von $F(z)$ bestimmte* (und von der sonstigen Beschaffenheit von $F(z)$ unabhängige) *Zahl $n_0$ von folgender Eigenschaft: Für $n > n_0$ liegen sämtliche nichtreellen und sämtliche außerordentlichen mehrfachen Nullstellen von $F^{(n)}(z)$ im Kreise*

$$|z| < \sqrt{n}. \tag{1}$$

## 3. Funktionen mit endlich vielen Nullstellen.

Wenn die Funktion $G(z)$, von der der hier zu beweisende Satz handelt, nur endlich viele Nullstellen besitzt und kein Polynom ist, so ist sie von der Gestalt

$$e^{sz} P(z); \tag{2}$$

hierbei bedeutet $s$ eine reelle, von 0 verschiedene Konstante und $P(z)$ ein reelles Polynom (das jedoch imaginäre Nullstellen haben kann).

Wiman benutzt in seinem Beweis ganz wesentlich den Umstand, daß er seinen Satz für Funktionen von der speziellen Gestalt (2) vorbewiesen hat. Ich will zunächst einen besonders durchsichtigen Beweis für den in der Einleitung ausgesprochenen Satz unter der speziellen Annahme führen, daß $G(z)$ von der Gestalt (2) ist. Ich benutze neben Hilfssatz II den folgenden

Hilfssatz III. *Der Grad des Polynoms $P(z)$ sei $k$, sein höchster Koeffizient* 1 (so daß $P(z) = z^k + \ldots$ ist) *und die Summe der Beträge der übrigen Koeffizienten von $P(z)$ sei $A$. Wenn $n \geqq |s|$ ist, so hat die $n$-te Ableitung der Funktion* (2) *keine Nullstellen im Kreise*

$$(k|z| + A)\left(|z| + \frac{n}{|s|}\right)^{k-1} < \left(\frac{n}{|s|}\right)^k \left(1 - \frac{k(k-1)}{2n}\right). \tag{3}$$

(Die Gesamtheit derjenigen Punkte $z$ der komplexen Zahlenebene, für welche (3) gilt, mag leer sein; wenn sie nicht leer ist, so bildet sie offenbar eine offene Kreisfläche, deren Mittelpunkt der Nullpunkt ist.)

---

[5]) Vgl. vorstehend, S. 620, Zeilen 25—29.

Ich will den rein rechnerischen Beweis von Hilfssatz III bis zur Nr. 5 zurückstellen und beeile mich, die Hilfssätze II und III zu einem Schluß zu kombinieren. Ohne Beschränkung der Allgemeinheit darf angenommen werden, daß die Imaginärteile der Nullstellen von $P(z)$ dem Betrage nach sämtlich kleiner als 1 sind. Dann ist die Voraussetzung von Hilfssatz II erfüllt, und somit liegen, für $n > n_0$, sämtliche nichtreellen und sämtliche außerordentlichen mehrfachen Nullstellen der $n$-ten Ableitung von (2) im Kreise (1) (insoweit sie überhaupt vorhanden sind); nur der Kreis (1) ist verdächtig, diese beiden Sorten von Nullstellen, deren Nichtexistenz wir nachweisen wollen, zu enthalten; nennen wir (1) den „verdächtigen" Kreis. Nach Hilfssatz III ist der Kreis (3) von Nullstellen der $n$-ten Ableitung von (2) überhaupt frei; nennen wir (3) den „freien" Kreis. Wenn die $n$-te Ableitung von (2) imaginäre oder außerordentliche mehrfache Nullstellen hat, so hat sie diese im Kreisring, der außerhalb des „freien" Kreises (3) und innerhalb des „verdächtigen" Kreises (1) sich befindet. Nun breitet sich der „verdächtige" Kreis (1) mit wachsendem $n$ beständig aus. Der „freie Kreis" (3) verändert sich mit $n$ ebenfalls, und zwar wird der „freie Kreis" (3) den „verdächtigen" für genügend großes $n$ sicher übertreffen, denn es ist, $|z| = \sqrt{n}$ gesetzt, die linke Seite von (3) bloß von der Größenordnung $n^{k-\frac{1}{2}}$, die rechte hingegen von der Größenordnung $n^k$. Von dem Augenblick an, in welchem der „freie" Kreis den „verdächtigen" im Wettlauf überholt und definitiv bedeckt, d. h. von einem bestimmten Werte von $n$ an, gibt es keinen Platz für imaginäre oder für außerordentliche mehrfache Nullstellen der $n$-ten Ableitung von (2), d. h. diese beiden Sorten von Nullstellen existieren nicht, w. z. b. w.[6]).

Da der „verdächtige" Kreis (1) für genügend großes $n$ nicht bloß die außerordentlichen, sondern auch die eventuellen (unbeweglichen!) ordentlichen, und somit alle mehrfachen Nullstellen der $n$-ten Ableitung von (2) bedeckt, gelangen wir zum Schluß, daß diese Ableitung für genügend großes $n$ *nur reelle und einfache Nullstellen* besitzt. Diese Tatsache wird von Wiman in seinem Beweis als wesentlicher Hilfssatz verwendet.

Substituieren wir an Stelle dieses Hilfssatzes seine eben besprochene Herleitung, so entsteht aus der Wimanschen eine neue Beweisanordnung, welche den Jensenschen Satz (genauer gesagt, seine Folgerung, den Hilfssatz II) an zwei verschiedenen Stellen verwendet. Wollen wir, sparsamerweise, diese doppelte Verwendung des Hilfssatzes II durch eine einmalige Anwendung ersetzen, so gelangen wir in motivierter Weise zur folgenden Beweisanlage.

[6]) Vgl. den analogen Schluß in den unter [1]) zitierten Arbeiten.

## 4. Anlage des Beweises.

Die ganze Funktion $G(z)$, von der der zu beweisende Satz handelt, hat nach Voraussetzung die Gestalt

$$G(z) = P(z)\,e^{az}\prod_{\mu=1}^{\infty}\left(1-\frac{z}{\alpha_\mu}\right)e^{\frac{z}{\alpha_\mu}}. \tag{4}$$

$P(z)$ ist ein reelles Polynom, $a$ eine reelle Zahl, $\alpha_1, \alpha_2, \alpha_3, \ldots$ eine Folge reeller, von 0 verschiedener Zahlen, so beschaffen, daß die Reihe

$$\frac{1}{\alpha_1^2}+\frac{1}{\alpha_2^2}+\cdots+\frac{1}{\alpha_\mu^2}+\cdots \tag{5}$$

monoton fallende (nichtzunehmende) Glieder hat und konvergiert.

Ich mache beim Beweis eine wesentliche Einschränkung: Ich schließe erstens den Fall aus, in welchem die Folge $\alpha_1, \alpha_2, \ldots$ endlich ist, und zweitens den Fall, in welchem die Reihe

$$a+\frac{1}{\alpha_1}+\frac{1}{\alpha_2}+\cdots+\frac{1}{\alpha_\mu}+\cdots$$

konvergiert und die Summe 0 hat. Der erste Fall wurde nämlich in Nr. 3 besprochen und der zweite Fall ist in der Wimanschen Beweisanordnung so vollständig und einfach behandelt[7]), daß ich nichts hinzuzufügen habe. Nach der getroffenen wesentlichen Einschränkung verliert man nichts weiter an Allgemeinheit, wenn man voraussetzt, wie wir es tun wollen, daß es eine positive Zahl $\sigma$ gibt, so beschaffen, daß,

$$s_m = a+\frac{1}{\alpha_1}+\frac{1}{\alpha_2}+\cdots+\frac{1}{\alpha_m} \tag{6}$$

gesetzt, für unendlich viele ganze Zahlen $m$

$$s_m \geqq \sigma > 0 \tag{7}$$

ist. (Man kann ja $z$ durch $-z$ ersetzen.) Weiter machen wir, ebenfalls ohne Beschränkung der Allgemeinheit, die Annahme, daß die Imaginärteile aller Nullstellen von $P(z)$ unterhalb 1 liegen (wodurch Hilfssatz II anwendbar wird) und daß der höchste Koeffizient von $P(z)$ die Einheit ist.

Wir führen folgende Bezeichnungen ein:

$$Q_m(z) = \prod_{\mu=1}^{m}\left(1-\frac{z}{\alpha_\mu}\right), \tag{8}$$

$$R_m(z) = \prod_{\mu=m+1}^{\infty}\left(1-\frac{z}{\alpha_\mu}\right)e^{\frac{z}{\alpha_\mu}}, \tag{9}$$

$$F_m(z) = e^{s_m z}\,P(z)\,R_m(z); \tag{10}$$

---

[7]) Vgl. insbesondere die Schlußbemerkung der Nr. 2, auf S. 620.

$s_m$ ist durch (6) definiert. Mit diesen Bezeichnungen ist, gemäß (4),

$$G(z) = F_m(z)\, Q_m(z). \tag{11}$$

$Q_m(z)$ ist ein Polynom mit nur reellen Nullstellen. Gemäß dem Wimanschen Beweisgedanken, der auf Hilfssatz I fußt, werden wir unseren Satz über (11) bewiesen haben, sobald uns gelingt, zwei ganze Zahlen $m$ und $n$ zu finden, so daß

$$\frac{d^n F_m(z)}{d z^n}$$

nur reelle Nullstellen und nur ordentliche mehrfache Nullstellen hat.

$F_m(z)$ hat, wie auch $m$ beschaffen sei, keine anderen imaginären Nullstellen als diejenigen, die schon in $P(z)$ stecken. Gemäß dem in Nr. 3 angewendeten Beweisgedanken, der auf Hilfssatz II fußt, wird die Funktion $F_m^{(n)}(z)$ nur die richtigen Sorten von Nullstellen haben (reelle und bloß ordentliche mehrfache Nullstellen), sobald uns gelingt, einen Kreis zu finden, mit dem Nullpunkt als Mittelpunkt und mit *Radius größer als* $\sqrt{n}$, *der von Nullstellen der Funktion* $F_m^{(n)}(z)$ *frei ist*, vorausgesetzt, daß $n$ eine bestimmte, *von* $m$ *unabhängige* Grenze übersteigt. (In dieser Unabhängigkeit von $m$ kommt ein wichtiger Punkt des Hilfssatzes II zur Anwendung, der in Nr. 3 noch keine Rolle spielte.)

Die Aufgabe, den in der Einleitung ausgesprochenen Satz zu beweisen, reduziert sich somit darauf, *für beliebig großes* $n$ *und dazu passendes* $m$ *einen Kreis um* $z = 0$ *herum abzustecken, dessen Radius größer als* $\sqrt{n}$ *und dessen Inneres von den Nullstellen der Funktion* $F_m^{(n)}(z)$ *frei ist.*

## 5. Der nullstellenfreie Kreis im einfachsten Fall.

Wir wollen zunächst den Beweis des Hilfssatzes III nachholen. Dies wird nicht bloß indirekt, als Vorübung, nützlich sein, sondern es wird sich nachher die entscheidende Ungleichung auch als direkt für unseren Hauptzweck verwendbar erweisen.

Wir setzen

$$P(z) = a_0 + a_1 z + a_2 z^2 + \ldots + a_{k-1} z^{k-1} + z^k, \tag{12}$$

$$A = |a_0| + |a_1| + |a_2| + \ldots + |a_{k-1}|. \tag{13}$$

Diese Bezeichnungen stimmen mit dem Wortlaut des Hilfssatzes III überein; $a_0, a_1, \ldots, a_{k-1}$ sind reelle Zahlen. Wir verwenden $D$ als Zeichen des Differenzierens nach der Variablen $z$. Um Hilfssatz III zu beweisen, müssen wir ein von den Nullstellen der Funktion

$$D^n e^{sz} P(z) = s^n e^{sz} (1 + s^{-1} D)^n P(z) \tag{14}$$

freies Gebiet angeben. Wir haben also von unten abzuschätzen den Betrag von

(15) $$(1+s^{-1}D)^n P(z) = (1+s^{-1}D)^n z^k + \sum_{\varkappa=0}^{k-1} a_\varkappa (1+s^{-1}D)^n z^\varkappa.$$

Nun ist

$$(1+s^{-1}D)^n z^\varkappa = z^\varkappa + \binom{n}{1}\frac{Dz^\varkappa}{s} + \binom{n}{2}\frac{D^2 z^\varkappa}{s^2} + \ldots + \binom{n}{\varkappa}\frac{D^\varkappa z^\varkappa}{s^\varkappa}$$

$$= z^\varkappa + \binom{\varkappa}{1}\frac{n}{s} z^{\varkappa-1} + \binom{\varkappa}{2}\frac{n(n-1)}{s^2} z^{\varkappa-2} + \ldots + \frac{n(n-1)\ldots(n-\varkappa+1)}{s^\varkappa},$$

(16) $$|(1+s^{-1}D)^n z^\varkappa| \leqq \left(|z| + \frac{n}{|s|}\right)^\varkappa;$$

$$(1+s^{-1}D)^n z^k = \frac{n(n-1)\ldots(n-k+1)}{s^k} + \sum_{\lambda=0}^{k-1}\binom{k}{\lambda}\frac{n(n-1)\ldots(n-\lambda+1)}{s^\lambda} z^{k-\lambda}$$

$$= \frac{n(n-1)\ldots(n-k+1)}{s^k} + kz\sum_{\lambda=0}^{k-1}\frac{1}{k-\lambda}\binom{k-1}{\lambda}\frac{n(n-1)\ldots(n-\lambda+1)}{s^\lambda} z^{k-1-\lambda},$$

(17) $$|(1+s^{-1}D)^n z^k| \geqq \frac{n(n-1)\ldots(n-k+1)}{|s|^k} - k|z|\left(|z| + \frac{n}{|s|}\right)^{k-1};$$

(18) $$n(n-1)\ldots(n-k+1) = n^k\left(1-\frac{1}{n}\right)\left(1-\frac{2}{n}\right)\ldots\left(1-\frac{k-1}{n}\right)$$

$$\geqq n^k\left(1-\frac{k(k-1)}{2n}\right).$$

Man erhält durch Zusammenfassung von (15), (16), (17), (18), unter Beachtung der Voraussetzung $n \geqq |s|$ des Hilfssatzes III und der Bezeichnung (13),

(19) $$|(1+s^{-1}D)^n P(z)| \geqq \left(\frac{n}{|s|}\right)^k\left(1-\frac{k(k-1)}{2n}\right) - (k|z|+A)\left(|z|+\frac{n}{|s|}\right)^{k-1}.$$

Die Ungleichung (19) setzt das Nichtverschwinden von (14) im Kreis (3) und damit den Hilfssatz III in Evidenz.

## 6. Der nullstellenfreie Kreis im allgemeinen Fall.

Um die Funktion (10) behandeln zu können, sind wir genötigt, geeignete Beziehungen zwischen $n$, $s_m$ und

(20) $$\varrho_m = \frac{1}{\alpha_{m+1}^2} + \frac{1}{\alpha_{m+2}^2} + \frac{1}{\alpha_{m+3}^2} + \ldots,$$

dem Restglied der Reihe (5), anzunehmen. Zwar werden diese Annahmen erst durch den weiteren Verlauf der Rechnung motiviert, aber im Interesse einer bequemen Kontrolle der folgenden Überlegungen ist es besser, sie schon jetzt auszusprechen. Wir wollen also annehmen, daß

(I) $$\frac{s_m}{\sqrt{n}} < 1,$$

(II) $$\left(\frac{3n}{s_m}\right)^2 \varrho_m < 1,$$

(III) $$\frac{6n}{s_m |\alpha_{m+1}|} < 1$$

ist. Unter welchen Bedingungen diese drei Annahmen miteinander verträglich sind, soll erst in der nächsten Nummer geprüft werden. In der gegenwärtigen Nummer wollen wir zunächst Folgerungen aus ihnen ziehen.

Wir brauchen den folgenden leicht beweisbaren

Hilfssatz IV. *Es seien s und z beliebig komplex, n positiv ganz. Wenn die Funktion f (u) für*

(21) $$|u - z| \leqq \frac{2n}{|s|}$$

*regulär analytisch ist und der Ungleichung*

$$|f(u)| \leqq M$$

*genügt, so ist*

$$|(1 + s^{-1}D)^n f(z)| \leqq 2M.$$

In der Tat ist, wenn das nachfolgende Integral um den Kreisbereich (21) der $u$-Ebene herum im positiven Sinne erstreckt wird,

$$\begin{aligned} |(1 + s^{-1} D)^n f(z)| &= \left| \sum_{\nu=0}^{n} \binom{n}{\nu} \frac{f^{(\nu)}(z)}{s^\nu} \right| \\ &= \left| \frac{1}{2\pi i} \oint \frac{f(u)\,du}{u - z} \sum_{\nu=0}^{n} \binom{n}{\nu} \frac{\nu!}{s^\nu (u-z)^\nu} \right| \\ &\leqq M \sum_{\nu=0}^{\infty} \frac{n^\nu}{|s|^\nu} \left(\frac{|s|}{2n}\right)^\nu = 2M. \end{aligned}$$

Wir wollen nun diesen Hilfssatz auf die Funktion

(22) $$f(u) = P(u)(R_m(u) - 1)$$

mit

(23) $$s = s_m = |s_m|$$

[vgl. (7)] anwenden, und auf solche Werte von $z$, welche der Ungleichung

(24) $$|z| < \frac{n}{s_m}$$

genügen.

Wir haben die Funktion (22) für solche $u$-Werte abzuschätzen, die (21) erfüllen, also wegen (23) und (24) in dem Kreis

(25) $$|u| < \frac{3n}{s_m}$$

der $u$-Ebene liegen. In diesem Kreis erhält man, unter Beachtung von (12), (13) und auch der Annahme (I),

$$|P(u)| < (A+1)\left(\frac{3n}{s_m}\right)^k. \tag{26}$$

Um in demselben Kreis (25) auch den zweiten Faktor der Funktion (22) abzuschätzen, führen wir die Funktion

$$S_m(u) = \log R_m(u) = \sum_{\mu=m+1}^{\infty}\left[\log\left(1-\frac{u}{\alpha_\mu}\right)+\frac{u}{\alpha_\mu}\right] \tag{27}$$

ein; vgl. (9). Die Definition von $S_m(u)$ ist so gemeint, daß alle Logarithmen unter dem Summenzeichen rechts in (27) für $u = 0$ sich auf 0 reduzieren, so daß $S_m(0) = 0$ ist. Unter der Annahme (III) erhalten wir, daß im Kreise (25)

$$S_m(u) = -\sum_{\mu=m+1}^{\infty}\left(\frac{u^2}{2\alpha_\mu^2}+\frac{u^3}{3\alpha_\mu^3}+\dots\right),$$

$$|S_m(u)| < \sum_{\mu=m+1}^{\infty}\frac{|u|^2}{2\alpha_\mu^2}\,\frac{1}{1-\left|\frac{u}{\alpha_\mu}\right|}$$

$$< \frac{|u|^2}{2\left(1-\frac{3n}{s_m|\alpha_{m+1}|}\right)}\sum_{\mu=m+1}^{\infty}\frac{1}{\alpha_\mu^2} < |u|^2\varrho_m;$$

wir haben wieder (III) und die Bezeichnung (20) verwendet. Es ist also im Kreis (25)

$$|S_m(u)| < \left(\frac{3n}{s_m}\right)^2\varrho_m.$$

Hieraus folgt, gemäß (27), unter der Annahne (II), daß

$$|R_m(u)-1| = |e^{S_m(u)}-1| < \left(\frac{3n}{s_m}\right)^2\varrho_m\left(\frac{1}{1!}+\frac{1}{2!}+\frac{1}{3!}+\dots\right)$$

$$< 18\left(\frac{n}{s_m}\right)^2\varrho_m.$$

Vereinigen wir diese letzte Abschätzung mit (26), so finden wir, daß im Kreise (25), also sicherlich dann, wenn (21) und (24) gleichzeitig erfüllt sind, folgende Ungleichung besteht:

$$|P(u)(R_m(u)-1)| < 18(A+1)3^k\left(\frac{n}{s_m}\right)^{k+2}\varrho_m. \tag{28}$$

Durch (28) haben wir die Grundlage zur Anwendung des Hilfssatzes IV auf die Funktion (22) gewonnen; es folgt nun

$$|(1+s_m^{-1}D)^n P(z)(R_m(z)-1)| < B\left(\frac{n}{s_m}\right)^{k+2}\varrho_m \tag{29}$$

für solche Werte $z$, die (24) genügen; die von $z$ unabhängige Konstante $B$ hat den Wert

$$B = 36(A+1)3^k.$$

Jetzt sind wir gut vorbereitet zur Behandlung von $D^n F_m(z)$; es ist nämlich nach (10)

$$D^n F_m(z) = s_m^n e^{s_m z}(1 + s_m^{-1} D)^n P(z) R_m(z).$$

Also ist, unter Benutzung von (19) und (29),

$$|s_m^{-n} e^{-s_m z} D^n F_m(z)|$$
$$= |(1 + s_m^{-1} D)^n P(z) + (1 + s_m^{-1} D)^n P(z)(R_m(z) - 1)|$$
$$\geqq \left(\frac{n}{s_m}\right)^k \left(1 - \frac{k(k-1)}{2n}\right) - (k|z| + A)\left(|z| + \frac{n}{s_m}\right)^{k-1} - B\left(\frac{n}{s_m}\right)^{k+2} \varrho_m;$$

die Voraussetzung $n \geqq |s|$ der Ungleichung (19) (des Hilfssatzes III) ist wegen (23) und (I) reichlich erfüllt.

Wir können das erhaltene Resultat so formulieren: *Wenn die Annahmen* (I), (II), (III) *zutreffen, und wenn z sowohl die Ungleichung* (24) *wie*

$$(30) \qquad (k|z| + A)\left(|z| + \frac{n}{s_m}\right)^{k-1} < \left(\frac{n}{s_m}\right)^k \left(1 - B\left(\frac{n}{s_m}\right)^2 \varrho_m - \frac{k(k-1)}{2n}\right)$$

*erfüllt, so ist z keine Nullstelle von* $D^n F_m(z)$.

Diejenigen Punkte $z$, welche beiden Ungleichungen (24) und (30) genügen, bilden den nullstellenfreien Kreis, von welchem am Schluß der Nr. 4 die Rede war. Es fragt sich noch, ob dieser für großes $n$ größer als der „verdächtige" Kreis (1) wird.

## 7. Der Einfluß der Ordnung.

Die Annahmen (I), (II), (III) regulieren nicht bloß den Zusammenhang zwischen $m$ und $n$, sondern legen auch der Zahlenfolge $\alpha_1, \alpha_2, \alpha_3, \ldots$ eine Bedingung auf. Indem man $n$ aus (I) und (II) eliminiert, erhält man die Bedingung

$$(31) \qquad 9 s_m^2 \varrho_m < 1.$$

Untersucht man zunächst die Zahlenfolge

$$\alpha_1 = 1^\lambda, \quad \alpha_2 = 2^\lambda, \quad \alpha_3 = 3^\lambda, \quad \ldots,$$

so sieht man leicht, daß die linke Seite von (31) für $\lambda \geqq \frac{3}{4}$ beschränkt und für $\lambda < \frac{3}{4}$ unbeschränkt ist oder nicht existiert. Nun weiß man, daß

$$(32) \qquad \lim_{\mu \to \infty} \mu^{\frac{3}{4}} \alpha_\mu^{-1} = 0$$

ist, wenn die Ordnung der ganzen Funktion $G(z)$ kleiner als $\frac{4}{3}$ ist.

Jetzt hängt der in der Einleitung formulierte Satz nur noch von den folgenden, rein reihentheoretischen Zusammenhängen ab:

Hilfssatz V. *Die nichtverschwindenden reellen Zahlen* $\alpha_1, \alpha_2, \alpha_3, \ldots$ *sollen der Bedingung* (32) *genügen. Es sei a eine feste reelle Zahl,* $s_m$ *durch* (6), $\varrho_m$ *durch* (20) *definiert* [die Konvergenz folgt aus (32)]. *Ferner sei vorausgesetzt, daß eine positive Zahl σ existiert, so beschaffen, daß* (7) *für eine gewisse ausgezeichnete unendliche Folge von ganzzahligen m-Werten erfüllt ist.*

*Unter diesen Voraussetzungen behaupten wir zunächst, daß*

(A) $$\lim_{m\to\infty} s_m^2 \varrho_m = 0$$

*ist. Wir behaupten ferner: Es läßt sich jeder durch die Bedingung* (7) *ausgezeichneten ganzen Zahl m eine ganze Zahl* $n = n_m$ *zuordnen, welche folgende Eigenschaften hat:*

(B) $$\lim_{m\to\infty}{}^{*}\, n = \infty;$$

(C) $$\lim_{m\to\infty}{}^{*} \frac{s_m^2}{n} = \lim_{m\to\infty}{}^{*} \frac{n^2 \varrho_m}{s_m^2} = \lim_{m\to\infty}{}^{*} \frac{n}{s_m \alpha_{m+1}} = 0;$$

(D) *die Ungleichungen* (24) *und* (30) *sind für* $|z| = \sqrt{n}$ (und umsomehr für $|z| < \sqrt{n}$) *bei allen genügend großen m erfüllt.*

*In den Behauptungen* (B), (C), (D) *ist m auf die durch* (7) *ausgezeichnete Folge beschränkt, was durch* lim* (statt lim) *hervorgehoben ist.*

Durch den Beweis des Hilfssatzes V wird die am Schluß der Nr. 4 gestellte Aufgabe gelöst und damit der durch die Einleitung in Aussicht gestellte Satz bewiesen sein. Die Voraussetzung betreffend die Ordnung wird durch (32) ausgenützt. Die Anzahl der Differentiationen $n$ wird, gemäß (B), beliebig groß, wie sie sein soll. Die Annahmen (I), (II), (III), unter welchen der durch das Bestehen der beiden Ungleichungen (24) und (30) abgegrenzte Kreis als nullstellenfrei für $D^n F_m(z)$ nachgewiesen wurde, sind wegen (C) für genügend großes $m$ sicher erfüllt. Das Bestehen der Ungleichungen (24) und (30) für $|z| \leqq \sqrt{n}$ bedeutet, daß der nullstellenfreie Kreis den „verdächtigen" Kreis (1) schließlich bedeckt, und damit ist das gewünschte erreicht.

Wir haben nun die Behauptungen des Hilfssatzes V der Reihe nach durchzugehen.

Laut Voraussetzung (32) ist, mit einer passend großen festen Zahl $C$, für $m = 1, 2, 3, \ldots$

$$|s_m| \leqq C + 1^{-3/4} + 2^{-3/4} + \ldots + m^{-3/4} < C + \int_0^m x^{-3/4}\, dx$$
$$= C + 4\, m^{1/4}$$

und mit einem beliebig kleinen $\varepsilon$, $\varepsilon > 0$, für alle genügend großen $m$

$$\varrho_m < \varepsilon\,[(m+1)^{-3/2} + (m+2)^{-3/2} + \ldots] < \varepsilon \int_m^\infty x^{-3/2}\, dx$$
$$= \varepsilon\, 2\, m^{-1/2},$$

folglich

$$s_m^2\, \varrho_m < \varepsilon\, 2\, m^{-1/2}\, [C + 4\, m^{1/4}]^2.$$

Hiermit ist die Behauptung (A) nachgewiesen.

Von nun an ist $m$ auf die durch (7) ausgezeichnete Zahlenfolge zu beschränken.

**Wir wollen $n$ so wählen, daß die beiden ersten Behauptungen unter (C) miteinander stehen oder fallen, also so, daß**

(33) $$\frac{s_m^2}{n} \sim \frac{n^2 \varrho_m}{s_m^2},$$

folglich so, daß

(34) $$n \sim s_m^{4/3} \varrho_m^{-1/3}$$

ist. Wir wählen somit $n$ als den ganzen Teil der rechten Seite von (34), in Zeichen

(35) $$n = [s_m^{4/3} \varrho_m^{-1/3}].$$

Gemäß dieser Definition von $n$ ist, wegen (7),

$$n > \sigma^{4/3} \varrho_m^{-1/3} - 1;$$

nun ist $\varrho_m$, nach (20) und (32), das Restglied einer konvergenten Reihe und strebt als solches gegen 0. Somit haben wir die Behauptung (B) und übrigens auch (34) und (33) bewiesen.

Die erste Behauptung unter (C) betrifft

(36) $$\frac{s_m^2}{n} \sim \frac{s_m^2}{s_m^{4/3} \varrho_m^{-1/3}} = (s_m^2 \varrho_m)^{1/3} \to 0;$$

wir haben nacheinander (34) und das schon bewiesene (A) verwendet. Durch (36) ist die erste Behauptung unter (C) bewiesen; die zweite, deren Los mit dem der ersten durch (33) verbunden wurde, ist mitbewiesen. Die dritte Behauptung unter (C) ist aber unter der zweiten enthalten; es ist nämlich gemäß (20)

$$\left(\frac{n}{s_m \alpha_{m+1}}\right)^2 < \frac{n^2 \varrho_m}{s_m^2}.$$

Die beiden Ungleichungen (24) und (30) sind, wenn $|z| = \sqrt{n}$ gesetzt wird, mit den folgenden beiden gleichbedeutend

(24′) $$\frac{s_m}{\sqrt{n}} < 1,$$

(30′) $$\left(k \frac{s_m}{\sqrt{n}} + A \frac{s_m}{n}\right) \left(\frac{s_m}{\sqrt{n}} + 1\right)^{k-1} < 1 - B \frac{n^2 \varrho_m}{s_m^2} - \frac{k(k-1)}{2n}.$$

Die beiden linken Seiten streben, wegen der schon nachgewiesenen ersten Grenzformel unter (C), gegen 0, die beiden rechten Seiten gegen 1; für (30′) ist die zweite, schon bewiesene Grenzformel unter (C) und das ebenfalls schon bewiesene (B) zu verwenden. Die Ungleichungen (24′), (30′) sind also für genügend großes $n$ sicherlich richtig, und damit ist auch die letzte Behauptung (D) des Hilfssatzes V dargetan.

(Eingegangen am 22. 6. 1937.)

Reprinted from the Proceedings of the NATIONAL ACADEMY OF SCIENCES,
Vol. 27, No. 4, pp. 216–217. April, 1941

# *ON FUNCTIONS WHOSE DERIVATIVES DO NOT VANISH IN A GIVEN INTERVAL*

BY GEORGE POLYA

DEPARTMENT OF MATHEMATICS, BROWN UNIVERSITY

Communicated March 12, 1941

In what follows, $J$ denotes an interval on the real axis and $f(x)$ denotes a function taking real values and possessing all derivatives in $J$. D. V. Widder proved recently[1] the following interesting theorem.

*W. If, for* $m = 0, 1, 2, \ldots,$

$$(-1)^m f^{(2m)}(x) \geqq 0$$

*in* $J$, *then* $f(x)$ *is an entire function of exponential type.*[2]

Theorem $W$ is closely related to the following result of Serge Bernstein.[3]

*B. If no derivative of* $f(x)$ *changes sign in* $J$ *and if there exists a fixed* $k$, *such that it is impossible to find more than* $k$ *successive derivatives of* $f(x)$ *whose absolute values vary all in the same direction (all increase or all decrease), then* $f(x)$ *is an entire function of exponential type.*

Theorem $B$ is of a more general character than theorem $W$ but $B$ does not contain $W$ because $B$ assumes and $W$ does not assume that each derivative of odd order has a constant sign in $J$. To the problem arising from this situation I should like to contribute the following theorems.

I. *Let* $\alpha$ *be a real number,* $0 < \alpha < \pi$. *If*

$$f^{(n)}(x) \sin (n + 1)\alpha \geqq 0$$

*in* $J$ *for* $n = 0, 1, 2, 3, \ldots,$ *then* $f(x)$ *is an entire function of exponential type.*

II. *If, for* $m = 0, 1, 2, \ldots,$

$$f^{(4m)}(x) \geqq 0$$

*in* $J$ *and* $f^{(4m+1)}(x)$ *reaches its maximum in* $J$ *in the left-hand end-point of* $J$, *then* $f(x)$ *is an entire function of exponential type.*

Theorem I contains $W$ as the special case $\alpha = \pi/2$. II contains $W$ because, if $f^{(4m+2)}(x) \leqq 0$ in $J$, $f^{(4m+1)}(x)$ reaches certainly its maximum in $J$ in the left-hand end-point. But II is evidently not contained in $B$.

---

For comments on this paper[160], see p. 430.

Concerning I, we have to distinguish two cases. If $\alpha$ is a rational multiple of $\pi$, $\sin (n + 1)\alpha$ vanishes for an infinity of integers $n$, and the theorem I makes no hypothesis on the sign of the corresponding $f^{(n)}(x)$ and so this case is not contained in $B$. If $\alpha$ is not a rational multiple of $\pi$, each derivative of $f(x)$ is supposed to keep a constant sign in $J$, and this case of I is, as a little consideration shows, contained in $B$.

*Outline of the Proofs.*—Admit that $J$ is the interval $0 \leqq x \leqq 1$. For both theorems, I and II, I use the formula of partial integration written as follows.

$$\int_0^a S^{(n)}(a-t)F(t)dt = \int_0^a S(a-t)F^{(n)}(t)dt + \sum_{\nu=0}^{n-1} \left(S^{(n-\nu-1)}(a)F^{(\nu)}(0) - S^{(n-\nu-1)}(0)F^{(\nu)}(a)\right) \quad (1)$$

I. Put in (1)

$$a = \pi, \; S(t) = e^{t \operatorname{cotg} \alpha} \sin t, \quad F(t) = f(xt/\pi).$$

We can find arbitrarily large integers $n$ such that

$$\frac{n\alpha}{\pi} - \left[\frac{n\alpha}{\pi}\right] < 1 - \frac{\alpha}{\pi},$$

$$\frac{n\alpha}{\pi} - \left[\frac{n\alpha}{\pi}\right] \leqq \frac{(\nu+1)\alpha}{\pi} - \left[\frac{(\nu+1)\alpha}{\pi}\right] \text{ for } \nu = 0, 1, 2, \ldots, n-2.$$

Owing to this choice of $n$, by the hypothesis of theorem I, all terms on the right hand side of (1) become of the same sign and we obtain an appropriate estimate for the derivatives of $f(x)$.

II. There exists a positive characteristic value $a$ such that the differential equation $y'''' = y$ possesses an integral $y = S(x)$ satisfying the following conditions:

$$S(0) = S'(0) = S(a) = S'(a) = 0,$$

$$S(x) > 0 \text{ for } 0 < x < a.$$

Put this $S(x)$, this $a$, $n = 4m (m = 1, 2, 3, \ldots)$ and $F(t) = f(xt/a)$ in (1) and an appropriate estimate for the derivatives of $f(x)$ readily follows.

[1] *Proc. Nat. Acad. Sci.*, **26**, 657–659 (1940). A simpler proof was communicated to the New York meeting of the American Mathematical Society, February 22, 1941, by R. P. Boas. Essentially the same proof was found independently by I. J. Schoenberg. The idea of this proof is used in the following. I am indebted to Mr. Boas for information about the literature of the subject.

[2] I.e., there exists a positive constant $a$ such that $f(z)e^{-a|z|}$ is bounded for all values of $z$.

[3] *Comm. Kharkov Math. Soc.*, Series 4, **2**, 1–11 (1928). (See p. 5.)

Reprinted from the Proceedings of the NATIONAL ACADEMY OF SCIENCES,
Vol. 27, No. 6, pp. 323–325. June, 1941

# *GENERALIZATIONS OF COMPLETELY CONVEX FUNCTIONS*

BY R. P. BOAS, JR., AND G. PÓLYA

DEPARTMENTS OF MATHEMATICS, DUKE UNIVERSITY AND BROWN UNIVERSITY

Communicated May 12, 1941

A function $f(x)$ is said to be completely convex in an interval if it is real-valued and has derivatives of all orders (is of class $C^\infty$) and if $(-1)^n f^{(2n)}(x) \geqq 0$ in that interval. D. V. Widder has shown that a completely convex function coincides in its interval of definition with an entire function of growth not exceeding order one and finite type.[1] One of the present authors has given a new proof of this theorem;[2] the other, a generalization.[3] In this note we give a much wider generalization, which also contains some results of S. Bernstein. This generalization was started by an (unpublished) note of the first named author, where a part of Theorem 2 (stated below) was proved, namely that $f(x)$ is entire and of finite order in case (I).

THEOREM 1. *Let* $\{n_k\}$ *and* $\{q_k\}$ *be sequences of positive integers,* $\{n_k\}$ *strictly increasing. Let* $f(x)$ *be real-valued and of class* $C^\infty$ *in* $-1 \leqq x \leqq 1$. *For* $k = 1, 2, \ldots,$ *let* $f^{(n_k)}(x)$ *and* $f^{(n_k + 2q_k)}(x)$ *not change sign in* $(-1, 1)$, *and let*

$$f^{(n_k)}(x) f^{(n_k + 2q_k)}(x) \leqq 0. \tag{1}$$

(I) *If* $n_k - n_{k-1} = O(1)$ *and* $q_k = O(1)$, *then* $f(x)$ *coincides in* $(-1, 1)$ *with an entire function of growth not exceeding order one and finite type.*

(II) *If* $n_k - n_{k-1} = O(n_k^\delta)$, $q_k = O(n_k^\delta)$, *and* $q_1 + q_2 + \ldots + q_k = O(n_k)$, *where* $\delta$ *is fixed,* $0 < \delta < 1$, *then* $f(x)$ *coincides in* $(-1, 1)$ *with an entire function of finite order not exceeding* $1/(1 - \delta)$.

(III) *If* $n_k - n_{k-1} = o(n_k)$, $q_k = o(n_k)$, *and* $q_1 + q_2 + \ldots + q_k = O(n_k)$, *then* $f(x)$ *coincides in* $(-1, 1)$ *with an entire function.*

This theorem contains (for $q_k = 1$) certain results of S. Bernstein,[4] who derived them on the more restrictive hypothesis that no derivative of $f(x)$ changes sign in $(-1, 1)$. An interesting special case (where $2q_k = n_{k+1} - n_k$) is the following, a direct generalization of Widder's result.

THEOREM 2. *Let* $\{n_k\}$ *be a strictly increasing sequence of positive even integers. Let* $f(x)$ *be real-valued and of class* $C^\infty$ *in* $(-1, 1)$, *and let*

$$(-1)^k f^{(n_k)}(x) \geqq 0 \qquad (k = 1, 2, \ldots). \tag{2}$$

(I) *If* $n_k - n_{k-1} = O(1)$, $f(x)$ *coincides in* $(-1, 1)$ *with an entire function of growth not exceeding order one and finite type.*

(II) *If* $n_k - n_{k-1} = O(n_k^\delta)$, $0 < \delta < 1$, $f(x)$ *coincides in* $(-1, 1)$ *with an entire function of finite order not exceeding* $1/(1 - \delta)$.

---

For comments on this paper[161], see p. 430.

(III) *If* $n_k - n_{k-1} = o(n_k)$, $f(x)$ *coincides in* $(-1, 1)$ *with an entire function.*

THEOREM 3. *The results stated in Theorems* 1 *and* 2 *are "best" results in the following sense:*

(I, II) *Corresponding to a given* $\delta$, $0 < \delta < 1$, *we can construct an increasing sequence* $\{n_k\}$ *of even integers and an entire function* $f(x)$ *such that* (2) *is satisfied,* $(n_k - n_{k-1})n_k^{-\delta}$ *tends to a positive limit, and* $f(x)$ *is exactly of order* $1/(1 - \delta)$.

(III) *Corresponding to a given positive* $\epsilon$ *we can construct an increasing sequence* $\{n_k\}$ *of even integers and a function* $f(x)$, *analytic in* $(-1, 1)$, *such that* (2) *is satisfied,* $(n_k - n_{k-1})/n_k$ *tends to* $\epsilon$, *but* $f(x)$ *is not entire.*

Our proof of Theorem 1, which we give in outline, depends on the following lemma.

LEMMA. *If, in* $-1 \leqq x \leqq 1$, $g(x)$ *is real-valued, of class* $C^{p+2q}$, *and satisfies*

$$|g(x)| \leqq M, \quad g^{(p+2q)}(x) \leqq 0,$$

*then*

$$g^{(p)}(x) \leqq A^{p+2q}(p + 2q)^p M$$

*in* $(-1, 1)$, $A$ *being an absolute constant (independent of the positive integers* $p$ *and* $q$ *and of the function* $g(x)$).

By Taylor's theorem with remainder,

$$g^{(p)}(x) = g^{(p)}(0) + \frac{xg^{(p+1)}(0)}{1!} + \ldots + \frac{x^{2q-1}g^{(p+2q-1)}(0)}{(2q-1)!} + \frac{x^{2q}g^{(p+2q)}(\xi)}{(2q)!},$$

where $-1 < \xi < 1$ since $-1 \leqq x \leqq 1$. By hypothesis, the remainder is not positive and $g^{(p+2q-1)}(x)$ is monotonic. Therefore,[5] in $-1 + h \leqq x \leqq 1 - h$, where $0 < h < 1$,

$$|g^{(p+2q-1)}(x)| \leqq (p + 2q - 1)!\,\frac{1}{2}\left(\frac{4}{h}\right)^{p+2q-1} M.$$

Hence we deduce, by a theorem of A. Gorny,[6] inequalities for $|g^{(\nu)}(0)|$, $\nu = 1, 2, \ldots, p + 2q - 2$; from these, the lemma follows.

To prove Theorem 1, denote the maximum of $|f^{(n)}(x)|$ in $(-1, 1)$ by $M_n$. We apply the lemma to $g(x) = \pm f^{n_{k-1}}(x)$, with $p = n_k - n_{k-1}$ and $q = q_k$. We obtain

$$M_{n_k} \leqq A^{n_k - n_{k-1} + 2q_k}(n_k - n_{k-1} + 2q_k)^{n_k - n_{k-1}} M_{n_{k-1}}.$$

Discussion of this recursive inequality gives appropriate upper bounds for $M_{n_2}, M_{n_3}, \ldots$. From these we pass, by the same theorem of Gorny, to an appropriate upper bound for $|f^{(n)}(x)|$ in $-1 + \epsilon \leqq x \leqq 1 - \epsilon$, $n = 0, 1, 2, \ldots$.

[1] Widder, D. V., "Functions Whose Even Derivatives Have a Prescribed Sign," these PROCEEDINGS, **26**, 657–659 (1940).

[2] Boas, R. P., Jr., "A Note on Functions of Exponential Type," forthcoming in *Bull. Am. Math. Soc.*

[3] Pólya, G., "On Functions Whose Derivatives Do Not Vanish in a Given Interval," these PROCEEDINGS, **27**, 216–218 (1941).

[4] Bernstein, S., "On Certain Properties of Regularly Monotonic Functions," [in Russian], *Comm. Soc. Math. Kharkow*, (4) **2**, 1–11 (1928).

[5] Landau, E., "Über einen Satz von Herrn Esclangon," *Math. Annalen*, **102**, 177–188 (1929); S. Bernstein, *Leçons sur les propriétés extrémales* . . ., Paris, 1926, p. 10.

[6] Gorny, A., "Contribution à l'Étude des Fonctions Dérivables d'Une Variable Réelle," *Acta Math.*, **71**, 317–358 (1939).

Reprinted from DUKE MATHEMATICAL JOURNAL
Vol. 9, No. 2, June, 1942

# INFLUENCE OF THE SIGNS OF THE DERIVATIVES OF A FUNCTION ON ITS ANALYTIC CHARACTER

BY R. P. BOAS, JR. AND G. PÓLYA

**1. Introduction.** In what follows, $f(x)$ denotes a real-valued function defined and of class $C^\infty$ in $[-1, 1]$, i.e., possessing derivatives of all orders in the closed interval $-1 \leqq x \leqq 1$.[1]

Serge Bernstein investigated the analytic nature of functions whose derivatives are each of constant sign in $[-1, 1]$. That such a function is necessarily analytic in $(-1, 1)$ is contained as a very special case in one of his earlier theorems.[2] But he observed also that the signs of the derivatives have a certain influence.[3] If no derivative of $f(x)$ vanishes in $(-1, 1)$, $|f^{(n)}(x)|$ is either steadily increasing or steadily decreasing; we have the first or the second case according as $f^{(n)}(x)f^{(n+1)}(x) > 0$ or $f^{(n)}(x)f^{(n+1)}(x) < 0$ in $(-1, 1)$ (consider the derivative of $[f^{(n)}(x)]^2$). We say that $f^{(m)}(x)$ and $f^{(n)}(x)$ (where $m < n$) belong to the same "block" if $|f^{(m)}(x)|, |f^{(m+1)}(x)|, \cdots, |f^{(n-1)}(x)|, |f^{(n)}(x)|$ all vary in the same sense, i.e., all increase or all decrease. Thus, $f^{(n)}(x)$ and $f^{(n+1)}(x)$ belong to different blocks if and only if

$$f^{(n)}(x)f^{(n+2)}(x) < 0.$$

Let $\lambda_1, \lambda_2, \lambda_3, \cdots$ denote the lengths of the successive blocks into which the sequence $f(x), f'(x), f''(x), \cdots$ is decomposed; we assume here that no block has infinite length, and that, therefore, there is an infinity of blocks. Bernstein found the remarkable result that the lengths of the blocks influence the analytic nature of the function. Roughly stated, the analytic nature of $f(x)$ is simpler if the blocks are shorter. E.g., if the sequence $\lambda_1, \lambda_2, \cdots$ is bounded, $f(x)$ is (or, more precisely, coincides in $[-1, 1]$ with) an entire function of exponential type, i.e., an entire function whose growth does not exceed order one and finite type.

Received January 5, 1942.

[1] We write $[a, b]$ for the closed interval $a \leqq x \leqq b$, and $(a, b)$ for the open interval $a < x < b$. The conventions about $f(x)$ do not apply to section 3.

[2] S. Bernstein, (a) *Sur la définition et les propriétés des fonctions analytiques d'une variable réelle*, Mathematische Annalen, vol. 75(1914), pp. 449–468, (b) *Leçons sur les propriétés extrémales et la meilleure approximation des fonctions analytiques d'une variable réelle*, Paris, 1926; see especially pp. 196–197. Another proof has been given by R. P. Boas, *Functions with positive derivatives*, this Journal, vol. 8(1941), pp. 163–172.

[3] S. Bernstein, (a) *On certain properties of regularly monotonic functions* (in Russian), Soobshcheniya Kharkovskogo Matematicheskogo Obshchestva (Communications de la Société Mathématique de Kharkow), (4), vol. 2(1928), pp. 1–11, (b) *Sur les fonctions régulièrement monotones*, Comptes Rendus Hebdomadaires des Séances de l'Académie des Sciences, Paris, vol. 186(1928), pp. 1266–1269, (c) Same title, Atti del Congresso Internazionale dei Matematici, Bologna, 1928, vol. 2(1930), pp. 267–275.

Observe that since $f(x)$ is analytic in $(-1, 1)$ and not a polynomial, if no derivative changes sign in $(-1, 1)$, then no derivative can vanish there.



For comments on this paper[165], see p. 430.

D. V. Widder found recently that $f(x)$ is necessarily an entire function of exponential type if[4]

$$(-1)^n f^{(2n)}(x) \geqq 0 \qquad (-1 \leqq x \leqq 1; n = 0, 1, 2, \cdots).$$

Widder's condition would imply, *if* we knew that no derivative of $f(x)$ vanishes in $(-1, 1)$, that $f^{(2n)}(x)$ and $f^{(2n+1)}(x)$ do not belong to the same block, and that, therefore, no block has a length greater than two. But, in fact, Widder's condition does not say anything about the non-vanishing of the derivatives of odd order in $(-1, 1)$, and therefore Widder's theorem is not contained in Bernstein's results.

The following theorem contains both Bernstein's and Widder's results.[5]

THEOREM 1. *Let $\{n_k\}$ and $\{q_k\}$ be sequences of positive integers, $\{n_k\}$ strictly increasing. Let $f(x)$ be real-valued and of class $C^\infty$ in $[-1, 1]$. For $k = 1, 2, \cdots$, let $f^{(n_k)}(x)$ and $f^{(n_k+2q_k)}(x)$ not change sign in $[-1, 1]$, and let*

$$f^{(n_k)}(x) f^{(n_k+2q_k)}(x) \leqq 0.$$

(I) *If $n_k - n_{k-1} = O(1)$ and $q_k = O(1)$, then $f(x)$ coincides in $[-1, 1]$ with an entire function of growth not exceeding order one and finite type.*

(II) *If $n_k - n_{k-1} = O(n_k^\delta)$, $q_k = O(n_k^\delta)$, and $q_1 + q_2 + \cdots + q_k = O(n_k)$, where $\delta$ is fixed, $0 < \delta < 1$, then $f(x)$ coincides in $[-1, 1]$ with an entire function of finite order not exceeding $1/(1 - \delta)$.*

(III) *If $n_k - n_{k-1} = o(n_k)$, $q_k = o(n_k)$, and $q_1 + q_2 + \cdots + q_k = O(n_k)$, then $f(x)$ coincides in $[-1, 1]$ with an entire function.*

In order to apply this theorem to Bernstein's case, in which no derivative vanishes in $(-1, 1)$, let $f^{(n_k)}(x)$ denote the *last* derivative belonging to the $k$-th block, so that

$$f^{(n_k)}(x) f^{(n_k+2)}(x) < 0,$$

$$\lambda_1 = n_1, \qquad \lambda_k = n_k - n_{k-1} \qquad \text{for } k > 1.$$

Put $q_k = 1$; then the hypothesis of Theorem 1 is fulfilled, and the specialization performed gives us exactly Bernstein's results.[6] On the other hand, assuming that $2q_k = n_{k+1} - n_k$ and that $n_1$ is even, we obtain from Theorem 1 the following direct generalization of Widder's result.

THEOREM 2. *Let $\{n_k\}$ be a strictly increasing sequence of positive even integers. Let $f(x)$ be real-valued and of class $C^\infty$ in $[-1, 1]$, and let*

$$(-1)^k f^{(n_k)}(x) \geqq 0 \qquad (k = 1, 2, \cdots).$$

[4] D. V. Widder, *Functions whose even derivatives have a prescribed sign*, Proceedings of the National Academy of Sciences, vol. 26(1940), pp. 657–659.

[5] The main results of the present paper were stated in a joint note by the authors (*Generalizations of completely convex functions*, Proceedings of the National Academy of Sciences, vol. 27(1941), pp. 323–325), where previous contributions of both authors to the problem are quoted.

[6] See footnote 3, (a), pp. 4–5.

(I) *If* $n_k - n_{k-1} = O(1)$, $f(x)$ *coincides in* $[-1, 1]$ *with an entire function of growth not exceeding order one and finite type.*

(II) *If* $n_k - n_{k-1} = O(n_k^\delta)$, $0 < \delta < 1$, $f(x)$ *coincides in* $[-1, 1]$ *with an entire function of finite order not exceeding* $1/(1 - \delta)$.

(III) *If* $n_k - n_{k-1} = o(n_k)$, $f(x)$ *coincides in* $[-1, 1]$ *with an entire function.*

We cannot prove Theorem 1 by Bernstein's method because, under its hypothesis, many derivatives of $f(x)$ may change sign in $[-1, 1]$ (see (IV) in §6); and we cannot prove it by Widder's method, because the sequence $n_1, n_2, n_3, \cdots$ may be much more irregular than the extremely regular special sequence 2, 4, 6, $\cdots$. Our proof (see §5) is based on an inequality for derivatives, in which the constant sign of a derivative and the evenness of the difference between its order and that of another derivative are aptly combined (see Lemma 6 in §4).

We thought it appropriate to include proofs of the main facts on which Lemma 6 is based (see Lemmas 1 to 5 in §§2 and 3). These facts constitute an important part of the technique of dealing with the derivatives of real functions, and our proofs are somewhat simpler than previous proofs.

The last section of the paper (§6) is devoted to additional remarks and to the construction of examples showing that the results stated in Theorem 1 are fairly sharp.

## 2. Derivatives of polynomials.

We start from the following well-known and easily proved fact.[7]

LEMMA 1. *Assume that* $P(x)$ *is a polynomial of degree not exceeding* $n$, $M$ *is the maximum of* $|P(x)|$ *in* $[-1, 1]$, $z$ *is a point of the complex plane,* $a$ *is the larger and* $b$ *is the smaller semi-axis of the ellipse with foci at the points* $+1$ *and* $-1$ *of the complex plane, passing through* $z$.

*Then*

$$|P(z)| \leqq M(a + b)^n.$$

We use Lemma 1 to prove the following[8]

LEMMA 2. *Under the hypothesis of Lemma* 1,

[7] This theorem is due to S. Bernstein and plays an important rôle in his work. For proof and further references see, e.g., G. Pólya and G. Szegö, *Aufgaben und Lehrsätze aus der Analysis*, Berlin, 1925, vol. 1, section III, problem 270, pp. 137, 320.

[8] The result of Lemma 2 is less exact but the proof is much simpler than that of W. Markoff, *Über Polynome, die in einem gegebenen Intervalle möglichst wenig von Null abweichen* (in Russian), St. Petersburg, 1892; German abridgement in Mathematische Annalen, vol. 77(1916), pp. 213–258. The method of proof is that of P. Montel, *Sur les polynomes d'approximation*, Bulletin de la Société Mathématique de France, vol. 46(1918), pp. 151–192, 157ff. See for the whole question the address of A. C. Schaeffer, *Inequalities of A. Markoff and S. Bernstein for polynomials and related functions*, Bulletin of the American Mathematical Society, vol. 47(1941), pp. 565–579.

$$(1) \qquad |P^{(k)}(0)| \leqq 3k^{\frac{1}{2}} n^k M,$$

$$(1^*) \qquad |P^{(k)}(x)| \leqq \frac{9k}{k!\,2^k} n^{2k} M$$

*for* $k = 1, 2, \cdots, n-1$ *and* $-1 \leqq x \leqq 1$.

It is easy to see that the ellipse with foci 1 and $-1$ and semi-axes $a$ and $b$ contains the circle with center 0 and radius $b$, and also any circle whose center is a point $x$ of $[-1, 1]$ and whose radius is $a - 1$. Hence, by Lemma 1 and Cauchy's estimate for the absolute value of the $k$-th derivative,

$$(2) \qquad |P^{(k)}(0)| \leqq k! \frac{(a+b)^n}{b^k} M,$$

$$(2^*) \qquad |P^{(k)}(x)| \leqq k! \frac{(a+b)^n}{(a-1)^k} M.$$

We have still to choose the ellipse; we have, of course, the condition that

$$a^2 - b^2 = 1.$$

Under this condition, we seek the minimum of the right side of (2). The usual procedure leads us to the values

$$a = \frac{n}{(n^2 - k^2)^{\frac{1}{2}}}, \qquad b = \frac{k}{(n^2 - k^2)^{\frac{1}{2}}}, \qquad a + b = \left(\frac{n+k}{n-k}\right)^{\frac{1}{2}};$$

substituting these values into the right side of (2), we obtain

$$(3) \qquad |P^{(k)}(0)| \leqq \frac{k!\,(n+k)^{(n+k)/2}}{k^k\,(n-k)^{(n-k)/2}} M.$$

Minimizing the right side of (2*) yields

$$a = \frac{n^2 + k^2}{n^2 - k^2}, \qquad b = \frac{2nk}{n^2 - k^2}, \qquad a + b = \frac{n+k}{n-k},$$

and these values change (2*) into

$$(3^*) \qquad |P^{(k)}(x)| \leqq \frac{1}{k!\,2^k} \left\{\frac{k!\,(n+k)^{(n+k)/2}}{k^k\,(n-k)^{(n-k)/2}}\right\}^2 M.$$

Comparison of (3) and (3*) with each other and with (1) and (1*) shows that, from this point on, it is sufficient to consider (3). Now

$$(4) \qquad \frac{(n+k)^{(n+k)/2}}{(n-k)^{(n-k)/2}} = n^k e^{k\varphi(k/n)},$$

where we use the abbreviation

$$[(1+x)\log(1+x) - (1-x)\log(1-x)]/(2x) = \varphi(x) \qquad (0 < x < 1);$$

$\varphi(x)$ is defined by continuity in $[0, 1]$. We observe that in $(0, 1)$

$$\varphi'(x) = \frac{1}{x^2}\left[x - \tfrac{1}{2}\log\frac{1+x}{1-x}\right] = \frac{1}{x^2}\left[-\frac{x^3}{3} - \frac{x^5}{5} - \cdots\right] < 0,$$

and therefore that, for $0 < x < 1$,

$$\varphi(x) < \varphi(0) = 1.$$

Combining this with (4), (3), (3*), and the well-known inequality

$$k! < (2\pi)^{\frac{1}{2}} k^{k+\frac{1}{2}} e^{-k+1/(12k)} < 3k^{\frac{1}{2}} k^k e^{-k}$$

we obtain both (1) and (1*).

**3. Derivatives of real functions.** We use Lemma 2 to prove the following lemma.[9]

LEMMA 3. *Let the function $f(x)$ be defined and possess an n-th derivative in* $[-l, l]$,[10] *and let it satisfy in this interval the conditions*

(5) $$|f(x)| \leqq M_0, \qquad |f^{(n)}(x)| \leqq M_n.$$

*Define*

(6) $$M'_n = \max(M_n, n!M_0 l^{-n}),$$

(6*) $$M^*_n = \max(M_n, n!M_0(2l)^{-n}).$$

*Then*

(7) $$|f^{(k)}(0)| \leqq 6k^{\frac{1}{2}} e^k M_0^{1-k/n} M_n'^{k/n},$$

[9] Lemma 3 is essentially equivalent to two theorems due to A. Gorny, *Contribution à l'étude des fonctions dérivables d'une variable réelle*, Acta Mathematica, vol. 71(1939), pp. 317–358. Our proof differs in two points from Gorny's proof. (I) Instead of the best polynomial approximation to $f(x)$, we use the approximation given by Taylor's formula; this method was indicated (before Gorny) by O. Ore, *On functions with bounded derivatives*, Transactions of the American Mathematical Society, vol. 43(1938), pp. 321-326. (II) Instead of the best estimate for the $k$-th derivative of a polynomial, we use the approximate estimate of Lemma 2; the possibility of such a variant was hinted by Gorny (op. cit., p. 321, footnote).

Essentially equivalent theorems have been announced by H. Cartan. See H. Cartan and S. Mandelbrojt, *Solution du problème d'équivalence des classes de fonctions indéfiniment dérivables*, Acta Mathematica, vol. 72(1940), pp. 31–49. More precise results, applying only to the interval $(-\infty, \infty)$, are given by A. Kolmogoroff, *On inequalities between upper bounds of consecutive derivatives of an arbitrary function defined on an infinite interval* (in Russian; English summary), Uchenye Zapiski Moskovskogo Gosudarstvennogo Universiteta, Matematika, vol. 30(1939), pp. 3–16; the results of this paper are also stated in *Une généralisation de l'inégalité de M. J. Hadamard entre les bornes supérieures des dérivées successives d'une fonction*, Comptes Rendus Hebdomadaires des Séances de l'Académie des Sciences, Paris, vol. 207(1938), pp. 764–765.

(Added in proof). Cartan's results have appeared in a publication which reached this country while this paper was in the press (*Sur les classes de fonctions définies par des inégalités portant sur leurs dérivées successives*, Actualités Scientifiques et Industrielles, no. 867, Paris, 1940). Cartan's proof, like ours, uses Taylor's formula.

[10] In section 3 the function $f(x)$ need not have derivatives of all orders.

(7*) $$|f^{(k)}(x)| \leqq \frac{18k}{k!} e^k n^k M_0^{1-k/n} M_n^{*k/n}$$

*for* $k = 1, 2, \cdots, n$ *and* $-l \leqq x \leqq l$.

We shall prove in detail (7), which we must use later, and we shall indicate the points where the proof of (7*) differs from that of (7). We assume in the proofs that $l = 1$ (the general case is reduced to this special case by consideration of $f(lx)$). We divide the proofs into two parts.

(I) We consider the polynomial

(8) $$\begin{aligned} P(x) &= f(0) + \frac{xf'(0)}{1!} + \cdots + \frac{x^{n-1}f^{(n-1)}(0)}{n!} \\ &= f(x) - \frac{x^n f^{(n)}(\theta x)}{n!}, \end{aligned}$$

where $0 < \theta < 1$ (we use Lagrange's form of the remainder of Taylor's series). By (5) and (8),

$$|P(x)| \leqq M_0 + \frac{M_n}{n!}$$

in $[-1, 1]$; hence it follows by Lemma 2 that

(9) $$|f^{(k)}(0)| = |P^{(k)}(0)| \leqq 3k^{1/2} n^k \left(M_0 + \frac{M_n}{n!}\right)$$

for $k = 1, 2, \cdots, n-1$. From (9), (7) can be obtained very quickly (see below).

(I*) In order to prove (7*), we consider the polynomial in $x$

(8*) $$\begin{aligned} P(x) &= f(\xi) + \frac{(x-\xi)f'(\xi)}{1!} + \cdots + \frac{(x-\xi)^{n-1}f^{(n-1)}(\xi)}{(n-1)!} \\ &= f(x) - \frac{(x-\xi)^n f^{(n)}[\xi + \theta(x-\xi)]}{n!}, \end{aligned}$$

where $\xi$ is a fixed point in $[-1, 1]$, and $0 < \theta < 1$. If $x$ is in $[-1, 1]$, it follows from (5) and (8*) that

$$|P(x)| \leqq M_0 + 2^n \frac{M_n}{n!},$$

and hence by Lemma 2 that

(9*) $$|f^{(k)}(\xi)| = |P^{(k)}(\xi)| \leqq \frac{9kn^{2k}}{k!2^k}\left(M_0 + \frac{2^n M_n}{n!}\right)$$

for $k = 1, 2, \cdots, n-1$ and an arbitrary point $\xi$ in $[-1, 1]$.

(II) Returning to (9), we distinguish two cases.

(IIa) We consider first the case in which

$$M_0 < \frac{M_n}{n!}, \qquad M'_n = M_n; \tag{10a}$$

see (6). If $0 < \lambda < 1$, the function $f(\lambda x)$ is defined for $x$ in $[-1, 1]$, and we may apply (9) to $f(\lambda x)$ instead of to $f(x)$. We obtain

$$\lambda^k \,|f^{(k)}(0)\,| \leqq 3k^{\frac{1}{2}} n^k \left(M_0 + \lambda^n \frac{M_n}{n!}\right),$$

$$|f^{(k)}(0)\,| \leqq 3k^{\frac{1}{2}} n^k \left(\frac{M_0}{\lambda^k} + \frac{\lambda^{n-k} e^n M_n}{n^n}\right) \tag{11}$$

$$= 3k^{\frac{1}{2}}[M_0 t^{-k} + e^n M_n t^{n-k}].$$

We used the familiar inequality $n^n/n! < e^n$, and we defined $t$ by

$$t = \frac{\lambda}{n},$$

so that we are free to choose $t$ in the interval $(0, 1/n)$. We choose $t$ so that the two terms in the square bracket in (11) become equal. This choice is admissible because, in virtue of (10a),

$$t = \frac{1}{e}\left(\frac{M_0}{M_n}\right)^{1/n} < \frac{1}{e}\left(\frac{1}{n!}\right)^{1/n} < \frac{1}{e}\frac{e}{n} = \frac{1}{n}.$$

We obtain from (11) by this choice

$$|f^{(k)}(0)\,| \leqq 3k^{\frac{1}{2}} 2M_0 e^k \left(\frac{M_n}{M_0}\right)^{k/n}$$

so that in case (10a) holds we have proved (7).

(IIb) We consider now the remaining case, in which

$$M_0 \geqq \frac{M_n}{n!}, \qquad M'_n = n!\,M_0. \tag{10b}$$

In this case, (9) yields directly

$$|f^{(k)}(0)\,| \leqq 3k^{\frac{1}{2}} n^k 2M_0$$

$$= 6k^{\frac{1}{2}} n^k M_0^{1-k/n} \left(\frac{M'_n}{n!}\right)^{k/n}$$

$$\leqq 6k^{\frac{1}{2}} n^k M_0^{1-k/n} \left(\frac{e}{n}\right)^k M_n'^{k/n},$$

so that we have proved (7) also under the condition (10b), and therefore completely.

(II*) In order to derive (7*) from (9*), we distinguish two cases. The first case is characterized by the condition

$$M_n^* = M_n > n!M_0 2^{-n}.$$

In this case, we consider $f[\xi + \lambda(x - \xi)]$ instead of $f(x)$, the point $\xi$ being fixed in $[-1, 1]$; we choose $\lambda$ in $(0, 1)$ and proceed as under (IIa). The remaining case is analogous to (IIb).

We consider now a theorem of a different character. Let $\inf \varphi(x)$ denote the greatest lower bound and let $\sup \varphi(x)$ denote the least upper bound of any real-valued function $\varphi(x)$ in $[a, b]$. With this notation, we have the following lemma.[11]

LEMMA 4. *Let the real-valued function $f(x)$ possess an n-th derivative in the interval $[a, b]$. Then*

$$\inf |f^{(n)}(x)| \leqq \frac{n!}{2}\left(\frac{4}{b-a}\right)^n \sup |f(x)|.$$

Let us consider, following Chebysheff, the polynomial

$$T(x) = \cos(n \operatorname{arc} \cos x) = 2^{n-1}x^n + \cdots. \tag{12}$$

Let $c$ denote the center of $[a, b]$, so that $a + b = 2c$, and put

$$P(x) = T\left\{\frac{2(x-c)}{b-a}\right\} = \frac{1}{2}\left(\frac{4}{b-a}\right)^n x^n + \cdots. \tag{13}$$

If Lemma 4 is not true, $f^{(n)}(x)$ never vanishes in $[a, b]$, and it may then be supposed, without loss of generality,[12] to be positive in $[a, b]$. Moreover, if Lemma 4 is not true, there exists an $H$ such that for all $x$ in $[a, b]$

$$f^{(n)}(x) > \frac{n!}{2}\left(\frac{4}{b-a}\right)^n H > \frac{n!}{2}\left(\frac{4}{b-a}\right)^n |f(x)|. \tag{A}$$

Now consider

$$\varphi(x) = HP(x) - f(x). \tag{14}$$

We know that $P(x)$, defined by (12) and (13), takes at $n + 1$ points of $[a, b]$ (arranged in decreasing order) alternately the values 1 and $-1$; in particular, $P(b) = 1$. It follows from the second inequality (A) that $\varphi(x)$ takes alternately positive and negative values at the $n + 1$ points we have just mentioned, so that it vanishes at least at $n$ different points of $(a, b)$; and, in particular,

$$\varphi(b) = H - f(b) > 0. \tag{15}$$

[11] S. Bernstein, op. cit. 3b, p. 10. Our proof is a little different from the original one; we avoid using Fourier's rule. For another proof, see J. Shohat, *A simple proof of a formula of Tchebycheff*, Tôhoku Mathematical Journal, vol. 36(1932–1933), pp. 230–235.

[12] If $f^{(n)}(x)$ is never zero, it cannot take both positive and negative values, by a well-known theorem of Darboux.

We say that $\varphi(x)$ cannot vanish at more than $n$ points of $(a, b)$; otherwise, by Rolle's theorem, $\varphi'(x)$ would vanish at $n$ points, $\varphi''(x)$ at $n - 1$ points, and so on; finally $\varphi^{(n)}(x)$ would vanish once. But (see (14) and (13))

$$\varphi^{(n)}(x) = H\frac{n!}{2}\left(\frac{4}{b-a}\right)^n - f^{(n)}(x) < 0 \qquad (a \leqq x \leqq b) \tag{16}$$

by the first inequality (A). Thus $\varphi(x)$ has exactly $n$ zeros in $(a, b)$, $\varphi'(x)$ has exactly $n - 1$, etc. Moreover, the $n - 1$ zeros of $\varphi'(x)$ must separate the $n$ zeros of $\varphi(x)$; therefore, between the last zero of $\varphi(x)$ and the point $b$, $\varphi(x)$ and $\varphi'(x)$ must keep the same sign (they obviously have the same sign in a right-hand neighborhood of this last zero). Thus, by (15), we have

$$\varphi'(b) > 0.$$

In the same way we have $\varphi''(b) > 0, \varphi'''(b) > 0, \cdots$. But here we arrive at a contradiction, because, by (16), $\varphi^{(n)}(b) < 0$. To avoid the contradiction, we must discard (A), and so Lemma 4 is proved.

We use Lemma 4 to prove the following lemma.[13]

LEMMA 5. *If the real-valued function $f(x)$ possesses an n-th derivative $f^{(n)}(x)$ which is monotonic in $[a, b]$, if $|f(x)| \leqq M$ in $[a, b]$, and if $0 < l < \frac{1}{2}(b - a)$, then, in $[a + l, b - l]$,*

$$|f^{(n)}(x)| \leqq \frac{n!}{2}\left(\frac{4}{l}\right)^n M. \tag{17}$$

Because $f^{(n)}(x)$ is monotonic, the maximum of $|f^{(n)}(x)|$ in $[a + l, b - l]$ is attained at one of the end-points of that interval, and this maximum coincides with the minimum of $|f^{(n)}(x)|$ in the closed interval of length $l$ which is separated from $[a + l, b - l]$ by the end-point in question.[14] Applying Lemma 4 to this interval of length $l$, we obtain (17).

It may contribute to our understanding of Lemma 5 to compare it with the following lemma on analytic functions.

*If the analytic function $f(z)$ is regular, $|f(z)| \leqq M$ in a circle of radius $r$, and $0 < l < \frac{1}{2}r$, then in the concentric circle of radius $r - l$*

$$|f^{(n)}(z)| \leqq n!Ml^{-n}.$$

4. **A new lemma on derivatives of real functions.** We are now prepared to prove

[13] See E. Landau, *Über einen Satz von Herrn Esclangon*, Mathematische Annalen, vol. 102(1929–1930), pp. 177–188.

[14] $f^{(n)}(x)$, as a monotonic derivative, is continuous by the theorem of Darboux quoted in footnote 12.

LEMMA 6. *If $p$ and $q$ are positive integers, and $g(x)$ is real-valued, possesses a $(p + 2q)$-th derivative, and satisfies*

$$(18) \qquad | g(x) | \leqq M, \qquad g^{(p+2q)}(x) \leqq 0$$

*in* $[-1, 1]$, *then*

$$g^{(p)}(x) \leqq A^{p+2q}(p + 2q)^p M$$

*in* $[-1, 1]$, *where* $A = 30e^{30e+1}$.

The main point is that $A$ is an absolute constant, independent of the choice of $g(x)$, $p$, and $q$. It is also important that the estimate for $g^{(p)}(x)$ holds throughout $[-1, 1]$, and not merely in a sub-interval.

We put

$$(19) \qquad p + 2q - 1 = n.$$

By the second condition (18), $g^{(n)}(x)$ is steadily decreasing. Therefore we may apply Lemma 5; we obtain from (17)

$$| g^{(n)}(x) | \leq n! \left(\frac{4}{h}\right)^n M \qquad (-1 + h \leqq x \leqq 1 - h),$$

where $0 < h < 1$. By this inequality and the first condition (18), the hypothesis (5) of Lemma 3 is fulfilled in $[-1 + h, 1 - h]$. In order to simplify the application of Lemma 3, we choose $h$, taking (6) into consideration, so that

$$n! \left(\frac{4}{h}\right)^n M = n! M(1 - h)^{-n};$$

i.e., we put $h = 4/5$. With this choice (7) yields

$$(20) \qquad \begin{aligned} | g^{(k)}(0) | &\leqq 6k^{\frac{1}{2}} e^k M^{1-k/n}(n! M 5^n)^{k/n}, \\ | g^{(k)}(0) | &\leqq (30en)^k M \end{aligned}$$

for $k = 1, 2, 3, \cdots, n$.

By Taylor's formula

$$g^{(r)}(x) = g^{(r)}(0) + \frac{x g^{(r+1)}(0)}{1!} + \cdots + \frac{x^{2q-1} g^{(p+2q-1)}(0)}{(2q - 1)!} + \frac{x^{2q} g^{(p+2q)}(\xi)}{(2q)!},$$

where $0 < \xi < x$. The last term is not positive, by the second condition (18). Using (20) for the other terms (see (19)), we obtain in $[-1, 1]$

$$\begin{aligned} g^{(p)}(x) &\leqq (30en)^p M \left(1 + \frac{30en}{1!} + \frac{(30en)^2}{2!} + \cdots\right) \\ &= (30en)^p M e^{30en} \\ &\leqq (30e \cdot e^{30e})^n n^p M. \end{aligned}$$

This, with (19), proves Lemma 6.

5. **Proof of Theorem** 1. We consider the function $f(x)$ of Theorem 1. Let $M_n$ denote the maximum of $|f^{(n)}(x)|$ in $[-1, 1]$.

We know that both $f^{(n_k)}(x)$ and $f^{(n_k+2q_k)}(x)$ keep a constant sign in $[-1, 1]$. We may assume, without loss of generality, that

$$f^{(n_k+2q_k)}(x) \leqq 0 \tag{21}$$

in $[-1, 1]$. It follows that

$$f^{(n_k)}(x) \geqq 0 \tag{22}$$

in $[-1, 1]$. We now apply Lemma 6, putting

$$g(x) = f^{(n_{k-1})}(x), \qquad p = n_k - n_{k-1}, \qquad q = q_k, \qquad M = M_{n_{k-1}}.$$

Condition (18) is satisfied since we have (21). Using (22) also, we obtain from Lemma 6 that

$$M_{n_k} \leqq A^{n_k-n_{k-1}+2q_k}(n_k - n_{k-1} + 2q_k)^{n_k-n_{k-1}}M_{n_{k-1}}. \tag{23}$$

We also have

$$M_{n_1} \leqq A^{n_1+2q_1}(n_1 + 2q_1)^{n_1}M, \tag{24}$$

$M$ being the maximum of $|f(x)|$ in $[-1, 1]$. We may consider (24) as the special case of (23) in which $k = 0$, if we write $n_0 = 0$. By (24) and repeated application of (23) we obtain

$$M_{n_k} \leqq MA^{n_k+2(q_1+q_2+\cdots+q_k)} \prod_{p=1}^{k} (n_p - n_{p-1} + 2q_p)^{n_p-n_{p-1}}. \tag{25}$$

This inequality (25) supplies us with an estimate for the derivatives $f^{(n_1)}(x)$, $f^{(n_2)}(x), \cdots, f^{(n_k)}(x), \cdots$ in $[-1, 1]$. Starting from this, we can estimate the remaining derivatives at $x = 0$, using (7) of Lemma 3. This is the main idea of the proof; in order to supply the details, we must consider the cases (I), (II), and (III) separately.

(I) The particular hypothesis characterizing case (I) is the existence of a positive constant $B$ such that, for $k = 1, 2, 3, \cdots$,

$$n_k - n_{k-1} < B, \qquad q_k < B. \tag{26}$$

From this and (25), we obtain

$$M_{n_k} \leqq M(A^{1+2B}3B)^{n_k} = MC^{n_k}. \tag{27}$$

We now apply inequality (7) of Lemma 3 to $f^{(n_k)}(x)$ instead of $f(x)$, in the interval $[-1, 1]$, with $n_{k+1} - n_k$ and $h$ ($h = 1, 2, \cdots, n_{k+1} - n_k$) instead of $n$ and $k$. We must first (see (6)) estimate

$$\max\,(M_{n_{k+1}},\ (n_{k+1} - n_k)!M_{n_k}).$$

We find, using (26) and (27),

$$\max (M_{n_{k+1}}, (n_{k+1} - n_k)!M_{n_k}) \leq \max (MC^{n_{k+1}}, B^{n_{k+1}-n_k}MC^{n_k}) = MC^{n_{k+1}},$$

since, by (27), $B < C$.

Lemma 3 now yields

$$|f^{(n_k+h)}(0)| \leq 6h^{\frac{1}{2}}e^h M_{n_k}^{1-h/(n_{k+1}-n_k)}(MC^{n_{k+1}})^{h/(n_{k+1}-n_k)}. \tag{28}$$

Using (26) and (27) again, we obtain

$$|f^{(n_k+h)}(0)| \leq 6B^{\frac{1}{2}}e^B MC^{n_k+h} \qquad (h = 1, 2, \cdots, n_{k+1} - n_k);$$

so that we have, with an appropriate constant $D$,

$$|f^{(n)}(0)| < DC^n \qquad (n = 0, 1, 2, \cdots). \tag{29}$$

By (29), we see that the Maclaurin series of $f(x)$ converges everywhere, and is the Maclaurin series of an entire function of exponential type. But this series actually represents $f(x)$ in the interval $[-1, 1]$ because the remainder after the term containing $x^{n_k-1}$ approaches zero (use (27) and Lagrange's form of the remainder).

Thus we have proved case (I) of Theorem 1. Moreover, we have obtained a pattern which we may follow in proving the remaining cases. First, we estimate the derivatives $f^{(n_1)}(x), f^{(n_2)}(x), \cdots, f^{(n_k)}(x), \cdots$ in the whole interval $[-1, 1]$, using (25). Second, we estimate the other derivatives at the point 0, using inequality (7) of Lemma 3 as we used it here for (28). These estimates must show that the coefficients of the Maclaurin series of $f(x)$ have orders of magnitude according with the respective statements of Theorem 1. The argument showing that the series actually represents $f(x)$ in $[-1, 1]$ is the same in all cases, and need not be repeated.

(II) The particular hypothesis characterizing case (II) is the existence of a positive constant $B$ such that, for $k = 1, 2, 3, \cdots$,

$$n_k - n_{k-1} < Bn_k^{\delta}, \qquad q_k < Bn_k^{\delta}, \tag{30}$$

$$q_1 + q_2 + \cdots + q_k < Bn_k. \tag{31}$$

Then (25) yields

$$\begin{aligned} M_{n_k} &\leq MA^{n_k+2Bn_k} \prod_{p=1}^{k} (3Bn_k^{\delta})^{n_p-n_{p-1}} \\ &= M(A^{1+2B}3B)^{n_k} n_k^{\delta n_k} \\ &= MC^{n_k} n_k^{\delta n_k}. \end{aligned} \tag{32}$$

In order to prepare for the application of Lemma 3, we consider

$$\max (M_{n_{k+1}}, (n_{k+1} - n_k)!M_{n_k}) \leq \max (MC^{n_{k+1}} n_{k+1}^{\delta n_{k+1}}, (Bn_{k+1}^{\delta})^{n_{k+1}-n_k} MC^{n_k} n_k^{\delta n_k}) = MC^{n_{k+1}} n_{k+1}^{\delta n_{k+1}}.$$

Here we have used (30) and (32); by the latter, $B < C$.

We now apply inequality (7) of Lemma 3 to

$$f^{(n_k)}(x), \qquad [-1, 1], \qquad n_{k+1} - n_k, \qquad h$$

instead of to

$$f(x), \qquad [-l, l], \qquad n, \qquad k;$$

we obtain, using (32),

$$(33) \qquad \begin{aligned} |f^{(n_k+h)}(0)| &\leqq 6h^{\frac{1}{2}} e^h M_{n_k}^{1-h/(n_{k+1}-n_k)} (MC^{n_{k+1}} n_{k+1}^{\delta n_{k+1}})^{h/(n_{k+1}-n_k)} \\ &\leqq (6e)^h MC^{n_k+h}(n_k + h)^{\delta(n_k+h)} e^{\delta R}, \end{aligned}$$

where

$$(34) \qquad R = (1 - \alpha)\varphi(n) + \alpha\varphi(N) - \varphi(\nu);$$

we are using the abbreviations

$$(35) \qquad n_k = n, \qquad n_{k+1} = N, \qquad h/(n_{k+1} - n_k) = \alpha, \qquad n_k + h = \nu,$$

$$(36) \qquad x \log x = \varphi(x),$$

so that

$$(37) \qquad (1 - \alpha)n + \alpha N = \nu.$$

But,

$$\begin{aligned} \varphi(n) &= \varphi(\nu) + (n - \nu)\varphi'(\nu) + \tfrac{1}{2}(n - \nu)^2\varphi''(\nu_1), \\ \varphi(N) &= \varphi(\nu) + (N - \nu)\varphi'(\nu) + \tfrac{1}{2}(N - \nu)^2\varphi''(\nu_2), \end{aligned}$$

with $n < \nu_1 < \nu < \nu_2 < N$; and therefore since (see (36)) $\varphi''(x) = 1/x$ is a decreasing function, it follows from (34) and (37) that

$$\begin{aligned} R &= \tfrac{1}{2}[(1 - \alpha)(n - \nu)^2\varphi''(\nu_1) + \alpha(N - \nu)^2\varphi''(\nu_2)] \\ &< \tfrac{1}{2}\alpha(1 - \alpha)(N - n)^2\varphi''(n) \leqq \tfrac{1}{8}(N - n)^2\varphi''(n). \end{aligned}$$

Returning to (36), (35), (30), we obtain

$$R < (n_{k+1} - n_k)^2 n_k^{-1} < B^2 n_{k+1}^{2\delta} n_k^{-1}, \qquad n_{k+1} < n_k(1 - Bn_{k+1}^{\delta-1})^{-1}.$$

Using this, we see from (33) and (32) that there is a constant $D$ such that for $n = 1, 2, 3, \cdots$

$$|f^{(n)}(0)| < D^n n^{\delta n}.$$

By this inequality, the Maclaurin series of $f(x)$ is that of an entire function of finite order not exceeding $1/(1 - \delta)$.

(III) This case is characterized by the conditions

$$\lim_{k\to\infty} \frac{n_{k+1}}{n_k} = 1, \qquad \lim_{k\to\infty} \frac{q_k}{n_k} = 0,$$

and (31). The application of (25) and of Lemma 3 to this case follows closely the developments in case (II); carrying through the calculation, we are led again to the consideration of the same expression (34). So we leave this case to the reader, who may show that, given any positive $\epsilon$, we have for all sufficiently large $k$ and $n$

$$M_{n_k} < (\epsilon n_k)^{n_k}, \qquad |f^{(n)}(0)| < (\epsilon n)^n.$$

6. **Examples and comments.** Before discussing the separate cases of Theorems 1 and 2, we shall make a few rather obvious remarks concerning all cases.

Since all properties of $f(x)$ considered in Theorems 1 and 2 are unchanged by a non-fractional linear transformation, these theorems do not change substantially when we replace $[-1, 1]$ by any other closed interval. Any function $f(x)$ which satisfies the hypothesis of any case of Theorem 2 also satisfies the hypothesis of the corresponding case of Theorem 1, if we put $\frac{1}{2}(n_{k+1} - n_k) = q_k$. Consequently we are at liberty to choose another interval instead of $[-1, 1]$, or to content ourselves with the consideration of one of Theorems 1 and 2 in the following discussion.

(I) All cases of Theorem 2 are concerned with a function $f(x)$ having an infinite sequence of derivatives of even order, $f^{(n_1)}(x), f^{(n_2)}(x), \cdots$, which do not change sign in a fixed interval, the signs being alternately + and −. The case (I) adds the particular hypothesis that the sequence $n_1, n_2, \cdots$ does not increase more rapidly than an arithmetic progression, in the sense that $n_k - n_{k-1}$ remains bounded; and draws the particular conclusion that the growth of $f(x)$ does not exceed some finite type of order one.

Can we draw the same conclusion from a less restricted hypothesis? We have no complete answer to this question. However, the example which we shall discuss under (II) of this section shows that if the difference $n_k - n_{k-1}$ increases as slowly as $k^\epsilon$, where $\epsilon$ is a fixed positive number, $f(x)$ may have order greater than one.

Can we draw a stronger conclusion from the same hypothesis? Here we have a complete answer. No hypothesis whatever on the signs of the derivatives in a fixed interval can imply that the growth of the function is less than order one and finite type. In fact, given any sequence $\epsilon_0, \epsilon_1, \cdots, \epsilon_n, \cdots$, where $\epsilon_n = 1$ or $-1$, there exists a function $g(x)$ of order and type 1, such that $g^{(n)}(x)$ has the sign of $\epsilon_n$ in $(-\log 2, \log 2)$ for $n = 0, 1, 2, \cdots$. Such a function $g(x)$ is defined by

$$g(x) = \epsilon_0 + \frac{\epsilon_1 x}{1!} + \frac{\epsilon_2 x^2}{2!} + \cdots + \frac{\epsilon_n x^n}{n!} + \cdots. \tag{38}$$

For,

$$g^{(n)}(x) = \epsilon_n + \frac{\epsilon_{n+1} x}{1!} + \frac{\epsilon_{n+2} x^2}{2!} + \cdots,$$

$$\epsilon_n g^{(n)}(x) \geqq 1 - \frac{|x|}{1!} - \frac{|x|^2}{2!} - \cdots = 2 - e^{|x|} > 0 \tag{39}$$

for $|x| < \log 2$.

Consideration of the particular function (38) leads to a complement which applies to all three cases of our theorems.[15]

*Theorems* 1 *and* 2 *remain valid if we change the inequalities which the derivatives of* $f(x)$ *are assumed to satisfy in the following way.*

*Instead of* $f^{(n)}(x) \geqq 0$ *we assume only* $f^{(n)}(x) \geqq -p^n$, *instead of* $f^{(n)}(x) \leqq 0$ *we assume only* $f^{(n)}(x) \leqq p^n$, *where* $p$ *is a fixed positive number.*

First, by considering $f(x/p)$ instead of $f(x)$, we can reduce the general case to the special case where $p = 1$. Second, it is sufficient to prove the theorem in an interval $[-l, l]$, where $l \leqq \frac{1}{2}$, because shifting the interval does not change anything that matters, and any ("large") interval can be covered by a finite number of ("slightly") overlapping intervals of length not exceeding 1. Now construct the sequence $\epsilon_0, \epsilon_1, \cdots, \epsilon_n, \cdots$ according to the following rule.

If it is assumed that $f^{(n)}(x) \geqq -1$, take $\epsilon_n = 1$; if it is assumed that $f^{(n)}(x) \leqq 1$, take $\epsilon_n = -1$; and take $\epsilon_n$ arbitrarily, e.g., $\epsilon_n = 1$, if nothing is assumed about $f^{(n)}(x)$. With these numbers $\epsilon_n$ we define $g(x)$ by (38). Finally, we consider

$$h(x) = f(x) + g(x)/(2 - e^{\frac{1}{2}}).$$

Inequality (39) shows that $h^{(n)}(x) \geqq 0$ or $h^{(n)}(x) \leqq 0$ in $[-l, l]$ according as it was originally assumed that $f^{(n)}(x) \geqq -1$ or $f^{(n)}(x) \leqq 1$. Then the original form of Theorem 1 (or Theorem 2) may be applied to $h(lx)$.

(II) *There exist entire functions of order exactly* $1/(1-\delta)$ *satisfying the hypothesis of case* (II) *of Theorem* 2 (*and, therefore, also the hypothesis of case* (II) *of Theorem* 1).

In other words, the conclusion concerning the order of $f(x)$ which we deduced from the hypothesis of case (II) is the strongest possible.

We are given $\delta$, $0 < \delta < 1$. We put

$$\frac{1}{1 - \delta} = \rho, \tag{40}$$

$$2[k^\rho] = n_k \qquad (k = 1, 2, 3, \cdots); \tag{41}$$

we use from now on the usual convention that $[r]$ **denotes the integral part of** the real number $r$. It is evident that the function

$$f(x) = \sum_{p=1}^{\infty} (-1)^p \frac{n_p^{\delta n_p} x^{n_p}}{n_p!} \tag{42}$$

is entire and that its order is exactly $1/(1 - \delta) = \rho$. We shall show that it satisfies the hypothesis of case (II) of Theorem 2.

The integers $n_1, n_2, \cdots$ defined by (41) are even, and (see (40))

$$\lim_{k\to\infty} (n_k - n_{k-1})n_k^{-\delta} = \rho 2^{1-\delta}$$

[15] This complement was found in a conversation between one of the authors and Professor E. Artin.

Thus the condition $n_k - n_{k-1} = O(n_k^\delta)$ is certainly satisfied. We obtain from (42) that

$$(43) \qquad \frac{(-1)^k f^{(n_k)}(x)}{n_k^{\delta n_k}} = 1 + \sum_{\nu=1}^{\infty} (-1)^\nu \frac{n_{k+\nu}^{\delta n_{k+\nu}}}{n_k^{\delta n_k}} \frac{x^{n_{k+\nu}-n_k}}{(n_{k+\nu} - n_k)!}.$$

We introduce the abbreviations

$$(44) \qquad n_k = n, \qquad n_{k+\nu} = N,$$

and estimate the absolute value of the general term of the series thus:

$$(45) \qquad \begin{aligned} \left(\frac{N^N}{n^n}\right)^\delta \frac{|x|^{N-n}}{(N-n)!} &< \left(1 + \frac{N-n}{n}\right)^{n\delta} \frac{N^{(N-n)\delta} |x|^{N-n}}{\{2\pi(N-n)\}^{\frac{1}{2}}(N-n)^{N-n} e^{-(N-n)}} \\ &< \frac{\{e^{1+\delta}|x|\}^{N-n}}{\{2\pi(N-n)\}^{\frac{1}{2}}} \left(\frac{N^\delta}{N-n}\right)^{N-n} \end{aligned}$$

Now $x^\delta/(x - n)$ is a decreasing function of $x$ for $x > n$, as is easily shown by differentiation. Therefore, by (44) and (41),

$$(46) \qquad \begin{aligned} \frac{N^\delta}{N-n} &\leq \frac{n_{k+1}^\delta}{n_{k+1} - n_k} < \frac{2^\delta (k+1)^{\rho\delta}}{2[(k+1)^\rho - 1 - k^\rho]} \\ &< \frac{2^{\delta-1}(k+1)^{\rho\delta}}{\rho k^{\rho-1} - 1} < 1 \end{aligned}$$

for sufficiently large $k$; observe that, by (40), $\rho\delta = \rho - 1$. From this inequality and (45) it follows that, for large $k$, (43) is certainly positive in $[-\frac{1}{2}e^{-1-\delta}, \frac{1}{2}e^{-1-\delta}]$. This shows that the function (42) satisfies all the requirements of case (II).

(III) The hypothesis of case (III) of Theorem 2 concerning the sequence $n_1, n_2, \cdots, n_k, \cdots$, namely that

$$\lim_{k\to\infty} \frac{n_{k+1}}{n_k} = 1,$$

cannot be replaced by the weaker hypothesis

$$\limsup_{k\to\infty} \frac{n_{k+1}}{n_k} = a,$$

where $a > 1$, without invalidating the conclusion that $f(x)$ is an entire function. In fact the following statement is true.

*If $a > 1$, there exist an increasing sequence of even numbers $n_1, n_2, \cdots, n_k, \cdots$ and a function $f(x)$, analytic in a given interval but not entire, such that $(-1)^k f^{(n_k)}(x) > 0$ in that interval and*

$$(47) \qquad \lim_{k\to\infty} \frac{n_{k+1}}{n_k} = a.$$

The construction is much the same as that of the preceding example. This time we put

$$n_k = 2[a^k],$$

and the function $f(x)$ is again given by (42), but with $\delta$ replaced by 1. Then evidently the radius of convergence of the series is finite (in fact, $1/e$). Following (44), (45), (46) with obvious changes, we show that, for sufficiently large $k$, (43) is certainly positive in $[-(a-1)/(2ae^2), (a-1)/(2ae^2)]$.

(IV) One might ask whether a function satisfying the hypothesis of Theorem 2 necessarily has all its derivatives of constant sign in *some* interval, not necessarily the whole of $[-1, 1]$. If this were the case, Theorem 2 would be contained in Bernstein's results. However, the following example shows that *for any increasing sequence of integers* $n_1, n_2, \cdots$ *with the property* $n_{k+1} - n_k \geqq 2$ *and for any sequence* $\epsilon_1, \epsilon_2, \cdots$ $(\epsilon_k = \pm 1)$, *there is a function* $f(x)$ *such that* $\epsilon_k f^{(n_k)}(x) > 0$ *in* $[-1, 1]$, *while the points at which the derivatives* $f^{(n_k-1)}(x)$ *change sign form a set which is everywhere dense in* $[-1, 1]$.

Let $a_0, a_1, a_2, \cdots$ be points of $[-1, 1]$. Define $P_0(x) = 1$,

$$P_n(x) = \int_{a_0}^{x} dx_1 \int_{a_1}^{x_1} dx_2 \cdots \int_{a_{n-1}}^{x_{n-1}} dx_n \qquad (n = 1, 2, \cdots).$$

Then evidently

$$|P_n(x)| \leqq 2^n \qquad (-1 \leqq x \leqq 1; n = 0, 1, 2, \cdots), \tag{48}$$

$$P_n^{(n)}(x) = 1. \tag{49}$$

Now let $a_{n_1-1}, a_{n_2-1}, \cdots$ be a sequence of numbers everywhere dense in $[-1, 1]$; let $a_n = 0$ when $n$ is not a member of the sequence $n_1 - 1, n_2 - 1, \cdots$. Let $A_{n_k} = \epsilon_k b^{n_k}$ $(k = 1, 2, \cdots)$, with $0 < b < \frac{1}{4}$; let $A_n = 0$ when $n$ is not a member of the sequence $n_1, n_2, \cdots$. Then

$$f(x) = \sum_{n=0}^{\infty} A_n P_n(x) \tag{50}$$

has the desired property. For, since for $k = 1, 2, \quad , n - 1$,

$$P_n^{(k)}(x) = \int_{a_k}^{x} dx_1 \int_{a_{k+1}}^{x_1} dx_2 \cdots \int_{a_{n-1}}^{x_{n-k-1}} dx_{n-k},$$

by (48) the series in (50) is dominated by $\sum_{n=0}^{\infty} (2b)^n$, and the formal series $f^{(k)}(x)$ is dominated by $\sum_{n=k}^{\infty} b^n 2^{n-k}$. Hence $f^{(k)}(x)$ may be obtained by termwise differentiation of (50). For $x$ in $[-1, 1]$, by (49),

$$f^{(n_k)}(x) = A_{n_k} + \sum_{n=n_k+1}^{\infty} A_n P_n^{(n_k)}(x);$$

by (50),

$$\epsilon_k f^{(n_k)}(x) \geqq b^{n_k} - \sum_{n=n_k+1}^{\infty} b^n 2^{n-n_k}$$

$$= b^{n_k}\left\{1 - \frac{2b}{1-2b}\right\} > 0.$$

On the other hand, $\epsilon_k f^{(n_k-1)}(x)$ increases in $[-1, 1]$, has the value $A_{n_k-1} = 0$ at $x = a_{n_k-1}$, and hence changes sign at $a_{n_k-1}$.

(V) If in cases (I) and (II) of Theorems 1 and 2 we require only that the inequalities involving $f^{(n_k)}(x)$ hold in an interval $[-l_k, l_k]$, where $l_k$ does not approach zero too rapidly, we can still show that the Maclaurin series of $f(x)$ is the Maclaurin series of an entire function. Sufficient restrictions on $l_k$ in the two cases are

(I) $$kl_k \to \infty \qquad (k \to \infty),$$

(II) $$n_k^{1-\delta} l_k \to \infty \qquad (k \to \infty).$$

Hence we may state, for example,

*If $f(x)$ is analytic*[16] *in $[-1, 1]$, if in $[-l_k, l_k]$ $f^{(n_k)}(x)$ and $f^{(n_k+2q_k)}(x)$ do not change sign and $f^{(n_k)}(x)f^{(n_k+2q_k)}(x) \leqq 0$, where $n_k - n_{k-1} = O(1)$, $q_k = O(1)$, and $kl_k \to \infty$, then $f(x)$ is an entire function.*

It will be clear that the order of the entire function will be smaller, the less rapidly $l_k \to 0$.

To establish our assertion, we have only to make slight modifications in the proof of Theorem 1. It is convenient to suppose that $l_1 > l_2 > \cdots$. We apply Lemma 6 to the function $g(x) = f^{(n_k-1)}(l_k x)$. Inequality (23) becomes

$$M_{n_k} \leqq l_k^{-(n_k-n_{k-1})} A^{n_k-n_{k-1}+2q_k}(n_k - n_{k-1} + 2q_k)^{n_k-n_{k-1}} M_{n_{k-1}},$$

where $M_{n_p}$ now denotes the maximum of $|f^{(n_p)}(x)|$ in $[-l_p, l_p]$. Since $l_k$ is a decreasing sequence, (25) is replaced by

$$M_{n_k} \leqq M l_k^{-n_k} A^{n_k+2(q_1+\cdots+q_k)} \prod_{p=1}^{k} (n_p - n_{p-1} + 2q_p)^{n_p-n_{p-1}}.$$

Using (26), we obtain

$$M_{n_k} \leqq M\left(\frac{C}{l_k}\right)^{n_k}.$$

Following the rest of the proof of case (I) of Theorem 1, we find that for $h = 0, 1, \cdots, n_{k+1} - n_k$,

$$|f^{(n_k+h)}(0)| \leqq E\left(\frac{C}{l_{k+1}}\right)^{n_k+h}$$

[16] Or even belongs to a Denjoy-Carleman quasi-analytic class.

with a suitable constant $E$. Hence

$$\frac{1}{n_k + h} | f^{(n_k+h)}(0) |^{1/(n_k+h)} \to 0$$

if

$$\frac{C}{l_{k+1} n_k} \to 0,$$

i.e., if

$$n_k l_{k+1} \to \infty.$$

But since $k \leqq n_k \leqq kB$, this is equivalent to

$$k l_k \to \infty.$$

Case (II) is treated similarly.

DUKE UNIVERSITY AND BROWN UNIVERSITY.

# ON THE OSCILLATION OF THE DERIVATIVES OF A PERIODIC FUNCTION

BY

GEORGE PÓLYA AND NORBERT WIENER

1. *Let $f(x)$ be a real valued periodic function of period $2\pi$ defined for all real values of $x$ and possessing derivatives of all orders. Let $N_k$ denote the number of changes of sign of $f^{(k)}(x)$ in a period. We consider the order of magnitude of $N_k$ as $k \to \infty$.*

(I) *If $N_k = O(1)$, $f(x)$ is a trigonometric polynomial.*

(II) *If $N_k = O(k^\delta)$ where $\delta$ is fixed, $0 < \delta < 1/2$, $f(x)$ is an entire function of finite order not exceeding $(1-\delta)/(1-2\delta)$.*

(III) *If $N_k = o(k^{1/2})$, $f(x)$ is an entire function.*

We prove this theorem by consideration of the Fourier series of $f(x)$

$$f(x) = \sum c_n e^{inx}, \tag{1}$$

$c_{-n} = \bar{c}_n$ $(n = 0, 1, 2, \cdots)$. Here, as in what follows, the sign $\sum$ without explicitly stated limits means a summation from $-\infty$ to $\infty$. Under the present conditions, the series (1) is absolutely and uniformly convergent for real $x$, and so are the Fourier series of $f'(x), f''(x), \cdots$, obtained from (1) by term by term differentiation. If we focus our attention on the Fourier series, we may express the general trend of our theorem by saying that *a small amount of oscillation in the higher derivatives implies a rapid decrease in the coefficients*, this decrease being so extreme in case (I) that all coefficients from a certain point onward vanish.

The theorem we have to prove and a few analogous facts([1]) point towards a general principle which cannot yet be stated in precise terms but which is not entirely unsuitably expressed by saying that *a small amount of oscillation in the higher derivatives indicates a great amount of simplicity in the analytic nature of the function.*

An analogous theorem may be formulated for almost periodic functions. As in other theorems of this kind, the number of changes of sign in a period is replaced by the density of these changes over the infinite line and a trigonometric polynomial is replaced by an entire function of exponential type. The extension of case (I) of our theorem offers the least difficulty.

Presented to the Society, May 2, 1941; received by the editors August 8, 1941.

([1]) See S. Bernstein, *Leçons sur les Propriétés Extrémales*, Paris, 1926, pp. 190–197 and Communications de la Société Mathématique de Kharkow, (4), vol. 2 (1928), pp. 1–11; R. P. Boas and G. Pólya, Proceedings of the National Academy of Sciences, vol. 27 (1941), pp. 323–325.



For comments on this paper[166], see p. 431.

2. We start with a few preliminary remarks on changes of sign. We consider first a real-valued function $f(x)$ which is defined in an interval $a \leqq x \leqq b$. We say that this function has $N$ changes of sign in this interval if it is possible to find $N+1$, and no more, abscissae $x_0, x_1, \cdots, x_N$ in the interval such that

$$x_0 < x_1 < \cdots < x_{N-1} < x_N, \tag{2}$$

$$f(x_{\nu-1})f(x_\nu) < 0, \qquad \nu = 1, 2, 3, \cdots, N. \tag{3}$$

*If a function has $N$ changes of sign in an interval, its derivative has there at least $N-1$ changes of sign.* This variant of Rolle's theorem is easily proved by considering $\xi_\nu$, such that

$$f(x_\nu) - f(x_{\nu-1}) = (x_\nu - x_{\nu-1})f'(\xi_\nu), \qquad x_{\nu-1} < \xi_\nu < x_\nu,$$

and observing that $f(x_\nu)f'(\xi_\nu) > 0$ and that therefore

$$f'(\xi_{\nu-1})f'(\xi_\nu) < 0, \qquad \nu = 2, 3, \cdots, N.$$

Applying this to the function $e^{ax}f(x)$ (where $a$ is a real constant) and its derivative $[e^{ax}f(x)]' = e^{ax}[af(x) + f'(x)]$, we see that *the number of changes of sign of*

$$(a + D)f(x)$$

(where $D$ is the symbol of differentiation) *is not inferior to $N-1$, $N$ being the number of changes of sign of $f(x)$.*

Now let $f(x)$ be periodic with the period $2\pi$. We say that the number of changes of sign of $f(x)$ *in a period* is $N$, if it is possible to find just $N+1$, and no more, abscissae $x_0, x_1, \cdots, x_N$ such that

$$x_N = x_0 + 2\pi,$$

and (2), (3) hold. Observe that $f(x_N) = f(x_0)$ and that, therefore, $N$ is necessarily *even*. Hence it follows that the number of changes of sign of $(a+D)f(x)$ in a period is not inferior to that of $f(x)$. We defined $N_k$ in our initial statement; now we see that

$$N_0 \leqq N_1 \leqq N_2 \leqq \cdots \leqq N_{k-1} \leqq N_k \leqq \cdots \tag{4}$$

Observing that

$$(a + D)(a - D) \sum \frac{c_n e^{inx}}{a^2 + n^2} - \sum c_n e^{inx},$$

we obtain:

LEMMA I. *The number of changes of sign of the function* (1) *in a period is not inferior to that of*

$$\sum \frac{c_n e^{inx}}{a^2 + n^2}.$$

3. The series (1) represents a trigonometric polynomial of order $m$ if $c_n = 0$ for $n = m+1, m+2, \cdots$. If $f(x)$ is a trigonometric polynomial of order $m$, it cannot have more than $2m$ roots in a period; this is well known. Observe that for large $k$, $f^{(k)}(x)$ has actually $2m$ changes of sign, because as $k \to \infty$, $(im)^{-k} f^{(k)}(x)$ approaches the first or the second of the two expressions

$$(5) \qquad - c_{-m} e^{-imx} + c_m e^{imx}, \qquad c_{-m} e^{-imx} + c_m e^{imx},$$

according as $k$ is odd or even. The second of these expressions is of the form $2|c_m| \cos(mx - \gamma)$, with a certain real $\gamma$ and the first is of the same form except for a factor $i$.

The case (I) of our theorem characterizes the trigonometric polynomials and can be stated as follows: *A real-valued periodic function $f(x)$ possessing derivatives of all orders is a trigonometric polydomial if and only if the number of changes of sign of $f^{(k)}(x)$ remains bounded for $k \to \infty$.*

In order to prove this we consider (1). We have to show that some $f^{(k)}(x)$ have an arbitrarily great number of changes of sign if there are $c_n \neq 0$ with arbitrarily large subscripts $n$. More precisely we shall show this:

*If $m > 0$ and $c_m \neq 0$, then all derivatives of* (1), *from a certain stage onward, have not less than $2m$ changes of sign.*

In fact, by repeated application of Lemma I, we ascertain that

$$(6) \qquad f^{(k)}(x) = i^k \sum n^k c_n e^{inx}$$

does not have fewer changes of sign than

$$(7) \qquad i^k \sum \left( \frac{2mn}{m^2 + n^2} \right)^k c_n e^{inx}.$$

But since it is given that $c_m \neq 0$ and that $\sum c_n$ is absolutely convergent, we have from a certain $k$ onward

$$(8) \qquad |c_m| > \left( \sum_{n=1}^{m-1} + \sum_{n=m+1}^{\infty} \right) \left( \frac{2mn}{m^2 + n^2} \right)^k |c_n|.$$

Indeed we have for $n > 0$, $n \neq m$, $0 < 2mn < m^2 + n^2$, and therefore, each term tends to 0 on the right-hand side of (8) for $k \to \infty$.

But if (8) holds for a certain even $k$, the sum in (7) has the same sign as the second expression (5) in all those real points $x$ in which this latter reaches $2|c_m|$, the maximum of its absolute value. This maximum is reached with alternating signs, in equidistant points, the distance of two consecutive points being $\pi/m$. Therefore (7) has not less than $2m$ changes of sign. We have proved this for even $k$ but the same is true and the proof is nearly the same for odd $k$. Then, by Lemma I, (6) has not less than $2m$ changes of sign, and case (I) of our theorem is proved.

4. We consider the case (III) of our theorem before case (II).

If the periodic function $f(x)$ is analytic along the whole real axis, it is analytic in a certain horizontal strip bisected by the real axis and the Fourier series (1), which is a Laurent series in

$$z = e^{ix},$$

converges in the interior of the strip. Hence, by examining

$$\limsup_{n\to\infty} |c_n|^{1/n} \tag{9}$$

we can distinguish the following three cases:

If $f(x)$ is not analytic along the whole real axis, (9) has the value 1.

If $f(x)$ is analytic in a certain horizontal strip of width $2h$ bisected by the real axis, but in no wider horizontal strip, (9) has the value $e^{-h}$.

If $f(x)$ is an entire function, (9) has the value 0.

In order to prove case (III) of our theorem, we have to show that in the first two cases $N_k = o(k^{1/2})$ is excluded. We prove the following statement.

*If there exists a positive number* $\gamma$ *such that*

$$\limsup_{n\to\infty} |c_n| e^{n\gamma} = \infty, \tag{10}$$

*then there exists a positive number g such that* $f^{(k)}(x)$ *has, for an infinity of values of* $k$*, not less than* $(k/g)^{1/2}$ *changes of sign.*

By the considerations of the foregoing section, $f^{(k)}(x)$ has certainly not less than $2m$ changes of sign if (8) holds. Using (10), we have to find an arbitrarily large $m$ and a corresponding $k$ such that (8) holds. We shall succeed in finding such an $m$ by applying the following known lemma(2).

LEMMA II. *We consider two infinite sequences* $l_1, l_2, \cdots, l_n, \cdots$ *and* $s_1, s_2, \cdots, s_n, \cdots$*, and suppose that*

$$l_n \geqq 0, \qquad n = 1, 2, 3, \cdots \tag{11}$$

$$0 < s_1 < s_2 < s_3 < \cdots \tag{12}$$

$$\lim_{n\to\infty} l_n = 0, \tag{13}$$

$$\limsup_{n\to\infty} l_n s_n = \infty. \tag{14}$$

*Then there exists an infinity of integers m such that*

$$l_m \geqq l_{m+\mu}, \qquad \mu = 1, 2, 3, \cdots,$$

$$l_m s_m \geqq l_{m-\mu} s_{m-\mu}, \qquad \mu = 1, 2, \cdots, m-1.$$

We put

(2) See G. Pólya and G. Szegö, *Aufgaben und Lehrsätze aus der Analysis*, Berlin, 1925, vol. 1, pp. 18 and 173, Problem 109.

$$|c_n| = l_n, \qquad e^{n\gamma} = s_n.$$

This choice satisfies (11), (12), (13), (14); in fact, (13) is satisfied because (1) is convergent, and (14) is satisfied because we have supposed (10). Thus we obtain an infinity of $m$ such that

$$|c_{m+\mu}| \leqq |c_m|, \qquad \mu = 1, 2, 3, \cdots,$$
$$|c_{m-\mu}| e^{(m-\mu)\gamma} \leqq |c_m| e^{m\gamma}, \qquad \mu = 1, 2, \cdots, m-1.$$

This we use to estimate the following sum. (Our ultimate aim is to prove (8).)

$$\sum_{\mu=1}^{m-1}\left(\frac{2m(m-\mu)}{m^2+(m-\mu)^2}\right)^k \left|\frac{c_{m-\mu}}{c_m}\right| + \sum_{\mu=1}^{\infty}\left(\frac{2m(m+\mu)}{m^2+(m+\mu)^2}\right)^k \left|\frac{c_{m+\mu}}{c_m}\right|$$

(15) $$< \sum_{\mu=1}^{m-1}\left(\frac{2m(m-\mu)}{m^2+(m-\mu)^2}\right)^k e^{\gamma\mu} + \sum_{\mu=1}^{\infty}\left(\frac{2m(m+\mu)}{m^2+(m+\mu)^2}\right)^k$$

$$= S_1 + S_2.$$

We introduced the abbreviations

(16) $$S_1 = \sum_{\mu=1}^{m-1} e^{\gamma\mu}\left(1 + \frac{\mu^2}{2m(m-\mu)}\right)^{-k},$$

(17) $$S_2 = m\sum_{\mu=1}^{\infty}\left(\frac{2(1+\mu/m)}{1+(1+\mu/m)^2}\right)^k \frac{1}{m},$$

and we shall consider $S_1$ and $S_2$ in turn.

(1) Split the sum $S_1$ in two parts, $\mu$ being less than or equal to $m/2$ in the first part and greater than $m/2$ in the second. Using the fact that

$$(1+x)^{-1} < e^{-x/2}, \qquad 0 < x < 1,$$

we obtain

$$S_1 < \sum_{1}^{m/2} e^{\gamma\mu - k\mu^2/4m^2} + \sum_{m/2}^{m-1} e^{\gamma\mu}(4/5)^k$$
$$< \sum_{1}^{m/2} e^{-[(k/4m^2)-\gamma]\mu} + me^{\gamma m}(4/5)^k$$
$$< e^{-(g-\gamma)}/(1-e^{-(g-\gamma)}) + me^{\gamma m}(4/5)^{4gm^2}.$$

We put

(18) $$k = 4gm^2$$

where $g$ is a positive integer, $g > \gamma$. We choose a fixed $g$ such that for sufficiently great $m$

(19) $$S_1 < 1/2.$$

(2) The function $2x(1+x^2)^{-1}$ decreases for $x>1$. Therefore by (17)

$$S_2 < m \int_1^\infty \left(\frac{2x}{1+x^2}\right)^k dx \sim \frac{m}{2}\left(\frac{2\pi}{k}\right)^{1/2} = \frac{1}{2}\left(\frac{\pi}{2g}\right)^{1/2}$$

We used a well known asymptotic evaluation of definite integrals[3] and (18). If $g \geqq 2$, which we assume, we obtain for sufficiently great $m$

$$S_2 < 1/2. \tag{20}$$

But (15), (19), (20) show that (8) is true so that $f^{(k)}(x)$ has not fewer changes of sign than

$$2m = (k/g)^{1/2}.$$

5. We now proceed to the proof of case (II).

Lemma III. *The Fourier series* (1) *represents an entire function of the finite order* $\lambda$, $\lambda > 1$, *if and only if*

$$\liminf_{n\to\infty} \frac{\log \log (1/|c_n|)}{\log n} = \frac{\lambda}{\lambda - 1}. \tag{21}$$

The proof consists of two parts. Both parts follow familiar lines; so we do not give all the details.

(1) Assume that $f(x)$ is entire and of order $\lambda$. Then for a fixed positive $\epsilon$ and for sufficiently great $|x|$,

$$|f(x)| < e^{|x|^{\lambda+\epsilon}}. \tag{22}$$

If we evaluate $c_n$ and shift the line of integration (periodicity and Cauchy's formula), we obtain as a result that if $r$ is any positive number,

$$\begin{aligned} c_n &= \frac{1}{2\pi}\int_{-ir-\pi}^{-ir+\pi} f(x)e^{-inx}dx \\ &= \frac{1}{2\pi} e^{-nr} \int_{-\pi}^{\pi} f(-ir+u)e^{-inu}du, \\ |c_n| &\leqq e^{(r+\pi)^{\lambda+\epsilon}-nr}. \end{aligned} \tag{23}$$

Here we use (22). We choose $r$, for given $n$, so that this right-hand side of (23) shall be a minimum. It follows by straight-forward calculation that (21) holds with "$\geqq$" instead of "=."

(2) Assume that

$$\liminf_{n\to\infty} \frac{\log \log (1/|c_n|)}{\log n} = \kappa > 0.$$

[3] See, for example, G. Pólya and G. Szegö, loc. cit., vol. 1, pp. 78 and 244, Problem 201.

Therefore we have, for a given positive $\epsilon$ and all sufficiently great $n$

$$\left| c_n e^{inx} \right| < e^{-n^{\kappa-\epsilon}+|x|n}.$$

We choose $n$, for a given $x$, so that the right-hand side is a maximum. This maximum gives the right order of magnitude because the terms of (1) whose index surpasses a certain multiple of the index of the maximum term, yield a negligible contribution. We find that the order $\lambda$ of $f(x)$ satisfies the inequality

$$\lambda \leqq \frac{\kappa}{\kappa - 1}.$$

This gives (21) with "$\leqq$" instead of "$=$."

6. Now we are prepared to prove case (II) of our theorem. We have to show that *if the entire function $f(x)$ is of order $\lambda$, and $\epsilon > 0$ then, for an infinity of $k$,*

$$N_k > k^{(\lambda-1)/(2\lambda-1)-\epsilon}.$$

Put $\lambda/(\lambda-1)+\eta=\gamma$, $\eta$ being positive and small. By Lemma III, the fact we have to show can be stated as follows:

*If there exists a positive number $\gamma$, $\gamma > 1$, such that*

$$\limsup_{n\to\infty} \left| c_n \right| e^{n^\gamma} = \infty,$$

*then there exists a positive $g$ such that $f^{(k)}(x)$ has, for an infinity of $k$, more than $(k/g)^{1/(\gamma+1)}$ changes of sign.*

We apply Lemma II, whose conditions are satisfied by

$$l_n = \left| c_n \right|, \qquad s_n = e^{n^\gamma}.$$

We obtain the result that for an infinity of $m$,

$$\begin{aligned} \left| c_m \right| &\geqq \left| c_{m+\mu} \right|, & \mu &= 1\ 2, \cdots, \\ \left| c_m \right| e^{m^\gamma} &\geqq \left| c_{m-\mu} \right| e^{(m-\mu)^\gamma}, & \mu &= 1, 2, \cdots, m-1. \end{aligned}$$

Hence, using the fact that $\gamma > 1$, we obtain

$$\begin{aligned} &\sum_{\mu=1}^{m-1}\left(\frac{2m(m-\mu)}{m^2+(m-\mu)^2}\right)^k \left|\frac{c_{m-\mu}}{c_m}\right| + \sum_{\mu=1}^{\infty}\left(\frac{2m(m+\mu)}{m^2+(m+\mu)^2}\right)^k \left|\frac{c_{m+\mu}}{c_m}\right| \\ (24) \qquad &< \sum_{\mu=1}^{m-1}\left(\frac{2m(m-\mu)}{m^2+(m-\mu)^2}\right)^k e^{\gamma m^{\gamma-1}\mu} + \sum_{\mu=1}^{\infty}\left(\frac{2m(m+\mu)}{m^2+(m+\mu)^2}\right)^k \\ &= S_1' + S_2. \end{aligned}$$

$S_2$ has the same meaning as before (see (17)), and

$$
\begin{aligned}
S_1' &= \sum_{\mu=1}^{m-1} e^{\gamma m^{\gamma-1}\mu}\left(1+\frac{\mu^2}{2m(m-\mu)}\right)^{-k} \\
&< \sum_{\mu=1}^{m/2} e^{\gamma m^{\gamma-1}\mu - k\mu^2/4m^2} + me^{\gamma m^{\gamma}}(4/5)^{k} \qquad (25) \\
&= \sum_{\mu=1}^{m/2} e^{-m^{\gamma-1}(g\mu^2-\gamma\mu)} + me^{\gamma m^{\gamma}}(4/5)^{4gm^{\gamma+1}}.
\end{aligned}
$$

We put

$$k = 4gm^{\gamma+1},$$

and we choose $g$ so that

$$\gamma + 1 \leqq g < \gamma + 2,$$

and so that $k$ is an integer. This choice assures that

$$S_1' \to 0, \qquad S_2 \to 0$$

for $m \to \infty$ (see (25) and the considerations preceding (20)). Therefore, by (24), (8) is true and $f^{(k)}(x)$ has not fewer changes of sign than

$$2m > 2[k/4(\gamma + 2)]^{1/(\gamma+1)}.$$

Brown University,
Providence. R. I.
Massachusetts Institute of Technology,
Cambridge, Mass.

# ON THE ZEROS OF THE DERIVATIVES OF A FUNCTION AND ITS ANALYTIC CHARACTER

G. POLYA

**1. Introduction.** How do the zeros of the $n$th derivative $f^{(n)}(x)$ behave when $n$ becomes very large? How does this behavior depend on the analytic nature of the function $f(x)$? At first sight this question appears to be a little out of the way. In fact it is intimately connected with essential parts of the theory of functions. In the Hadamard theory of the singularities of the Taylor series we consider the sequence of the derivatives $f(x), f'(x), f''(x), \cdots$ for a fixed complex value of $x$; in the theory of quasi-analytic functions we consider the same sequence for variable real $x$, and we consider especially the maximum absolute value of each of its terms in a given interval; now we consider again the same sequence $f(x), f'(x), f''(x), \cdots$ for variable $x$, that be complex or real, and we consider especially the values of which its terms vanish. In all three cases the main object of consideration is the connection of the chosen feature of the sequence $f(x), f'(x), f''(x), \cdots$ with the analytic nature of the function $f(x)$.

There is a special reason for giving a general survey of results about the zeros of successive derivatives just now. The subject received quite recently essential contributions from several mathematicians in this country, from R. P. Boas, Einar Hille, A. C. Schaeffer, I. J. Schoenberg, Gabor Szegö, J. D. Tamarkin, D. V. Widder, Norbert Wiener and the present speaker. All these contributions are linked together and seem to open the door to further results and to a well connected harmonious theory.

In this short talk I should like to emphasize the main outline and the essential divisions of the theory in so far as they are recognizable today. In order to do this as clearly and intuitively as I can, I have to discuss some of the older results, to leave out some of the newer ones and to sacrifice precise details except for a few central points.

Our subject has two main parts. In one we consider analytic functions of a complex variable, in the other real-valued functions of a real variable. I proceed to describe these two parts in this order.

---

An address presented before the New York meeting of the Society on April 3, 1942, by invitation of the Program Committee; received by the editors May 8, 1942.



---

For comments on this paper[167], see p. 431.

## The complex domain

2. **Statement of the problem.** In the next sections (2 to 7) $f(z)$ denotes an analytic function of the complex variable $z$. Let us assume that $f(z)$ is single-valued and analytic in the whole plane, except maybe in certain isolated singular points.

Let us consider the zeros of $f(z)$; they form a more or less irregular distribution of points in the plane. Now let us pass to the derivative $f'(z)$ and consider its zeros; they are in general different from those of $f(z)$ and form a new distribution of points. If we pass, by differentiating once more, to $f''(z)$ and its zeros, the picture changes again, the points appear to have moved into a third position. Corresponding to the sequence of the derivatives $f(z), f'(z), f''(z), \cdots$ we have a sequence of distributions of points formed by the zeros of the successive derivatives. Can we discover in this sequence of point-distributions some definite trend?

It is not bad to start from a vague question that is intuitive and suggestive, provided that it leads us finally to some precise question. What precise question is suggested by the intuitive process we are considering, the migration of zeros in the course of successive differentiations?

In fact, not only one question, but several different precise questions can be put. But we need a few definitions.

(I) Let us consider any fixed regular point of $f(z)$; let us assume, to be concrete, that $z=0$ is a regular point. Let $r_n$ denote the absolute value of the zero of $f^{(n)}(z)$ which is nearest to the origin.

(II) Let us consider any fixed closed circle in which $f(z)$ is regular. Let us assume that $f(z)$ is regular in the closed unit circle $|z| \leqq 1$, and let $N_n$ denote the number of zeros of $f^{(n)}(z)$ (with multiplicity) in this circle.

(III) We define a set $D'$, attached to the function $f(z)$, in the following way. Consider a point $z$ of the plane. If there exists a circle of center $z$ in which only a finite number of derivatives vanishes, $z$ does not belong to $D'$. In the other case, when any (arbitrarily small!) fixed circle with center $z$ contains the zeros of an infinity of derivatives $f^{(n_1)}(z), f^{(n_2)}(z), \cdots, z$ belongs to $D'$. The set $D'$ is in some sense the final position of the zeros of $f^{(n)}(z)$; let us call $D'$ the *final* set of $f(z)$. If $f(z)$ is meromorphic or entire, the final set $D'$ can also be described as the derived set of the denumerable set $D$ of all zeros of all derivatives $f(z), f'(z), f''(z), \cdots$ (provided that points in which an infinity of derivatives vanishes are also counted as points of $D'$).

How do the zeros of the derivatives approach a regular point? What can we say about the sequence $r_1, r_2, r_3, \cdots$? Do the zeros of

$f^{(n)}(z)$ become denser as $n$ increases? What about the sequence $N_1, N_2, N_3, \cdots$? Does the configuration of the zeros of $f^{(n)}(z)$ tend to a final position? Can we find the final set $D'$?

3. **Meromorphic functions.** The answer to all these questions depends on the analytic character of the function $f(z)$. For functions of certain sorts we can discover a trend, and this trend is particularly easy to recognize when $f(z)$ is a meromorphic function. In this case the trend may be roughly described by saying that the poles of $f(z)$ act as repulsive centers on the zeros of $f^{(n)}(z)$.

We can give a precise description after a precise definition. Those points of the plane which are nearer to a pole $a$ of $f(z)$ than to any other pole of $f(z)$ constitute the *domain* of the pole $a$. If the domains of two poles, $a$ and $b$, have common boundary points, these are on the perpendicular bisector of the line that joins $a$ to $b$. Therefore the boundary of the domain of the pole $a$ is a polygonal line, and the domain itself is an open convex set. The zeros of $f^{(n)}(z)$ are pushed toward the polygonal boundary of the domain of the pole as $n$ increases. *The final set of a meromorphic function contains no point interior to the domain of any pole but contains all points which are on the common boundary of the domains of two or more poles* [20].

Observe that the final set depends only on the position of the poles of $f(z)$, but is independent of the multiplicity of these poles, or their residues, and so on.

4. **Functions with an essential singularity.** Let us consider next the case in which $f(z)$ has just one finite singular point, the point $z=0$, say. If this point is a pole the whole plane is its domain, the zeros of $f^{(n)}(z)$ are pushed towards $\infty$, they have no finite limiting point, the final set is empty. But if the point $z=0$ is an essential singular point, the situation is quite different; the trend of the movement of the zeros of $f^{(n)}(z)$ with increasing $n$ is much more difficult to recognize, and it is no longer true that this trend depends only on the position of the singular point. For example, if

$$f(z) = (1/z)e^{-1/z},$$

all zeros of $f^{(n)}(z)$ are positive and real and the final set is the positive half of the real axis. If we change $z$ into $ze^{i\alpha}$, where $\alpha$ is a fixed real number, $0<\alpha<2\pi$, the singularity of $f(z)$ remains at the point 0, but the zeros of $f^{(n)}(z)$ tend to condense along another ray issued from the singular point; the final set changes position.

5. **Entire functions.** Let us now consider a function with no finite

singular points, an entire function. Can we recognize the trend of the zeros of $f^{(n)}(z)$ as $n\rightarrow\infty$? We may say that this trend depends mainly on the rate at which $f(z)$ increases when $|z|\rightarrow\infty$, that is, on the order of $f(z)$. For certain entire functions of order 1, as, for example, for

$$f(z) = \sin z$$

the differentiation does not change essentially the density of the distribution of the zeros. If the order of $f(z)$ is less than 1 the differentiation tends to scatter the zeros; the zeros of $f^{(n)}(z)$ tend to move out to $\infty$ as $n$ increases; their distribution becomes thinner. If the order of $f(z)$ is greater than 1 the differentiation tends to concentrate the zeros; the zeros of $f(z)$ tend to move in from $\infty$ as $n$ increases; their distribution becomes denser. In short, the point at $\infty$ exerts on the zeros of $f^{(n)}(z)$ attraction or repulsion, according as the order of $f(z)$ is less than 1 or greater than 1.

Passing to precise statements, if $\lambda$ denotes the order of the entire function $f(z)$, we have

$$\limsup_{n\rightarrow\infty} (\log n)^{-1} \log r_n \geqq (1-\lambda)/\lambda, \tag{1}$$

$$\liminf_{n\rightarrow\infty} (\log n)^{-1} \log N_n \leqq (\lambda-1)/\lambda. \tag{2}$$

The inequality (1) was found, at least for $\lambda<1$, by Ålander [1]. More relations and more precise relations of this kind were discovered by Gontcharoff and several authors following his line of research.[1] The inequality (2) seems to be new. Both inequalities are "exact," that is, the sign of equality may be attained for certain special functions. Furthermore we cannot exchange lim inf and lim sup or change either into lim without falling into false assertions.[2]

6. **Real entire functions.** An entire function $f(z)$ is called *real* if it takes real values for real $z$, or, what is the same, if the coefficients of its Maclaurin series are all real. The set of zeros of a real entire function is symmetrical with respect to the real axis. The real axis seems to exert an influence on the complex zeros of $f^{(n)}(z)$; it seems to at-

[1] Gontcharoff [14]. See also Takeneka [30–34], Kakeya [16], Whittaker [35, 36], Schoenberg [28]. Boas [9] (see also Levinson [17]) introduced a quantity related to but different from $r_n$; let $s_n$ denote the radius of the largest circle of center $z=0$ in the interior of which $f(z)$ is regular and $f^{(n-1)}(z)$ is *univalent*. Visibly $r_n\geqq s_n$. It seems that $s_n$ has more simple properties than $r_n$; especially we have the following double inequality $\liminf_{n\rightarrow\infty} (\log n)^{-1} \log s_n \leqq (1-\lambda)/\lambda \leqq \limsup_{n\rightarrow\infty} (\log n)^{-1} \log s_n$.

[2] If $\lambda\leqq 1$ the final set may be empty and we may construct entire functions of any given order whose final set consists of just one point. *If $\lambda>1$, must the final set necessarily contain a point?*

tract these zeros when the order is less than 2, and it seems to repel them when the order is greater than 2.

We may pass to exact statements, but these are, for the time being, hypothetical.

A. *If the order of the real entire function $f(z)$ is less than 2, and $f(z)$ has only a finite number of complex zeros, then its derivatives, from a certain one onwards, will have no complex zeros at all.*

B. *If the order of the real entire function $f(z)$ is greater than 2, and $f(z)$ has only a finite number of complex zeros, then the number of the complex zeros of $f^{(n)}(z)$ tends to infinity as $n \to \infty$.*

Both theorems are hypothetical, but A is better known than B. A weaker theorem than A, with 2/3 instead of 2, was first proved, then 2/3 was replaced by 1, and at last by 4/3.[3] So we know today that real entire functions of order less than 4/3 lose all their complex zeros after a finite number of differentiations provided they had only a finite number to start with. But the advance from 4/3 to 2, that is, to the full theorem A, is still to be made.

B is supported mostly by "experimental" evidence.[4] I quote two interesting examples

$$e^{-z^{2k}}, \qquad e^{-e^{e^z}}. \tag{3}$$

The final set of the first entire function (3) ($k$ is a positive integer) consists of $k$ straight lines passing through the origin and dividing the plane into $2k$ equal angles [20]. The final set of the second entire function (3) consists of an infinity of parallel lines, dividing the plane into congruent strips of width $2\pi$.[5] The final set of both functions contains the whole real axis, but also points outside the real axis (provided $k \geqq 2$).

**7. Another open question about real entire functions.** The consider-

[3] The hypothetical theorem A (or rather a slightly more general theorem in which certain entire functions of order 2 are also considered) was found independently by two authors, A. Wiman and G. Polya. The theorem with 2/3 was stated as proved by Polya [21, see p. 27, annotation 21]; proved, with reference to this first statement, almost simultaneously by Ålander [4] and Polya [22]. The theorem with 1 was proved by Wiman [39], that with 4/3 by Polya [23]. See also Wiman [38].

[4] A first remark in the direction of theorem B was made by Polya [18, 19]. (The role of the order 2 is indicated by the following theorem, due to Laguerre. *A real entire function that has only real zeros is or is not a limit of polynomials that have only real zeros according as its order is less than 2 or greater than 2.*) A more precise hypothetical theorem was formulated by A. Wiman and investigated by Ålander [1, 2] who used a geometrical method.

[5] Suggested by the present speaker, proved by G. Szegö (unpublished).

tion of the general trend of the zeros of $f^{(n)}(z)$ and some examples, principally (3), may lead us to the following hypothetical theorem.

C. *If a real entire function of order greater than* 1 *remains bounded for real values of the variable, then its final set contains the whole real axis.*

I state this theorem without any pretension to the gift of prophecy. I state it because I think that the problem to prove or to disprove it, is neither too trivial nor completely inaccessible.

## THE REAL DOMAIN

8. **Notation and introductory results.** We change our notation. Henceforth $f(x)$ denotes a real-valued function of the real variable $x$, that is defined and possesses derivatives of all orders in a certain interval $I$, and $N_n$ denotes the number of changes of sign of $f^{(n)}(x)$ in $I$.

$f(x)$ need not be analytic in $I$. The analyticity of $f(x)$ is bound to the condition that to each point $a$ of $I$ corresponds a positive $\rho = \rho(a)$, such that, in the common part of the two intervals $I$ and $(a-\rho, a+\rho)$, $f(x)$ is represented by a convergent power series in $(x-a)$. If $f(x)$ is analytic in $I$, its analytic continuation is completely determined by its values at the points of $I$ and, if the continuation exists, it may turn out that $f(x)$ is meromorphic, or entire, or entire of finite order, and so on.

The number $N_n$ may be infinite. But if the interval $I$ is closed, and $f(x)$ is analytic in $I$, not only is $N_n$ a finite number for each $n$ but the increase of $N_n$ with $n$ is limited by the following theorem.

*If $f(x)$ is analytic in the closed interval $I$, then*

$$\liminf_{n\to\infty} n^{-1} N_n \text{ is finite.} \tag{4a}$$

*If $f(x)$ is an entire function*

$$\liminf_{n\to\infty} n^{-1} N_n = 0. \tag{4e}$$

*If $f(x)$ is an entire function of the finite order* $\lambda$

$$\liminf (\log n)^{-1} \log N_n \leqq (\lambda - 1)/\lambda. \tag{4f}$$

*If $f(x)$ is an entire function of exponential type* (*that is, if its increase does not exceed the finite type of order* 1)

$$\liminf_{n\to\infty} N_n \text{ is finite.} \tag{4t}$$

The letters a, e, f, t will be used systematically in distinguishing formulas, a reminding us of analytic, e of entire, f of finite order, t of exponential type. Observe that the increase of $N_n$ is more and more restricted as we pass along the cases a, e, f, t.

The theorem we just stated starts from a given analytic character of the function (as analytic, entire and so on) and reaches conclusions concerning the zeros of the derivatives, especially conclusions concerning the behavior of the sequence $N_1, N_2, N_3, \cdots$; the theorem seems to be new, it is easy to prove by "complex variable" methods, and appropriate to introduce our subject. We pass now to results of a different character in which we start from the derivatives, especially from properties of the sequence $N_1, N_2, N_3, \cdots$, and reach conclusions about the analytic nature of the function, using mainly "real variable" methods.

9. **All derivatives are of constant sign.** The first relationships between the analytic character of a real function and the qualitative behavior of its derivatives were discovered by S. Bernstein. One of his simplest results is concerned with the condition

$$N_n = 0, \qquad n = 0, 1, 2, \cdots, \tag{5}$$

and may be stated as follows.

*If no derivative of $f(x)$ changes sign in an open interval $I$, then $f(x)$ is analytic in $I$.*

This result came as a great surprise at the time of its first publication [5], and it still occupies a central position. It is the common starting point of many questions and generalizations.

10. **An infinity of derivatives is of constant sign.** A first generalization of the condition (5) is due to S. Bernstein himself [5].

*If infinitely many derivatives $f^{(n_1)}, f^{(n_2)}, \cdots$ are of constant sign in the open interval $I$,*

$$N_{n_k} = 0, \qquad k = 1, 2, 3, \cdots, \tag{6}$$

*and if the sequence $n_1, n_2, \cdots$ does not increase more rapidly than a geometric progression, that is, if there is a fixed quantity $Q$ such that*

$$n_{k+1}/n_k < Q, \qquad k = 1, 2, 3, \cdots, \tag{7}$$

*then it still may be asserted that $f(x)$ is analytic in $I$.*

Recently R. P. Boas gave a new proof of this result and showed by interesting examples that the condition expressed by (6) and (7) cannot be essentially relaxed without endangering the truth of the theorem [10].

11. **All derivatives are of constant sign. Influence of the signs.**

Let us return to the central condition (5). If it holds, each derivative of $f(x)$ has a constant sign in the open interval $I$, and, therefore, each derivative is monotonic in $I$, and so is the absolute value of each derivative. In fact, since

$$(d/dx)[f^{(n)}(x)]^2 = 2f^{(n)}(x)f^{(n+1)}(x)$$

the absolute value of $f^{(n)}$ is steadily increasing or steadily decreasing, according as $f^{(n)}$ and $f^{(n+1)}$ are or are not of the same sign. We say that $f^{(m)}$ and $f^{(n)}$, where $m<n$, belong to the same *block* if and only if the absolute values of $f^{(m)}, f^{(m+1)}, \cdots, f^{(n-1)}, f^{(n)}$ all vary in the same sense, that is, all increase or all decrease. Thus $f^{(n)}$ and $f^{(n+1)}$ belong to different blocks if and only if

$$f^{(n)}(x)f^{(n+2)}(x) < 0$$

in $I$. Let $l_1, l_2, l_3, \cdots$ denote the lengths of the successive blocks into which the sequence $f, f', f'', \cdots$ is decomposed; we assume here that no block has infinite length, and that therefore there is an infinity of blocks. S. Bernstein discovered that the lengths of these blocks are connected with the analytic nature of $f$. He proved the following theorem.[6]

*If, in the open interval I,*

$$l_n = o(l_1 + l_2 + \cdots + l_n) \tag{7e}$$

*$f(x)$ is an entire function. If there exists a positive number $\lambda$, $\lambda>1$, such that*

$$l_n = O\left([l_1 + l_2 + \cdots + l_n]^{(\lambda-1)/\lambda}\right) \tag{7f}$$

*$f(x)$ is an entire function of finite order not exceeding $\lambda$. If*

$$l_n = O(1) \tag{7t}$$

*$f(x)$ is an entire function of exponential type.*

12. **An infinity of derivatives is of constant sign. Influence of the signs.** D. V. Widder found recently [37] that $f(x)$ *is necessarily an entire function of exponential type if, in I,*

$$(-1)^m f^{(2m)}(x) \geq 0, \qquad m = 0, 1, 2, \cdots. \tag{8}$$

This condition would imply, *if* we knew that no derivative of $f(x)$ vanishes in $I$, that $f^{(2m)}$ and $f^{(2m+1)}$ belong to different blocks, and

[6] Bernstein's statement of his results [7, 8] is different in expression but not in substance from the statement given here.

that, therefore, no block has a length greater than two, $l_k \leqq 2$. But, in fact, Widder's condition (8) does not say anything about the nonvanishing of the derivatives of odd order in $I$, and, therefore, Widder's theorem is not contained in the third part of Bernstein's theorem stated in the foregoing section; (8), although of much more special nature, does not imply (7t).

R. P. Boas and the present speaker set out to find a common generalization of S. Bernstein's result, stated in the foregoing section, and of Widder's result, quoted in the present section. They obtained the following theorem [**12**, **13**].

*Let* $\{n_k\}$ *and* $\{q_k\}$ *be sequences of positive integers,* $\{n_k\}$ *strictly increasing. Assume that* $f^{(n_k)}$ *and* $f^{(n_k+2q_k)}$ *do not change sign in* $I$,

$$N_{n_k} = N_{n_k+2q_k} = 0, \qquad k = 1, 2, 3, \cdots, \tag{9}$$

*that*

$$f^{(n_k)}(x) f^{(n_k+2q_k)}(x) \leqq 0$$

*in* $I$, *and that*

$$q_1 + q_2 + \cdots + q_k = O(n_k).$$

*If*

$$n_k - n_{k-1} = o(n_k), \qquad q_k = o(n_k), \tag{10e}$$

*then* $f(x)$ *is an entire function. If there is a positive number* $\lambda$, $\lambda > 1$, *such that*

$$n_k - n_{k-1} = O(n_k^{(\lambda-1)/\lambda}), \qquad q_k = O(n_k^{(\lambda-1)/\lambda}), \tag{10f}$$

*then* $f(x)$ *is an entire function of finite order not exceeding* $\lambda$. *If*

$$n_k - n_{k-1} = O(1), \qquad q_k = O(1), \tag{10t}$$

*then* $f(x)$ *is an entire function of exponential type.*

This theorem is more general than that of Bernstein quoted in the foregoing section, since the condition (9) is less restrictive than (5). We derive Bernstein's theorem from the present one by putting $l_1 + l_2 + \cdots + l_k = n_k$ and $q_k = 1$, for $k = 1, 2, 3, \cdots$. We obtain Widder's result, quoted in this section, by putting $n_k = 2k$ and $q_k = 1$.

13. **No derivative changes sign more than a given number of times. The case of periodic functions.** Let us return again to the fundamental theorem considered in §9. S. Bernstein derived the analyticity of the function from the condition (5). Is it possible to derive analyticity from the less restrictive condition

$$N_n = O(1), \tag{11}$$

that is, does the condition that no derivative changes sign more than a fixed number of times imply the analyticity of the function? This question was first answered in the special case of periodic functions by Norbert Wiener and the present speaker [25], and led to the following precise result.

*If no derivative of the periodic function $f(x)$ of period $2\pi$ has more than $2m$ changes of sign in a period, $f(x)$ is a trigonometric polynomial of order not exceeding $m$,*

$$f(x) = a_0 + a_1 \cos x + b_1 \sin x + \cdots + a_m \cos mx + b_m \sin mx$$

*with certain constants $a_0, a_1, b_1, \cdots, a_m, b_m$.*

Any derivative of a trigonometric polynomial of order $m$ is a trigonometric polynomial of the same order and has no more than $2m$ real zeros in a period. But if a periodic function is not a trigonometric polynomial the number of changes of sign of the $n$th derivative must tend to infinity with $n$; this is contained in the theorem. We can restate the theorem by saying that the number of changes of sign of the $n$th derivative of a periodic function does or does not tend to infinity, according as its Fourier series has or has not an infinity of coefficients different from zero. Thus the theorem discloses a new characteristic property of trigonometric polynomials, the uniform boundedness of the changes of sign of all derivatives.

**14. The number of changes of sign of the $n$th derivative has a prescribed bound depending on $n$. The case of periodic functions.** The theorem of the preceding section became a starting point of new questions and new generalizations. A first generalization may be formulated as the following tripartite theorem.

*Let $f(x)$ denote a periodic function and $N_n$ the number of changes of sign of $f^{(n)}(x)$ in a period. If*

$$N_n < 2n/\log n \tag{11e}$$

*for sufficiently large $n$, then $f(x)$ is an entire function. If there is a $\lambda$ $(\lambda > 1)$ such that*

$$\limsup\, (\log n)^{-1} \log N_n \leqq (\lambda - 1)/\lambda, \tag{11f}$$

*$f(x)$ is an entire function of finite order not exceeding $\lambda$. If*

$$N_n = O(1) \tag{11t}$$

*$f(x)$ is an entire function of exponential type.*

A similar but less precise tripartite statement was obtained by Norbert Wiener and the present speaker [25]. The exact form just stated is due to Gabor Szegö [29]. As it may be shown by suitable examples, the condition (11f) is completely sharp, and (11e) differs very little (if it differs at all) from a completely sharp condition.

The condition (11t) reproduces (11), and the third part of the theorem is identical with the theorem of the foregoing section; in fact, as is well known, a periodic entire function of exponential type is just a trigonometric polynomial. The conditions (11e), (11f), (11t) are parallel to the foregoing series of conditions (4e), (4f), (4t); (7e), (7f), (7t); and (10e), (10f), (10t). The hypotheses (11e), (11f), (11t) restrict more and more the increase of $N_n$; the last one does not allow any "increase" at all we may say. The corresponding conclusions (that $f(x)$ is entire, entire of finite order, entire of exponential type) may be expressed by a more and more rapid decrease of the coefficients of the Fourier series; in the last case the decrease is so abrupt that all coefficients are equal to 0 from a certain one onward.

15. **Other generalizations.** The theorem considered in §13 dealt with periodic functions, and therefore with Fourier series.

It is natural to pass from periodic functions to almost periodic functions and from Fourier series to Fourier integrals (trigonometric integrals); in both cases the number of changes of sign has to be replaced by (a suitable notion of) the density of changes of sign. The first extension was hinted by Norbert Wiener and the present speaker [25] the second by J. D. Tamarkin.

A different kind of generalization was effected by Einar Hille who subjected the role of the Fourier series in the proof of the theorem of §13 to a thorough analysis. The most important property of the Fourier series $\sum c_n e^{inx}$ from the point of view of that proof is the following. The operation of differentiation $d/dx$ changes the series in a simple way, it multiplies the coefficient $c_n$ by the simple factor $in$. But the differential operation $(1-x^2)(d^2/dx^2)-2xd/dx$ acts on the development into Legendre polynomials in a similar way. This observation leads to the following theorem, one of numerous analogous results discovered by Hille [15].

*Let $N_n^*$ denote the number of changes of sign of*

$$[(1 - x^2)(d^2/dx^2) - 2xd/dx]^n f(x)$$

*in the interval $-1 \leqq x \leqq 1$. If $N_n^* = O(1)$, the function $f(x)$ possesses a development into Legendre polynomials having only a finite number of non-vanishing coefficients, that is, $f(x)$ itself is a polynomial.*

16. **No derivative changes sign more than a given number of times. The general case.** The question raised at the beginning of §13 was

completely answered by A. C. Schaeffer who proved the following theorem.[7]

*If, in an open interval $I$, no derivative of $f(x)$ changes sign more than a fixed number of times, $f(x)$ is analytic in $I$.*

This theorem contains that of S. Bernstein, discussed in §9, since its condition (11) is less restrictive than condition (5). Schaeffer's proof is also very remarkable. It uses tools of the same general character as the proofs of the theorems discussed in §§9–12, namely inequalities between derivatives, but it adds to those known before an especially original inequality of this kind, another application of which yields a new proof of the theorem of §13, and seems to open a new vista on the hypothetical theorem C of §7.

Looking back at the new results and new analogies that have been added quite recently to our knowledge of the subject, we may obtain the impression of grasping the outlines of a well balanced theory leading to further results.

## Bibliography


1. M. Ålander, *Sur le déplacement des zéros des fonctions entières par leur dérivation,* dissertation, Upsal, 1914.

2. ———, *Sur les zéros extraordinaires des dérivées des fonctions entières réelles,* Arkiv för Mathematik, Astronomi och Fysik vol. 11 (1916) part 15.

3. ———, *Sur les zéros des dérivées des fonctions rationnelles et d'autres fonctions méromorphes,* ibid. vol. 14 (1920) part 23.

4. ———, *Sur les dérivées successives des fonctions régulières,* Opuscula Mathematica A. Wiman Dedicata, Lund, 1930, pp. 79–98.

5. S. Bernstein, *Sur la définition et les propriétés des fonctions analytiques d'une variable réelle,* Math. Ann. vol. 75 (1914) pp. 449–468.

6. ———, *Leçons sur les propriétés extrémales et la meilleure approximation des fonctions analytiques d'une variable réelle,* Paris, 1926.

7. ———, *On certain properties of regularly monotonic functions* (in Russian), Communications de la Société Mathématique de Kharkov (4) vol. 2 (1928) pp. 1–11.

8. ———, *Sur les fonctions régulièrement monotones,* C. R. Acad. Sci. Paris vol. 186 (1928) pp. 1266–1269.

9. R. P. Boas, *Univalent derivatives of entire function,* Duke Math. J. vol. 6 (1940) pp. 719–721.

10. ———, *Functions with positive derivatives,* ibid. vol. 8 (1941) pp. 163–172.

11. ———, *A note on functions of exponential type,* Bull. Amer. Math. Soc. vol. 47 (1941) pp. 750–754.

12. R. P. Boas and G. Polya, *Generalizations of completely convex functions,* Proc. Nat. Acad. Sci. U.S.A. vol. 27 (1941) pp. 323–325.


---

[7] Schaeffer [26, 27]. The question concerning (11) mentioned at the beginning of §13, was stated by the present speaker at the Stanford University Symposium, August 12, 1941.

13. ———, *Influence of the signs of the derivatives of a function on its analytic character*, Duke Math. J. vol. 9 (1942) pp. 406–424.

14. W. Gontcharoff, *Recherches sur les dérivées successives des fonctions analytiques*, Ann. École Norm. vol. 47 (1930) pp. 1–78.

15. Einar Hille, *On the oscillation of differential transforms. II Characteristic series of boundary value problems*, Trans. Amer. Math. Soc. vol. 52 (1942) pp. 463–497.

16. S. Kakeya, *An extension of power series*, Proceedings of the Physico-Mathematical Society of Japan vol. 14 (1932) pp. 125–138.

17. Norman Levinson, *A theorem of Boas*, Duke Math. J. vol. 8 (1941) pp. 181–182.

18. G. Polya, *Sur une question concernant les fonctions entières*, C. R. Acad. Sci. Paris vol. 158 (1914) pp. 330–333.

19. ———, *Bemerkung zur Theorie der ganzen Funktionen*, Jber. Deutschen Math. Verein. vol. 24 (1915) pp. 392–400.

20. ———, *Ueber die Nullstellen sukzessiver Derivierten*, Math. Zeit. vol. 12 (1922) pp. 36–60.

21. ———, *Ueber die algebraisch-funktionentheoretischen Untersuchungen von J. L. W. V. Jensen*, Kgl. Danske Videnskabernes Selskab. Mathematisk-fysiske Meddelelser, vol. 7 (1927) part 17.

22. ———, *Some problems connected with Fourier's work on transcendental equations*, Quart. J. Math. Oxford Ser. vol. 1 (1930) pp. 21–34.

23. ———, *Ueber die Realität der Nullstellen fast aller Ableitungen gewisser ganzer Funktionen*, Math. Ann. vol. 114 (1937) pp. 622–634.

24. ———, *On functions whose derivatives do not vanish in a given interval*, Proc. Nat. Acad. Sci. U.S.A. vol. 27 (1941) pp. 216–217.

25. G. Polya and Norbert Wiener, *On the oscillation of the derivatives of a periodic function*, Trans. Amer. Math. Soc. vol. 52 (1942) pp. 249–256.

26. A. C. Schaeffer, *Oscillations of the derivatives of a function*, Proc. Nat. Acad. Sci. U.S.A vol. 28 (1942) pp. 62–64.

27. ———, *On the oscillation of differential transforms. III*, Trans. Amer. Math. Soc. (to appear).

28. I. J. Schoenberg, *On the zeros of successive derivatives of integral functions*, ibid. vol. 40 (1936) pp. 12–23.

29. G. Szegö, *On the oscillation of differential transforms. I*, ibid. vol. 52 (1942) pp. 450–462.

30. S. Takenaka, *On the distribution of zero points of the derivatives of an integral transcendental function of order $\rho \leqq 1$*, Proc. Imp. Acad. Tokyo vol. 7 (1931) pp. 133–136.

31. ———, *On the expansion of analytic functions in series of analytic functions and its application to the study of the distribution of the zero points of the derivatives of analytic functions*, Proceedings of the Physico-Mathematical Society of Japan vol. 13 (1931) pp. 111–132.

32. ———, *On the expansion of analytic functions in generalized Taylor's series*, ibid. vol. 14 (1932) pp. 179–196.

33. ———, *On the expansion of integral transcendental functions in generalized Taylor's series*, ibid. vol. 14 (1932) pp. 529–542.

34. ———, *On the expansion of an integral transcendental function of the first order in generalized Taylor's series*, Proc. Imp. Acad. Tokyo vol. 8 (1932) pp. 59–62.

35. J. M. Whittaker, *On Lidstone's series and two-point expansions of analytic functions*, Proc. London Math. Soc. (2) vol. 36 (1933) pp. 451–469.

**36.** ———, *Interpolatory function theory*, Cambridge, 1935.

**37.** D. V. Widder, *Functions whose even derivatives have a prescribed sign*, Proc. Nat. Acad. Sci. U.S.A. vol. 26 (1940) pp. 657–659.

**38.** A. Wiman, *Ueber eine asymptotische Eigenschaft der Ableitungen der ganzen Funktionen von den Geschlechtern* 1 *und* 2 *mit einer endlichen Anzahl von Nullstellen*, Math. Ann. vol. 104 (1930) pp. 169–181.

**39.** ———, *Ueber die Realität der Nullstellen fast aller Ableitungen gewisser ganzer Funktionen*, ibid. vol. 114 (1937) pp. 617–621.

Smith College

Numerische Mathematik 11, 315—319 (1968)

# Graeffe's Method for Eigenvalues

G. Pólya

Received August 22, 1967

*Abstract.* Let an entire function $F(z)$ of finite genus have infinitely many zeros which are all positive, and take real values for real $z$. Then it is shown how to give two-sided bounds for all the zeros of $F$ in terms of the coefficients of the power series of $F$, in fact in terms of the coefficients obtained by Graeffe's algorithm applied to $F$. A simple numerical illustration is given for a Bessel function.

In several problems of mathematical physics the eigenvalues are positive and they are the zeros of an entire function of finite genus. It will be shown in what follows that in such a case a slight modification of the Graeffe process is ideally efficient: For any eigenvalue, it yields both a lower and an upper bound at each step, both bounds are improved by the next step, and these bounds converge to the desired eigenvalue with the rapidity well-known in the case of polynomials.

The remarks underlying this result are actually very simple. I develop them first in their simplest form in Section 1 and postpone the statement of the full result to Section 3. A simple numerical example, for the inclusion of which I am obliged to Professor George Forsythe, is given in Section 4.

## 1. Sums of Like Powers

Let $\gamma_1, \gamma_2, \gamma_3, \ldots$ be a finite or infinite sequence of increasingly ordered positive numbers. We set $\gamma_1 = \gamma$ so that

$$0 < \gamma = \gamma_1 \leqq \gamma_2 \leqq \gamma_3 \leqq \cdots. \tag{1.1}$$

We assume that there are at least *two different terms* in the sequence, that is, that there exists an $l$ such that $\gamma < \gamma_l$. Thanks to this assumption we avoid those (rather uninteresting) cases in which our inequalities degenerate into equations.

We define

$$s_n = \sum \gamma_k^{-n} \tag{1.2}$$

for $n = 1, 2, 3, \ldots$; the sum is extended over the whole sequence and is supposed to be convergent for $n = 1$ (and therefore also for $n > 1$) if the sequence of the $\gamma_k$ is infinite.

Obviously

$$\gamma^{-n} < s_n, \tag{1.3}$$

$$s_{2n} = \sum \gamma_k^{-n} \gamma_k^{-n} < \gamma^{-n} s_n. \tag{1.4}$$

By a well-known inequality

$$(s_{2n})^{1/2n} < s_n^{1/n}; \tag{1.5}$$

see [2], p. 28, Theorem 19. (Numbers in square brackets like [2] refer to the bibliography at the end of this paper.)

---

For comments on this paper[229], see p. 433.

By HÖLDER's inequality (see [2], p. 22, Theorem 11)

$$s_{2n} = \sum (\gamma_k^{-n})^{\frac{2}{3}} (\gamma_k^{-4n})^{\frac{1}{3}} < s_n^{\frac{2}{3}} s_{4n}^{\frac{1}{3}}$$

and so

$$\left(\frac{s_{2n}}{s_{4n}}\right)^{1/2n} < \left(\frac{s_n}{s_{2n}}\right)^{1/n} \tag{1.6}$$

From (1.3), (1.4), (1.5), and (1.6) we conclude that

$$\left(\frac{1}{s_n}\right)^{1/n} < \left(\frac{1}{s_{2n}}\right)^{1/2n} < \gamma < \left(\frac{s_{2n}}{s_{4n}}\right)^{1/2n} < \left(\frac{s_n}{s_{2n}}\right)^{1/n} \tag{1.7}$$

and so

$$\left(\frac{1}{s_1}\right) < \left(\frac{1}{s_2}\right)^{\frac{1}{2}} < \left(\frac{1}{s_4}\right)^{\frac{1}{4}} < \cdots < \gamma < \cdots < \left(\frac{s_4}{s_8}\right)^{\frac{1}{4}} < \left(\frac{s_2}{s_4}\right)^{\frac{1}{2}} < \frac{s_1}{s_2}. \tag{1.8}$$

It is obvious from (1.2) that

$$\lim_{n\to\infty} \left(\frac{1}{s_n}\right)^{1/n} = \lim_{n\to\infty} \left(\frac{s_n}{s_{2n}}\right)^{1/n} = \gamma. \tag{1.9}$$

Let us summarize: If we are given the quantities $s_1, s_2, s_4, s_8, \ldots$ and we wish to compute $\gamma$, we form, at the $m$-th step, the interval whose end points are

$$\left(\frac{1}{s_n}\right)^{1/n}, \quad \left(\frac{s_n}{s_{2n}}\right)^{1/n} \quad \text{with } n = 2^{m-1}.$$

This interval contains $\gamma$ in its interior, it contains also the next interval formed at the $(m+1)$-st step, and its end points converge to $\gamma$ as $m$ tends to $\infty$ [1].

### 2. On Entire Functions of Finite Genus

Let $F(z)$ denote an entire function of genus $p$ subject to the following restrictions:

(I) $F(z)$ has infinitely many zeros which are all positive.
(II) $F(z)$ takes real values for real $z$.
(III) $F(0) = 1$.

Such a function is of the form [2]

$$F(z) = e^{Q(z)} \prod_{k=1}^{\infty} \left(1 - \frac{z}{\alpha_k}\right) \exp\left(\frac{z}{\alpha_k} + \frac{z^2}{2\alpha_k^2} + \cdots + \frac{z^p}{p\,\alpha_k^p}\right) = \sum_{h=0}^{\infty} (-1)^h a_h z^h \tag{2.1}$$

where $\exp(u)$ stands for $e^u$,

$$0 < \alpha_1 \leqq \alpha_2 \leqq \alpha_3 \leqq \cdots, \tag{2.2}$$

$$\alpha_1^{-p-1} + \alpha_2^{-p-1} + \alpha_3^{-p-1} + \cdots \tag{2.3}$$

is convergent, $Q(z)$ is a polynomial with real coefficients of degree $\leqq p$, and $Q(0) = 0$. Finally, $a_0, a_1, a_2, \ldots$ are real, and $a_0 = 1$.

We consider the coefficients $a_k$ as given, the genus $p$ as known, and we want to compute the zeros $\alpha_k$. For this purpose we consider the positive integer $n$, we define

$$e^{2\pi i/n} = \omega, \tag{2.4}$$

[1] The symbols $s_n, \gamma, \gamma_k$ are used in the same meaning in [3], p. 199–201, but the process of computation given there is different from the process offered here, and converges more slowly.

[2] See e.g. [1], especially p. 18–23.

and we put

$$F(z)\,F(\omega z)\,F(\omega^2 z)\ldots F(\omega^{n-1}z)=\sum_{h=0}^{\infty}(-1)^h a_{n,h}\,z^{nh}. \tag{2.5}$$

The coefficients $a_{n,h}$ can be computed in terms of the coefficients $a_h$ (are polynomials in $a_h$). This computation is most convenient in the well-known practical case when $n$ is a power of 2. Yet, for the moment, we need not restrict the integer $n$ to any particular form.

Provided that

$$n>p \tag{2.6}$$

we have the simple expression

$$F(z)\,F(\omega z)\ldots F(\omega^{n-1}z)=\prod_{k=1}^{\infty}\left(1-\frac{z^n}{\alpha_k^n}\right). \tag{2.7}$$

By comparing (2.5) and (2.7) we obtain finally that, for $h\geqq 1$,

$$a_{n,h}=\sum\left(\frac{1}{\alpha_{i_1}\alpha_{i_2}\ldots\alpha_{i_h}}\right)^n \tag{2.8}$$

where the sum is extended over all combinations of the subscripts $i_1, i_2, \ldots, i_h$ for which

$$i_1<i_2<i_3<\cdots<i_h. \tag{2.9}$$

In words, $a_{n,h}$ is the $h$-th elementary symmetric function of the $(-n)$-th powers of the zeros we want to compute.

I wish to add a remark on the case $n=2^{m-1}$ $(m=1, 2, 3, \ldots)$. A great part of the interest attached to this case is due to the fact that the transition from the sequence

$$a_{n,0},\; a_{n,1},\; a_{n,2},\; \ldots,\; a_{n,h},\; \ldots$$

to the sequence

$$a_{2n,0},\; a_{2n,1},\; a_{2n,2},\; \ldots,\; a_{2n,h},\; \ldots$$

is particularly simple. It will be enough to consider the transition from $n=1$ to $n=2$:

$$\begin{aligned}
a_{2,0}&=a_0^2\\
a_{2,1}&=a_1^2-2a_0a_2\\
a_{2,2}&=a_2^2-2a_1a_3+2a_0a_4\\
a_{2,3}&=a_3^2-2a_2a_4+2a_1a_5-2a_0a_6
\end{aligned} \tag{2.10}$$

Now if the function $F(z)$ considered is of genus $p=0$, the "alternating" series (2.10) have the property that, when the terms from a certain one onward are neglected, *the error committed has the same sign as the first neglected term*[3]. For example,

$$a_3^2-2a_2a_4<a_{2,3}<a_3^2-2a_2a_4+2a_1a_5.$$

For a positive $p$ the transition from $n$ to $2n$ is of the same nature provided that $n>p$. The proof follows easily from [2], p. 52, Theorem 53.

The property observed is obviously useful for estimating errors in numerical computation.

---

[3] In the terminology of [5], p. 26, the series (2.10) are "enveloping" (umhüllend).

### 3. Computation of the Zeros

Let us now connect the considerations of the two foregoing sections. We form the products $\alpha_{i_1}\alpha_{i_2}\ldots\alpha_{i_h}$ according to (2.9), and we call them, increasingly ordered, $\gamma_1, \gamma_2, \gamma_3, \ldots$. Then

$$a_{n,h} \text{ becomes } s_n,$$

$$\alpha_1\alpha_2\ldots\alpha_h \text{ becomes } \gamma_1=\gamma;$$

see (2.8) and (2.2), respectively. Hence (1.7) yields

$$\left(\frac{1}{a_{n,h}}\right)^{1/n} < \left(\frac{1}{a_{2n,h}}\right)^{1/2n} < \alpha_1\alpha_2\ldots\alpha_h < \left(\frac{a_{2n,h}}{a_{4n,h}}\right)^{1/2n} < \left(\frac{a_{n,h}}{a_{2n,h}}\right)^{1/n} \tag{3.1}$$

*provided* that $n>p$, see (2.6). Thus, setting $n=2^{m-1}$, we have a scheme to compute $\alpha_1\alpha_2\ldots\alpha_h$, and a scheme to compute $\alpha_h$ follows immediately. In fact, (3.1) yields

$$\alpha_h > \left(\frac{1}{a_{n,h}}\right)^{1/n} \frac{1}{\alpha_1\alpha_2\ldots\alpha_{h-1}}$$

Then (3.1) yields also an upper bound for $\alpha_1\alpha_2\ldots\alpha_{h-1}$ and so a lower bound for $\alpha_h$ in terms of the $a_k$. An upper bound for $\alpha_h$ of the same nature is found similarly, and these bounds come closer to $\alpha_h$ when we pass from $n$ to $2n$.

The reader may convince himself that the foregoing applies "essentially" also to the case of polynomials although, strictly speaking, this case was excluded from our reasoning by the (otherwise convenient) assumption that the series (2.3) is infinite.

The essential point in the foregoing is to observe the particular advantages the Graeffe process offers when it is applied to the particular class of entire functions here considered. Let me add that the zeros of a function of this not uninteresting class can be computed by still other techniques. Thus, in Section 1 we considered only those $s_n$ as given for which $n$ is a power of 2. If we consider $s_n$ as given for all $n$ (or for all $n$ from a certain one onward) we may base our computations instead of on (1.7) on the inequalities

$$\left(\frac{1}{s_n}\right)^{1/n} < \left(\frac{1}{s_{n+1}}\right)^{1/(n+1)} < \gamma < \frac{s_{n+1}}{s_{n+2}} < \frac{s_n}{s_{n+1}}; \tag{3.2}$$

see [3]. Moreover, the Hankel determinants

$$\begin{vmatrix} s_n & s_{n+1} \cdots s_{n+h-1} \\ s_{n+1} & s_{n+2} \cdots s_{n+h} \\ & \\ s_{n+h-1} & s_{n+h} \cdots s_{n+2h-2} \end{vmatrix}$$

considered by HADAMARD can be used for computing the first $h$ *different* zeros, see [4].

### 4. Example

To try out the technique considered numerically, we use the Bessel function

$$F(z) = J_0(2\sqrt{z}),$$

also used in [3]. Its smallest zero is $\gamma \doteq 1.44576$. We use precisely the same number of terms in the power series for $F(z)$ as in [3]:

$$F(z) = 1 - z + \frac{z^2}{4} - \frac{z^3}{36} + \frac{z^4}{576} - \cdots.$$

Then

$$F(z)\,F(-z) = 1 - \frac{z^2}{2} + \frac{z^4}{96} - \cdots$$

and

$$F(z)\,F(iz)\,F(-z)\,F(-iz) = 1 - \tfrac{11}{48} z^4 + \cdots.$$

Hence

$$a_{1,1} = 1; \quad a_{2,1} = \tfrac{1}{2}; \quad a_{4,1} = \tfrac{11}{48}.$$

Then

$$\frac{1}{a_{1,1}} = 1; \qquad \frac{a_{1,1}}{a_{2,1}} = 2;$$

$$\left(\frac{1}{a_{2,1}}\right)^{\frac{1}{2}} = \sqrt{2} \doteq 1.41421; \qquad \left(\frac{a_{2,1}}{a_{4,1}}\right)^{\frac{1}{2}} = \left(\frac{24}{11}\right)^{\frac{1}{2}} \doteq 1.47710;$$

$$\left(\frac{1}{a_{4,1}}\right)^{\frac{1}{4}} = \left(\frac{48}{11}\right)^{\frac{1}{4}} \doteq 1.44531.$$

Thus, using more decimals, we get the bounds

$$1 < 1.414213 < 1.445313 < \gamma < 1.477098 < 2.$$

For the first zero $2\gamma^{\frac{1}{2}} \doteq 2.404826$ of $J_0$, we get the corresponding bounds

$$2 < 2.37841 < 2.404424 < 2\gamma^{\frac{1}{2}} < 2.430719 < 2.82843.$$

Thus our best bounds

$$2.404424 < 2\gamma^{\frac{1}{2}} < 2.430719$$

may be compared with the corresponding bounds

$$2.4006 < 2\gamma^{\frac{1}{2}} < 2.4121$$

from [3]. We see that our present lower bound is much better, while the upper bound is much worse. (The upper bound in [3] results from $\gamma < s_3/s_4 = 16/11$ — but here we have avoided using $s_3$.)

## References

1. BOAS, R. PH. JR.: Entire functions. New York: Academic Press 1954.
2. HARDY, G. H., J. E. LITTLEWOOD, and G. PÓLYA: Inequalities, 2nd ed. Cambridge: Cambridge University Press 1952.
3. PÓLYA, G.: Acta Scientiarum Mathematicarum, Szeged, part B, **12**, 199—203 (1950).
4. — Zeitschrift f. Math. u. Physik **63**, 275—290 (1914).
5. —, u. G. SZEGÖ: Aufgaben und Lehrsätze aus der Analysis, vol. 1, 3rd ed. Berlin-Göttingen-Heidelberg-New York: Springer 1964.

G. PÓLYA
Department of Mathematics
Stanford University
Stanford, Calif. 94305, USA

# Comments on the Papers

Comments on
[5] Über ein Problem von Laguerre

This paper records an interesting correspondence between the authors regarding the following question: Suppose the real polynomial

$$f(x) = a_0 + a_1x + a_2x^2 + \ldots + a_nx^n, \quad a_0 > 0,$$

has $p$ zeros on the interval $0 < x < 1$. Form the series

$$f_k(x) = f(x)/(1 - x)^k = a_{k0} + a_{k1}\,x + \ldots$$

and denote by $v(k)$ the number of sign variations in the sequence $\{a_{k0}, a_{k1}, \ldots\}$. Does $v(k) \to p$ as $k \to \infty$?

In the course of the exchange of letters, Pólya introduces the Cesàro means $f(\mu,\nu)$ of the $a_j$, writes

$$a_{kj} = \binom{j+k}{k} f(j, j + k),$$

and relates the values of $f(\mu/\nu)$ to those of $f(\mu,\nu)$ for integers $\mu,\nu$, with $0 < \mu < \nu$. The authors are able to show that $v(k) \to p$ as $p \to \infty$ holds even for power series convergent for $|x| < 1$ but divergent at $x = 1$ for $k > k_0$ with a suitable $k_0$.

Sequels to this paper include the dissertation of E. Balint (Budapest, 1916) and Pólya's paper [107]. Also we should mention the work of I. J. Schoenberg on variation-diminishing transformations.
M. Marden

Comments on
[7] Sur un théorème de Stieltjes

Equation (1) is often referred to as the Lamé differential equation and its polynomial solutions as the Stieltjes polynomials. The theorem that the zeros of the Stieltjes polynomials lie in the convex hull of the singularities $a_j$ of (1) was anticipated in the case $p = 3$ by Bôcher, Bull. Amer. Math. Soc. 4 (1897), 256–258. This theorem as well as some concerning the zeros of each admissible polynomial $C(z)$ in (1) and their various generalizations are described in §9 of M. Marden, *Geometry of Polynomials.*
M. Marden

Comments on
[9] Sur un théorème de Laguerre

Laguerre's theorem, of which the first correct proof appears in this paper, was extended by D. V. Widder [Trans. Amer. Math. Soc. **36** (1934), 107–200 (154–163)]; his proof is quoted by G. Doetsch [*Handbuch der Laplace-Transformation,* Basel, 1950, vol. 1, p. 149]. Widder also showed that $f^{(k)}(s)$ has exactly $n$ zeros for sufficiently large $k$, and that if one of the zeros is denoted by $s_k$ then $\lim_{k\to\infty} k/s_k = t_0$, where $t_0$ is a point where $\varphi$ changes sign. Widder deals more generally with Laplace-Stieltjes integrals, which include Dirichlet series and in particular power series and factorial series; his result for factorial series is related to §3 of the present paper.

There are a number of theorems from the same circle of ideas in Pólya and Szegö, *Aufgaben und Lehrsätze aus der Analysis,* Berlin, 1925, vol. 2, section V.

R. P. Boas

Comments on
[11] Über einige Verallgemeinerungen der Descartesschen Zeichenregel

The theorem of Sylvester (Satz IV) remained until 1958 an interesting but isolated result. In that year Pólya and Schoenberg showed in [209] that Sylvester's theorem implies the cyclic variation diminishing property of the de la Vallée Poussin means. This led to a variety of applications. See also J. C. Mairhuber, I. J. Schoenberg, and R. E. Williamson, *On variation diminishing transformations on the circle,* Rendiconti di Palermo (II), **8** (1959), 1–30, and especially S. Karlin, *Total Positivity,* vol. 1, Stanford Press, 1968, §§5, 6, and 7 of Chap. 5, and Chap. 9.

I. J. Schoenberg

Comments on
[13] Sur la méthode de Graeffe

This is an abstract of [19].

R. P. Boas

## Comments on

[16] Über Annäherung durch Polynome mit lauter reellen Wurzeln

[17] Über Annäherung durch Polynome, deren sämtliche Wurzeln in einen Winkelraum fallen

[18] Über einen Zusammenhang zwischen der Konvergenz von Polynomfolgen und der Verteilung ihrer Wurzeln

These three papers are concerned with the characterization of the entire function $f(z)$ to which a sequence $\{f_n(z)\}$ of polynomials converges uniformly in a domain $D$ when all the zeros $\alpha_{nk}$ of each $f_n$ lie on a given set $T$ or when some exponent of convergence $\kappa$ is prescribed for the $\alpha_{nk}$, i.e. $\sum |\alpha_{nk}|^{-\kappa} \leqq M$. Thus, generalizing an earlier result of Laguerre, Pólya shows in [16] that the requirement for all the $\alpha_{nk}$ to be real, forces $f$ to have the form

$$f(z) = e^{az^2+b}\,\Phi(z)$$

where $\Phi$ is an entire function of genus 0 or 1 and $a$ and $b$ are real constants with $a \leqq 0$.

Similarly, in [18], if the exponent $\kappa$ is a given integer, $f$ turns out to have the form

$$f(z) = e^{bz}\Psi(z)$$

where $\Psi(z)$ is an entire function of genus $\kappa - 1$. Both illustrations serve to show that an entire function $f$ all of whose zeros lie on a given set $T$ cannot necessarily be uniformly approximated on some domain by a sequence of polynomials all of whose zeros lie on $T$. For example, we may consider $f(z) = e^{z^2} \sin z$ in relation to form (1).

These papers are the inspiration for a large number of other articles in which similar problems are considered for various choices of domain $D$ and set $T$. A survey of this subject and a lengthy bibliography may be found in the paper by Jacob Korevaar, *Limits of polynomials whose zeros lie in a given set, Entire functions and related parts of analysis,* Amer. Math. Soc., Providence, R.I., 1968, pp. 261–272. Also, see M. Marden, *On the zeros of the derivative of an entire function,* Amer. Math. Monthly 75 (1968), 829–839.
M. Marden

## Comments on
[19] Über das Graeffesche Verfahren

Here Pólya shows how Graeffe's "root squaring" method (originally for calculating zeros of polynomials) can be applied to all functions defined by con-

vergent power series, although it seems to be most practical for finding the zero of smallest absolute value. An application made later by Pólya was to improve the classical upper bound of the so-called Whittaker constant (see the commentary on [167]). As Pólya points out, one can calculate the eigenvalues of integral equations by applying the present paper: see [229].
R. P. Boas

Comments on
[20] Über zwei Arten von Factorenfolgen in der Theorie der algebraischen Gleichungen

This is a beautiful paper about the change in location or number of zeros of a polynomial

$$f(z) = a_0 + a_1z + a_2z^2 + \ldots + a_nz^n$$

produced by multiplying the coefficients of $f$ by a set of given factors $B = (b_0, b_1, \ldots, b_n)$. An equivalent formulation is to prescribe the number or location of the zeros of $f$ and those of

$$g(z) = b_0 + b_1z + \ldots + b_nz^n$$

and then to inquire into the number or location of the zeros of the composite polynomial

$$(g \circ f)(z) = a_0b_0 + a_1b_1z + \ldots + a_nb_nz^n.$$

The emphasis in this paper is on the cases of polynomials all of whose zeros are of one sign or all of whose zeros are real. This paper classifies the factor sequences $B$ according to their effect upon a given polynomial and extends the result to entire functions.
M. Marden

Comments on
[20] Über zwei Arten von Factorenfolgen in der Theorie der algebraischen Gleichungen
[22] Algebraische Untersuchungen über ganze Funktionen vom Geschlechte Null und Eins

These fundamental papers were the fountainhead of numerous later investigations. The importance of the class of entire functions introduced by Laguerre is clearly shown by Theorem IV on page 110 of the Pólya-Schur paper, which is a key result on the boundary between Algebra and Analysis.

Among the further developments, I wish to single out only two related directions that are best known to me.

1. The work of I. I. Hirschman and D. V. Widder used Pólya frequency functions to extend the inversion and representation theories known for the Laplace transform to the convolution transform. The following comprehensive reference may suffice: I. I. Hirschman and D. V. Widder, *The Convolution Transform*, Princeton University Press, 1955.

2. The notion of a totally positive matrix and its variation diminishing property (I. J. Schoenberg, Math. Zeitschrift **32** (1930), 321–328) combined with the work of Pólya and Schur, easily led via Pólya frequency functions to the analytical and variation diminishing properties of the convolution transform. A by-product was the conditions for interpolation by spline functions [I. J. Schoenberg and A. Whitney, Trans. Amer. Math. Soc., **74** (1953), 246–259], a class of functions whose intensive study started a few years later. We mention also Albert Edrei's work on the generating functions of totally positive sequences. The most complete and up-to-date account of what became of this field at the hands of Karlin and his students can be found in S. Karlin, *Total Positivity*, vol. 1, Stanford University Press, 1968. See also P. Wynn, J. Reine Angew. Math. **248** (1971), 127–132.
I. J. Schoenberg

Comments on
[21] Sur une question concernant les fonctions entières
[28] Bemerkung zur Theorie der ganzen Funktionen

The general problem of what happens to the zeros of an entire function on differentiation is one to which Pólya has made many contributions. The field is surveyed in [167]. The general idea is that if $f$ is an entire function that is real on the real axis, the nonreal zeros of $f^{(n)}$ tend to move toward the real axis when the order is less than 2 and to move away when the order is greater than 2. The abstract [21] and the full paper [28] contribute to the second half of the principle by showing that if $f$ is of finite order and has only finitely many zeros, $f$ and its derivatives cannot have only real zeros unless $f$ is of the form (1) (now known as a Pólya-Schur function; cf. [20]), or else $f(z) = Ae^{Bz}$. Levin and Ostrovskiĭ [Sibirsk. Mat. Ž. 1 (1960), 427–455] removed the requirement that $f$ is of finite order. In [67] Pólya shows that not only must the derivatives have nonreal zeros except in the special cases, but indeed the number of nonreal zeros tends to $\infty$ with the order of the derivative.
R. P. Boas and M. Marden

Comments on

[32] Über algebraische Gleichungen mit nur reellen Wurzeln

In this brief note Pólya is able to combine the theorems concerning the composite functions (I), (II), and (III) into a single theorem which he then generalizes. The feat is accomplished by an ingenious introduction of parameters involving the replacement of the axis of reals by an arbitrary line in the complex plane. His proof of the general theorem is also surprisingly simple.
M. Marden

Comments on

[42] Über die Nullstellen gewisser ganzer Funktionen

The motivation for discussing the location of the zeros of Fourier transforms $F(z) = \int_{-\infty}^{\infty} e^{izt}f(t)\,dt$ is, as Pólya explains in more detail in [101], that the Riemann xi-function is of this form, so that a sufficiently good theorem on the zeros of Fourier transforms would establish the Riemann hypothesis. It would be natural to start with the simpler case where $f$ vanishes outside a finite interval, which may as well be taken to be $(-1,1)$, and this is the case considered in the main part of the present paper. There are then two lines of investigation, one "real-variable" and the other "complex-variable" in nature. The first line makes rather special assumptions about $f$ and obtains detailed information about the zeros; the second assumes little about $f$ and obtains more qualitative information about the zeros by using the theory of entire functions. Thus in the first part of the paper it is assumed that $f$ is even, and nondecreasing on $(0,1)$; the zeros are then all real and regularly distributed; if $f$ is also convex, even more is true. In §7, on the other hand, it is assumed merely that $f$ is integrable, and the zeros are shown to have convergence exponent 1 (and somewhat more). The analogous case when $F(z)$ is an exponential sum is dealt with in [59].

Results of the real-variable kind have been developed further by a number of authors. Some are recorded in Pólya and Szegö, *Aufgaben und Lehrsätze,* III 199, 205; V 173–175. See also Rényi, C.R. Acad. Bulgare Sci. 3, no. 2–3 (1950), 9–10 (1951); there are several contributions by Iliev before 1956, and more recently by Roussev, C.R. Acad. Bulgare Sci. 19 (1966), 569–570, 689–691. The example on p. 363 has been extended by J. Steinig, SIAM J. Math. Anal. 1 (1970), 365–375. Results of Cartwright [Quart. J. Math. Oxford Ser. (1) 1 (1930), 38–59; 2 (1931), 113–129] are intermediate between the two kinds, and led into the more modern theory of results of the complex-variable kind. See also [127]. The field is surveyed up to 1930 by Langer, Bull. Amer. Math. Soc. **37** (1930), 213–239.

Results of the complex-variable kind depend on recognizing that $(*) F(z) = \int_{-1}^{1} e^{izt} f(t)\, dt$ is an entire function of exponential type (in the terminology introduced later by Pólya) with growth properties of a special kind induced by the nature of $f$. For example, the theorem of §7, and considerably more, follows merely from knowing that $f(z)$ is an entire function of exponential type 1 and is bounded on the real axis. Functions of the form (*) occur in several other contexts where their zeros are relevant. As was noticed by Szász in 1916, they play a fundamental role in the theory of approximation of functions by trigonometric sums $\sum c_n e^{i\lambda_n x}$; and they furnish an approach to gap theorems for power series, since the coefficients are more or less of the form $\int_{-\pi}^{\pi} e^{-in\theta} f(\theta)\, d\theta$. It is natural to abstract from the special form (*) to entire functions of exponential type, bounded or "nearly bounded" on the real axis; it turns out that the zeros are concentrated near the real axis and have equal densities in the right-hand and left-hand half-planes. The theory, with applications, is summarized up to 1940 in Levinson's *Gap and Density Theorems.* A simplified treatment of the density theorem was given by Koosis, Bull. Soc. Math. France **86** (1958), 27–40. Systematic studies of the precise relationships among rates of growth and distribution of zeros for this and also for much more general classes of entire functions were made by B. Levin and by Pfluger; references and summaries can be found in Levin's *Distribution of Zeros of Entire Functions* (1956) and Boas's *Entire Functions* (1954). A recent and definitive contribution from the point of view of approximation theory is Beurling and Malliavin, Acta Math. **118** (1967), 79–93. The whole subject is closely related to the theme of Carlson's theorem: an entire function vanishes identically if it has too many zeros for its rate of growth. The literature is too extensive to summarize here. See Boas, *Entire Functions,* for a survey up to 1954. Some representative recent papers are Rubel, Trans. Amer. Math. Soc. **83** (1956), 417–429; Malliavin and Rubel, Bull. Soc. Math. France **89** (1961), 175–206; Rahman, Amer. J. Math. **87** (1965), 1029–1076. See also [151].

It is also reasonable to see Carlson's theorem as the prototype of theorems to the effect that the rate of growth of an entire function of exponential type on a sequence of points on or near a line determines its rate of growth on the whole line; thus the topic of the present paper is connected with those of [138] and [151]. See also Gaier, Math. Z. **68** (1958), 488–497, and especially Malliavin, Illinois J. Math. **1** (1957), 259–296.

In §6, VII of the present paper there is a brief remark on the zeros of integrals over an infinite interval; this part of the subject is dealt with more extensively in [81], [90], [93], [94], and especially in [101], which contains Pólya's most general work in this direction. (See also *Aufgaben und Lehrsätze* V,164, 171).

Another interesting remark in this paper appears in §7, where Pólya uses Wigert's theorem instead of minimum modulus theorems to establish the Hadamard product representation for entire functions of finite order. See also [61] where the same theorem is discussed in an entirely different way.

R. P. Boas

Comments on
[59] Geometrisches über die Verteilung der Nullstellen gewisser ganzer transzendenter Funktionen

This belongs to the same circle of ideas as [42], since the integrals considered there can be thought of as continuous analogues (or limiting cases) of special cases of the exponential sums considered here. The paper is an outline of results; details and further results appear in the dissertation mentioned on p. 285 [E. Schwengeler, *Geometrisches über die Verteilung der Nullstellen spezieller ganzer Funktionen (Exponentialsummen)*, Zürich, 1925]. Some additional references are given on p. 59 of [67] (page 227 of this volume) and p. 594 of [113]. More recent references are given in Levin's *Distribution of Zeros of Entire Functions,* Chap. VI, where related questions are studied: the zeros of almost periodic functions and the zeros of limits of exponential sums. See also R. Tijdeman, Indagationes Math. **33** (1971), 1–7.

The paper consists mostly of rather detailed geometric statements about the location of the zeros, but the theorem on p. 288 is primarily a theorem on the behavior of exponential sums as entire functions. Qualitatively similar results are now known to hold for much wider classes of entire functions; for some references see the commentary on [42].

R. P. Boas

Comments on
[67] Über die Nullstellen sukzessiver Derivierten

This paper contributes in several ways to the general theme of how the zeros of the successive derivatives of a function behave. Theorem I answers a question asked by Ålander. Theorem II improves the main result of [21] and

[28] on entire functions. Theorem III gives the elegant result that the derived set of the aggregate of zeros of all derivatives of a meromorphic function (what Pólya later called the "final set") consists of the polygon all of whose points are equidistant from the two nearest poles. There is a different proof, with much related material, by Rådström, Ark. Mat. 1 (1950), 101–139. Theorem IV determines the final set for a special class of entire functions and indicates incidentally how difficult it may be to determine the final set of an entire function. A considerable extension was obtained by R. M. McLeod, Trans. Amer. Math. Soc. **91** (1959), 354–367.

Hayman (*Meromorphic Functions,* 1964, p. 63) extracted from the present paper a lemma that he used to prove that a meromorphic function whose derivatives are all zero-free is either $e^{Az+B}$ or $(Az + B)^{-n}$, a result related to the theorem stated in note 1a of the present paper. See also [63]; Mues, Math. Z. **119** (1971), 11–20; Hayman, p. 67.

This paper is connected both with [59] and with [71] (where a special case is analyzed in detail). For further discussion see [167].

R. P. Boas

Comments on

[71] Bemerkung über die Mittag-Lefflerschen Funktionen $E_\alpha(z)$

In the case where $\alpha$ is a positive integer, Pólya gives a new proof of Wiman's theorem that the entire functions $E_\alpha(z) = \sum_{n=0}^{\infty} z^n\Gamma(\alpha n + 1)^{-1} \neq 0$ except on the negative real axis. His proof consists in constructing sequences $\{P_k(z)\}$ of polynomials which converge uniformly to $E_\alpha(z)$, and yet have zeros only on the negative real axis. Among the sequences is one of the form

$$P_n(z) = a_0G(0) + a_1G(1)z + \dots + a_nG(n)z^n$$

with

$$a_0 + a_1z + \dots + a_nz^n = [1 + (z/n)]^n \quad \text{and} \quad G(z) = \Gamma(z + 1)/\Gamma(\alpha z + 1).$$

The zeros of such polynomials were studied earlier in [20], and also later in [114].

M. Marden

Comments on

[81] On the zeros of an integral function represented by Fourier's integral

This is one of the sequence of papers on the zeros of functions defined by Fourier integrals; cf. [42], [90], [93], [94], and [101]. The reality of the zeros

of (1) when $\alpha$ is an even integer is a special case of Theorem II of [101].
R. P. Boas

Comments on
[90] On the zeros of certain trigonometric integrals

This is part of the sequence on the zeros of functions represented by Fourier integrals; cf. [42], [81], [93], [94], and [101]. Several proofs—including the short one outlined here—that the Riemann zeta function has an infinity of zeros on the critical line are given in Titchmarsh, *The Theory of the Riemann Zeta Function,* 1951, Chap. X; Titchmarsh also discusses (iv) and (v) of §1 in detail (pp. 234 ff.). (Note the missing $2\pi$ in the exponent in (iv).) See also the papers by Miyatake reviewed in Math. Rev. **13,** 928.

Case (i) appears in [42] when $a < 1$, and in general form as an example of Satz II of [101]: see (33) in that paper. Case (ii) is included in (39) of [101] as an example of Satz I. Case (iii) is proved in [93] and again in [101], and (iv) and (v) then follow from the general theory.
R. P. Boas

Comments on
[93] Bemerkung über die Integraldarstellung der Riemannschen $\xi$-Funktion

Although this beautiful paper takes one to within a hair's breadth of Riemann's hypothesis it does not seem to have inspired much further work and references to it in the subsequent mathematical literature are rather scant.

Because of this it may be of interest to relate that the paper did play a small, but perhaps not wholly negligible, part in the development of an interesting and important chapter in Statistical Mechanics.

In the fall of 1951 and the spring of 1952 C. N. Yang and T. D. Lee were developing their theory of phase transitions which has since become justly celebrated. To illustrate the theory they introduced the concept of a "lattice gas" and they were led to a remarkable conjecture which (not quite in its most general form) can be stated as follows:

Let

$$G_N(z) = \sum \exp\left(\sum_{k,l=1}^{N} J_{kl}\mu_k\mu_l\right) \exp\left(iz \sum_{k=1}^{N} \mu_k\right) \tag{1}$$

where

$$J_{kl} \geq 0 \tag{2}$$

and the summation is over all $2^N$ sequences $\mu_1, \mu_2, \ldots \mu_N$ with each $\mu_k$ assuming only values $\pm 1$.

Then $G_N(z)$ has only real roots.

When I first heard of this conjecture I tried the simplest case

$$J_{k,l} = \nu/2 \quad \text{for all } k,l \tag{3}$$

and somehow Hilfsatz II of Pólya's paper came to mind.

Here is how, by a slight modification of Pólya's proof, one can prove the Yang-Lee theorem in the special case (3).

Note that, for all $N$, $G_N(z)$ is an entire function of order 1 which assumes real values for real $z$.

Note furthermore that

$$(\nu/2)(\sum_1^{N+1} \mu_k)^2 + iz \sum_1^{N+1} \mu_k =$$

$$(\nu/2)(\sum_1^{N} \mu_k)^2 + (\nu\mu_{N+1} + iz) \sum_1^{N} \mu_k + iz\mu_{N+1} + (\nu/2)$$

and therefore

$$e^{-\nu/2}G_{N+1}(z) = e^{iz}G_N(z - i\nu) + e^{-iz}G_N(z + i\nu). \tag{4}$$

If $z$ is a root of $G_{N+1}$ we have

$$|e^{2iz}|^2 = \left|\frac{G_N(z + i\nu)}{G_N(z - i\nu)}\right|^2 \tag{5}$$

and if we assume that $G_N$ has only real roots, $\alpha_1, \alpha_2, \ldots$ then, by Hadamard's factorization theorem, we have

$$G_N(z) = ce^{\alpha z} \prod_{n=1}^{\infty} (1 - z/\alpha_n)e^{z/\alpha_n}, \tag{6}$$

where $c$ and $\alpha$ (as well $\alpha_1, \alpha_2, \ldots$) are real.

Equation (5) now becomes (upon setting $z = x + iy$)

$$e^{-4y} = \prod_{n=1}^{\infty} \frac{(\alpha_n - x)^2 + (y + \nu)^2}{(\alpha_n - x)^2 + (y - \nu)^2}. \tag{7}$$

Since $\nu > 0$ each term of the product (and hence the product itself) is greater than 1 if $y > 0$ and less than 1 if $y < 0$. On the other hand $\exp(-4y)$ is less than 1 for $y > 0$ and greater than 1 for $y < 0$. Thus (7) can hold only if $y = 0$, i.e., all roots of $G_{N+1}$ are also real.

Since for $N = 2$ a direct check shows that all roots of $G_2$ are real, the theorem for all $N$ follows by induction.

I showed this proof for the special case to Yang and Lee. A couple of weeks later they produced their proof of the general theorem.[1] I recall Professor Yang telling me at the time that Hilfsatz II of Pólya, in the form discussed above, was one essential ingredient in their proof. I have shown Professor Yang these comments, and I would like to include his recollections here.

"When Lee arrived at Princeton in the fall of 1951, I was just recovering from my computation of the magnetization of the Ising model. I realized that the Ising model is equivalent to the concept of a lattice gas. So, we worked on that and finally produced our paper I. In the process of doing that, we discovered, by working on a number of examples, the conjectured unit circle theorem.

"We then formulated a physicist's 'proof' based on no double roots when the strength of the couplings were varied. Very soon we recognized this was incorrect; and for, I would guess, at least six weeks we were frustrated in trying to prove the conjecture. I remember our checking into Hardy's book on Inequalities, our talking to Von Neumann and Selberg. We were, of course, in constant contact with you all along (and I remember with pleasure your later help in showing us Wintner's work, which we acknowledged in our paper). Sometime in early December, I believe, you showed us the proof of the special case when all the couplings are there and are of equal strength, the case that you are now writing about in connection with Pólya's collected works. The proof was fine, but we were still stuck on the general problem. Then one evening around December 20, working at home, I suddenly recognized that by making $z_1, z_2, \ldots$ independent variables and studying their motions relative to the unit circle one could, through an induction procedure, bring to bear a reasoning similar to the one used in your argument and produce the complete proof. Once this idea was there, it took only a few minutes to tighten up all the details of the argument.

"The next morning I drove Lee to pick up some Christmas trees, and I told him the proof in the car. Later on, we went to the Institute; and I remember telling you about the proof at a blackboard.

"I remember these quite distinctly because I'm quite proud of both the conjecture and the proof. It is not such a great contribution, but I fondly consider it a minor gem."

Mark Kac

Comments on

[94] Sopra una equazione trascendente trattata da Eulero

Here Pólya establishes a previously unproved statement of Euler's on the location of the zeros of the function displayed at the beginning of the paper;

1. T. D. Lee and C. N. Yang, *Statistical theory of equations of state and phase transitions. II. Lattice gas and Ising model,* Phys. Rev. **87** (1952), pp. 410–419, especially Appendix II.

the case $\alpha \geq 1$ had been treated (by a somewhat different method) in [42], p. 379 (p. 193 of this volume). See [101] for general results.
R. P. Boas

Comments on
[95] Sur les opérations fonctionnelles linéaires échangeables avec la dérivation et sur les zéros des polynomes
[96] Sur les opérations fonctionnelles linéaires échangeables avec la dérivation et sur les zéros des sommes d'exponentielles

In these two papers statements are made relating the location or number of the zeros of a given function $f$ with those of its transform $F = L(D)f$ where $D = d/dz$ and $L(u) = \sum_0^\infty l_k u^k$. In the first paper $f$ is a polynomial with all its zeros in a convex region $K$ and the question raised is when the same is true of the zeros of $F$. In the second paper $f$ is a real Dirichlet polynomial and one question raised is when $F$ has at least as many real zeros as $f$. The proofs of these results may be found in the paper of E. Benz, *Über lineare verchiebungstreue Funktionaloperationen und die Nullstellen ganzer Funktionen,* Comm. Math. Helv., 7 (1934), 243–289.
M. Marden

Comments on
[101] Über trigonometrische Integrale mit nur reellen Nullstellen

The papers cited in footnote 3 are [42], [81], [90], [93], [94]. The theorems are interesting not only because of their generality (they include many examples from earlier papers), but because they give still another application of the "Pólya-Schur functions" of [20]. Note that the reality of the zeros of (17) ((iii) in [90]) is not derived from the general theorems, but is proved afresh and used to generate more examples via the general theorems. For many further results from this circle of ideas see de Bruijn, Duke Math. J. **17** (1950), 197–226.
R. P. Boas

Comments on
[102] Über die algebraisch-funktionentheoretischen Untersuchungen von J. L. W. V. Jensen

In this paper Professor Pólya reports his findings on examining the "Nachlass" of the Danish mathematician J. L. W. V. Jensen who died in 1925. Fourteen years earlier Jensen had announced that he would publish a paper regarding his algebraic-function-theoretic research on the Riemann $\xi$-function. In view of Jensen's well-known interest in the zeros of polynomials and entire functions, expectations were high that Jensen would contribute to the solution of the Riemann hypothesis problem regarding the zeros of the $\xi$-function. However, this paper was never published, and so on Jensen's death it was a matter of paramount importance to have his papers examined by an expert in this area. Professor Pólya undertook this task, but after an arduous examination he found no clue to any progress that Jensen may have made towards the Riemann hypothesis.

Professor Pólya does sketch Jensen's algebraic-function-theoretic investigations, many of which were advanced considerably by Pólya's own work. M. Marden

## Comments on
## [107]. Über positive Darstellung von Polynomen

If a homogeneous polynomial $F(x_1, x_2, \ldots, x_n)$ of degree $m$ in the real variables $x_i$ has positive coefficients, then obviously $F(x_1, x_2, \ldots, x_n) > 0$ on the set

$$S = \{x_1 \geq 0, x_2 \geqq 0, \ldots, x_n \geqq 0, 0 < x_1 + x_2 + \ldots + x_n\}$$

but the converse in general is not true. Instead, Pólya proves the interesting proposition that there always exist two polynomials $G(x_1, \ldots, x_n)$ and $H(x_1, \ldots, x_n)$, each with positive coefficients, such that on the set $S$

$$F(x_1, x_2, \ldots, x_n)H(x_1, \ldots, x_n) \equiv G(x_1, x_2, \ldots, x_n).$$

His proof is quite elementary. He shows that taking $H(x_1, \ldots, x_n) = (x_1 + x_2 + \ldots + x_n)^{k-m}$, one may select $k \geqq m$ so that the resulting $G(x_1, \ldots, x_n)$ has only positive coefficients. A sequel to Pólya's paper is W. Habicht, *Über die Zerlegung strikte definiter Formen in Quadrate,* Comment. Math. Helv. 12 (1940), 317–322, in which it is shown for strictly definite forms $F(x_1, x_2, \ldots, x_n)$ that $H(x_1, \ldots, x_n)$ can be chosen so that $G(x_1, x_2, \ldots, x_n)$ is the sum of squares. Both Pólya's and Habicht's results are discussed in Hardy, Littlewood, and Pólya, *Inequalities,* second edition. M. Marden

## Comments on
## [114] Über einen Satz von Laguerre

1. The composite function (3) may be written symbolically in the form $h(z) = G(z(d/dz))g(z)$.

2. In the following papers various analogies to Theorem (I) have been derived for polynomials with complex zeros.

a) N. Obrechkoff, *Sur les zéros des polynômes,* C. R. Acad. Sci. Paris **209** (1939), 1270–1272.

b) L. Weisner, *Roots of certain classes of polynomials,* Bull. Amer. Math. Soc. **48** (1942), 283–286.

c) M. Marden, *The zeros of certain composite polynomials,* Bull. Amer. Math. Soc. **49** (1943), 93–100.

An account of these analogies is given in M. Marden, *Geometry of Polynomials,* Math. Surveys no. 3, Amer. Math. Soc., 1966, 68–72.
M. Marden

Comments on
[118] Some problems connected with Fourier's work on transcendental equations

This is a further contribution to the problem of the location of the zeros of successive derivatives of entire functions. Whereas the results of [21], [28], and part of [67] show that the zeros tend to move away from the real axis for entire functions of order greater than 2, this paper shows that for real entire functions of order less than 2/3 the zeros are eventually all real, provided that there were only finitely many nonreal zeros to begin with. This was stated by Pólya in [120], and proved simultaneously by him and by Ålander. (See the footnote on p. 25 of the present paper.) The number 2/3 was eventually improved to 4/3 in [153], but the conjectured theorem is still open, as are the conjectural theorems discussed in the introduction to this paper. See [167] for a general discussion of the theme.
R. P. Boas

Comments on
[128] On the roots of certain algebraic equations

The inequality (5) of Bloch and Pólya implies that $P_n \geqq O(N^{1/2})$ where $N = n/\log n$. This result was strengthened to read $P_n = O(N^{1/2})$ in the papers by E. Schmidt [S. B. Preuss. Akad. Wiss. (1932), 86–98], I. Schur [S. B. Preuss. Akad. Wiss. (1933), 403–428], and G. Szegö [S. B. Preuss. Akad. Wiss. (1934), 86–98].

The polynomials (1) with $\epsilon_\nu^2 = 1$ ($\nu = 1, 2, \ldots, n$) were considered by Littlewood and Offord [Proc. Camb. Phil. Soc. 35 (1939), 133–148] along with real polynomials whose coefficients are chosen at random subject to

Gauss's error law or to some uniform distribution in the range (—1, 1). Among other things, they show that the probability of $P_n$ satisfying the right inequality in (5) is less than $\alpha/\log n$ where $\alpha$ is some positive constant.
M. Marden

Comments on
[153] Über die Realität der Nullstellen fast aller Ableitungen gewisser ganzer Funktionen

This paper contains the best result so far on the problem discussed in [118]. The exposition is remarkable for its care in exhibiting the motivation as well as the details of the proof.
R. P. Boas

Comments on
[160] On functions whose derivatives do not vanish in a given interval

For a general survey of the field to which this paper belongs, see [167]. Theorem I is rather unlike any other generalization of Widder's theorem on completely convex functions; the line of investigation that it suggests seems not to have been followed up.
R. P. Boas

Comments on
[161] Generalizations of completely convex functions
[165] Influence of the signs of the derivatives of a function on its analytic character

The first paper is an abstract of the second.

The general setting is discussed in the survey article [167].

An improved version of Lemma 3 for (0, ∞) was given by Matorin [Ukrain. Mat. Ž. **7** (1955), 262–266; Amer. Math. Soc. Transl. (2) **8** (1958), 13–17]; the best possible result for (0, ∞) has recently been obtained by Schoenberg and Cavaretta.

Kloosterman [Duke Math. J. **17** (1950), 169–186] gives a simplified proof of Lemma 6.

A theorem in the same pattern that is not included in Theorems 1 and 2 was found recently by D. Leeming and A. Sharma (*Inequalities,* vol. III, Academic Press, 1972, pp. 177–199); it shows in particular that $f$ is the restriction of an entire function of exponential type if $(-1)^k f^{(3k)}(x) \geq 0$ on $[a, b]$ and $(-1)^k f^{(3k+1)}(a) \geq 0$.

For a still different generalization of complete convexity see Protter, Duke Math. J. 24 (1957), 205–213, where complete convexity is also discussed in two dimensions; also Boas, Duke Math. J. 25 (1958), 193–195.
R. P. Boas

Comments on
[166] On the oscillation of the derivatives of a periodic function

Bernstein's theorem that a function is analytic if no derivative changes sign on a given interval leads naturally to the idea that the number of changes of sign of $f^{(k)}(x)$ in an interval influences the analytic character of the function. This paper is a first step in this direction; sharper results have been obtained by Szegö and by Schaeffer. See [167] for discussion and references.
R. P. Boas

Comments on
[167] On the zeros of the derivatives of a function and its analytic character

This comprehensive survey covers almost everything in its field up to 1942. The reader may find it convenient to have the following list of equivalences between references in this paper and the complete list of Pólya's publications: 12 = [161], 13 = [165], 18 = [21], 19 = [28], 20 = [67], 21 = [102], 22 = [118], 23 = [153], 24 = [160], 25 = [166].

The first part does not mention the problem of characterizing entire or meromorphic functions for which certain derivatives fail to have zeros at all; cf. [63] and [67].

T. Kövári [Mat. Lapok 7 (1956), 106–107] showed that there is an entire function whose final set is the whole plane; see also Erdös [ibid. 214–217]; and Edrei and MacLane, Proc. Amer. Math. Soc. 8 (1957), 702–706.

The idea behind the last sentence of footnote 1 on p. 181 seems to be that univalence of $f^{(n-1)}(z)$ is a natural analogue of the nonvanishing of $f^{(n)}(z)$ in a real interval. In this direction Shah and Trimble have given a proof of the theorem in question and have also shown that if every $f^{(n)}(z)$ is univalent in $|z| < 1$ then $f(z)$ is entire and of exponential type [Trans. Amer. Math. Soc. 144 (1969), 313–320]; extensions and related results appear in several further papers by these authors.

The problem of the largest number $W$ such that $f(z)$ is necessarily identically zero if $f(z)$ is of exponential type less than $W$ and every $f^{(k)}(z)$ has a zero in $|z| < 1$ is said to have been raised by S. Bernstein about 1930; but it attracted attention only after the estimate $W \geq \log 2$ was obtained by Takenaka and the problem was discussed by J. M. Whittaker in his book [*Interpolatory Function Theory,* 1935, pp. 44–45]. It is trivial that $W \leq \pi/4$ (example: $\sin \pi z/4 + \cos \pi z/4$). The problem is not mentioned explicitly in the present survey, but the first increase in the lower bound and decrease in the upper bound were obtained by Pólya [see Boas, Duke Math. J. 11 (1944), 17–22]. After contributions by several authors, the numerical value of $W$ is still unknown, but Buckholtz has obtained a formula for $W$; he has also shown that $W$ is equal to the corresponding number associated with $n^{-1}r_n$ for functions analytic in the unit disk [J. Approx. Theory 3 (1970), 194–212; Indian J. Math., in press]. G. A. Read [J. London Math. Soc. (2) 1 (1969), 189–192] has improved the numerical value of the analogue of $W$ associated with univalence of derivatives.

Problem A of §6 seems still to be where it was left in 1942. Contributions to Problem B were made by Levin and Ostrovskiĭ [Sibirsk. Mat. Ž. 1 (1960), 427–455], and extended by Hellerstein and Yang [J. London Math. Soc. (2) 4 (1972), pp. 469–481]. In particular, Hellerstein and Yang show that Theorem B (and more) is true at least for entire functions of sufficiently large infinite order: if $f(z)$ is real and has only finitely many non-real zeros, and if $\log \log M(r) \neq O(r \log r)$, then $f^{(n)}(z)$ has infinitely many non-real zeros for *all* $n \geq 2$. Problem C of §7 has been contributed to by Edrei [Scripta Math. 22 (1956), 31–44, 106–121].

The theorems about $N_n$ in §8 are "really" theorems in the complex domain (cf. (2) on p. 181). Proofs of these and more general results are given by Erdös and A. Rényi [Acta. Math. Acad. Sci. Hungar. 7 (1956), 125–144]. One of them was applied by C. Rényi [ibid. 145–150] to establish a conjecture of Pólya's that the power series of a transcendental entire function about two different points cannot both have Fabry gaps. Additional results on $N_n$ have been obtained by A. R. Reddy in a series of recent papers.

S. Bernstein [see his *Collected Works,* vol. 1, 1952, p. 320] has shown that if $f$ is real-analytic and not identically 0 and $\delta_n$ is the maximum distance between consecutive zeros of $f^{(n)}$ then $\lim n\delta_n = 0$ is impossible, a result that follows from (4a).

Schaeffer's paper cited in §16 appeared in Trans. Amer. Math. Soc. 54 (1943), 278–285.

R. P. Boas

Comments on

[229] Graeffe's method for eigenvalues

Here Pólya takes up again, after half a century, the application of Graeffe's method (see [19]) to calculating the eigenvalues of integral equations. By modifying the procedure he can give two-sided bounds for the eigenvalues. Further developments were given by H. Dirschmid, Numer. Math. 13 (1969), 344–348.

R. P. Boas

# Bibliography of George Pólya

(Entries preceded by one asterisk are reprinted in Volume I; entries preceded by two asterisks are reprinted in this volume.)


1. Über einige Fragen der Wahrscheinlichkeitsrechnung und gewisse damit zusammenhängende bestimmte Integrale (Hungarian), Dissertation, Budapest, 1912 [*Math. Phys. Lapok*, **22** (1913), 53-73, 163-219 (Compare No. 8)].
2. Über Molekularrefraktion (Hungarian), *Math. Phys. Lapok*, **21** (1912), 155-60 (Compare No. 4).
3. Konzentrationsverteilung einer ruhenden Lösung unter Einfluss der Gravitation (Hungarian), *Math. Phys. Lapok*, **21** (1912), 170-72.
4. Über Molekularrefraktion, *Phys. Z.*, **13** (1913), 352-54.

**5. Über ein Problem von Laguerre (with M. Fekete), *Rend. Circ. Mat. Palermo*, **34** (1912), 89-120.

6. Über ein Problem von Laguerre (Hungarian), *Math. Naturwiss. Anz. Ungar. Akad. Wiss.*, **30** (1912), 783-96 (Compare No. 5).

**7. Sur un théorème de Stieltjes, *C. R.*, **155** (1912), 767-69.

8. Berechnung eines bestimmten Integrals, *Math. Ann.*, **74** (1913), 204-12.

**9. Sur un théorème de Laguerre, *C. R.*, **156** (1913), 996-99.

10. Über die reellen Nullstellen eines durch äquidistante Ordinaten bestimmten Polynoms (Hungarian), *Math. Naturwiss. Anz. Ungar. Akad. Wiss.*, **31** (1913), 438-47 (Compare No. 9).

**11. Über einige Verallgemeinerungen der Descartesschen Zeichenregel, *Arch. Math. Phys.*, **23** (3) (1914), 22-32.

12. Über eine Peanosche Kurve, *Bull. Acad. Sci., Cracovie*, A (1913), 305-13.

**13. Sur la méthode de Graeffe, *C. R.*, **156** (1913), 1145-47.

14. Sur un algorithme toujours convergent pour obtenir les polynomes de meilleure approximation de Tchebychef pour une fonction continue quelconque, *C. R.*, **157** (1913), 840-43.

15. Über eine von Herrn C. Runge behandelte Integralgleichung, *Math. Ann.*, **75** (1914), 376-79.

**16. Über Annäherung durch Polynome mit lauter reellen Wurzeln, *Rend. Circ. Mat. Palermo*, **36** (1913), 279-95.

**17. Über Annäherung durch Polynome deren sämtliche Wurzeln in einen Winkelraum fallen, *Nachr. Ges. Wiss. Göttingen* (1913), 326-30.

**18. Über einen Zusammenhang zwischen der Konvergenz von Polynomfolgen und der Verteilung ihrer Wurzeln (with E. Lindwart), *Rend. Circ. Mat. Palermo*, **37** (1914), 297-304.

**19. Über das Graeffesche Verfahren, *Z. Math. Phys.*, **63** (1914), 275-90.

**20. Über zwei Arten von Faktorenfolgen in der Theorie der algebraischen Gleichungen (with I. Schur), *J. Reine Angew. Math.*, **144** (1914), 89-113.

**21. Sur une question concernant les fonctions entières, *C. R.*, **158** (1914), 330-33.

**22. Algebraische Untersuchungen über ganze Funktionen vom Geschlechte Null und Eins, *J. Reine Angew. Math.*, **145** (1915), 224–49.

23. Über positive quadratische Formen mit Hankelscher Matrix (Hungarian), *Math. Naturwiss. Anz. Ungar. Akad. Wiss.*, **32** (1914), 656–79.

*24. Über ganzwertige ganze Funktionen, *Rend. Circ. Mat. Palermo*, **40** (1915), 1–16.

25. Zur Theorie der algebraischen Gleichungen (Hungarian), *Math. Naturwiss. Anz. Ungar. Akad. Wiss.*, **33** (1915), 139–41 (Compare No. 32).

*26. Zwei Beweise eines von Herrn Fatou vermuteten Satzes (with A. Hurwitz), *Acta Math.*, **40** (1916), 179–83.

*27. Über den Zusammenhang zwischen dem Maximalbetrage einer analytischen Funktion und dem grössten Gliede der zugehörigen Taylorschen Reihe, *Acta Math.*, **40** (1916), 311–19.

**28. Bemerkung zur Theorie der ganzen Funktionen, *Jber. Deutsch. Math. Verein.*, **24** (1916), 392–400.

*29. Über Potenzreihen mit ganzzahligen Koeffizienten, *Math. Ann.*, **77** (1916), 497–513.

30. Über den Eisensteinschen Satz (Hungarian), *Math. Naturwiss. Anz. Ungar. Akad. Wiss.*, **34** (1916), 754–58.

*31. Über das Anwachsen von ganzen Funktionen, die einer Differentialgleichung genügen, *Vierteljschr. Naturforsch. Ges. Zürich*, **61** (1916), 531–45.

**32. Über algebraische Gleichungen mit nur reellen Wurzeln, *Vierteljschr. Naturforsch. Ges. Zürich*, **61** (1916), 546–48.

33. Anwendung des Riemannschen Integralbegriffes auf einige zahlentheoretische Aufgaben, *Arch. Math. Phys.*, **26** (3) (1919), 196–201.

34. Über eine neue Weise bestimmte Integrale in der analytischen Zahlentheorie zu gebrauchen, *Nachr. Ges. Wiss. Göttingen* (1917), 149–59.

*35. Über die Potenzreihen, deren Konvergenzkreis natürliche Grenze ist, *Acta Math.*, **41** (1916), 99–118.

36. Über geometrische Wahrscheinlichkeiten, *S.-B. Akad Wiss. Wien*, **126** (1917), 319–28.

37. Généralisation d'un théorème de M. Störmer, *Arch. Math. Naturvid.*, **35** (5) (1917).

38. Über geometrische Wahrscheinlichkeiten an konvexen Körpern, *Ber. Sächs. Ges. Wiss. Leipzig*, **69** (1917), 457–58.

*39. Über Potenzreihen mit endlich vielen verschiedenen Koeffizienten, *Math. Ann.*, **78** (1918), 286–93.

40. Zur arithmetischen Untersuchung der Polynome, *Math. Z.*, **1** (1918), 143–48.

41. Über die Verteilung der quadratischen Reste und Nichtreste, *Nachr. Ges. Wiss. Göttingen* (1918), 21–29.

**42. Über die Nullstellen gewisser ganzer Funktionen, *Math. Z.*, **2** (1918), 352–83.

43. Zahlentheoretisches und Wahrscheinlichkeitstheoretisches über die Sichtweite im Walde, *Arch. Math. Phys.*, **27** (3) (1918), 135–42.

44. Über die "doppelt-periodischen" Lösungen des $n$-Damen-Problems, Aus W. Ahrens, *Math. Unterhalt. Spiele*, 2-te Aufl. Berlin: Teubner, 1918. Bd. 2, pp. 364–74.

45. Über ganzwertige Polynome in algebraischen Zahlkörpern, *J. Reine Angew. Math.*, **149** (1919), 97–116.

*46. Arithmetische Eigenschaften der Reihenentwicklungen rationaler Funktionen, *J. Reine Angew. Math.*, **151** (1920), 1–31.

*47. Zur Untersuchung der Grössenordnung ganzer Funktionen, die einer Differentialgleichung genügen, *Acta Math.*, **42** (1920), 309–16.

48. Verschiedene Bemerkungen zur Zahlentheorie, *Jber. Deutsch. Math. Verein.*, **28** (1919), 31–40.

49. Zur Statistik der sphärischen Verteilung der Fixsterne, *Astr. Nachr.*, **208** (1919), 175-80.

50. Über das Gauss'sche Fehlergesetz, *Astr. Nachr.*, **208** (1919), 185-92, **209** (1919), 111-12.

51. Geometrische Darstellung einer Gedankenkette, *Schweiz. Pädagog. Z.* (1919).

52. Über die Verteilungssysteme der Proportionalwahl, *Z. Schweiz. Stat. Volkswirtsch.*, **54** (1918), 363-87.

53. Anschauliche und elementare Darstellung der Lexisschen Dispersionstheorie, *Z. Schweiz. Stat. Volkswirtsch.*, **55** (1919), 121-40.

54. Über den zentralen Grenzwertsatz der Wahrscheinlichkeitsrechnung und das Momentenproblem., *Math. Z.*, **8** (1920), 171-81.

55. Proportionalwahl und Wahrscheinlichkeitsrechnung, *Z. Ges. Staatswiss.*, **74** (1919), 297-322.

56. Sur la représentation proportionnelle en matière électorale, *Enseignement Math.*, **20** (1919), 355-79.

*57. Über ganze ganzwertige Funktionen, *Nachr. Ges. Wiss. Göttingen* (1920), 1-10.

58. Wahrscheinlichkeitstheoretisches über die "Irrfahrt," *Mitt. Phys. Ges. Zürich*, **19** (1919), 75-86.

**59. Geometrisches über die Verteilung der Nullstellen gewisser ganzer transzendenter Funktionen, *S.-B. Bayer. Akad. Wiss.* (1920), 285-90.

60. Anschaulich-experimentelle Herleitung der Gauss'schen Fehlerkurve, *Z. Math. Naturwiss. Unterricht*, **52** (1921), 57-65.

*61. Neuer Beweis für die Produktdarstellung der ganzen transzendenten Funktionen endlicher Ordnung, *S.-B. Bayer. Akad. Wiss.* Math. Nat. Abteilung. (1921), 29-40.

*62. En funktionsteoretisk bemaerkning, *Mat. Tidsskr.* (1921), B, 14-16.

*63. Bestimmung einer ganzen Funktion endlichen Geschlechts durch viererlei Stellen, *Mat. Tidsskr.* (1921), B, 16-21.

64. Ein Mittelwertsatz für Funktionen mehrerer Veränderlichen, *Tôhoku Math. J.*, **19** (1921), 1-3.

*65. Über die kleinsten ganzen Funktionen, deren sämtliche Derivierten im Punkte $z = 0$ ganzzahlig sind, *Tôhoku Math. J.*, **19** (1921), 65-68.

66. Über eine Aufgabe der Wahrscheinlichkeitsrechnung betreffend die Irrfahrt im Strassennetz, *Math. Ann.*, **84** (1921), 149-60.

**67. Über die Nullstellen sukzessiver Derivierten, *Math. Z.*, **12** (1922), 36-60.

*68. Sur les séries entières dont la somme est une fonction algébrique, *Enseignement Math.*, **22** (1922), 38-47.

*69. Sur les séries entières à coefficients entiers, *Proc. London Math. Soc.*, **21** (2) (1923), 22-38.

70. Eine Ergänzung zu dem Bernoullischen Satz der Wahrscheinlichkeitsrechnung, *Nach. Ges. Wiss. Göttingen* (1921), 223-28 (1923), 96.

**71. Bemerkung über die Mittag-Lefflerschen Funktionen $E_\alpha(z)$, *Tôhoku Math. J.*, **19** (1921), 241-48.

*72. Arithmetische Eigenschaften und analytischer Charakter, *Jber. Deutsch. Math. Verein.*, **31** (1922), 107-15.

*73. Über eine arithmetische Eigenschaft gewisser Reihenentwicklungen, *Tôhoku Math. J.*, **22** (1922), 79-81.

74. Herleitung des Gauss'schen Fehlergesetzes aus einer Funktionalgleichung, *Math. Z.*, **18** (1923), 96-108.

*75. Bemerkungen über unendliche Folgen und ganze Funktionen, *Math. Ann.*, **88** (1923), 169-83.

*76. Analytische Fortsetzung und konvexe Kurven, *Math. Ann.*, **89** (1923), 179-91.

*77. Über die Existenz unendlich vieler singulärer Punkte auf der Konvergenzgeraden gewisser Dirichletscher Reihen, *S.-B. Preuss. Akad., Phys.-Math. Kl.* (1923), 45-50.

78. Rationale Abzählung der Gitterpunkte (with R. Fueter), *Vierteljschr. Naturforsch. Ges. Zürich*, **68** (1923), 380-86.

79. Über die Statistik verketteter Vorgänge (with F. Eggenberger), *Z. Angew. Math. Mech.*, **3** (1923), 279-89.

80. On the mean-value theorem corresponding to a given linear homogeneous differential equation, *Trans. Amer. Math. Soc.*, **24** (1922), 312-24.

**81. On the zeros of an integral function represented by Fourier's integral, *Messenger of Math.*, **52** (1923), 185-88.

82. Über die Analogie der Krystallsymmetrie in der Ebene, *Z. Krystall.*, **60** (1924), 278-82.

*83. Sur certaines transformations fonctionnelles linéaires des fonctions analytiques, *Bull. Soc. Math. France*, **52** (1924), 519-32.

*84. Sur l'existence d'une limite considérée par M. Hadamard, *Enseignement Math.*, **24** (1925), 76-78.

85. Über eine geometrische Darstellung der Fareyschen Reihe, *Acta Lit. Sci. Szeged*, **2** (1925), 129-33.

*86. On certain sequences of polynomials, *Proc. London Math. Soc.*, **24** (2) (1926), xliv-xlv.

87. Proof of an inequality, *Proc. London Math. Soc.*, **24** (2) (1926), lvii.

*88. On an integral function of an integral function, *J. London Math. Soc.*, **1** (1926), 12-15.

*89. On the minimum modulus of integral functions of order less than unity, *J. London Math. Soc.*, **1** (1926), 78-86.

**90. On the zeros of certain trigonometric integrals, *J. London Math. Soc.*, **1** (1926), 98-99.

91. The maximum of a certain bilinear form (with G. H. Hardy and J. E. Littlewood), *Proc. London Math. Soc.*, **25** (2) (1926), 265-82.

92. Application of a theorem connected with the problem of moments, *Messenger of Math.*, **55** (1926), 189-92.

**93. Bemerkung über die Integraldarstellung der Riemannschen $\zeta$-Funktion, *Acta Math.*, **48** (1926), 305-17.

**94. Sopra una equazione trascendente trattata da Eulero, *Boll. Un. Mat. Ital.*, **5** (1926), 64-68.

**95. Sur les opérations fonctionnelles linéaires échangeables avec la dérivation et sur les zéros des polynomes, *C. R.*, **183** (1926), 413-14.

**96. Sur les opérations fonctionnelles linéaires échangeables avec la dérivation et sur les zéros des sommes d'exponentielles, *C. R.*, **183** (1926), 467-68.

*97. Sur les singularités des séries lacunaires, *C. R.*, **184** (1927), 502-4.

*98. Sur un théorème de M. Hadamard relatif à la multiplication des singularités, *C. R.*, **184** (1927), 579-81.

*99. Theorems concerning mean values of analytic functions (with G. H. Hardy and A. E. Ingham), *Proc. Roy. Soc. A*, **113** (1927), 542-69.

*100. Sur les fonctions entières à série lacunaire, *C. R.*, **184** (1927), 1526-28.

**101. Über trigonometrische Integrale mit nur reellen Nullstellen, *J. Reine Angew. Math.*, **158** (1927), 6-18.

**102. Über die algebraisch-funktionentheoretischen Untersuchungen von J. L. W. V. Jensen, *Kgl. Danske Vid. Sel. Math.-Fys. Medd.*, **7** (17) (1927).

103. Note on series of positive terms, *J. London Math. Soc.*, **2** (1927), 166-69.
*104. Elementarer Beweis einer Thetaformel. *S.-B. Preuss. Akad., Phys.-Math. Kl.* (1927), 158-61.
*105. Sur les coefficients de la série de Taylor, *C. R.*, **185** (1927), 1107-8.
*106. Eine Verallgemeinerung des Fabryschen Lückensatzes, *Nachr. Ges. Wiss. Göttingen* (1927), 187-95.
**107. Über positive Darstellung von Polynomen, *Vierteljschr. Naturforsch. Ges. Zürich*, **73** (1928), 141-45.
*108. Notes on moduli and mean values (with G. H. Hardy and A. E. Ingham), *Proc. London Math. Soc.*, **27** (2) (1928), 401-9.
109. Über die Funktionalgleichung der Exponentialfunktion im Matrizenkalkül, *S.-B. Preuss. Akad., Phys.-Math. Kl.* (1928), 96-99.
*110. Über gewisse notwendige Determinantenkriterien für die Fortsetzbarkeit einer Potenzreihe, *Math. Ann.*, **99** (1928), 687-706.
*111. Beitrag zur Verallgemeinerung des Verzerrungssatzes auf maehrfach zusammenhängende Gebiete, *S.-B. Preuss. Akad.* (a) (1928), 228-32; (b) Zweite Mitteilung (1928), 280-82; (c) Dritte Mitteilung (1929), 55-62.
112. Sur l'interprétation de certaines courbes de fréquences (with F. Eggenberger), *C. R.*, **187** (1928), 870-72.
*113. Untersuchungen über Lücken und Singularitäten von Potenzreihen, *Math. Z.*, **29** (1929), 549-640. Résumé: *Boll. Un. Mat. Ital.*, **8** (1929), 211-14.
**114. Über einen Satz von Laguerre, *Jber. Deutsch. Math. Verein.*, **38** (1929), 161-68.
115. Some simple inequalities satisfied by convex functions (with G. H. Hardy and J. E. Littlewood), *Messenger of Math.*, **58** (1930), 145-52.
116. Eine Wahrscheinlichkeitsaufgabe in der Kundenwerbung, *Z. Angew. Math. Mech.*, **10** (1930), 96-97.
*117. Über das Vorzeichen des Restgliedes im Primzahlsatz, *Nachr. Ges. Wiss. Göttingen* (1930) [Fachgr. 1, no. 2], 19-27.
**118. Some problems connected with Fourier's work on transcendental equations, *Quart. J. Math., Oxford Ser.*, **1** (1930), 21-34.
119. Eine Wahrscheinlichkeitsaufgabe in der Pflanzensoziologie, *Vierteljschr. Naturforsch. Ges. Zürich*, **75** (1930), 211-19.
120. Liegt die Stelle der grössten Beanspruchung an der Oberfläche? *Z. Angew. Math. Mech.*, **10** (1930), 535-60.
121. Sur quelques points de la théorie des probabilités, *Ann. Inst. H. Poincaré*, **1** (1931), 117-61.
*122. Sur la recherche des points singuliers de la série de Taylor, *Atti del Congresso Internazionale, Bologna, 1928*, Vol III, 243-47.
*123. Über Potenzreihen mit ganzen algebraischen Koeffizienten, *Abh. Math. Sem. Univ. Hamburg*, **8** (1931), 401-2.
124. Sur quelques propriétés qualitatives de la propagation de la chaleur (with G. Szegö), *C. R.*, **192** (1931), 1340-41.
*125. Über den transfiniten Durchmesser (Kapazitätskonstante) von ebenen und räumlichen Punktmengen (with G. Szegö), *J. Reine Angew. Math.*, **165** (1931), 4-49.
126. Sur les valeurs moyennes des fonctions réelles définies pour toutes les valeurs de la variable (with M. Plancherel), *Comm. Math. Helv.*, **3** (1931), 114-21.
*127. On polar singularities of power series and of Dirichlet series, *Proc. London Math. Soc.*, **33** (2) (1932), 85-101.
**128. On the roots of certain algebraic equations (with A. Bloch), *Proc. London Math. Soc.*, **33** (2) (1932), 102-14.

129. Bemerkung zur Interpolation und zur Näherungstheorie der Balkenbiegung, *Z. Angew. Math. Mech.*, **11** (1931), 445-49.
130. Wie sucht man die Lösung mathematischer Aufgaben? *Z. Math. Naturwiss. Unterricht*, **63** (1932), 159-69.
130A. Comment chercher la solution d'un problème de mathématique? *Enseignement Math.*, **30** (1931), 275-76 (résumé of the preceding paper).
131. Über eine Eigenschaft des Gaussschen Fehlergesetzes, *Atti del Congresso Internazionale, Bologna* (1928), vol. VI, 63-64.
*132. Über einen Satz von Myrberg, *Jber. Deutsch. Math. Verein.*, **42** (1932), 159.
133. Abschtäzung des Betrages einer Determinante (with A. Bloch), *Vierteljschr. Naturforsch. Ges. Zürich*, **78** (1933), 27-33.
134. Über die Konvergenz von Quadraturverfahren, *Math. Z.*, **37** (1933), 264-86.
135. Qualitatives über Wärmeausgleich, *Z. Angew. Math. Mech.*, **13** (1933), 125-28.
*136. Über analytische Deformationen eines Rechtecks, *Ann. Math.*, **34** (2) (1933), 617-20.
*137. Untersuchungen über Lücken and Singularitäten von Potenzreihen, Zweite Mitteilung. (Fortsetzung von 113), *Ann. Math.*, **34** (2) (1933), 731-77.
*138. Bemerkung zu der Lösung der Aufgabe 105, *Jber. Deutsch. Math. Verein.*, **43** (1933), 67-69.
139. Quelques théorèmes analogues au théorème de Rolle, liés à certaines équations linéaires aux dérivées partielles, *C. R.*, **199** (1934), 655-57.
140. Sur l'application des opérations différentielles linéaires aux séries, *C. R.*, **199** (1934), 766-67.
*141. Über die Potenzreihenentwicklung gewisser mehrdeutiger Funktionen, *Comm. Math. Helv.*, **7** (1934/35), 201-21.
*142. On the power series of an integral function having an exceptional value (with A. Pfluger), *Proc. Cambridge Philos. Soc.*, **31** (1935), 153-55.
143. Zwei Aufgaben aus der Wahrscheinlichkeitsrechnung, *Vierteljschr. Naturforsch. Ges. Zürich*, **80** (1935), 123-30.
*144. Sur les séries entières satisfaisant à une équation différentielle algébrique, *C. R.*, **201** (1935), 444-45.
145. Un problème combinatoire général sur les groupes des permutations et le calcul du nombre des isomères des composés organiques, *C. R.*, **201** (1935), 1167-69.
146. Tabelle der Isomerenzahlen für die einfacheren Derivate einiger cyclischen Stammkörper, *Helv. Chim. Acta*, **19** (1936), 22-24.
147. Algebraische Berechnung der Anzahl der Isomeren einiger organischer Verbindungen, *Z. Kristall.* (A), **93** (1936), 415-43.
148. Sur le nombre des isomères de certains composés chimiques, *C. R.*, **202** (1936), 1554-56.
149. Über das Anwachsen der Isomerenzahlen in den homologen Reihen der organischen Chemie, *Vierteljschr. Naturforsch. Ges. Zürich*, **81** (1936), 243-58.
150. Zur Kinematik der Geschiebebewegung, *Mitt. Vers. Wass. E. T. H. Zürich* (1937), 1-21.
*151. Fonctions entières et intégrales de Fourier multiples (with M. Plancherel), *Comm. Math. Helv.* (a) Erste Mitteilung, **9** (1936/37), 224-48; (b) Zweite Mitteilung, **10** (1937/38), 110-63.
152. Kombinatorische Anzahlbestimmungen für Gruppen, Graphen und chemische Verbindungen, *Acta Math.*, **68** (1937), 145-254.
152A. (Ankündigung) *Comptes Rendus, Congrès International d. Math. Oslo*, (1936), Vol. 2, 19.

**153. Über die Realität der Nullstellen fast aller Ableitungen gewisser ganzer Funktionen, *Math. Ann.*, **114** (1937), 622-34.
154. Sur l'indétermination d'un problème voisin du problème des moments, *C. R.*, **207** (1938), 708-11.
155. Sur la promenade au hasard dans un réseau de rues, *Actualités Sci. Ind.*, **734** (1938), 25-44.
156. Wie sucht man die Lösung mathematischer Aufgaben? *Acta. Psych.*, **4** (1938), 113-70.
*157. Sur les séries entières lacunaires non-prolongeables, *C. R.*, **208** (1939), 709-11.
158. Eine einfache, mit funktionentheoretischen Aufgaben verknüpfte, hinreichende Bedingung für die Auflösbarkeit eines Systems unendlich vieler linearer Gleichungen, *Comm. Math. Helv.*, **11** (1938/39), 234-52.
159. Sur les types des propositions composées, *J. Symbolic Logic*, **5** (1940), 98-103.
**160. On functions whose derivatives do not vanish in a given interval, *Proc. Nat. Acad. Sci.*, **27** (1941), 216-17.
**161. Generalizations of completely convex functions (with R. P. Boas, Jr.), *Proc. Nat. Acad. Sci.*, **27** (1941), 323-25.
*162. Sur l'existence de fonctions entières satisfaisant à certaines conditions linéaires, *Trans. Amer. Math. Soc.*, **50** (1941), 129-39.
163. Heuristic reasoning and the theory of probability, *Amer. Math. Monthly*, **48** (1941), 450-65.
*164. On converse gap theorems, *Trans. Amer. Math. Soc.*, **52** (1942), 65-71.
**165. Influence of the signs of the derivatives of a function on its analytic character (with R. P. Boas, Jr.), *Duke Math. J.*, **9** (1942), 406-24.
**166. On the oscillation of the derivatives of a periodic function (with N. Wiener), *Trans. Amer. Math. Soc.*, **52** (1942), 245-56.
**167. On the zeros of the derivatives of a function and its analytic character, *Bull. Amer. Math. Soc.*, **49** (1943), 178-91.
168. Approximations to the area of the ellipsoid, *Publ. Inst. Mat. Rosario*, **5** (1943).
169. Inequalities for the capacity of a condenser (with G. Szegö), *Amer. J. Math.*, **67** (1945), 1-32.
170. Sur une généralisation d'un problème élémentaire classique, importante dans l'inspection des produits industriels, *C. R.*, **222** (1946), 1422-24.
171. Estimating electrostatic capacity, *Amer. Math. Monthly*, **54** (1947), 201-6.
172. A minimum problem about the motion of a solid through a fluid, *Proc. Nat. Acad. Sci.*, **33** (1947), 218-21.
173. Sur la fréquence fondamentale des membranes vibrantes et la résistance élastique des tiges à la torsion, *C. R.*, **225** (1947), 346-48.
174. On patterns of plausible inference, *Courant Anniversary Volume*, 1948, 227-28.
175. Exact formulas in the sequential analysis of attributes, *University of California Publications in Mathematics*, New Series, **1** (5) (1948), 229-70.
176. Generalization, specialization, analogy, *Amer. Math. Monthly*, **55** (1948), 241-43.
177. Torsional rigidity, principal frequency, electrostatic capacity and symmetrization, *Quart. Appl. Math.*, **6** (1948), 267-77.
178. On the product of two power series (with H. Davenport), *Can. J. Math.*, **1** (1949), 1-5.
179. Remarks on computing the probability integral in one and two dimensions, *Proceedings of the Berkeley Symposium on Mathematical Statistics and Probability*, Berkeley, Calif.: Univ. California Press, 1949, 63-78.

180. Remarks on characteristic functions, *Proceedings of the Berkeley Symposium on Mathematical Statististics and Probability*, Berkeley, Calif.: Univ. California Press, 1949, 115-23.
181. Sur les symétries des fonctions sphériques de Laplace (with Burnett Meyer), *C. R.*, **228** (1949), 28-30.
182. Sur les fonctions sphériques de Laplace de symétrie cristallographique donnée (with Burnett Meyer), *C. R.*, **228** (1949), 1083-84.
183. Preliminary remarks on a logic of plausible inference, *Dialectica*, **3** (1949), 28-35.
184. With, or without, motivation? *Amer. Math. Monthly*, **56** (1949), 684-91.
185. Remark on Weyl's note "Inequalities between the two kinds of eigenvalues of a linear transformation," *Proc. Nat. Acad. Sci.*, **36** (1950), 49-51.
186. On the harmonic mean of two numbers, *Amer. Math. Monthly*, **57** (1950), 26-28.
187. Sur la symétrisation circulaire, *C.* **230** (1950), 25-27.
*188. Remarks on power series, *Acta Sci. Math.*, **12B** (1950), 199-203.
189. On the torsional rigidity of multiply connected cross sections (with Alexander Weinstein), *Ann. Math.*, **52** (1950), 154-63.
190. Let us teach guessing, *Études de Philosophie des Sciences*, en hommage à Ferdinand Gonseth, Neuchâtel: Griffon, 1950, pp. 147-154.
191. A note on the principal frequency of a triangular membrane, *Quart. Appl. Math.*, **8** (1951), 386.
192. On plausible reasoning, *Proceedings of the International Congress of Mathematicians*, Providence, R.I.: Amer. Math. Soc., 1950, Vol. I, 739-47.
193. Remarks on the foregoing paper, *J. Math. Phys.*, **31** (1952), 55-57.
194. Remarques sur un problème d'algèbre étudié par Laguerre, *J. Math. Pures Appl.*, **31** (9) (1952), 37-47.
195. Sur une interprétation de la méthode des différences finies qui peut fournir des bornes supérieures ou inférieures, *C. R.*, **235** (1952), 995-97.
196. Sur le rôle des domaines symétriques dans le calcul de certaines grandeurs physiques, *C. R.*, **235** (1952), 1079-81.
197. Convexity of functionals by transplantation (with M. Schiffer), *J. Analyse Math* **3** (1954), 245-345.
198. An elementary analogue to the Gauss-Bonnet theorem, *Amer. Math. Monthly*, **61** (1954), 601-3.
199. Estimates for Eigenvalues, *Studies in Mathematics and Mechanics presented to Richard von Mises*. New York: Academic Press, 1954, pp. 200-207.
200. More isoperimetric inequalities proved and conjectured, *Comm. Math. Helv.*, **29** (1955), 112-19.
201. Sur le quotient de deux fréquences propres consécutives (with L. E. Payne and H. F. Weinberger), *C. R.*, **241** (1955), 917-19.
202. On the characteristic frequencies of a symmetric membrane, *Math. Z.*, **63** (1955), 3331-37.
203. On the ratio of consecutive eigenvalues (with L. E. Payne and H. F. Weinberger), *J. Math. Phys.*, **35** (1956), 289-98.
204. Sur les fréquences propres des membranes vibrantes, *C. R.*, **242** (1956), 708-9.
205. On picture-writing, *Amer. Math. Monthly*, **63** (1956), 689-97.
206. L'Heuristique est-elle un sujet d'étude raisonnable? *La Méthode dans les Sciences Modernes*, "Travail et Méthode," numéro hors série (1958), 279-85.
206A. Die Mathematik als Schule des plausiblen Schliessens, *Gymn. Helv.*, **10** (1956), 4-8. *Archimedes*, **8** (1956), 111-14; Mathematics as a subject for learning plausible reasoning (translation by C. M. Larsen), *Math. Teacher*, **52** (1959), 7-9.

207. Sur quelques membranes vibrantes de forme particulière, *C. R.*, **243** (1956), 467-69.
208. On the curriculum for prospective high school teachers, *Amer. Math. Monthly*, **65** (1958), 101-4.
*209. Remarks on de la Vallée-Poussin means and convex conformal maps of the circle (with I. J. Schoenberg), *Pacific J. Math.*, **8** (1958), 295-334.
210. Ten Commandments for Teachers, *Journal of Education of the Faculty and College of Education of the University of British Columbia; Vancouver and Victoria*, (3) (1959), 61-69.
*211. Sur la représentation conforme de l'extérieur d'une courbe fermée convexe (with M. Schiffer), *C. R.*, **248** (1959), 2837-39.
212. Heuristic reasoning in the theory of numbers, *Amer. Math. Monthly*, **66** (1959), 375-84.
213. On the location of the centroid of certain solids (with C. J. Gerriets), *Amer. Math. Monthly*, **66** (1959), 875-79.
214. Circle, sphere, symmetrization and some classical physical problems, *Modern Mathematics for the Engineer*, 2d series, New York: McGraw-Hill, 1961, pp. 420-41.
215. On the eigenvalues of vibrating membranes, In memoriam Hermann Weyl, *Proc. London Math. Soc.*, 3d series, **11** (1961), 419-33.
216. Teaching of mathematics in Switzerland, *Amer. Math. Monthly*, **67** (1960), 907-14; *Math. Teacher*, **53** (1960), 552-58.
217. The minimum fraction of the popular vote that can elect the President of the United States, *Math. Teacher*, **54** (1961), 130-33.
218. Leopold Fejér, *J. London Math. Soc.*, 36 (1961) 501–6.
219. Two more inequalities between physical and geometrical quantities, *J. Indian Math. Soc.*, 24 (1960) 413–19.
220. On the role of the circle in certain variational problems. In memoriam Lipót Fejér, *Ann. Univ. Sci. Budapest. Eötvös Sect. Math.*, 3–4 (1960/1961) 233–39.
221. The teaching of mathematics and the biogenetic law, *The Scientist Speculates*, ed. I. J. Good, London: Heinemann, 1962, pp. 352–56.
222. Intuitive outline of the solution of a basic combinatorial problem, *Switching Theory in Space Technology*, ed. H. Aiken and W. F. Main, Stanford, California: Stanford University Press, 1963, pp. 3–7.
223. On learning, teaching, and learning teaching, *Amer. Math. Monthly*, 70 (1963) 605–19.
224. Introduction, *Applied Combinatorial Mathematics*, ed. E. F. Beckenbach, New York: Wiley, 1964, pp. 1–2.
225. A series for Euler's constant, *Research papers in statistics, Festschrift for J. Neyman*, ed. F. N. David, New York: Wiley, 1966, pp. 259–261.
226. On teaching problem solving, *The Role of Axiomatics and Problem Solving in Mathematics*, Boston, Massachusetts: Ginn, 1966, pp. 123–29.
226A. L'enseignement par les problèmes, *Enseignement Math.*, 13 (1967) 233–41.
227. A note of welcome, *J. Combinatorial Theory*, 1 (1966) 1–2.
228. Inequalities and the principle of nonsufficient reason, *Inequalities*, ed. Oved Shisha, New York: Academic Press, 1967, pp. 1–15.
**229. Graeffe's method for eigenvalues. *Numer. Math.*, 11 (1968) 315–19.
230. On the number of certain lattice polygons, *J. Combinatorial Theory*, 6 (1969) 102–5.
231. Fundamental ideas and objectives of mathematical education, *Mathematics in Commonwealth Schools*, 1969, pp. 27–34.
232. Entiers algébriques, polygones et polyèdres réguliers, *Enseignement Math.*, 15 (1969) 237–43.

233. Some mathematicians I have known, *Amer. Math. Monthly,* **76** (1969) 746–53.
234. On the isoperimetric theorem: history and strategy, *Mathematical Spectrum,* 2 (1969), 5–7.
235. Gaussian binomial coefficients and enumeration of inversions, *Proceedings of the Second Chapel Hill Conference on Combinatorial Mathematics and Its Applications,* University of North Carolina, Chapel Hill, N. C., 1970, pp. 381–84.
236. Two incidents, *Scientists at Work: Festschrift in Honour of Herman Wold,* ed. T. Dalenius, G. Karlsson, and S. Malmquist; Uppsala, Sweden: Almquist & Wiksells Boktryckeri AB, 1970, pp. 165–68.
237. Gaussian binomial coefficients (with G. L. Alexanderson), *Elemente der Mathematik,* **26** (1971) 102–08.
238. Methodology or heuristics, strategy or tactics, *Arch. Philos.,* **34** (1971) 623–29.
239. Eine Erinnerung an Hermann Weyl, *Math. Z.,* **126** (1972) 296–98.
240. A letter by Professor Polya, *Amer. Math. Monthly,* **80** (1973) 73–4.
241. The Stanford University competitive examination in mathematics (with J. Kilpatrick), *Amer. Math. Monthly,* **80** (1973) 627–40.
242. A Story with a moral, *Math. Gazette,* **57** (1973) 86–7.
243. Formation, not only information, *Graduate Training of Mathematics Teachers,* Canadian Mathematical Congress, Montreal, 1972, pp. 53–62.
244. As I read them, *Developments in Mathematical Education,* Proceedings of the 2nd International Congress in Math. Education, ed. A. G. Howson, New York: Cambridge University Press, 1973, pp. 77–8.

Made in the USA
Monee, IL
29 April 2026

49201343R10254